~75種の中腸腺の構造~

貝類中腸腺構造図鑑

山元憲一・難波憲二・半田岳志 著

まえがき

多くの貝類は餌の消化を胃と中腸腺で行い，消化した後の吸収を主に中腸腺の先端に位置する中腸腺細管で行っているが，アワビやサザエなどの腹足綱とホタテやアサリなどの二枚貝綱の貝類では，摂餌方法や餌の組成が異なっている．

腹足綱の貝類は，口に歯舌と呼ばれる捕食器を備えている．アワビやマツバガイなどが属する古腹足目やカサガイ目は，岩礁の表面に繁茂した微小な藻類や海藻を歯舌で削り取って摂餌する．新腹足目は，貝類の殻に穴を開け吻を差し入れて軟体部を捕食するタマガイ科のツメタガイのような，肉食性の貝類が多数を占めるようになる．このように，腹足綱には植食性や肉食性の貝類がいるが，いずれの食性の貝でも能動的に餌の所へ移動して，餌を歯舌で摂餌可能な大きさに小さくして食道に取り込み，胃を経由させて中腸腺へ運ぶ．餌の消化は胃と中腸腺の細胞外で行い，吸収は中腸腺細管の消化細胞で行っている．実際に，中腸腺の中に餌が詰まっている様子が，アワビの中腸腺の組織像で認められる．

二枚貝綱の貝類は，水中の懸濁物や沈殿物を外套腔（殻の中）に取り入れて鰓で捕捉した後，鰓や唇弁で摂餌可能な微粒子を選別して口へ運び，胃で再び選別して中腸腺へ運ぶ．餌の消化は胃と中腸腺の細胞外と中腸腺細管の消化細胞内で行い，吸収は中腸腺細管の消化細胞で行っている．摂餌可能な微粒子は有機物を主体とした粒子で，砂泥のような比重の大きな粒子は殻の外へ排除しているようである．

中腸腺の基本構造は，胃から延びる導管とこれに連なる中腸腺細管で構成され，先端が盲端となっている．しかし，先に示した餌の組成の違いを反映して，腹足綱では中腸線細管は袋状を呈し，捕食した餌物質を貯蔵しておく場所も兼ねた形となっている．二枚貝綱では選別された微粒子は，樹枝状に枝分かれした導管の中を移動して，しだいに細部に向かって分散され，導管の先端に連なる中腸線細管に運ばれる．中腸腺の先端は盲端になっているので，未消化物や老廃物などは中腸腺細管から導管を経て胃へと運び出される．特に，二枚貝綱の中腸線については，一連の粒子の移動が中腸腺の管の中で効率よく行われている様子が知られている．

我々の研究によって，多くの貝類の中腸腺の基本構造は腹足綱では３つ，二枚貝綱では２つに分けられることが明らかになった．本書では，第１章で中腸腺について概説し，第３章「中腸腺細管の構造」では腹足綱と二枚貝綱の中腸腺の組織像を，主に『日本近海産貝類図鑑　第二版』（東海大学出版部, 2017）に基づいて順に並べて示した．まずは，中腸腺の概略を理解した後，組織像を観て，種間の比較検討を行い，中腸腺の基本的な構造や役割に関する理解を深めていただければ幸いである.

一方，水産食品加工業界の方より，二枚貝を生食用へ加工する際に気をつける点に関する問い合わせがしばしば寄せられる. 二枚貝では，大きさや比重が餌として適した粒子は，有毒プランクトンであっても，捕食されて中腸腺へ運ばれていることがある. したがって用心のために，加工の過程で中腸腺を切除することをお勧めする. この時，中腸腺の内臓塊内での位置を示した適切な論文や図鑑等が見当たらないことに気づかされる. また研究を進める上で，中腸腺を摘出する場合および貝類の捕食，消化，吸収の機構を明らかにする場合などで，中腸腺の構造を把握しておくことが必要と考える. 少なくとも水産上重要種の中腸腺は，内臓塊内での位置および中腸腺の形を立体的に明らかにしておく必要性を強く感じていた. 本書では，第 4 章に水産上重要種を中心とした腹足綱と二枚貝綱の中腸腺の組織像，軟体部の切開像，鋳型像を種ごとにまとめて「中腸腺の構造」として示している. この章では内臓塊の中で，中腸腺の位置および中腸腺と胃や腸などの器官との位置関係を立体的に明らかにする目的で，軟体部の表面から中心部に向けて順次切開した像を体の 3 方向から示している. さらに中腸腺の立体構造を明らかにする目的で，中腸腺も含めた消化管の鋳型標本を作製し，その全体から微細な部位までの像を示した. これらの像は，観察する際，実際の中腸腺の形や位置関係が判りやすいように写真で示してある.

読者の皆様が，軟体部の外から立体的に内臓塊の中に展開している中腸腺の構造を細部に至るまでを推測する上で，本書が一助となれば幸いである. また，中腸腺の構造を国外の種と比較検討する際にも，本書を活用いただければと思い，図の説明は日本語と英語を並記した.

おわりに，本図鑑の出版にあたり大変お世話になった恒星社厚生閣の小浴正博氏ならびに白石佳織氏に深謝いたします.

2019 年 4 月

著者一同

目 次

本書について

1. 本書は 2 部構成で，I 部 解説編，II 部 図版編とした．

2. I 部第 1 章では「中腸腺の概説」，第 2 章では「中腸腺の観察方法」，第 3 章の「中腸腺細管の構造」では，腹足綱と二枚貝綱の貝類 75 種の組織像の解説を示す．第 4 章「中腸腺の構造」では，水産上重要種 19 種の組織像，軟体部の切開像，鋳型像を種ごとに解説している．

3. II 部では，貝類 75 種の中腸腺の組織像，水産上重要種 19 種については，それに加えて切開像，鋳型像のカラー図版を示す．

4. 図の説明は，中腸腺の構造を国外の種と比較検討しやすいよう，日本語と英語で示す．

5. 図版内の記号の意味をすぐさま確認できるよう，別刷で記号の説明を用意した．

■見本（解説編）

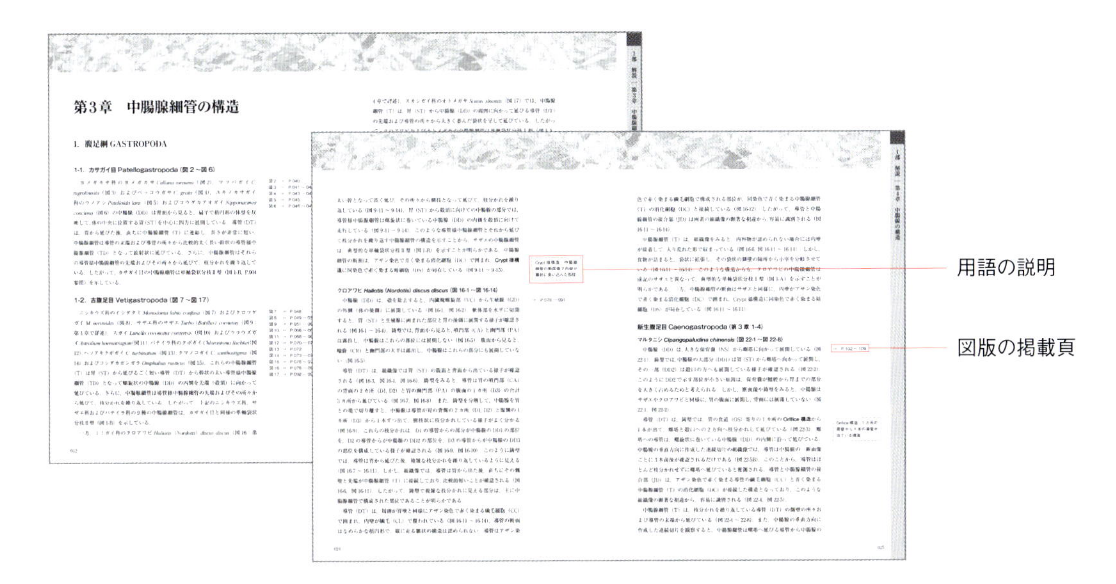

■見本（図版編）

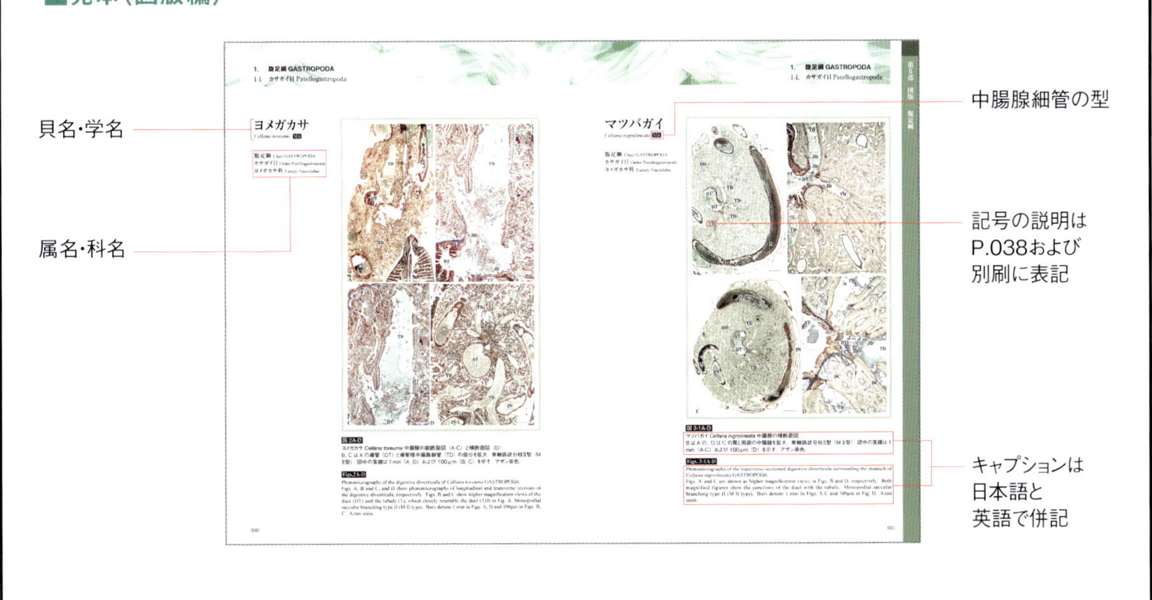

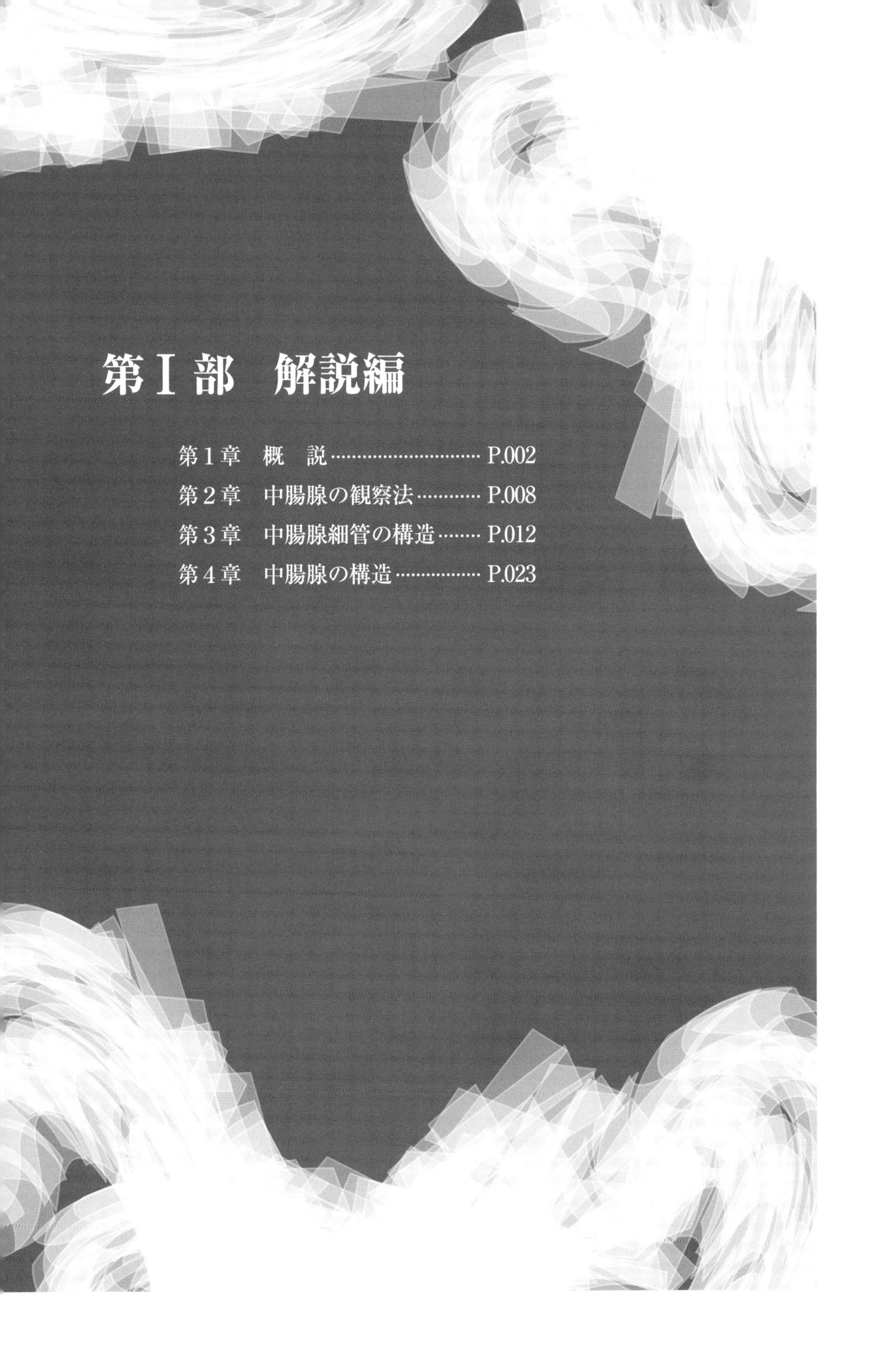

第Ⅰ部　解説編

第1章　概　説

軟体動物の中腸腺細管の基本構造は，Monopodial branching type，Dichotomous branching type および Simple branching type の3つに大別され，さらに，Simple branching type は，Simple branching type I と Simple branching type II に分けられている (Nakazima, 1956)．Monopodial branching type は多板綱および腹足綱に認められる構造で，中腸腺細管が導管の末端および導管の所々から萎んだ大きな袋状を呈して延び，その袋状の所々から枝分かれした構造を示すとされている (Nakazima, 1956)．

本書では，Monopodial branching type をさらに2つに分け，1つは多板綱および腹足綱でこれまでに認められている上記の型を**単軸袋状分枝Ⅰ型（Monopodial saccular branching type Ⅰ，MⅠ型）**とする（図1-A）．2つ目は新たに設けて，中腸腺細管が導管の末端および導管の所々から幹状に長く延び，その幹状の中腸腺細管（導管様中腸腺細管）の所々から中腸腺細管が枝分かれして延び，さらに枝分かれを繰り返す構造を示す型を**単軸袋状分枝Ⅱ型（Monopodial saccular branching type Ⅱ，MⅡ型）**として分別する（図1-B）．

Dichotomous branching type (Nakazima, 1956) は，**叉状分枝型（Dichotomous branching type，D型）**と呼ぶことにし，腹足綱に認められる構造で，中腸腺細管が導管の末端および導管の所々から延びて，枝分かれを繰り返す構造を示している（図1-C）．

Simple branching type I および Simple branching type II はともに二枚貝綱に認められる構造 (Nakazima, 1956) で，それぞれを**房状分枝Ⅰ型（Simple acinar branching type Ⅰ，SⅠ型）**および**房状分枝Ⅱ型（Simple acinar branching type Ⅱ，SⅡ型）**と呼ぶことにする．房状分枝Ⅰ型は真弁鰓類に認められ，導管の末端から中腸腺細管の1本ずつが房状に延びる構造を示している（図1-D）．房状分枝Ⅱ型は糸鰓類に認められ，導管の末端から中腸腺細管が延びて，枝分かれを繰り返す構造を示している（図1-E）．

また，軟体動物の中腸腺細管の先端は盲管となっており，先端はお互いが交差連絡していない (Nakazima 1956)．

本書では，組織像を示して，腹足綱と二枚貝綱の中腸腺細管の基本構造を説明する．また，水産上重要種については，軟体部の解剖および鋳型の観察も加えて，中腸腺の全体像も説明する．なお，供試貝の種の分類は主に奥谷（1991, 2017）に従った．

図 1A-E　中腸腺細管の分枝型.
Figs. 1A-E　Branching types of the tubule system

以下に図と説明を記す.

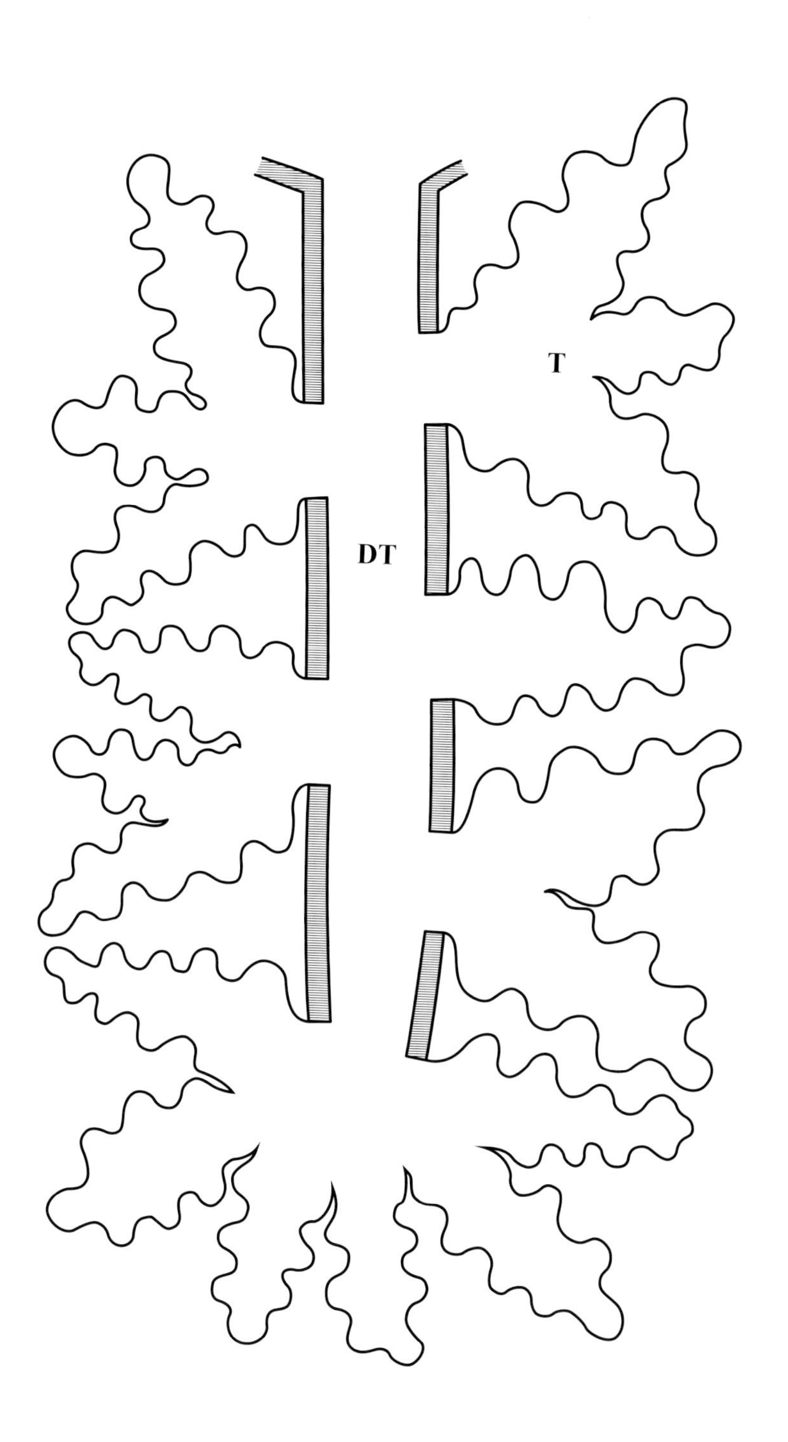

図 1A 中腸腺細管の単軸袋状分枝Ⅰ型.
中腸腺細管は導管の先端と側面から数個の大きな萎んだ袋になり，分枝して盲管を形成する（MⅠ型）.

Fig. 1A Monopodial saccular branching type I
Tubules branching off from both the distal end and the lateral side of the duct form several large, deflated and blind-ending sacs (MI type).

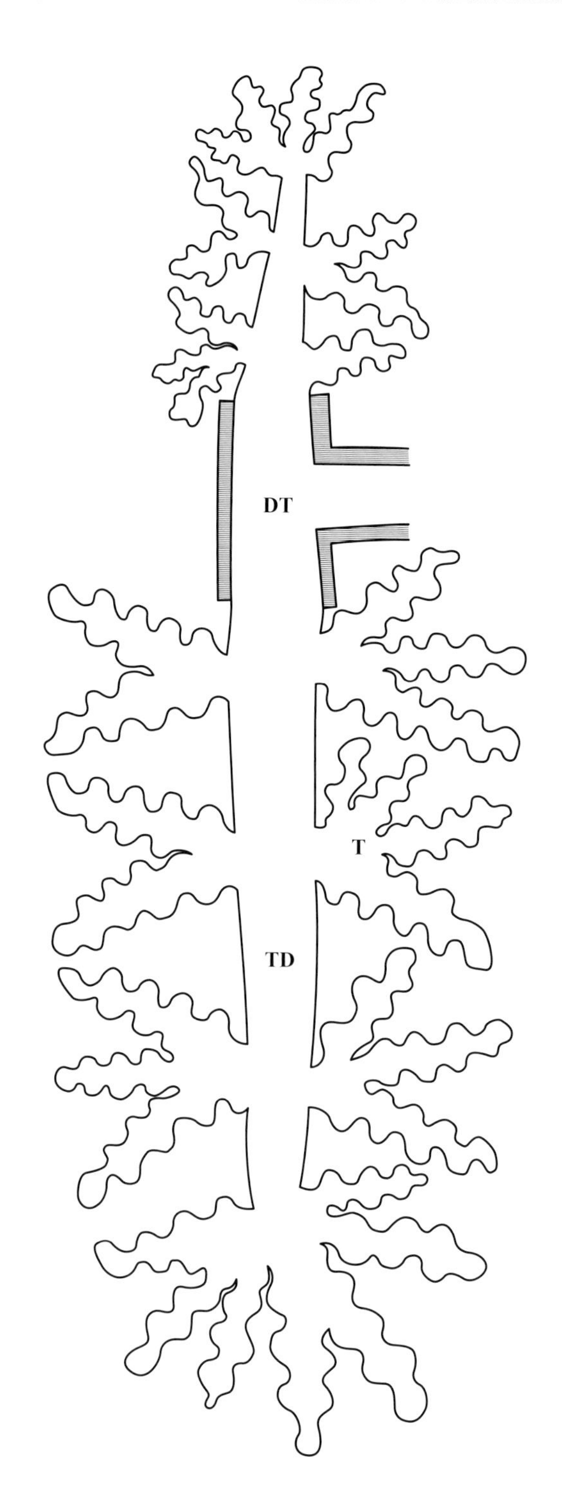

図 1B 中腸腺細管の単軸袋状分枝Ⅱ型.
中腸腺細管は導管の先端と側面から分枝し長く延びた細管の所々から，さらに数個の大きな萎んだ袋状になり，分枝して盲管を形成する（MⅡ型）.

Fig. 1B Monopodial saccular branching type II
Tubules elongating from both the distal end and the lateral side of the duct branch off and form several elongated, deflated and blind-ending sacs (M II type).

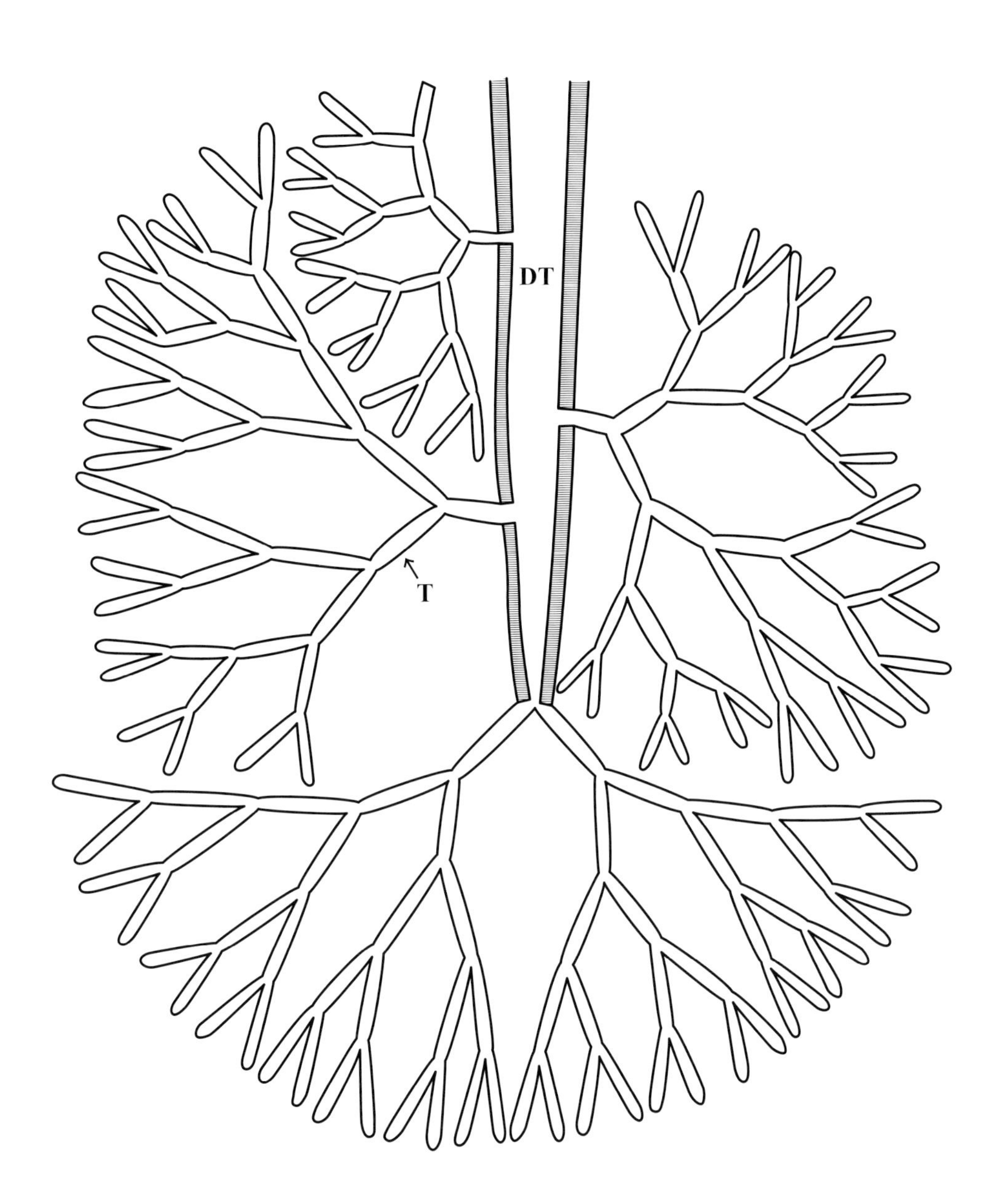

図 1C 中腸腺細管の叉状分枝型.
中腸腺細管は導管の先端と側面から延びて叉状分枝を繰り返し，盲管を形成する（D 型）.

Fig. 1C Dichotomous branching type
Tubules extending from both the distal end and the lateral side of the duct repeat dichotomous branching several times and form the blind-ending sacs (D type).

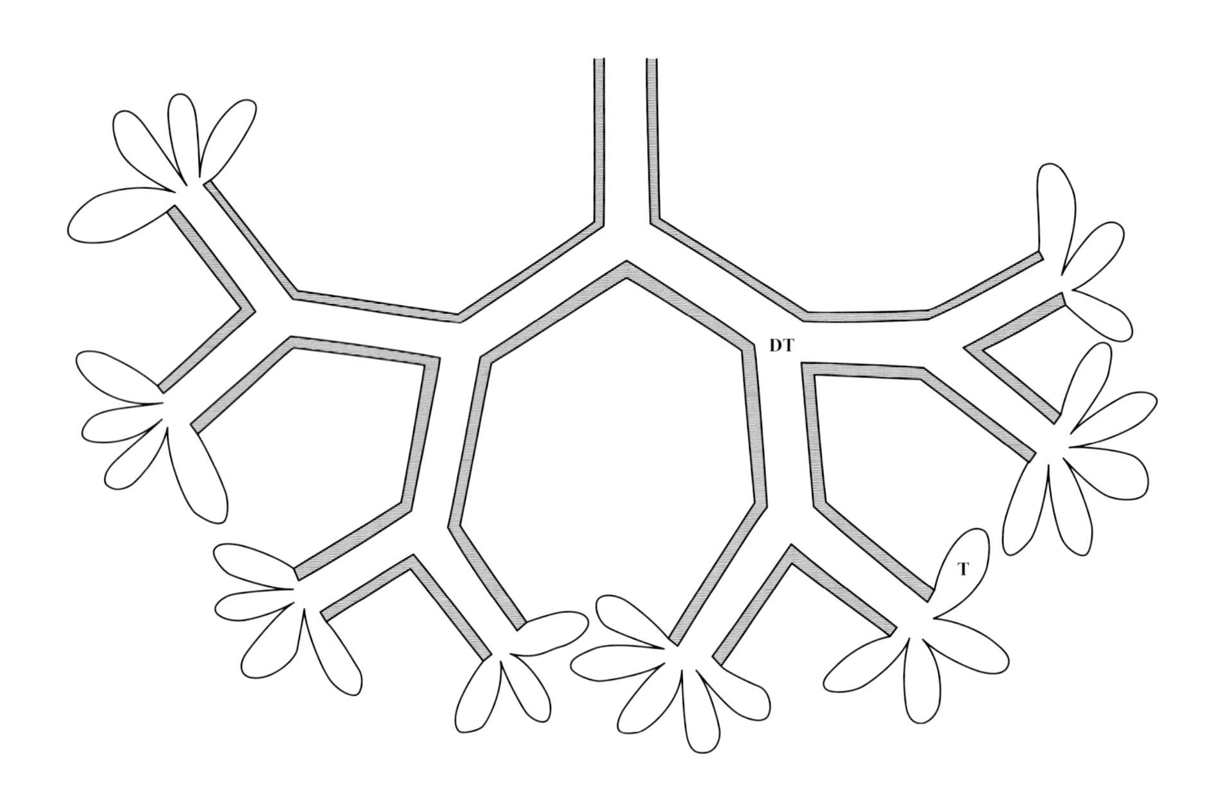

図1D 中腸腺細管の房状分枝 I 型.
中腸腺細管は導管の先端から直接房状に延び，盲管を形成する（SI型）.

Fig. 1D Simple acinar branching type I
Tubules extend directly from the distal end of the duct and form acinar blind-ending sacs (SI type).

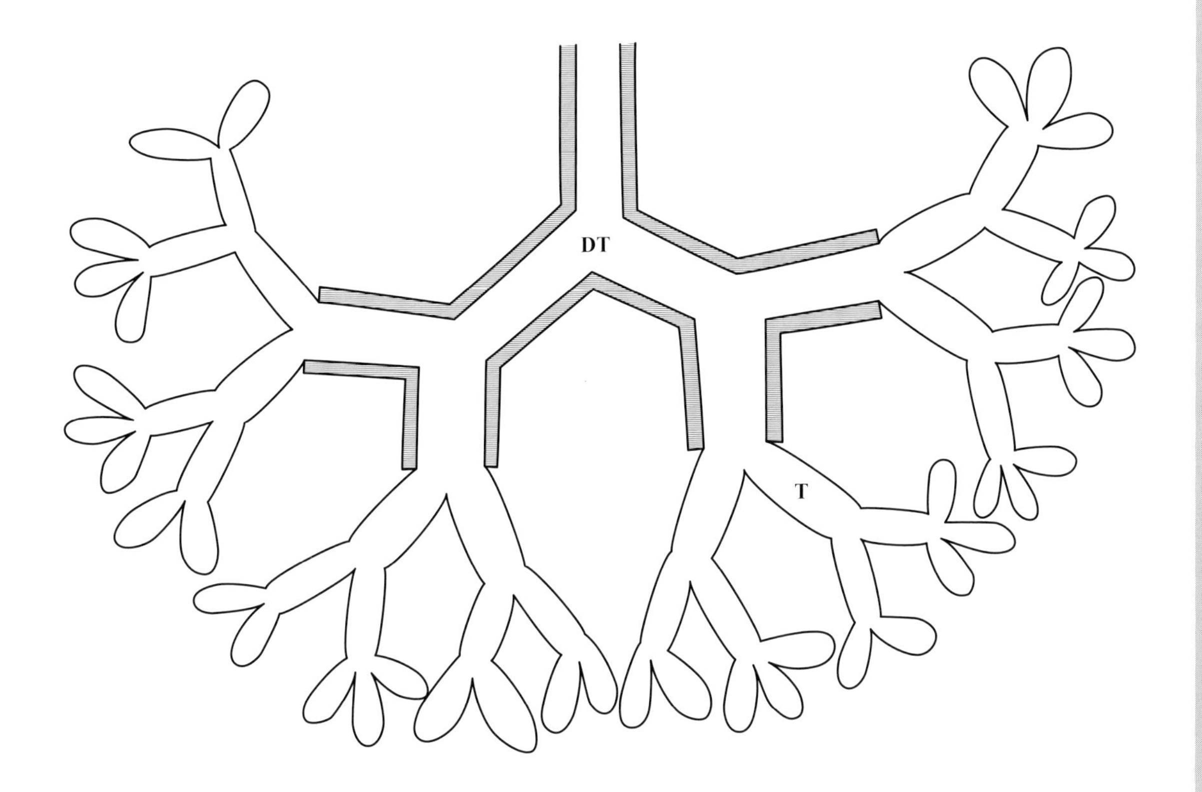

図1E 中腸腺細管の房状分枝Ⅱ型.
中腸腺細管は導管の先端から延びた細管が，さらに分枝を繰り返し，房状に延びて盲管を形成する（SⅡ型）.

Fig. 1E Simple acinar branching type II
Tubules extending from the distal end of the duct repeat dichotomous branching and form acinar blind-ending sacs (SII type).

第2章　中腸腺の観察法

1.　軟体部の観察

供試貝は入手後，室温のもとで無給餌畜養し，約0.4Mの塩化マグネシウム水溶液（Namba *et al*., 1995）に2～10時間浸漬し，体を伸展させて，Davidson液（Bell and Lightner, 1998）で固定し，同溶液で保存した．なお，Davidson液はエタノールの代わりにメタノールを用いて，メタノール：ホルマリン：氷酢酸：蒸留水＝66：44：23：67の比で調製した．観察は，主に胃の部分を中心に3方向に安全カミソリで切開し，肉眼および実体顕微鏡で行った．

2.　組織標本の作製

供試貝は入手後，水槽で5～30日間無給餌で畜養した．なお，海産の貝はフィルターを通して0.5 μm以上の懸濁物を除去した海水の流水下で畜養した．淡水産の貝は2日間空気で曝気した水道水を毎日取り替えて畜養した．畜養は，消化管内を空にし，体内の脂肪をできるだけ少なくするために行った．畜養後は，約0.4Mの塩化マグネシウム水溶液（Namba *et al*., 1995）に2～10時間浸漬して軟体部を伸展させ，上記のDavidson液に殻付きの状態で浸漬した．保存期間は，Davidson液で殻を脱灰させるために，2～4週間とした．組織標本作製には原則として殻長4.5cm以下の個体を用いた．

組織標本（10μm）は，下記の方法に従って，殻付きの個体を丸ごとパラフィン包埋し，体軸に対して3方向に連続切片を作製し，アザン染色した．

2-1.　パラフィン包埋

①固定した供試貝をガラス瓶に移して無水メタノールを注入し，完全に浸漬させて撹拌する．数分後，新しい無水メタノールに入れ替えて，再び撹拌する．

なお，組織切片作製および2-3.のアザン染色で用いた無水メタノールは，5リッター透明ガラス瓶にモレキュラシーブス（3A 1/16，和光純薬工業（株））を500g入れ，これにメタノール（特級）を入れて撹拌し，一昼夜以上静置した後，上澄みを使用した．

②以降，当日は数時間ごとに無水メタノールを入れ替え，夕方少し多めの無

水メタノールを注入して撹拌し，翌日まで静置する．翌日からは，朝夕の2回無水メタノールを入れ替え，この操作を4〜6日繰り返す．この間，浸漬に用いた無水メタノールは繰り返し使用しない．

③5〜7日目の朝，無水メタノールを除去した後，固定標本が完全に浸漬する程度にキシレンを注入して撹拌する．数分後，新しいキシレンに入れ替えて撹拌する．その後，数時間ごとにキシレンを入れ替え，夕方少し多めのキシレンを注入して撹拌し，翌日まで静置する．翌日には，朝夕の2回キシレンを入れ替え，次の日まで静置する．この間，浸漬に用いたキシレンは繰り返し使用しない．このようにして，固定標本をキシレンに2日間浸漬させる．

一方，キシレンでの浸漬開始の日には，恒温器の室温を60℃に設定し，パラフィンの融解を開始する．このように，パラフィンはその都度融解して使用する．なお，パラフィン（ヒストパラフィン，融点56〜58℃，和光純薬工業（株））は，その約10％量の蜜蝋（白色，シグマアルドリッチ（株））を加えて使用した．

④キシレンへの浸漬開始から3日目の朝，キシレンを除去して，融解させておいたパラフィンを固定標本が完全に浸漬するまで注ぎ，60℃に設定した恒温器に静置する．複数の固定標本へのパラフィンの注入が終了した後，はじめの固定標本から順に新しいパラフィンと取り替える．この操作から数時間経過した後，およびその日の夕方にも同様に新しいパラフィンと取り替える操作を行う．翌日には再度，十分な量の新しいパラフィンと取り替え，この状態で次の日まで静置する．なお，取り替え時には，浸漬後のパラフィンは繰り返し使用しない．

⑤パラフィンへの浸漬開始から3日目の朝，固定標本をパラフィン包埋する．

⑥包埋後は，室温に静置して徐々に冷却させて，パラフィンを固める．急冷すると，組織とパラフィンの境が剥離することがあり，切片作製に支障が生じる場合がある．

⑦パラフィンブロックは，成型した後，パラフィン用木製ブロックに貼り付ける．

2-2. 切片作製

①連続切片は，破損を防ぐためにパラフィンブロックの長軸方向に作製する．なお，1枚の切片の最大の長さは，回転式ミクロトーム（RM2125RT，ライカマイクロシステムズ（株））の刃の上下する長さ（5 cm）とした．

②連続切片は蒸留水に浮かべ，スライドガラス（水切放フロストS2226，大きさ76 × 26 mm，厚み1.2〜1.5 mm，松浪硝子工業（株））で掬い取って，

同スライドガラスに載せる.

③このスライドガラスを47℃に設定したパラフィン伸展器（M-110B，白井松器械（株））に並べて，切片を伸展させる.

④スライドガラス上の切片が十分に乾燥した後，パラフィン伸展器の温度を52℃に約1時間上昇させて，パラフィン切片をスライドガラスにしっかりと貼り付ける．スライドガラスに切片を貼り付ける際には，卵白などの接着剤は使用しない.

2-3. アザン染色

①染色籠（15枚用）に切片を貼り付けたスライドガラスを並べて入れる.

②染色籠をキシレン3槽，無水メタノール2槽，100%，90%，80%および70%メタノール各1槽の合計9槽に，順に5分ごとに浸漬して脱パラフィンを行う.

③染色籠に入れた状態のスライドガラスを水道水で5分間洗浄した後，蒸留水中に保存する.

④媒染剤（武藤化学（株））に20分間浸漬する.

⑤水道水で5分間洗浄した後，蒸留水中で染色籠を10回程度上下させて洗浄する.

⑥マロリー・アゾカルミンG液（膠原繊維染色用，武藤化学（株））に30分間浸漬する.

⑦蒸留水中で染色籠を10回上下させて洗浄する.

⑧0.1%アニリン・エタノール溶液中で染色籠を5～10回切片標本の染まり具合を確認しながら上下させた後，1%酢酸・エタノール溶液に1分間浸漬する.

⑨水道水で5分間洗浄して，蒸留水中で染色籠を10回程度上下させて洗浄する.

⑩5%リンタングステン酸液（武藤化学（株））に60分間以上浸漬する.

⑪蒸留水中で染色籠を10回程度上下させて洗浄する.

⑫マロリー・アニリン青オレンジG液（アザン染色用，武藤化学（株））の蒸留水での3倍希釈液に60分間浸漬する.

⑬浸漬後，取り出して，染色籠の周囲に付いた染色液をろ紙で除去する.

⑭スライドガラスを染色籠に入れたままの状態で，無水エタノールを入れた染色バット3槽に順に，切片標本の染まり具合を確認しながら素早く浸漬させて，目的とする色調まで脱色する．この手順の時には，無水メタノールは，脱色が早すぎて，切片標本の染まり具合の調節ができないことから，使用できな

い．なお，無水エタノールは前記の無水メタノールの操作と同様にして脱水した．

⑮次いで，キシレンを入れた染色バット3槽に，順に浸漬させて脱色の進行を止めて，乾燥させる．

⑯乾燥後，標本封入剤（オイキット，シグマアルドリッチ（株））を切片上にほぼ等間隔に3～4カ所滴下して，カバーガラス（NEO，大きさ24 × 50 mm，厚み0.12～0.17 mm，松浪硝子工業（株））を載せ，カバーガラス内の気泡を除去する．この時，カバーグラスからはみ出した標本封入剤はそのままの状態で乾燥させる．後日，はみだした部分はカッターナイフで削り落としてきれいにする．

3. 鋳型標本の作製

供試貝を入手後，上記の組織切片作製と同様にして，5～30日間無給餌で畜養して消化管内を空にし，約0.4 Mの塩化マグネシウム水溶液（Namba *et al.*, 1995）に2～10時間浸漬して体を伸展させて鋳型を作製する．鋳型の作製は，下記の方法で，主剤（MERCOX CL-2R，応研商事（株））3 *ml*当たり硬化剤（MERCOX MA, 応研商事（株））約0.1 gを混入させたもの（以降, 樹脂と表す）を用いて行う（Handa and Yamamoto, 2003）．

①先端近くを膨らませたポリエチレン細管（外径約1 mm，長さ20 cm, Hibiki No.3）にろ過海水を満たす．

②①を供試貝の口から食道へ挿入する．

③プラスチックシリンジ（5 *ml*,（株）トップ）を用いて，約1.5 *ml*/minの速さで樹脂を注入する．口からの注入で鋳型標本がうまく作製できない場合には，肛門から注入する．樹脂の注入総量は個体の大きさに応じて4～10 *ml*を使用した．

④注入後，樹脂の逆流を防ぐために細管の端を炎で炙って封入し，一晩海水に浸漬して樹脂を硬化させる．

⑤硬化後，20％水酸化ナトリウム水溶液に一昼夜浸漬し，水洗して肉質部を除去する．

⑥水洗後，水道水中に浸漬した状態で冷蔵保存する．

第3章　中腸腺細管の構造

1. 腹足綱 GASTROPODA

1-1. カサガイ目 Patellogastropoda（図2～図6）

図2 ☞ P.040
図3 ☞ P.041～042
図4 ☞ P.043～044
図5 ☞ P.045
図6 ☞ P.046～047

ヨメガカサ科のヨメガカサ *Cellana toreuma*（図2），マツバガイ *C. nigrolineata*（図3）およびベッコウガサ *C. grata*（図4），ユキノカサガイ科のウノアシ *Patelloida lanx*（図5）およびコウダカアオガイ *Nipponacmea concinna*（図6）の中腸腺（DD）は背面から見ると，扁平で楕円形の体型を反映して，体の中央に位置する胃（ST）を中心に四方に展開している．導管（DT）は，胃から延びた後，直ちに中腸腺細管（T）に連結し，長さが非常に短い．中腸腺細管は導管の末端および導管の所々から比較的太く長い幹状の導管様中腸腺細管（TD）となって放射状に延びている．さらに，中腸腺細管はそれらの導管様中腸腺細管の先端およびその所々から延びて，枝分かれを繰り返している．したがって，カサガイ目の中腸腺細管は単軸袋状分枝Ⅱ型（図1-B，P.004参照）を示している．

1-2. 古腹足目 Vetigastropoda（図7～図17）

図7 ☞ P.048
図8 ☞ P.049～050
図9 ☞ P.051～065
図10 ☞ P.066～067
図11 ☞ P.068～069
図12 ☞ P.070～071
図13 ☞ P.072
図14 ☞ P.073～075
図15 ☞ P.076～077
図16 ☞ P.078～091
図17 ☞ P.092～093

ニシキウズ科のイシダタミ *Monodonta labio confusa*（図7）およびクロツケガイ *M. neritoides*（図8）．サザエ科のサザエ *Turbo*（*Batillus*）*cornutus*（図9：第4章で詳述），スガイ *Lunella coronatus coreensis*（図10）およびウラウズガイ *Astralium haematragum*（図11），バテイラ科のクボガイ *Chlorostoma lischkei*（図12），ヘソアキクボガイ *C. turbinatum*（図13），クマノコガイ *C. xanthostigma*（図14）およびコシダカガンガラ *Omphalius rusticus*（図15）．これらの中腸腺細管（T）は胃（ST）から延びるごく短い導管（DT）から幹状の太い導管様中腸腺細管（TD）となって螺旋状の中腸腺（DD）の内側を先端（殻頂）に向かって延びている．さらに，中腸腺細管は導管様中腸腺細管の先端およびその所々から延びて，枝分かれを繰り返している．したがって，上記のニシキウズ科，サザエ科およびバテイラ科の9種の中腸腺細管は，カサガイ目と同様の単軸袋状分枝Ⅱ型（図1-B）を示している．

一方，ミミガイ科のクロアワビ *Haliotis*（*Nordotis*）*discus discus*（図16：第

4章で詳述)，スカシガイ科のオトメガサ *Scutus sinensis*（図17）では，中腸腺細管（T）は，胃（ST）から中腸腺（DD）の周囲に向かって延びる導管（DT）の先端および導管の所々から大きく萎んだ袋状を呈して延びている．したがって，クロアワビおよびオトメガサの中腸腺細管は単軸袋状分枝Ⅰ型（図1-A，P.003参照）を示している．

1-3．アマオブネガイ目 Neritimorpha（図18～図21）

図18 ☞ P.094～095
図19 ☞ P.096～097
図20 ☞ P.098
図21 ☞ P.099～101

キバアマガイ *Nerita*（*Ritena*）*plicata*（図18），オオマルアマオブネ *N.*（*Argonerita*）*chamaeleon*（図19），アマオブネガイ *N.*（*Theliostyla*）*albicilla*（図20）およびアマガイ *N.*（*Heminerita*）*japonica*（図21）．これらの中腸腺（DD）では，導管（DT）はカサガイ目および古腹足目の各種よりも発達して長くなっている．中腸腺細管（T）は，導管の末端および導管の所々から萎んだ袋状を呈して延びている．したがって，中腸腺細管はクロアワビやオトメガサと同様に，単軸袋状分枝Ⅰ型（図1-A）を示している．

1-4．新生腹足目 Caenogastropoda（図22～図39）

図22 ☞ P.102～109
図23 ☞ P.110～112
図24 ☞ P.113～114
図25 ☞ P.115～116
図26 ☞ P.117～118
図27 ☞ P.119～120
図28 ☞ P.121～124
図29 ☞ P.125～126
図30 ☞ P.127
図31 ☞ P.128～130
図32 ☞ P.131～133
図33 ☞ P.134～141
図34 ☞ P.142～144
図35 ☞ P.145～146
図36 ☞ P.147～149
図37 ☞ P.150～152
図38 ☞ P.153～155
図39 ☞ P.156～168

タニシ科のマルタニシ *Cipangopaludina chinensis malleata*（図22：第4章で詳述），ウミニナ科のウミニナ *Batillaria multiformis*（図23），カワニナ科のカワニナ *Semisulcospira libertina*（図24），キバウミニナ科のフトヘナタリ *Cerithidea moerchii*（図25），ヘナタリ *Pirenella nipponica*（図26），カワアイ *P. pupiformis*（図27），スズメガイ科のキクスズメ *Hipponix conicus*（図29），ソデボラ科のシドロガイ *Strombus*（*Doxander*）*japonicus*（図30），ムカデガイ科のオオヘビガイ *Thylacodes adamsii*（図31），タカラガイ科のメダカラ *Purpuradusta gracilis*（図32），タマガイ科のツメタガイ *Glossaulax didyma*（図33：第4章で詳述）およびオキニシ科のミヤコボラ *Bufonaria rana*（図34），イトマキボラ科のコナガニシ *Fusinus ferrugineus*（図35），アッキガイ科のヒメヨウラク *Ergalatax contractus*（図36），レイシガイ *Reishia bronni*（図37），イボニシ *R. clavigera*（図38），アカニシ *Rapana venosa*（図39：第4章で詳述）．これらの中腸腺（DD）では，導管（DT）は太い管が螺旋状の中腸腺の内側を胃（ST）から殻頂に向けて延び，その太い管の所々から枝分かれして延びている．中腸腺細管（T）は導管の末端および導管の所々から延びて，枝分かれを繰り返して展開している．したがって，上記12種の中腸腺細管は叉状分枝型（図1-C，P.005参照）を示している．

しかし，タマキビ科のタマキビ *Littorina*（*Littorina*）*brevicula*（図28）の中

腸腺は上記12種と異なって，導管（DT）は胃（ST）から延びた後，直ちに太い導管様中腸腺細管（TD）に連結している．この導管様中腸腺細管は螺旋状の中腸腺（DD）の内側を先端（殻頂）に向かって延びている．さらに，導管様中腸腺細管の先端およびその所々から，中腸腺細管（T）は延びて，枝分かれを繰り返している．したがって，中腸腺細管は単軸袋状分枝Ⅱ型（図1-B）を示している．

1-5. 裸側目 Nudipleura（図40，図41）
1-6. 真後鰓目 Euopisthobranchia（図42，図43）
1-7. 汎有肺目 Panpulmonata（図44）

裸側目のクモガタウミウシ *Platydoris speciosa*（図40）およびマダラウミウシ *Dendrodoris rubra*（図41），真後鰓目のブドウガイ *Haminoea japonica*（図42：第4章で詳述），アメフラシ *Aplysia*（*Varria*）*kurodai*（図43：第4章で詳述），汎有肺目のキクノハナガイ *Siphonaria*（*Anthosiphonaria*）*sirius*（図44）．これらの中腸腺（DD）では，中腸腺細管（T）はいずれの種でも同様に胃（ST）から中腸腺の周囲に向けて延びている導管（DT）の末端および導管の所々から萎んだ袋状を呈して延びている．したがって，上記5種の中腸腺細管はいずれも単軸袋状分岐Ⅰ型（図1-A）を示している．これらのことから，裸側目，真後鰓目および汎有肺目の中腸腺細管は単軸袋状分岐Ⅰ型（図1-A）を示すと考えられる．

図40 ☞ P.169
図41 ☞ P.170～172
図42 ☞ P.173～176
図43 ☞ P.177～188
図44 ☞ P.189～191

2. 二枚貝綱 BIVALVIA

2-1. フネガイ目 Arcoida（図45～図48）

フネガイ科のカリガネエガイ *Barbatia*（*Savignyarca*）*virescens*（図45），アカガイ *Scapharca broughtonii*（図46），サルボウ *S. kagoshimensis*（図47：第4章で詳述）およびハイガイ *Tegillarca granosa*（図48）．これらの中腸腺（DD）では，中腸腺細管（T）は導管（DT）の末端から延びて，枝分かれを繰り返している．したがって，フネガイ目の中腸腺細管は房状分枝Ⅱ型（図1-E，P.007参照）を示している．導管の末端（中腸腺細管に接続する直前の部位）は，断面が背の高い円筒形の細胞からなり，核が細長く，内面が繊毛（CL）で覆われた部位（A領域の部位，AR）と背の低い円筒形の細胞からなり，大きく丸い核を有し，内面が絨毛（VL）で覆われた部位（B領域の部位，BR）で構成さ

図45 ☞ P.194
図46 ☞ P.195
図47 ☞ P.196～206
図48 ☞ P.207

れている．中腸腺細管（T）は，導管のB領域の部位（BR）から分かれて延びている．

2-2. イガイ目 Mytiloida（図 49 ～図 52）

イガイ科のムラサキイガイ *Mytilus galloprovincialis*（図 49：第 4 章で詳述），ムラサキインコ *Septifer virgatus*（図 50），ヒバリガイ *Modiolus nipponicus*（図 51）およびホトトギスガイ *Arcuatula senhousia*（図 52）．これらの中腸腺（DD）では，中腸腺細管（T）は導管（DT）の末端から延びて，枝分かれを繰り返している．したがって，イガイ目の中腸腺細管は房状分枝Ⅱ型（図 1-E）を示している．導管の末端（中腸腺細管に接続する直前の部位）は断面がサルボウと同様に，A 領域の部位（AR）と B 領域の部位（BR）で構成され，中腸腺細管が導管の B 領域の部位から延びている．

図 49 ☞ P.208 ～ 220
図 50 ☞ P.221
図 51 ☞ P.222
図 52 ☞ P.223

2-3. ウグイスガイ目 Pterioida（図 53 ～図 59）

ウグイスガイ科のマベ *Pteria penguin*（図 53：第 4 章で詳述），アコヤガイ *Pinctada fucata martensii*（図 54：第 4 章で詳述）およびクロチョウガイ *P. margaritifera*（図 55：第 4 章で詳述），イタボガキ科のマガキ *Crassostrea gigas*（図 56：第 4 章で詳述），イワガキ *C. nippona*（図 57）およびケガキ *Saccostrea kegaki*（図 58），ハボウキガイ科のリシケタイラギ *Atrina*（*Servatrina*）*lischkeana*（図 59：第 4 章で詳述）．これらの中腸腺（DD）では，中腸腺細管（T）は 1 本ずつが分かれて導管（DT）の末端から房状に延びている．したがって，ウグイスガイ目の中腸腺細管は房状分枝Ⅰ型（図 1-D，P.006 参照）を示している．導管の末端（中腸腺細管に接続する直前の部位）は断面がフネガイ目およびイガイ目と同様に，A 領域の部位（AR）と B 領域の部位（BR）で構成され，B 領域の部位より中腸腺細管（T）が延びている．また，フネガイ目やイガイ目の中腸腺は，導管の B 領域の部位に粘液細胞が点在することが特徴のひとつとされており，同様の構造がマガキやケガキでも確認される．

図 53 ☞ P.224 ～ 226
図 54 ☞ P.227 ～ 239
図 55 ☞ P.240 ～ 251
図 56 ☞ P.252 ～ 259
図 57 ☞ P.260
図 58 ☞ P.261
図 59 ☞ P.262 ～ 272

2-4. イタヤガイ目 Pectinoida（図 60 ～図 61）

イタヤガイ科のアズマニシキ *Chlamys*（*Azumapecten*）*farreri nipponensis*（図 60）およびホタテガイ *Patinopecten yessoensis*（図 61）の中腸腺（DD）では，中腸腺細管（T）は導管（DT）の末端から延びて，枝分かれを繰り返している．したがって，イタヤガイ科の中腸腺細管は房状分枝Ⅱ型（図 1-E）を示している．導管と中腸腺細管の接合部（JD）は，アザン染色で赤く染まる導管の B 領域の

図 60 ☞ P.273
図 61 ☞ P.274

部位（BR）の細胞と同染色で青く染まる中腸腺細管の消化細胞（DC）が接続した構造となっており，このような組織像の顕著な相違から，容易に識別される（図60，図61）．

2-5. イシガイ目 Unioida（図62）

イシガイ科のドブガイ *Anodonta*（*Sinanodonta*）*woodiana*（図62）の中腸腺（DD）では，中腸腺細管（T）は1本ずつが導管（DT）の末端から房状に延びている．したがって，ドブガイの中腸腺細管は房状分枝Ⅰ型（図1-D）を示している．しかし，導管の末端の断面は一様で，A領域の部位とB領域の部位に分かれていない．

図62 ☞ P.275

2-6. トマヤガイ目 Carditoida（図63）

トマヤガイ科のトマヤガイ *Cardita leana*（図63）の中腸腺（DD）では，中腸腺細管（T）は1本ずつが導管（DT）の末端から房状に延びている．したがって，トマヤガイの中腸腺細管は房状分枝Ⅰ型（図1-D）を示している．しかし，導管の末端の断面は一様で，A領域の部位とB領域の部位に分かれていない．

図63 ☞ P.276

2-7. マルスダレガイ目 Veneroida（図64～図76）

シャコガイ科のヒレシャコ *Tridacna squamosa*（図64：第4章で詳述），マルスダレガイ科のオニアサリ *Protothaca jedoensis*（図65），アサリ *Ruditapes philippinarum*（図66：第4章で詳述），オキアサリ *Macridiscus multifarius*（図67），ハマグリ *Meretrix lusoria*（図68：第4章で詳述）およびオキシジミ *Cyclina sinensis*（図69），フジノハナガイ科のナミノコガイ *Latona cuneata*（図70），ニッコウガイ科のサラガイ *Megangulus venulosus*（図71），マテガイ科のマテガイ *Solen strictus*（図72：第4章で詳述），ナタマメガイ科のアゲマキガイ *Sinonovacula constricta*（図73：第4章で詳述），バカガイ科のバカガイ *Mactra chinensis*（図74）およびウバガイ *Pseudocardium sachalinense*（図75），チドリマスオ科のイソハマグリ *Atactodea striata*（図76）．これら13種の中腸腺（DD）では，中腸腺細管（T）は1本ずつが導管（DT）の末端から房状に延びている．したがって，マルスダレガイ目の中腸腺細管は房状分枝Ⅰ型（図1-D）を示している．導管の末端の断面は一様で，A領域の部位とB領域の部位に分かれていない．

図64 ☞ P.277～290
図65 ☞ P.291
図66 ☞ P.292～304
図67 ☞ P.305
図68 ☞ P.306～315
図69 ☞ P.316
図70 ☞ P.317
図71 ☞ P.318
図72 ☞ P.319～335
図73 ☞ P.336～343
図74 ☞ P.344
図75 ☞ P.345
図76 ☞ P.346

二枚貝綱では，捕捉した懸濁粒子は，中腸腺細管の消化細胞による食作用で細胞内消化を行うと同時に，中腸腺も含めた消化管で細胞外消化も行っている．

しかし，腹足綱では細胞内消化は認められず，もっぱら中腸腺も含めた消化管で細胞外消化を行っているといわれている．本書でも，二枚貝綱の種が中腸腺細管の消化細胞内に懸濁粒子を取り込んだ様子は，アズマニシキ（図60），トマヤガイ（図63），オニアサリ（図65），ナミノコガイ（図70）およびサラガイ（図71）で確認される．しかし，腹足綱では，中腸腺細管の消化細胞内に懸濁粒子を取り込んだ様子は全ての種で認められない．

3. まとめ

中腸腺細管の型一覧

腹足綱　GASTROPODA

カサガイ目 Patellogastropoda

ヨメガカサ科 Nacellidae

ヨメガカサ *Cellana toreuma* ……M II

マツバガイ *Cellana nigrolineata* ……M II

ベッコウガサ *Cellana grata* ……M II

ユキノカサガイ科 Lottiidae

ウノアシ *Patelloida lanx* ……M II

コウダカアオガイ *Nipponacmea concinna* ……M II

古腹足目 Vetigastropoda

ニシキウズ科 Trochidae

イシダタミ *Monodonta labio confusa* ……M II

クロヅケガイ *Monodonta neritoides* ……M II

サザエ科 Turbinidae

サザエ *Turbo*（*Batillus*）*cornutus* ……M II

スガイ *Lunella coronatus coreensis* ……M II

ウラウズガイ *Astralium haematragum* ……M II

バテイラ科 Tegulidae

クボガイ *Chlorostoma lischkei* ……M II

ヘソアキクボガイ *Chlorostoma turbinatum* ……M II

クマノコガイ *Chlorostoma xanthostigma* ……M II

コシダカガンガラ *Omphalius rusticus* ……M II

ミミガイ科 Haliotidae

クロアワビ *Haliotis*（*Nordotis*）*discus discus* ……M I

スカシガイ科 Fissurellidae

オトメガサ *Scutus sinensis* ……M I

アマオブネガイ目 Neritimorpha

アマオブネガイ科 Neritidae

キバアマガイ *Nerita*（*Ritena*）*plicata* ……M I

オオマルアマオブネ *Nerita*（*Argonerita*）*chamaeleon* ……M I

アマオブネガイ *Nerita*（*Theliostyla*）*albicilla* ……M I

アマガイ *Nerita*（*Heminerita*）*japonica* ……M I

新生腹足目 Caenogastropoda

タニシ科 Viviparidae

マルタニシ *Cipangopaludina chinensis malleata*……………………………D

ウミニナ科 Batillariidae

ウミニナ *Batillaria multiformis*……………………………………………D

カワニナ科 Pleuroceridae

カワニナ *Semisulcospira libertina*…………………………………………D

キバウミニナ科 Potamididae

フトヘナタリ *Cerithidea moerchii*…………………………………………D

ヘナタリ *Pirenella nipponica*………………………………………………D

カワアイ *Pirenella pupiformis*………………………………………………D

タマキビ科 Littorinidae

タマキビ *Littorina* (*Littorina*) *brevicula*………………………………M II

スズメガイ科 Hipponicidae

キクスズメ *Hipponix conicus*………………………………………………D

ソデボラ科 Strombidae

シドロガイ *Strombus* (*Doxander*) *japonicus*……………………………D

ムカデガイ科 Vermetidae

オオヘビガイ *Thylacodes adamsii*…………………………………………D

タカラガイ科 Cypraeidae

メダカラ *Purpuradusta gracilis*……………………………………………D

タマガイ科 Naticidae

ツメタガイ *Glossaulax didyma*………………………………………………D

オキニシ科 Bursidae

ミヤコボラ *Bufonaria rana*…………………………………………………D

イトマキボラ科 Fasciolariidae

コナガニシ *Fusinus ferrugineus*……………………………………………D

アッキガイ科 Muricidae

ヒメヨウラク *Ergalatax contractus*…………………………………………D

レイシガイ *Reishia bronni*…………………………………………………D

イボニシ *Reishia clavigera*…………………………………………………D

アカニシ *Rapana venosa*……………………………………………………D

裸側目 Nudipleura

ツヅレウミウシ科 Discodorididae

クモガタウミウシ *Platydoris speciosa*……………………………………M I

クロシタナシウミウシ科 Dendrodorididae

マダラウミウシ *Dendrodoris rubra*…………………………………………M I

真後鰓目 Euopisthobranchia

ブドウガイ科 Haminoeidae

ブドウガイ *Haminoea japonica* ……………………………………………M I

アメフラシ科 Aplysiidae

アメフラシ *Aplysia* (*Varria*) *kurodai* ……………………………………M I

汎有肺目 Panpulmonata

カラマツガイ科 Siphonariidae

キクノハナガイ *Siphonaria* (*Anthosiphonaria*) *sirius* ……………………M I

二枚貝綱 BIVALVIA

フネガイ目 Arcoida

フネガイ科 Arcidae

カリガネエガイ *Barbatia* (*Savignyarca*) *virescens* ……………………S II

アカガイ *Scapharca broughtonii* ……………………………………………S II

サルボウ *Scapharca kagoshimensis* …………………………………………S II

ハイガイ *Tegillarca granosa* ………………………………………………S II

イガイ目 Mytiloida

イガイ科 Mytilidae

ムラサキイガイ *Mytilus galloprovincialis* ………………………………S II

ムラサキインコ *Septifer virgatus* …………………………………………S II

ヒバリガイ *Modiolus nipponicus* …………………………………………S II

ホトトギスガイ *Arcuatula senhousia* ……………………………………S II

ウグイスガイ目 Pterioida

ウグイスガイ科 Pteriidae

マベ *Pteria penguin* …………………………………………………………S I

アコヤガイ *Pinctada fucata martensii* ……………………………………S I

クロチョウガイ *Pinctada margaritifera* …………………………………S I

イタボガキ科 Ostreidae

マガキ *Crassostrea gigas* ……………………………………………………S I

イワガキ *Crassostrea nippona* ………………………………………………S I

ケガキ *Saccostrea kegaki* ……………………………………………………S I

ハボウキガイ科 Pinnidae

リシケタイラギ *Atrina* (*Servatrina*) *lischkeana* …………………………S I

イタヤガイ目 Pectinoida
　イタヤガイ科 Pectinidae
　　アズマニシキ *Chlamys*（*Azumapecten*）*farreri nipponensis*……………S II
　　ホタテガイ *Patinopecten yessoensis*………………………………………S II

イシガイ目 Unioida
　イシガイ科 Unionidae
　　ドブガイ *Anodonta*（*Sinanodonta*） *woodiana* …………………………S I

トマヤガイ目 Carditoida
　トマヤガイ科 Carditidae
　　トマヤガイ *Cardita leana*……………………………………………………S I

マルスダレガイ目 Veneroida
　シャコガイ科 Tridacnidae
　　ヒレシャコ *Tridacna squamosa*……………………………………………S I
　マルスダレガイ科 Veneridae
　　オニアサリ *Protothaca jedoensis*…………………………………………S I
　　アサリ *Ruditapes philippinarum*……………………………………………S I
　　オキアサリ *Macridiscus multifarius*………………………………………S I
　　ハマグリ *Meretrix lusoria*…………………………………………………S I
　　オキシジミ *Cyclina sinensis*………………………………………………S I
　フジノハナガイ科 Donacidae
　　ナミノコガイ *Latona cuneata*………………………………………………S I
　ニッコウガイ科 Tellinidae
　　サラガイ *Megangulus venulosus*……………………………………………S I
　マテガイ科 Solenidae
　　マテガイ *Solen strictus*……………………………………………………S I
　ナタマメガイ科 Pharellidae
　　アゲマキガイ *Sinonovacula constricta*……………………………………S I
　バカガイ科 Mactridae
　　バカガイ *Mactra chinensis*…………………………………………………S I
　　ウバガイ *Pseudocardium sachalinense*……………………………………S I
　チドリマスオ科 Mesodesmatidae
　　イソハマグリ *Atactodea striata*……………………………………………S I

（注）

・種名等は『日本近海産貝類図鑑 第二版』奥谷（2017）に，なお淡水の貝類は「世界文化生物大図鑑貝類」奥谷（1991）および『軟体動物学概説』上巻　渡部，奥谷，西脇共編（1994）に基づいて分類した

・中腸腺細管の型は以下の記号で示した

MⅠ：単軸袋状分枝Ⅰ型（図1-A）（Monopodial saccular branching type I）
MⅡ：単軸袋状分枝Ⅱ型（図1-B）（Monopodial saccular branching type II）
D　：叉状分枝型（図1-C）（Dichomous branching type）
SⅠ：房状分枝Ⅰ型（図1-D）（Simple acinar branching type I）
SⅡ：房状分枝Ⅱ型（図1-E）（Simple acinar branching type II）

第4章　中腸腺の構造

1. 腹足綱 GASTROPODA

古腹足目 Vetigastropoda（第3章 1-2.）

サザエ *Turbo*（*Batillus*）*cornutus*（図 9-1 ～図 9-15）

☞ P.051 ～ 065

中腸腺（DD1, DD2）は，殻を除去すると，腸（IN）の螺旋状に巻いた部分から殻頂への方向と胃（ST）から鰓葉（CT）への2方向に展開している（図9-1）．軟体部の断面では，中腸腺は胃を取り巻く部分から殻頂へ展開する様子が確認される（図9-1 ～ 9-4）．鋳型では，中腸腺は胃から殻頂へ向かう部分（DD1）と胃から殻口への部分（DD2）に展開している様子がよく分かる（図9-5，図9-6）．また，鋳型から，腸は非常に長く，胃から出てしばらくすると螺旋構造を示し，この螺旋構造とその前後の管には輪状の皺が認められる（図9-6，図9-7）．

導管（DT）は，鋳型では，胃盲嚢（CM）が胃の噴門部（CA）に接する部位の胃壁が陥入した1カ所から2本出ている様子が確認される（図9-7 ～ 9-10）．このことから，導管は胃壁の **Embayment 構造**から出ていることになる．2本のうちの1本は胃壁から出ると直ちに2つに分かれ，それぞれが枝分かれを繰り返して胃の噴門部と幽門部（PA）の間および幽門部から螺塔へかけての DD1 で示した部分を形成し，もう1本は噴門部から殻口へ向けて枝分かれを繰り返して DD2 で示した部分を形成している（図9-7 ～ 9-10）．

Embayment 構造：胃壁の1カ所の湾入した所から複数本の導管が出ている構造

しかし，組織像では，導管（DT）の断面は，アザン染色で赤く染まる繊毛細胞（CC）で周囲が囲まれ，内壁が繊毛（CL）で覆われている（図9-11，図9-14）．このような構造は胃壁と同様なことから，胃と導管の境は組織的にも差違を認めがたい（図9-11 ～ 9-14）．しかし，導管と中腸腺細管の接合部（JD）は，アザン染色で赤く染まる導管の繊毛細胞と青く染まる中腸腺細管（T）の消化細胞（DC）で接続した顕著な組織像の相違から，容易に識別される（図9-11 ～ 9-15）．これらの特徴から，導管は胃から出た後，直ちにその末端が中腸腺細管に接続しており，比較的短い様子が確認される（図9-11 ～ 9-14）．したがって，中腸腺の複雑な枝分かれの部分は主に中腸腺細管で構成されていることが明らかである（図9-11 ～ 9-15）．

中腸腺細管（T）は，導管（DT）から出た後，導管様中腸腺細管（TD）の太い幹となって長く延び，その所々から側枝となって延びて，枝分かれを繰り返している（図 9-11 ～ 9-14）．胃（ST）から殻頂に向けての中腸腺の部分では，導管様中腸腺細管は螺旋状に巻いている中腸腺（DD）の内側を殻頂に向けて走行している（図 9-11 ～ 9-14）．このような導管様中腸腺細管とそれから延びて枝分かれを繰り返す中腸腺細管の構造を示すことから，サザエの中腸腺細管は，典型的な単軸袋状分枝Ⅱ型（図 1-B）を示すことが明らかである．中腸腺細管の断面は，アザン染色で青く染まる消化細胞（DC）で囲まれ，**Crypt 様構造**に同染色で赤く染まる暗細胞（DS）が局在している（図 9-11 ～ 9-15）．

Crypt 様構造：中腸腺細管の断面像で内壁が皺状に食い込んだ部位

クロアワビ *Haliotis* (*Nordotis*) *discus discus*（図 16-1 ～図 16-14）

☞ P.078 ～ 091

中腸腺（DD）は，殻を除去すると，内臓塊螺旋部（VC）から生殖腺（GD）の外側（体の後側）に展開している（図 16-1，図 16-2）．軟体部を水平に切開すると，胃（ST）と生殖腺に囲まれた部位と胃の後側に展開する様子が確認される（図 16-1 ～ 16-4）．鋳型では，背面から見ると，噴門部（CA）と幽門部（PA）は露出し，中腸腺はこれらの部位には展開しない（図 16-5）．腹面から見ると，嗉嚢（CR）と幽門部の大半は露出し，中腸腺はこれらの部分にも展開していない（図 16-5）．

導管（DT）は，組織像では胃（ST）の腹面と背面から出ている様子が確認される（図 16-3，図 16-4，図 16-6）．鋳型をみると，導管は胃の噴門部（CA）の背面の 2 カ所（D1, D2）と胃の幽門部（PA）の腹面の 1 カ所（D3）の合計 3 カ所から延びている（図 16-7，図 16-8）．また，鋳型を分解して，中腸腺を胃との境で切り離すと，中腸腺は導管が胃の背側の 2 カ所（D1, D2）と腹側の 1 カ所（D3）から 1 本ずつ出て，樹枝状に枝分かれしている様子がよく分かる（図 16-9）．これらの枝分かれは，D1 の導管からの部分が中腸腺の DD1 の部位を，D2 の導管からが中腸腺の DD2 の部位を，D3 の導管からが中腸腺の DD3 の部位を構成している様子が確認される（図 16-9，図 16-10）．このように鋳型では，導管は胃から延びた後，複雑な枝分かれを繰り返しているように見える（図 16-7 ～ 16-11）．しかし，組織像では，導管は胃から出た後，直ちにその側壁と先端が中腸腺細管（T）に接続しており，比較的短いことが確認される（図 16-6，図 16-11）．したがって，鋳型で複雑な枝分かれに見える部分は，主に中腸腺細管で構成された部位であることが明らかである．

導管（DT）は，周囲が胃壁と同様にアザン染色で赤く染まる繊毛細胞（CC）で囲まれ，内壁が繊毛（CL）で覆われている（図 16-11 ～ 16-14）．導管の断面はなめらかな楕円形で，縦に走る皺状の構造は認められない．導管はアザン染色で赤く染まる繊毛細胞で構成される部位が，同染色で青く染まる中腸腺細管（T）の消化細胞（DC）と接続している（図16-12）．したがって，導管と中腸腺細管の接合部（JD）は両者の組織像の顕著な相違から，容易に識別される（図16-11 ～ 16-14）．

中腸腺細管（T）は，組織像をみると，内容物が認められない場合には内壁が接着して，入り乱れた形で収まっている（図16-6, 図16-11 ～ 16-14）．しかし，食物が詰まると，袋状に拡張し，その袋状の側壁の随所から小室を分岐させている（図16-11 ～ 16-14）．このような構造からも，クロアワビの中腸腺細管は前記のサザエと異なって，典型的な単軸袋状分枝Ⅰ型（図1-A）を示すことが明らかである．一方，中腸腺細管の断面はサザエと同様に，内壁がアザン染色で青く染まる消化細胞（DC）で囲まれ，Crypt様構造に同染色で赤く染まる暗細胞（DS）が局在している（図16-11 ～ 16-14）．

新生腹足目 Caenogastropoda（第3章 1-4.）

マルタニシ *Cipangopaludina chinensis malleata*（図22-1 ～図22-8）

☞ P.102 ～ 109

中腸腺（DD）は，大きな保育嚢（NS）から螺塔に向かって展開している（図22-1）．鋳型では，中腸腺の大部分（DD1）は胃（ST）から螺塔へ向かって展開し，その一部（DD2）は殻口の方へも展開している様子が確認される（図22-2）．このようにDD2で示す部位が小さい原因は，保育嚢が鰓腔から胃までの部分を大きく占めるためと考えられる．しかし，断面像や鋳型をみると，中腸腺はサザエやクロアワビと同様に，胃の腹面に展開し，背面には展開していない（図22-1，図22-2）．

導管（DT）は，鋳型では，胃の食道（OS）寄りの1カ所の**Orifice構造**から1本が出て，螺塔と殻口への2方向へ枝分かれして延びている（図22-3）．螺塔への導管は，螺旋状に巻いている中腸腺（DD）の内側に沿って延びている．中腸腺の垂直方向に作製した連続切片の組織像では，導管は中腸腺の一断面像ごとに3本前後が確認されるだけである（図22-5B）．このことから，導管はほとんど枝分かれせずに螺塔へ延びていると推測される．導管と中腸腺細管の接合部（JD）は，アザン染色で赤く染まる導管の繊毛細胞（CC）と青く染まる中腸腺細管（T）の消化細胞（DC）が接続した構造となっており，このような組織像の顕著な相違から，容易に識別される（図22-4，図22-5）．

> Orifice構造：1カ所の胃壁から1本の導管が出ている構造

中腸腺細管（T）は，枝分かれを繰り返している導管（DT）の側壁の所々および導管の末端から延びている（図22-4 ～ 22-8）．また，中腸腺の垂直方向に作製した連続切片を観察すると，中腸腺細管は螺塔へ延びる導管から中腸腺の外周に向かってほぼ同じ太さで枝分かれを繰り返して放射状に展開している様子が確認される（図 22-4 ～ 22-7）．したがって，マルタニシの中腸腺細管は典型的な叉状分岐型（図 1-C）を示している．

ツメタガイ *Glossaulax didyma*（図 33-1 ～図 33-8）

☞ P.134 ～ 141

中腸腺（DD）は，胃（ST）を中心に螺塔と殻口への 2 方向に展開している（図 33-1）．鋳型でも，胃を中心に螺旋状に展開している様子が確認される（図 33-2 ～ 33-4）．しかし，鋳型では，胃，食道（OS）および胃に隣接した腸（IN）の一部は，中腸腺が展開せずに，露出している（図 33-2 ～ 33-4）．

導管（DT）は胃（ST）の食道（OS）寄りに位置する 1 カ所の Orifice 構造の胃壁の開口部（OF）から 1 本が出て，枝分かれしている（図 33-5）．組織像では，導管は中腸腺細管（T）とほぼ同じ太さに細くなった部位で中腸腺細管と接続した構造を示し，導管の内壁は，非常に良く発達した繊毛（CL）で覆われている（図 33-6，図 33-7）．導管と中腸腺細管の接合部（JD）は，アザン染色で赤く染まる導管の繊毛細胞（CC）と青く染まる中腸腺細管の消化細胞（DC）が接続した構造となっており，このような組織像の顕著な相違から，容易に識別される（図 33-6，図 33-7）．

中腸腺細管（T）は，螺旋状に巻いている中腸腺の内側を走行する導管（DT）から外周に向かって出た後，ほぼ同じ太さで分岐して放射状に展開している（図 33-6）．したがって，ツメタガイの中腸腺細管はマルタニシと同様に，叉状分岐型（図 1-C）を示している．

中腸腺細管の断面は，全体がアザン染色で青く染まる消化細胞（DC）で構成され，赤く染まる暗細胞（DS）が確認されない（図 33-6 ～ 33-8）．一方，中腸腺細管の内壁は導管よりも良く発達した長い繊毛（CL）で覆われている（図 33-6 ～ 33-8）．このような発達した繊毛構造は，次に明らかにする新生腹足目の各種でも認められることから，新生腹足目に特有なのか，あるいは肉食性の貝類に特有なのかなども含めて今後検証を要すところである．

アカニシ *Rapana venosa*（図 39-1 ～図 39-13）

☞ P.156 ～ 168

中腸腺（DD）は，胃（ST）を中心として，殻頂および殻口への 2 方向に展開している（図 39-1）．鋳型では，胃の幽門部（PA）と噴門部（CA）の一部には展開せず，胃が露出し，食道（OS）と腸（IN）は，ほぼ平行に走行して胃と連結している（図 39-3 ～ 39-4）．

導管（DT）は，食道（OS）と腸（IN）が胃（ST）と連絡している中間付近の1カ所のEmbayment構造の湾入部から2本が出ている（図39-5～39-7）．殻口へ延びる導管の1本（D2）は枝分かれを繰り返して中腸腺のDD2で示した部位を形成している（図39-5～39-7）．一方，殻頂へ延びる導管の1本（D1）は，殻頂に向かって旋回する中腸腺の内側を太い幹で走行し，その側壁の所々から枝を出し，枝分かれを繰り返してDD1の部位を形成している（図39-5～39-8）．導管の断面は，縦に長い繊毛細胞（CC）が核を外側に配置させて並んだ構造で，繊毛（CL）が内面を覆っている（図39-8～39-10）．

中腸腺細管（T）は，枝分かれを繰り返している導管（DT）の側壁の所々および導管の先端から延びている（図39-8～39-10）．中腸腺細管は，螺塔へ延びる導管から殻頂に向かって旋回する中腸腺（DD）の外周に向かって枝分かれを繰り返して放射状に展開する様子が，中腸腺の垂直切片で明確に確認される（図39-9，図39-10）．したがって，アカニシの中腸腺細管は叉状分岐型（図1-C）を示している．

一方，中腸腺細管（T）は，アザン染色で青く染まる消化細胞（DC）で構成され，ツメタガイと同様に赤く染まる暗細胞（DS）が確認されない（図39-8～39-10）．中腸腺細管の内面は，ツメタガイと同様に，導管よりも長い繊毛（CL）で覆われている（図39-8～39-10）．導管と中腸腺細管の接続部（JD）は，アザン染色で赤く染まる導管の繊毛細胞（CC）と青く染まる中腸腺細管の消化細胞が接続した構造となっており，このような組織像の顕著な相違から，容易に識別される（図39-8）．

唾液腺（SD）は，食道（OS）の口寄りに位置し，外見上は中腸腺（DD）に酷似した構造を示している（図39-2，図39-3）．唾液腺の導管（DG）は，鋳型では食道から1本延びて，直後に2つに分かれ，さらにそれぞれが枝分かれを繰り返す様相を示している（図39-11）．しかし，組織像では，唾液腺の導管は太いものが中央を走っているだけで，鋳型での枝分かれに見える部分は唾液腺の分泌腺細胞に囲まれた室が枝分かれした構造であることが明らかである（図39-12，図39-13）．この室が枝分かれして房状をなした部分は，アザン染色で青く染まる結合組織の膜で覆われて，房ごとに区切られた構造を示している（図39-10）．また，唾液腺の導管の内面は繊毛（CL）で覆われている（図39-12，図39-13）．しかし，唾液腺の分泌腺細胞に囲まれた室の内面は，繊毛が認められない．

真後鰓目 Euopisthobranchia（第３章 1-6.）

ブドウガイ *Haminoea japonica*（図 42-1 ～図 42-4）

☞ P.173 ～ 176

内臓塊は，ブドウガイが軟体部を大きく展開させて活動している時でも，殻内に収まっている（図 42-1）．鋳型を見ると，中腸腺（DD）は胃（ST）の腹側の噴門部から食道部の間（DD1）および幽門部から腸の間の左右（DD2, DD3）の合計３つの部位に分かれて展開し，胃の背側には展開していない（図 42-2, 図 42-3）．

導管（DT）は，胃（ST）の噴門近くの１カ所および幽門近くの左右の合計3カ所の Orifice 構造から１本ずつ出ている（図 42-3）．鋳型では，胃壁の３カ所から延びたそれぞれの導管が枝分かれを繰り返して中腸腺を構成しているように見える（図 42-2, 図 42-3）．しかし，組織像では，胃壁の３カ所から出た導管のそれぞれ（D1, D2, D3）は，いずれも短く胃から出た後，枝分かれせずに，胃壁から出ると直ちにそれぞれの末端が中腸腺細管（T）に繋がっている様子が確認される（図 42-3, 図 42-4）．導管と中腸腺細管の接続部（JD）は，密に並んだ縦長の導管の繊毛細胞（CC）と比較的幅が広い中腸腺細管の消化細胞（DC）が接続した構造となっており，このような組織像の相違から識別される（図 42-4）．

中腸腺細管（T）は，萎んだ袋状を呈して導管（DT）から延びている（図 42-4）．したがって，ブドウガイの中腸腺細管は単軸袋状分岐 I 型（図 1-A）を示している．

アメフラシ *Aplysia*（*Varria*）*kurodai*（図 43-1 ～図 43-12）

☞ P.177 ～ 188

中腸腺（DD）は，ソラマメ状の形で，内臓の大きな部分を占めている（図 43-1, 図 43-2）．鋳型では，中腸腺は胃（ST）の腹側だけに位置し，外側を腸（IN）が取り巻いている様子が確認される（図 43-3 ～ 43-6）．

導管（DT）は，晶体嚢（SS）基部右側の Orifice 構造の１カ所から１本と，左側の大きく盛り上がった Embayment 構造の１カ所から２本の合計３本出ている（図 43-6, 図 43-7）．しかし，導管は比較的短く，その先端および側壁の所々が中腸腺細管（T）に連なっている（図 43-8, 図 43-9）．導管と中腸腺細管の接合部（JD）は，アザン染色で赤く染まる導管の繊毛細胞（CC）と同染色で青く染まる中腸腺細管の消化細胞（DC）が接続した構造となっており，このような組織像の顕著な相違から，容易に識別される（図 43-8, 図 43-9）．

中腸腺細管（T）は，萎んだ袋状を呈して導管から延びている（図 43-8 ～ 43-12）．したがって，アメフラシの中腸腺細管はブドウガイと同様に単軸袋状分岐I型（図1-A）を示している．中腸腺細管の断面は，アザン染色で青く染まる消化細胞（DC）で構成され，赤く染まる暗細胞様の細胞が所々に比較的まとまって確認される（図43-8～43-12）．この赤い細胞には，必ず中に1～数個の粒子が確認される（図43-8～43-10, 図43-12）．しかし, 本来の暗細胞（DS）は，多くの種では中腸腺細管のCrypt様構造に局在し，そうでない種でも中腸腺細管の内壁の所々に1つずつが点在する様相を示している．また，暗細胞は，消化細胞に成長する前の幼弱な細胞とされている．これらのことから，中腸腺細管の赤く染まったアメフラシでの細胞は，本来の暗細胞とは明らかに異なり，中腸腺細管へ取り込んだ微細な粒子を細胞捕食し，細胞内消化を行っている消化細胞（DC）であると考えられる．

2. 二枚貝綱 BIVALVIA

フネガイ目 Arcoida（第3章 2-1.）

サルボウ *Scapharca kagoshimensis*（図47-1～図47-11）

☞ P.196～206

中腸腺（DD）は，胃（ST）の背部を除く腹側の食道（OS）と腸（IN）で囲まれた部位に展開している（図47-1～47-4, 図47-7～47-9）．導管（DT）は，噴門近くの左側から幽門の右側にかけてほぼ等間隔に，胃壁の腹側に半円形に並んで開口した13～14カ所のOrifices構造から1本ずつ出ている（図47-1, 図47-2, 図47-5, 図47-6）．導管の末端（中腸腺細管に接続する直前の部位）は断面がイガイ目やウグイスガイ目と同様に，内面が繊毛（CL）で覆われているA領域の部位（AR）と絨毛（VL）で覆われているB領域の部位（BR）で構成されている様子が確認される（図47-10, 図47-11）．導管と中腸腺細管（T）の接続部（JD）は，アザン染色で赤く染まる導管の繊毛細胞（CC）と同染色で青く染まる中腸腺細管の消化細胞（DC）で接続した構造となっており，このような組織像の顕著な相違から，容易に識別される（図47-10, 図47-11）．

中腸腺細管（T）は, 必ず導管（DT）の末端から延びて, 枝分かれしている（図47-10, 図47-11）．したがって，サルボウの中腸腺細管は房状分枝II型（図1-E）を示している．中腸腺細管の断面は，アザン染色で青く染まる消化細胞（DC）で囲まれ，同染色で赤く染まる暗細胞（DS）がCrypt構造に局在している（図47-10, 図47-11）．

また, 導管（DT）や中腸腺細管（T）の周囲には, 赤血球（RB）が確認される（図47-10, 図47-11）．

イガイ目 Mytiloida（第 3 章 2-2.）

ムラサキイガイ *Mytilus galloprovincialis*（図 49-1 ～図 49-13）

☞ P.208 ～ 220

中腸腺（DD）は食道（OS）と胃（ST）の間の部位（DD1），および胃と腸（IN）の間の部位の左右（DD2，DD3）の合計 3 カ所に胃を囲んで展開している（図 49-1 ～ 49-6，図 49-8，図 49-10）．

導管（DT）は，胃（ST）の食道近く（D1）と胃の中央の左右（D2, D3）の合計 3 カ所の Orifice 構造のそれぞれから出ている（図 49-1 ～ 49-10）．導管は，枝分かれを繰り返して，中腸腺細管（T）とほぼ同じ太さまで細くなった末端が中腸腺細管に接続している（図 49-11 ～ 49-13）．導管の末端（中腸腺細管に接続する直前の部位）は，断面が繊毛（CL）で覆われた A 領域の部位（AR）と絨毛（VL）で覆われた B 領域の部位（BR）で構成され，B 領域の部位が中腸腺細管に接続している様子が確認される（図 49-12，図 49-13）．導管と中腸腺細管の接合部（JD）は，アザン染色で赤く染まる導管の B 領域の部位の細胞と青く染まる中腸腺細管の消化細胞（DC）が接続した構造となっており，このような組織像の顕著な相違から，容易に識別される（図 49-12，図 49-13）．中腸腺細管は導管の末端から延びた後，枝分かれしている様子が確認される（図 49-11）．したがって，ムラサキイガイの中腸腺細管は房状分枝Ⅱ型（図 1-E）を示している．

中腸腺細管（T）は，殻を除去し，中腸腺を覆う膜を除去して実体顕微鏡で観察すると，外部から鋳型と同じ形で鮮明に細部まで識別が可能である（図 49-12）．組織像では，中腸腺細管の断面は楕円形を呈し，周囲を消化細胞（DC）で囲み，その間に暗細胞（DS）が散在する様子が確認される（図 49-12）．

ウグイスガイ目 Pterioida（第 3 章 2-3.）

マベ *Pteria penguin*（図 53-1 ～図 53-3）

☞ P.224 ～ 226

中腸腺（DD）は，胃（ST）の腹側に展開し，背側には見られない（図 53-1）．腸（IN）は，真っ直ぐに下降した後，反転して胃の近くまで上昇し，再び下降する単純な形を示して，生殖巣（GD）の中を走行している（図 53-1）．特色として，腸壁が非常に厚い構造を示している（図 53-1）．

導管（DT）は軟体部の断面を見ると，胃（ST）から延びて，枝分かれしている（図 53-1）．軟体部の断面を実体顕微鏡で観察すると，導管は中腸腺細管（T）とほぼ同じ太さまで枝分かれした後，中腸腺細管と接続している様子が確認される（図 53-2，図 53-3）．また，中腸腺細管は導管の末端から 1 本ずつが房状に延びている様子が確認される（図 53-2，図 53-3）．したがって，マベの中腸腺細管は房状分枝Ⅰ型（図1-D）を示している．

アコヤガイ *Pinctada fucata martensii*（図54-1～図54-13）

☞ P.227～239

中腸腺（DD）は，胃（ST）の背側を除いた胃の左右および腹側に展開している（図54-1～54-9）．腸（IN）は，胃から真っ直ぐに下降した後反転し，螺旋を描くようにして胃の近くまで上昇し，再び下降する単純な型を示している（図54-2）．

導管（DT）はOrifice構造の2カ所（D1, D2）とEmbayment構造の3カ所（E1, E2, E3）の合計5カ所から延びて，先端へ向かって枝分かれを繰り返して細くなっている（図54-3～54-5）．導管は，枝分かれの先端付近まで内面が繊毛（CL）で一様に覆われた構造となっている（図54-11）．しかし，導管の末端（中腸腺細管に接続する直前の部位）は繊毛で覆われたA領域の部位（AR）と絨毛（VL）で覆われたB領域の部位（BR）で構成されている（図54-12，図54-13）．導管と中腸腺細管の接合部（JD）は，アザン染色で赤く染まる導管のB領域の部位（BR）の細胞と同染色で青く染まる中腸腺細管（T）の消化細胞（DC）が接続した構造となっており，このような組織像の顕著な相違から，容易に識別される（図54-12, 図54-13）．鋳型からも，導管と中腸腺細管の接合部は，樹脂が入りにくいようで，鋳型に皺状の筋の入ったくびれが生じることから識別が可能である（図54-10）．

中腸腺細管（T）は，枝分かれして中腸腺細管とほぼ同じ太さになった導管の末端から1本ずつが独立して房状に延びている様子が確認される（図54-10～54-13）．したがって，アコヤガイの中腸腺細管は，房状分枝Ⅰ型（図1-D）を示している．中腸腺細管は断面が楕円形で，アザン染色で青く染まる消化細胞（DC）の所々に同染色で赤く染まる暗細胞（DS）が散在している（図54-11～54-13）．

クロチョウガイ *Pinctada margaritifera*（図55-1～図55-12）

☞ P.240～251

中腸腺（DD）は，胃（ST）の背側の一部を除いた胃の周囲に展開している（図55-2～55-4）．腸（IN）は，アコヤガイと同様に，胃から真っ直ぐに下降した後反転して胃の近くまで上昇し，再び下降する単純な型を示している（図55-2～55-4）．

導管（DT）は，背盲管（SD）の基部に2カ所（E1, E2）と，胃の中央に3カ所（E3, E4, E5），合計5カ所のEmbayment構造から，それぞれ数本ずつが出ている（図55-4～55-7）．導管の末端（中腸腺細管に接続する直前の部位）

はアコヤガイと同様に繊毛（CL）で覆われているA領域の部位（AR）と，絨毛（VL）で覆われているB領域の部位（BR）とで構成されている（図55-11，図55-12）．導管と中腸腺細管の接合部（JD）は，アザン染色で赤く染まる導管のB領域の細胞と同染色で青く染まる中腸腺細管の消化細胞（DC）が接続した構造となっており，このような組織像の顕著な相違から，容易に識別される（図55-11，図55-12）．

中腸腺細管（T）は，導管（DT）の末端から直接1本ずつが独立して房状に延びている様子が確認される（図55-11，図55-12）．したがって，クロチョウガイの中腸腺細管はアコヤガイと同様に房状分枝Ⅰ型（図1-D）を示している．また，中腸腺細管は断面がおおむね楕円で，アザン染色で青く染まる消化細胞（DC）で囲まれ，所々に同染色で赤く染まる暗細胞（DS）が散在している（図55-11）．

マガキ *Crassostrea gigas*（図56-1～図56-8）

☞ P.252～259

中腸腺（DD）は，胃（ST）の腹側に展開している（図56-1）．腸（IN）は，個体によって長さがまちまちで，巻き方も異なっている（図56-1，図56-2）．

導管（DT）は，食道（OS）付近と胃の左右の合計3カ所のEmbayment構造（E1, E2, E3）から複数本ずつ出ている（図56-3～56-5）．

中腸腺細管（T）は，導管が胃から出て枝分かれを繰り返して，中腸腺細管とほぼ同じ太さになった末端から延びている（図56-6～56-8）．導管の末端（中腸腺細管に接続する直前の部位）は，内壁が繊毛（CL）で覆われているA領域の部位（AR）と絨毛（VL）で覆われているB領域の部位（BR）で構成されている（図56-7，図56-8）．B領域の部位には，粘液細胞（MC）が点在している（図56-7，図56-8）．このB領域からは中腸腺細管が延びている（図56-8）．導管と中腸腺細管の接合部（JD）は，アザン染色で赤く染まる導管のB領域の部位の細胞と同染色で青く染まる中腸腺細管の消化細胞（DC）が接続した構造となっており，このような組織像の顕著な相違から，容易に識別される（図56-7，図56-8）．

中腸腺細管（T）は，導管（DT）の末端から1本ずつが房状に延びている様子が確認される（図56-6～56-8）．したがって，マガキの中腸腺細管は房状分枝Ⅰ型（図1-D）を示している．中腸腺細管の断面は，アザン染色で青く染まる消化細胞（DC）で周囲が囲まれ，赤く染まる暗細胞（DS）がCrypt構造の部位に確認される（図56-7，図56-8）．

リシケタイラギ *Atrina* (*Servatrina*) *lischkeana* (図 59-1 ～図 59-11)

☞ P.262 ～ 272

中腸腺（DD）は，殻を除去すると軟体部の外からはっきりと見えている（図59-1）．実体顕微鏡で観察すると，中腸腺細管（T）も軟体部の外から鮮明に識別することができる（図 59-1）．解剖すると，中腸腺は，胃（ST）の左右（DD2, DD3）と食道（OS）付近（DD1）の 3 つに分かれて展開し，殻の会合部に面した胃の背側には展開していない（図 59-1 ～ 59-9）．したがって，リシケタイラギは，軟体動物の消化・吸収などの中腸腺の生理機能を明らかにする上で，有用な実験動物である．

導管（DT）は，食道付近（D1）と胃の左右（D2, D3）の 3 カ所の胃壁に直接開口した Orifice 構造から 1 本ずつ出ている（図 59-2 ～ 59-4, 図 59-8）．導管は，胃から出て枝分かれを繰り返して細くなり，中腸腺細管（T）とほぼ同じ太さになった末端から中腸腺細管が延びている（図 59-10, 図 59-11）．導管の末端（中腸腺細管に接続する直前の部位）は内壁が繊毛（CL）で覆われる A 領域の部位（AR）と絨毛（VL）で覆われる B 領域の部位（BR）で構成され，B 領域の部位が中腸腺細管（T）に接続している（図 59-10, 図 59-11）．導管と中腸腺細管の接合部（JD）は，アザン染色で赤く染まる導管の B 領域の部位の細胞と同染色で青く染まる中腸腺細管の消化細胞（DC）が接続した構造となっており，このような組織像の顕著な相違から，容易に識別される（図 59-10, 59-11）．

中腸腺細管（T）は，導管（DT）の末端から 1 本ずつが房状に延びている様子が確認される（図 59-10, 図 59-11）．したがって，リシケタイラギの中腸腺細管はアコヤガイやクロチョウガイと同様の房状分枝 I 型（図 1-D）を示している．中腸腺細管の断面は，アザン染色で青く染まる消化細胞（DC）で周囲を囲まれ，赤く染まる暗細胞（DS）が Crypt 構造の部位に確認される（図 59-10, 図59-11）．

マルスダレガイ目 Veneroida（第 3 章 2-7.）

ヒレシャコ *Tridacna squamosa*（図 64-1 ～図 64-14）

☞ P.277 ～ 290

中腸腺（DD）は胃（ST）の腹側に展開している（図 64-1 ～ 64-4, 図 64-9 ～64-12）．

導管（DT）は，4 カ所（E1, E2, E3, E4）の Embayment 構造の胃壁から延びている（図 64-2, 図 64-3, 図 64-5 ～ 64-8, 図 64-13）．この Embayment 構造は，マガキやアコヤガイなど他の二枚貝と比較して，胃壁が非常に長大に湾入した構造を示している（図 64-6 ～ 64-8, 図 64-13）．導管と中腸腺細管の接合部（JD）は，アザン染色で赤く染まる導管の繊毛細胞（CC）と同染色で青く染まる中腸腺細管の消化細胞（DC）が接続した構造となっており，このような組織像の顕著な相違から，容易に識別される（図 64-14）．

中腸腺細管（T）は，導管（DT）の末端から 1 本ずつが房状に延びている様子が確認される（図 64-12，図 64-13）．したがって，ヒレシャコの中腸腺細管は房状分枝 I 型（図 1-D）を示している．中腸腺細管の断面は周囲をアザン染色で青く染まる消化細胞（DC）で囲み，Crypt 構造に赤く染まる暗細胞（DS）が局在している（図 64-14）．以上のことから，ヒレシャコは外套膜（MT）に共生する共生藻を餌として利用しているが，中腸腺の基本構造は懸濁物を鰓でろ過して捕食する他のマルスダレガイ目と同じであることが明らかである．

アサリ *Ruditapes philippinarum*（図 66-1 ～図 66-13）

☞ P.292 ～ 304

中腸腺（DD）は胃（ST）の腹側を中心に，胃の周囲を取り囲むように展開している（図 66-1，図 66-2）．腸（IN）は複雑な螺旋構造を示している（図 66-2 ～ 66-4）．

導管（DT）は，食道（OS）と腸に挟まれた胃の腹側に，並んで胃壁が大きく湾入する Embayment 構造の 3 カ所（E1, E2, E3）から複数本ずつ出ている（図 66-4 ～ 66-11）．導管は枝分かれを繰り返して細くなり，中腸腺細管（T）とほぼ同じ太さになった先端から中腸腺細管が延びている（図 66-12，図 66-13）．導管は断面が中腸腺細管との境までアザン染色で赤く染まる縦長の細胞で構成されて，A 領域の部位と B 領域の部位に分かれていない（図 66-12）．しかし，導管と中腸腺細管の接合部（JD）は，アザン染色で赤く染まる導管の縦長の繊毛細胞（CC）と青く染まる中腸腺細管の消化細胞（DC）が接続した構造となっており，このような組織像の顕著な相違から，容易に識別される（図 66-12，図 66-13）．

中腸腺細管（T）は，導管（DT）の末端から直接 1 本ずつが房状に延びている様子が確認される（図 66-12，図 66-13）．したがって，アサリの中腸腺細管は房状分枝 I 型（図 1-D）を示している．中腸腺細管の断面は，アザン染色で青く染まる消化細胞（DC）で周囲を囲まれ，赤く染まる暗細胞（DS）が Crypt 構造の部位に局在している（図 66-12，図 66-13）．

ハマグリ *Meretrix lusoria*（図 68-1 ～図 68-10）

☞ P.306 ～ 315

中腸腺（DD）は胃（ST）の腹側を中心に胃の周囲を取り囲むように展開している（図 68-1，図 68-2）．

導管（DT）は胃の噴門付近の腹面に水平に並んだ 3 カ所（E1, E2, E3）の

Embayment 構造から複数本ずつ出ている（図 68-2 ～ 68-7）. 導管は枝分かれを繰り返して細くなり，中腸腺細管（T）とほぼ同じ太さになった先端から中腸腺細管が延びている（図 68-8 ～ 68-10）. 導管は断面が中腸腺細管との境までアザン染色で赤く染まる縦長の細胞で構成され，アサリと同様に A 領域の部位と B 領域の部位に分かれていない（図 68-9，図 68-10）. 導管と中腸腺細管の接合部（JD）は，アザン染色で赤く染まる導管の縦長の繊毛細胞（CC）と青く染まる中腸腺細管の消化細胞（DC）が接続した構造となっており，このような組織像の顕著な相違から，容易に識別される（図 68-9，図 68-10）.

中腸腺細管（T）は，導管（DT）の末端から 1 本ずつが房状をなして延びている様子が確認される（図 68-8 ～ 68-10）. したがって，ハマグリの中腸腺細管はアサリと同様に房状分枝 I 型（図 1-D）を示している. 中腸腺細管の断面は，アザン染色で青く染まる消化細胞（DC）で周囲が囲まれ，赤く染まる暗細胞（DS）が Crypt 構造の部位に局在している（図 68-9，図 68-10）. また，暗細胞は鞭毛（FG）を備えていることが確認される（図 68-9，図 68-10）.

マテガイ *Solen strictus*（図 72-1 ～図 72-17）

☞ P.319 ～ 335

中腸腺（DD）は，食道（OS）と腸（IN）に挟まれるようにして胃（ST）の腹部に展開している（図 72-1 ～ 72-9）. 腸は胃から出た後，複雑な螺旋構造を示して，足（FT）の中央部の空所を下降し，再び腹部へ上昇している（図 72-4 ～ 72-11）. 晶桿体嚢（SS）も，腸と分離した形で胃から長く腸に平行して，足の中央部の空所に延びている（図 72-4 ～ 72-8）. このような腸の構造から，消化管での食物の輸送は消化管の内壁全体に密生する繊毛（CL）の繊毛運動に加えて，足の筋運動も利用していると考えられる.

導管（DT）は，噴門近くの胃壁の左右 2 カ所（E1, E2）の Embayment 構造から複数本ずつ出て，枝分かれを繰り返して展開している（図 72-9 ～ 72-12）. 導管は枝分かれを繰り返して細くなり，中腸腺細管（T）とほぼ同じ太さになった先端から中腸腺細管が延びている（図 72-14 ～ 72-17）. 導管は断面が中腸腺細管との境までアザン染色で赤く染まる縦長の細胞で構成され，アサリと同様に A 領域の部位と B 領域の部位に分かれていない（図 72-16，72-17）. しかし，導管と中腸腺細管の接合部（JD）は，アザン染色で赤く染まる導管の繊毛細胞（CC）と同染色で青く染まる中腸腺細管の消化細胞（DC）が接続した構造となっており，このような組織像の顕著な相違から，容易に識別される（図 72-14 ～ 72-17）.

中腸腺細管（T）は，導管（DT）の末端から直接 1 本ずつが房状に延びている様子が確認される（図 72-14 ～ 72-17）．したがって，マテガイの中腸腺細管は房状分枝 I 型（図 1-D）を示している．中腸腺細管の断面は，アザン染色で青く染まる消化細胞（DC）で囲まれ，赤く染まる暗細胞（DS）が Crypt 構造に局在している（図 72-16，図 72-17）．

アゲマキガイ *Sinonovacula constricta*（図 73-1 ～図 73-8）

☞ P.336 ～ 343

中腸腺（DD）は，食道（OS）と腸（IN）に挟まれるようにして胃（ST）の腹側に展開している（図 73-1 ～ 73-3，図 73-5）．

導管（DT）は胃壁が湾入する Embayment 構造の 2 カ所（E1, E2）から複数本ずつ出ている（図 73-4）．導管は胃から出て枝分かれを繰り返して次第に細くなり，中腸腺細管（T）とほぼ同じ太さになった末端から中腸腺細管（T）が延びている（図 73-6 ～ 73-8）．導管は断面が一様で，アサリと同様に A 領域の部位と B 領域の部位に分かれていない（図 73-7，73-8）．導管と中腸腺細管の接合部（JD）は，アザン染色で赤く染まる導管の繊毛細胞（CC）と同染色で青く染まる中腸腺細管の消化細胞（DC）が接続した構造となっており，このような組織像の顕著な相違から，容易に識別される（図 73-6 ～ 73-8）．

中腸腺細管（T）は，導管の末端から 1 本ずつが房状に延びている様子が確認される（図 73-6 ～ 73-8）．したがって，アゲマキガイの中腸腺細管はマテガイと同様の房状分枝 I 型（図 1-D）を示している．中腸腺細管の断面は，アザン染色で青く染まる消化細胞（DC）で囲まれ，赤く染まる暗細胞（DS）が Crypt 構造の部位に局在している（図 73-7，73-8）．

参考文献

Bell T A, Lightner D V（1998）：A handbook of normal Penaeid shrimp history. World aquaculture society, USA, 2

Handa T, Yamamoto K（2003）：Corrosion casting of the digestive diverticular of the pearl oyster *Pinctada fucata martensii*（Mollusca: Bivalvia）. *J Shell Res*, **22**, 777-779

Nakazima M（1956）：On the structure and function of the mid-gut gland of Mollusca with a general consideration of the feeding habits and systematic relation. *Jpn J Zool*, **11**, 469-566

Namba K, Kobayashi M, Aida K, Uematsu M, Yoshida Y, Kondo K, Miyata Y（1995）：Persistent relaxation of the adductor muscle of oyster *Crassostrea gigas* induced by magnesium ion. *Fish Sci*, **61**, 241-244

奥谷喬司（1991）：決定版生物大図鑑，貝類．奥谷喬司（編）．世界文化社

奥谷喬司（2017）：日本近海産貝類図鑑（第二版），奥谷喬司（編）．東海大学出版会

Owen G（1955）：Observations on the stomach and digestive diverticula of the lamellibranchia. I. The Anisomyaria and Eulamellibranchia. *Quart J micr Sci*, **96**, 517-537

Owen G（1956）：Observations on the stomach and digestive diverticula of the lamellibranchia. II. The Nuculidae. *Quart J micr Sci*, **97**, 541-567

波部忠重，浜谷　巌，奥谷喬司（1994）：分類．波部忠重，奥谷喬司，西脇三郎（編），軟体動物概説（上巻）．サイエンティスト社，pp. 3-134

首藤次男（1994）：系統と進化．波部忠重，奥谷喬司，西脇三郎（編），軟体動物概説（上巻）．サイエンティスト社，pp. 217-269

山元憲一，半田岳志，近藤昌和（2003）：マガキの中腸腺の鋳型作成の試み．水大校研報，**51**，95-100

山元憲一，半田岳志，近藤昌和（2004）：アコヤガイの中腸腺の構造．水大校研報，**52**，31-43

山元憲一，半田岳志，近藤昌和（2005）：クロアワビの中腸腺の構造．水大校研報，**53**，105-116

山元憲一，半田岳志，近藤昌和（2007）：サザエの中腸腺の構造．水大校研報，**55**，70-80

山元憲一，半田岳志，近藤昌和（2007）：ツメタガイの中腸腺の構造．水大校研報，**55**，90-98

山元憲一，半田岳志，近藤昌和（2007）：アカニシの中腸腺の構造．水大校研報，**55**，100-113

山元憲一，半田岳志，近藤昌和（2007）：マルタニシの中腸腺の構造．水大校研報，**55**，149-159

山元憲一，半田岳志（2008）：タイラギの中腸腺の構造．水大校研報，**57**，43-56

山元憲一，半田岳志（2008）：ムラサキイガイの中腸腺の構造．水大校研報，**57**，111-127

山元憲一，半田岳志（2009）：アゲマキガイの中腸腺の構造．水大校研報，**57**，195-207

山元憲一，半田岳志（2009）：ハマグリの中腸腺の構造．水大校研報，**57**，209-218

山元憲一，半田岳志（2009）：カワニナの中腸腺の導管と中腸腺細管の構造．水大校研報，**57**，271-275

山元憲一，半田岳志（2009）：サルボウガイの中腸腺の構造．水大校研報，**58**，31-41

山元憲一，半田岳志（2009）：アサリの中腸腺の構造．水大校研報，**58**，113-133

山元憲一，半田岳志（2009）：ヒレシャコガイの中腸腺の構造．水大校研報，**58**，135-157

山元憲一，半田岳志（2010）：ブドウガイの中腸腺の構造．水大校研報，**59**，19-26

山元憲一，半田岳志（2010）：アメフラシの中腸腺の構造．水大校研報，**59**，27-38

山元憲一，半田岳志（2010）：クロチョウガイの中腸腺の構造．水大校研報，**59**，39-52

山元憲一，半田岳志（2011）：カサガイ目と古腹足目の中腸腺細管の構造．水大校研報，**59**，121-148

山元憲一，半田岳志（2011）：アマオブネガイ目と盤足目の中腸腺細管の構造．水大校研報，**59**，183-222

山元憲一，半田岳志（2011）：新腹足目，頭楯目，アメフラシ目，裸鰓目および基眼目の中腸腺細管の構造．水大校研報，**60**，1-26

山元憲一，半田岳志（2012）：マテガイの中腸腺の構造．水大校研報，**60**，103-122

山元憲一，半田岳志（2015）：二枚貝の中腸腺細管の構造．水大校研報，**63**，145-179

記号の説明　Short forms used in the figures

AD：閉殻筋〈adductor muscle〉
AN：肛門〈anus〉
AR：導管のA領域の部位〈A-region of the ducts〉
BF：足糸孔〈byssal funnel〉
BR：導管のB領域の部位〈B-region of the ducts〉
BY：足糸〈byssus〉
CA：噴門部〈cardiac area of the stomach〉
CC：繊毛細胞〈ciliated cell〉
CL：繊毛〈cilium〉
CM：胃盲嚢〈coecum〉
CR：嗉嚢〈crop〉
CT：鰓葉〈ctenidium〉
DC：消化細胞〈digestive cell〉
DD, DD1, DD2, DD3：中腸腺〈digestive diverticula〉
DG：唾液腺の導管〈duct of the salivary gland〉
DS：暗細胞〈darkly staining cell〉
DT：導管〈duct〉
D1, D2, D3, OF：導管が胃壁へ直接開口している部位〈orifice〉
EB, E1, E2, E3, E4, E5：複数の導管が開口している胃壁の湾入部〈embayment〉
ES：出水口〈exhalant siphon〉
FG：鞭毛〈flagellum〉
FT：足〈foot〉
GD：生殖腺〈gonad〉
IN：腸〈intestine〉
IS：入水口〈inhalant siphon〉
JD：導管と中腸腺細管の接合部〈junction of the duct with a tubule〉
KD：腎臓〈kidney〉
LP：唇弁〈labial palp〉
MC：粘液細胞〈mucous cell〉
MT：外套膜〈mantle〉
MU：中腸〈mid-gut〉
NS：保育嚢〈nursery sac〉
OA：口〈oral aperture〉
OF, D1, D2, D3：導管が胃壁へ直接開口している部位〈orifice〉
OM：中腸開口部〈opening of the mid-gut〉
OS：食道〈oesophagus〉
PA：幽門部〈pyloric area of the stomach〉
PC：囲心腔〈pericardium〉
RB：赤血球〈red blood cell〉
RM：右側貝殻筋〈right shell muscle〉
SC：晶桿体嚢と中腸の連絡膜〈slit connecting the mid-gut and the style-sac〉
SD：背盲管（仕分腺）〈sorting gland〉
SG：唾液腺〈salivary gland〉
SP：唾液腺一房の隔膜〈septum of the every vesicle of the salivary gland〉
SP2：唾液腺の隔膜〈septum of the every group of the vesicle〉
SS：晶体嚢〈style-sac〉
ST：胃〈stomach〉
T：中腸腺細管〈tubule〉
T1, T2, T3：中腸腺細管の太い幹〈main duct of the tubule of the digestive diverticula〉
TD：導管様中腸腺細管〈tubule which resembled a duct of the digestive diverticula〉
VC：内臓塊螺旋部〈visceral mass coil〉
VL：絨毛〈villus〉
VT：心室〈ventricle〉

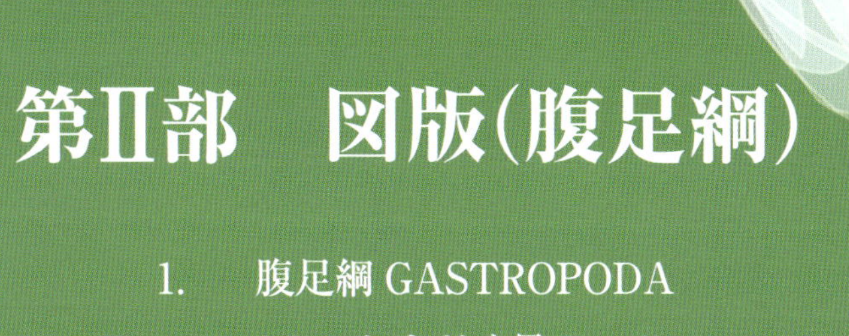

第II部　図版(腹足綱)

1.　腹足綱 GASTROPODA

切断面　腹足綱の場合は,

縦断面：殻高に平行な切断面
(longitudinal section, vertical section).

横断面：殻高に直交する切断面 (transverse section).

ヨメガカサ

Cellana toreuma MⅡ

腹足綱 Class GASTROPODA
カサガイ目 Order Patellogastropoda
ヨメガカサ科 Family Nacellidae

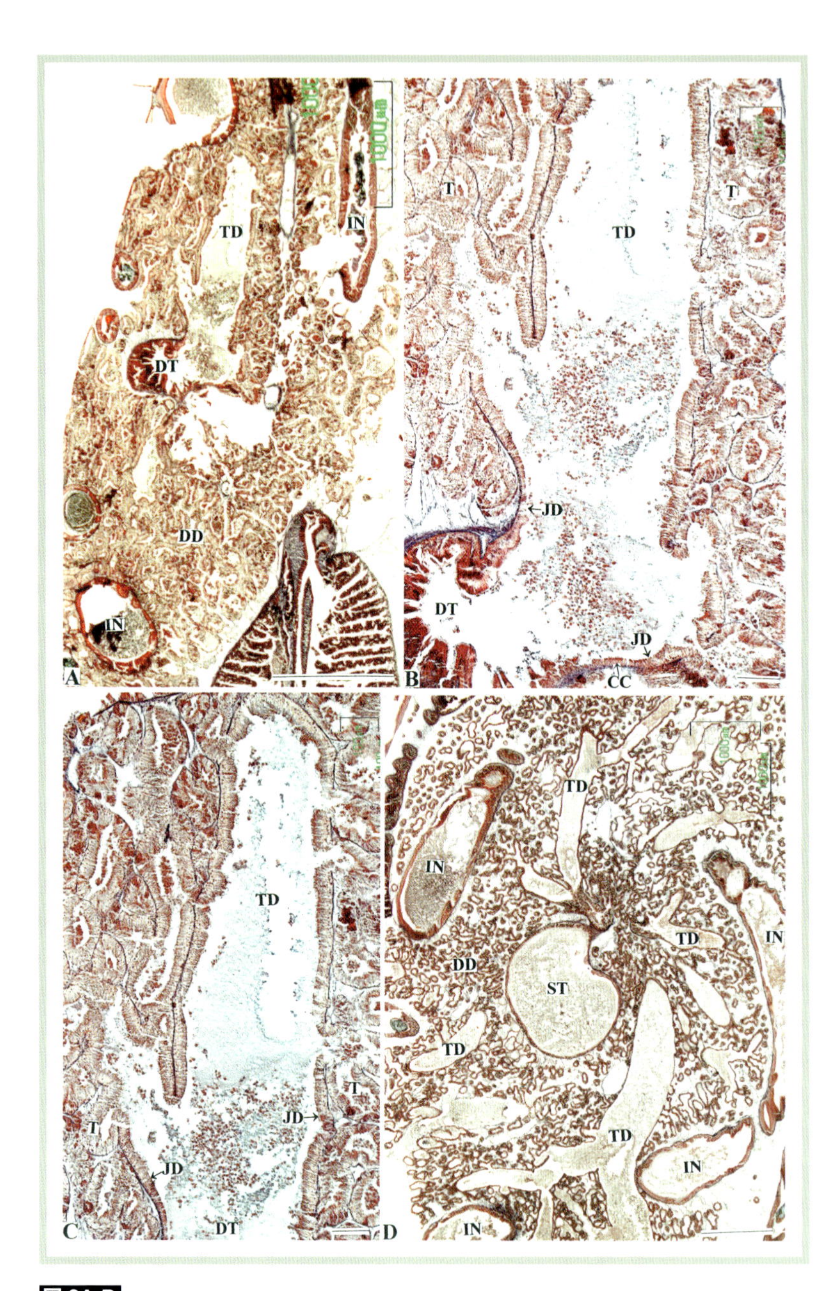

図 2A-D

ヨメガカサ *Cellana toreuma* 中腸腺の縦断面図（A-C）と横断面図（D）.
B, C は A の導管（DT）と導管様中腸腺細管（TD）の部分を拡大. 単軸袋状分枝Ⅱ型（MⅡ型）. 図中の実線は 1mm（A, D）および 100μm（B, C）を示す. アザン染色.

Figs.2A-D

Photomicrographs of the digestive diverticula of *Cellana toreuma* GASTROPODA.
Figs. A, B and C, and D show photomicrographs of longitudinal and transverse sections of the digestive diverticula, respectively. Figs. B and C show higher magnification views of the duct (DT) and the tubule (T), which closely resemble the duct (TD) in Fig. A. Monopodial saccular branching type II (M II type). Bars denote 1 mm in Figs. A, D and 100μm in Figs. B, C. Azan stain.

マツバガイ

Cellana nigrolineata MII

腹足綱 Class GASTROPODA
カサガイ目 Order Patellogastropoda
ヨメガカサ科 Family Nacellidae

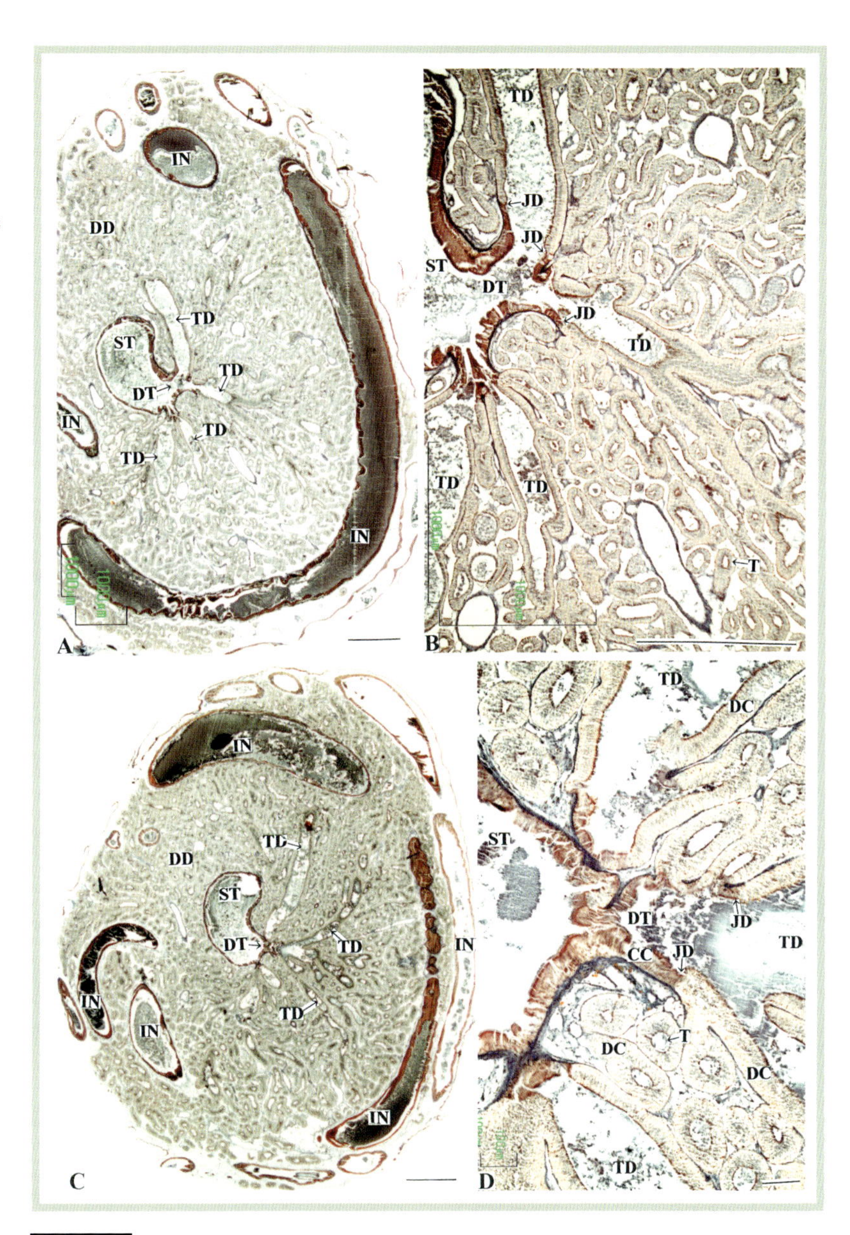

図 3-1A-D

マツバガイ *Cellana nigrolineata* 中腸腺の横断面図.
B は A の，D は C の胃と周囲の中腸腺を拡大．単軸袋状分枝II型（M II型）．図中の実線は 1 mm（A-C）および 100 μm（D）を示す．アザン染色.

Figs. 3-1A-D

Photomicrographs of the transverse-sectioned digestive diverticula surrounding the stomach of *Cellana nigrolineata* GASTROPODA.
Figs. A and C are shown as higher magnification views in Figs. B and D, respectively. Both magnified figures show the junctions of the duct with the tubule. Monopodial saccular branching type II (M II type). Bars denote 1 mm in Figs. A-C and 100μm in Fig. D. Azan stain.

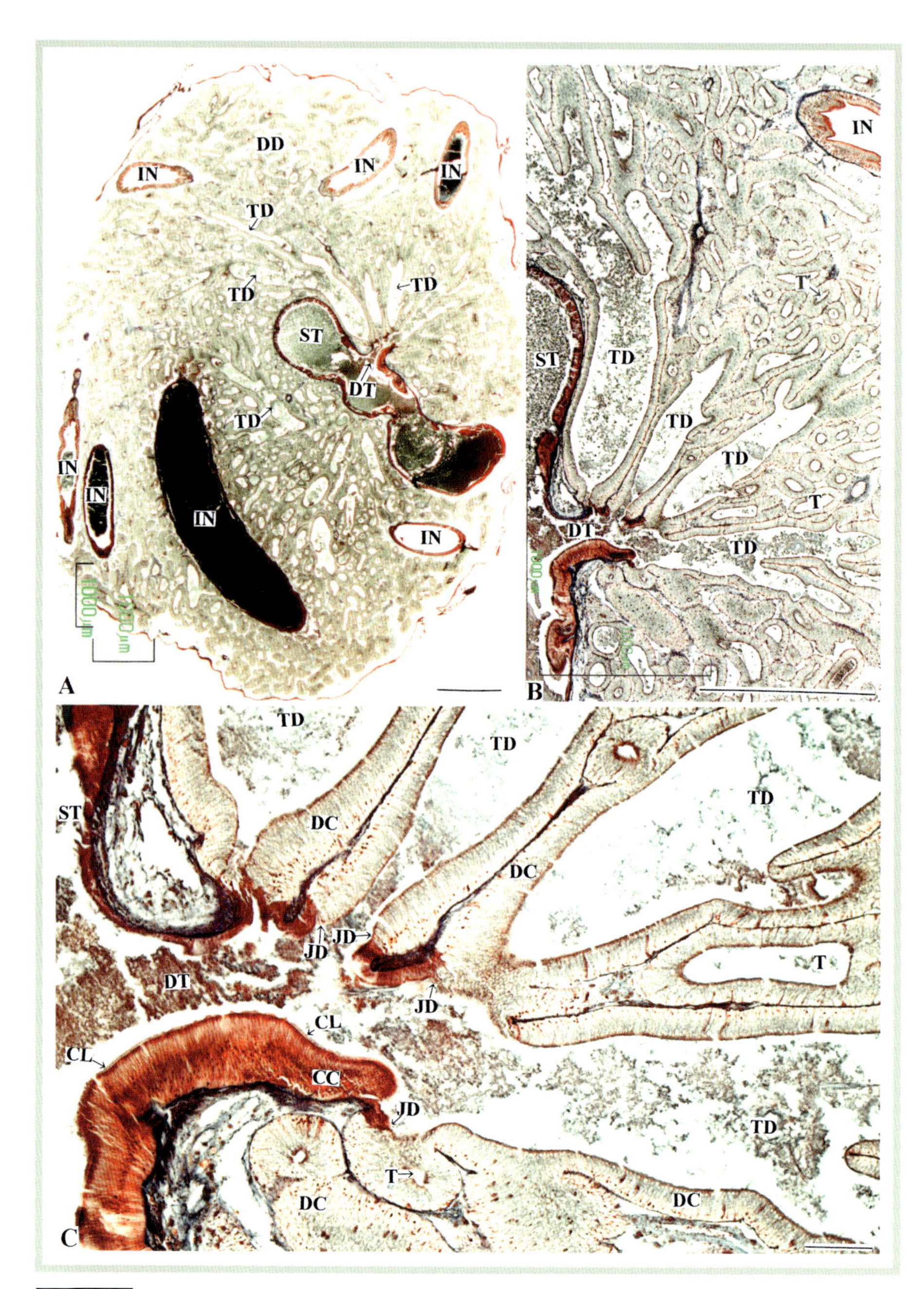

図 3-2A-C

マツバガイの中腸腺の横断面図.
BはAの, CはBの胃と周囲の中腸腺を拡大. 導管と中腸腺細管の連絡部を示す. 図中の実線は1mm(A, B) および 100 μm (C) を示す. アザン染色.

Figs.3-2A-C

Photomicrographs showing the transverse-sectioned digestive diverticula of *Cellana nigrolineana.*
Figs. A, B, and C show the digestive diverticula surrounding the stomach, with increasing magnification in each respective image. Fig. C shows the junctions of the duct with the tubule. Bars denote 1 mm in Figs. A, B and 100μm in Fig. C. Azan stain.

ベッコウガサ

Cellana grata MII

腹足綱 Class GASTROPODA
カサガイ目 Oder Patellogastropoda
ヨメガカサ科 Family Nacellidae

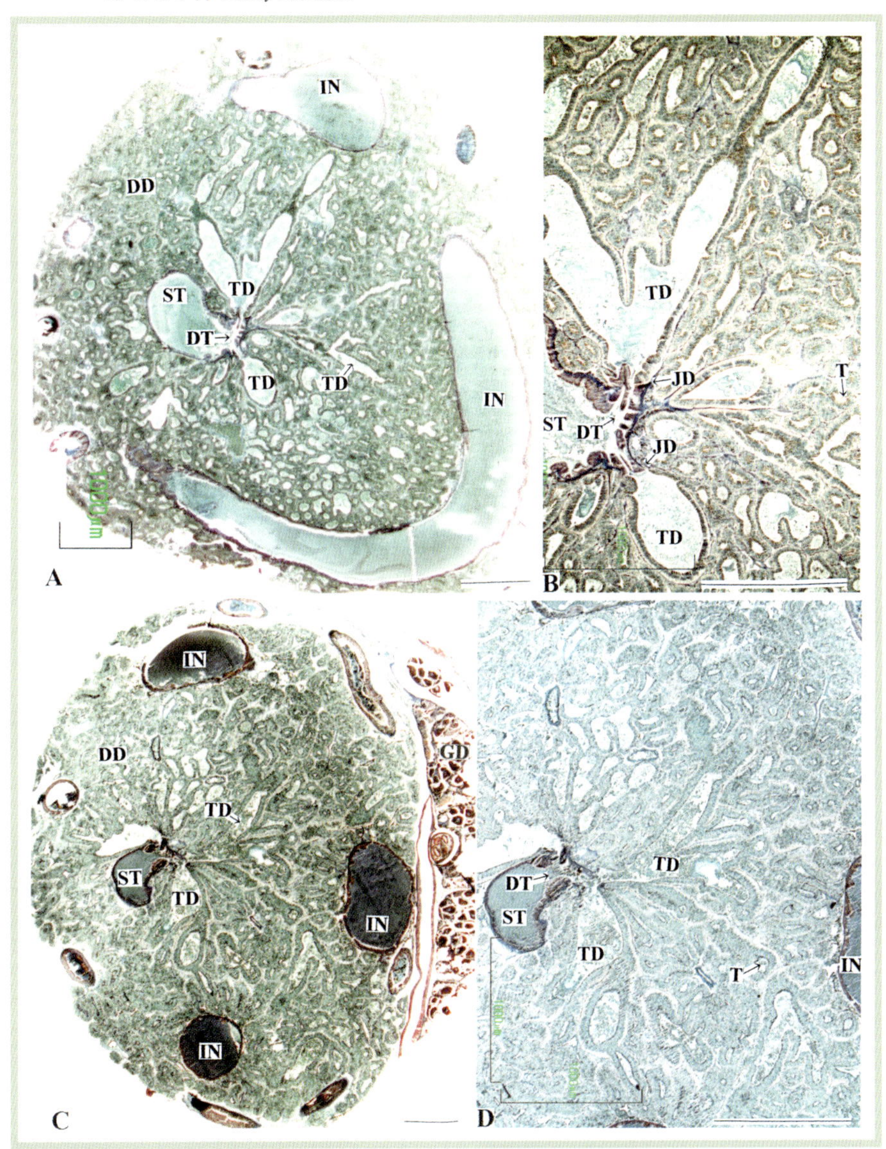

図 4-1A-D

ベッコウガサ *Cellana grata* 中腸腺の横断面図.
BとDは，それぞれAとCの胃と周囲の中腸腺を拡大．導管と中腸腺細管の連絡部を示す．単軸袋状分枝Ⅱ型（MⅡ型）．図中の実線は1mmを示す．アザン染色.

Figs.4-1A–D

Photomicrographs of the transverse-sectioned digestive diverticula surrounding the stomach of *Cellana grata* GASTROPODA.
Figs. A and C are shown as higher magnification views in Figs. B and D, respectively. Both magnified figures show the junctions of the duct with the tubule. Monopodial saccular branching type II (M II type). Bars denote 1 mm. Azan stain.

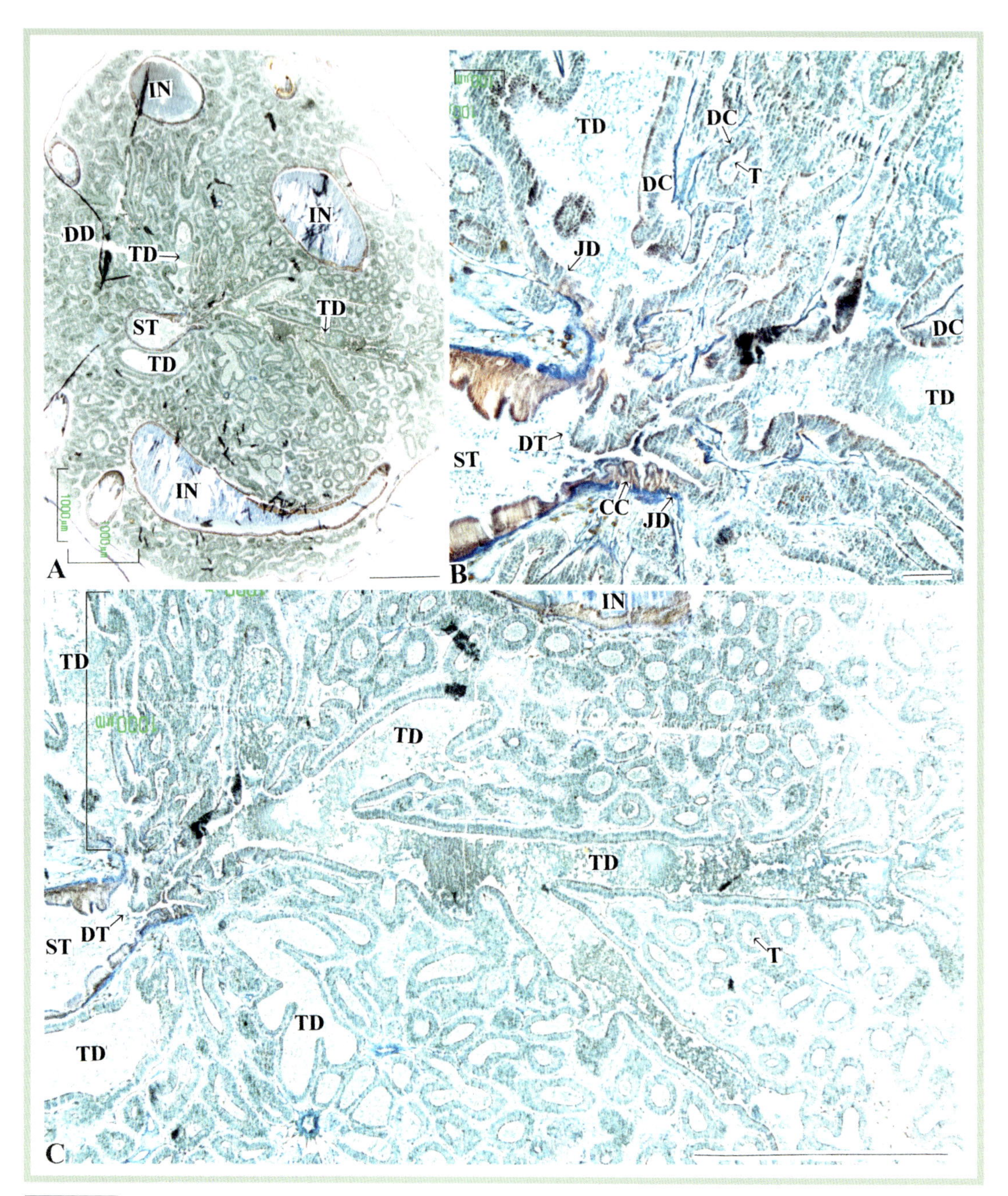

図 4-2A-C

ベッコウガサの中腸腺の横断面図.
導管と中腸腺細管の連絡部を示す. B と C は, A の胃と周囲の中腸腺を拡大. 図中の実線は 1mm (A) および 100μm (B, C) を示す. アザン染色.

Figs.4-2A-C

Photomicrographs showing the transverse-sectioned digestive diverticula of *Cellana grata.*
Figs. A, B, and C show the digestive diverticula surrounding the stomach, with increasing magnification in each respective image. Figs. B and C show the junctions of the duct with the tubule. Bars denote 1 mm in Fig. A and 100μm in Figs. B, C. Azan stain.

ウノアシ

Patelloida lanx MII

腹足綱 Class GASTROPODA
カサガイ目 Order Patellogastropoda
ユキノカサガイ科 Family Lottiidae

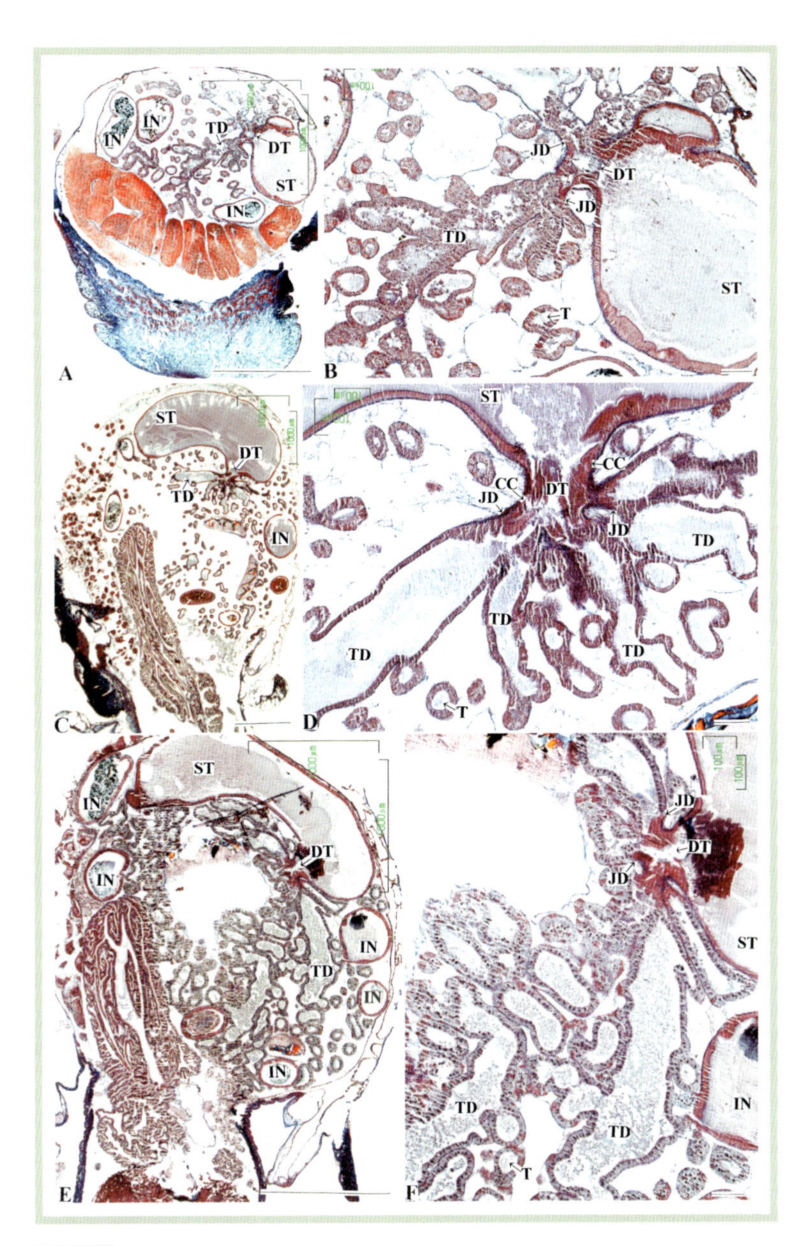

図 5A-F

ウノアシ *Patelloida lanx* 中腸腺の縦断面図（A）と横断面図（C, E）.
導管と中腸腺細管の連絡部を示す．B，DとFは，それぞれA，CとEの胃と周囲の中腸腺を拡大．単軸袋状分枝II型（M II型）．図中の実線は 1mm（A, C, E）および 100 μm（B, D, F）を示す．アザン染色.

Figs.5A-F

Photomicrographs of the vertical (Fig. A) - and transverse (Figs. C, E) - sectioned digestive diverticula surrounding the stomach of *Patelloida lanx* GASTROPODA.
Figs. A, C, and E are shown as higher magnifications views in Figs.B, D and F, respectively. The three magnified figures show the junctions of the duct with the tubule. Monopodial saccular branching type II (M II type). Bars denote 1 mm in Figs. A, C, E and 100μm in Figs.B, D, F. Azan stain.

コウダカアオガイ

Nipponacmea concinna MII

腹足綱 Class GASTROPODA
カサガイ目 Order Patellogastropoda
ユキノカサガイ科 Family Lottiidae

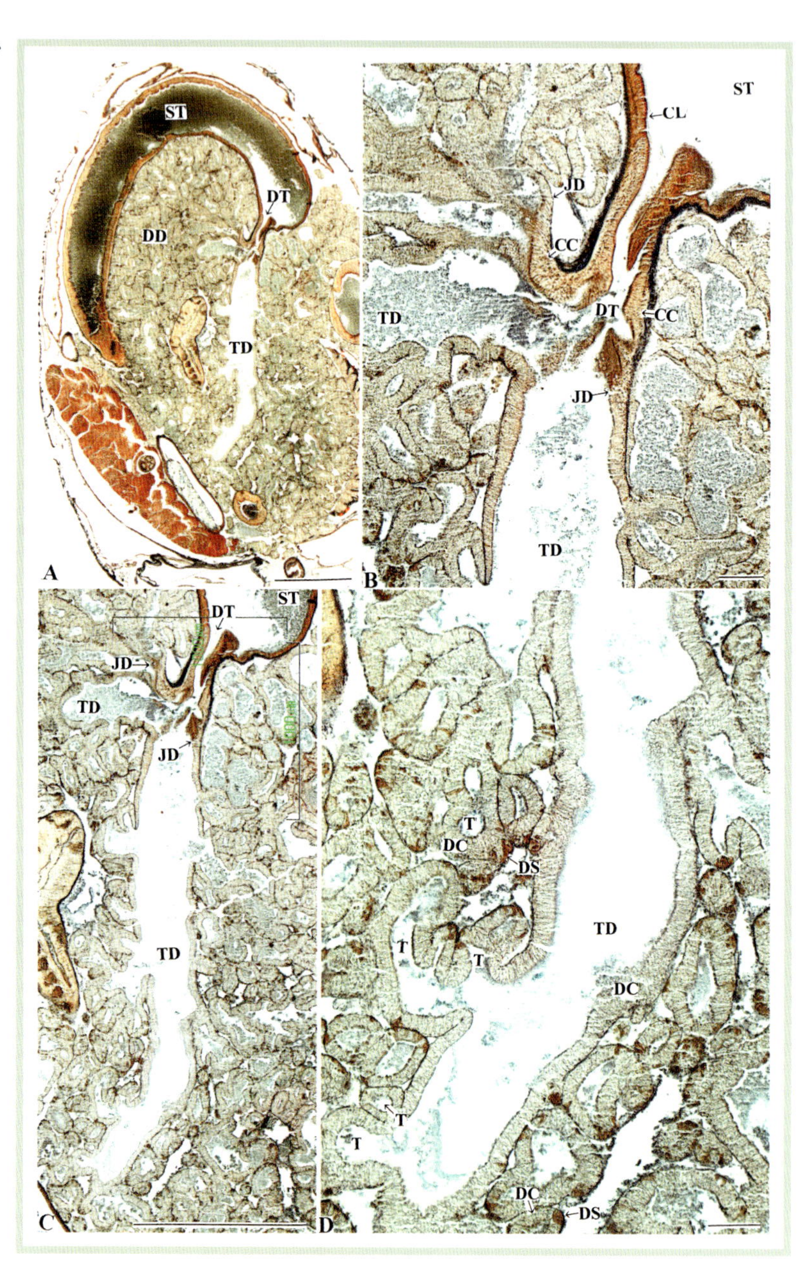

図 6-1A-D

コウダカアオガイ *Nipponacmea concinna* 中腸腺の横断面図.
導管と中腸腺細管の連絡部を示す. B-D は A の胃と周囲の中腸腺を拡大. 単軸袋状分枝Ⅱ型（MⅡ型）. 図中の実線は 1mm（A, C）および 100μm（B, D）を示す. アザン染色.

Figs. 6-1A-D

Photomicrographs of the transverse-sectioned digestive diverticula surrounding the stomach of *Nipponacmea concinna* GASTROPODA.
Fig. A is shown as higher magnification views in Figs. B-D. Figs. B and C show the junctions of the duct with the tubule. Fig. D shows the tubule resembling duct and the tubules. Monopodial saccular branching type II (M II type). Bars denote 1 mm in Figs. A, C and 100μm in Figs. B, D. Azan stain.

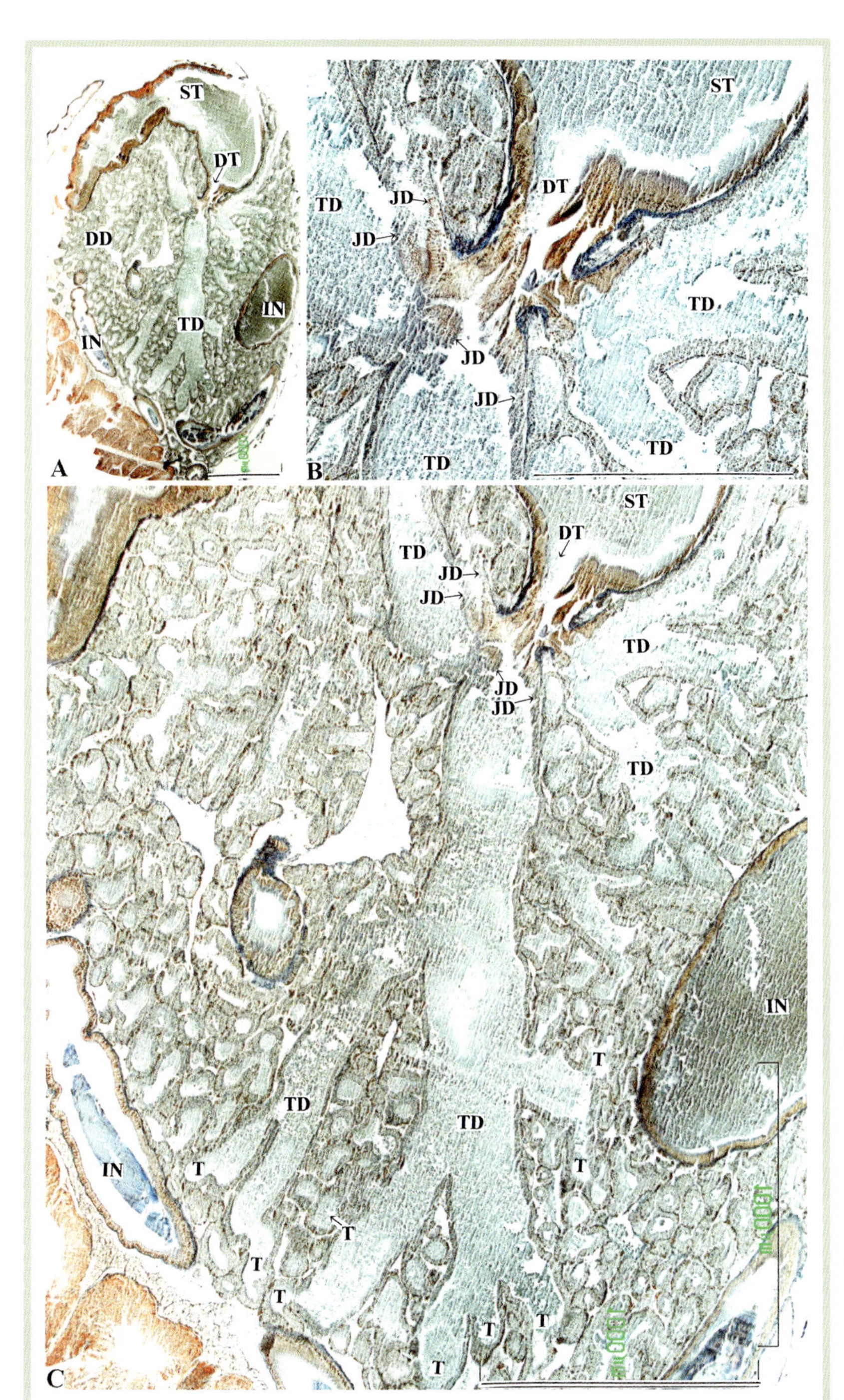

図 6-2A-C

コウダカアオガイの中腸腺の横断面図.
BとCはAの胃と周囲の中腸腺を拡大. Cは導管と中腸腺細管の連絡を示す. 図中の実線は1 mmを示す.

Figs. 6-2A-C

Photomicrographs showing the transverse-sectioned digestive diverticula of *Nipponacmea concinna.*
Fig. A is shown as higher magnification views in Figs. B and C. Both magnified figures show the digestive diverticula surrounding the stomach. Fig. C indicates the junctions of the duct with the tubule. Bars denote 1 mm. Azan stain.

イシダタミ

Monodonta labio confusa MII

腹足綱 Class GASTROPODA
古腹足目 Order Vetigastropoda
ニシキウズ科 Family Trochidae

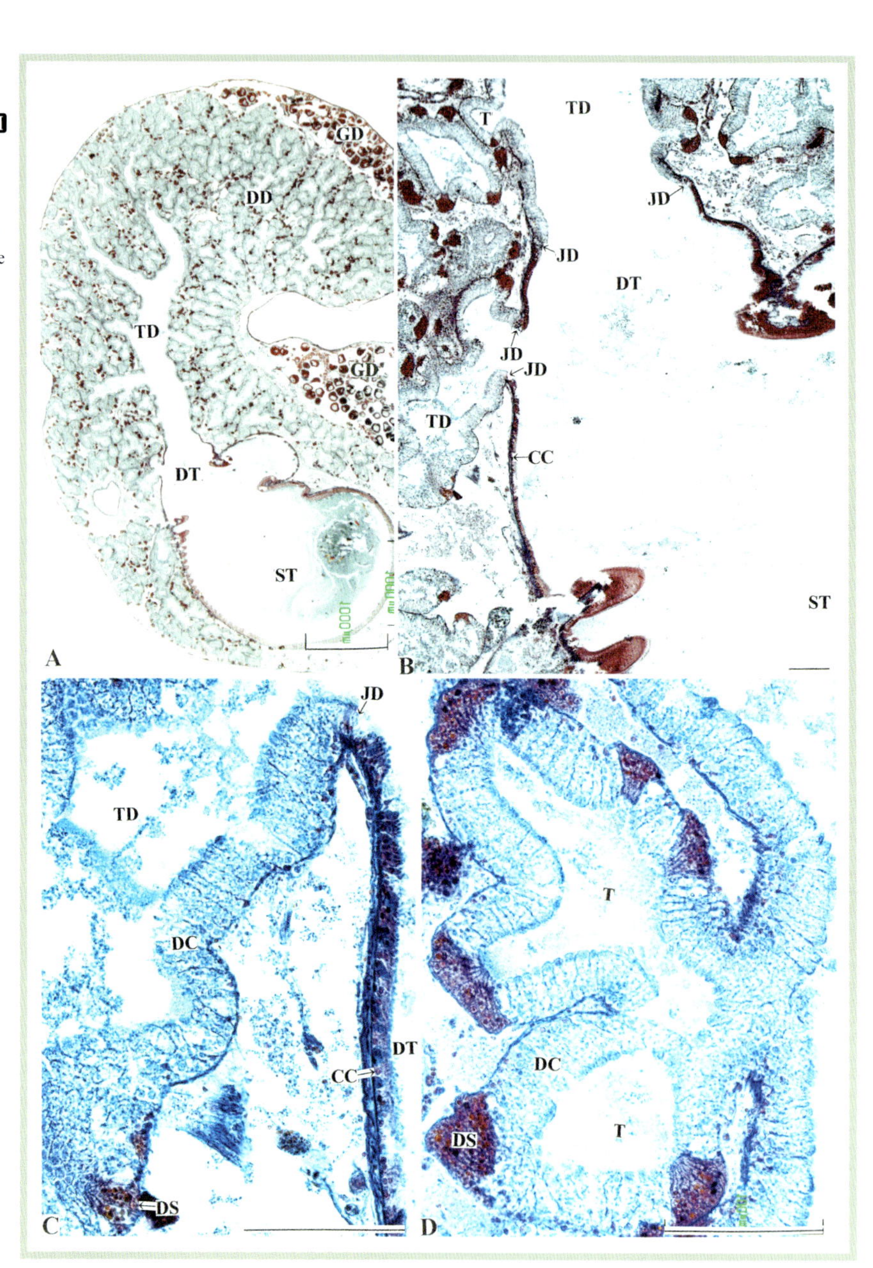

図 7A-D

イシダタミ *Monodonta labio confusa* 中腸腺の縦断面図.
B, C は導管と導管様中腸腺管の連絡を, D は中腸腺細管を, それぞれ拡大. 単軸袋分枝II型（M II型）.
図中の実線は 1 mm（A）および 100 μm（B-D）を示す. アザン染色.

Figs.7A-D

Photomicrographs of the vertical-sectioned digestive diverticula of *Monodonta labio confusa* GASTROPODA.
Fig. A is shown as magnified views in Figs. B-D. Figs. B and C, and D show the junction of the duct with the tubule, and the tubules, respectively. Monopodial saccular branching type II (M II type). Bars denote 1 mm in Fig. A and 100μm in Figs. B-D. Azan stain.

クロヅケガイ

Monodonta neritoides MⅡ

腹足綱 Class GASTROPODA
古腹足目 Order Vetigastropoda
ニシキウズ科 Family Trochidae

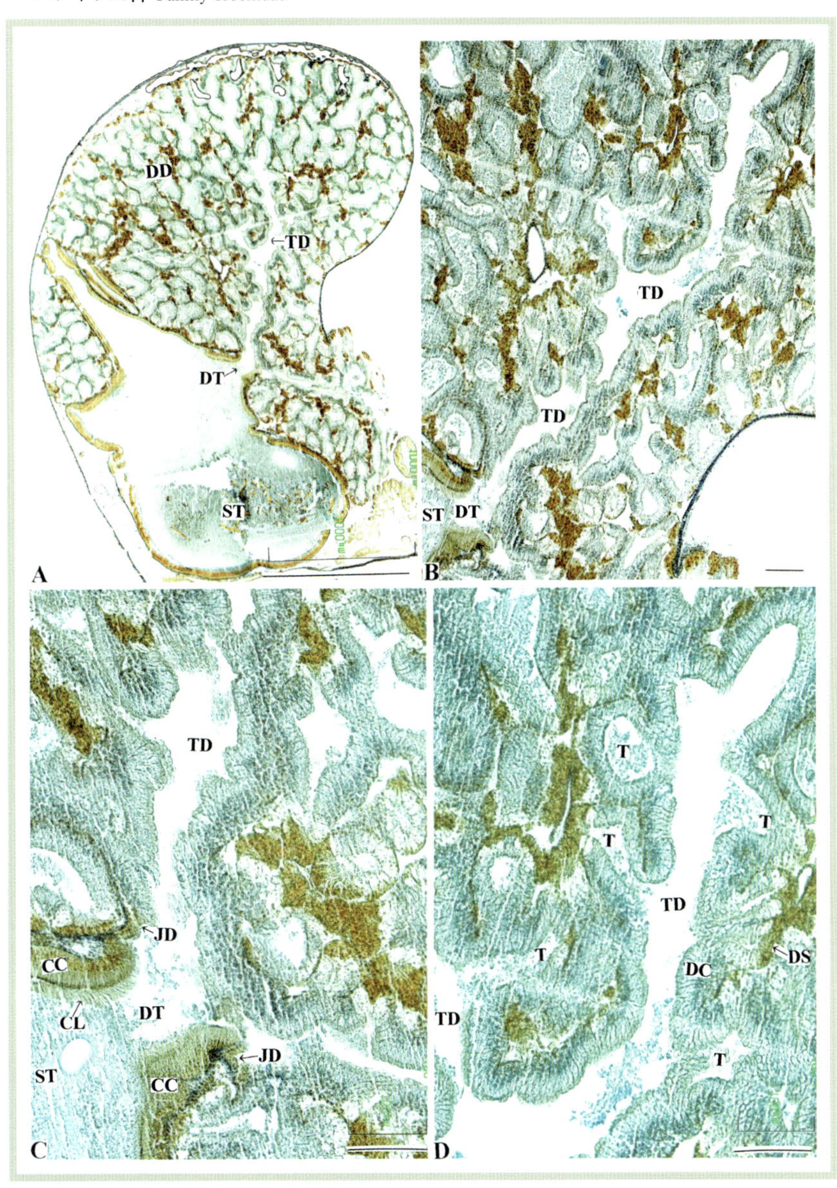

図 8-1A-D

クロヅケガイ *Monodonta neritoides* 中腸腺の縦断面図.
B，C は A の導管と導管様中腸腺細管の連絡を，D は導管様中腸腺細管と中腸腺細管を拡大．単軸袋状分枝Ⅱ型（MⅡ型）．図中の実線は 1mm（A）および 100μm（B-D）を示す．アザン染色.

Figs.8-1A-D

Photomicrographs of the vertical-sectioned digestive diverticula of *Monodonta neritoides* GASTROPODA. Fig. A is shown as magnified views in Figs. B-D. Figs. B and C, and D show the junctions of the duct with the tubule, and the tubule resembling duct and the tubules, respectively. Monopodial saccular branching type II (M II type). Bars denote 1 mm in Fig. A and 100μm in Figs. B-D. Azan stain.

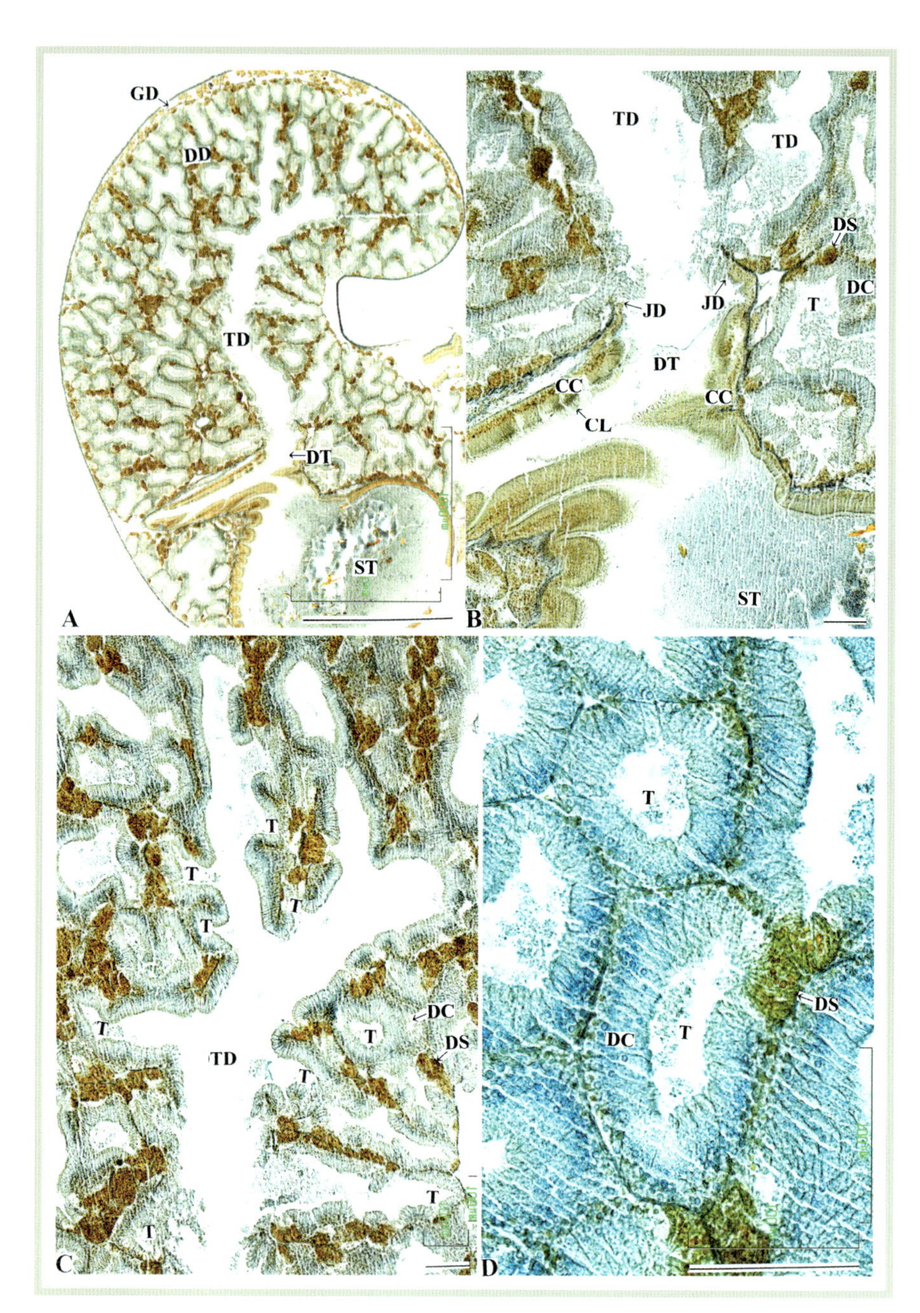

図 8-2A-D

クロヅケガイ中腸腺の縦断面図.
B は A の導管と導管様中腸腺細管の連絡を，C は導管様中腸腺細管と中腸腺細管を，D は中腸腺細管を，それぞれ拡大．図中の実線は 1 mm（A）および 100μm（B-D）を示す．アザン染色.

Figs.8-2A-D

Photomicrographs of the vertical-sectioned digestive diverticula of *Monodonta neritoides* GASTROPODA. Fig. A is shown as magnified views in Figs. B-D. Figs. B and C show the junctions of the duct with the tubule, and the tubule resembling duct and the tubules, respectively. Fig. D shows the tubules. Bars denote 1 mm in Fig. A and 100µm in Figs. B-D. Azan stain.

サザエ

Turbo (*Batillus*) *cornutus* MII

腹足綱 Class GASTROPODA
古腹足目 Order Vetigastropoda
サザエ科 Family Turbinidae

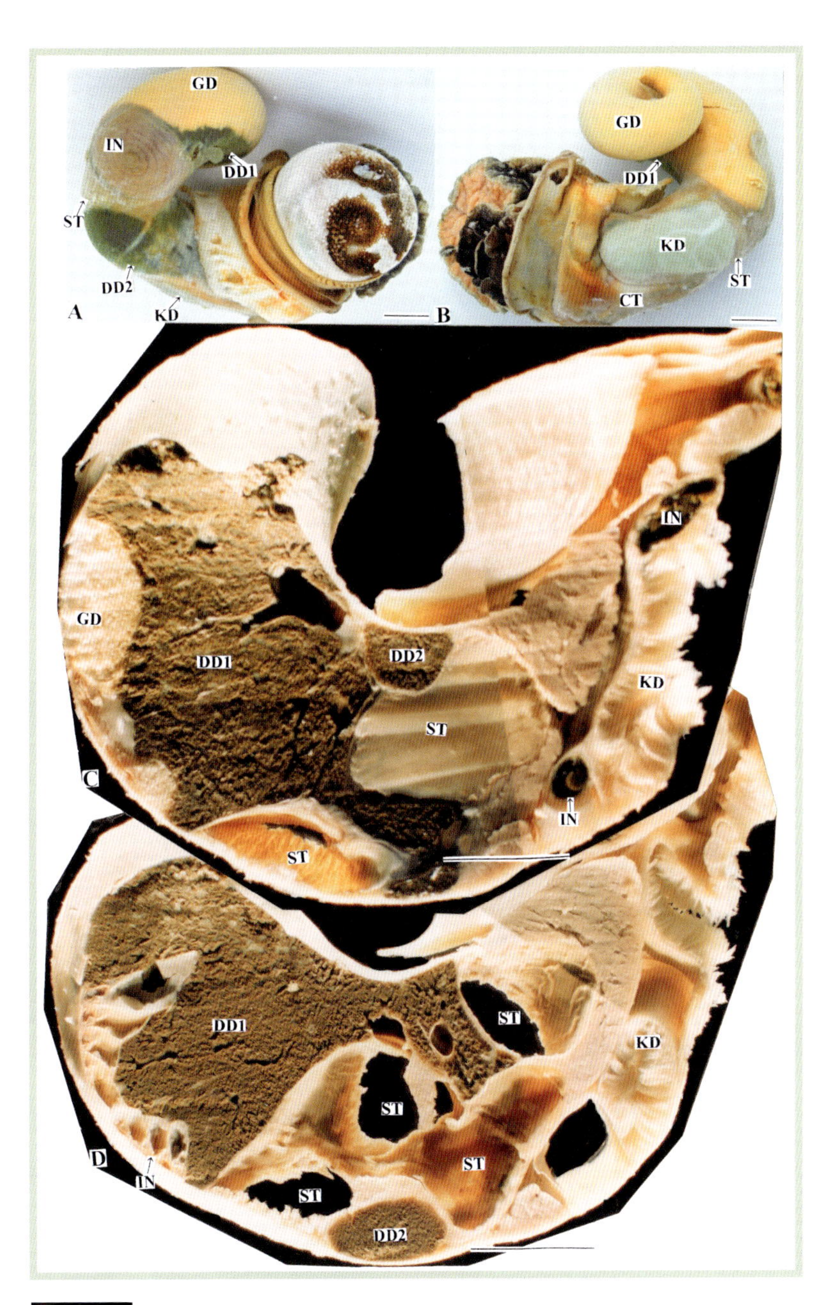

図 9-1A-D

サザエ *Turbo* (*Batillus*) *cornutus*（雄）軟体部.
A は殻を除いた軟体部腹面．B は殻を除いた軟体部背面．C-H は殻口近くから殻頂へ向けて順次切断した軟体部の縦断面図．図中の実線は 1cm を示す．

Figs.9-1A-D

Photographs of the soft part of *Turbo* (*Batillus*) *cornutus* GASTROPODA (♂).
Figs. A and B show ventral and dorsal views of the soft part after removal of the shell, respectively. Figs. C and D show vertical sections of the soft part. The figures are continued alphabetically from Fig. C to Fig. H and show the extensive distribution of the digestive diverticula in the soft part. Bars denote 1 cm.

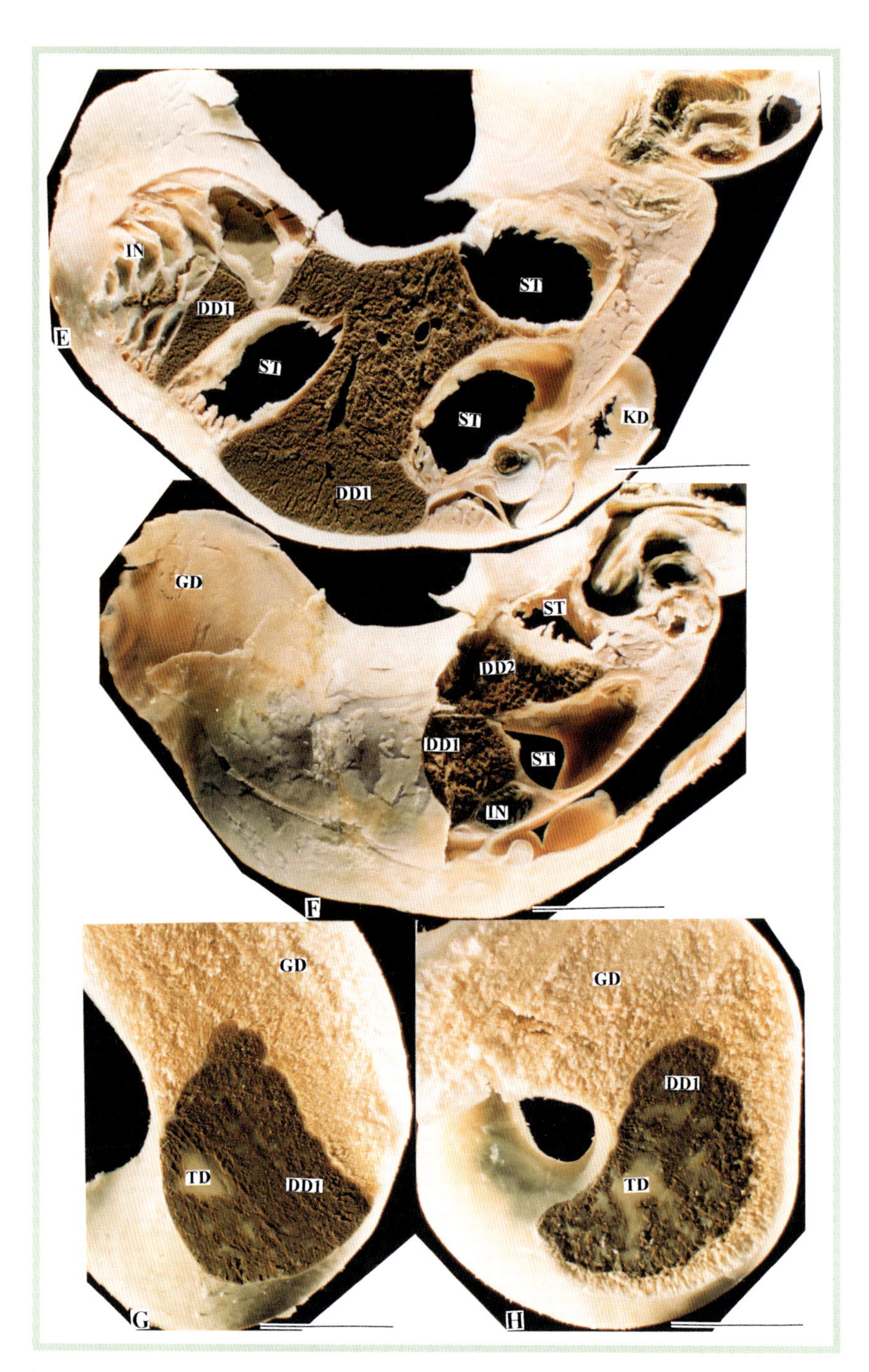

図 9-2E-H

サザエ（雄）軟体部の縦断面図.
C から続く軟体部の縦断面図. 図中の実線は 1cm を示す.

Figs.9-2E-H

Photographs of the vertical-sectioned soft part of *Turbo* (*Batillus*) *cornutus* (♂).
The figures are continued alphabetically from Fig. C. Bars denote 1 cm.

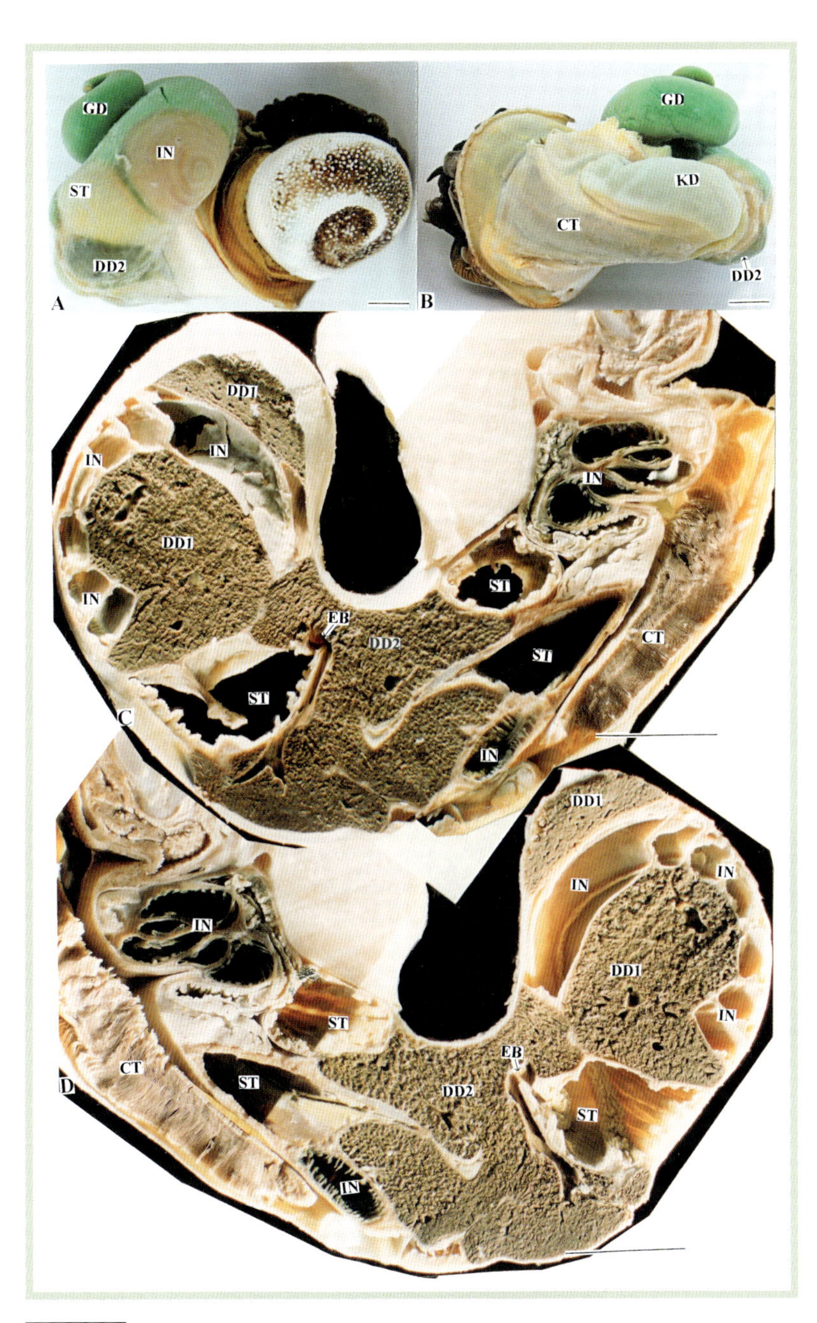

図 9-3A-D

サザエ（雌）の軟体部. A は殻を除いた軟体部腹面図. B は殻を除いた軟体部背面図.
C-G は殻口近くから殻頂へ向けて順次切断した軟体部の縦断面図. 図中の実線は 1 cm を示す.

Figs.9-3A-D

Photographs of the soft part of *Turbo* (*Batillus*) *cornutus* (♀).
Figs. A and B are ventral and dorsal views of the soft part after removal of the shell, respectively. Figs. C and D show vertical sections of the soft part. The figures are continued alphabetically from Fig. C to Fig. G and show the extensive distribution of the digestive diverticula in the soft part. Bars denote 1 cm.

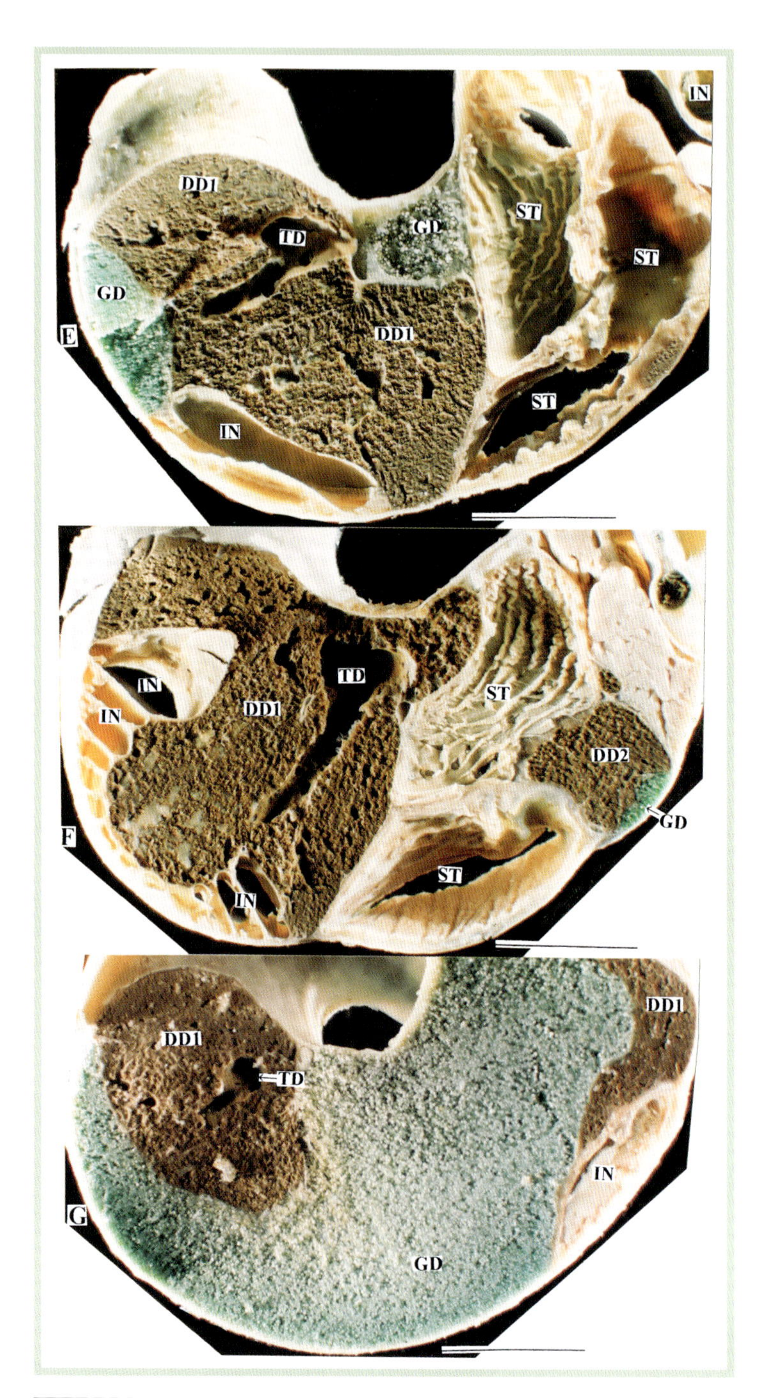

図 9-4E-G

サザエ（雌）軟体部の縦断面図.
C から続く軟体部の縦断面図. 図中の実線は 1cm を示す.

Figs.9-4E-G

Photographs of the vertical-sectioned soft part of *Turbo* (*Batillus*) *cornutus* (♀).
The figures are continued alphabetically from Fig. C. Bars denote 1 cm.

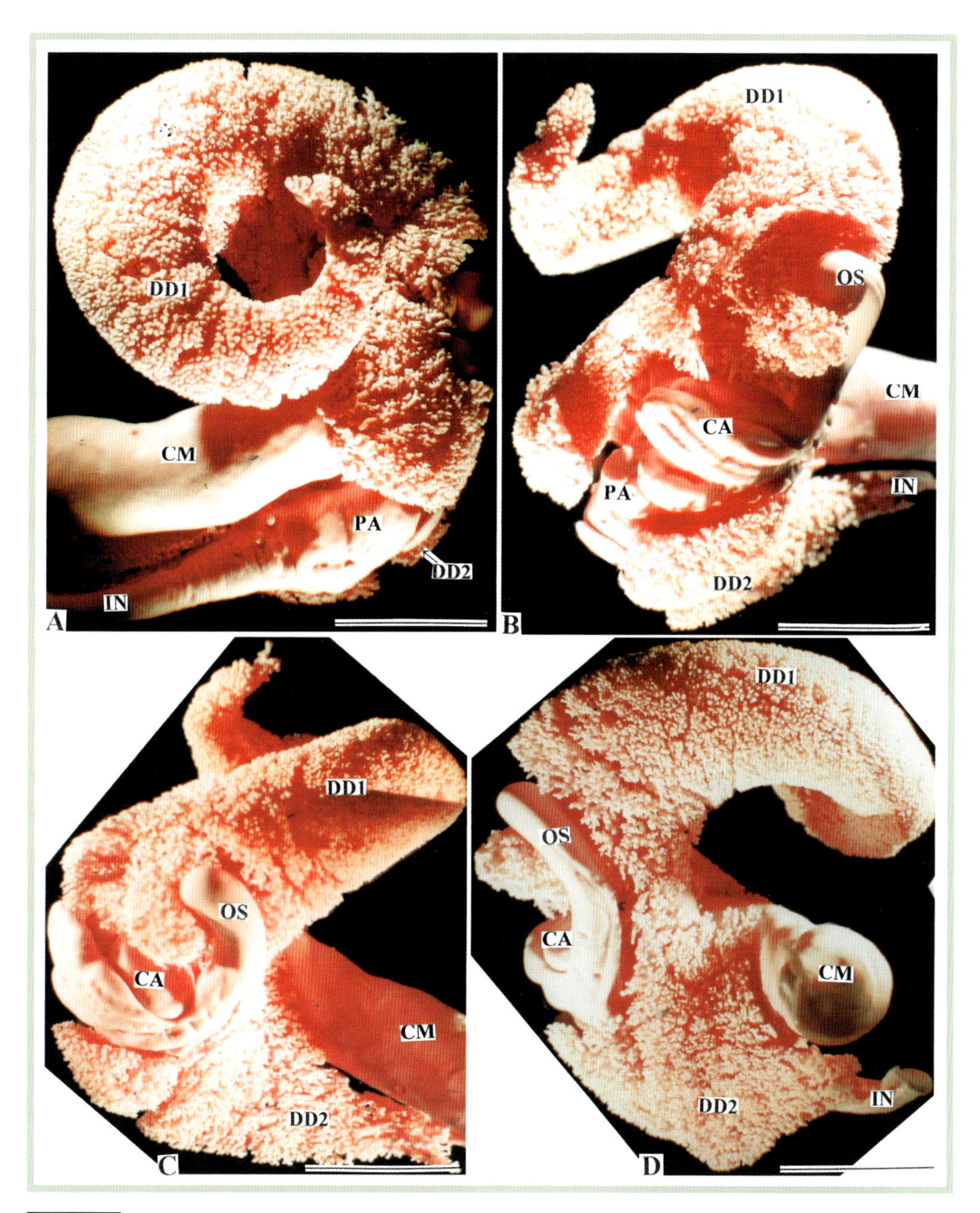

図 9-5A-D

サザエ消化器官の鋳型.
A は背面図，B は左側面図，C は腹面図，D は右側面図．D の右側面図では，胃から殻頂に向かって発達している中腸腺（DD1）と胃から殻口に向かって発達している中腸腺（DD2）に注意．図中の実線は 1cm を示す.

Figs.9-5A-D

Corrosion resin-cast of the digestive organs of *Turbo* (*Batillus*) *cornutus*.
The figures are presented as follows: Fig. A, dorsal view; Fig. B, left side view; Fig. C, ventral view; Fig. D, right side view. Note the digestive diverticula in Fig. D, developing between the stomach and the apex (DD1), and between the stomach and the aperture (DD2). Bars denote 1 cm.

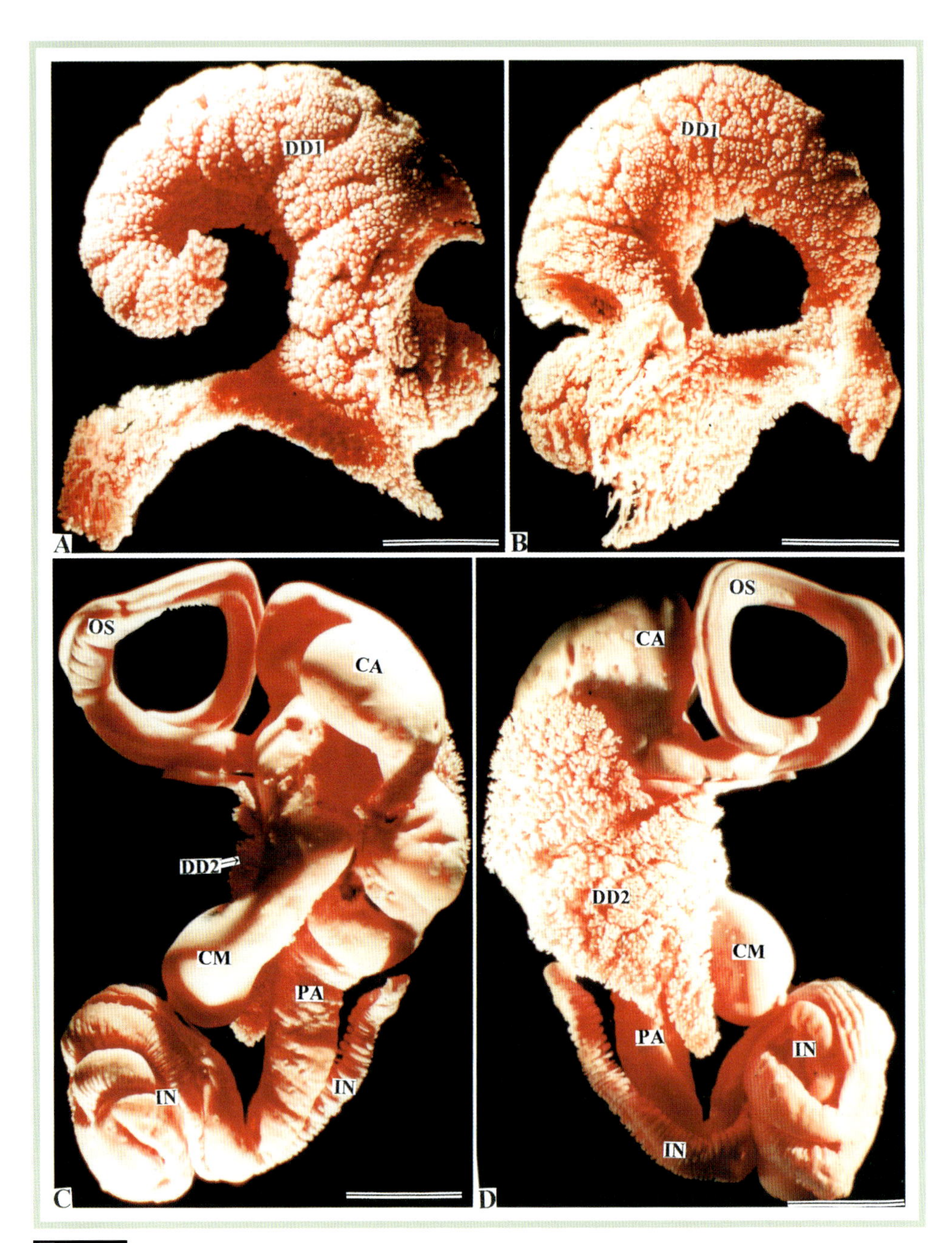

図 9-6A-D

サザエ消化器官の鋳型.
A, C は背面図, B, D は腹面図. B では胃から殻頂に向かって発達している中腸腺（DD1）と D では胃から殻口に向かって発達している中腸腺（DD2）に注意. 図中の実線は 1cm を示す.

Figs.9-6A-D

Corrosion resin-cast of the digestive organs of *Turbo* (*Batillus*) *cornutus*.
Figs. A and C are dorsal views, and Figs. B and D are ventral views. Note the digestive diverticula developing between the stomach and the apex (DD1) in Figs.A, B, and between the stomach and the aperture (DD2) in Figs. C, D. Bars denote 1 cm.

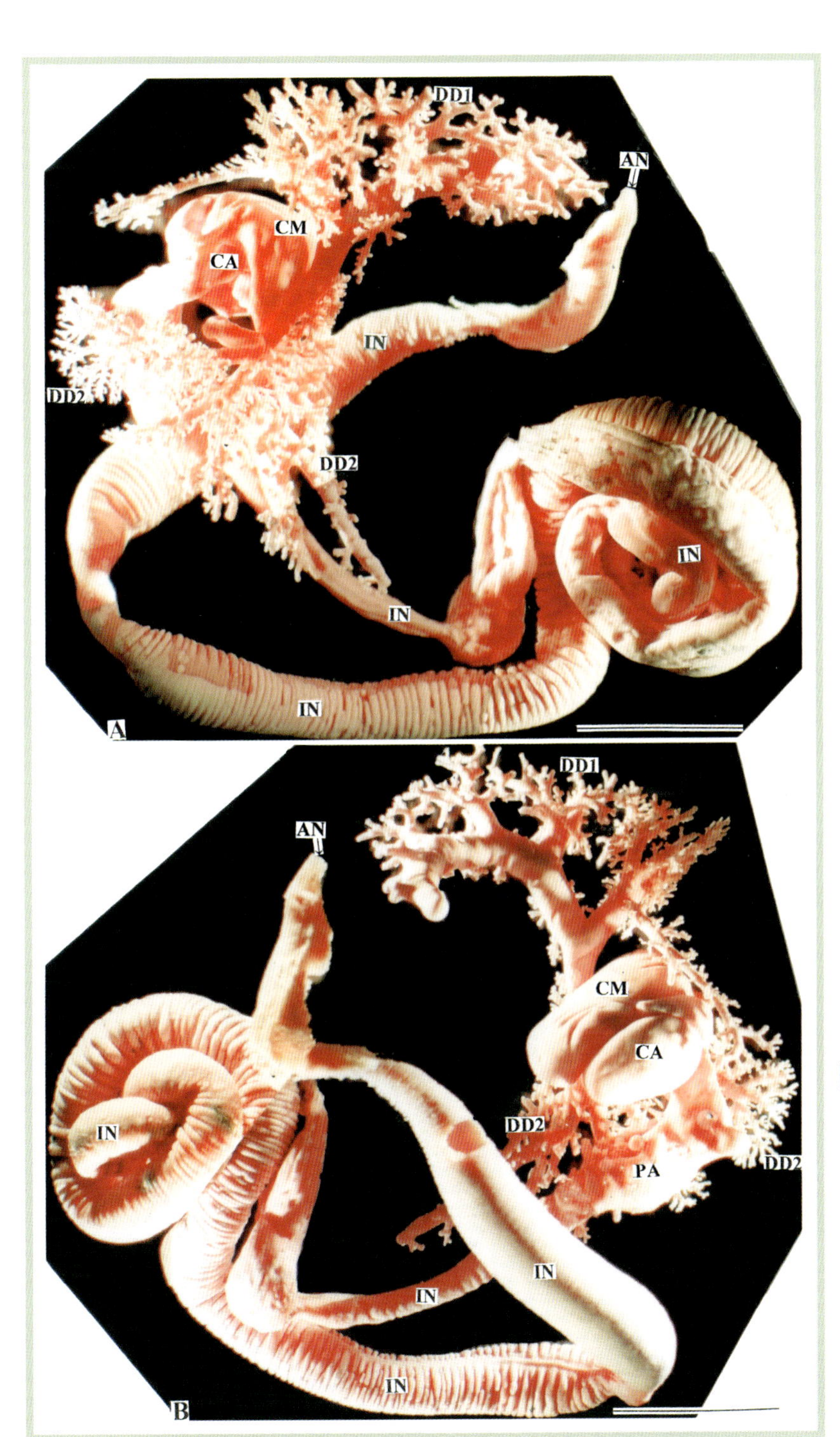

図 9-7A, B

サザエ消化器官の鋳型.
A は背面図, B は腹面図. 胃から殻頂に向かって発達している中腸腺(DD1)と胃から殻口に向かって発達している中腸腺（DD2）に注意. 図中の実線は 1cm を示す.

Figs.9-7A, B

Corrosion resin-cast of the digestive organs of *Turbo* (*Batillus*) *cornutus*.
Fig. A is a dorsal view, and Fig. B is a ventral view. Note the digestive diverticula developing between the stomach and the apex (DD1), and between the stomach and the aperture (DD2). Bars denote 1 cm.

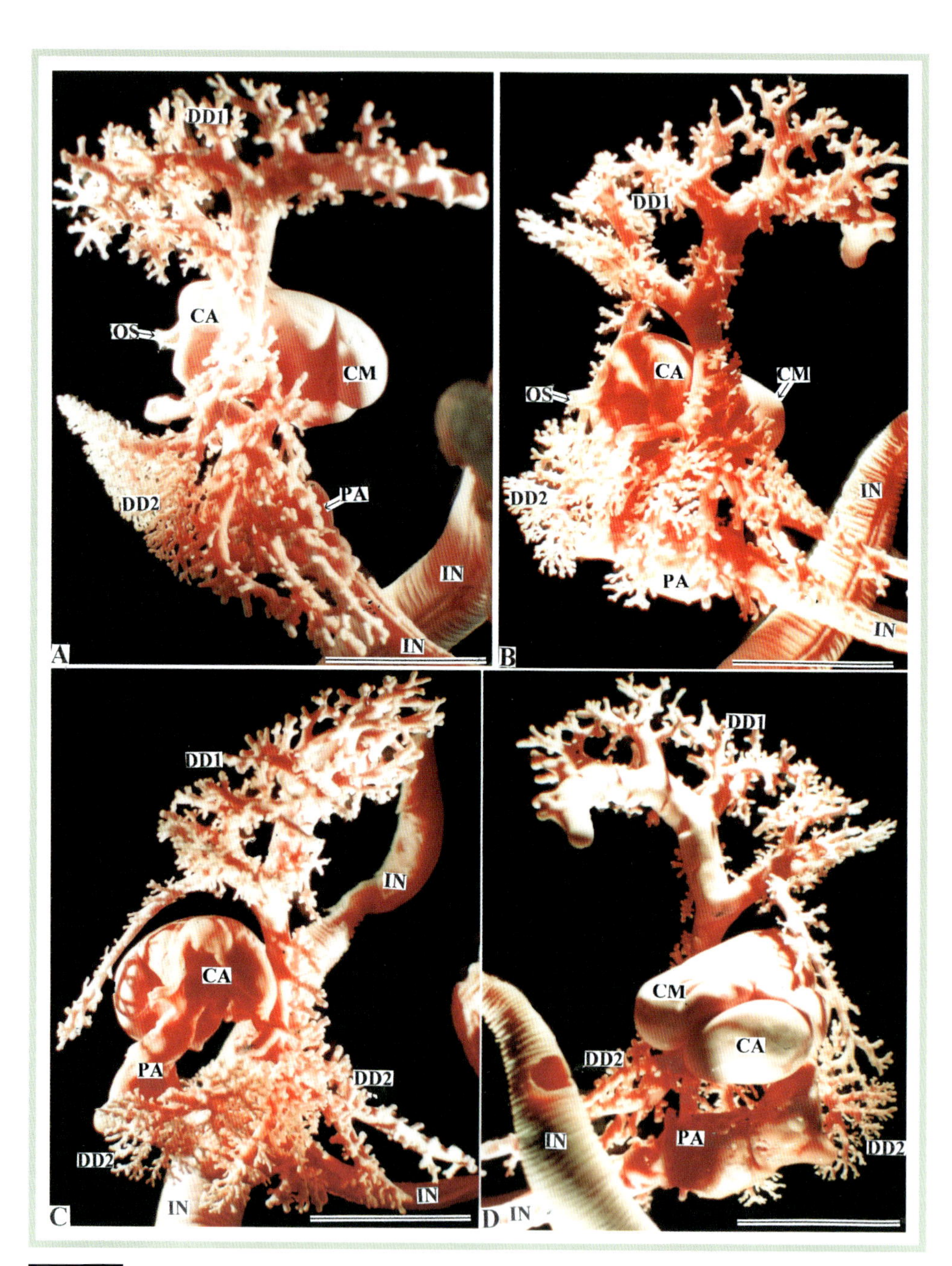

図 9-8A-D

サザエ消化器官の鋳型.
A は背面図, B は左側面図, C は腹面図, D は右側面図. 胃から殻頂に向かって発達している中腸腺（DD1）と胃から殻口に向かって発達している中腸腺（DD2）に注意. 図中の実線は 1cm を示す.

Figs.9-8A-D

Corrosion resin-cast of the digestive organs of *Turbo* (*Batillus*) *cornutus*.
The images are presented as follows: Fig. A, dorsal view; Fig. B, left side view; Fig. C, ventral view; Fig. D, right side view. Note the digestive diverticula developing between the stomach and the apex (DD1), and between the stomach and the aperture (DD2). Bars denote 1 cm.

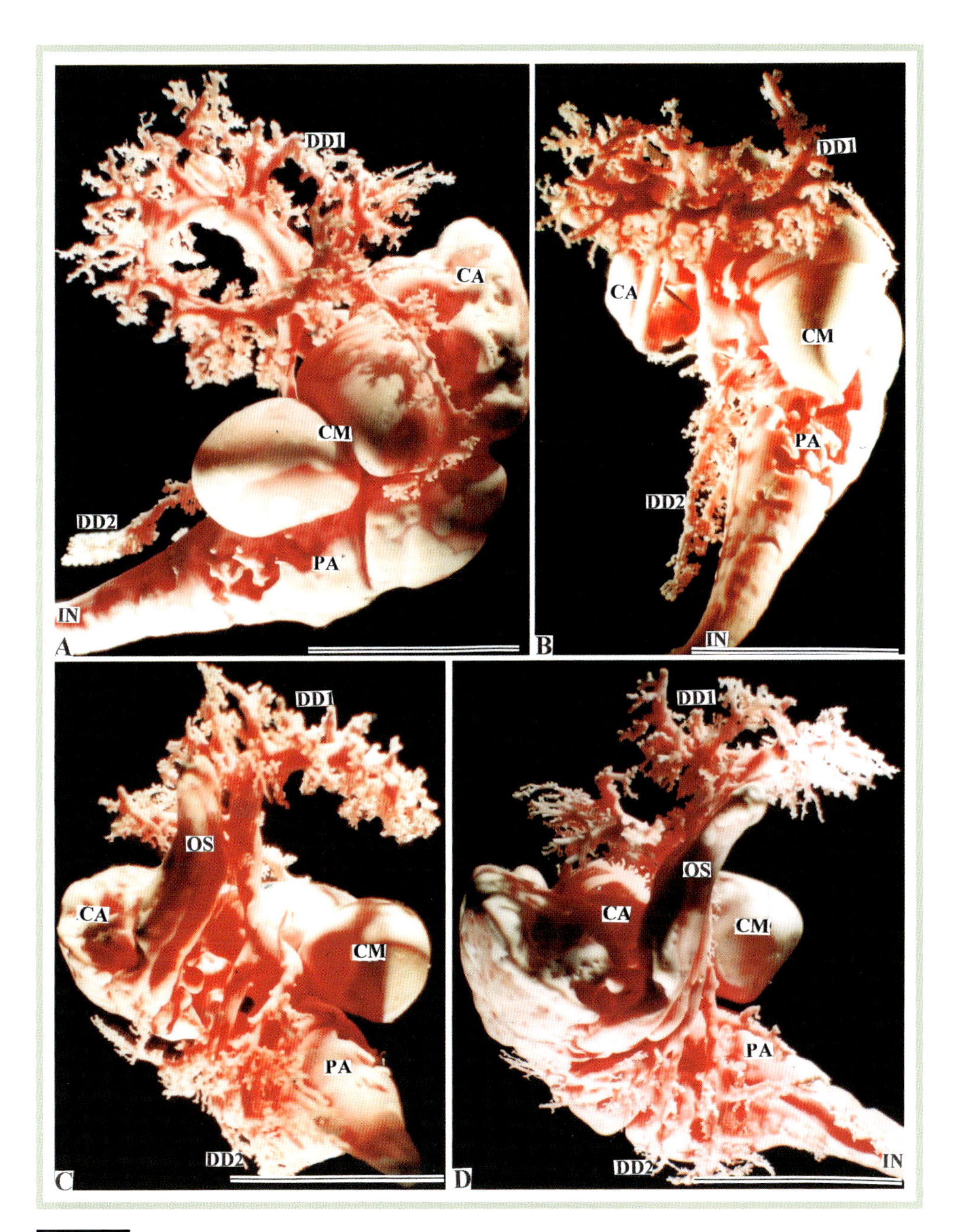

図 9-9A-D

サザエ消化器官の鋳型.
A は右側面図，B は背面図，C は左側面図，D は腹面図．胃から殻頂に向かって発達している中腸腺（DD1）と胃から殻口に向かって発達している中腸腺（DD2）に注意．図中の実線は 1cm を示す.

Figs. 9-9A-D

Corrosion resin-cast of the digestive organs of *Turbo* (*Batillus*) *cornutus.*
The images are presented as follows: Fig. A, right side view; Fig. B, dorsal view; Fig. C, left side view; Fig. D; ventral view. Note the digestive diverticula developing between the stomach and the apex (DD1), and between the stomach and the aperture (DD2). Bars denote 1 cm.

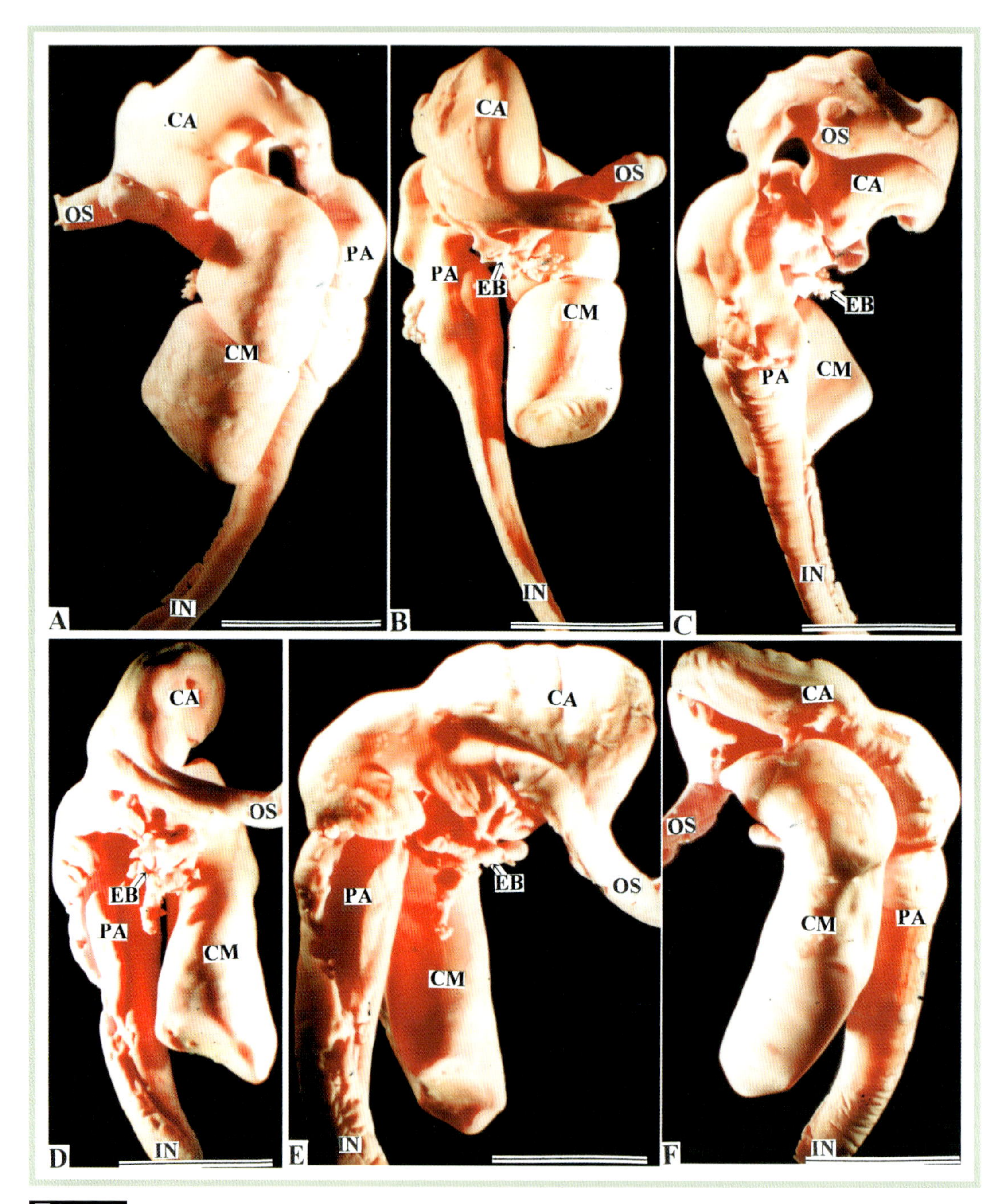

図 9-10A-F

サザエ消化器官の鋳型.
AとFは右側面図，BとDは腹面図，CとEは左側面図．図中の実線は 1cm を示す.

Figs. 9-10A-F

Corrosion resin-cast of the digestive organ of *Turbo* (*Batillus*) *cornutus*.
Figs. A and F are right side views, Figs. B and D are ventral views, and Figs. C and E are left side views. Bars denote 1 cm.

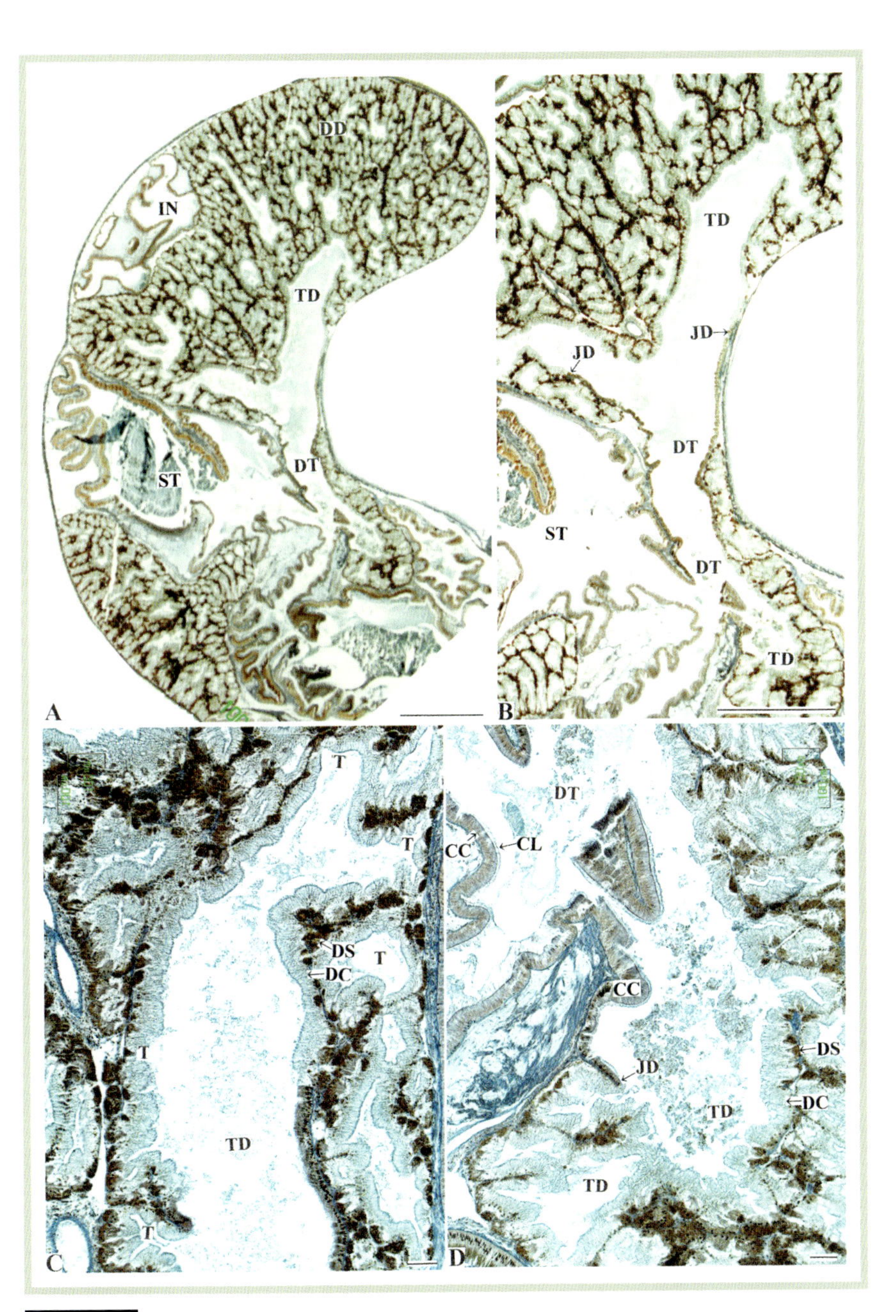

図 9-11A-D

サザエ中腸腺の縦断面図.
B, D は A の導管と導管様中腸腺細管への連絡を，C は導管様中腸腺細管と中腸腺細管を拡大．単軸袋状分枝II型（MII型）．図中の実線は 100μm（A, B）および 10μm（C, D）を示す．アザン染色．

Figs. 9-11A-D

Photomicrographs of the vertical-sectioned digestive diverticula of *Turbo* (*Batillus*) *cornutus*.
Figs. A is shown as magnified views in Figs. B-D. Figs. B and D, and C show the junctions of the duct with the tubule resembling duct, and the tubule resembling duct and the tubules, respectively. Monopodial saccular branching type II (M II type). Bars denote 100μm in Figs. A, B and 10μm in Figs. C, D. Azan stain.

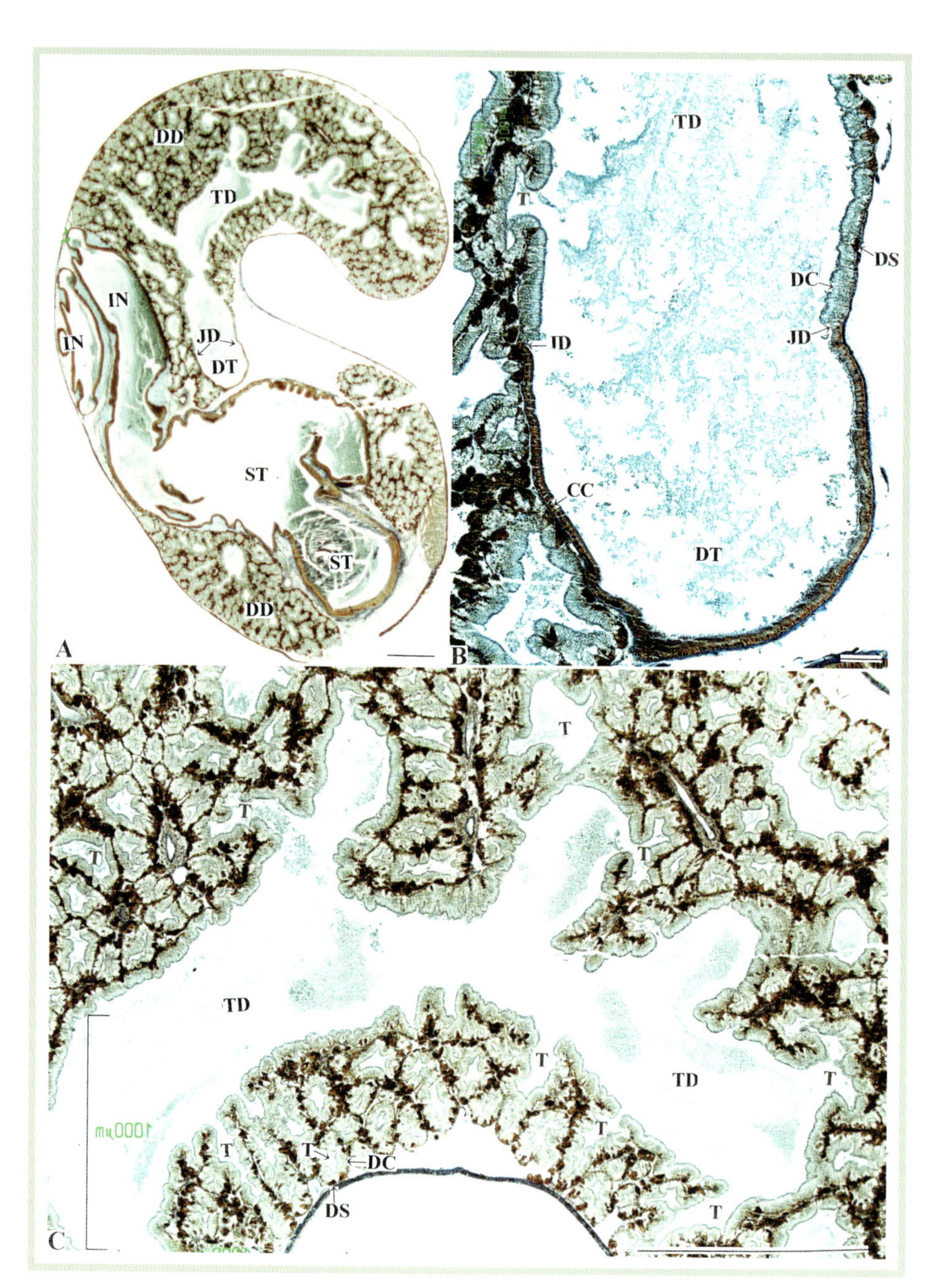

図 9-12A-C

サザエ中腸腺の縦断面図．
B は A の導管と導管様中腸腺細管の連絡を，C は導管様中腸腺細管と中腸腺細管を拡大．図中の実線は 1mm（A, C）および 100 μm（B）を示す．アザン染色．

Figs.9-12A-C

Photomicrographs of the vertical-sectioned digestive diverticula of *Turbo* (*Batillus*) *cornutus*.
Fig. A is shown as magnified views in Figs. B and C. Figs. B and C show the junctions of the duct with the tubule resembling duct, and the tubule resembling duct and the tubules, respectively. Bars denote 1 mm in Figs. A, C and 100μm in Fig. B. Azan stain.

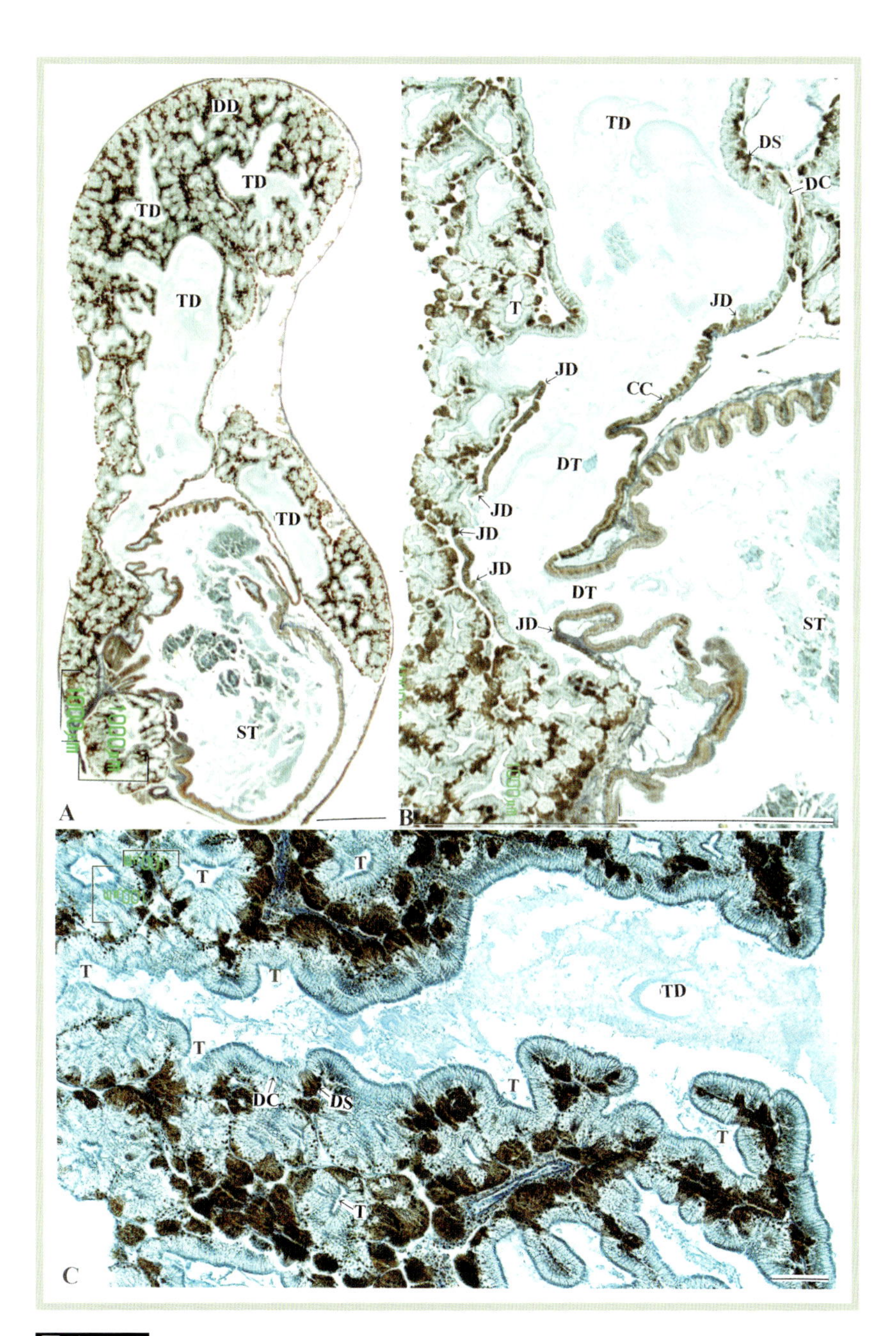

図 9-13A-C

サザエ中腸腺の縦断面図.
B は A の導管と導管様中腸腺細管の連絡を，C は導管様中腸腺細管と中腸腺細管を拡大. 図中の実線は 1 mm（A, B）および 100 μm（C）を示す. アザン染色.

Figs. 9-13A-C

Photomicrographs of the vertical-sectioned digestive diverticula of *Turbo* (*Batillus*) *cornutus*.
Fig. A is shown as magnified views in Figs. B and C. Figs. B and C show the junctions of the duct with the tubule resembling duct, and the tubule resembling duct and the tubules, respectively. Bars denote 1 mm in Figs. A, B and 100μm in Fig. C. Azan stain.

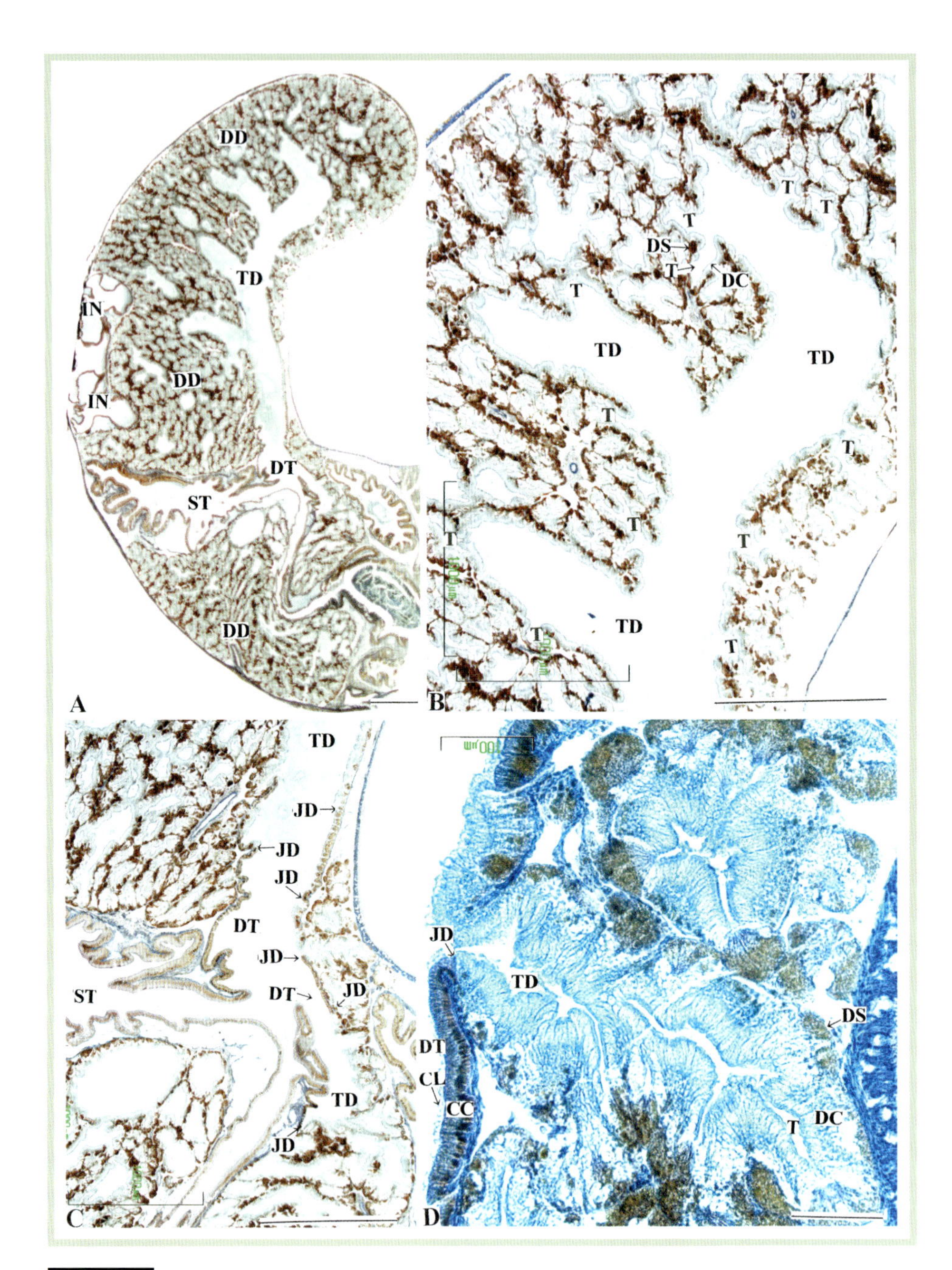

図 9-14A-D

サザエ中腸腺の縦断面図.
B は A の導管様中腸腺細管と中腸腺細管を，C，D は導管と導管様中腸腺細管の連絡を拡大．図中の実線は 1mm（A-C）および 100μm（D）を示す．アザン染色.

Figs. 9-14A-D

Photomicrographs of the vertical-sectioned digestive diverticula of *Turbo* (*Batillus*) *cornutus.*
Fig. A is shown as magnified views in Figs. B-D. Figs. B, and C and D show the tubule resembling duct and the tubules, and the junctions of the duct with the tubule resembling duct, respectively. Bars denote 1 mm in Figs. A-C and 100μm in Fig. D. Azan stain.

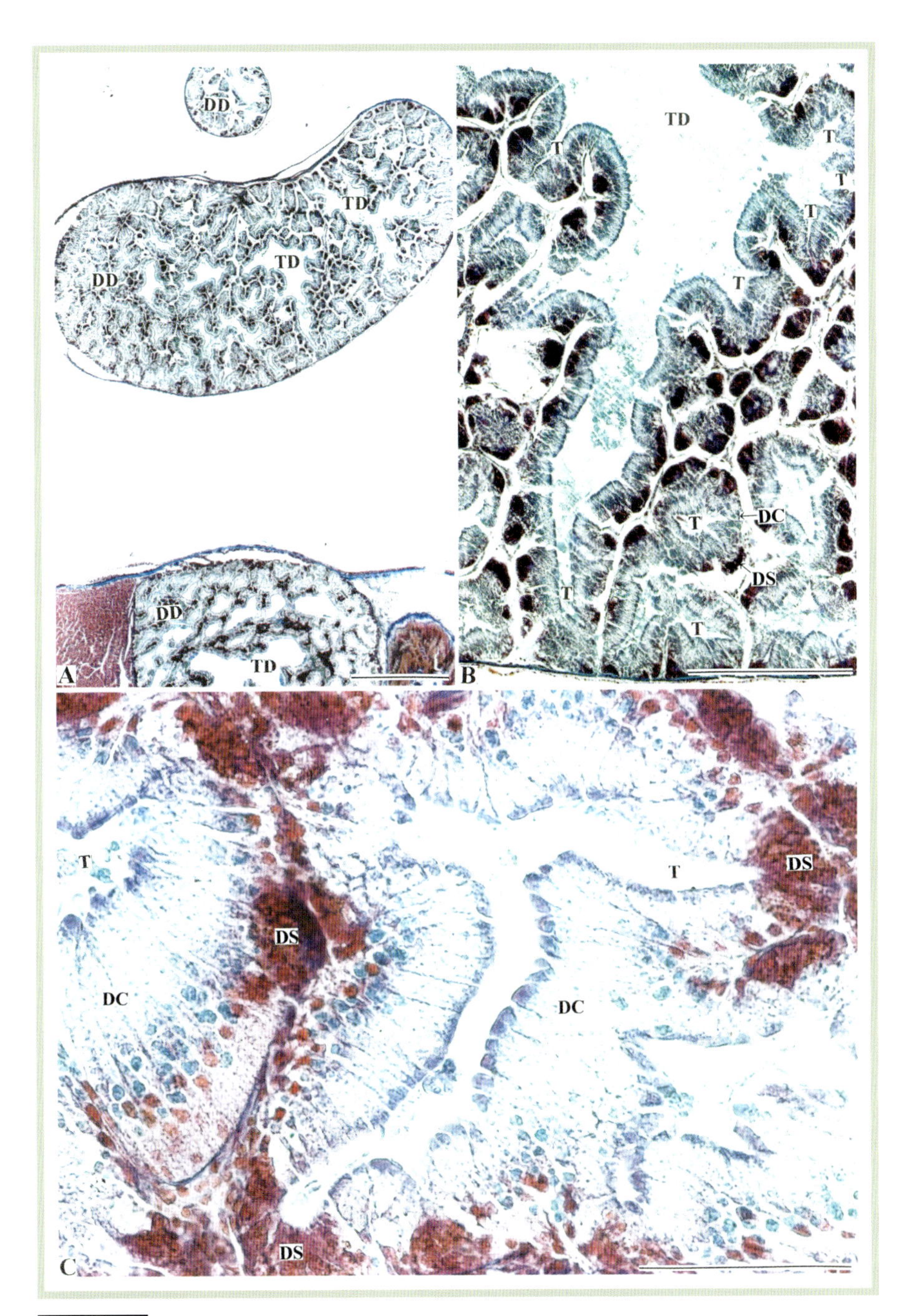

図 9-15A-C

サザエ中腸腺の横断面図.
BとCはAの中腸腺を拡大. Bは導管様中腸腺細管と中腸腺細管を, Cは中腸腺細管をそれぞれ示す.
図中の実線は 100μm（A, B）および 10μm（C）を示す. アザン染色.

Figs.9-15A-C

Photomicrographs of the transverse-sectioned digestive diverticula of *Turbo* (*Batillus*) *cornutus*.
Fig. A is shown as magnified views in Figs. B and C. Fig. B shows the tubule resembling duct and the tubules. Fig. C shows the tubules. Bars denote 100μm in Figs. A, B and 10μm in Fig. C. Azan stain.

スガイ

Lunella coronatus coreensis MⅡ

腹足綱 Class GASTROPODA
古腹足目 Order Vetigastropoda
サザエ科 Family Turbinidae

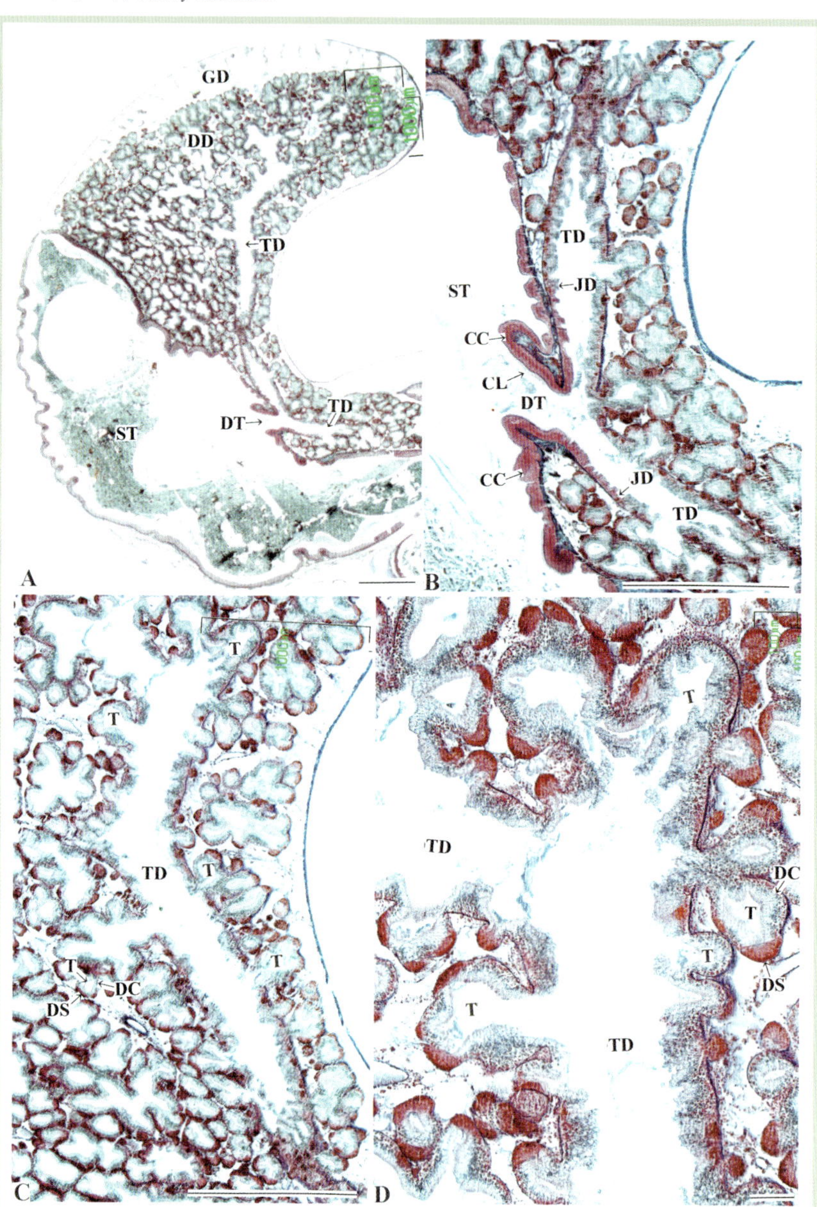

図 10-1A-D
スガイ
Lunella coronatus coreensis
中腸腺の縦断面図.
BはAの導管と導管様中腸腺細管の連絡を, CとDは導管様中腸腺細管と中腸腺細管を拡大. DはCの拡大. 単軸袋状分枝Ⅱ型（MⅡ型）. 図中の実線は1mm（A-C）および100μm(D)を示す. アザン染色.

Figs.10-1A-D
Photomicrographs of the vertical-sectioned digestive diverticula of *Lunella coronatus coreensis* GASTROPODA.
Fig. A is shown as magnified views in Figs. B-D. Fig.B shows the junction of the duct with the tubule resembling duct. Figs. C and D show the tubule resembling duct and the tubules. Fig. D is a magnified image of Fig. C. Monopodial saccular branching type II (M II type). Bars denote 1 mm in Figs. A-C and 100μm in Fig. D. Azan stain.

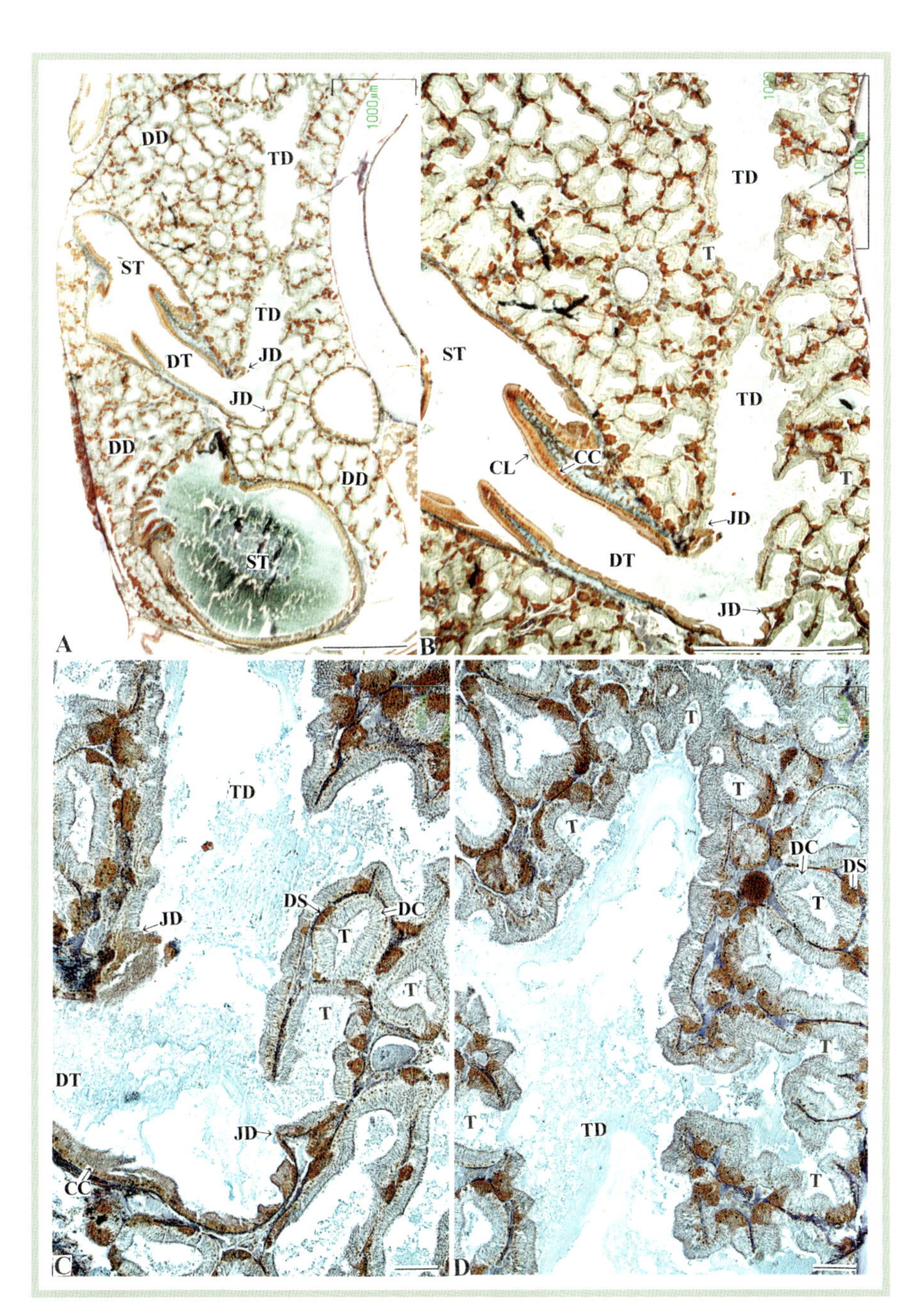

図 10-2A-D

スガイ中腸腺の縦断面図.
B, C は A の導管と導管様中腸腺細管の連絡を，D は導管様中腸腺細管と中腸腺細管を拡大. 図中の実線は 1 mm（A, B）および 100 μm（C, D）を示す. アザン染色.

Figs.10-2A-D

Photomicrographs of the vertical-sectioned digestive diverticula of *Lunella coronatus coreensis.*
Fig. A is shown as magnified views in Figs. B-D. Figs. B and C, and D show the junctions of the duct with the tubule resembling duct, and the tubule resembling duct and the tubules, respectively. Bars denote 1 mm in Figs. A, B and 100μm in Figs. C, D. Azan stain.

ウラウズガイ

Astralium haematragum MⅡ

腹足綱 Class GASTROPODA
古腹足目 Order Vetigastropoda
サザエ科 Family Turbinidae

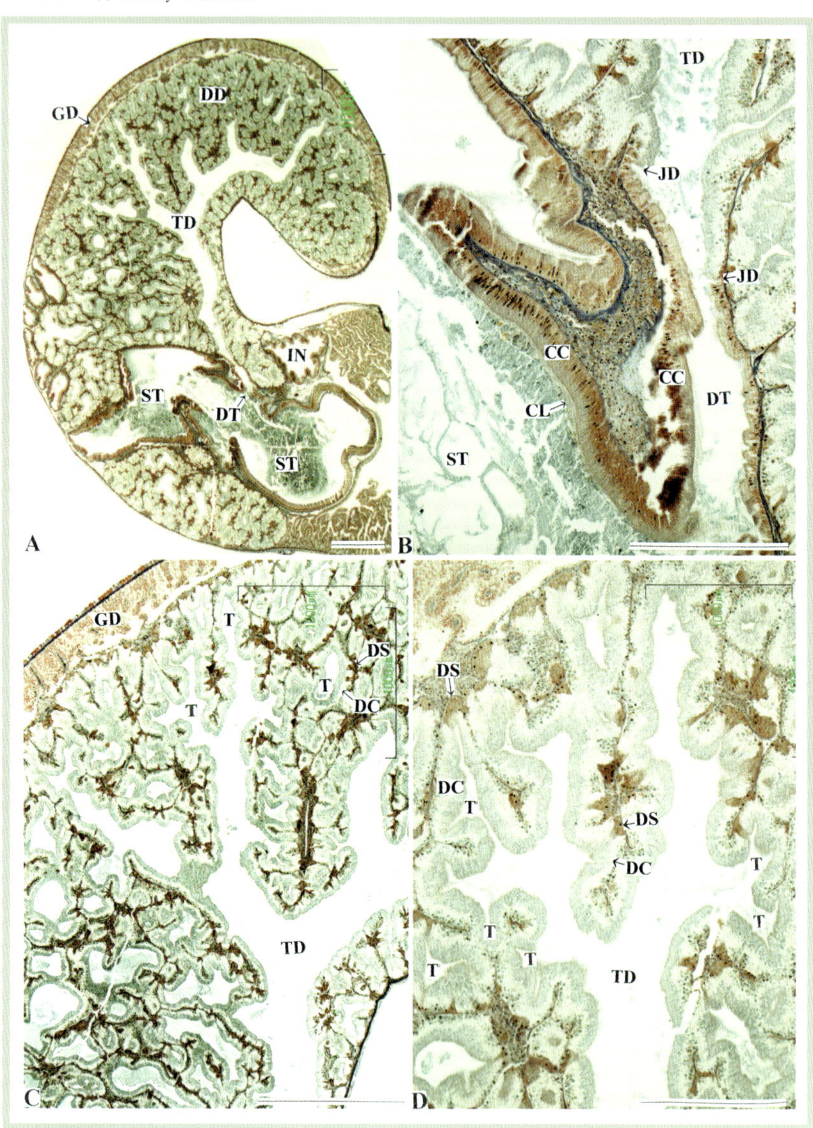

図 11-1A-D

ウラウズガイ *Astralium haematragum* 中腸腺の縦断面図.
B は A の導管と導管様中腸腺細管の連絡を, C, D は導管様中腸腺細管と中腸腺細管を拡大. 単軸袋状分枝Ⅱ型（MⅡ型）. 図中の実線は 1mm(A, C) および 100μm (B, D) を示す. アザン染色.

Figs.11-1A-D

Photomicrographs of the vertical-sectioned digestive diverticula of *Astralium haematragum* GASTROPODA.
Fig. A is shown as magnified views in Figs. B-D. Figs. B, and C and D show the junctions of the duct with the tubule resembling duct, and the tubule resembling duct and the tubules, respectively. Monopodial saccular branching type II (M II type). Bars denote 1 mm in Figs. A, C and 100μm in Figs. B, D. Azan stain.

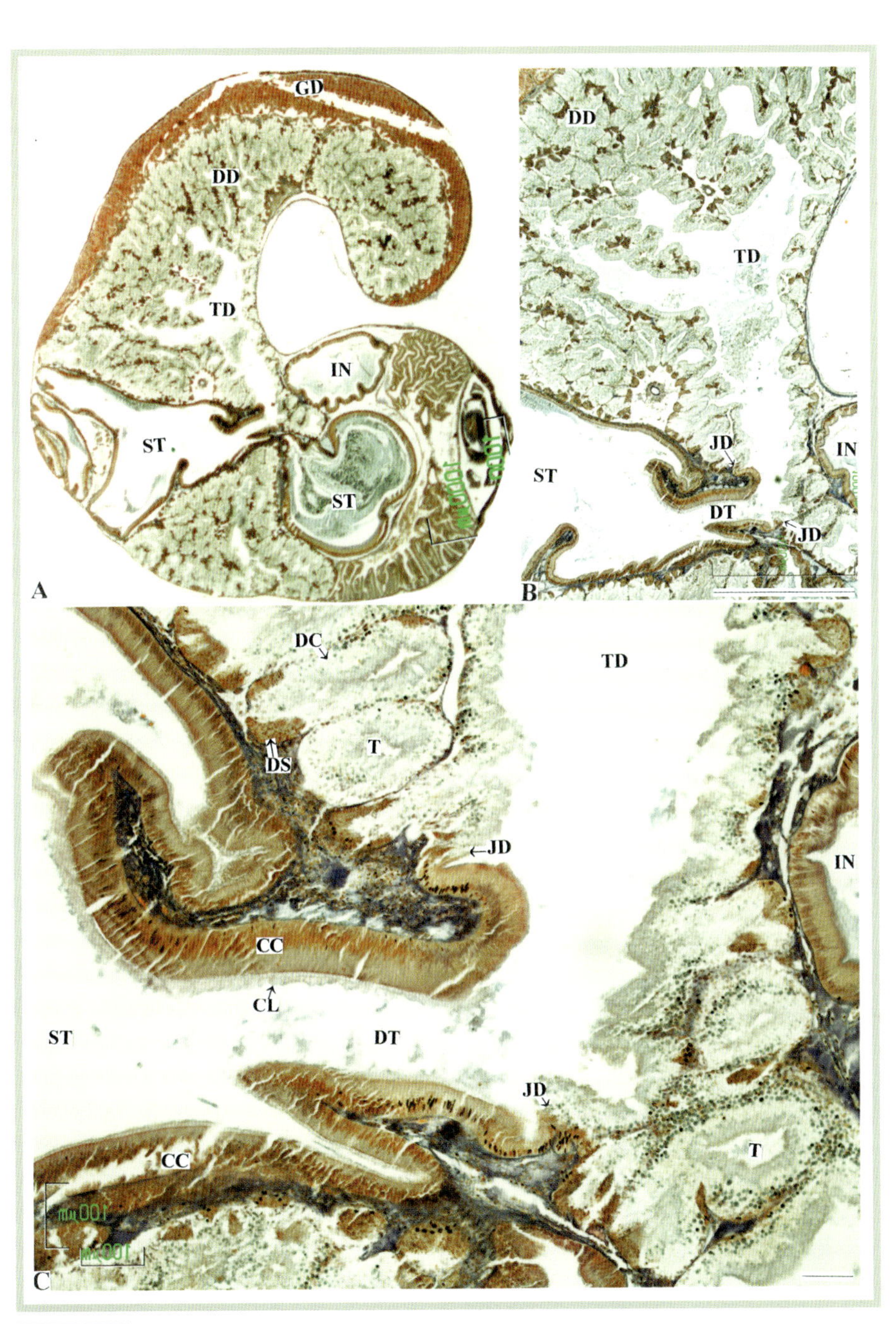

図 11-2A-C

ウラウズガイ中腸腺の縦断面図.
BとCはAの導管と導管様中腸腺細管の連絡を拡大. 図中の実線は 1 mm（A, B）および 100 μm（C）を示す. アザン染色.

Figs.11-2A-C

Photomicrographs of the vertical-sectioned digestive diverticula of *Astralium haematragum*.
Fig. A is shown as magnified views in Figs. B and C. These magnified views show the junctions of the duct with the tubule resembling duct. Bars denote 1 mm in Figs. A, B and 100μm in Fig. C. Azan stain.

クボガイ

Chlorostoma lischkei MⅡ

腹足綱 Class GASTROPODA
古腹足目 Order Vetigastropoda
バテイラ科 Family Tegulidae

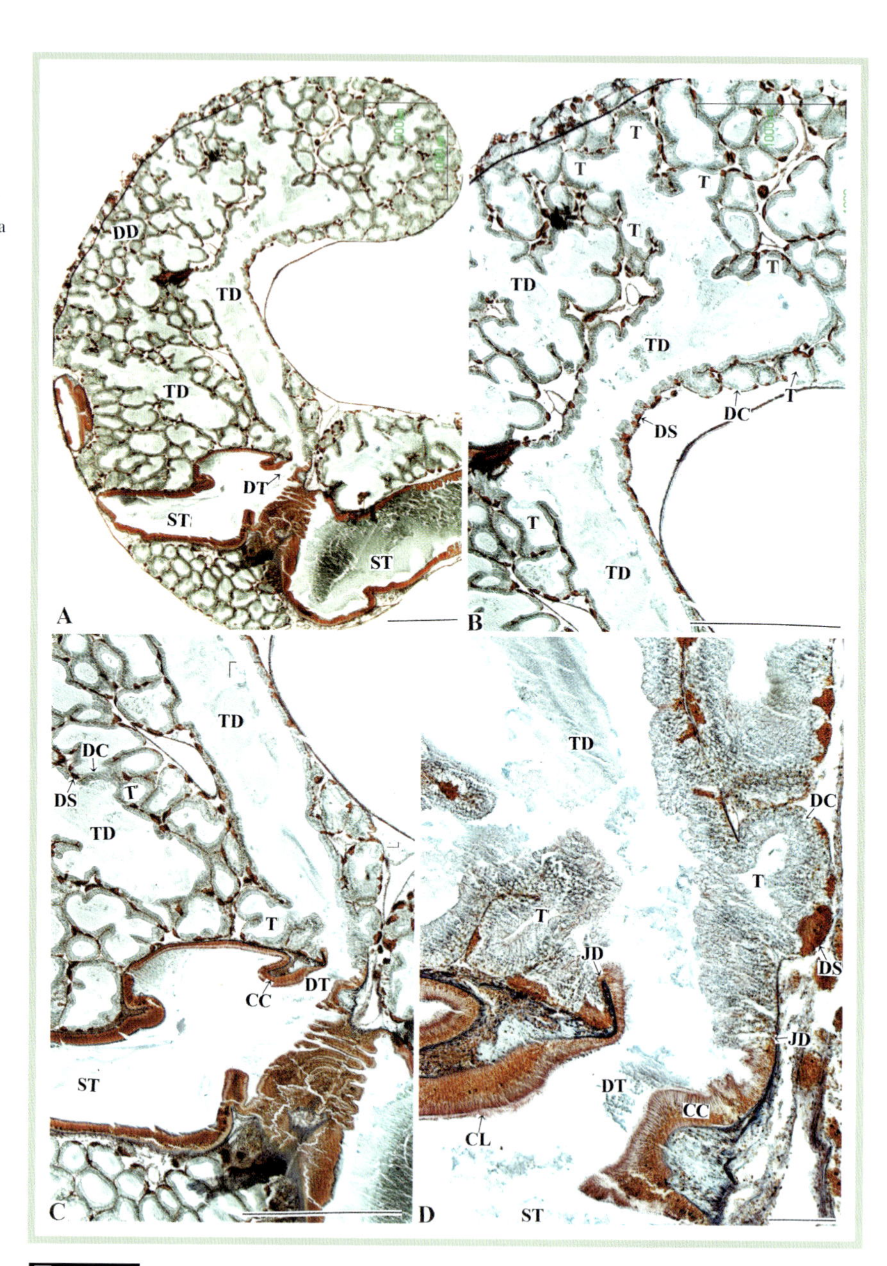

図 12-1A-D

クボガイ *Chlorostoma lischkei* 中腸腺の縦断面図.
B は A の導管様中腸腺細管と中腸腺細管を，C，D は導管と導管様中腸腺細管の連絡を拡大．単軸袋状分枝Ⅱ型（MⅡ型）．図中の実線は 1mm（A-C）および 100μm（D）を示す．アザン染色.

Figs.12-1A-D

Photomicrographs of the vertical-sectioned digestive diverticula of *Chlorostoma lischkei* GASTROPODA.
Fig. A is shown as magnified views in Figs. B-D. Figs. B, and C and D show the tubule resembling duct and the tubules, and the junctions of the duct with the tubule resembling duct, respectively. Monopodial saccular branching type II (M II type). Bars donate 1 mm in Figs. A-C and 100μm in Fig. D. Azan stain.

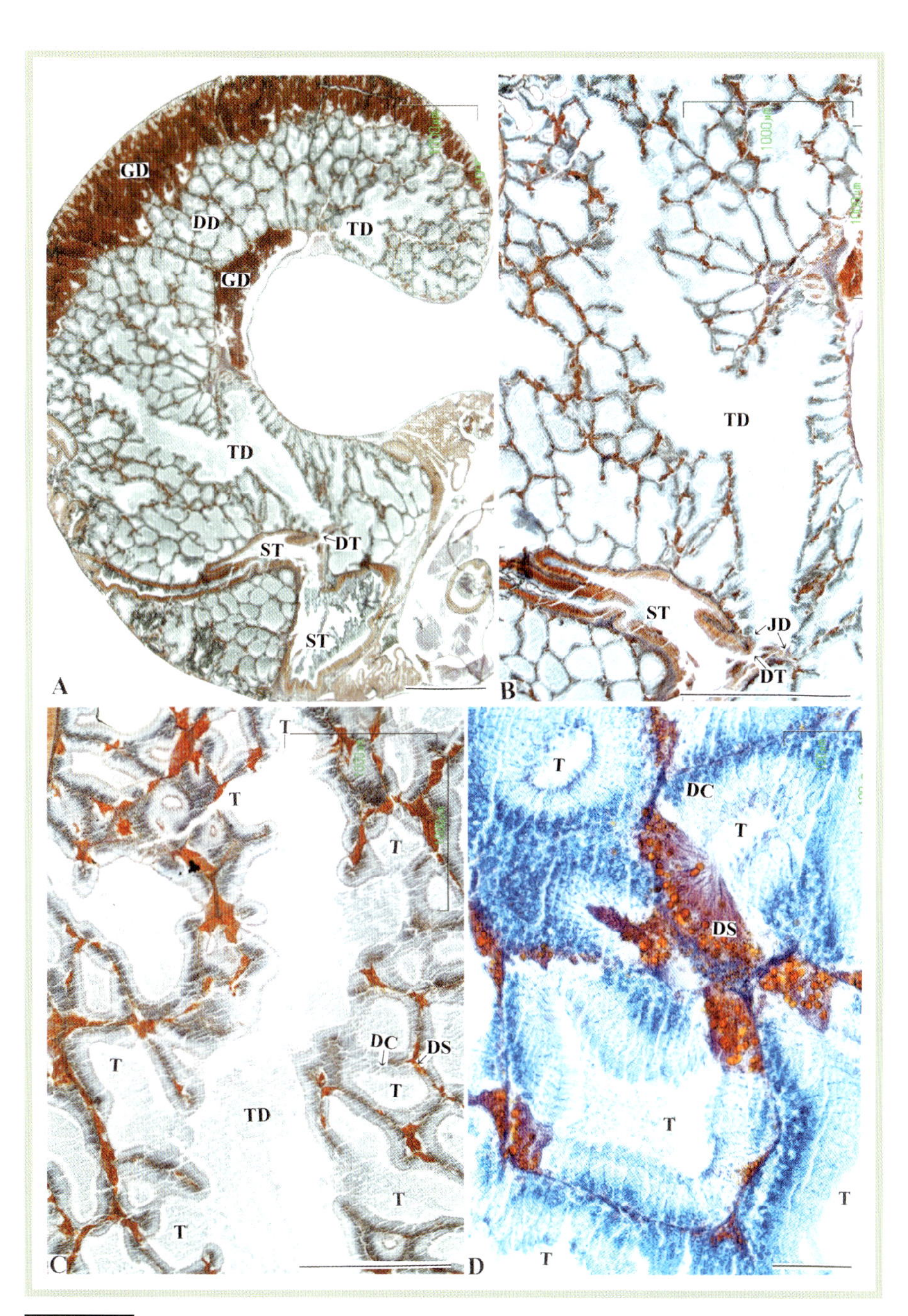

図 12-2A-D

クボガイ中腸腺の縦断面図.
B は A の導管と導管様中腸腺細管の連絡を，C は導管様中腸腺細管と中腸腺細管を，D は中腸腺細管を拡大．図中の実線は 1mm（A-C）および 100μm（D）を示す．アザン染色．

Figs.12-2A-D

Photomicrographs of the vertical-sectioned digestive diverticula of *Chlorostoma lischkei*.
Fig. A is shown as magnified views in Figs. B-D. Figs. B and C show the junctions of the duct with the tubule resembling duct, and the tubule resembling duct and the tubules, respectively. Fig. D shows the tubules. Bars denote 1 mm in Figs. A-C and 100μm in Fig. D. Azan stain.

ヘソアキクボガイ

Chlorostoma turbinatum MII

腹足綱 Class GASTROPODA
古腹足目 Order Vetigastropoda
バテイラ科 Family Tegulidae

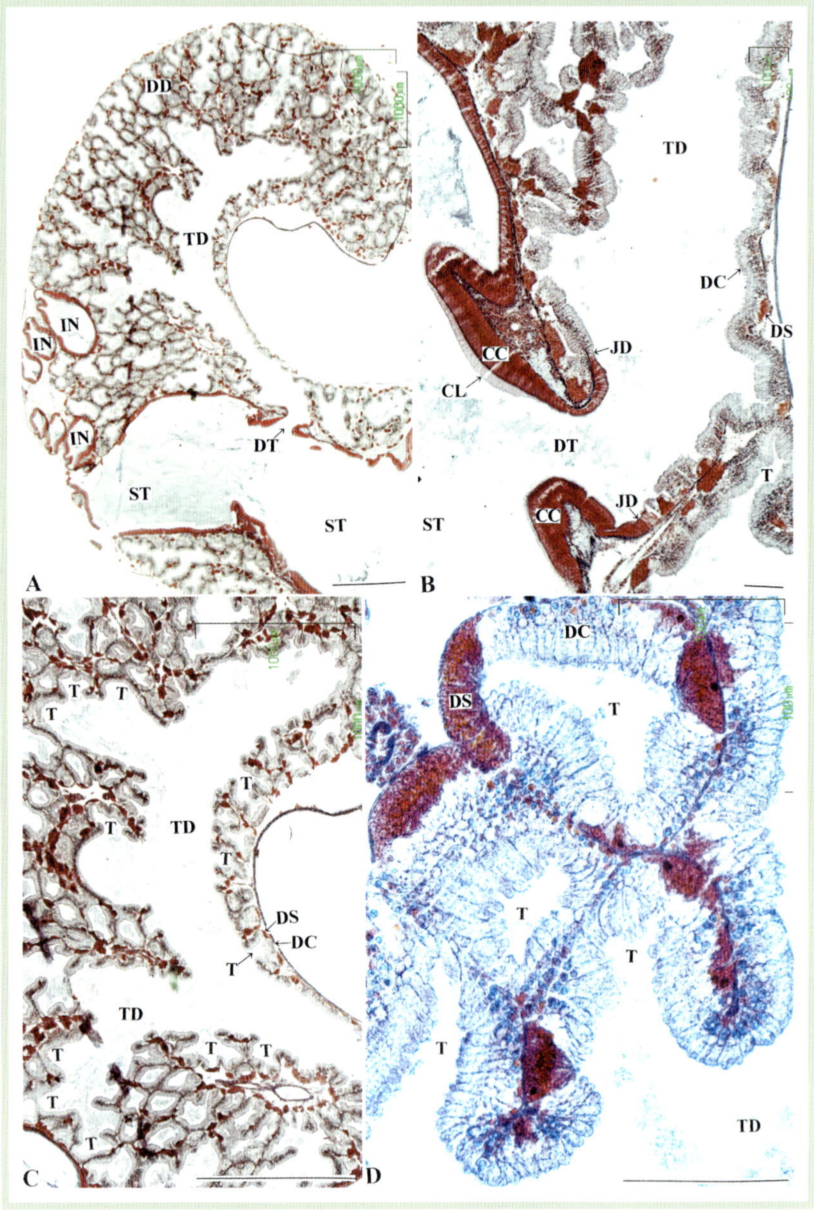

図 13A-D

ヘソアキクボガイ *Chlorostoma turbinatum* 中腸腺の縦断面図. BはAの導管と導管様中腸腺細管の連絡を, Cは導管様中腸腺細管と中腸腺細管を, Dは中腸腺細管を拡大. 単軸袋状分枝Ⅱ型（MⅡ型）. 図中の実線は1mm（A, C）および100μm（B, D）を示す. アザン染色.

Figs.13A-D

Photomicrographs of the vertical-sectioned digestive diverticula of *Chlorostoma turbinatum* GASTROPODA.
Fig. A is shown as magnified views in Figs. B-D. Figs. B and C show the junctions of the duct with the tubule resembling duct, and the tubule resembling duct and the tubules, respectively. Fig. D shows the tubules. Monopodial saccular branching type II (M II type). Bars denote 1 mm in Figs. A, C and 100μm in Figs. B, D. Azan stain.

クマノコガイ

Chlorostoma xanthostigma MⅡ

腹足綱 Class GASTROPODA
古腹足目 Order Vetigastropoda
バテイラ科 Family Tegulidae

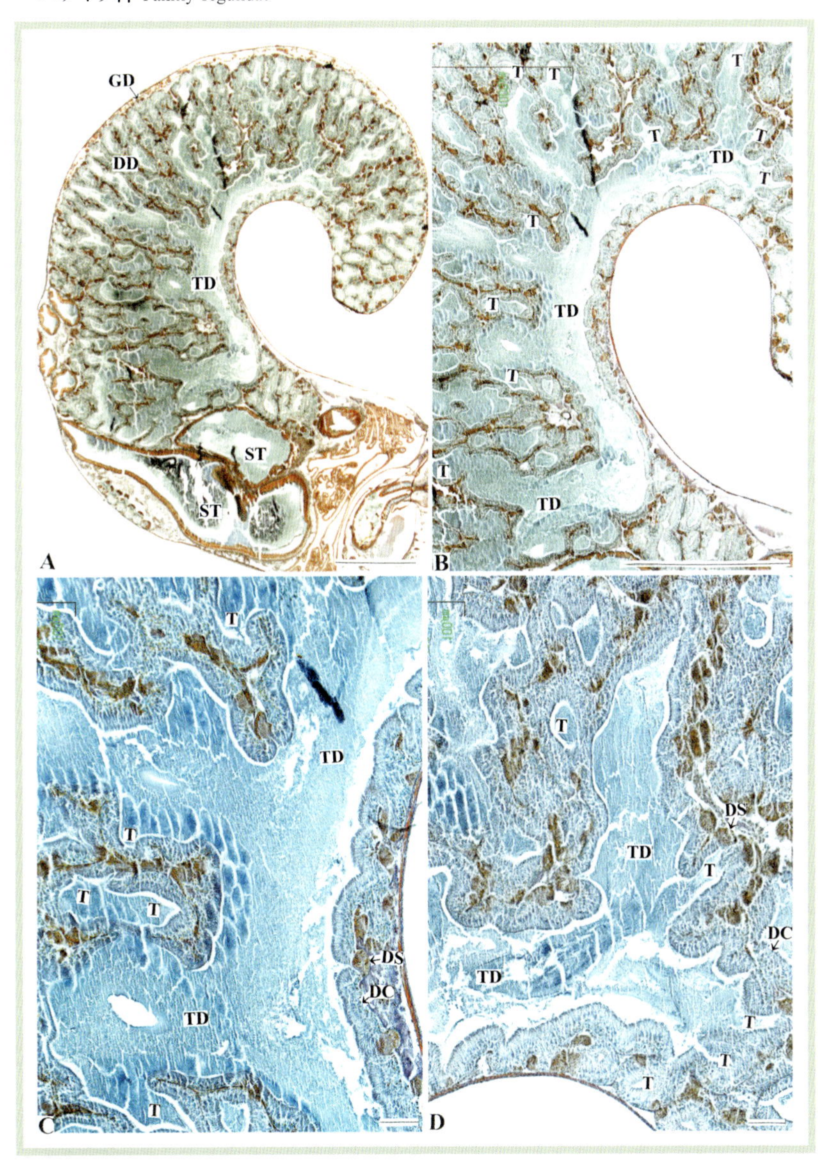

図 14-1A-D

クマノコガイ *Chlorostoma xanthostigma* 中腸腺の縦断面図.
B-D は A の導管様中腸腺細管と中腸腺細管を拡大. 単軸袋状分枝Ⅱ型（MⅡ型）. 図中の実線 1mm（A, B）および 100μm（C, D）を示す. アザン染色.

Figs. 14-1A-D

Photomicrographs of the vertical-sectioned digestive diverticula of *Chlorostoma xanthostigma* GASTROPODA.
Fig. A is shown as magnified views in Figs. B-D. These magnified views show the tubule resembling duct and the tubules. Monopodial saccular branching type II (M II type). Bars denote 1 mm in Figs. A, B and 100μm in Figs. C, D. Azan stain.

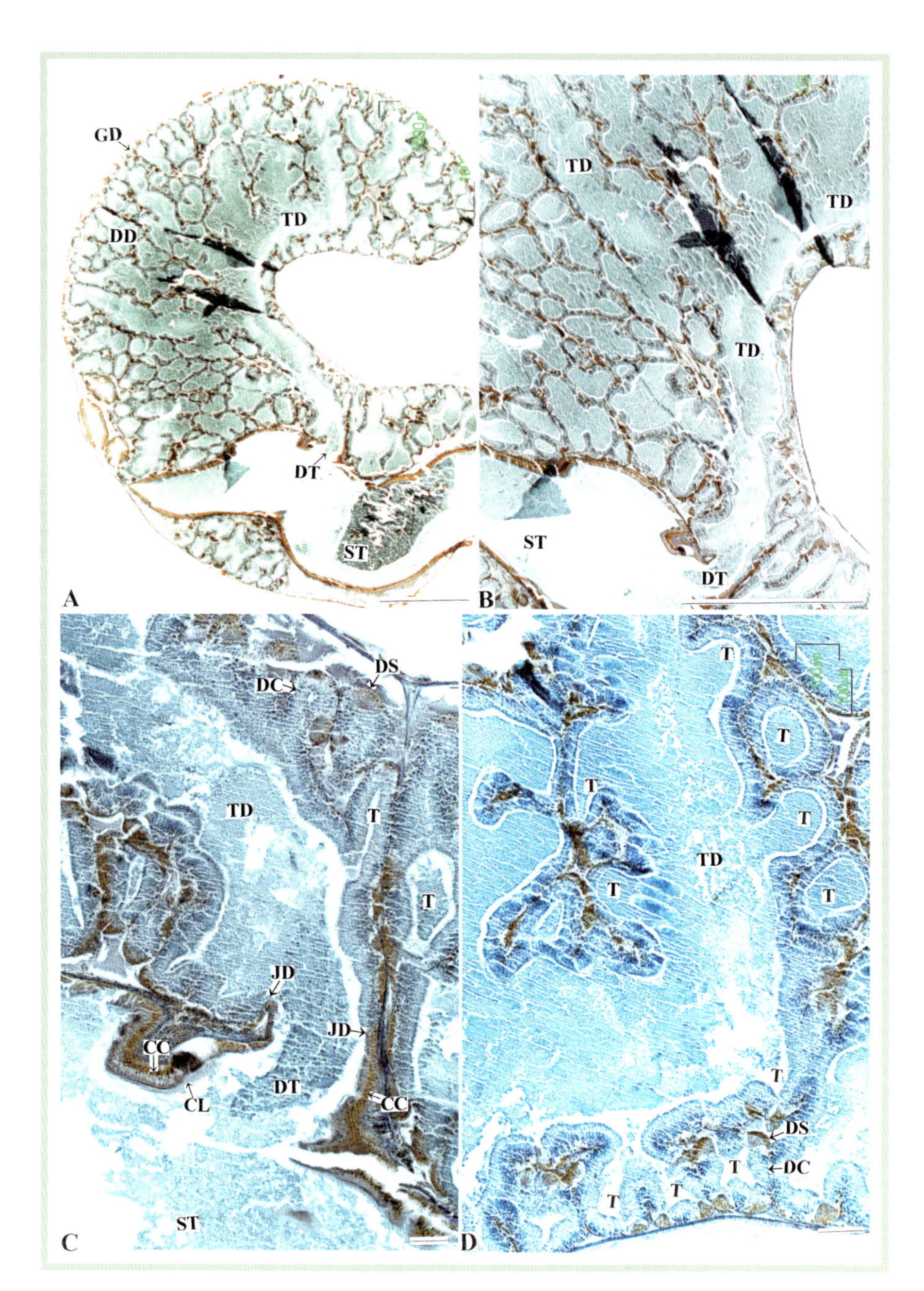

図 14-2A-D

クマノコガイ中腸腺の縦断面図.
B, C は A の導管と導管様中腸腺細管の連絡を, D は導管様中腸腺細管と中腸腺細管を拡大. 図中の実線は 1 mm（A, B）および 100μm（C, D）を示す. アザン染色.

Figs.14-2A-D

Photomicrographs of the vertical-sectioned digestive diverticula of *Chlorostoma xanthostigma*.
Fig. A is shown as magnified views in Figs. B-D. Figs. B and C, and D show the junctions of the duct with the tubule resembling duct, and the tubule resembling duct and the tubules, respectively. Bars denote 1 mm in Figs. A, B and 100μm in Figs. C, D. Azan stain.

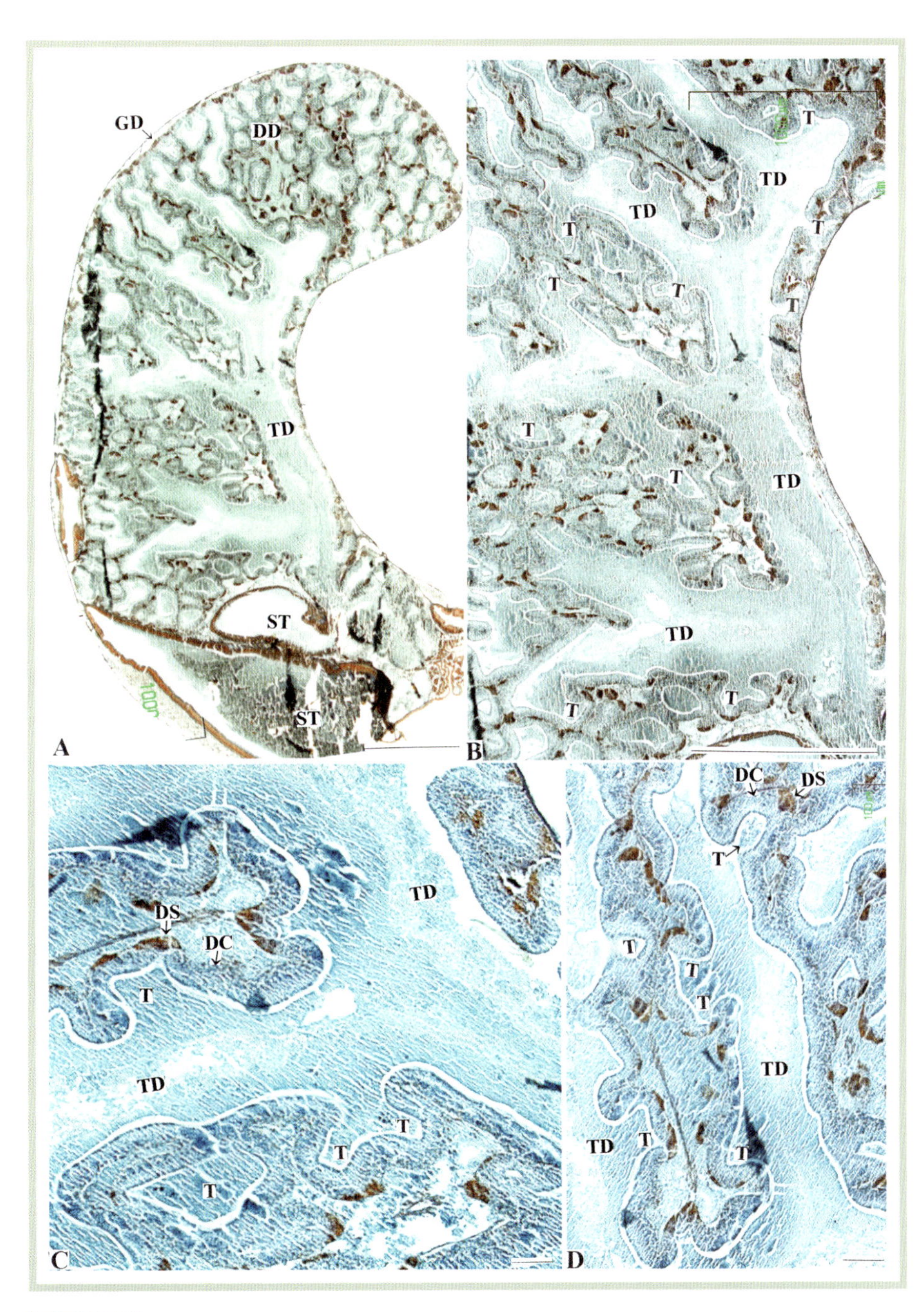

図 14-3A-D

クマノコガイ中腸腺の縦断面図.
B-D は A の導管様中腸腺細管と中腸腺細管の拡大. 図中の実線は 1mm (A, B) および 100μm (C, D) を示す. アザン染色.

Figs. 14-3A-D

Photomicrographs of the vertical-sectioned digestive diverticula of *Chlorostoma xanthostigma.*
Fig. A is shown as magnified views in Figs. B-D. These magnified views show the tubule resembling duct and the tubules. Bars denote 1 mm in Figs. A, B and 100μm in Figs. C, D. Azan stain.

コシダカガンガラ

Omphalius rusticus MⅡ

腹足綱 Class GASTROPODA
古腹足目 Order Vetigastropoda
バテイラ科 Family Tegulidae

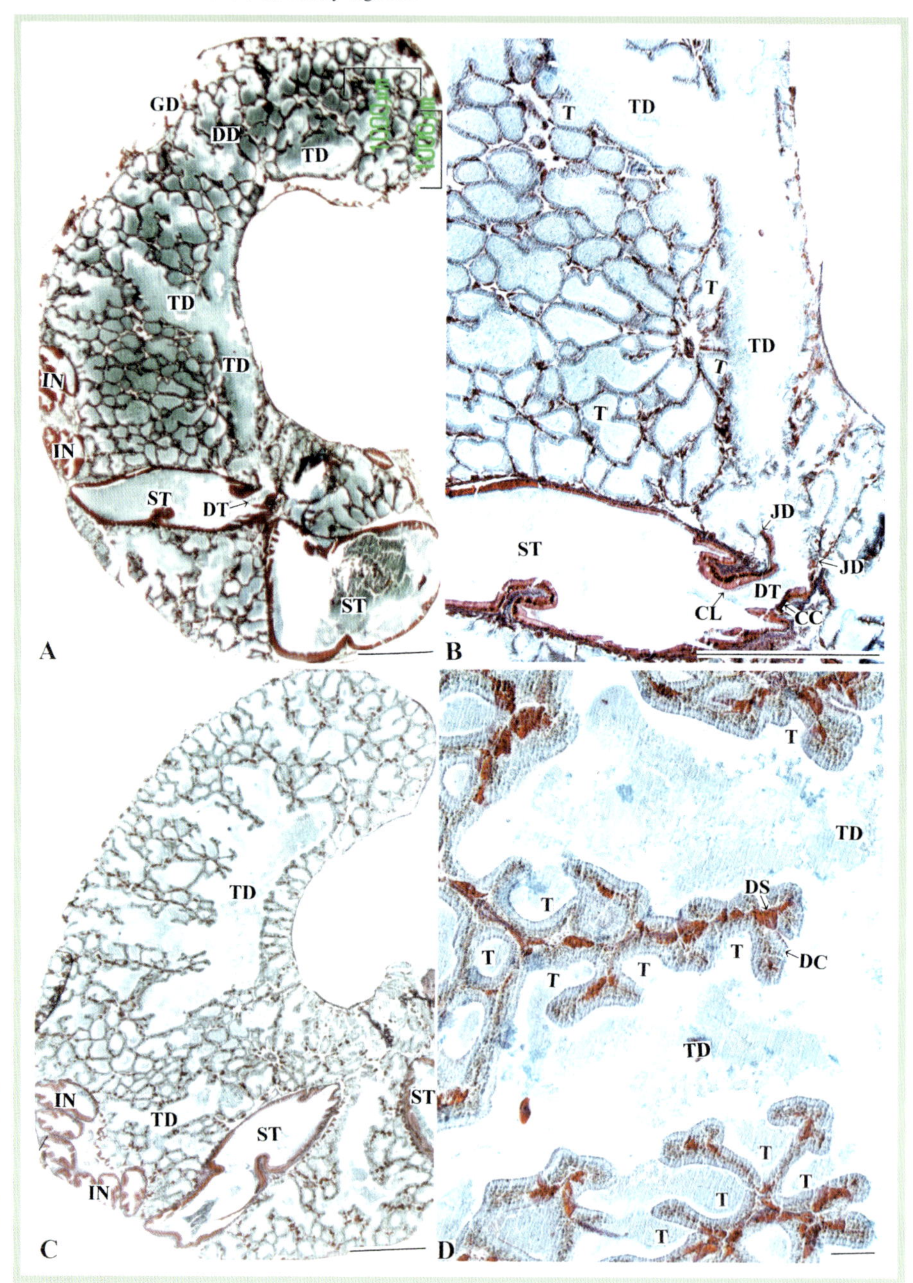

図 15-1A-D
コシダカガンガラ
Omphalius rusticus
中腸腺の縦断面図. BはAの導管と導管様中腸腺細管の連絡を, DはCの導管様中腸腺細管と中腸腺細管を拡大. 単軸袋状分枝Ⅱ型（MⅡ型）. 図中の実線 1mm（A-C）および 100 μm（D）を示す. アザン染色.

Figs.15-1A-D
Photomicrographs of the vertical-sectioned digestive diverticula of *Omphalius rusticus* GASTROPODA. Figs. A and C are shown as magnified views in Figs. B and D, respectively. Figs. B and D show the junctions of the duct with the tubule resembling duct, and the tubule resembling duct and the tubules, respectively. Monopodial saccular branching type II (M II type). Bars denote 1 mm in Figs. A-C and 100μm in Fig. D. Azan stain.

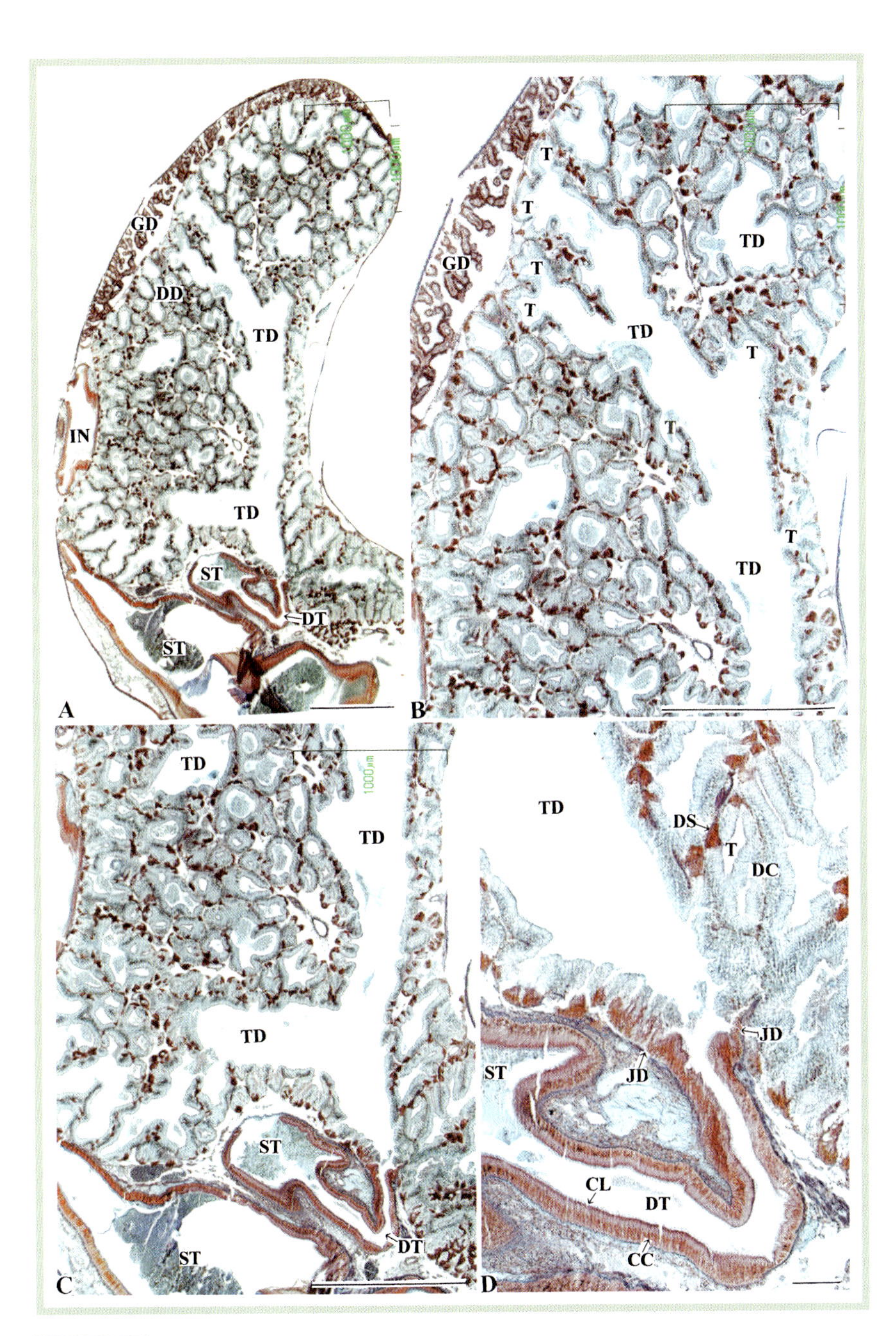

図 15-2A-D

コシダカガンガラ中腸腺の縦断面図.
B は A の導管様中腸腺細管と中腸腺細管を，D は C の導管と導管様中腸腺細管の連絡を拡大.
図中の実線は 1mm（A-C）および 100 μm（D）を示す．アザン染色.

Figs.15-2A-D

Photomicrographs of the vertical-sectioned digestive diverticula of *Omphalius rusticus*.
Figs. A and C are shown as magnified views in Figs. B and D, respectively. Figs. B and D show the tubule resembling duct and the tubules, and the junctions of the duct with the tubule resembling duct, respectively. Bars denote 1 mm in Figs. A-C and 100μm in Fig. D. Azan stain.

クロアワビ

Haliotis (*Nordotis*) *discus discus* MI

腹足綱 Class GASTROPODA
古腹足目 Order Vetigastropoda
ミミガイ科 Family Haliotidae

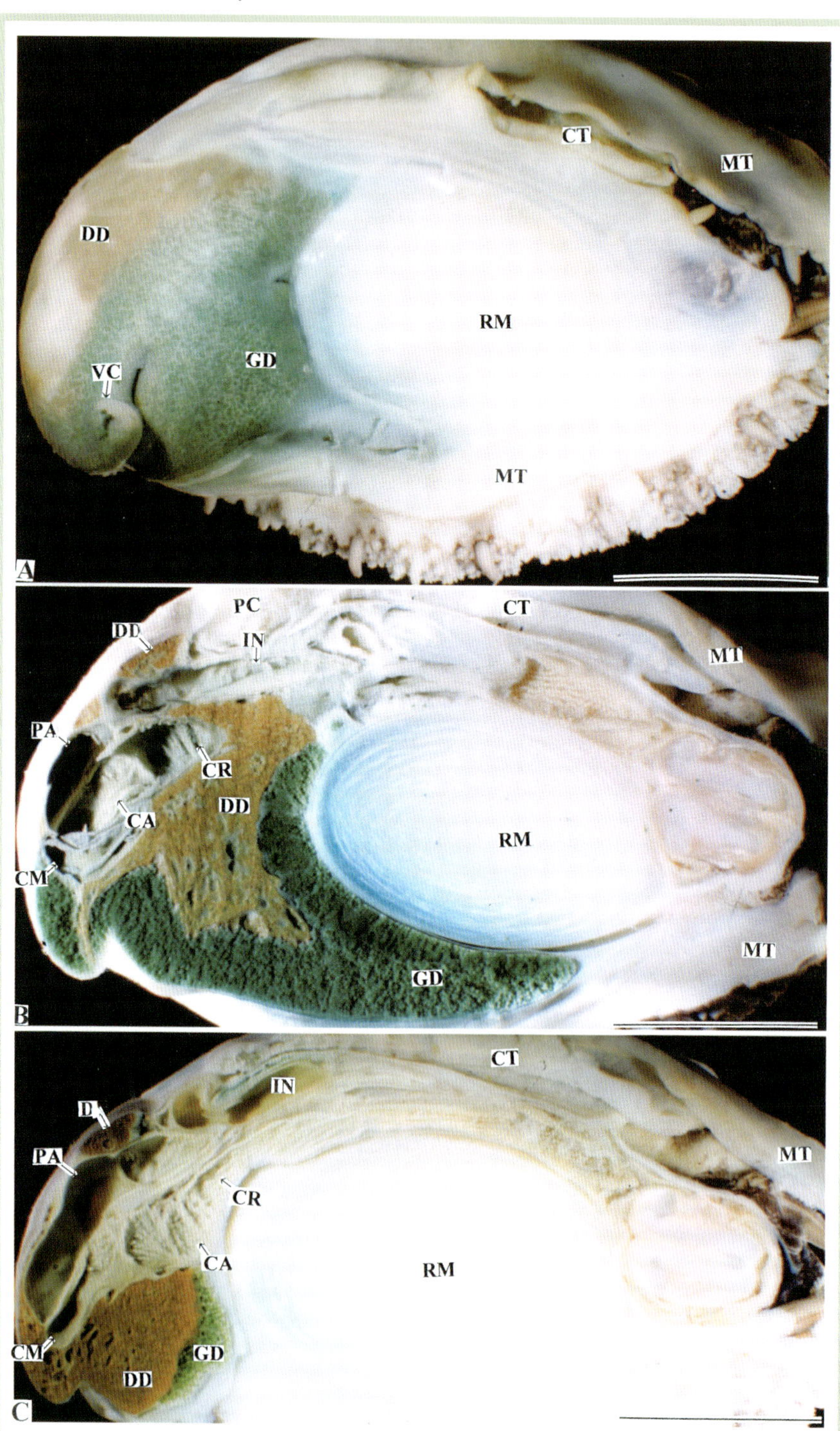

図 16-1A-C

クロアワビ（雌）*Haliotis* (*Nordotis*) *discus discus* 殻を除去した背面図（A）と軟体部の横断面図（B, C）. 図中の実線は 1cm を示す.

Figs.16-1A-C

Photographs of the soft part of *Haliotis* (*Nordotis*) *discus discus* (♀) GASTROPODA. Dorsal view of the soft part after removal of the shell (Fig. A). Transverse sections of the soft part (Figs. B, C). Bars denote 1 cm.

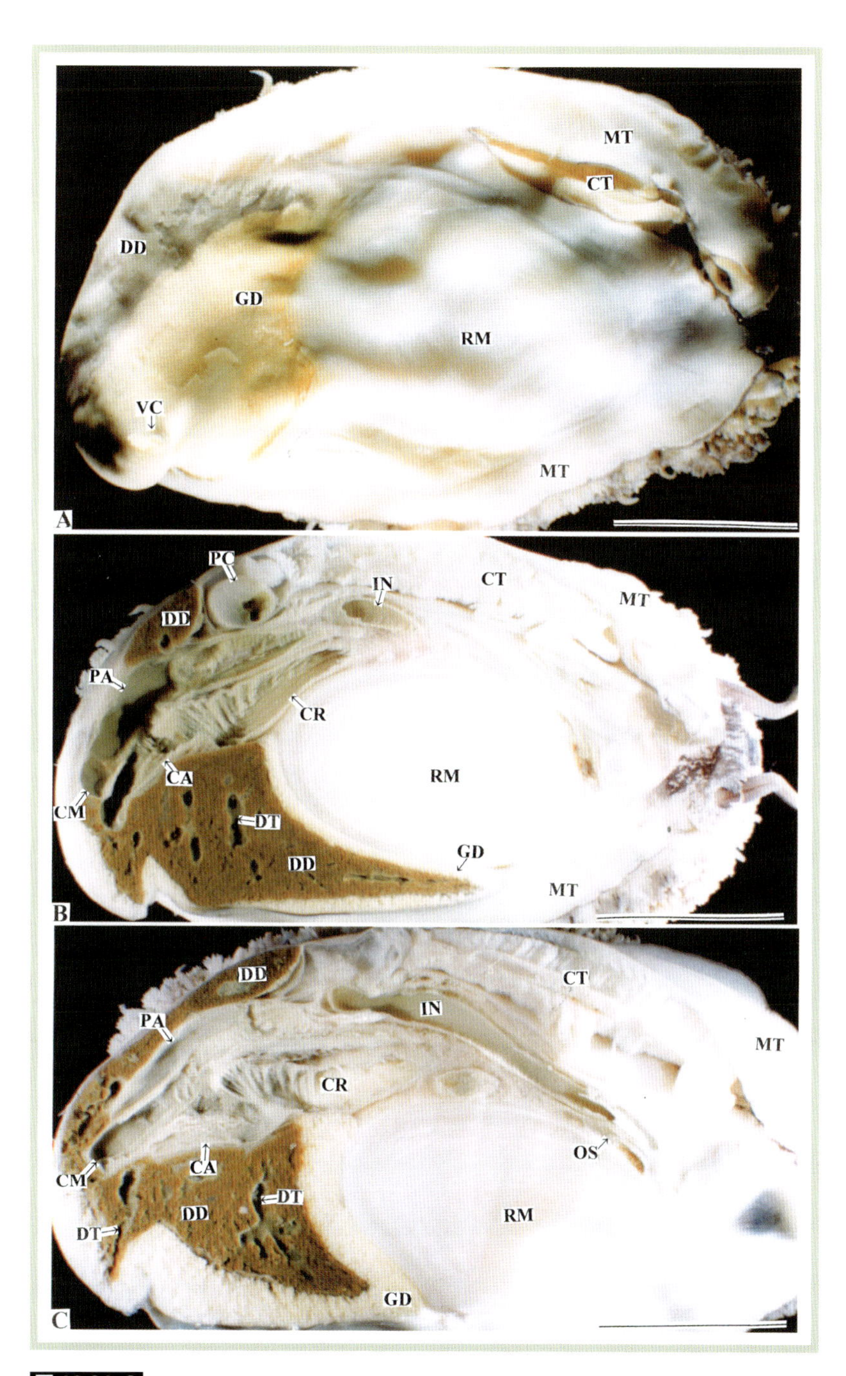

図 16-2A-C

クロアワビ（雄）の殻を除去した背面図（A）と軟体部の横断面図（B, C）.
図中の実線は 1cm を示す.

Figs.16-2A-C

Photographs of the soft part of *Haliotis* (*Nordotis*) *discus discus* (♂).
Dorsal view of the soft part after removal of the shell (Fig. A). Transverse sections of the soft part (Figs. B, C). Bars denote 1 cm.

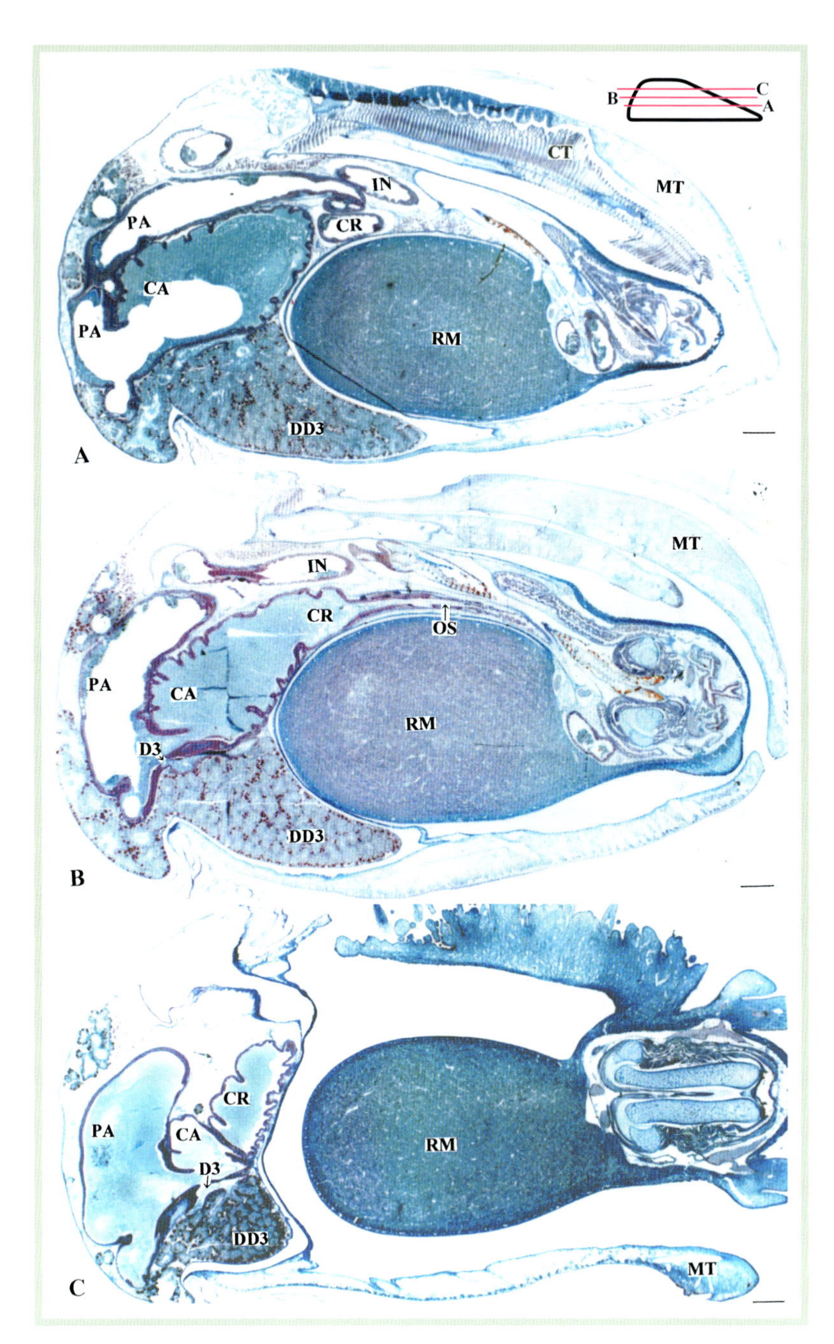

図 16-3A-C

クロアワビ軟体部の横断面図.
右上の小図中の赤実線（A-C）は A-C のそれぞれに対応した切り口を示す. 図中の実線は 1 mm を示す.

Figs.16-3A-C

Photographs of the transverse-sectioned soft part of *Haliotis* (*Nordotis*) *discus discus*.
Solid red lines (A-C) in the small figure in the upper right side of Fig. A represent the respective cut edge lines of the soft part in Figs. A-C. Bars denote 1 mm.

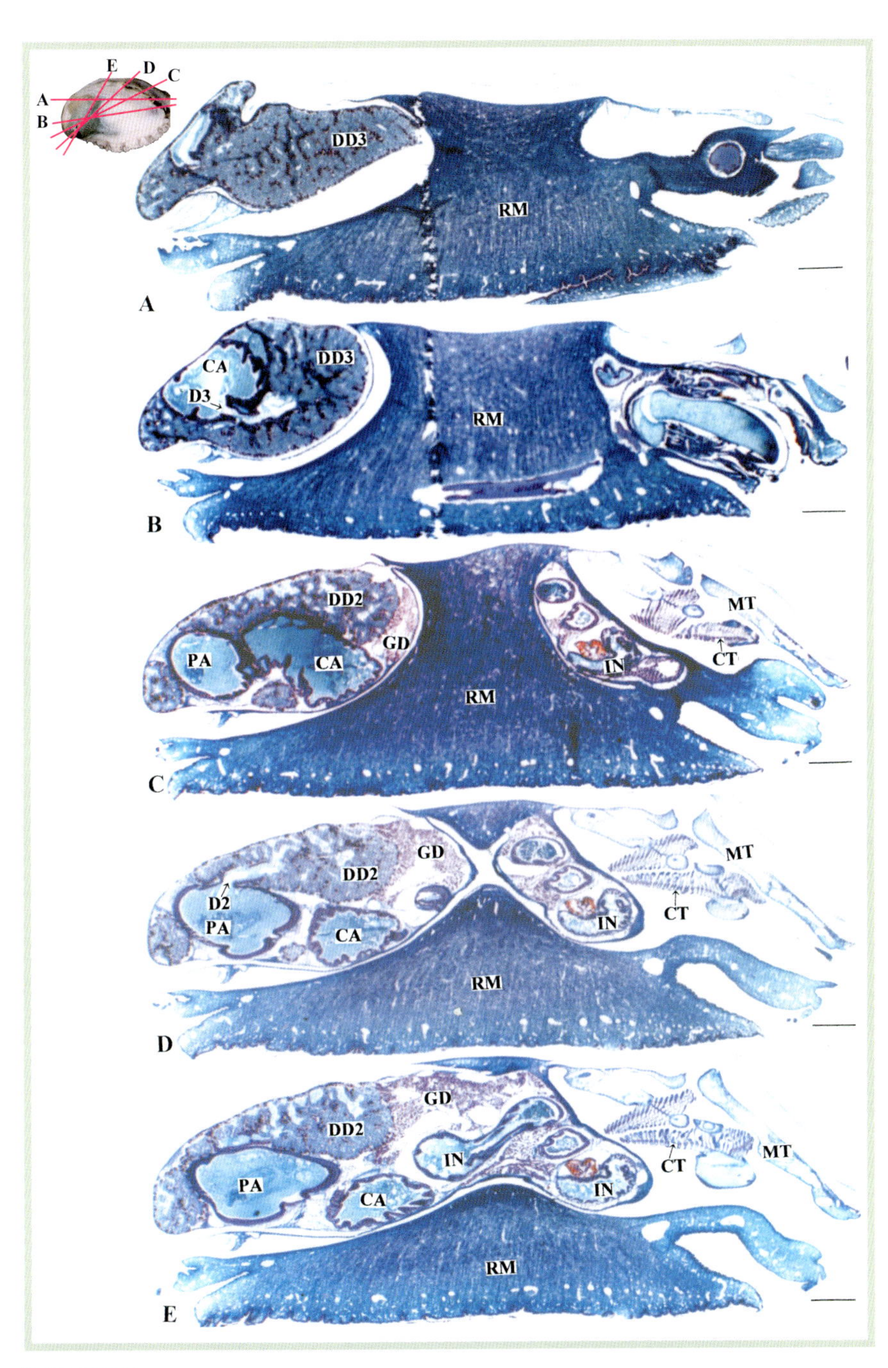

図 16-4A-E

クロアワビ軟体部の縦断面図.
左上の小図中の赤実線(A-E)は A-E のそれぞれに対応した切り口を示す. 図中の実線は 1mm を示す.

Figs.16-4A-E

Photographs of the vertical-sectioned soft part of *Haliotis* (*Nordotis*) *discus discus*.
Solid red lines (A-E) in the small figure in the upper left side of Fig. A represent the respective cut edge lines of the soft part in Figs. A-E. Bars denote 1 mm. Azan stain.

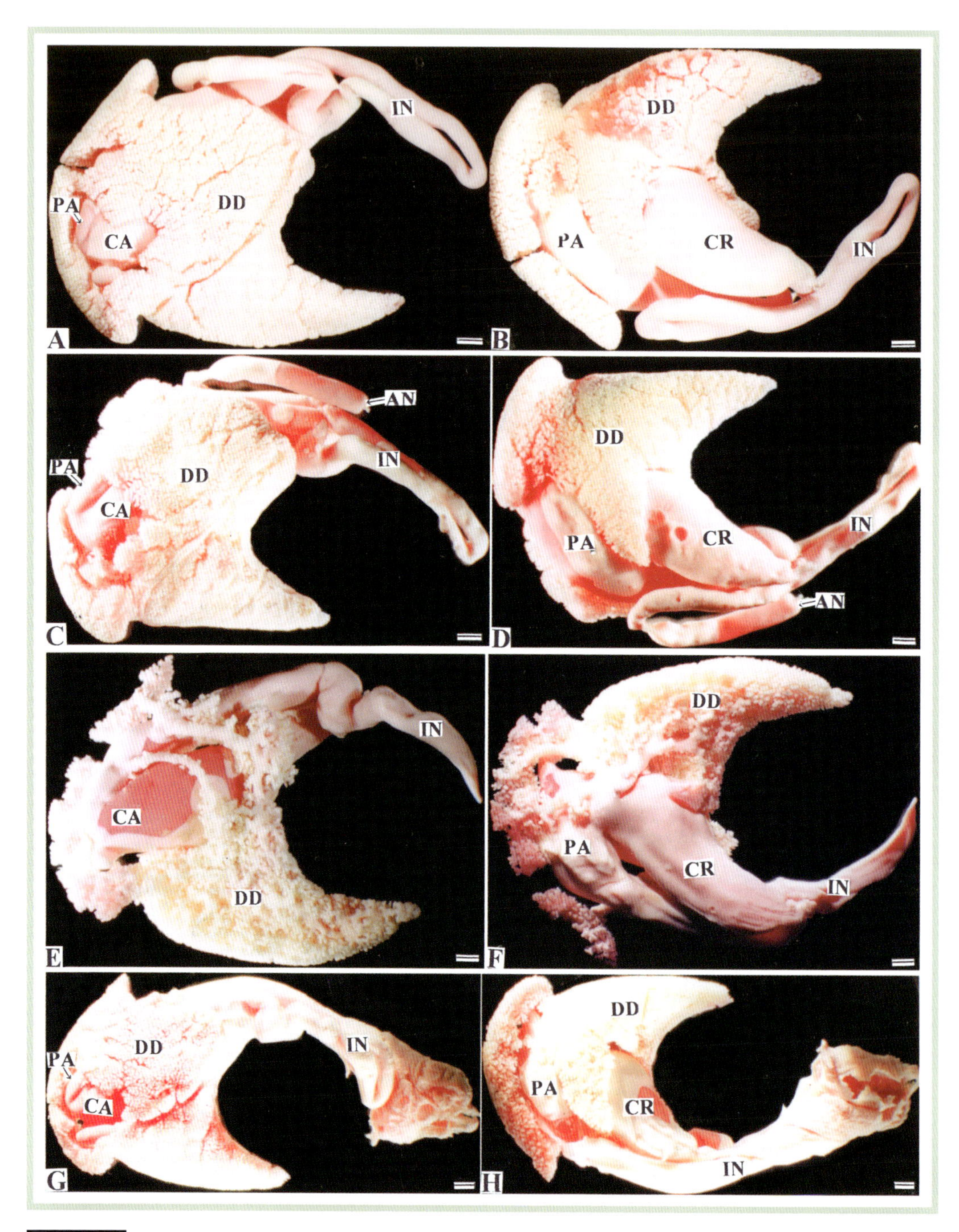

図 16-5A-H

クロアワビ消化器官の鋳型.
A, C, E, G は背面図. B, D, F, H は腹面図. 図中の実線は 1mm を示す.

Figs.16-5A-H

Corrosion resin-casts of the digestive organs of *Haliotis* (*Nordotis*) *discus discus*.
Figs. A, C, E, and G are dorsal views, and Figs. B, D, F, and H are ventral views. Bars denote 1 mm.

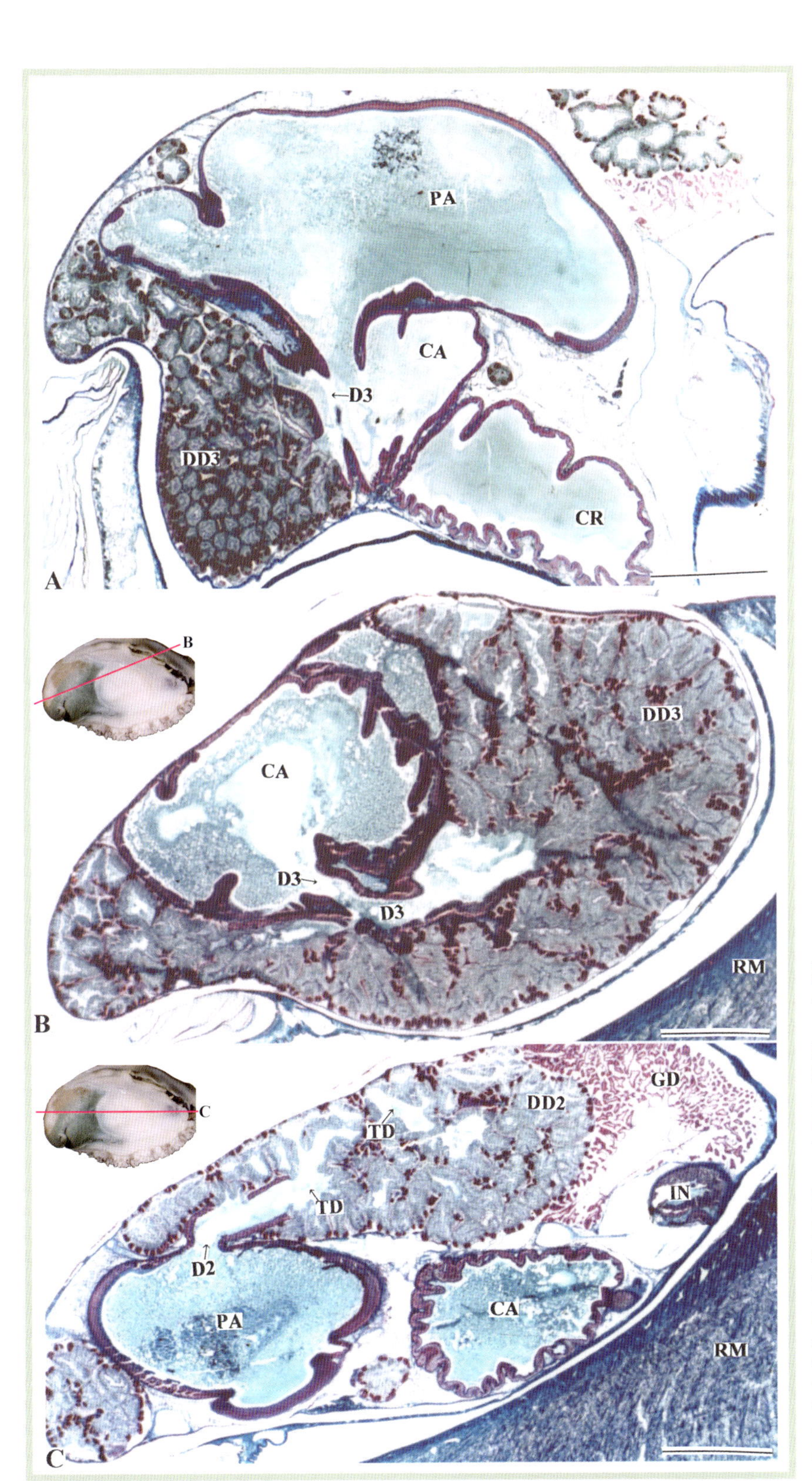

図 16-6A-C

クロアワビ軟体部の横断面図（A）および縦断面図（B, C）. B, C の左上の小図中の赤実線（B,C）は B, C のそれぞれに対応した切り口を示す. 図中の実線は 1 mm を示す. アザン染色.

Figs.16-6A-C

Photomicrographs of the soft part of *Haliotis* (*Nordotis*) *discus discus*.
Fig. A is a transverse section. Figs. B and C are longitudinal sections. Red solid lines (B, C) in the small figures in the upper left side of Figs. B and C represent the respective cut edge lines of the soft parts in Figs. B and C. Bars denote 1 mm. Azan stain.

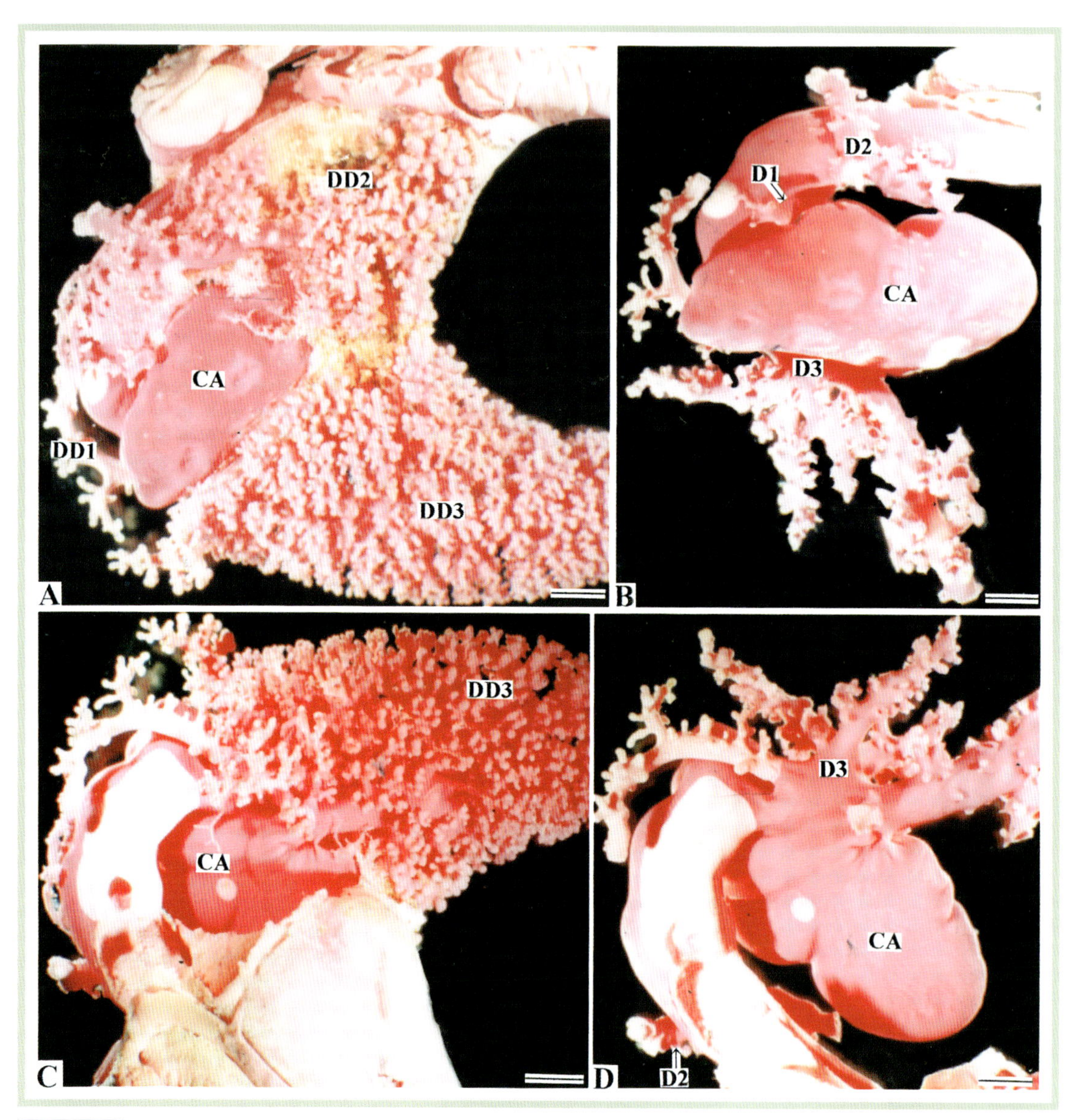

図 16-7A-D

クロアワビ中腸腺および導管の鋳型.
A, B は背面図. C, D は腹面図. 図中の実線は 1mm.

Figs.16-7A-D

Corrosion resin-casts of the digestive diverticula and the ducts opening into the stomach of *Haliotis* (*Nordotis*) *discus discus*. Figs. A and B are dorsal views. Figs. C and D are ventral views. Bars denote 1 mm.

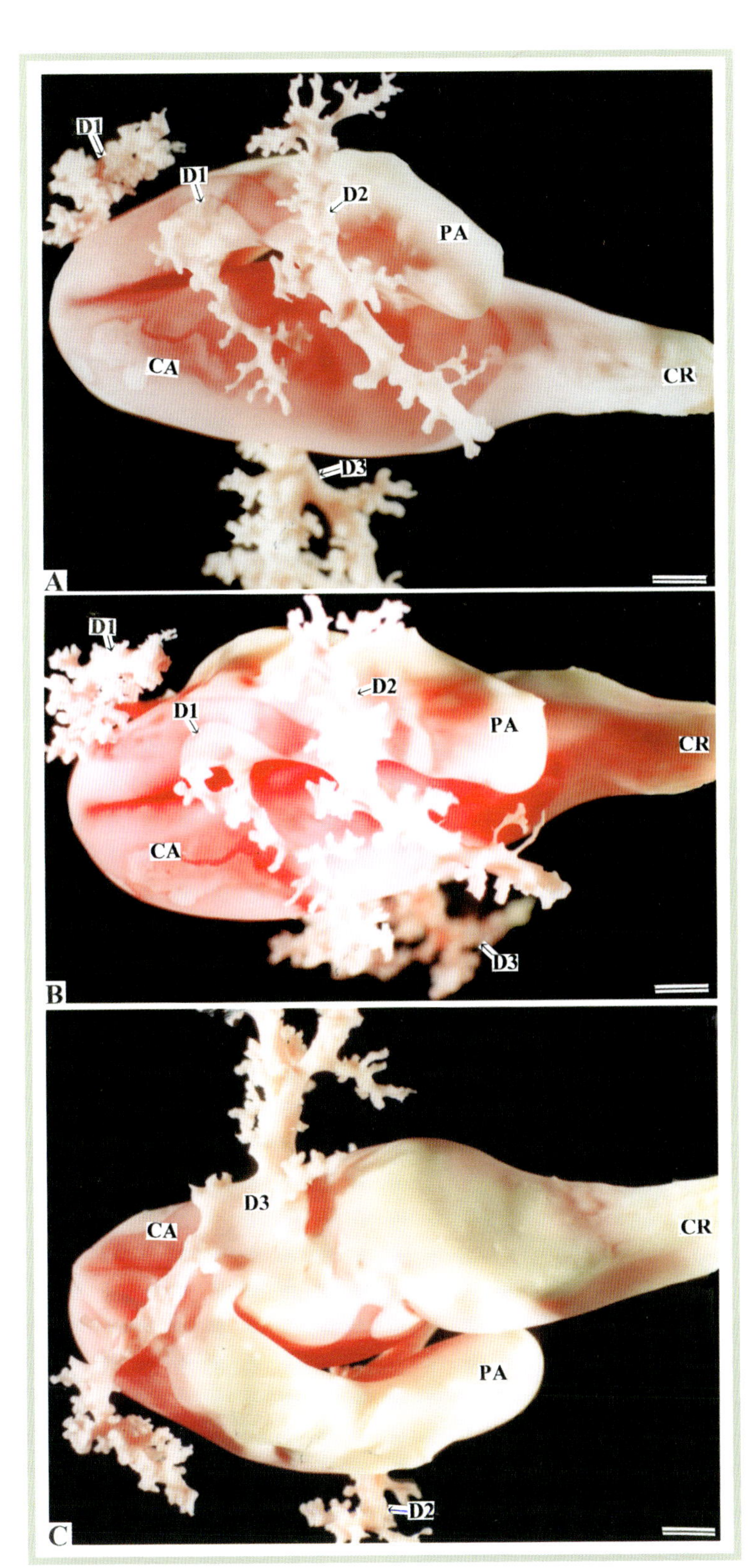

図 16-8A-C

クロアワビの胃と導管の鋳型.
A, B は背面図. C は腹面図. 図中の実線は 1mm を示す.

Figs.16-8A-C

Corrosion resin-cast of the stomach and the ducts of *Haliotis* (*Nordotis*) *discus discus*. Figs. A and B are dorsal views. Fig. C is a ventral view. Bars denote 1 mm.

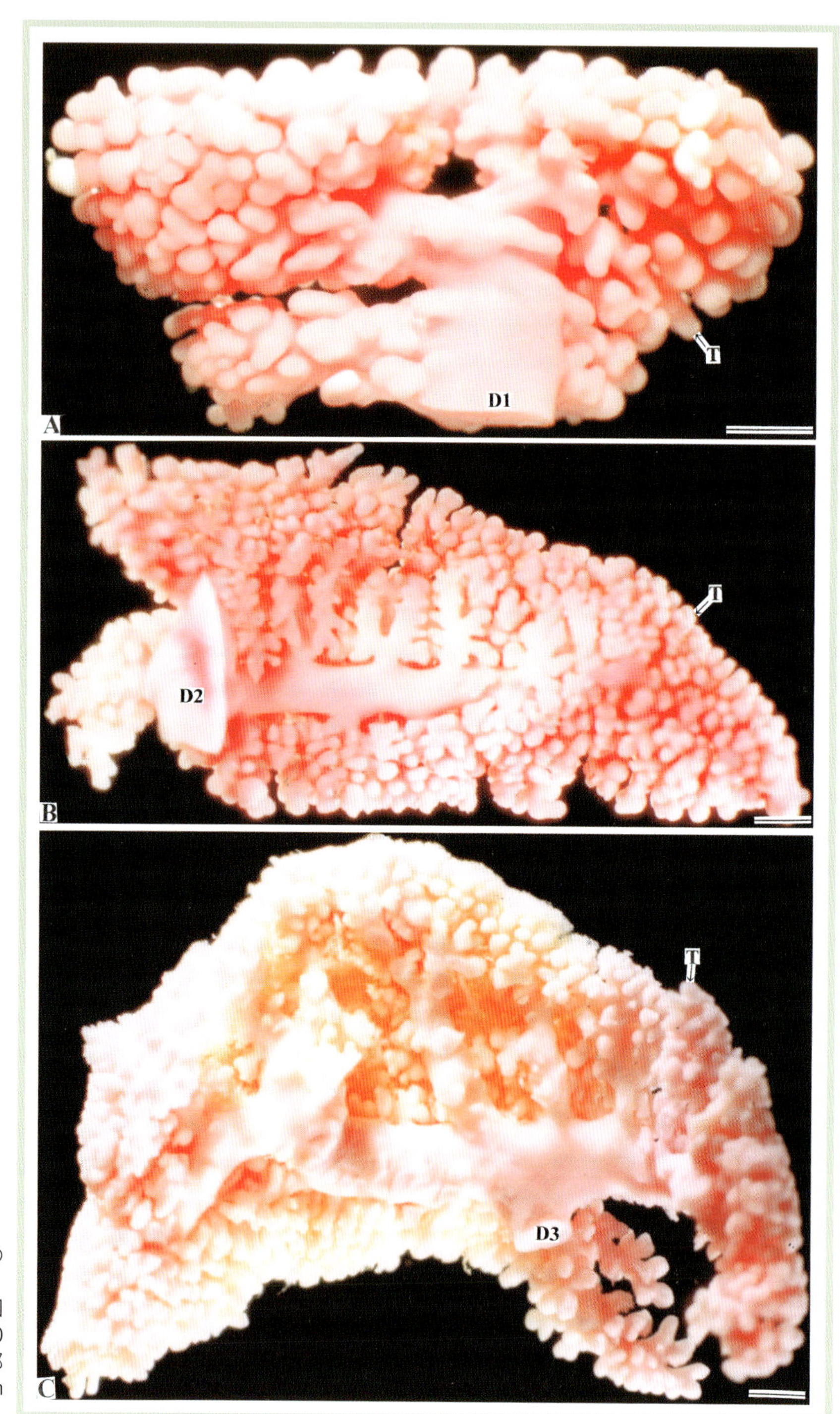

図 16-9A-C

クロアワビの中腸腺の 3 部位の鋳型.
A は図 16-10 の DD1，B は図 16-10 の DD2，C は図 16-10 の DD3 にそれぞれ相当する部位を示す．図中の実線は 1mm を示す．

Figs.16-9A-C

Corrosion resin-casts of the digestive diverticula of *Haliotis* (*Nordotis*) *discus discus*.
Figs. A-C show three regions of the digestive diverticula. Figs. A, B, and C show the regions corresponding to DD1, DD2, and DD3 in Fig. 16-10, respectively. Bars denote 1 mm.

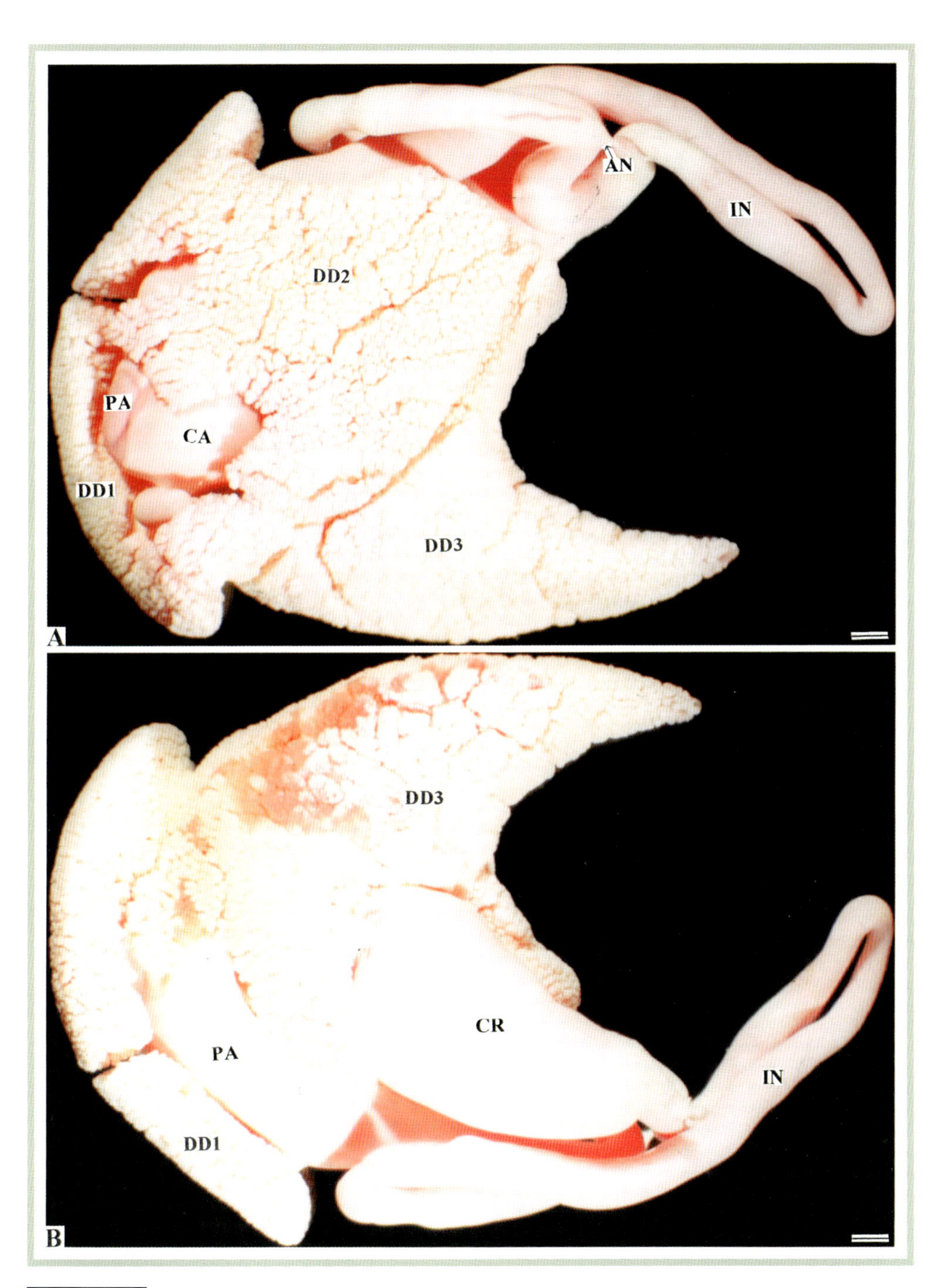

図 16-10A, B

クロアワビ消化器官の鋳型.
A は背面図. B は腹面図. 図中の実線は 1mm を示す.

Figs.16-10A, B

Corrosion resin-cast of the digestive organs of *Haliotis* (*Nordotis*) *discus discus*.
Fig. A is a dorsal view. Fig. B is a ventral view. Bars denote 1 mm.

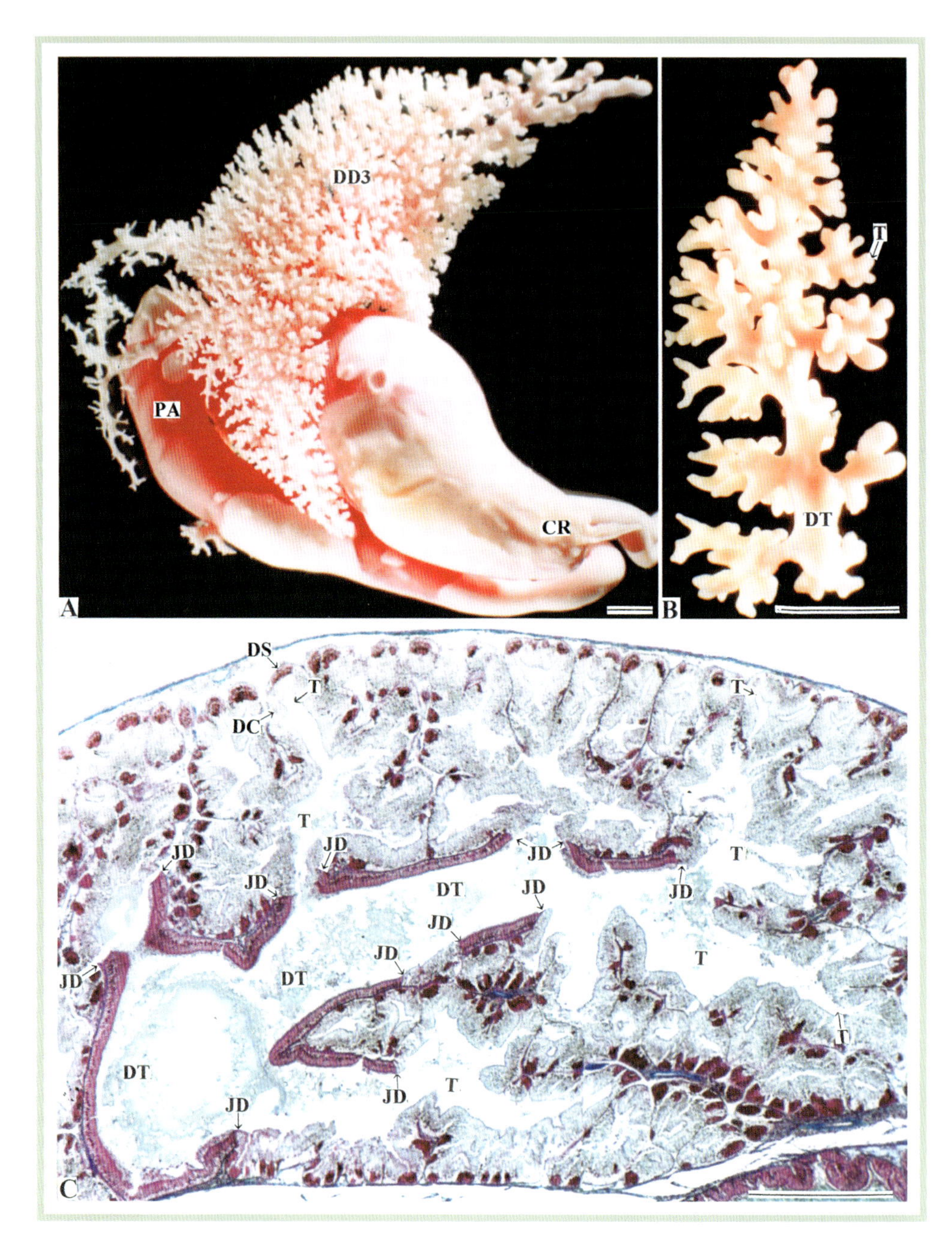

図 16-11A-C

クロアワビ中腸腺の鋳型および組織像.
A は胃と中腸腺の鋳型. B は導管と中腸腺細管の鋳型. C は中腸腺縦断面の組織像（アザン染色）. 単軸袋状分枝I型（M I型）. 図中の実線は 1mm（A, B）および 100μm（C）を示す.

Figs.16-11A-C

Corrosion resin-casts and photomicrograph of the digestive diverticula of *Haliotis* (*Nordotis*) *discus discus*.
Figs. A and B are corrosion resin-casts of the stomach with the digestive diverticula and the duct with tubules, respectively. Fig. C shows a longitudinal section of the digestive diverticula and the junctions of the duct with the tubule. Azan stain. Monopodial saccular branching type I (MI type). Bars denote 1 mm in Figs. A, B and 100μm in Fig. C.

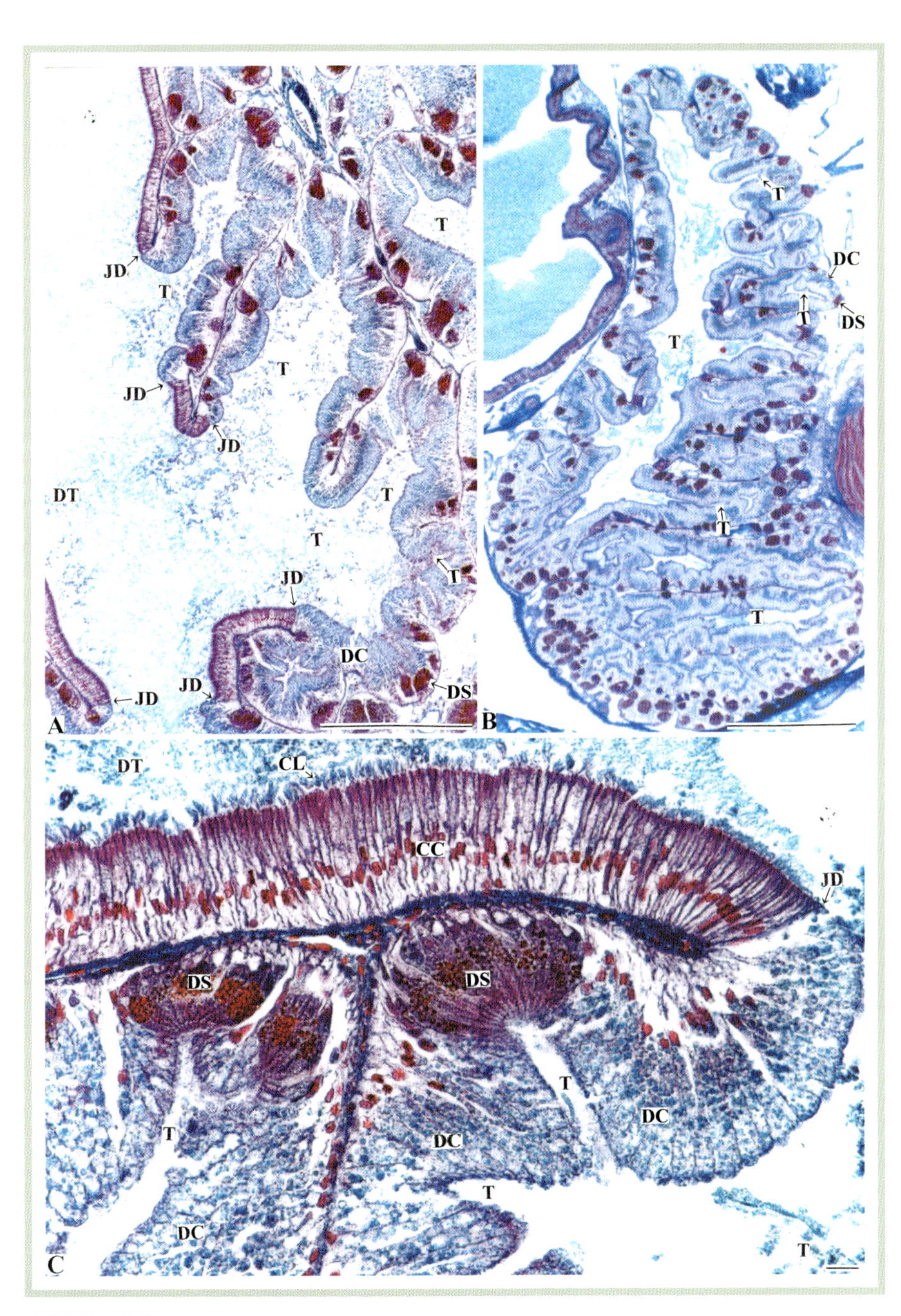

図 16-12A-C

クロアワビ中腸腺の導管および中腸腺細管.
A および C は導管および中腸腺細管を, B は中腸腺細管をそれぞれ示す. 図中の実線は 100μm（A, B）および 10μm（C）を示す. アザン染色.

Figs. 16-12A-C

Photomicrographs of the duct and tubule of *Haliotis* (*Nordotis*) *discus discus* digestive diverticula.
Figs. A and C show sections of the duct and tubules, and the junctions of the duct with the tubule. Fig. B shows a section of the tubules. Bars denote 100μm in Fig. A, B and 10μm in Figs. C. Azan stain.

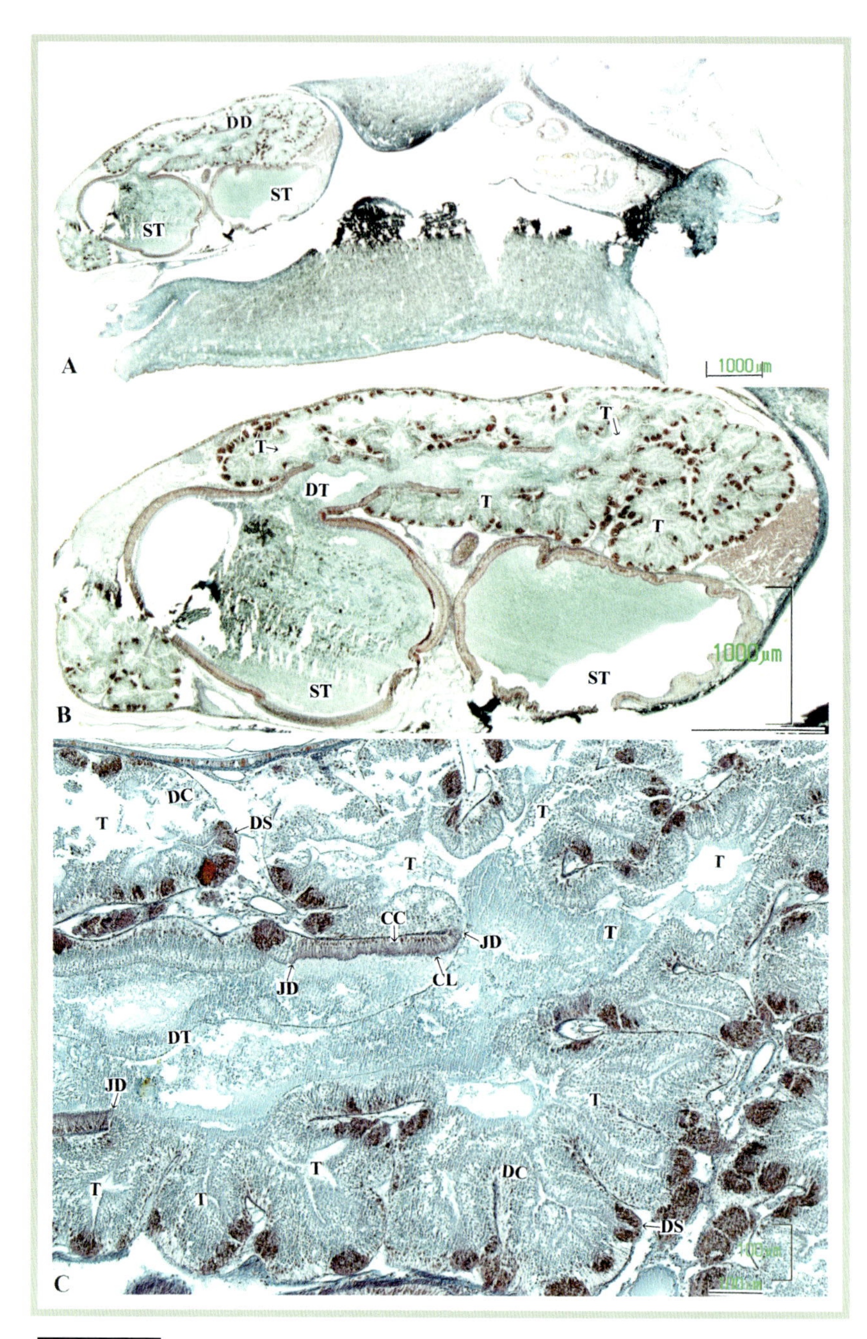

図 16-13A-C

クロアワビ中腸腺の縦断面図.
B, C は A の胃の周囲を拡大. 図中の実線は 1mm(A, B)および 100μm(C)を示す. アザン染色.

Figs. 16-13A-C

Photomicrographs of the longitudinal-sectioned digestive diverticula of *Haliotis* (*Nordotis*) *discus discus*. Fig. A is shown as magnified views in Figs. B and C. Fig. B shows the digestive diverticula surrounding the stomach. Fig. C shows the connection between the duct and tubules. Bars denote 1 mm in Figs. A, B and 100μm in Fig. C. Azan stain.

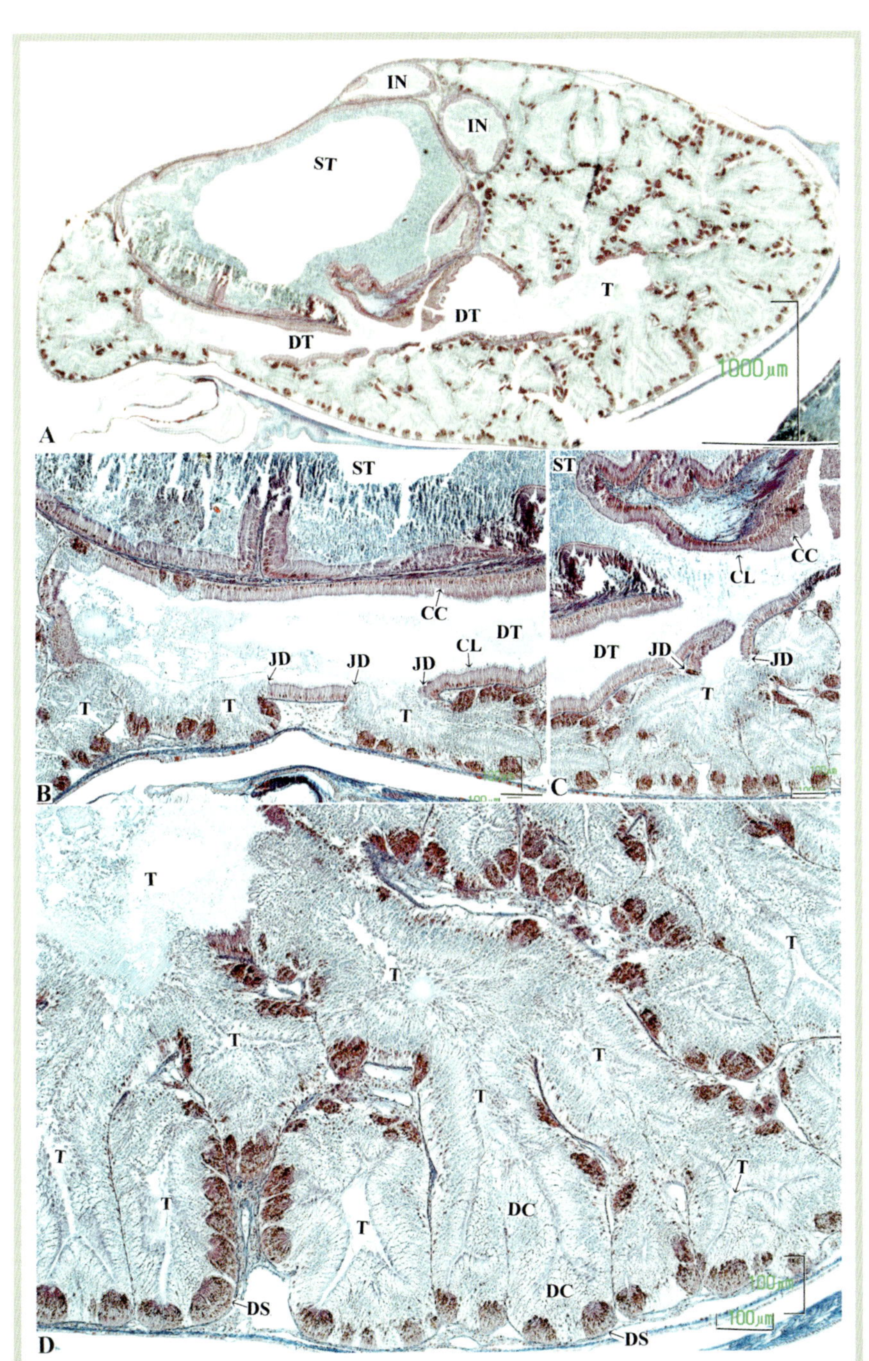

図 16-14A-D

クロアワビ中腸腺の縦断面図.
B-D は A の胃の周囲を拡大. B は導管と中腸腺細管の連絡を, C は胃と導管の連絡をそれぞれ示す. D は中腸腺細管を示す.図中の実線は 1mm（A）および 100μm（B-D）を示す. アザン染色.

Figs. 16-14A-D

Photomicrographs of the longitudinal-sectioned digestive diverticula of *Haliotis* (*Nordotis*) *discus discus*.
Fig. A is shown as magnified views in Figs. B-D. These magnified views show the tissues surrounding the stomach. Figs. B, C and D focus on the connection between the duct and tubules, the connection between the stomach and duct, and the tubules, respectively. Bars denote 1 mm in Fig. A and 100μm in Figs. B-D. Azan stain.

オトメガサ

Scutus sinensis MI

腹足綱 Class GASTROPODA
古腹足目 Order Vetigastropoda
スカシガイ科 Family Fissurellidae

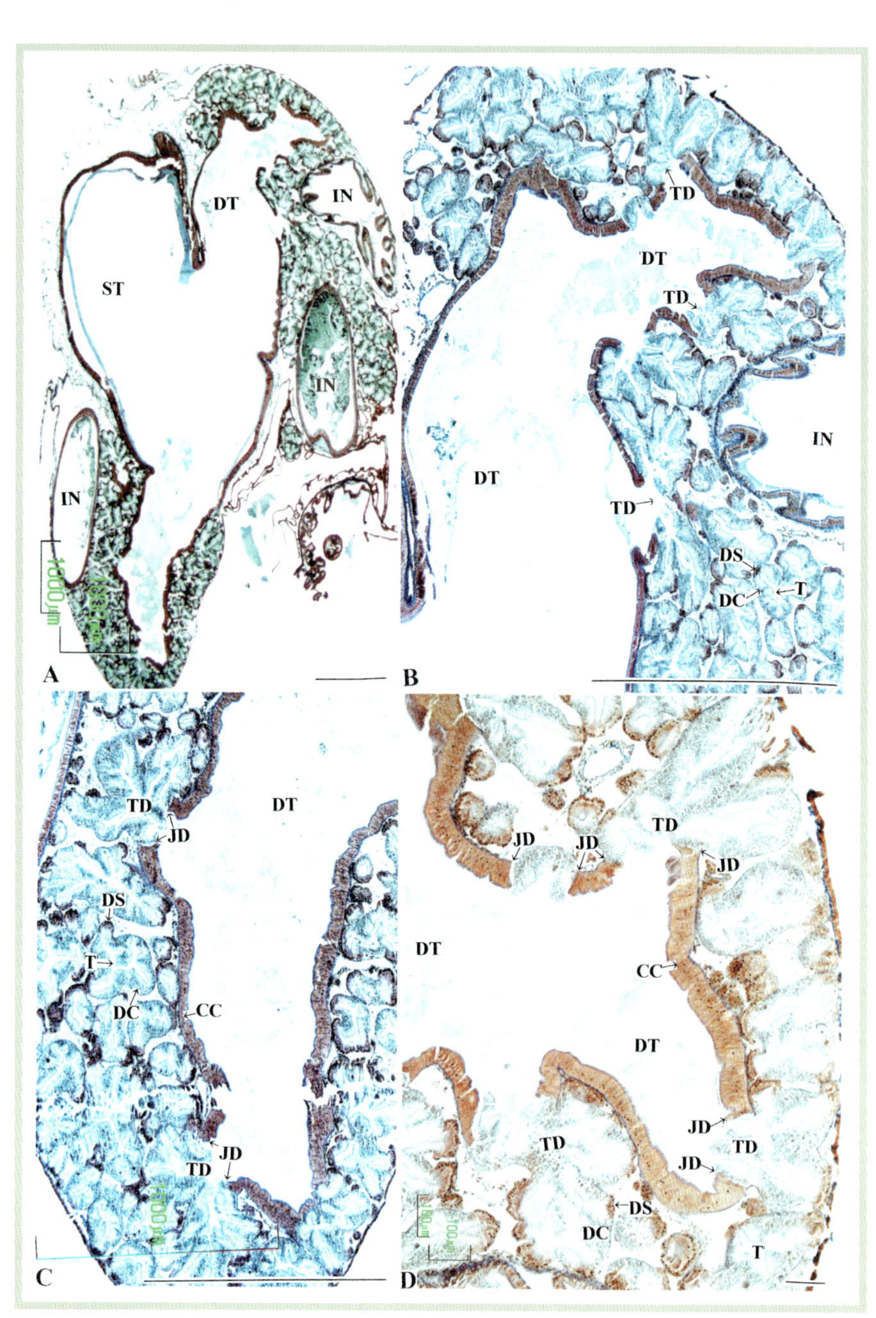

図 17-1A-D

オトメガサ *Scutus sinensis* 中腸腺の横断面図.
B-D は A の胃の周囲の導管と中腸腺細管の拡大. 単軸袋状分枝I型（M I型）. 図中の実線は 1mm（A-C）および 100μm（D）を示す.

Figs.17-1A-D

Photomicrographs of the transverse-sectioned digestive diverticula of *Scutus sinensis* GASTROPODA. Fig. A is shown as magnified views in Figs. B-D. Figs.C, D show the junctions of the duct with the tubule resembling duct. Monopodial saccular branching type I (M I type). Bars denote 1 mm in Figs. A-C and 100μm in Fig. D. Azan stain.

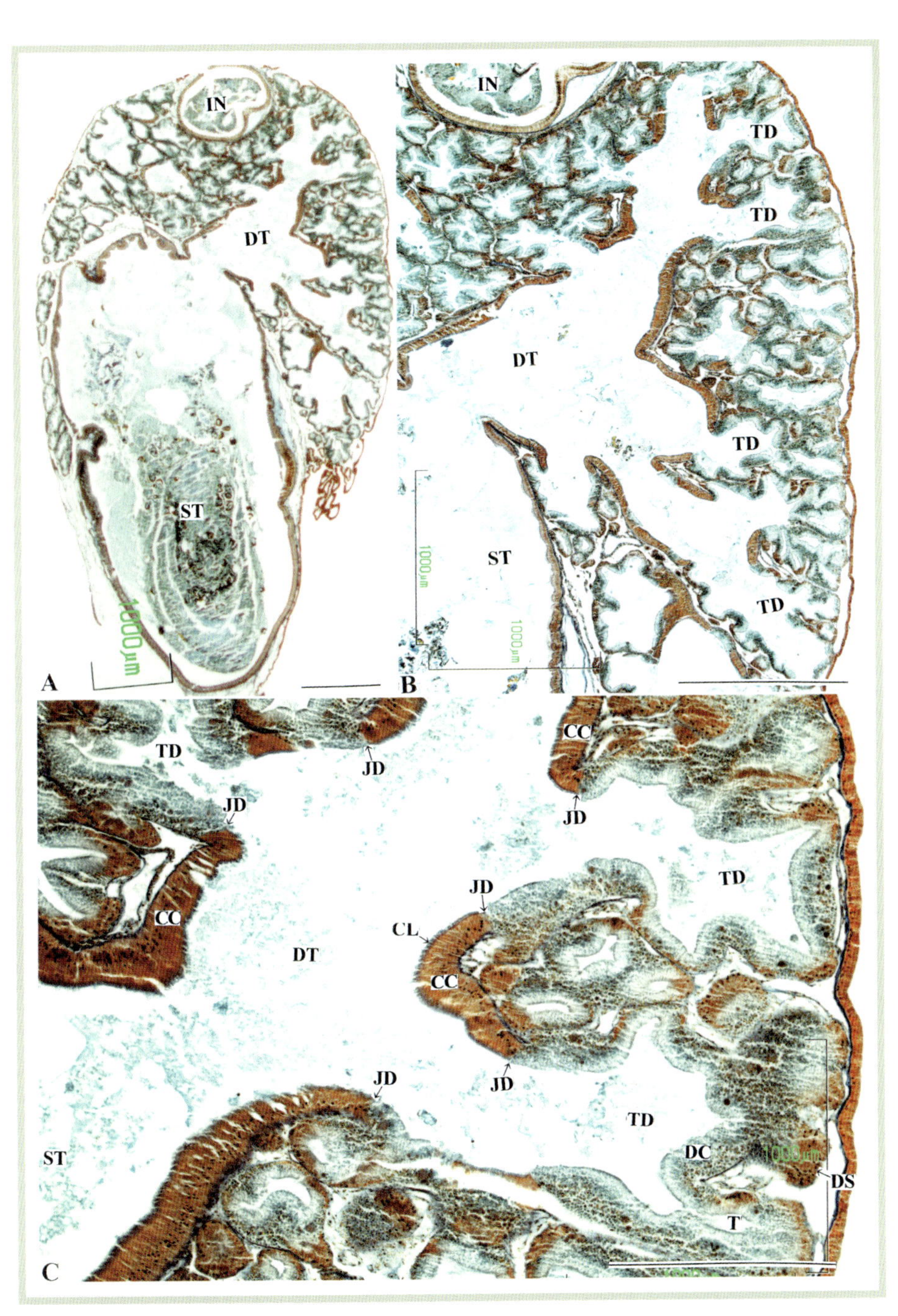

図 17-2A-C

オトメガサ中腸腺の横断面図.
B, C は A の胃の周囲の導管と中腸腺細管の拡大. 図中の実線は 1mm を示す. アザン染色.

Figs.17-2A-C

Photomicrographs of the transverse-sectioned digestive diverticula of *Scutus sinensis*.
Fig. A is shown as magnified views in Figs. B and C. Both magnified views show the duct and the tubule resembling duct surrounding the stomach. Bars denote 1 mm. Azan stain.

キバアマガイ

Nerita (*Ritena*) *plicata* **MI**

腹足綱 Class GASTROPODA
アマオブネガイ目 Order Neritimorpha
アマオブネガイ科 Family Neritidae

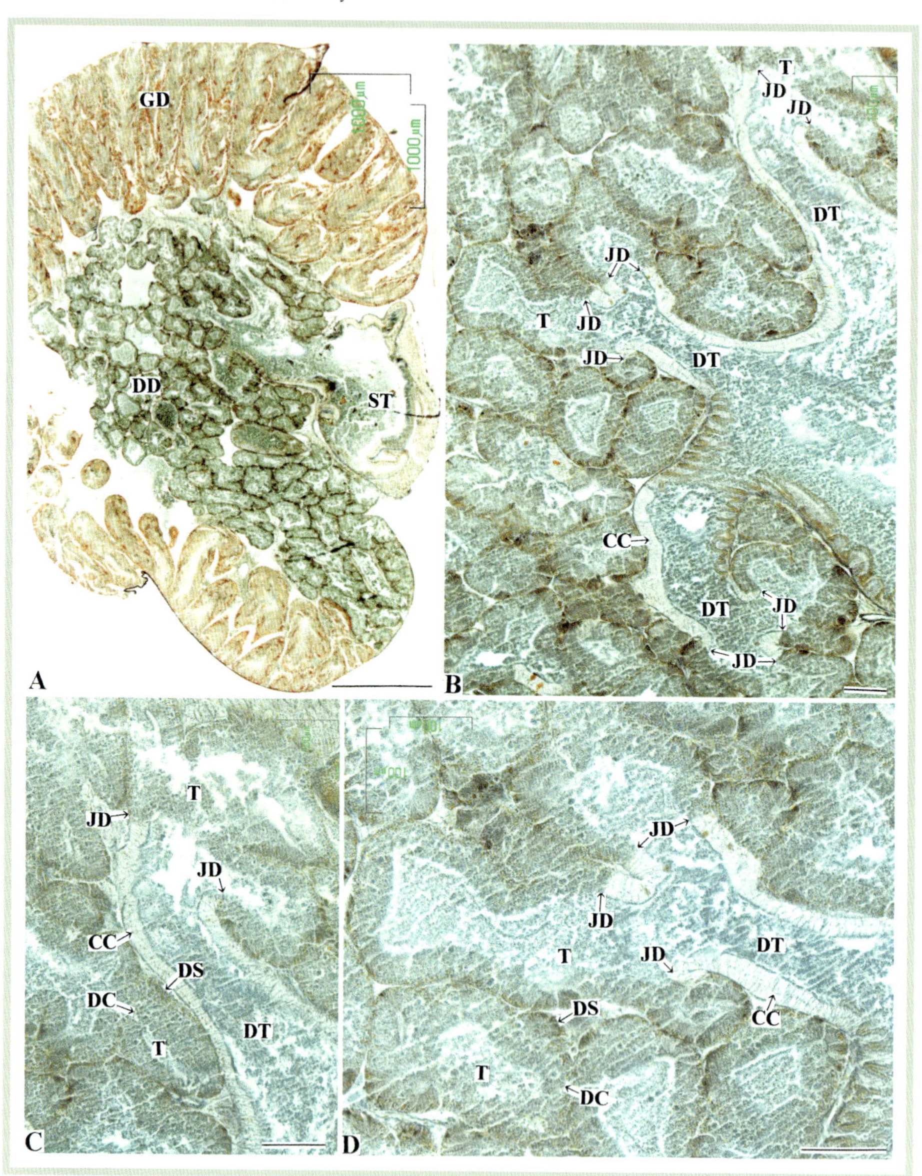

図 18-1A-D

キバアマガイ *Nerita* (*Ritena*) *plicata* 中腸腺の横断面図.
B-D は A の胃の周囲の導管と中腸腺細管を拡大. 単軸袋状分枝I型（MI型）. 図中の実線は 1mm（A）および 100μm（B-D）を示す. アザン染色.

Figs.18-1A-D

Photomicrographs of the transverse-sectioned digestive diverticula of *Nerita* (*Ritena*) *plicata* GASTROPODA. Fig. A is shown as magnified views in Figs. B-D. These magnified views show the duct and the tubule surrounding the stomach. Monopodial saccular branching type I (MI type). Bars denote 1 mm in Fig. A and 100μm in Figs. B-D. Azan stain.

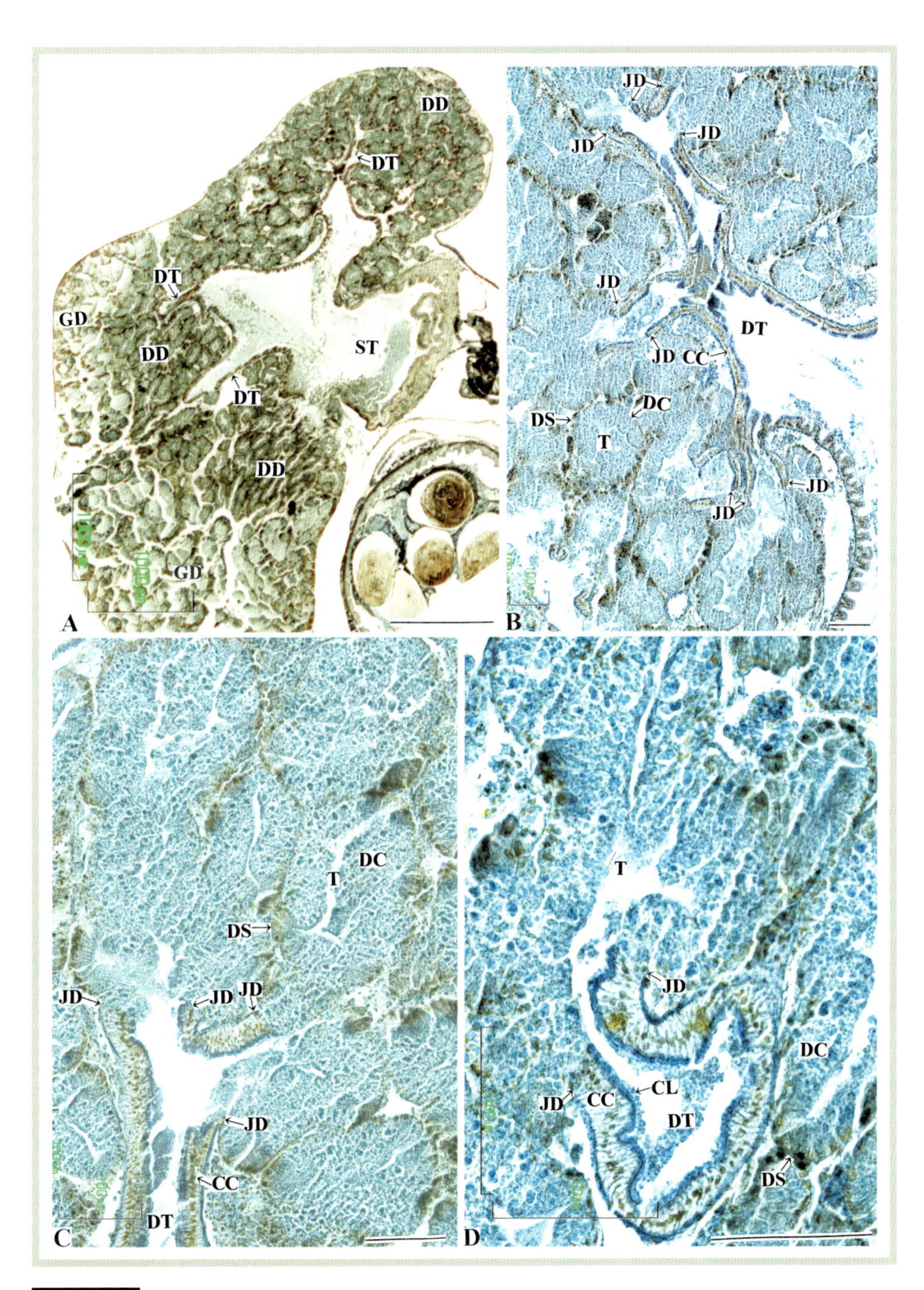

図 18-2A-D

キバアマガイ中腸腺の横断面図.
B-D は A の胃の周囲の導管と中腸腺細管を拡大. 図中の実線は 1mm（A）および 100μm（B-D）を示す.
アザン染色.

Figs.18-2A-D

Photomicrographs of the transverse-sectioned digestive diverticula of *Nerita* (*Ritena*) *plicata.*
Fig. A is shown as magnified views in Figs. B-D. These magnified views show the duct and the tubule surrounding the stomach. Bars denote 1 mm in Fig. A and 100μm in Figs. B-D. Azan stain.

オオマルアマオブネ

Nerita (*Argonerita*) *chamaeleon* MI

腹足綱 Class GASTROPODA
アマオブネガイ目 Order Neritimorpha
アマオブネガイ科 Family Neritidae

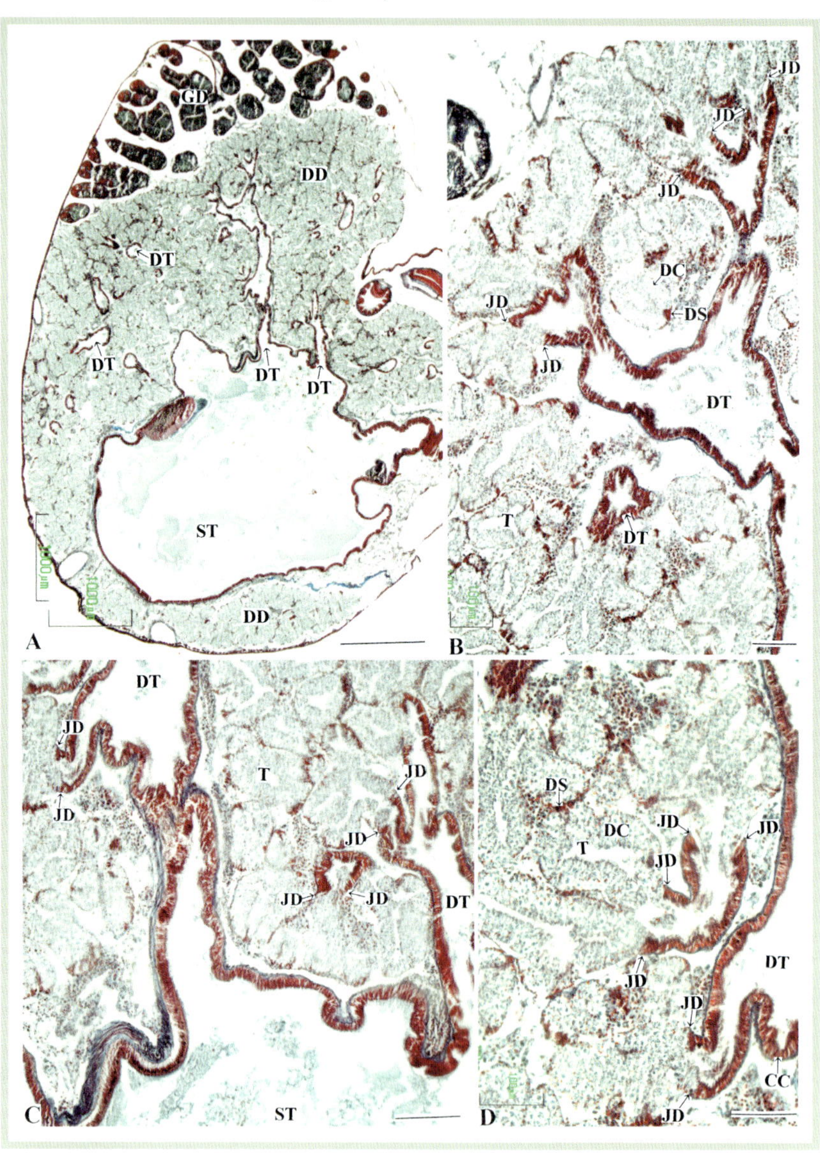

図 19-1A-D

オオマルアマオブネ *Nerita* (*Argonerita*) *chamaeleon* 中腸腺の横断面図.
B-D は A の胃の周囲の導管と中腸腺細管を拡大. 単軸袋状分枝I型（M I型）. 図中の実線は 1 mm（A）および 100μm（B-D）を示す. アザン染色.

Figs.19-1A-D

Photomicrographs of the transverse-sectioned digestive diverticula of *Nerita* (*Argonerita*) *chamaeleon* GASTROPODA.
Fig. A is shown as magnified views in Figs. B-D. These magnified views show the duct and the tubules surrounding the stomach. Monopodial saccular branching type I (MI type). Bars denote 1 mm in Fig. A and 100μm in Figs. B-D. Azan stain.

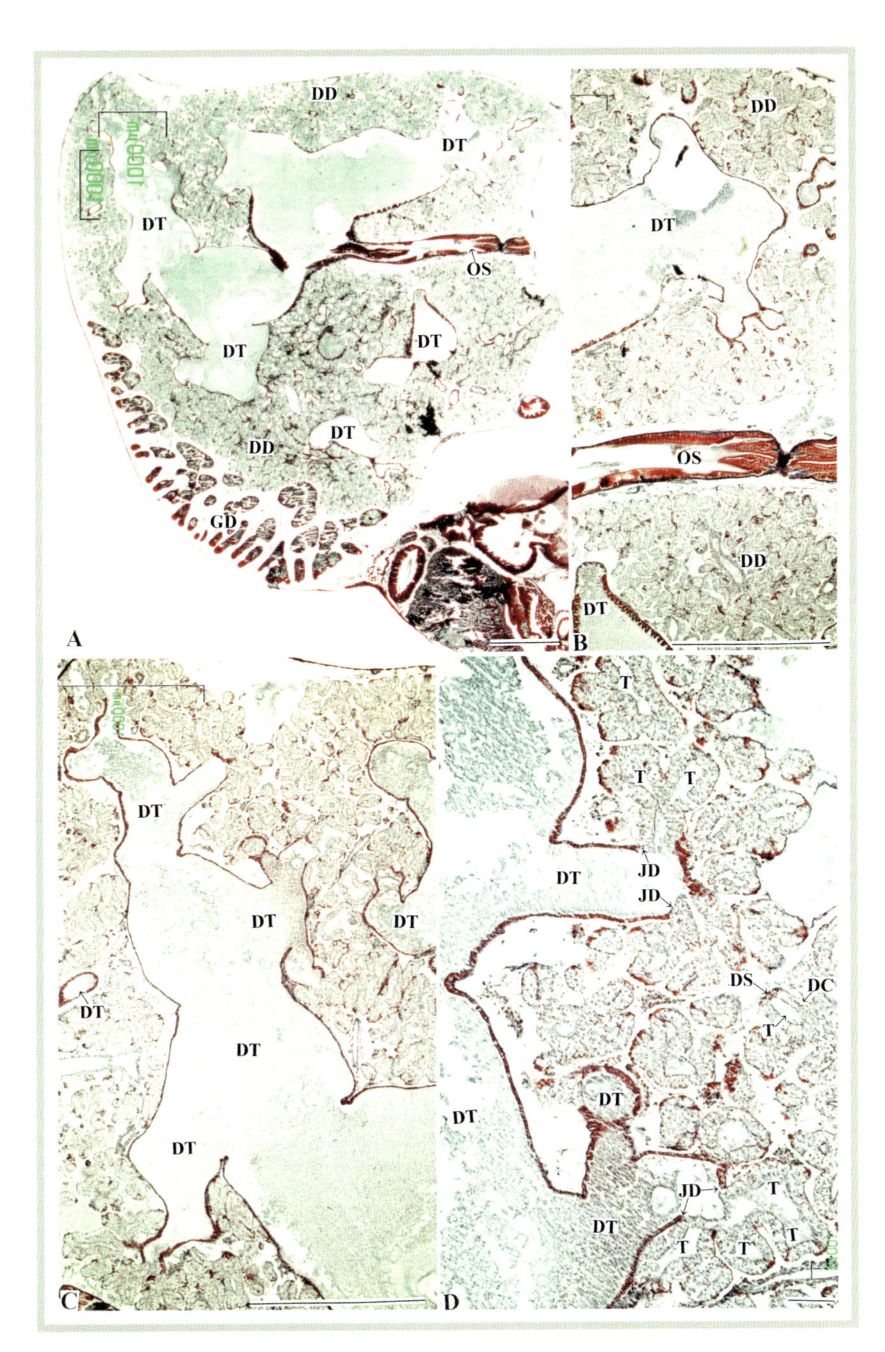

図 19-2A-D

オオマルアマオブネ中腸腺の横断面図.
B-D は A の胃の周囲の導管と中腸腺細管を拡大. 図中の実線は 1mm(A-C) および 100μm(D) を示す. アザン染色.

Figs.19-2A-D

Photomicrographs of the transverse-sectioned digestive diverticula of *Nerita* (*Argonerita*) *chamaeleon*. Fig. A is shown as magnified views in Figs. B-D. These magnified views show the duct and the tubules surrounding the stomach. Bars denote 1 mm in Figs. A-C and 100μm in Fig. D. Azan stain.

アマオブネガイ

Nerita (*Theliostyla*) *albicilla* MI

腹足綱 Class GASTROPODA
アマオブネガイ目 Order Neritimorpha
アマオブネガイ科 Family Neritidae

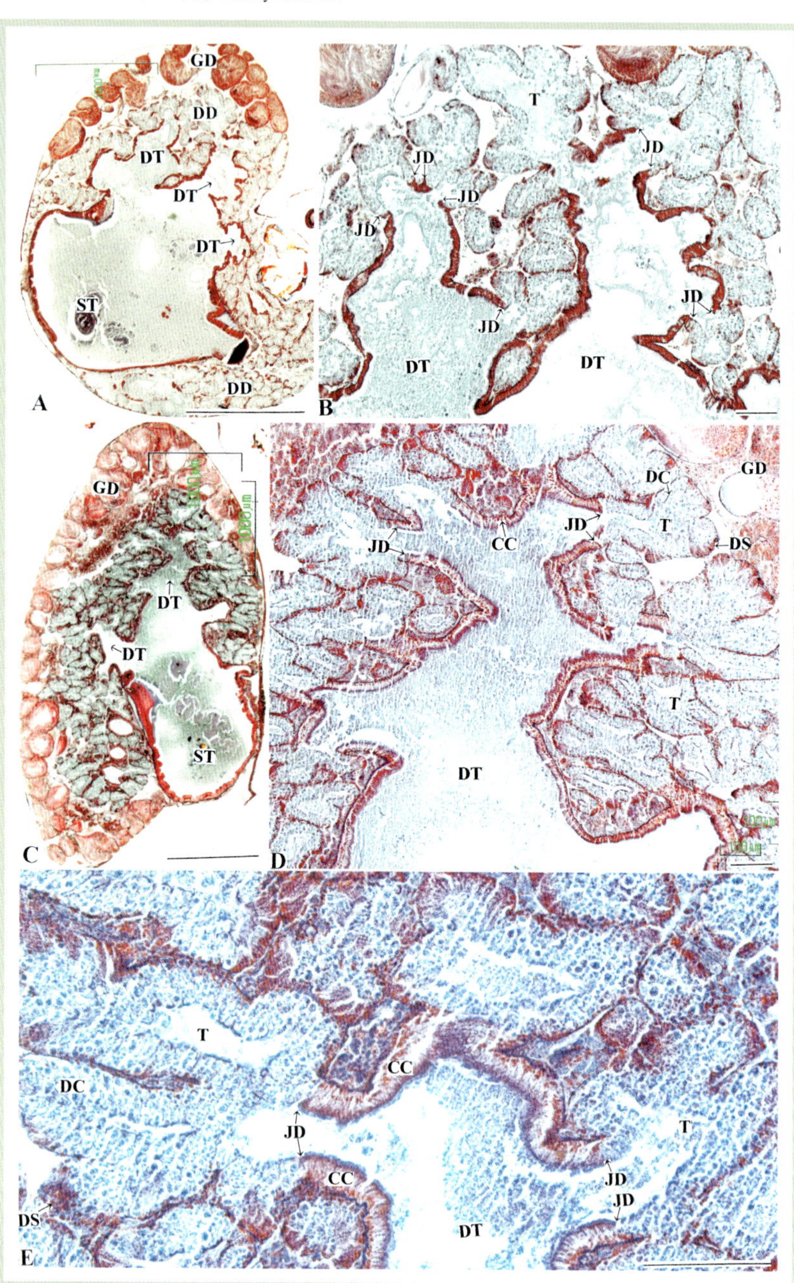

図 20A-E

アマオブネガイ *Nerita* (*Theliostyla*) *albicilla* 中腸腺の横断面図.
B は A の, D, E は C の胃の周囲の導管と中腸腺細管を拡大. 単軸袋状分枝I型（MI型）. 図中の実線は 1 mm（A, C）および 100 μm(B, D, E)を示す. アザン染色.

Figs.20A-E

Photomicrographs of the transverse-sectioned digestive diverticula of *Nerita* (*Theliostyla*) *albicilla* GASTROPODA.
Figs. A and C are shown as magnified views in Figs. B, and D and E, respectively. These magnified views show the duct and the tubules surrounding the stomach. Monopodial saccular branching type I (MI type). Bars denote 1 mm in Figs. A, C and 100μm in Figs. B, D, E. Azan stain.

アマガイ

Nerita (*Heminerita*) *japonica* MI

腹足綱 Class GASTROPODA
アマオブネガイ目 Order Neritimorpha
アマオブネガイ科 Family Neritidae

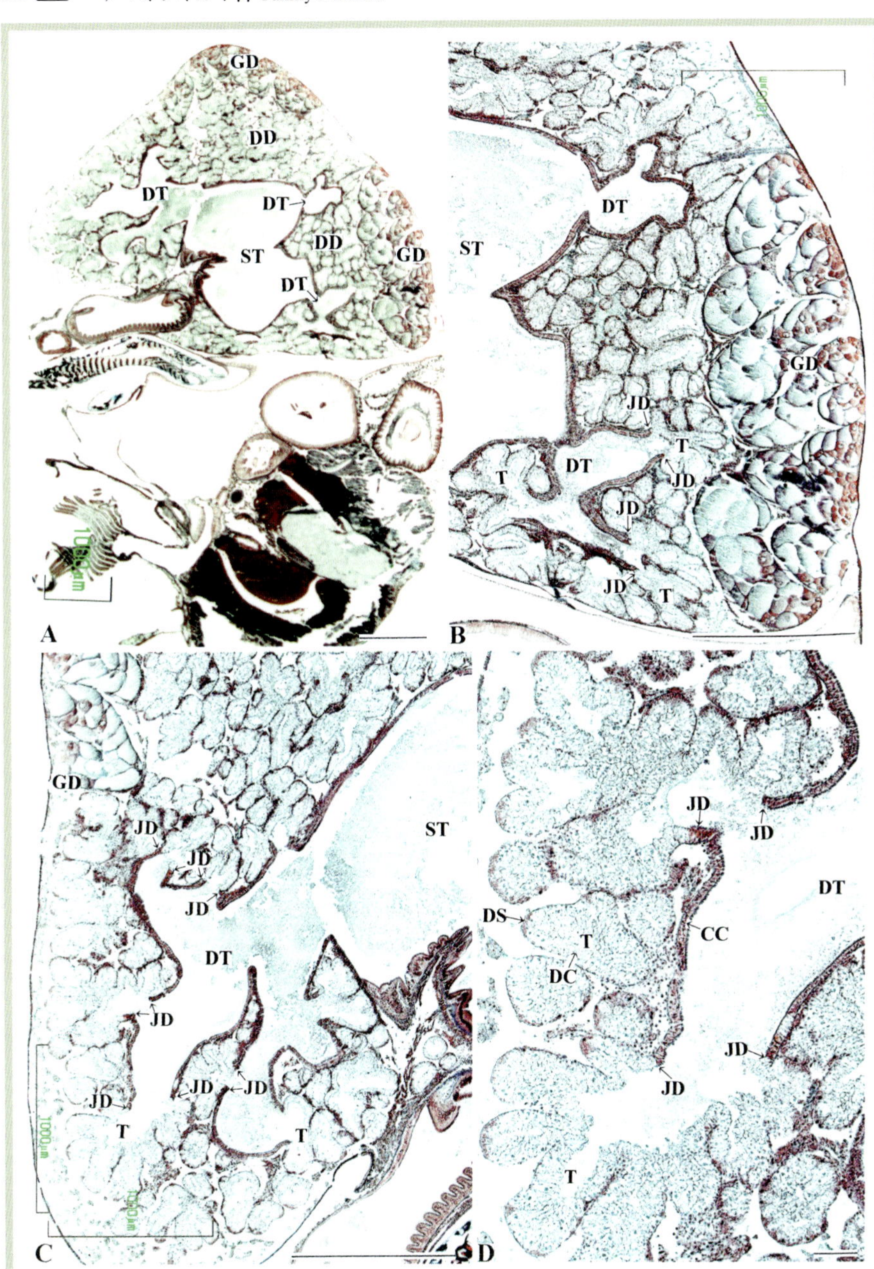

図 21-1A-D

アマガイ
Nerita (*Heminerita*) *japonica* 中腸腺の横断面図.
B-DはAの胃の周囲の導管と中腸腺細管を拡大. 単軸袋状分枝I型(MI型). 図中の実線は1 mm (A-C) および100 μm (D) を示す. アザン染色.

Figs.21-1A-D

Photomicrographs of the transverse-sectioned digestive diverticula of *Nerita* (*Heminerita*) *japonica* GASTROPODA.
Fig. A is shown as magnified views in Figs. B-D. These magnified views show the duct and the tubules surrounding the stomach. Monopodial saccular branching type I (MI type). Bars denote 1 mm in Figs. A-C and 100μm in Fig. D. Azan stain.

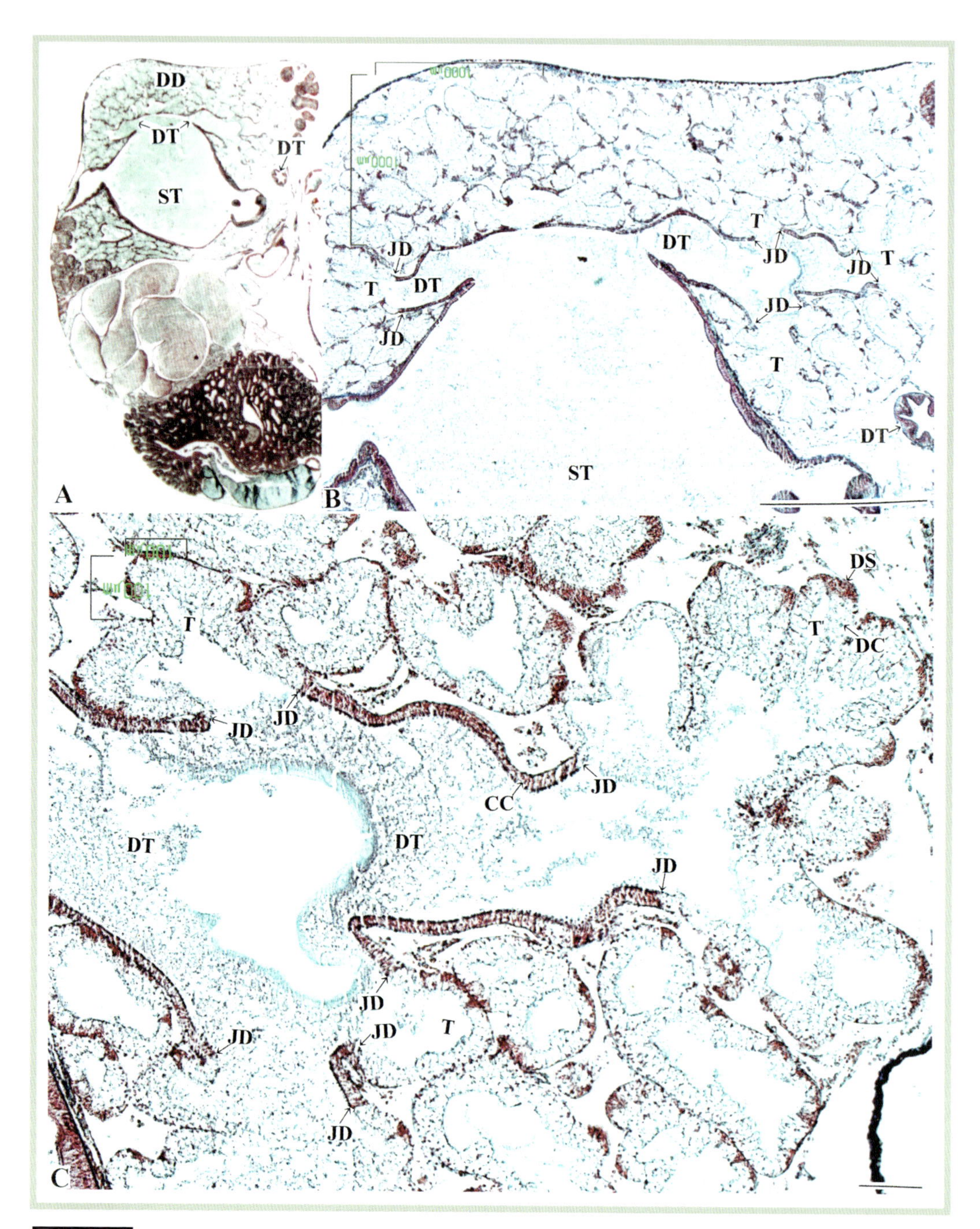

図 21-2A-C

アマガイ中腸腺の横断面図.
B, C は A の胃の周囲の導管と中腸腺細管を拡大. 図中の実線は 1mm（A, B）および 100μm（C）を示す. アザン染色.

Figs.21-2A-C

Photomicrographs of the transverse-sectioned digestive diverticula of *Nerita* (*Heminerita*) *japonica.*
Fig. A is shown as magnified views in Figs. B and C. These magnified views show the duct and the tubules surrounding the stomach. Bars denote 1 mm in Figs. A, B and 100μm in Fig. C. Azan stain.

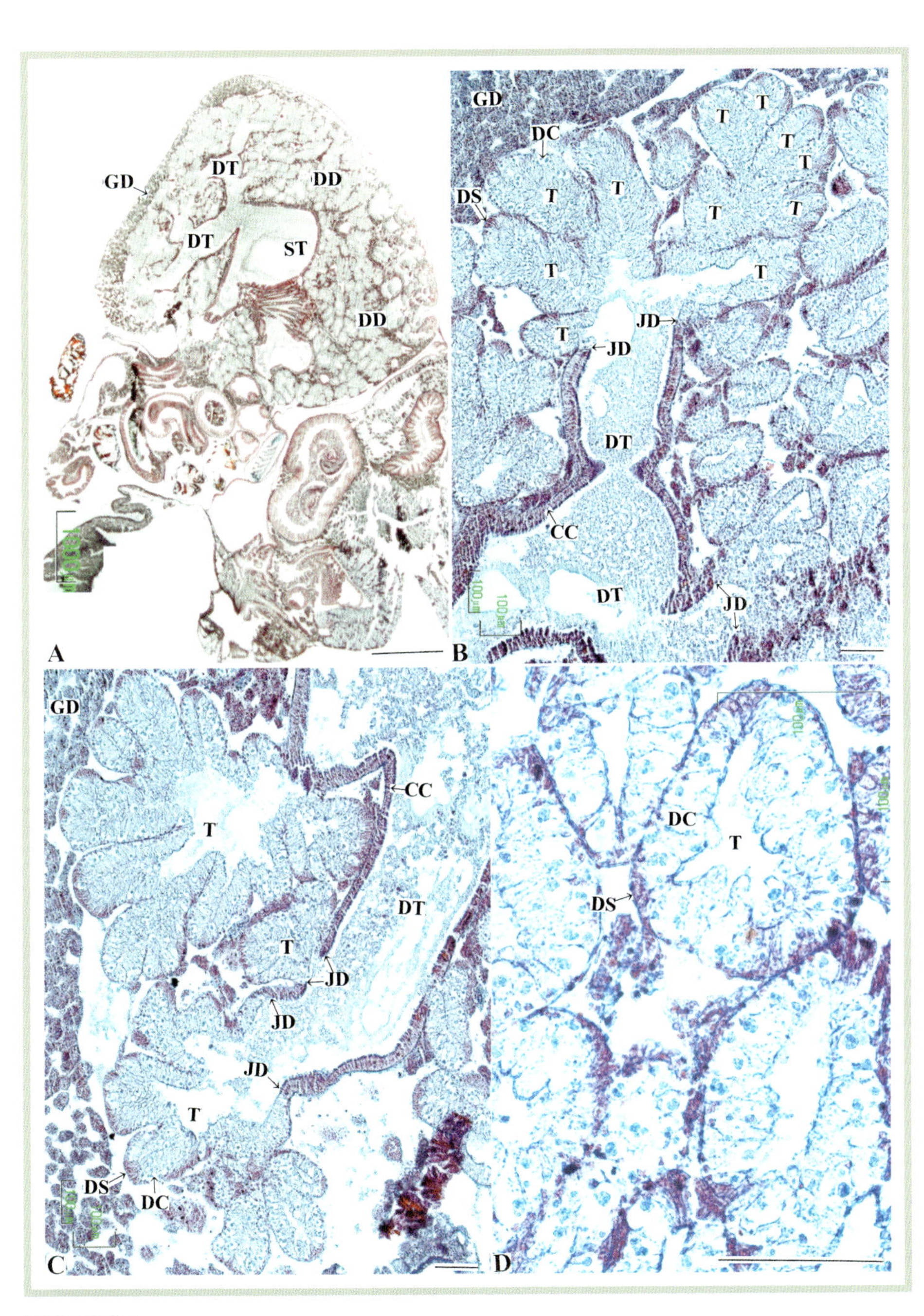

図 21-3A-D

アマガイ中腸腺の横断面図.
B-D は A の胃の周囲の導管と中腸腺細管を拡大. D は中腸腺細管の横断面図. 図中の実線は 1mm（A）および 100μm（B-D）を示す. アザン染色.

Figs.21-3A-D

Photomicrographs of the transverse-sectioned digestive diverticula of *Nerita* (*Heminerita*) *japonica*.
Fig. A is shown as magnified views in Figs. B-D. These magnified views show the duct and the tubules surrounding the stomach. Bars denote 1 mm in Fig. A and 100μm in Figs. B-D. Azan stain.

マルタニシ

Cipangopaludina chinensis malleata D

腹足綱 Class GASTROPODA
新生腹足目 Order Caenogastropoda
タニシ科 Family Viviparidae

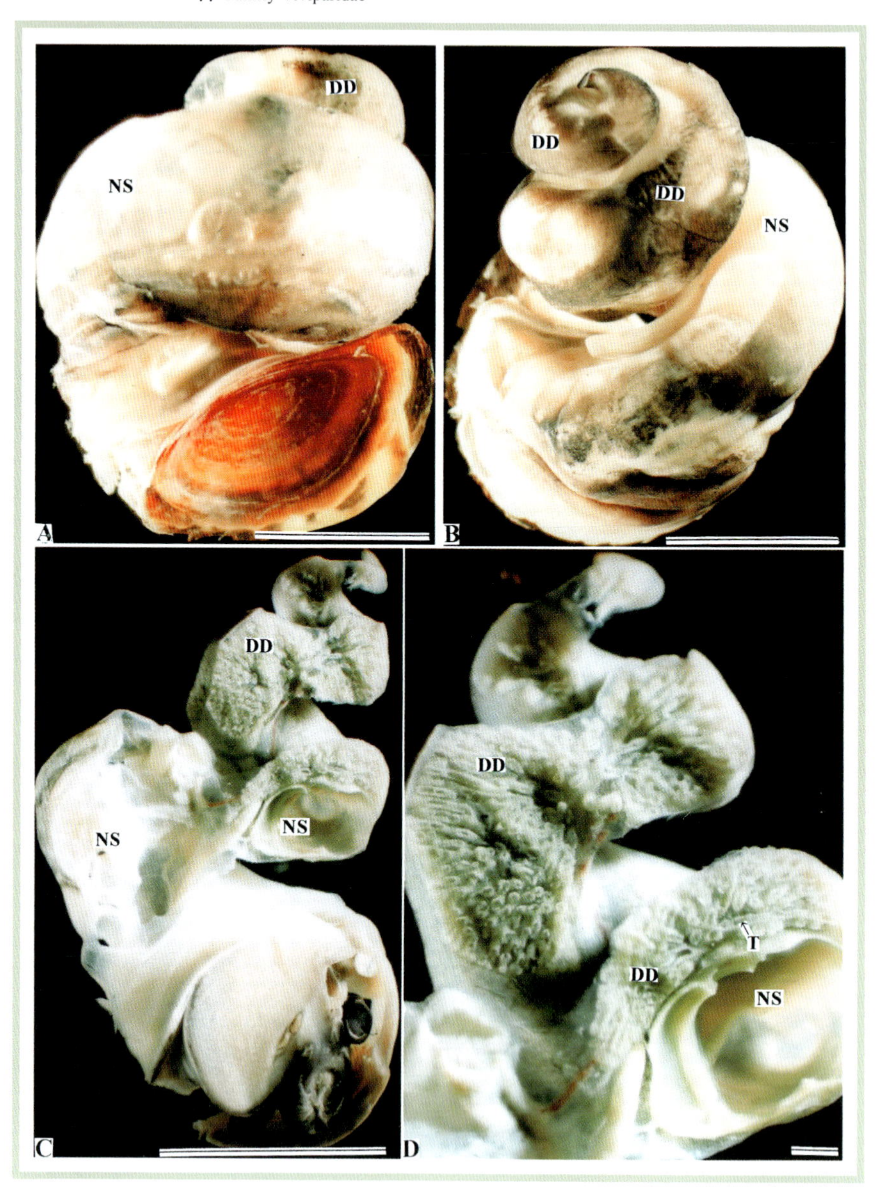

図 22-1A-D

マルタニシ *Cipangopaludina chinensis malleata* の殻を除去した軟体部の腹面図（A）と背面図（B）. C, D は軟体部の縦断面図. 図中の実線は 1cm（A-C）および 1mm（D）を示す.

Figs.22-1A-D

Photographs of the soft part and digestive diverticula of *Cipangopaludina chinensis malleata* GASTROPODA.
Figs. A and B show views of the soft part after removal of the shell from the ventral and dorsal directions, respectively. Figs. C and D show the vertical-sectioned soft part. Bars denote 1 cm in Figs. A-C and 1 mm in Fig. D.

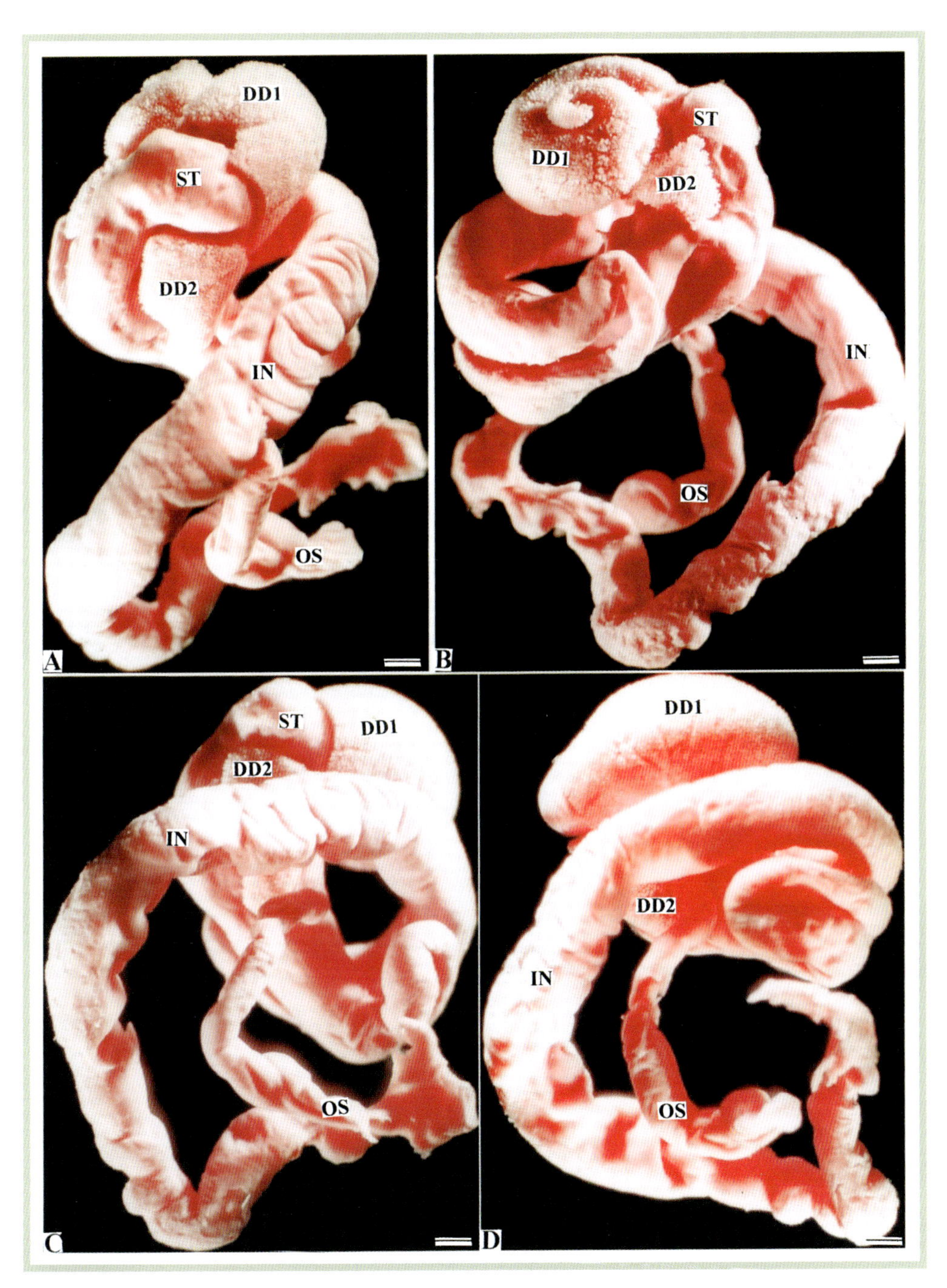

図 22-2A-D

マルタニシ消化器官の鋳型．消化器管の種々の側面．
A は左側面図，B は背面図，C は右側面図，D は腹面図．図中の実線は 1mm を示す．

Figs.22-2A-D

Corrosion resin-cast of the digestive organs of *Cipangopaludina chinensis malleata.*
Figs. A-D are views of the digestive organ from various sides: Fig. A, left side view; Fig. B, dorsal view; Fig. C, right side view; and Fig. D, ventral view. Bars denote 1 mm.

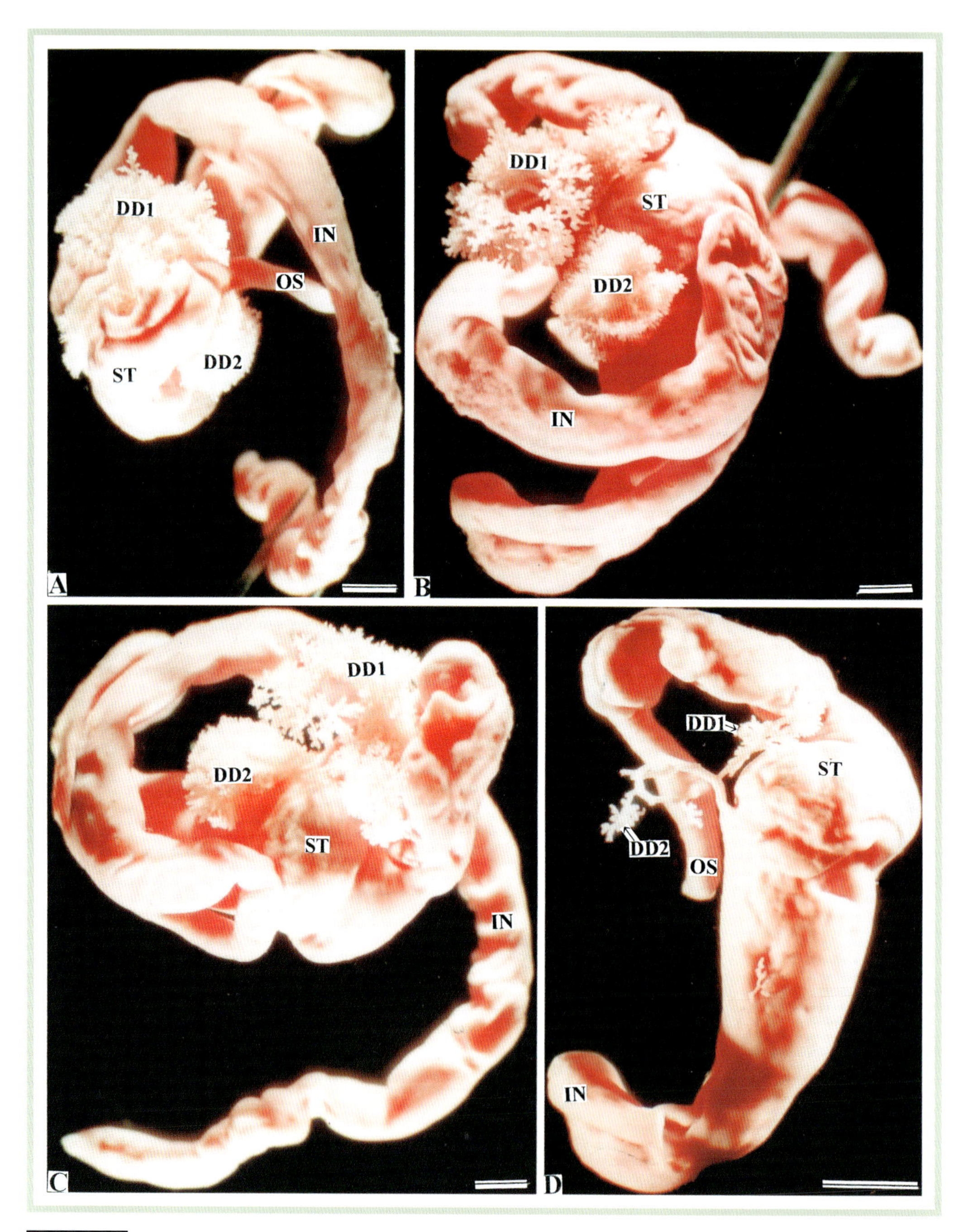

図 22-3A-D

マルタニシ消化器官の鋳型.
A は左側面図. B は背面図. C は左側面図. D は腹面図. 図中の実線は 1mm を示す.

Figs.22-3A-D

Corrosion resin-cast of the digestive organs of *Cipangopaludina chinensis malleata*.
Figures are presented as follows: Fig. A, left side view; Fig. B, dorsal view; Fig. C, left side view; Fig. D, ventral view. Bars in figures denote 1 mm.

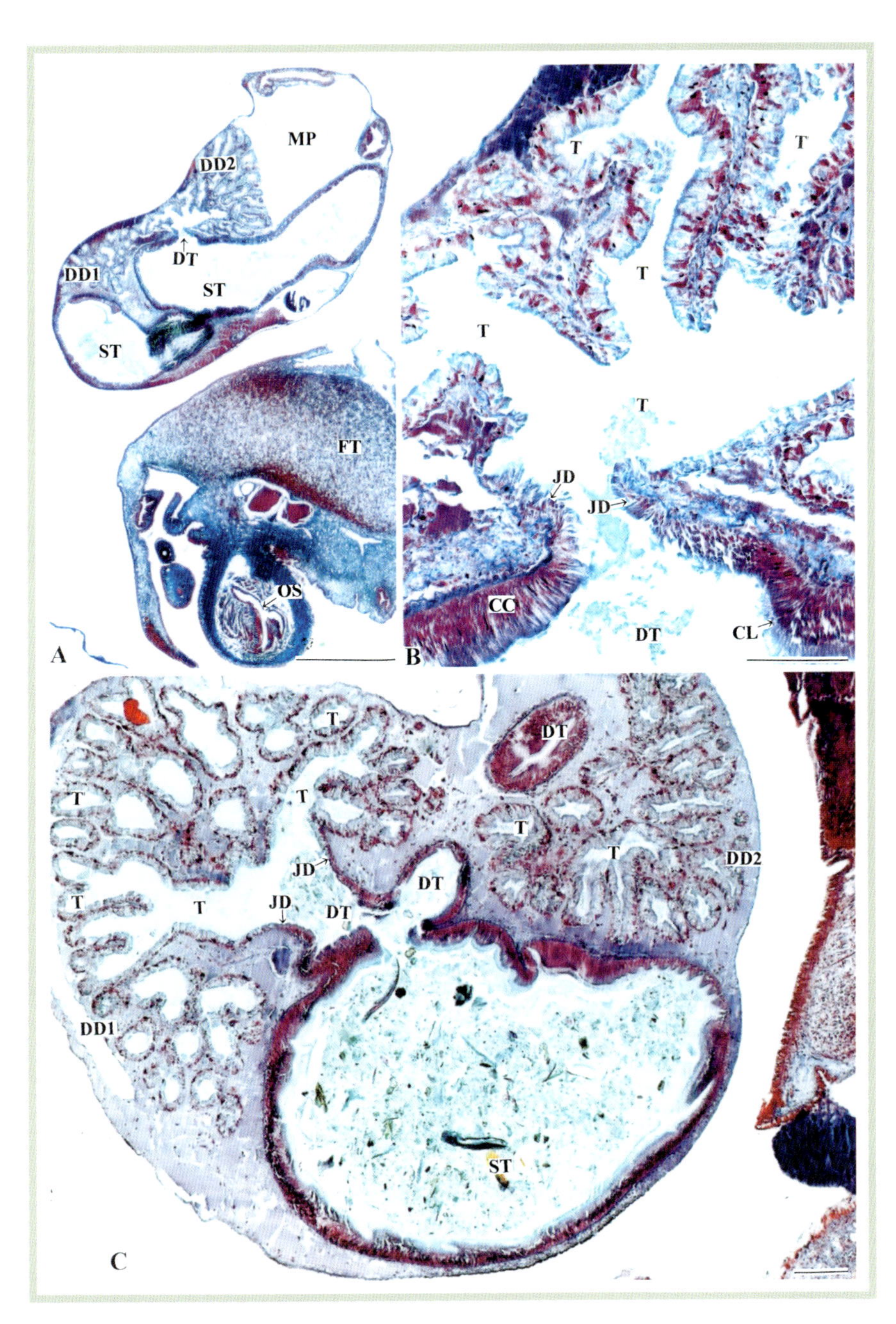

図 22-4A-C

マルタニシの導管および中腸腺細管．
A, C は横断面図．B は A の導管と中腸腺細管の拡大．叉状分枝型（D 型）．図中の実線は 100μm（A）および 10μm （B, C） を示す．アザン染色．

Figs.22-4A-C

Photomicrographs of the duct and the tubule of the digestive diverticula in *Cipangopaludina chinensis malleata*. Figs. A and C show views of the transverse-sectioned digestive diverticula. Fig. B shows the magnified duct and tubules from Fig. A. Dichotomous branching type (D type). Bars denote 100μm in Fig. A and 10μm in Figs. B and C. Azan stain.

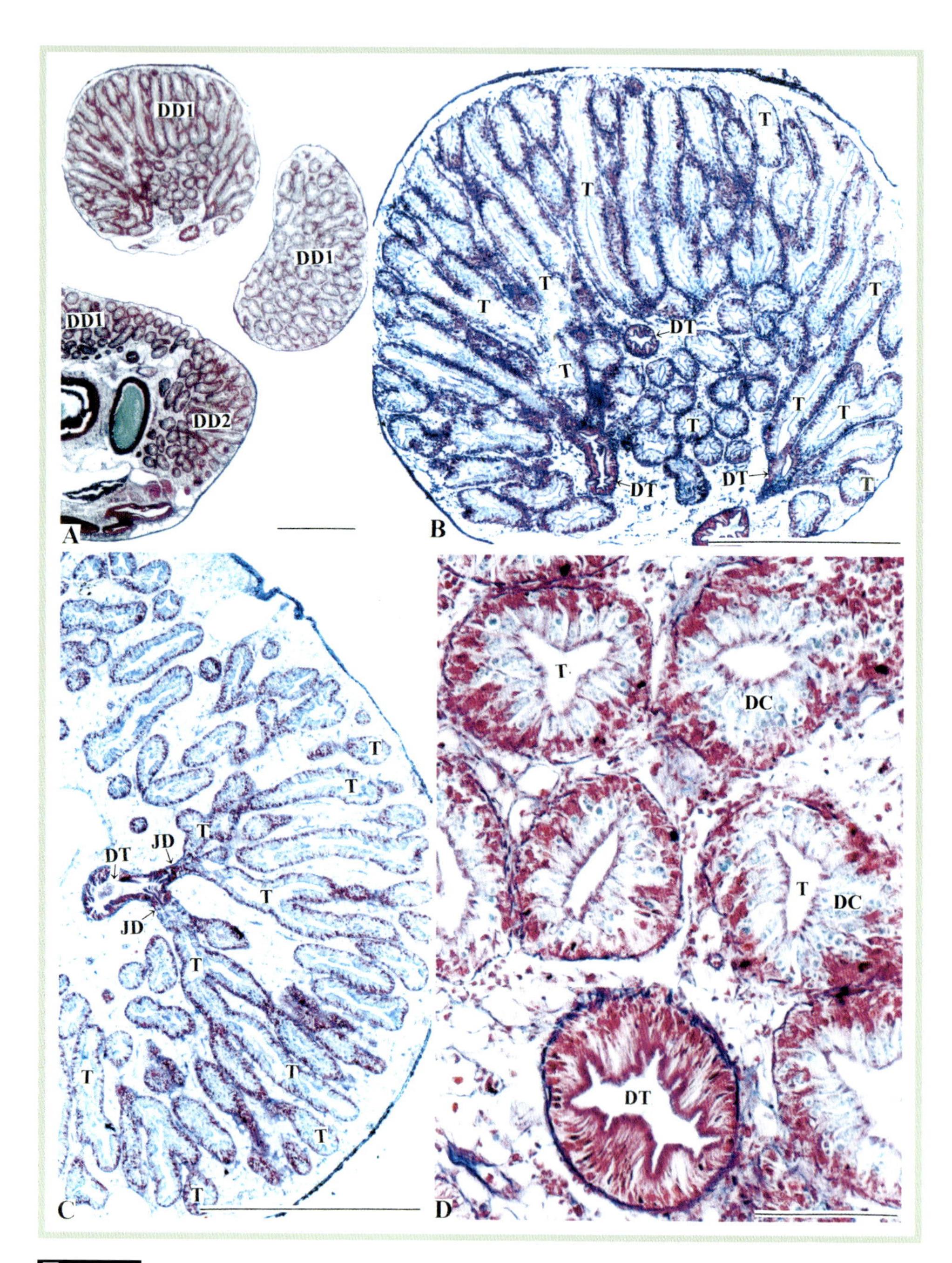

図 22-5A-D

マルタニシの導管および中腸腺細管.
A は中腸腺細管の横断面図. B-D は A の拡大. D は導管と中腸腺細管の横断面図. 図中の実線は 100μm (A-C) および 10μm (D) を示す. アザン染色.

Figs.22-5A-D

Photomicrographs of ducts and tubules of the digestive diverticula in *Cipangopaludina chinensis malleata*.
Fig. A shows the transverse-sectioned digestive diverticula. Fig. A is magnified in Figs. B-D. Fig. D shows the cross section of the duct and the tubules. Bars denote 100μm in Figs. A-C and 10μm in Fig. D. Azan stain.

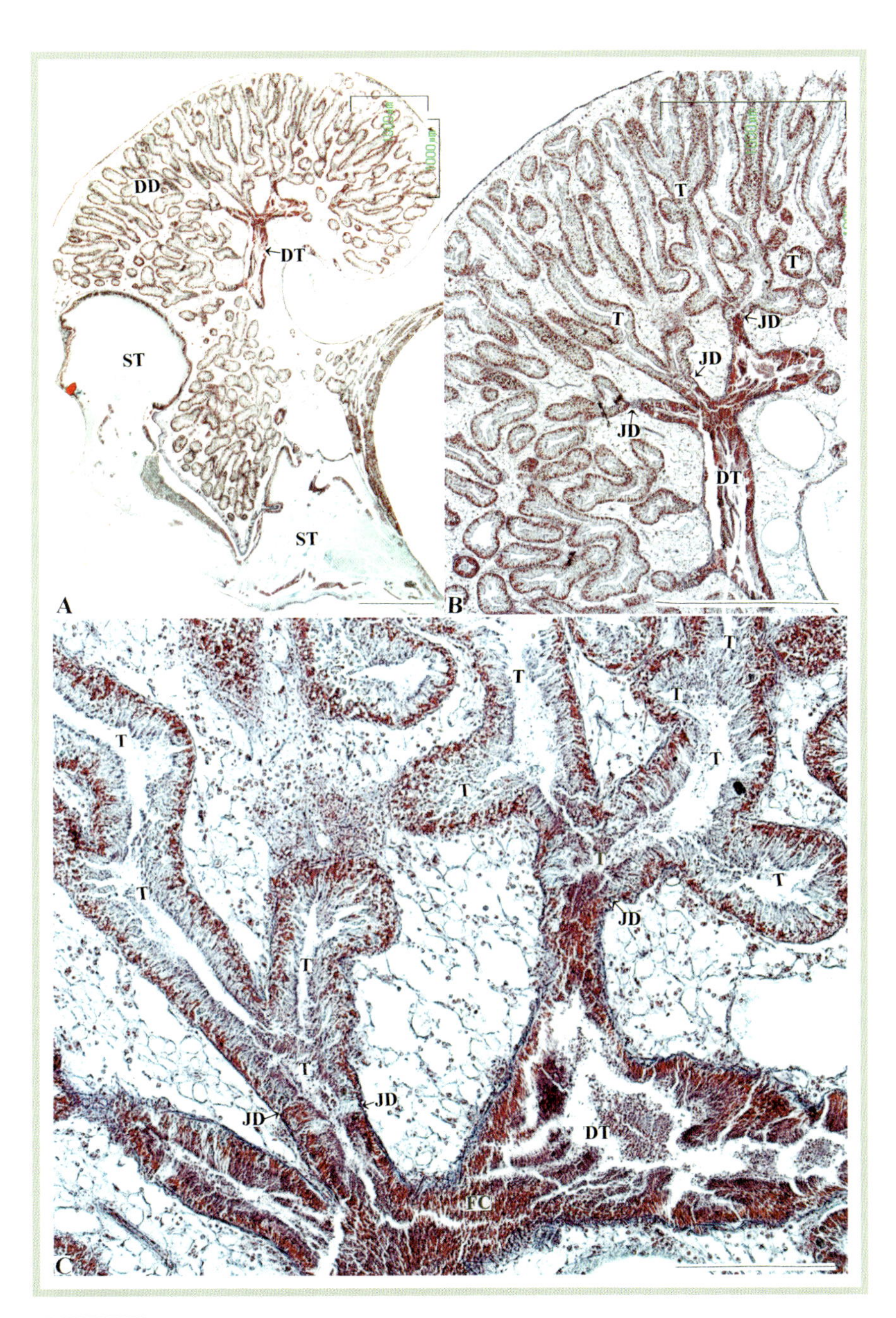

図 22-6A-C

マルタニシ中腸腺の縦断面図.
B, C は A の導管と中腸腺細管の拡大. C は導管と中腸腺細管の連絡を示す. 図中の実線は 1mm（A, B）および 100μm（C）を示す. アザン染色.

Figs.22-6A-C

Photomicrographs of the vertical-sectioned digestive diverticula of *Cipangopaludina chinensis malleata.*
Figs. B and C show magnified images of the duct and tubules shown in Fig. A. Fig. C shows the connection between the duct and tubules. Bars denote 1 mm in Figs. A, B and 100μm in Fig. C. Azan stain.

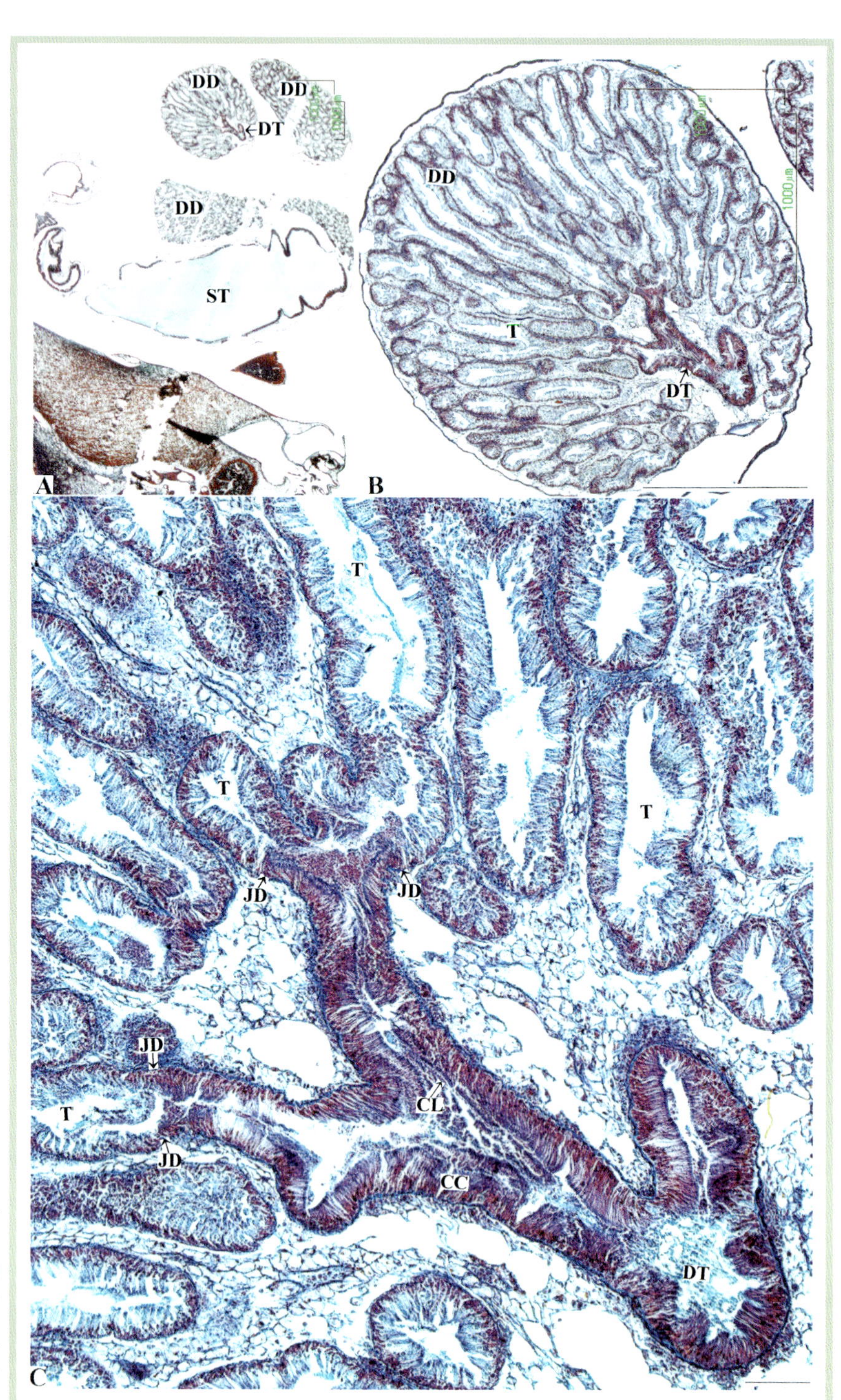

図 22-7A-C

マルタニシ中腸腺の横断面図.
B, C は A の導管と中腸腺細管の拡大. C は導管と中腸腺細管の連絡を示す. 図中の実線は 1mm (A, B) および 100μm (C) を示す. アザン染色.

Figs. 22-7A-C

Photomicrographs of the transverse-sectioned digestive diverticula of *Cipangopaludina chinensis malleata*. Figs. B and C show magnified figures of the duct and tubules shown in Fig. A. Fig. C shows the connection between the duct and tubules. Bars denote 1 mm in Figs. A, B and 100μm in Fig. C. Azan stain.

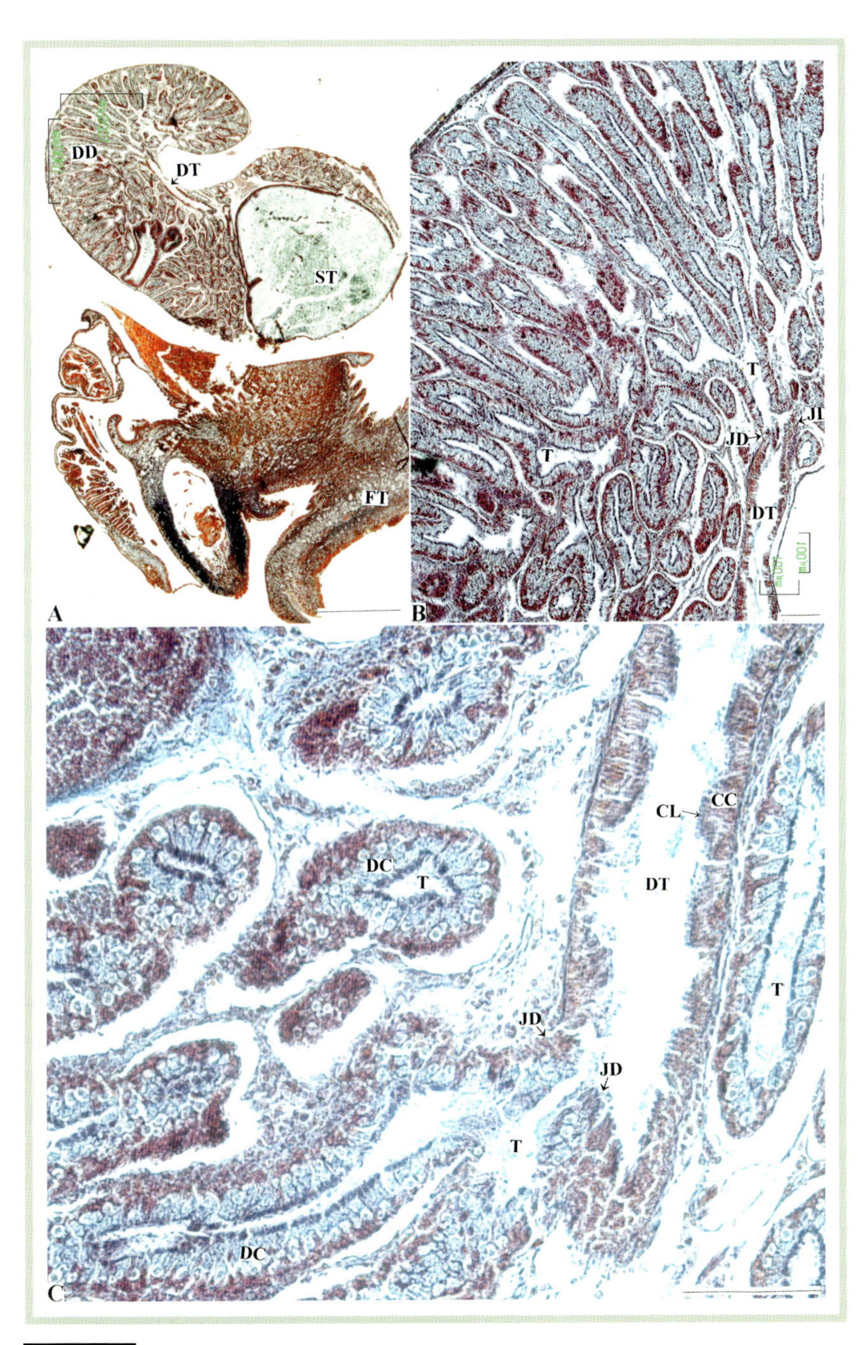

図 22-8A-C

マルタニシ中腸腺の縦断面図.
B, CはAの導管と中腸腺細管の拡大.Cは導管と中腸腺細管の連絡を示す.図中の実線は1mm(A)および 100μm（B, C）を示す. アザン染色.

Figs.22-8A-C

Photomicrographs of the vertical-sectioned digestive diverticula of *Cipangopaludina chinensis malleata*. Figs. B and C show magnified figures of the ducts and tubules shown in Fig. A. Fig. C shows the connection between the duct and tubules. Bars denote 1 mm in Fig. A and 100μm in Figs. B, C. Azan stain.

ウミニナ

Batillaria multiformis **D**

腹足綱 Class GASTROPODA
新生腹足目 Order Caenogastropoda
ウミニナ科 Family Batillariidae

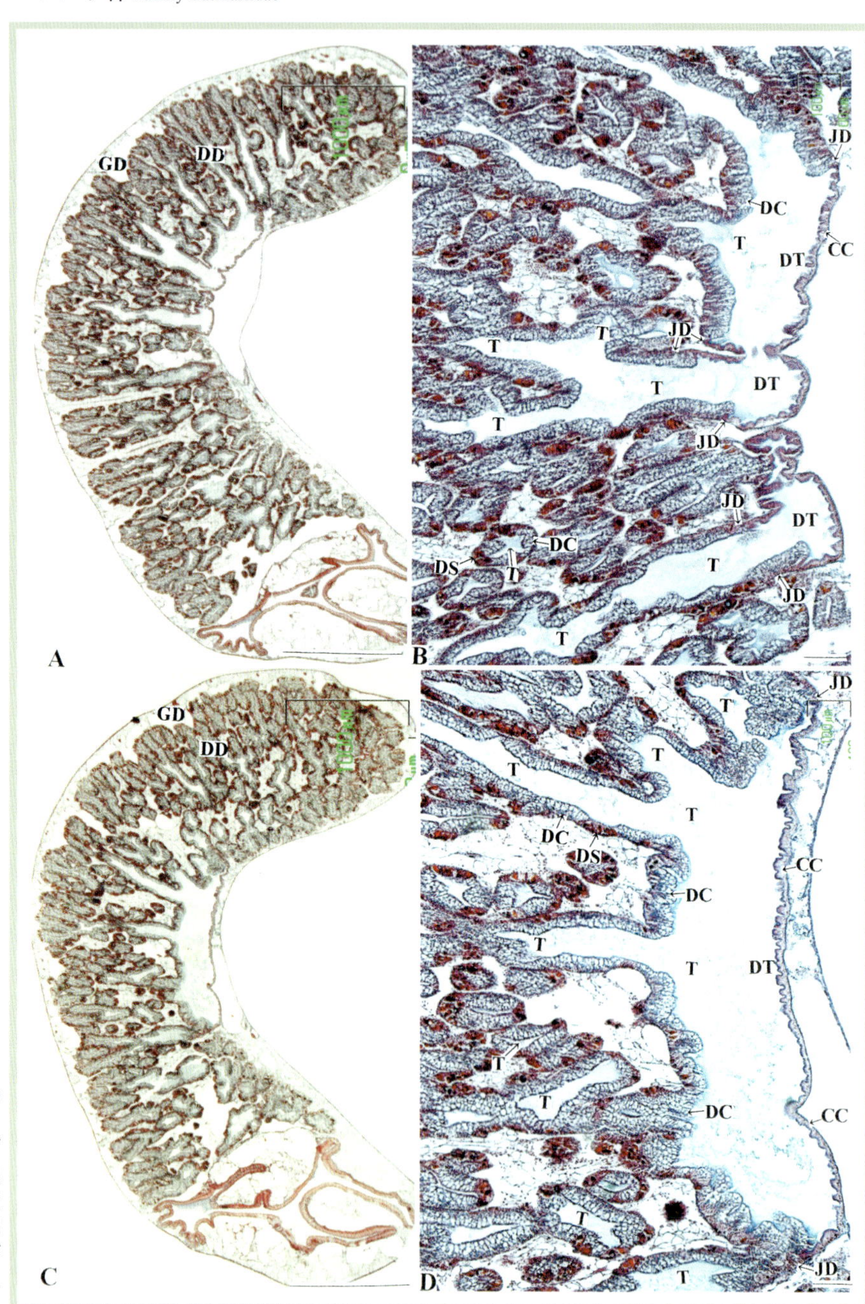

図 23-1A-D

ウミニナ
Batillaria multiformis 中腸腺の縦断面図.
BはAを，DはCをそれぞれ拡大して，導管と中腸腺細管の連絡を示す．叉状分枝型（D型）．図中の実線は1mm（A, C）および100μm（B, D）を示す．アザン染色．

Figs.23-1A-D

Photomicrographs of the vertical-sectioned digestive diverticula of *Batillaria multiformis* GASTROPODA. Figs. A and C are shown as magnified views in Figs. B and D, respectively. Both magnified views show the connections between the duct and tubules. Dichotomous branching type (D type). Bars denote 1 mm in Figs. A, C and 100μm in Figs. B, D. Azan stain.

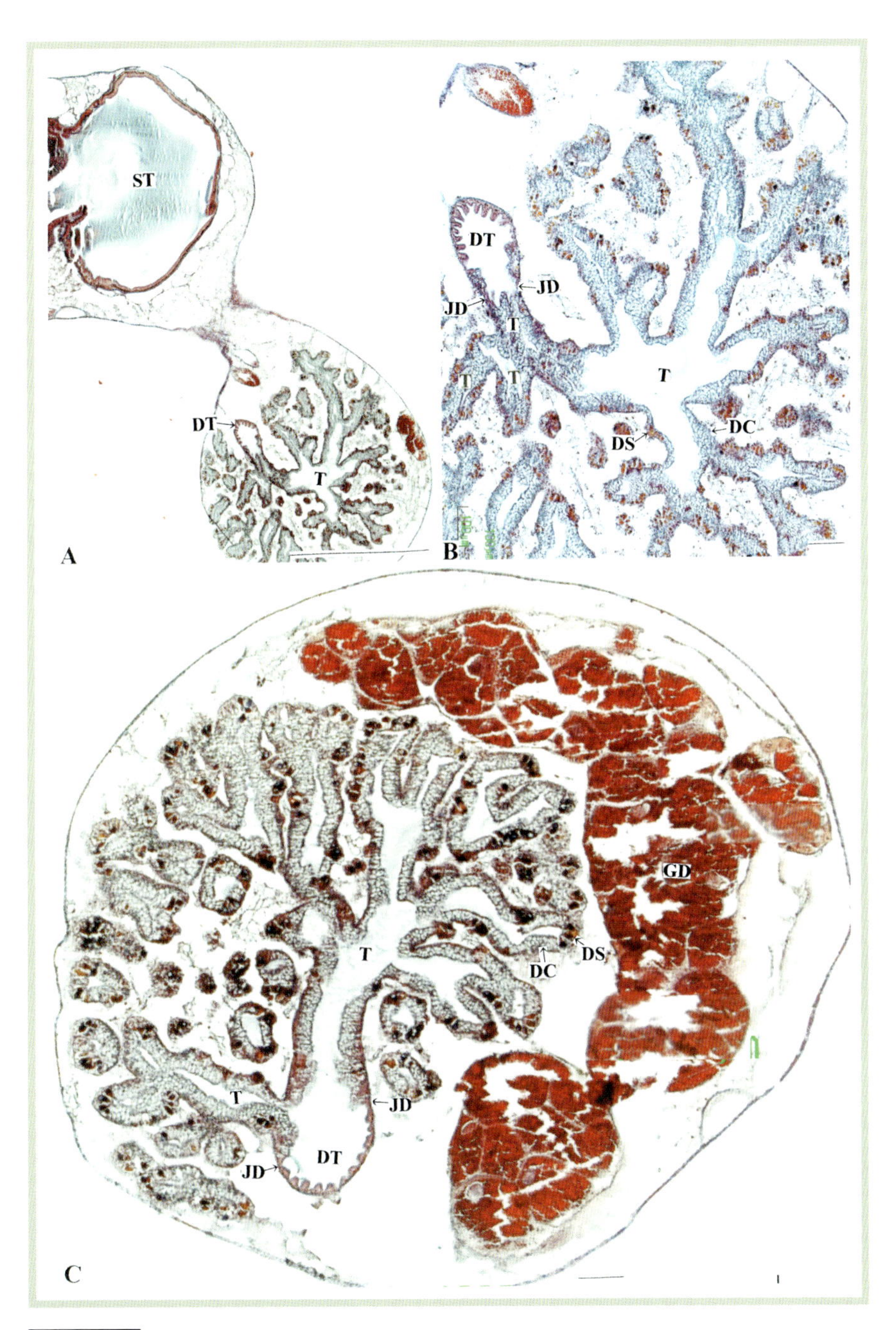

図 23-2A-C

ウミニナ中腸腺の横断面図.
B, C は A の中腸腺を拡大して，導管と中腸腺細管の連絡を示す．図中の実線は 1 mm（A）および 100 μm（B, C）を示す．アザン染色.

Figs.23-2A-C

Photomicrographs of the transverse-sectioned digestive diverticula of *Batillaria multiformis*.
Fig. A is shown as magnified views in Figs. B and C, and these views show the connection between the duct and tubules. Bars denote 1 mm in Fig. A and 100μm in Figs. B, C. Azan stain.

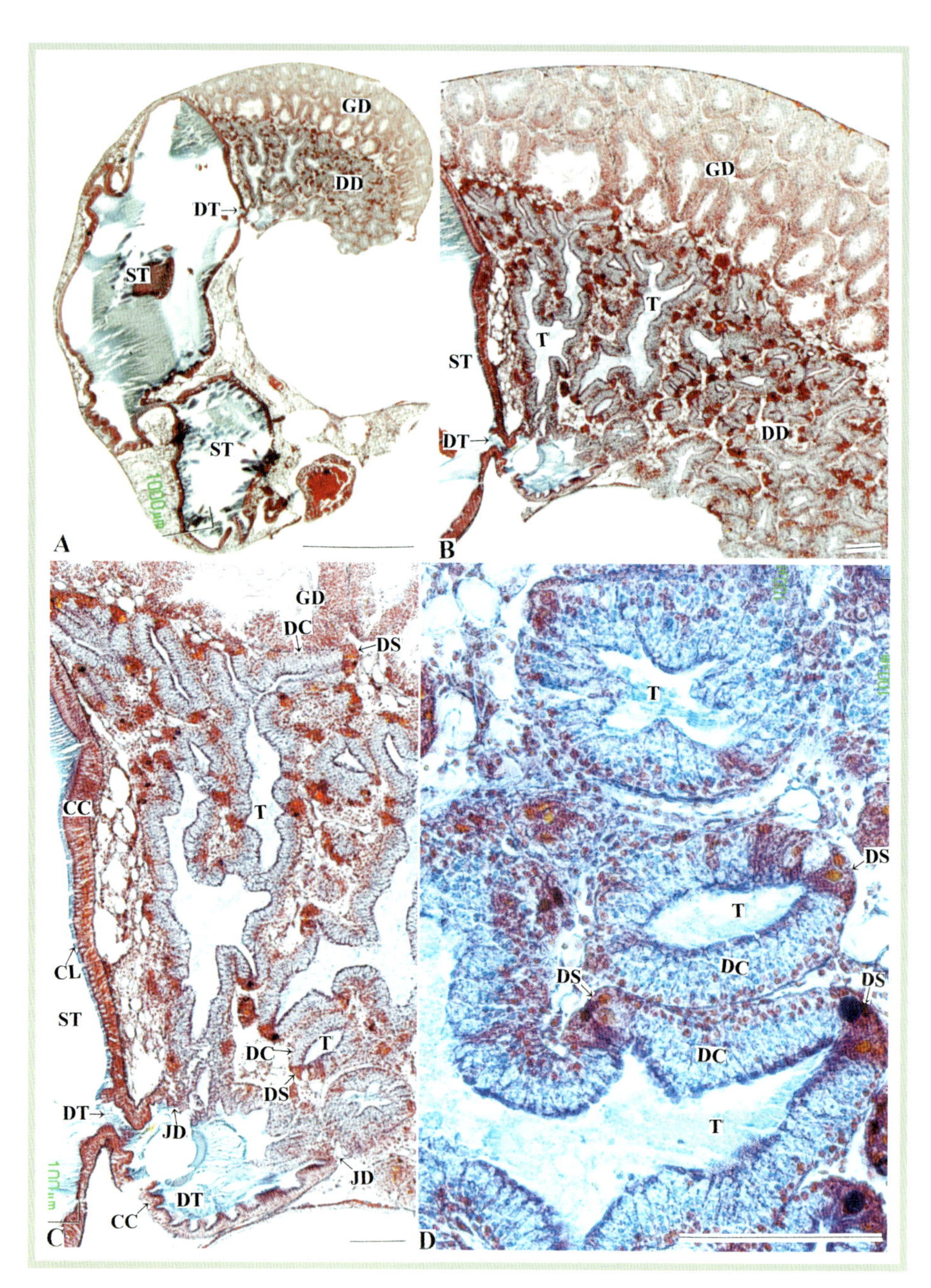

図 23-3A-D

ウミニナ中腸腺の横断面図.
B-D は A の中腸腺を拡大. B, C は導管と中腸腺細管の連絡を, D は中腸腺細管の横断面を, それぞれ示す. 図中の実線は 1mm（A）および 100μm（B-D）を示す. アザン染色.

Figs.23-3A-D

Photomicrographs of the transverse-sectioned digestive diverticula of *Batillaria multiformis*.
Fig. A is shown as magnified views in Figs. B-D, and these views show the digestive diverticula. Figs. B and C show the connection between the duct and tubules. Fig. D shows transverse-sectioned tubules. Bars denote 1 mm in Fig. A and 100μm in Figs. B-D. Azan stain.

カワニナ

Semisulcospira libertina D

腹足綱 Class GASTROPODA
新生腹足目 Order Caenogastropoda
カワニナ科 Family Pleuroceridae

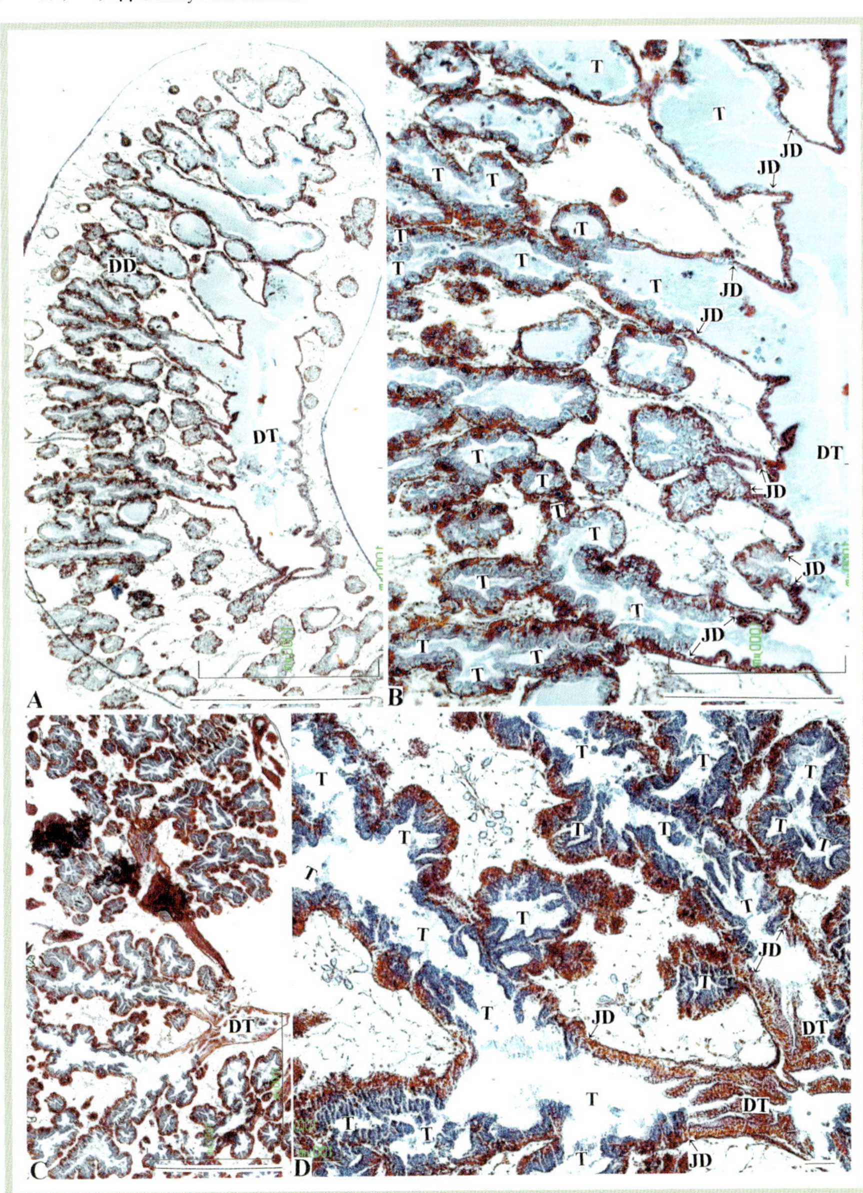

図 24-1A-D

カワニナ *Semisulcospira libertina* 中腸腺の縦断面図.
B-D は A を拡大して,導管と中腸腺細管の連絡を示す. 叉状分枝型 (D 型). 図中の実線は 1mm (A-C) および 100μm (D) を示す. アザン染色.

Figs.24-1A-D

Photomicrographs of the vertical-sectioned digestive diverticula of *Semisulcospira libertina* GASTROPODA. Fig. A is shown as magnified views in Figs. B-D, and these views show the connection between the duct and tubules. Dichotomous branching type(D type). Bars denote 1 mm in Figs. A-C and 10µm in Fig. D. Azan stain.

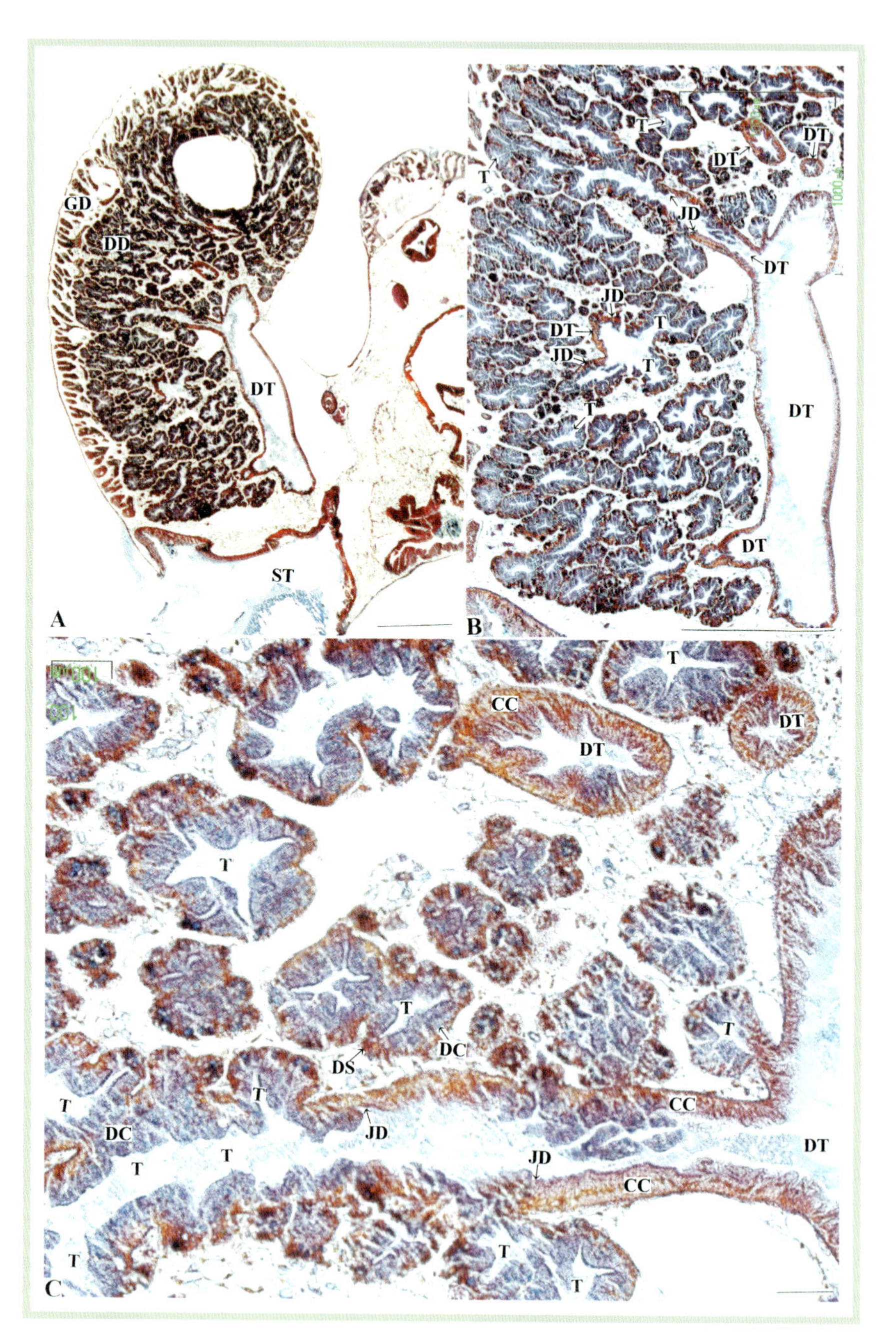

図 24-2A-C

カワニナ中腸腺の横断面図.
B, CはAを拡大して導管と中腸腺細管の連絡を示す. 図中の実線は1mm(A, B)および100 μm(C)を示す. アザン染色.

Figs.24-2A-C

Photomicrographs of the transverse-sectioned digestive diverticula of *Semisulcospira libertina*. Fig. A is shown as magnified views in Figs. B, C, and these views show the connection between the duct and tubules. Bars denote 1 mm in Figs. A, B and 10μm in Fig. C. Azan stain.

フトヘナタリ

Cerithidea moerchii **D**

腹足綱 Class GASTROPODA
新生腹足目 Order Caenogastropoda
キバウミニナ科 Family Potamididae

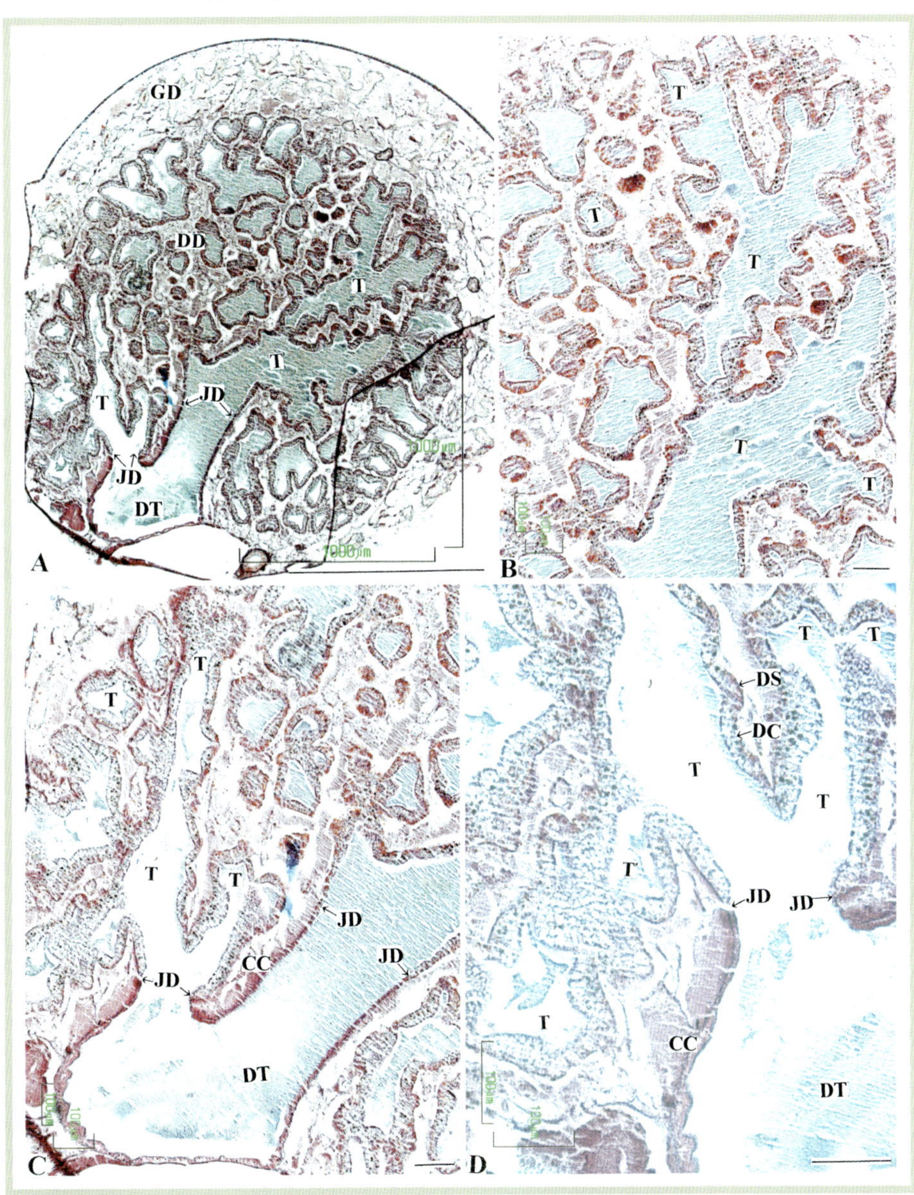

図 25-1A-D

フトヘナタリ *Cerithidea moerchii* 中腸腺の横断面図.
B-D は A を拡大して導管と中腸腺細管の連絡を示す. 叉状分枝型（D 型）. 図中の実線は 1 mm（A）および 100 μm（B-D）を示す. アザン染色.

Figs.25-1A-D

Photomicrographs of the transverse-sectioned digestive diverticula of *Cerithidea moerchii* GASTROPODA. Fig. A is shown as magnified views in Figs. B-D. These magnified views show the connections between the duct and tubules. Dichotomous branching type (D type). Bars denote 1 mm in Fig. A and 100μm in Figs. B-D. Azan stain.

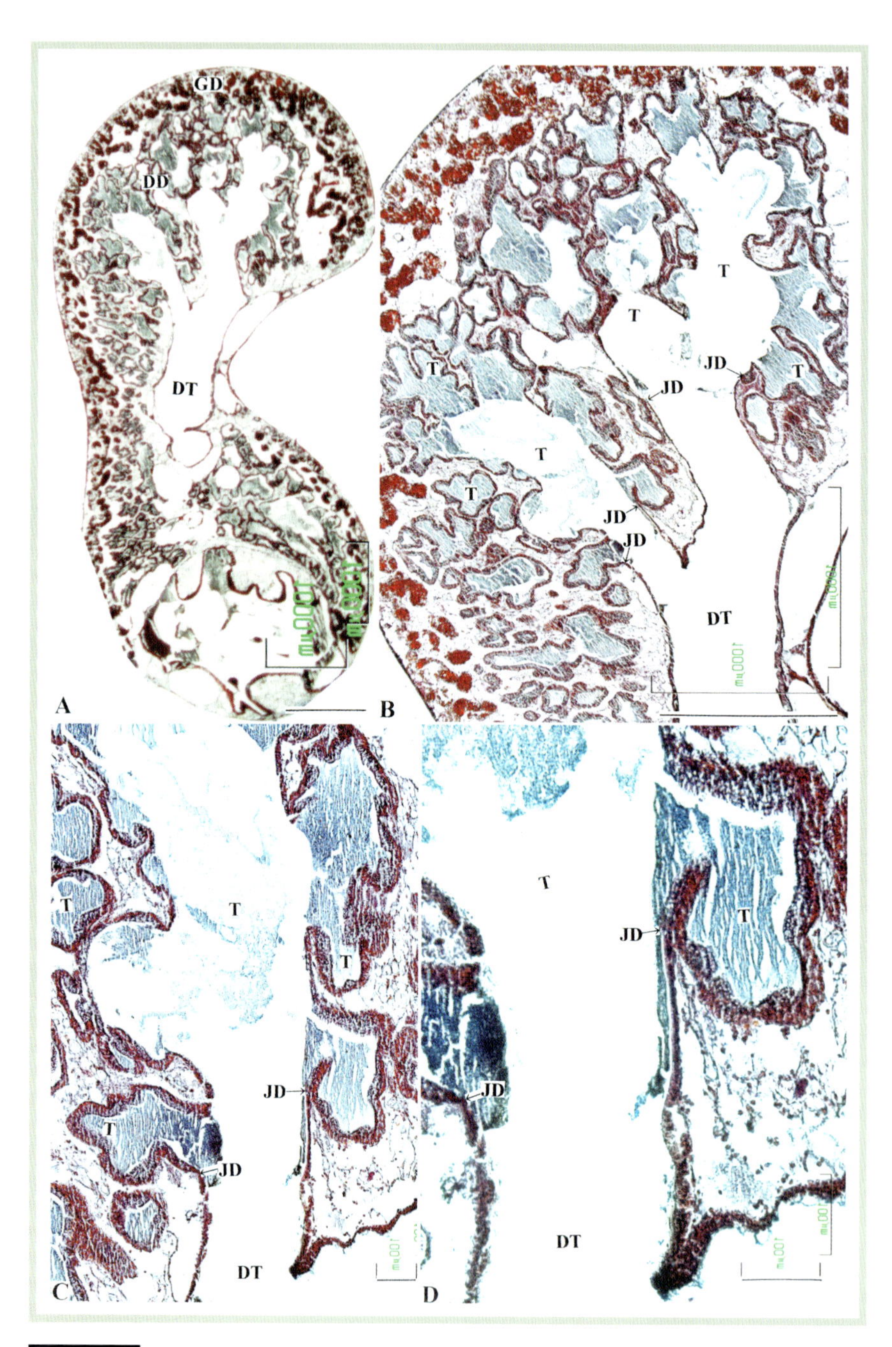

図 25-2A-D

フトヘナタリ中腸腺の横断面図．
B-D は A の中腸腺を拡大して，導管と中腸腺細管の連絡を示す．図中の実線は 1 mm（A, B）および 100 μm（C, D）を示す．アザン染色．

Figs.25-2A-D

Photomicrographs of the transverse-sectioned digestive diverticula of *Cerithidea moerchii*.
Fig. A is shown as magnified views in Figs. B-D, and these views show the connections between the duct and tubules. Bars denote 1 mm in Figs. A, B and 100µm in Figs. C, D. Azan stain.

ヘナタリ

Pirenella nipponica D

腹足綱 Class GASTROPODA
新生腹足目 Order Caenogastropoda
キバウミニナ科 Family Potamididae

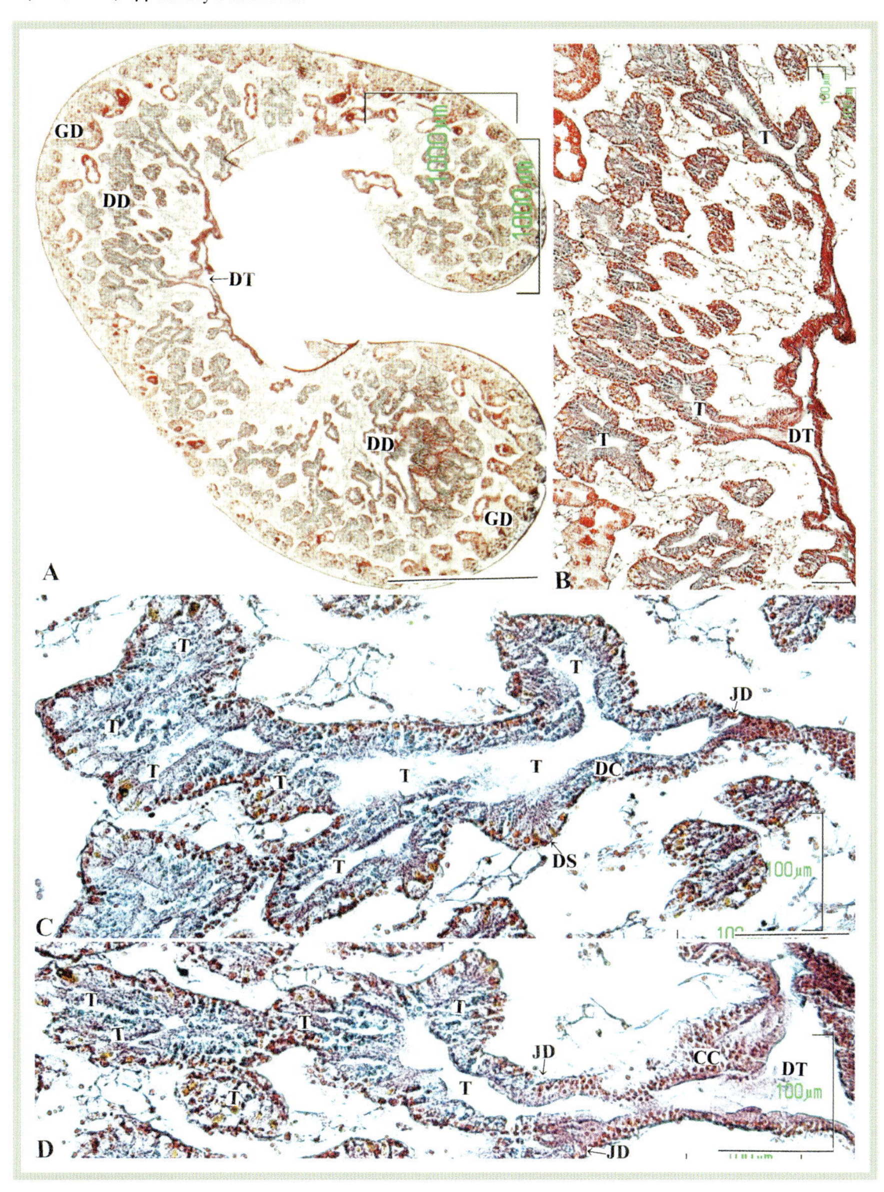

図 26-1A-D

ヘナタリ *Pirenella nipponica* 中腸腺の横断面図.
B-D は A の中腸腺を拡大. C は中腸腺細管の叉状分枝を,D は導管と中腸腺細管の連絡をそれぞれ示す. 叉状分枝型（D 型）. 図中の実線は 1 mm（A）および 100 μm（B-D）を示す. アザン染色.

Figs.26-1A-D

Photomicrographs of the transverse-sectioned digestive diverticula of *Pirenella nipponica* GASTROPODA. Fig. A is shown as magnified views in Figs. B-D. These magnified views show the digestive diverticula. Figs. C and D show the dichotomous tubules, and the connection between the duct and tubules, respectively. Dichotomous branching type (D type). Bars denote 1 mm in Fig. A and 100μm in Figs. B-D. Azan stain.

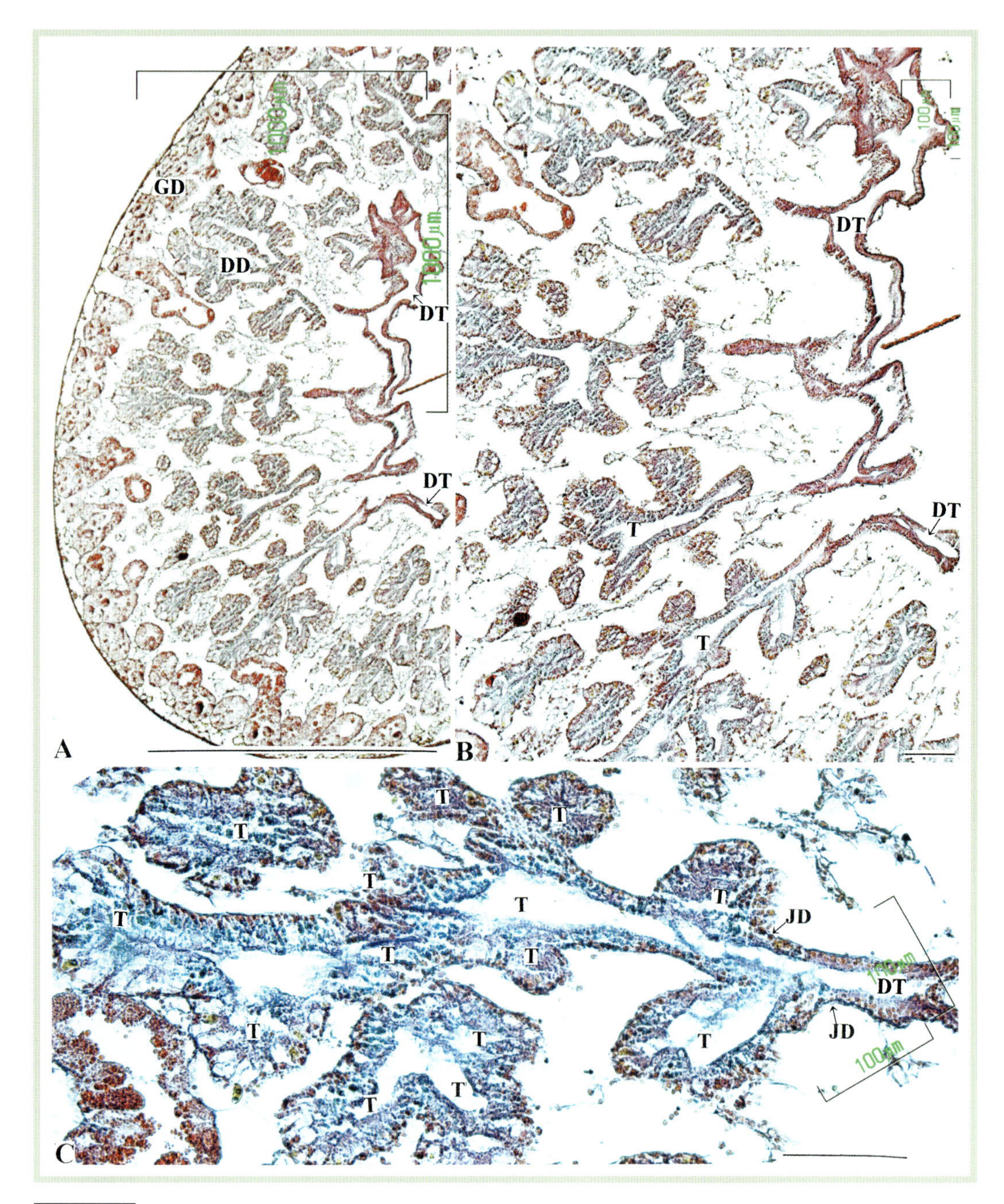

図 26-2A-C

ヘナタリ中腸腺の横断面図.
B, C は A の中腸腺を拡大. C は導管と中腸腺細管の連絡を示す. 図中の実線は 1mm（A）および 100μm（B, C）を示す. アザン染色.

Figs.26-2A-C

Photomicrographs of the transverse-sectioned digestive diverticula of *Pirenella nipponica.*
Fig. A is shown as magnified views in Figs. B and C, and these views show the digestive diverticula. Fig. C shows the connection between the duct and tubules. Bars denote 1 mm in Fig. A and 100μm in Figs. B, C. Azan stain.

カワアイ

Pirenella pupiformis D

腹足綱 Class GASTROPODA
新生腹足目 Order Caenogastropoda
キバウミニナ科 Family Potamididae

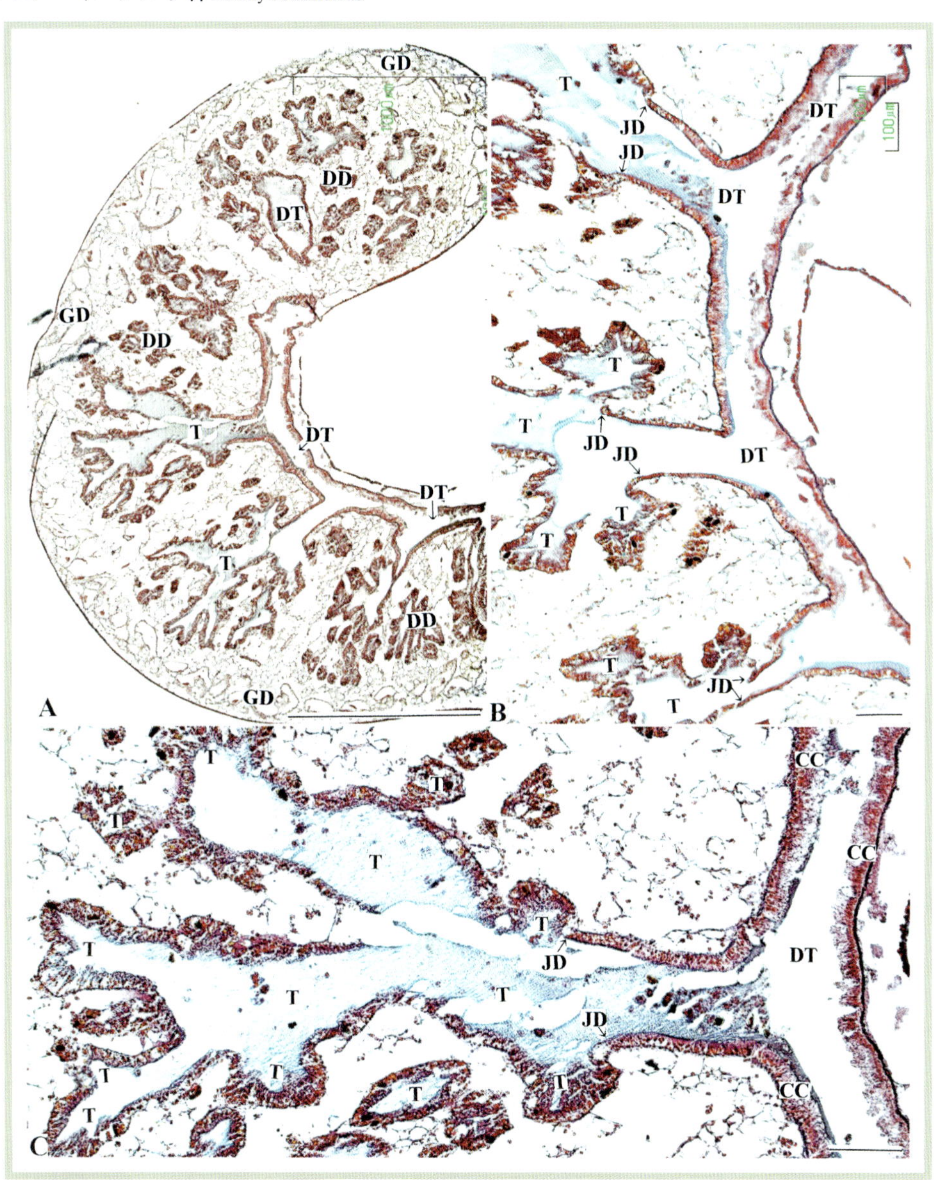

図 27-1A-C

カワアイ *Pirenella pupiformis* 中腸腺の縦断面図.
B, C は A の中腸腺を拡大. B は導管と中腸腺細管の連絡を,C は叉状分枝している中腸腺細管をそれぞれ示す. 叉状分枝型（D 型）. 図中の実線は 1mm（A）および 100 μm（B, C）を示す. アザン染色.

Figs.27-1A-C

Photomicrographs of the vertical-sectioned digestive diverticula of *Pirenella pupiformis* GASTROPODA.
Fig. A is shown as magnified views in Figs. B and C, and these views show the digestive diverticula. Figs. B and C show the connection between the duct and tubules, and the dichotomous tubules, respectively. Dichotomous branching type (D type). Bars denote 1 mm in Fig. A and 100μm in Figs. B, C. Azan stain.

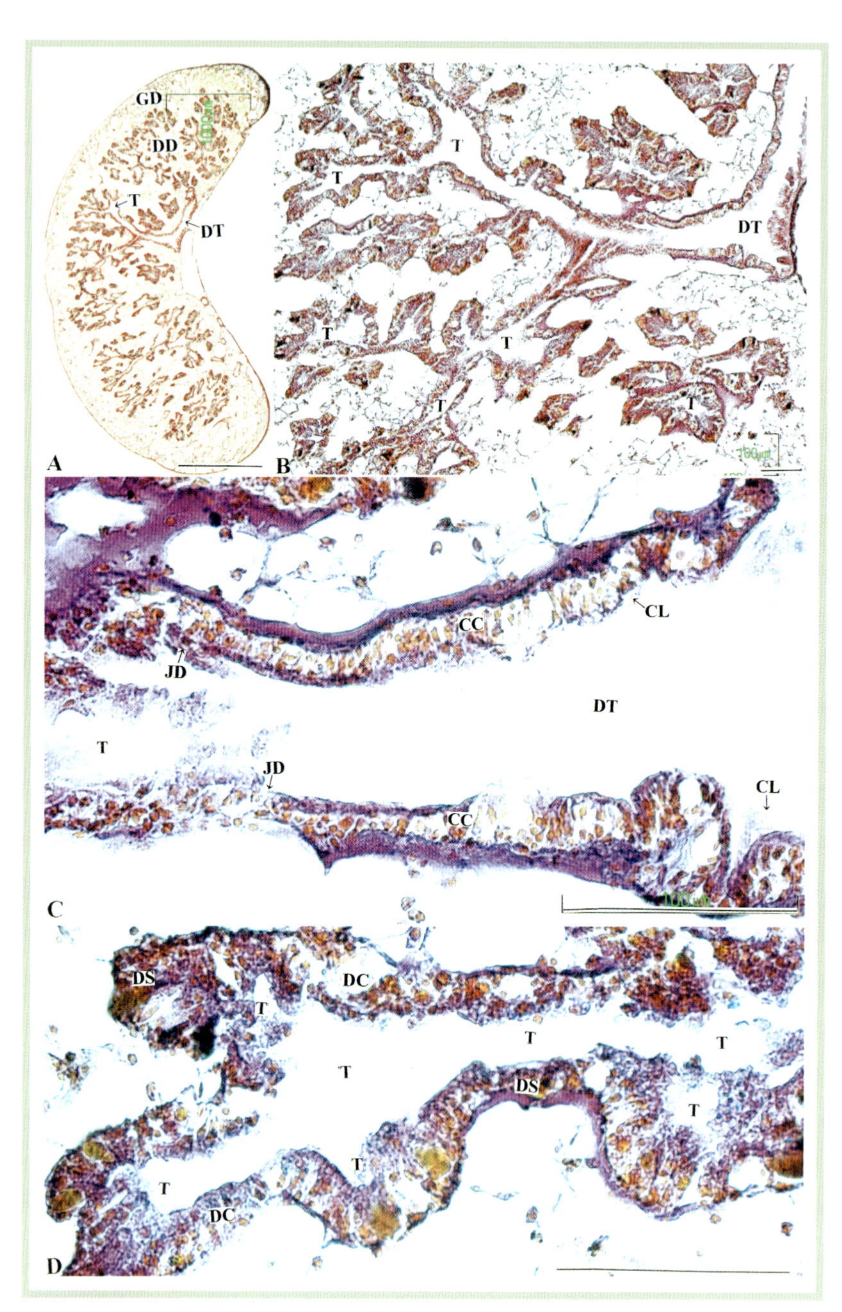

図 27-2A-D

カワアイ中腸腺の横断面図.
B-D は A の中腸腺を拡大. B は導管と中腸腺細管の連絡を, C は導管の細胞壁を, D は中腸腺細管の細胞壁をそれぞれ示す. 図中の実線は 1 mm(A)および 100 μm(B-D)を示す. アザン染色.

Figs.27-2A-D

Photomicrographs of the transverse-sectioned digestive diverticula of *Pirenella pupiformis.*
Fig. A shows the digestive diverticula, and magnified images are shown in Figs. B-D. Figs. B and C show the connection between the duct and tubules. Figs. C and D show the cell walls of the duct and the tubules, respectively. Bars denote 1 mm in Fig. A and 100μm in Figs. B-D. Azan stain.

タマキビ

Littorina (*Littorina*) *brevicula* MII

腹足綱 Class GASTROPODA
新生腹足目 Order Caenogastropoda
タマキビ科 Family Littorinidae

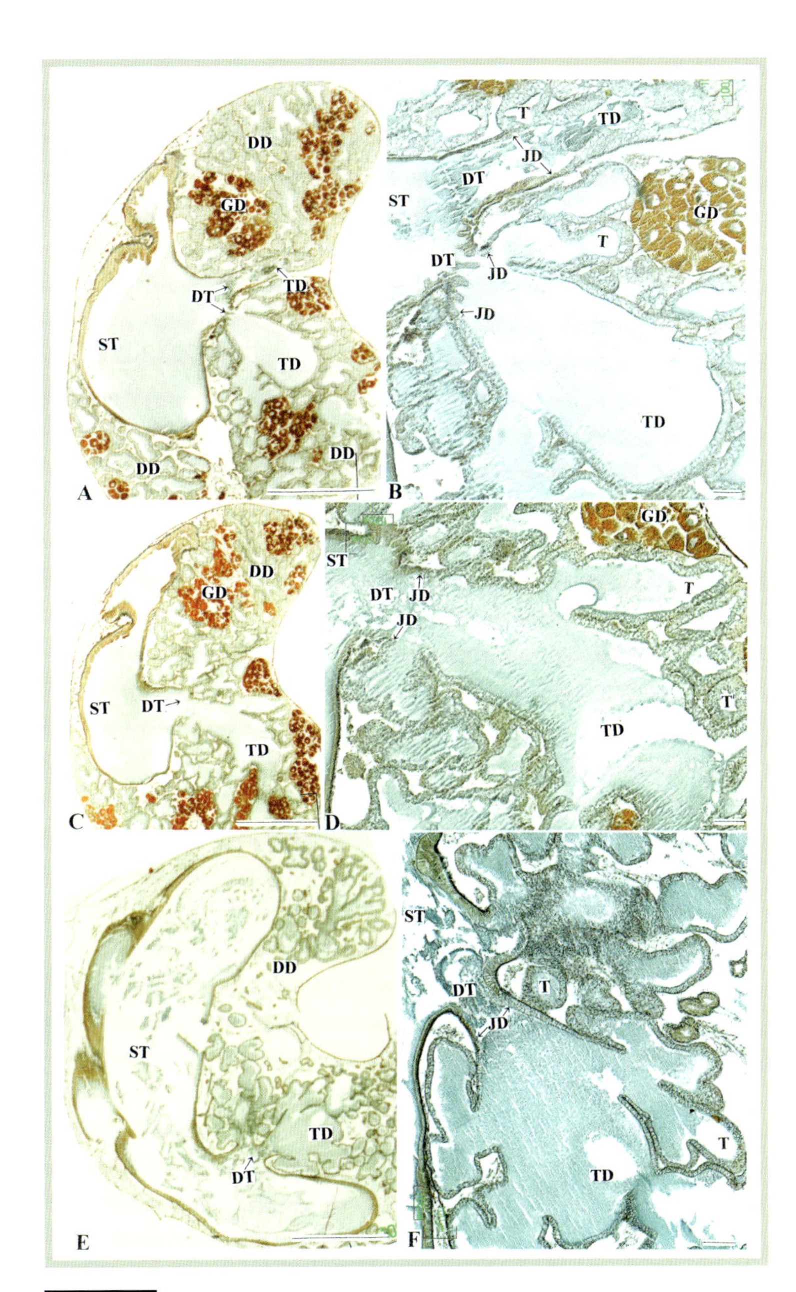

図 28-1A-F

タマキビ *Littorina* (*Littorina*) *brevicula* 中腸腺の横断面図.
B, D, F はそれぞれ A, C, E の中腸腺を拡大. B, D, F は導管様中腸腺細管を示す. 単軸袋状分枝II型 (M II型). 図中の実線は 1 mm (A, C, E) および 100 μm (B, D, F) を示す. アザン染色.

Figs.28-1A-F

Photomicrographs of the transverse-sectioned digestive diverticula of *Littorina* (*Littorina*) *brevicula* GASTROPODA.
Figs. A, C, and E are shown as magnified views in Figs. B, D and F, respectively. These magnified views show the tubule resembling duct. Monopodial saccular branching type II (M II type). Bars denote 1 mm in Figs. A, C, E and 100μm in Figs. B, D, F. Azan stain.

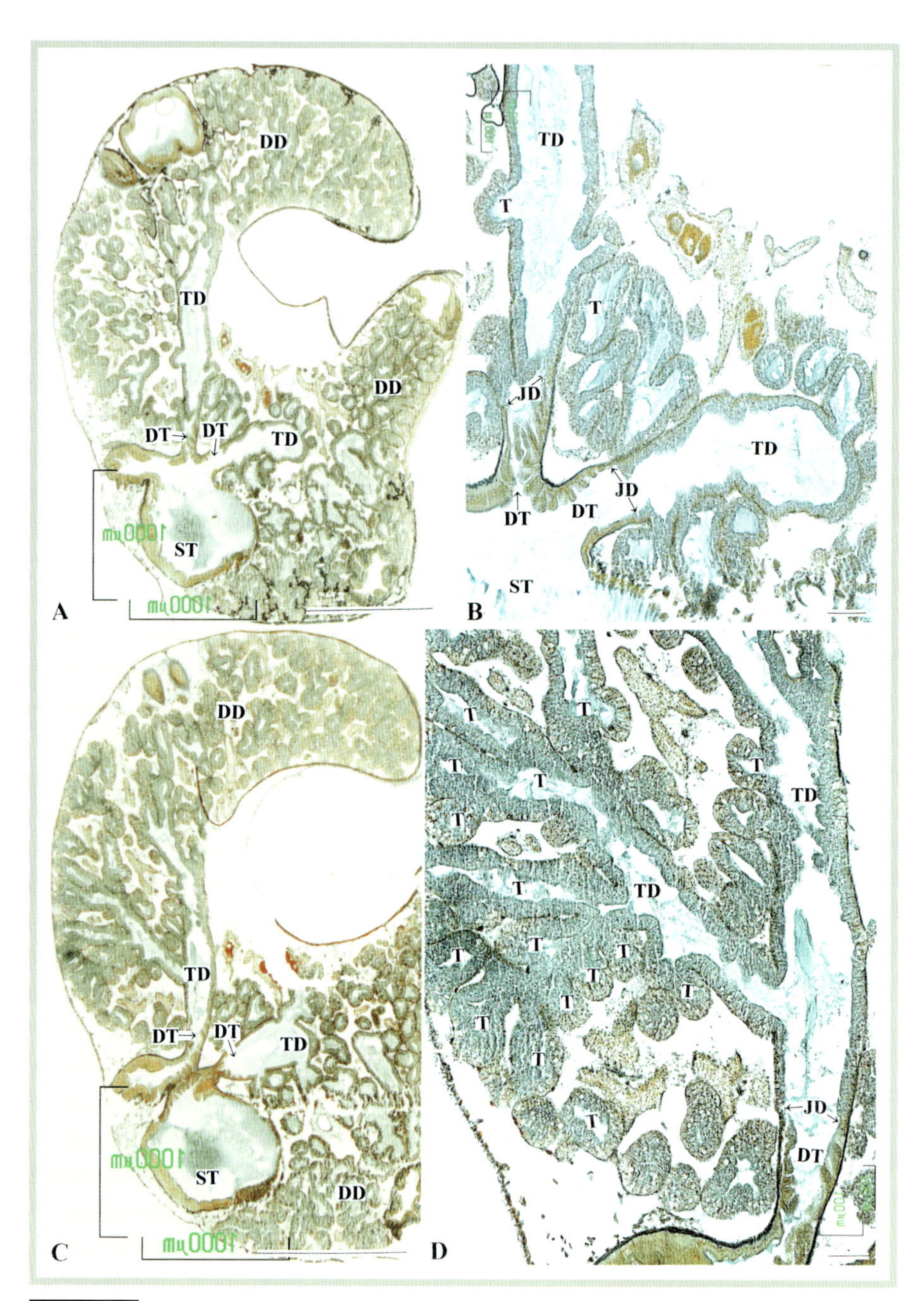

図 28-2A-D

タマキビ中腸腺の縦断面図.
BはAの，DはCの中腸腺を拡大．B, Dは中腸腺細管と導管様中腸腺細管を示す．図中の実線は1 mm（A, C）および100μm（B, D）を示す．アザン染色.

Figs.28-2A-D

Photomicrographs of the vertical-sectioned digestive diverticula of *Littorina* (*Littorina*) *brevicula*.
Figs. A and C show the digestive diverticula, and magnified views are shown in Figs. B and D, respectively. Figs. B and D show the tubule resembling duct and the tubules. Bars denote 1 mm in Figs. A, C and 100μm in Figs. B, D. Azan stain.

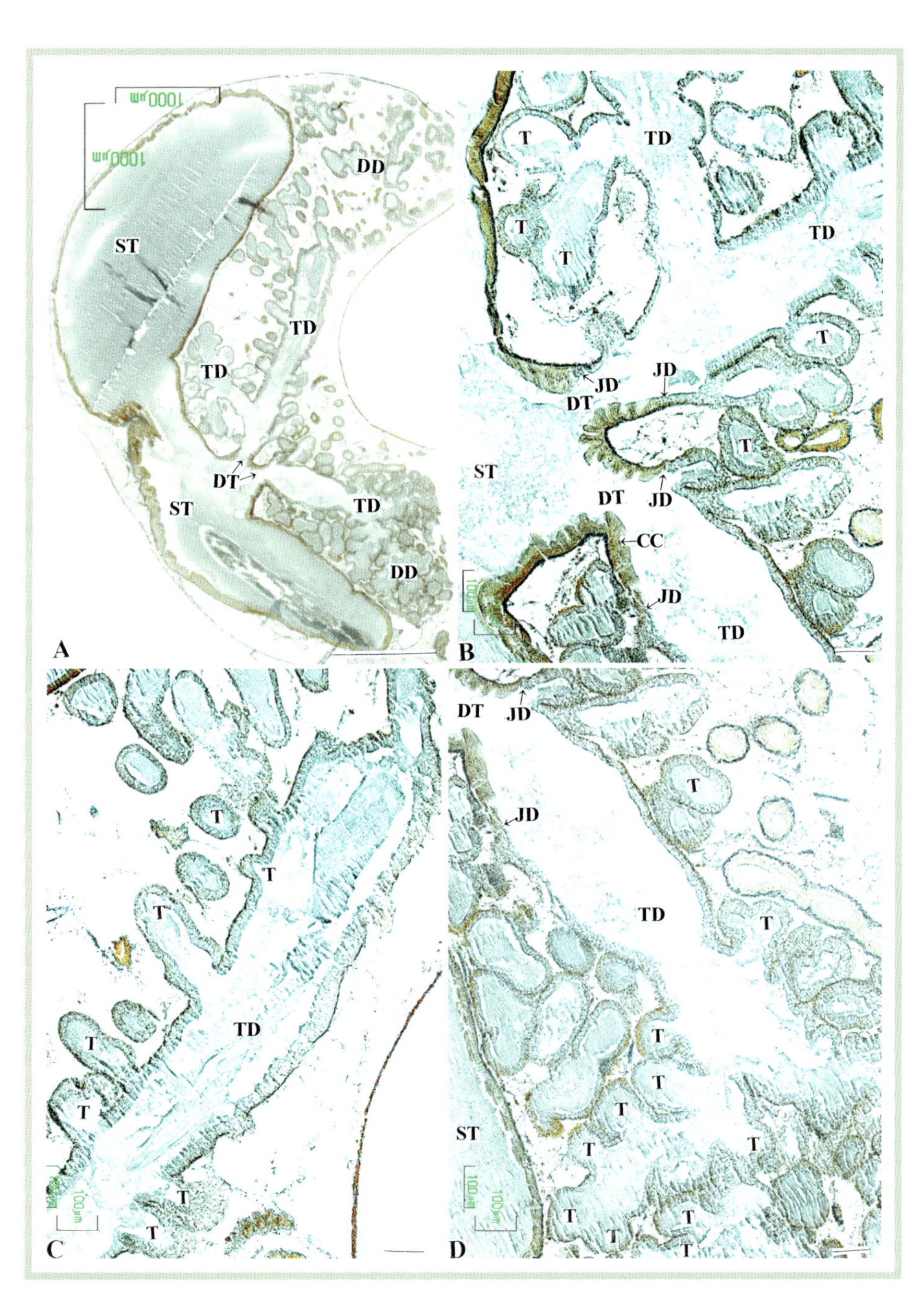

図 28-3A-D

タマキビ中腸腺の縦断面図.
B-D は A の中腸腺を拡大して中腸腺細管と導管様中腸腺細管を示す. 図中の実線は 1 mm（A）および 100μm（B-D）を示す. アザン染色.

Figs.28-3A-D

Photomicrographs of the vertical-sectioned digestive diverticula of *Littorina* (*Littorina*) *brevicula*.
Fig. A shows the digestive diverticula, and magnified views are shown in Figs. B-D. These magnified views show the tubule resembling duct and the tubules. Bars denote 1 mm in Fig. A and 100μm in Figs. B-D. Azan stain.

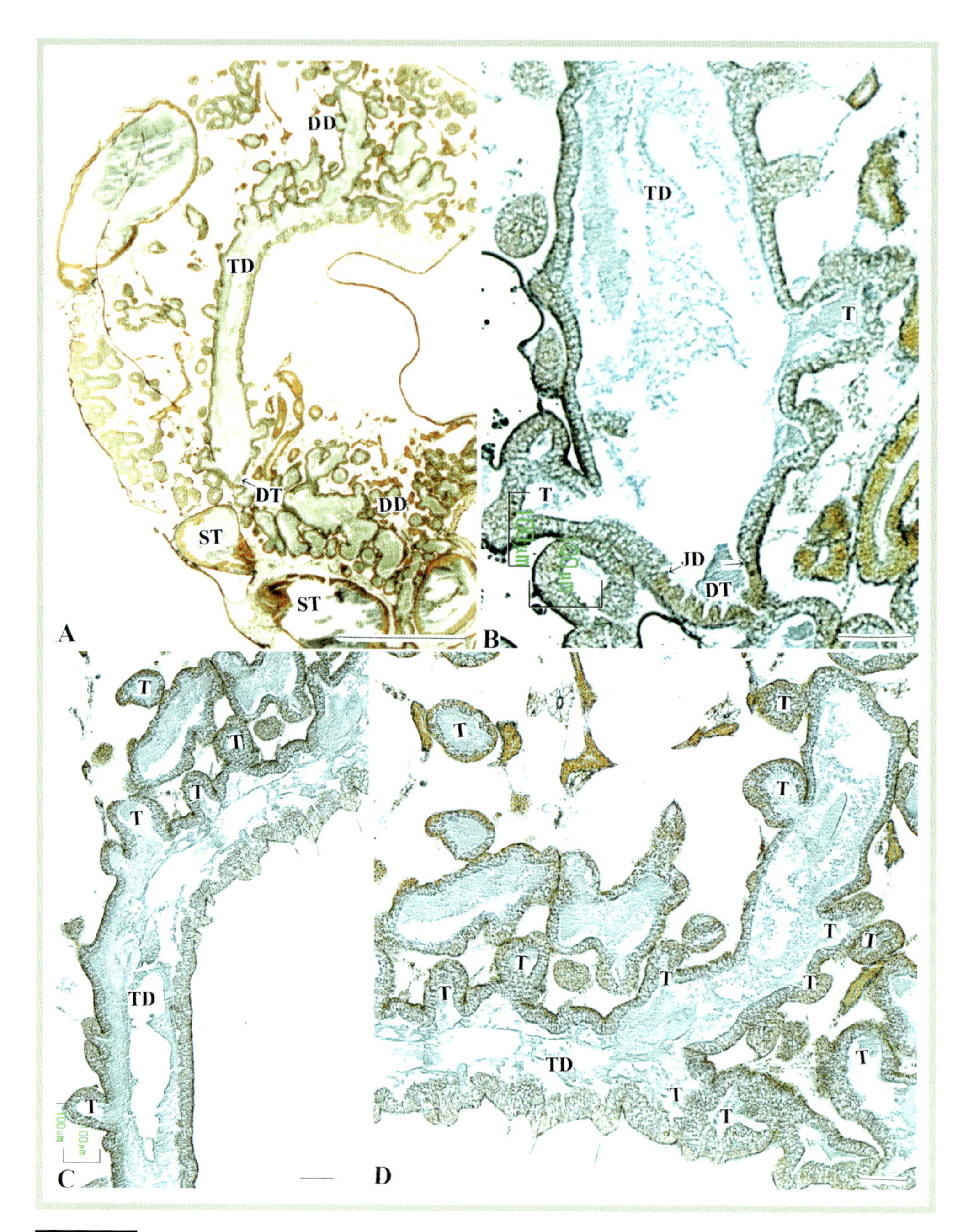

図 28-4A-D

タマキビ中腸腺の縦断面図.
B-D は A の中腸腺を拡大して中腸腺細管と導管様中腸腺細管を示す. 図中の実線は 1mm(A) および 100 μm(B-D) を示す. アザン染色.

Figs.28-4A-D

Photomicrographs of the vertical-sectioned digestive diverticula of *Littorina* (*Littorina*) *brevicula*.
Fig. A shows the digestive diverticula, and magnified views are shown in Figs. B-D. These magnified views show the tubule resembling duct and the tubules. Bars denote 1 mm in Fig. A and 100μm in Figs. B-D. Azan stain.

キクスズメ

Hipponix conicus D

腹足綱 Class GASTROPODA
新生腹足目 Order Caenogastropoda
スズメガイ科 Family Hipponicidae

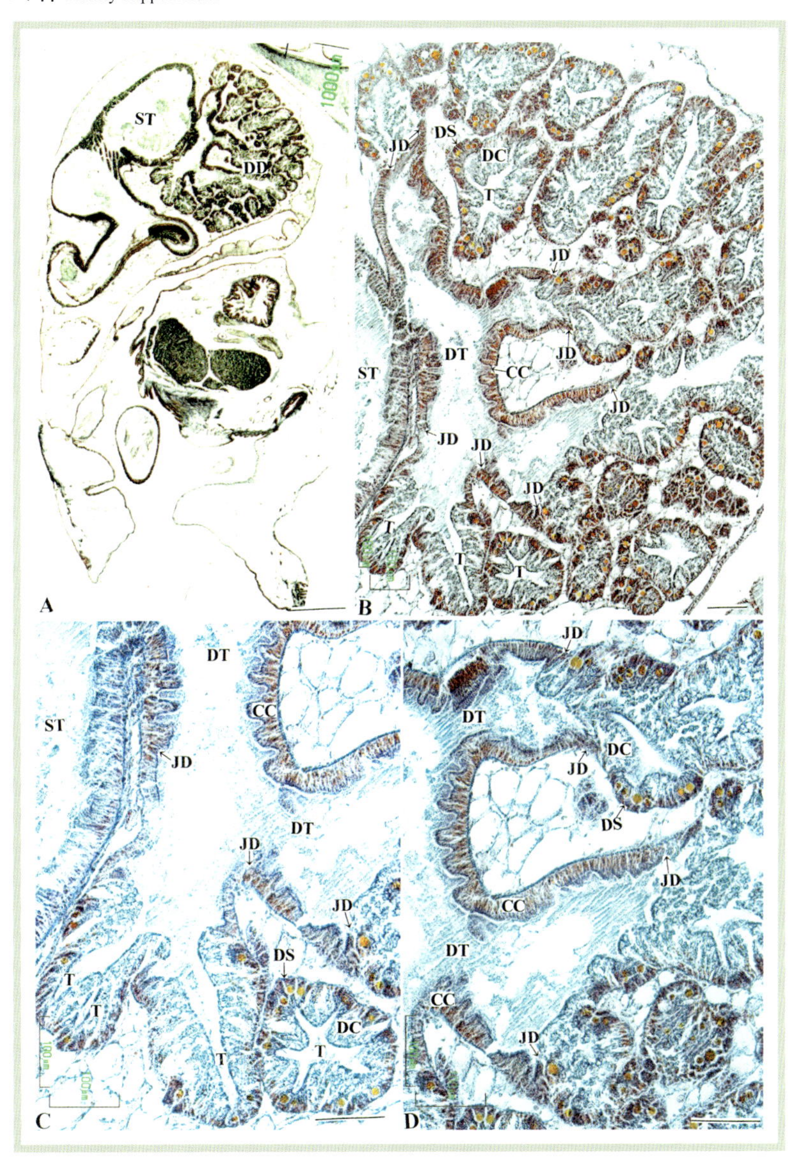

図 29-1A-D

キクスズメ *Hipponix conicus* 中腸腺の横断面図.
B-D は A の中腸腺を拡大して導管と中腸腺細管の接合部を示す. 叉状分枝型（D 型）. 図中の実線は 1mm（A）および 100μm（B-D）を示す. アザン染色.

Figs.29-1A-D

Photomicrographs of the transverse-sectioned digestive diverticula of *Hipponix conicus* GASTROPODA.
Fig. A shows the digestive diverticula, and magnified views are shown in Figs. B-D. These magnified views show the junctions of the duct with the tubules. Dichotomous branching type (D type). Bars denote 1 mm in Fig. A and 100μm in Figs. B-D. Azan stain.

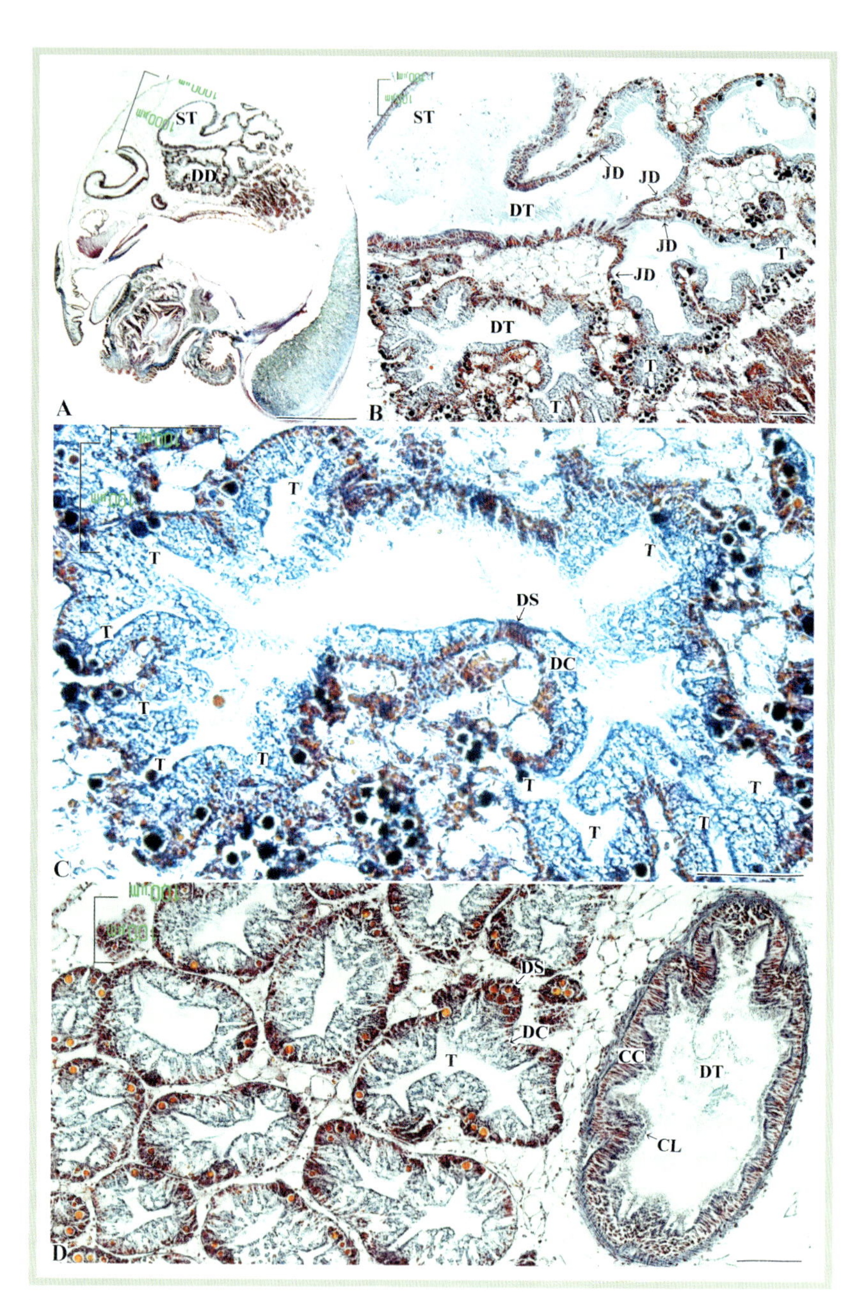

図 29-2A-D

キクスズメ中腸腺の縦断面図.
B-DはAの中腸腺を拡大. Bは導管と中腸腺細管の接合部を, Cは中腸腺細管を, Dは中腸腺細管と導管の横断面をそれぞれ示す. 図中の線は1mm(A)および100 μm(B-D)を示す. アザン染色.

Figs.29-2A-D

Photomicrographs of the vertical-sectioned digestive diverticula of *Hipponix conicus*.
Fig. A shows the digestive diverticula, and magnified views are shown in Figs. B-D. Fig. B shows the junction of the duct with the tubule. Figs. C and D show the tubules, and the transverse sections of the tubule and the duct, respectively. Dichotomous branching type (D type). Bars denote 1 mm in Fig. A and 100μm in Figs. B-D. Azan stain.

シドロガイ

Strombus (*Doxander*) *japonicus* D

腹足綱 Class GASTROPODA
新生腹足目 Order Caenogastropoda
ソデボラ科 Family Strombidae

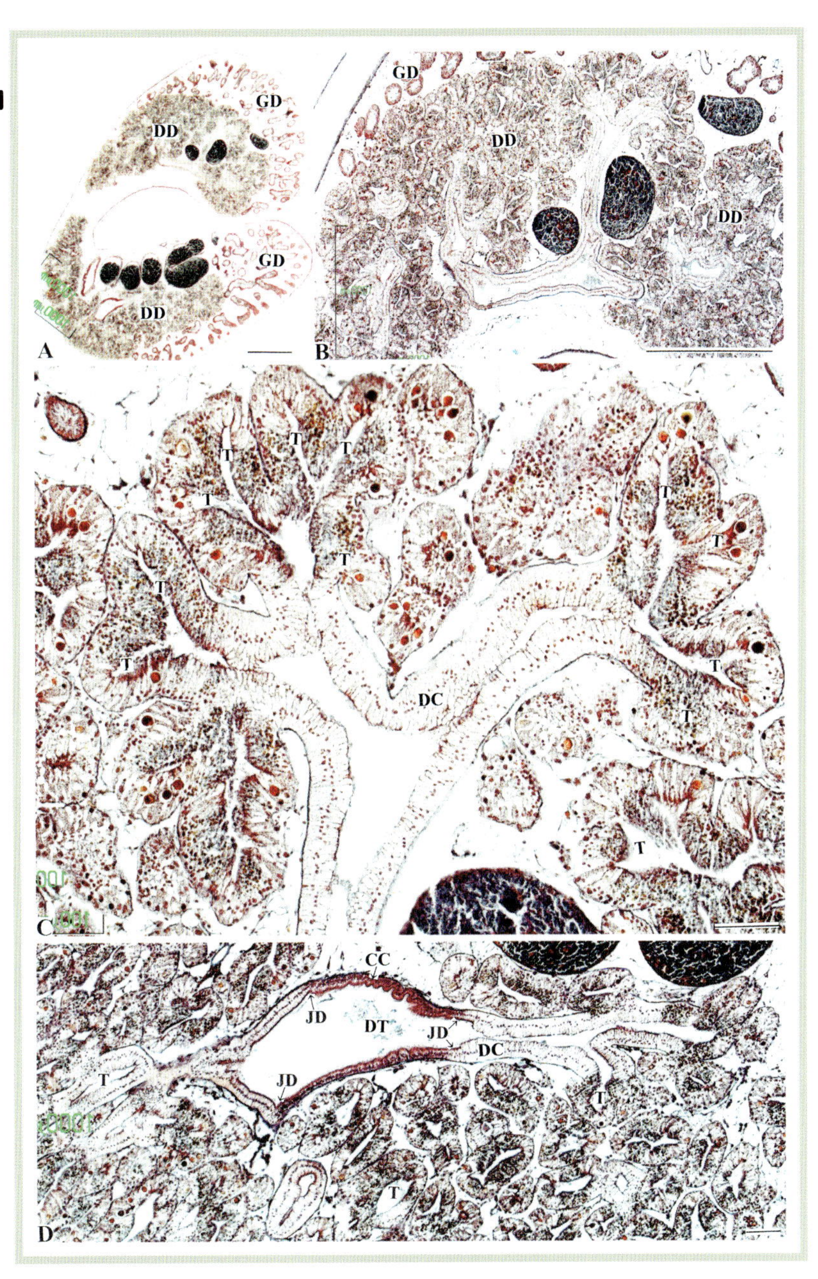

図 30A-D

シドロガイ *Strombus* (*Doxander*) *japonicus* 中腸腺の横断面図.
B-D は A の中腸腺を拡大. C は導管と中腸腺細管の連絡を示す. 叉状分枝型（D 型）. 図中の実線は 1 mm（A, B）および 100 μm（C, D）を示す. アザン染色.

Figs.30A-D

Photomicrographs of the transverse-sectioned digestive diverticula of *Strombus* (*Doxander*) *japonicus* GASTROPODA.
Fig. A shows the digestive diverticula, and magnified views are shown in Figs. B-D. Figs. C and D show the tubles, and the connection between the duct and tubules, respectively. Dichotomous branching type (D type). Bars denote 1 mm in Figs. A, B and 100μm in Figs. C, D. Azan stain.

オオヘビガイ

Thylacodes adamsii D

腹足綱 Class GASTROPODA
新生腹足目 Order Caenogastropoda
ムカデガイ科 Family Vermetidae

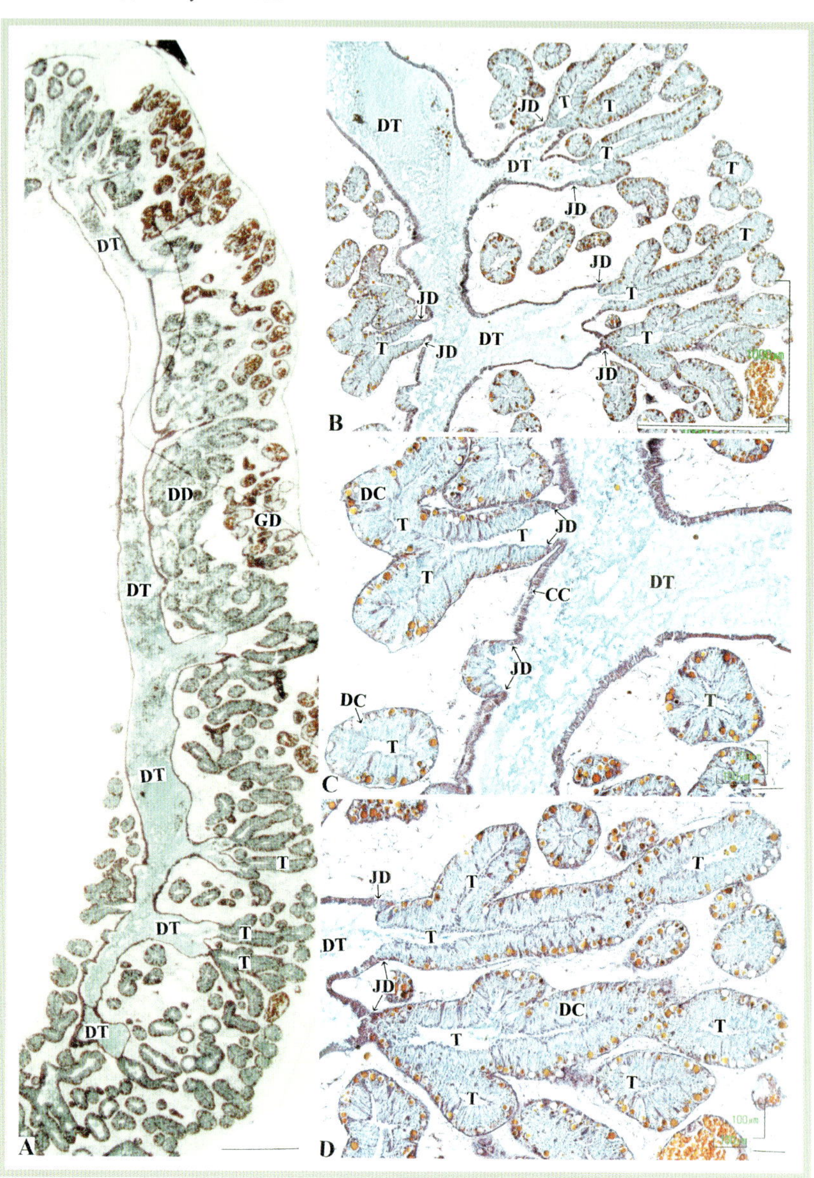

図 31-1A-D

オオヘビガイ *Thylacodes adamsii* 中腸腺の縦断面図.
B-D は A の中腸腺を拡大して導管と中腸腺細管の連絡を示す. 叉状分枝型 (D 型). 図中の実線は 1mm (A, B) および 100μm (C, D) を示す. アザン染色.

Figs.31-1A-D

Photomicrographs of the vertical-sectioned digestive diverticula of *Thylacodes adamsii* GASTROPODA. Fig. A shows the digestive diverticula, and magnified views are shown in Figs. B-D. These magnified views show the connections between the duct and tubules. Dichotomous branching type (D type). Bars denote 1 mm in Figs. A, B and 100μm in Figs. C, D. Azan stain.

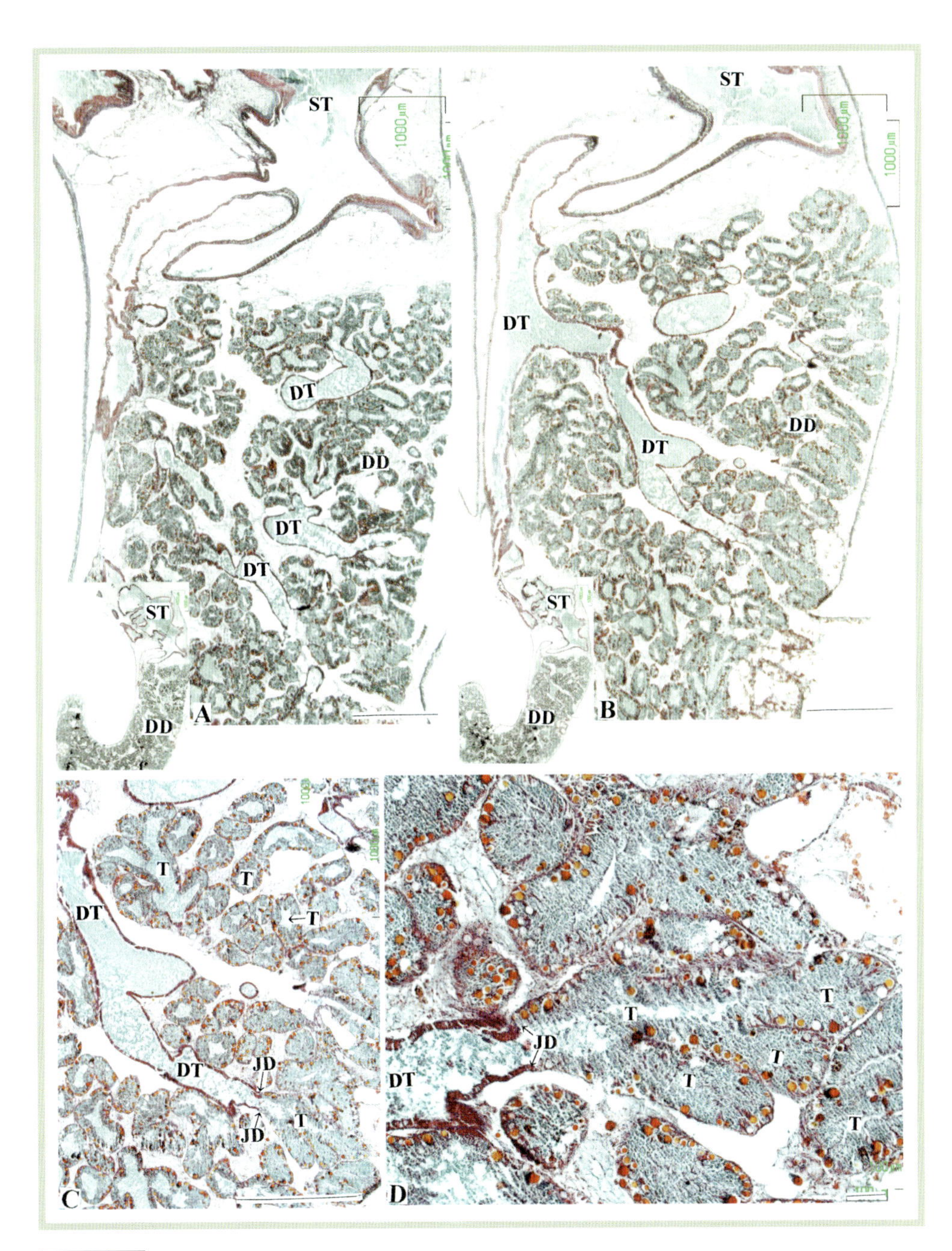

図 31-2A-D

オオヘビガイ中腸腺の縦断面図.
導管と中腸腺細管の連絡を示す. A, B はそれぞれ左下角の図を拡大. C は B を, D は C を拡大. 図中の実線は 1mm（A-C）および 100μm（D）を示す. アザン染色.

Figs.31-2A-D

Photomicrographs of the vertical-sectioned digestive diverticula of *Thylacodes adamsii*.
The figures show the connections between the ducts and tubules. Figs. A and B show magnified views of sections in the lower left corners. Figs. B and C are magnified in Figs. C and D, respectively. Bars denote 1 mm in Figs. A-C and 100μm in Fig. D. Azan stain.

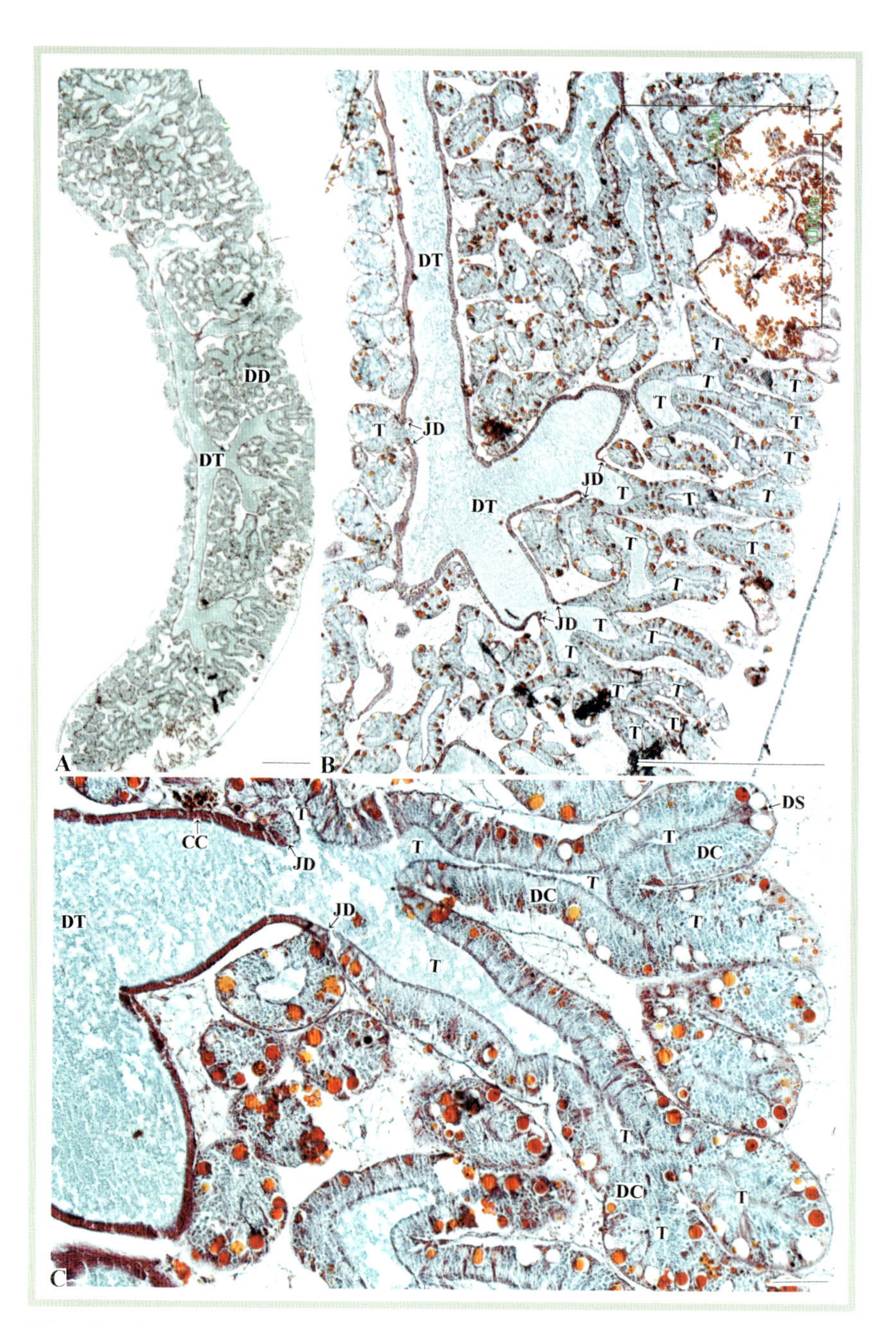

図 31-3A-C

オオヘビガイ中腸腺の縦断面図.
B, C は A の中腸腺を拡大して導管と中腸腺細管の連絡を示す. 図中の実線は 1mm（A, B）および 100μm（C）を示す. アザン染色.

Figs.31-3A-C

Photomicrographs of the vertical-sectioned digestive diverticula of *Thylacodes adamsii*.
Fig. A shows the digestive diverticula, and magnified views are shown in Figs. B, C. These magnified views show the connections between the duct and tubules. Bars denote 1 mm in Figs. A, B and 100μm in Fig. C. Azan stain.

メダカラ

Purpuradusta gracilis D

腹足綱 Class GASTROPODA
新生腹足目 Order Caenogastropoda
タカラガイ科 Family Cypraeidae

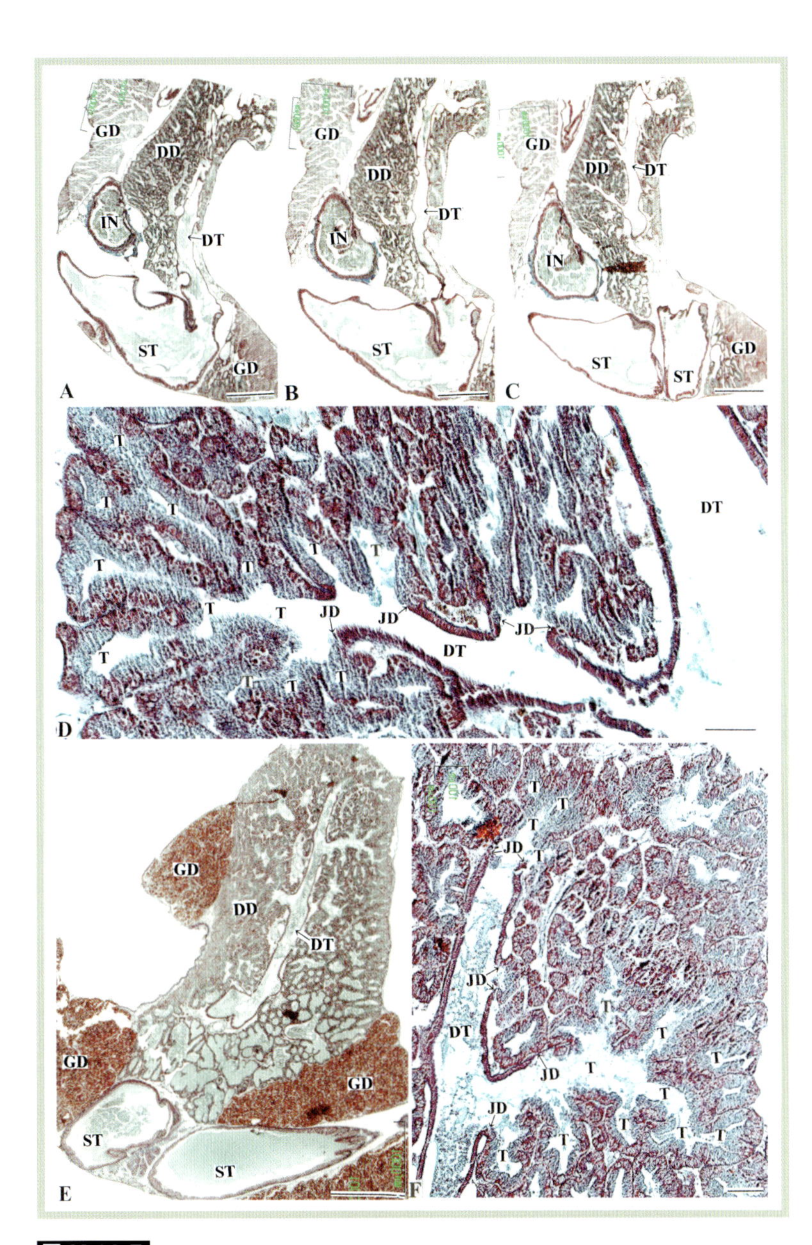

図 32-1A-F

メダカラ *Purpuradusta gracilis* 中腸腺の縦断面図.
A-C は連続縦断切片の図. A-C は胃と中腸腺と腸を, E は胃と中腸腺をそれぞれ示す. D は C の中腸腺を, F は E の中腸腺をそれぞれ拡大して導管と中腸腺細管の連絡を示す. 叉状分枝型(D 型). 図中の実線は 1mm (A-C, E) および 100 μ m (D, F) を示す. アザン染色.

Figs.32-1A-F

Photomicrographs of the vertical-sectioned digestive diverticula of *Purpuradusta gracilis* GASTROPODA.
Figs. A-C show serial sections. Figs. A-C show the stomach, the digestive diverticula and the intestine. Fig. E shows the stomach and the digestive diverticula. Figs. D and F show magnified views of the digestive diverticula in Figs. C and E, respectively. These magnified views indicate the connections between the duct and tubules. Dichotomous branching type (D type). Bars denote 1 mm in Figs. A-C, E and 100μm in Figs. D, F. Azan stain.

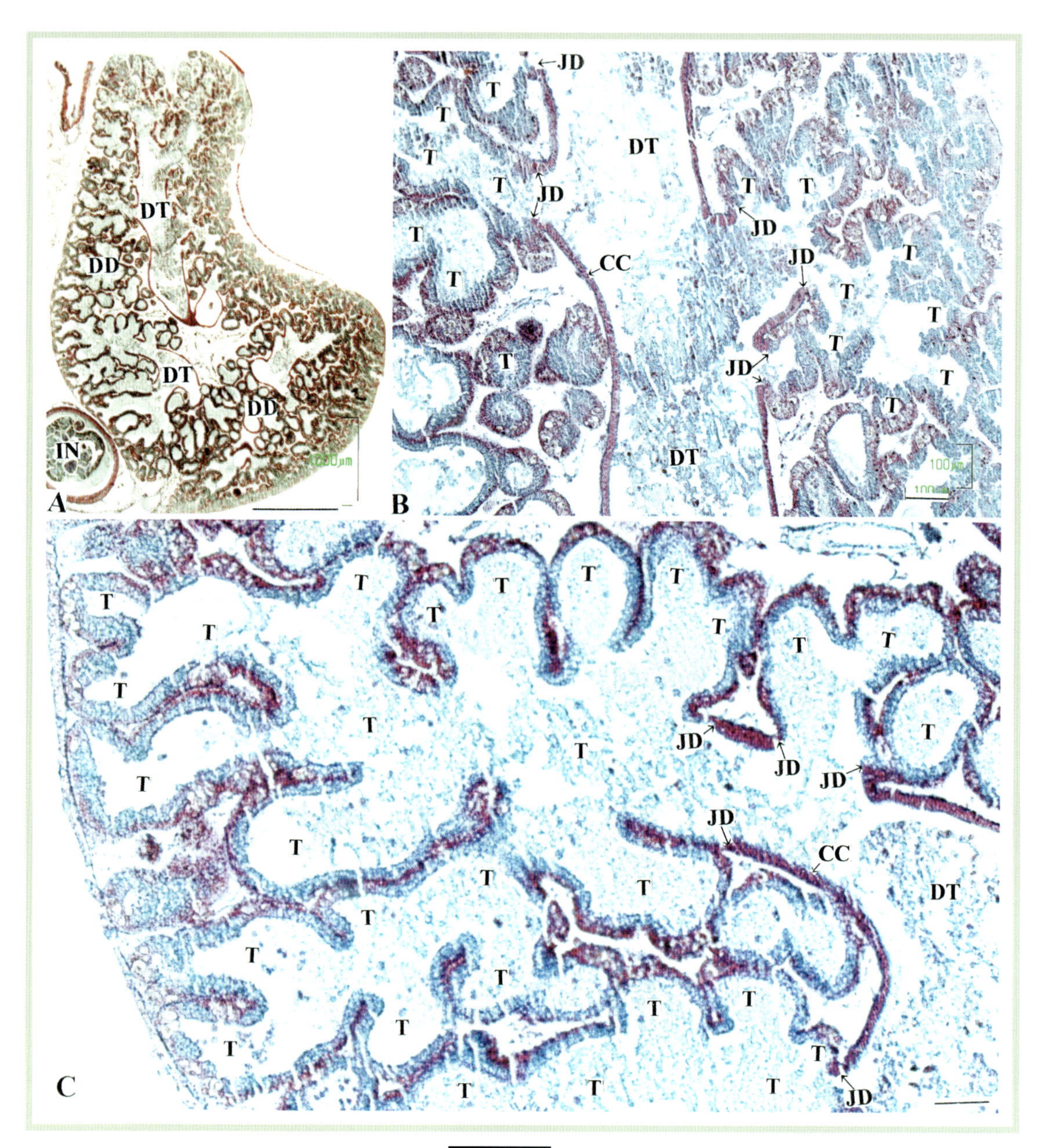

図 32-2A-C

メダカラ中腸腺の横断面図.
B および C は A の中腸腺をそれぞれ拡大して導管と中腸腺細管の連絡を示す. 図中の実線は 1mm（A）および 100μm（B, C）を示す. アザン染色.

Figs.32-2A-C

Photomicrographs of the transverse-sectioned digestive diverticula of *Purpuradusta gracilis* GASTROPODA.
Fig. A shows the digestive diverticula, and magnified views are shown in Figs. B and C. These magnified views indicate the connections between the duct and tubules. Bars denote 1 mm in Fig. A and 100μm in Figs. B, C. Azan stain.

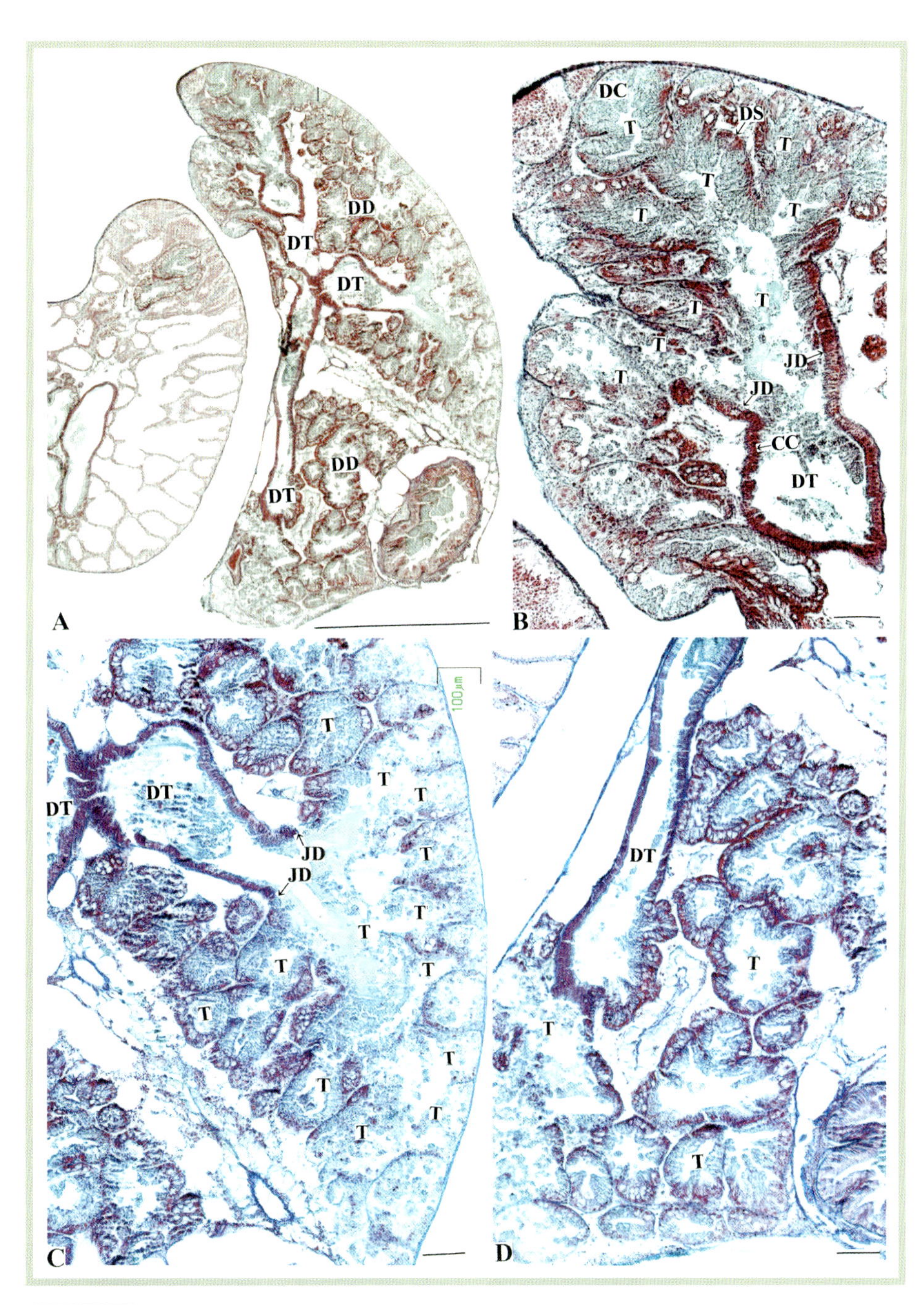

図 32-3A-D

メダカラ中腸腺の横断面図.
B-D は A の中腸腺を拡大して導管と中腸腺細管の連絡を示す. 図中の実線は 1mm(A) および 100μm(B-D) を示す. アザン染色.

Figs.32-3A-D

Photomicrographs of the transverse-sectioned digestive diverticula of *Purpuradusta gracilis*.
Fig. A shows the digestive diverticula, and magnified views are shown in Figs. B-D and indicate the connections between the duct and tubules. Bars denote 1 mm in Fig.A and 100μm in Figs. B-D. Azan stain.

ツメタガイ

Glossaulax didyma D

腹足綱 Class GASTROPODA
新生腹足目 Order Caenogastropoda
タマガイ科 Family Naticidae

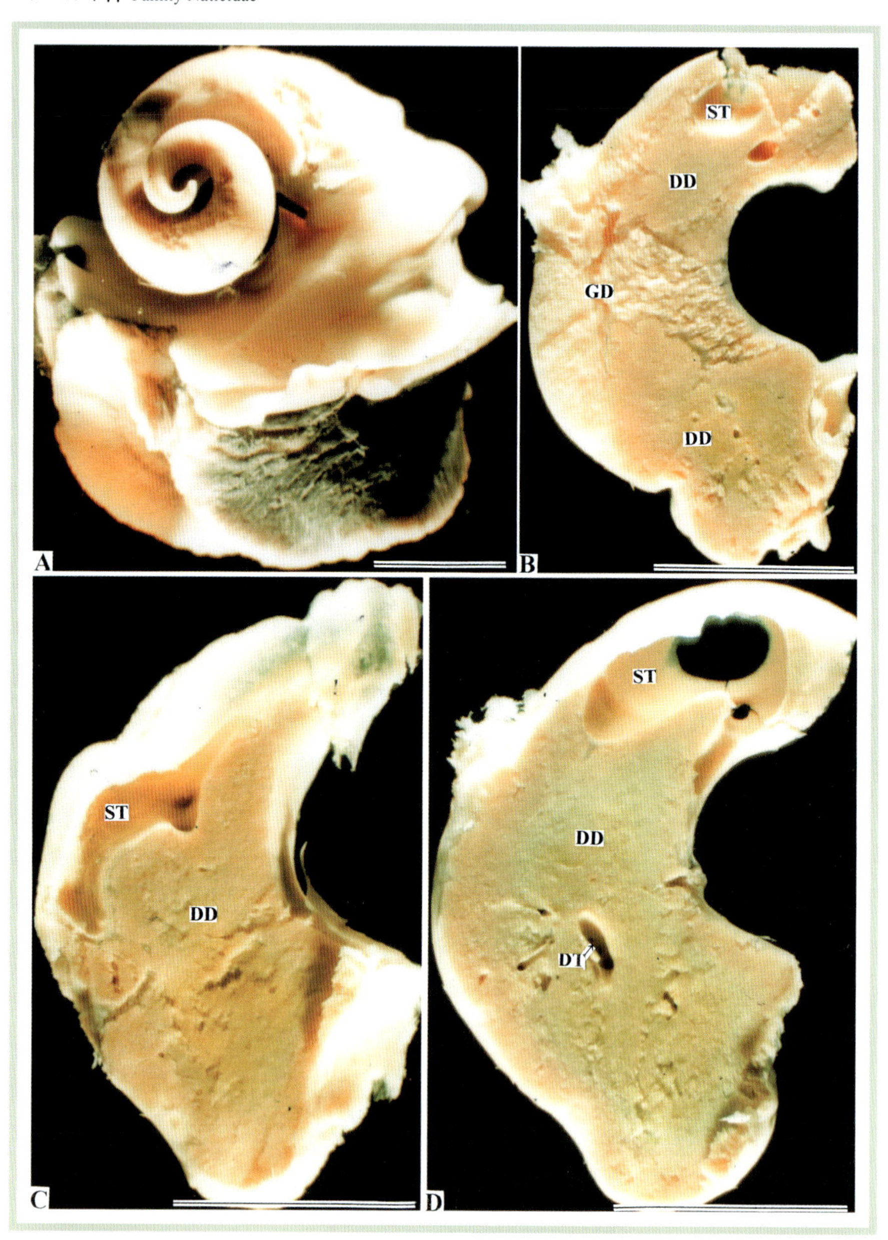

図 33-1A-D

ツメタガイ *Glossaulax didyma* の軟体部.
A は殻を除いた軟体部の背面図. B-D は軟体部の縦断面図. 図中の実線は 1cm を示す.

Figs.33-1A-D

Photographs of the soft part of *Glossaulax didyma* GASTROPODA.
Fig. A shows a dorsal view of the soft part after removal of the shell. Figs. B-D are the vertical sections of the soft part. Bars denote 1 cm.

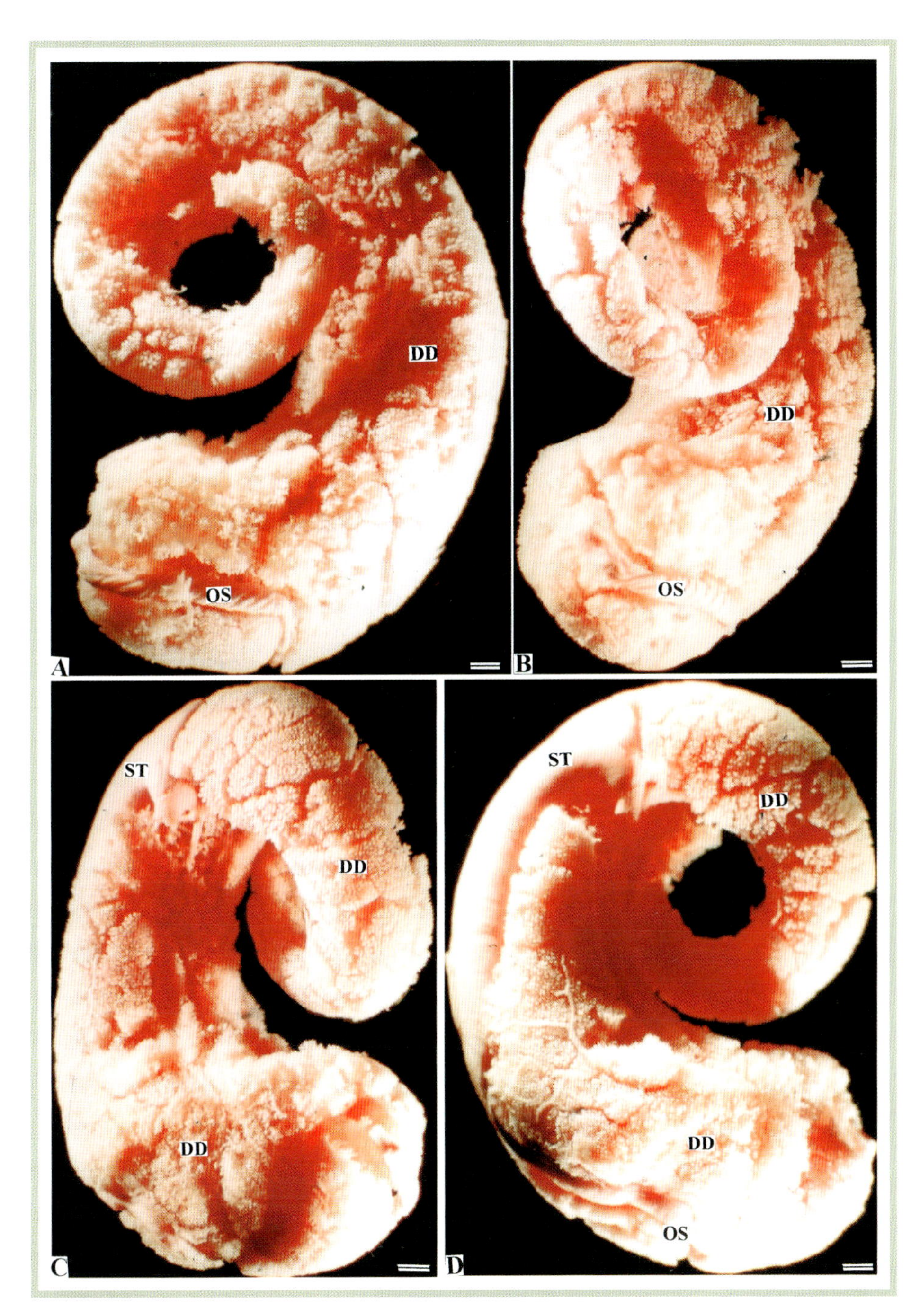

図 33-2A-D

ツメタガイ消化器官の鋳型.
AとBは背面，CとDは腹面を示す．図中の実線は1mmを示す．

Figs.33-2A-D

Corrosion resin-cast of the digestive organs of *Glossaulax didyma*.
Figs. A and B are dorsal views, and Figs. C and D ventral views. Bars denote 1 mm.

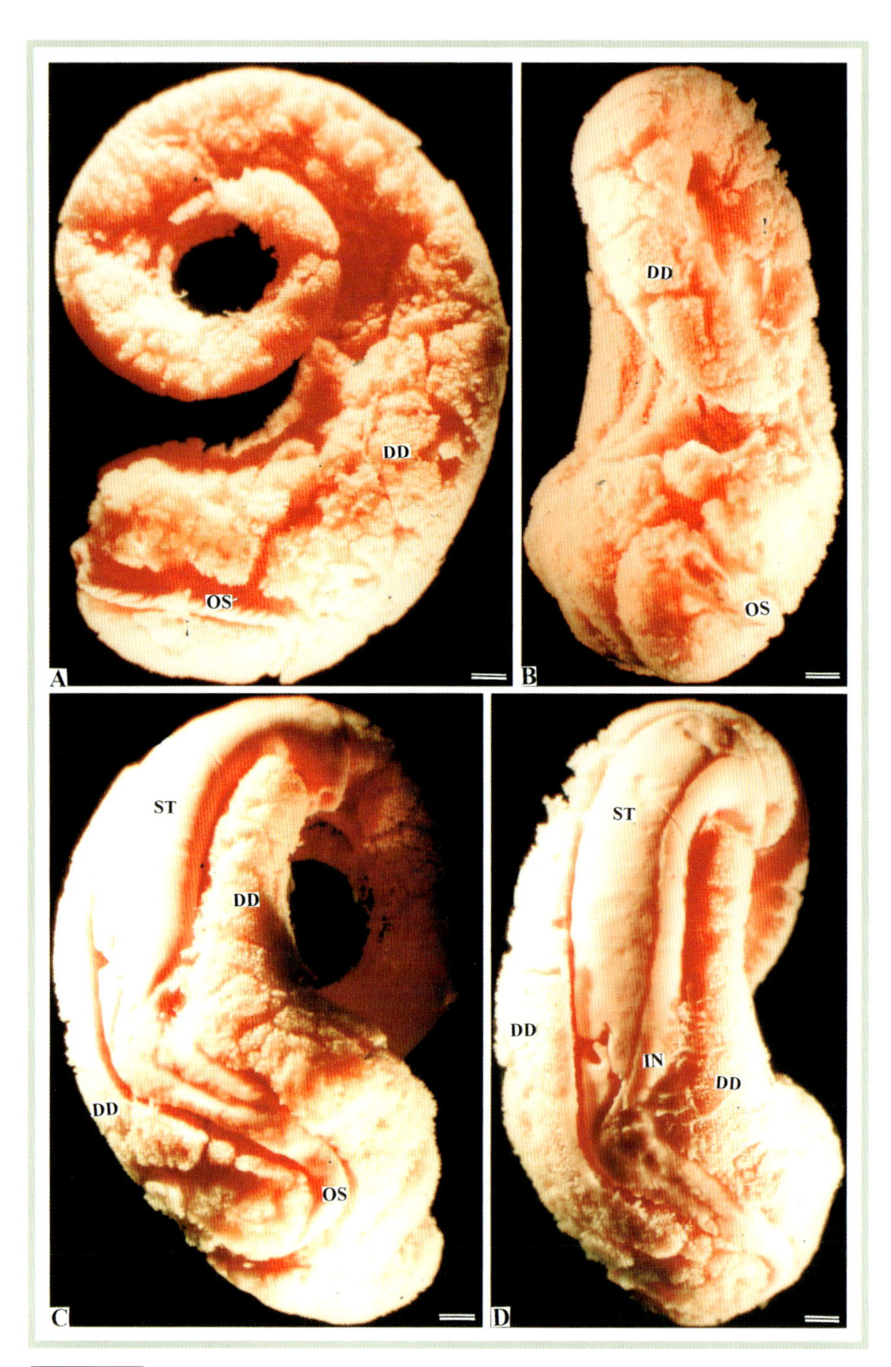

図 33-3A-D

ツメタガイ消化器官の鋳型.
A は背面図, B は右側面図, C は腹面図, D は左側面図. 図中の実線は 1mm を示す.

Figs.33-3A-D

Corrosion resin-cast of the digestive organs of *Glossaulax didyma*.
The figures are presented as follows: Fig. A, dorsal view; Fig. B, right side view; Fig. C, ventral view; Fig. D, left side view. Bars denote 1 mm.

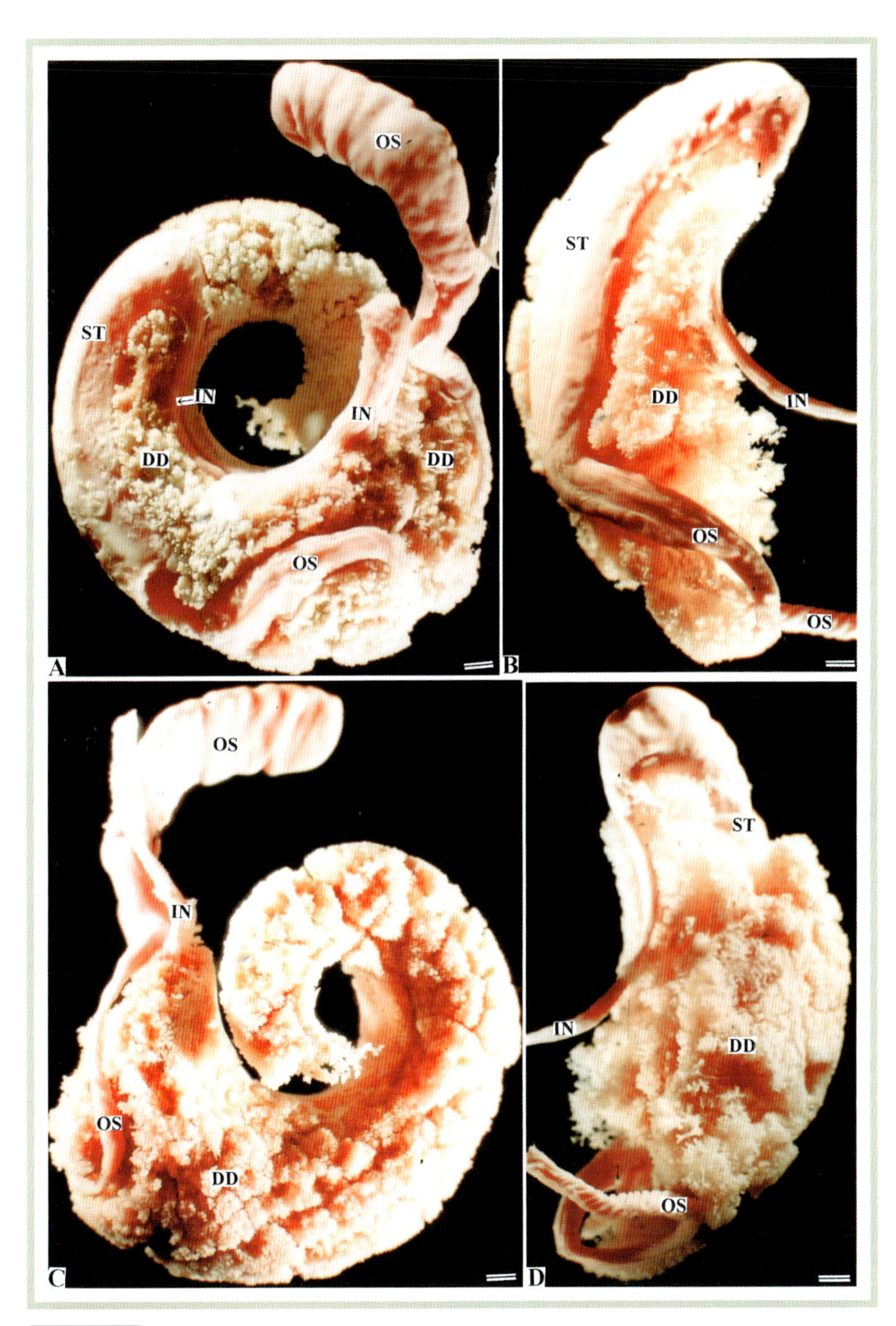

図 33-4A-D

ツメタガイ消化器官の鋳型.
A は腹面図, B は左側面図, C は背面図, D は右側面図. 図中の実線は 1mm を示す.

Figs.33-4A-D

Corrosion resin-cast of the digestive organs of *Glossaulax didyma.*
The figures are presented as follows: Fig. A, ventral view; Fig. B, left side view; Fig. C, dorsal view; Fig. D, right side view. Bars denote 1 mm.

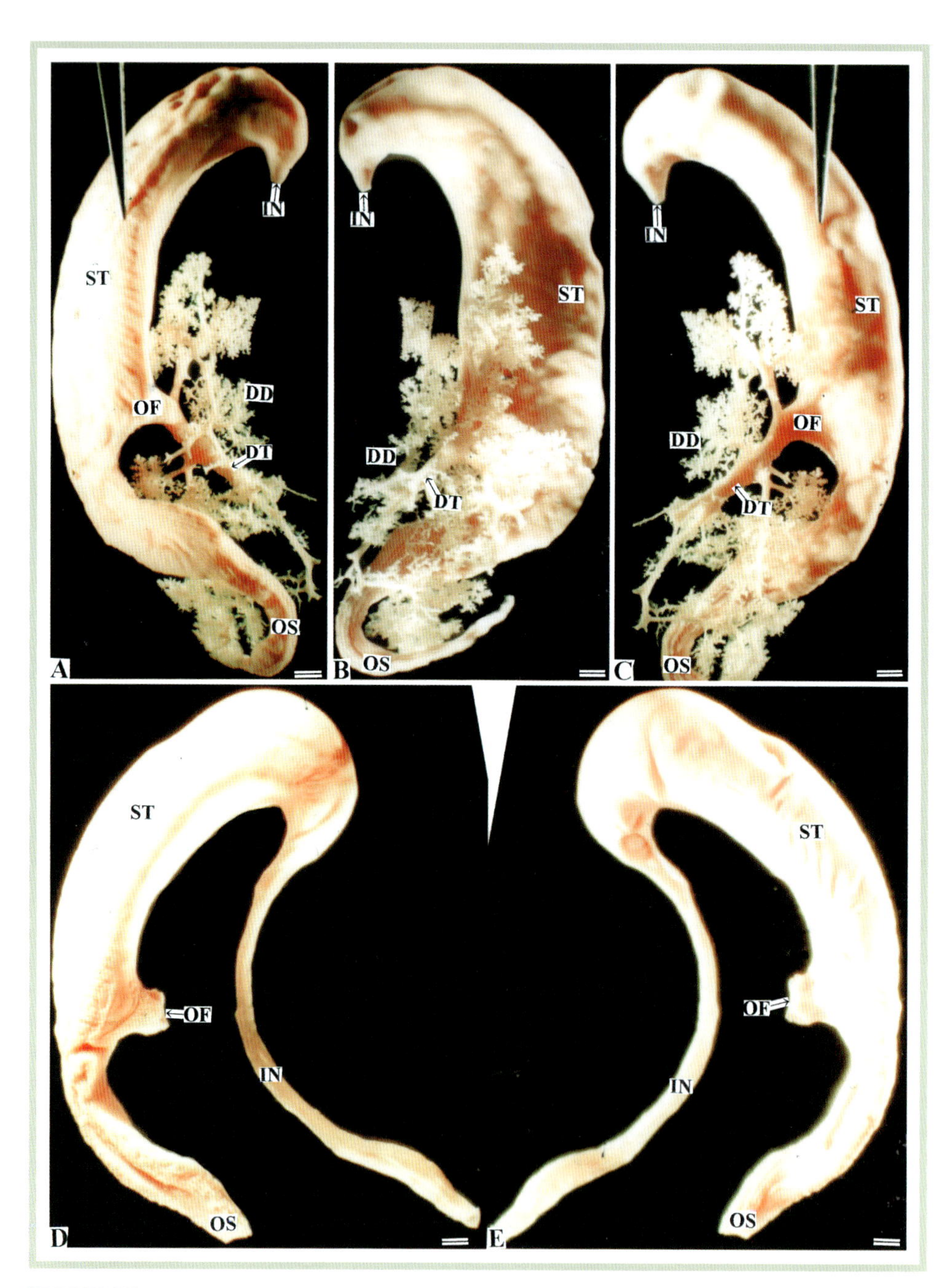

図 33-5A-E

ツメタガイ消化器官の鋳型.
A は消化器系の腹面, B, C は消化器系の背面, D は食道, 胃, 腸の腹面, E は食道, 胃, 腸の背面をそれぞれ示す.
図中の実線は 1mm を示す.

Figs.33-5A-E

Corrosion resin-casts of the digestive organs of *Glossaulax didyma*.
Fig. A shows the ventral view of the digestive organs and Figs. B and C dorsal views. Figs. D and E represent ventral and dorsal views of the stomach, respectively. Bars denote 1 mm.

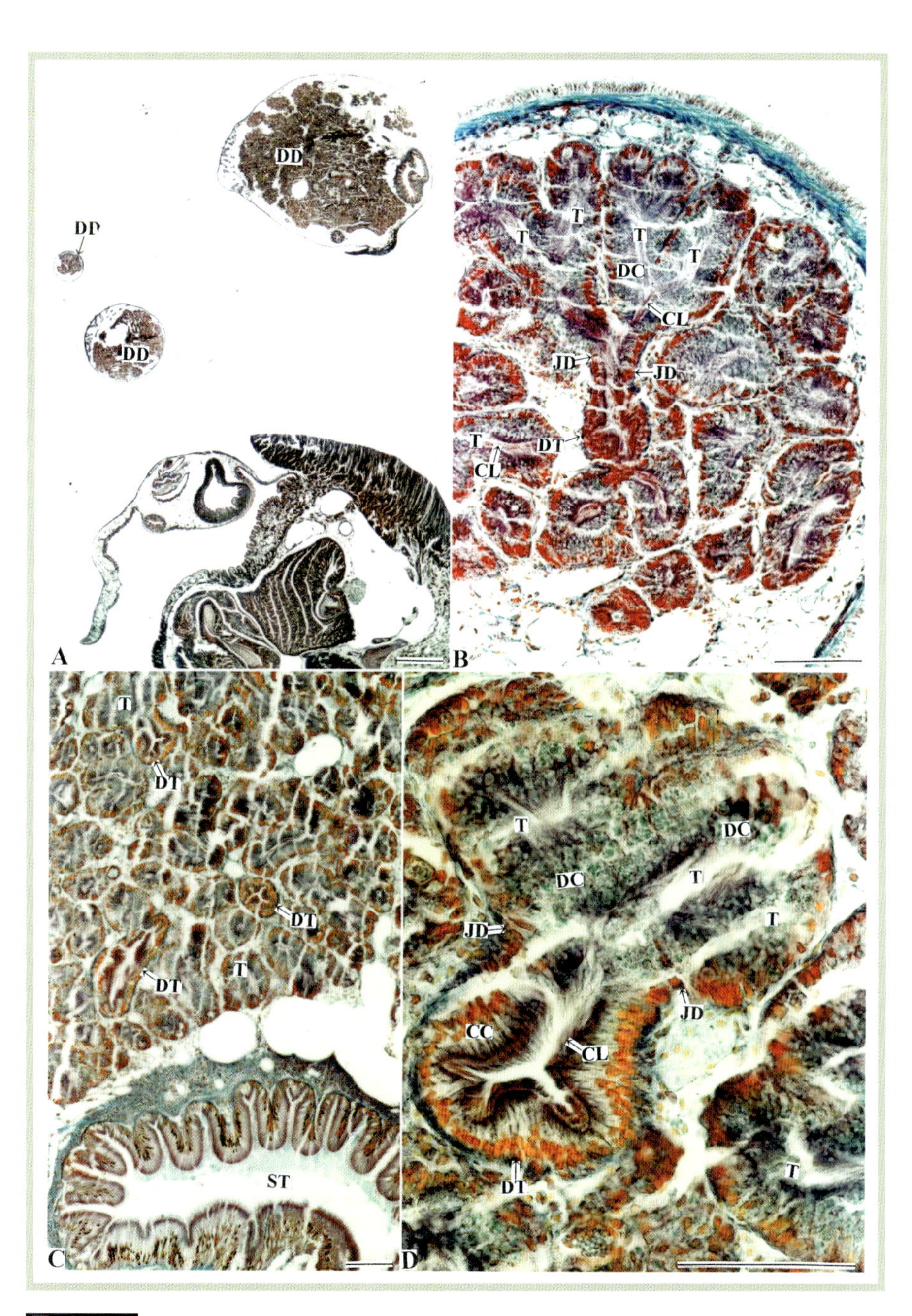

図 33-6A-D

ツメタガイ中腸腺の横断面図.
B-D は A の拡大. B, D は導管と中腸腺細管の連絡,C は胃と中腸腺をそれぞれ示す. 叉状分枝型（D 型).
図中の実線は 100μm（A）および 10μm（B-D）を示す. アザン染色.

Figs.33-6A-D

Photomicrographs of the transverse-sectioned digestive diverticula of *Glossaulax didyma.*
Fig. A is shown as magnified views in Figs. B-D. Figs. B and D indicate the connection between the duct and tubules. Fig. C shows the stomach and the digestive diverticula. Dichotomous branching type (D type). Bars denote 100μm in Fig. A and 10μm in Figs. B-D. Azan stain.

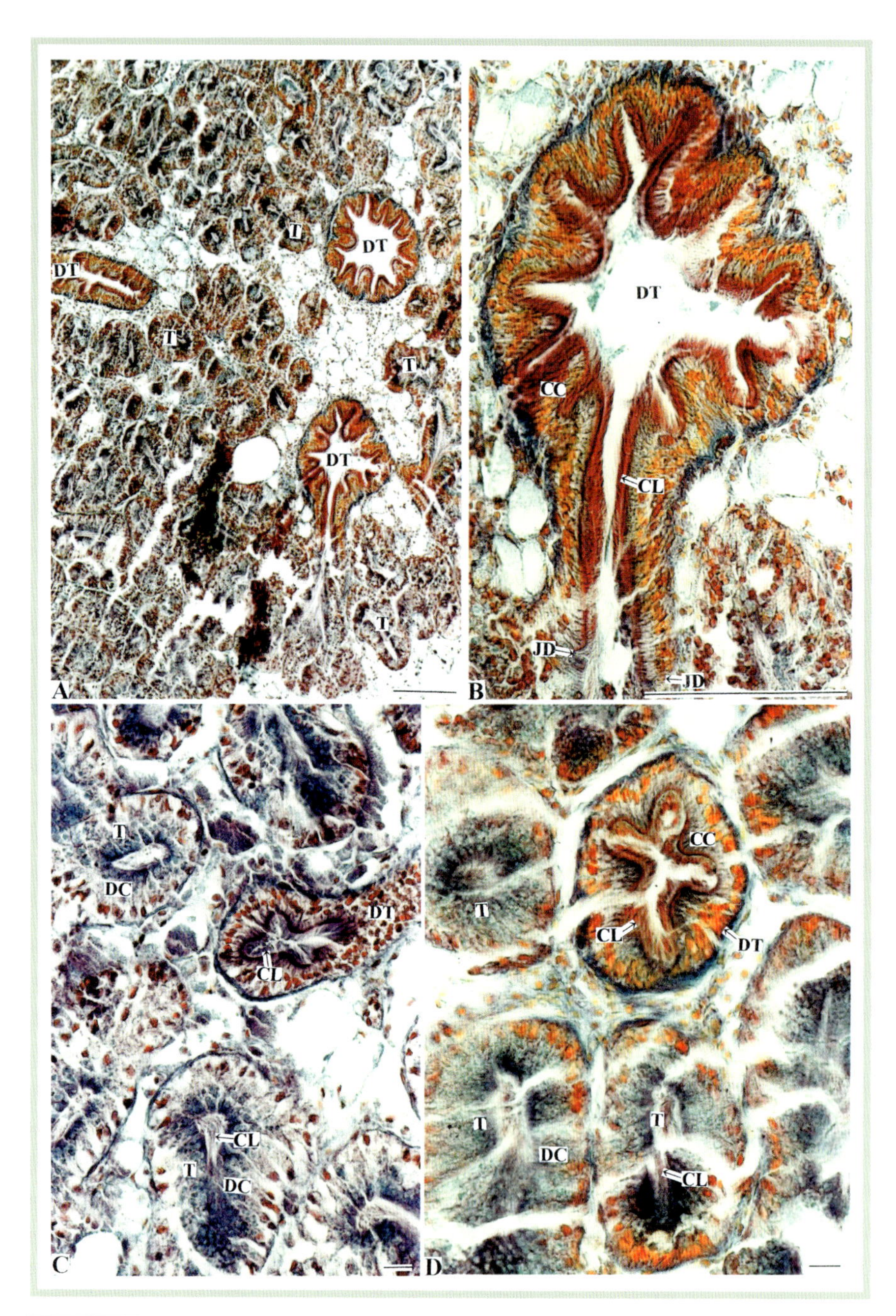

図 33-7A-D

ツメタガイの導管と中腸腺細管.
B は A を拡大して，導管の横断面を示す．C，D は導管と中腸腺細管の横断面を示す．図中の実線は 10μm を示す．アザン染色.

Figs.33-7A-D

Photomicrographs of the ducts and tubules of the *Glossaulax didyma* digestive diverticula.
Fig. A shows transverse-sectioned ducts, and a magnified view is shown in Fig. B. Figs. C and D show the transverse-sectioned ducts and tubules. Bars denote 10μm.

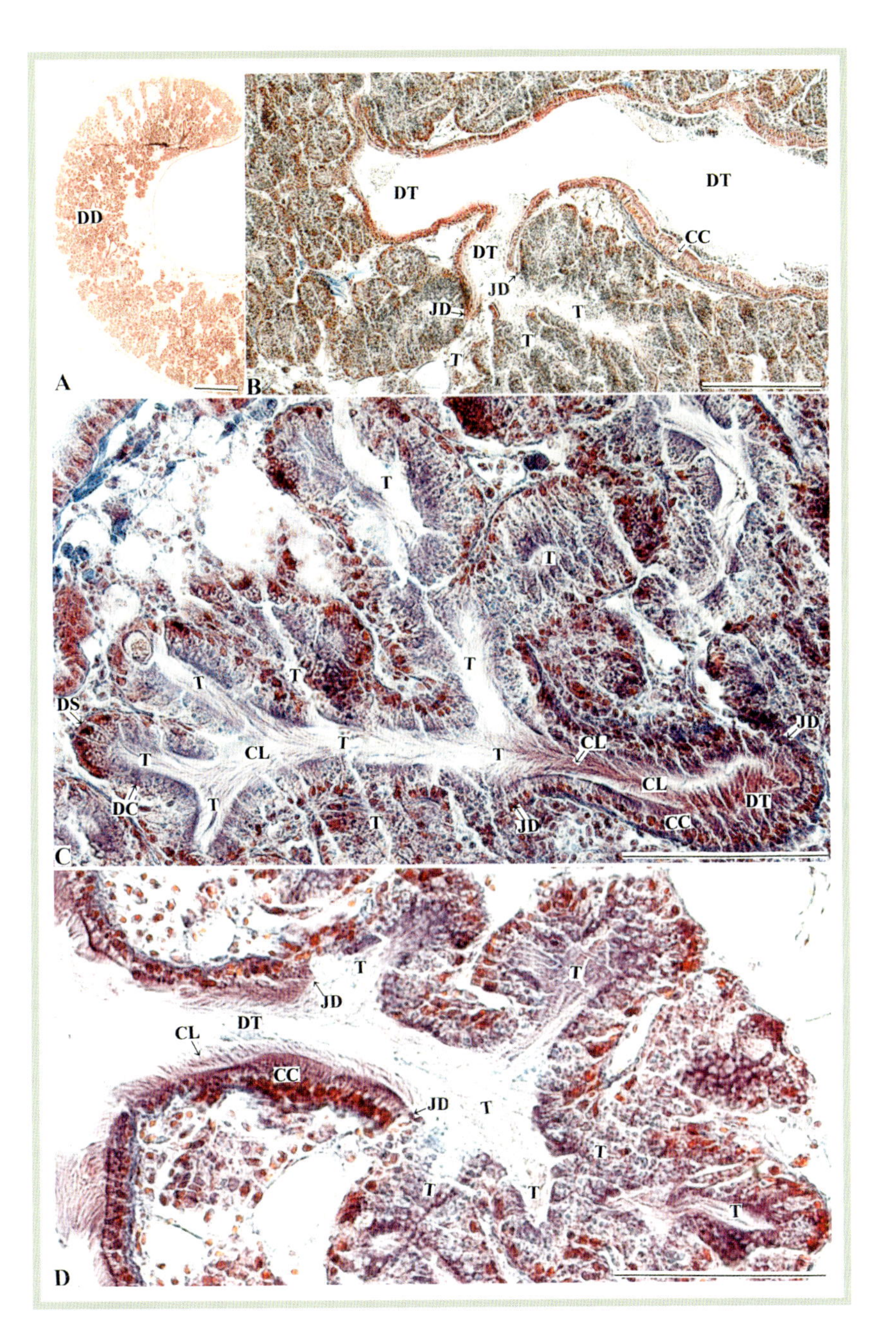

図 33-8A-D

ツメタガイ中腸腺の縦断面図.
B-D は A を拡大して,導管と中腸腺細管の連絡を示す. 図中の実線は 1mm(A) および 100μm(B-D) を示す. アザン染色.

Figs.33-8A-D

Photomicrographs of the vertical-sectioned digestive diverticula of *Glossaulax didyma.*
Fig. A shows the digestive diverticula, and magnified views are shown in Figs. B-D. These magnified views show the connections between the ducts and tubules. Bars denote 1 mm in Fig. A and 100μm in Figs. B-D.

ミヤコボラ

Bufonaria rana D

腹足綱 Class GASTROPODA
新生腹足目 Order Caenogastropoda
オキニシ科 Family Bursidae

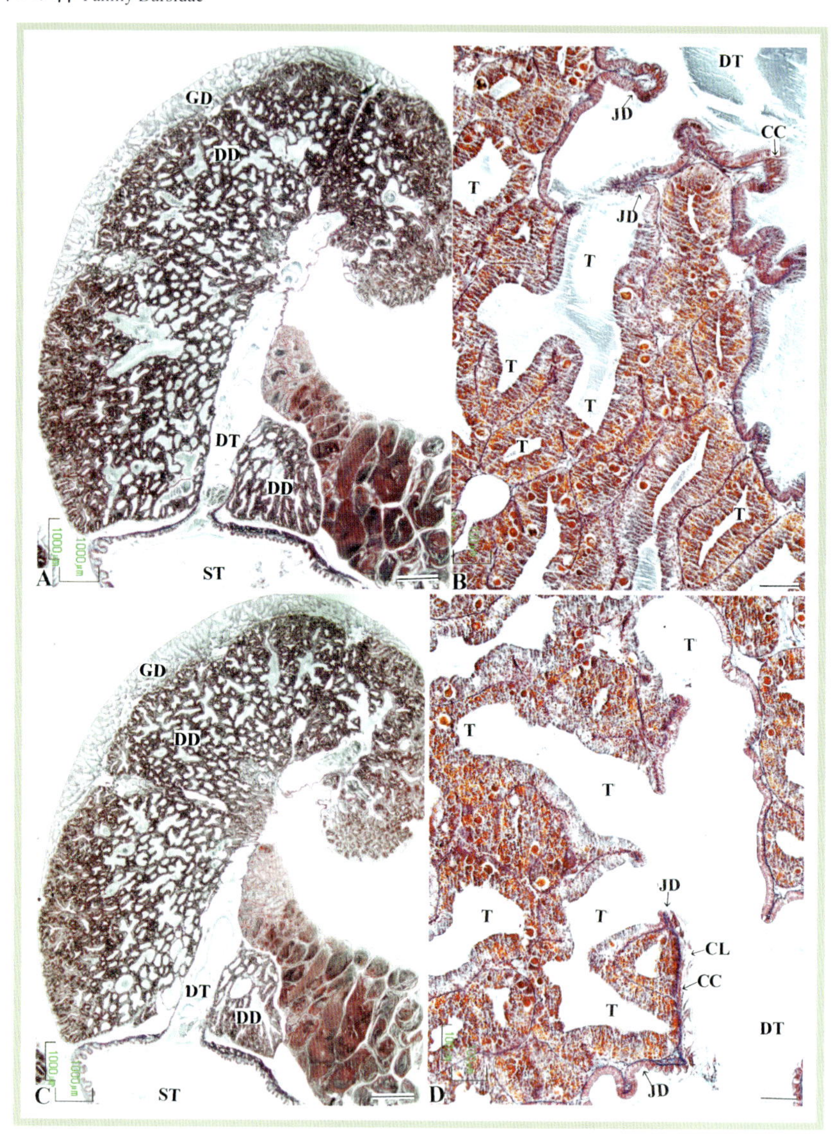

図 34-1A-D

ミヤコボラ *Bufonaria rana* 中腸腺の縦断面図.
A, C は胃，導管，中腸腺の連絡を示す．B は A の，D は C の中腸腺を拡大して，導管と中腸腺細管の連絡を示す．叉状分枝型（D 型）．図中の実線は 1mm（A, C）および 100μm（B, D）を示す．アザン染色.

Figs.34-1A-D

Photomicrographs of the vertical-sectioned digestive diverticula of *Bufonaria rana* GASTROPODA. Figs. A and C show the connection of the digestive diverticula with the stomach by way of the duct. Figs. B and D are magnified views of the digestive diverticula in Figs. A and C, respectively. These magnified views show the connection between the duct and tubules. Dichotomous branching type (D type). Bars denote 1 mm in Figs. A, C and 100μm in Figs. B, D. Azan stain.

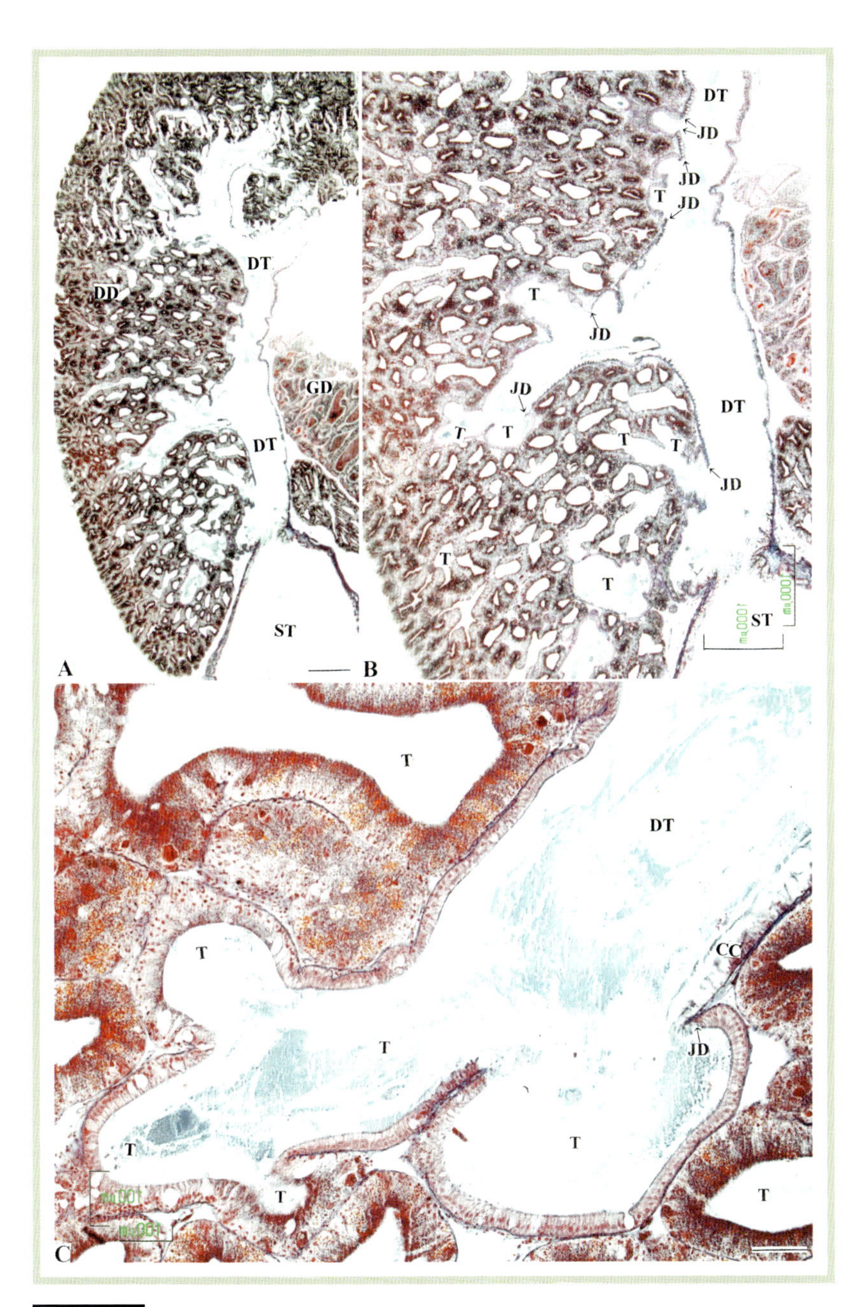

図 34-2A-C

ミヤコボラ中腸腺の縦断面図.
A は胃, 導管, 中腸腺の連絡を示す. B は A の, C は B の中腸腺をそれぞれ拡大して導管と中腸腺細管の連絡を示す. 図中の実線は 1mm (A, B) および 100μm (C) を示す. アザン染色.

Figs.34-2A-C

Photomicrographs of the vertical-sectioned digestive diverticula of *Bufonaria rana*.
Fig. A shows the connection of the digestive diverticula with the stomach by way of the duct. Figs. B and C are magnified views of the digestive diverticula in Figs. A and B, respectively. These magnified views show the connection between the duct and tubules. Bars denote 1 mm in Figs. A, B and 100μm in Fig. C. Azan stain.

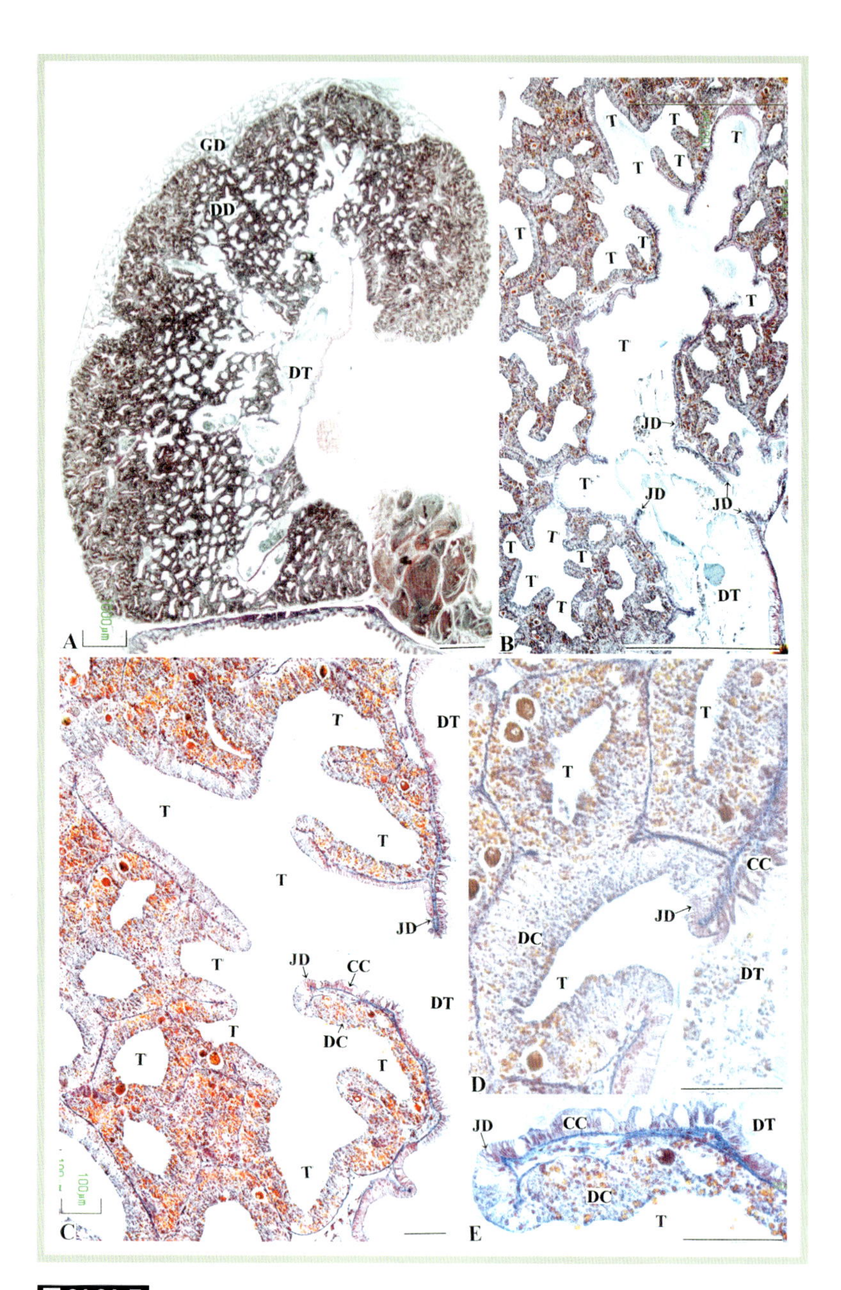

図 34-3A-E

ミヤコボラ中腸腺の縦断面図.
A は中腸腺を示す. B は A の, C は B の中腸腺をそれぞれ拡大して導管と中腸腺細管の連絡を示す. D, E は導管と中腸腺細管の接合部を示す. 図中の実線は 1mm（A, B）および 100 μm（C-E）を示す. アザン染色.

Figs.34-3A-E

Photomicrographs of the vertical-sectioned digestive diverticula of *Bufonaria rana.*
Fig. A shows the digestive diverticula. Figs. B and C are magnified views of the digestive diverticula in Figs. A and B, respectively. These magnified views show the connection between the duct and tubules. Figs. D and E show the connection of the duct and tubules. Bars denote 1 mm in Figs. A, B and 100μm in Figs. C-E. Azan stain.

コナガニシ

Fusinus ferrugineus D

腹足綱 Class GASTROPODA
新生腹足目 Order Caenogastropoda
イトマキボラ科 Family Fasciolariidae

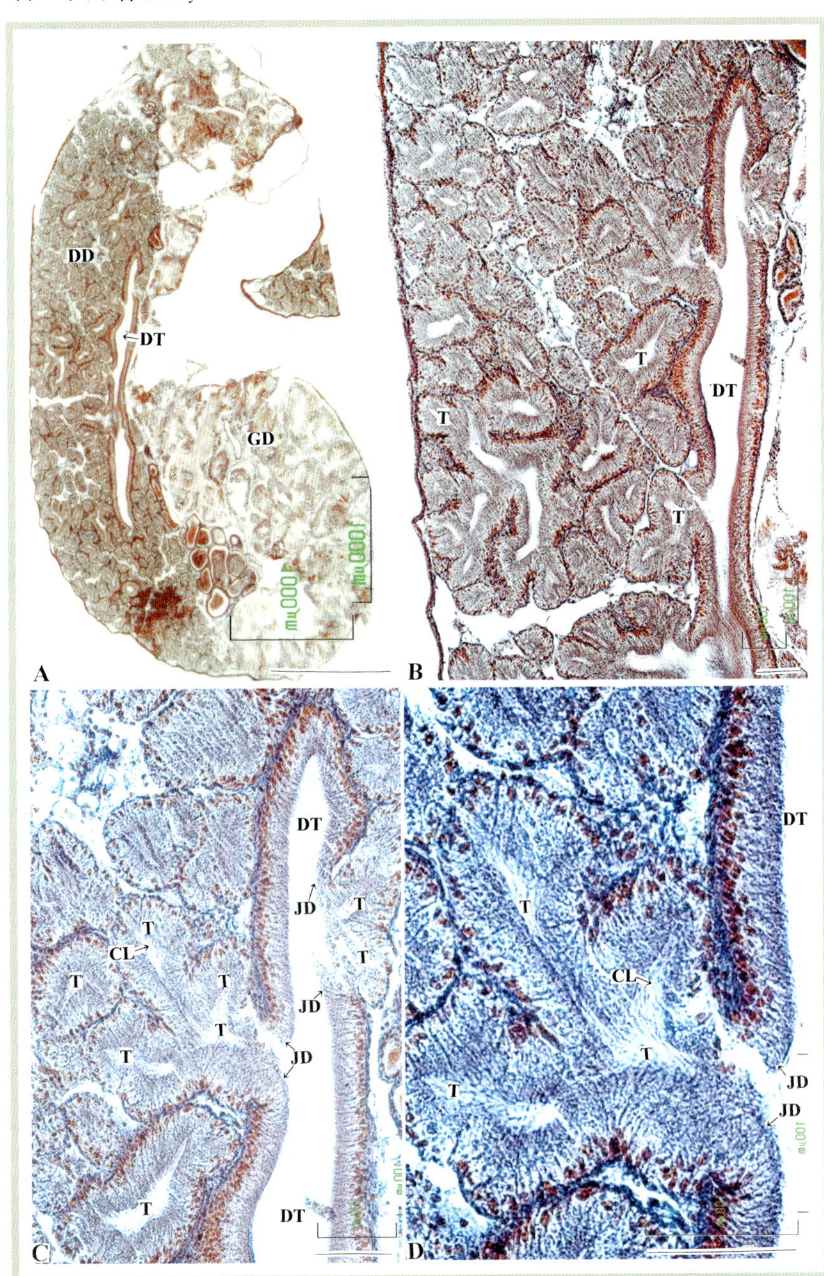

図 35-1A-D

コナガニシ *Fusinus ferrugineus* 中腸腺の縦断面図.
B-D は A の中腸腺を拡大. B, C は導管と中腸腺細管の連絡を, D は中腸腺細管をそれぞれ示す. 叉状分枝型（D 型）. 図中の実線は 1mm（A）および 100μm（B-D）を示す. アザン染色.

Figs.35-1A-D

Photomicrographs of the vertical-sectioned digestive diverticula of *Fusinus ferrugineus* GASTROPODA.
Fig. A is shown as higher magnification views in Figs. B-D. Figs. B and C, and D show the connection between the duct and tubules, and the duct and tubule, respectively. Dichotomous branching type (D type). Bars denote 1 mm in Fig. A and 100μm in Figs. B-D. Azan stain.

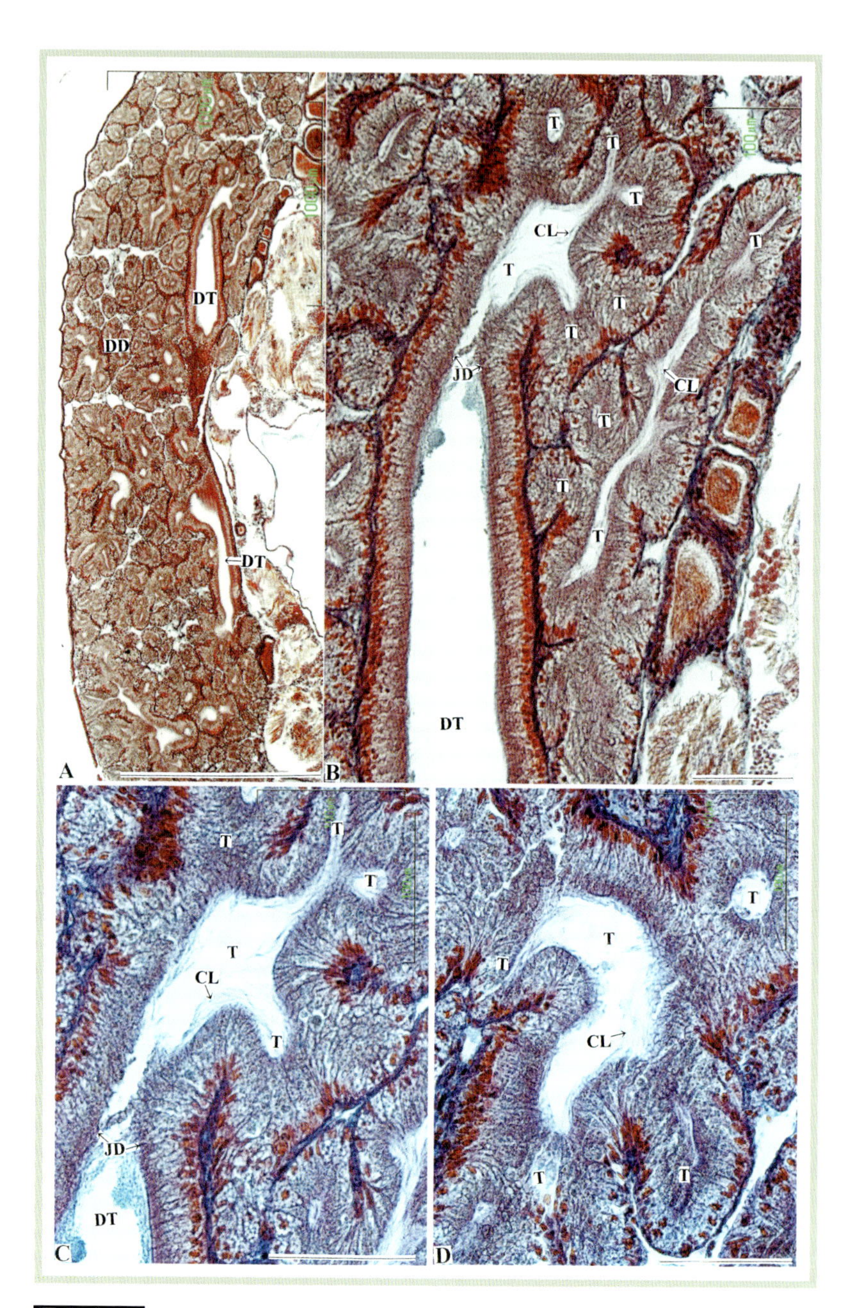

図 35-2A-D

コナガニシ中腸腺の縦断面図.
B-D は A の中腸腺を拡大. A は中腸腺内の導管を, B, C は導管と中腸腺細管の接合部を, D は繊毛のある中腸腺細管をそれぞれ示す. 図中の実線は 1mm (A) および 100μm (B-D) を示す. アザン染色.

Figs.35-2A-D

Photomicrographs of the vertical-sectioned digestive diverticula of *Fusinus ferrugineus*.
Fig. A is shown as higher magnification views in Figs. B-D. Fig. A shows the duct. Figs. B and C show the junctions of the duct with the tubule. Fig. D shows the ciliated tubules. Bars denote 1 mm in Fig. A and 100μm in Figs. B-D. Azan stain.

ヒメヨウラク

Ergalatax contractus D

腹足綱 Class GASTROPODA
新生腹足目 Order Caenogastropoda
アッキガイ科 Family Muricidae

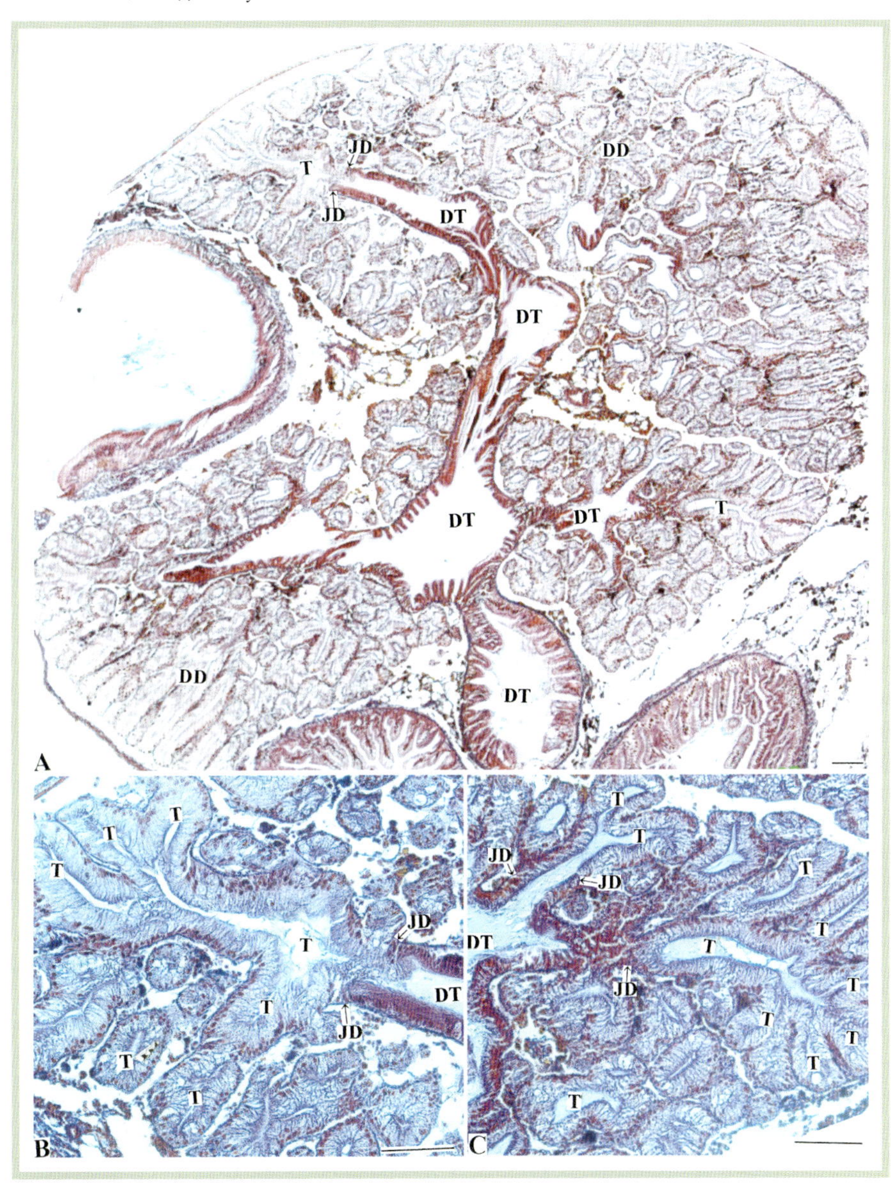

図 36-1A-C

ヒメヨウラク *Ergalatax contractus* 中腸腺の横断面図．
A は中腸腺を示す．B と C は A の中腸腺を拡大して導管と中腸腺細管の連絡と接合部を示す．叉状分枝型（D 型）．図中の実線は 100 μm を示す．アザン染色．

Figs.36-1A-C

Photomicrographs of the transvers-sectioned digestive diverticula of *Ergalatax contractus* GASTROPODA. Fig. A shows the digestive diverticula. Figs. B and C are magnified views of the digestive diverticula in Fig. A and show the connection between the duct and tubules. Dichotomous branching type (D type). Bars denote 100μm. Azan stain.

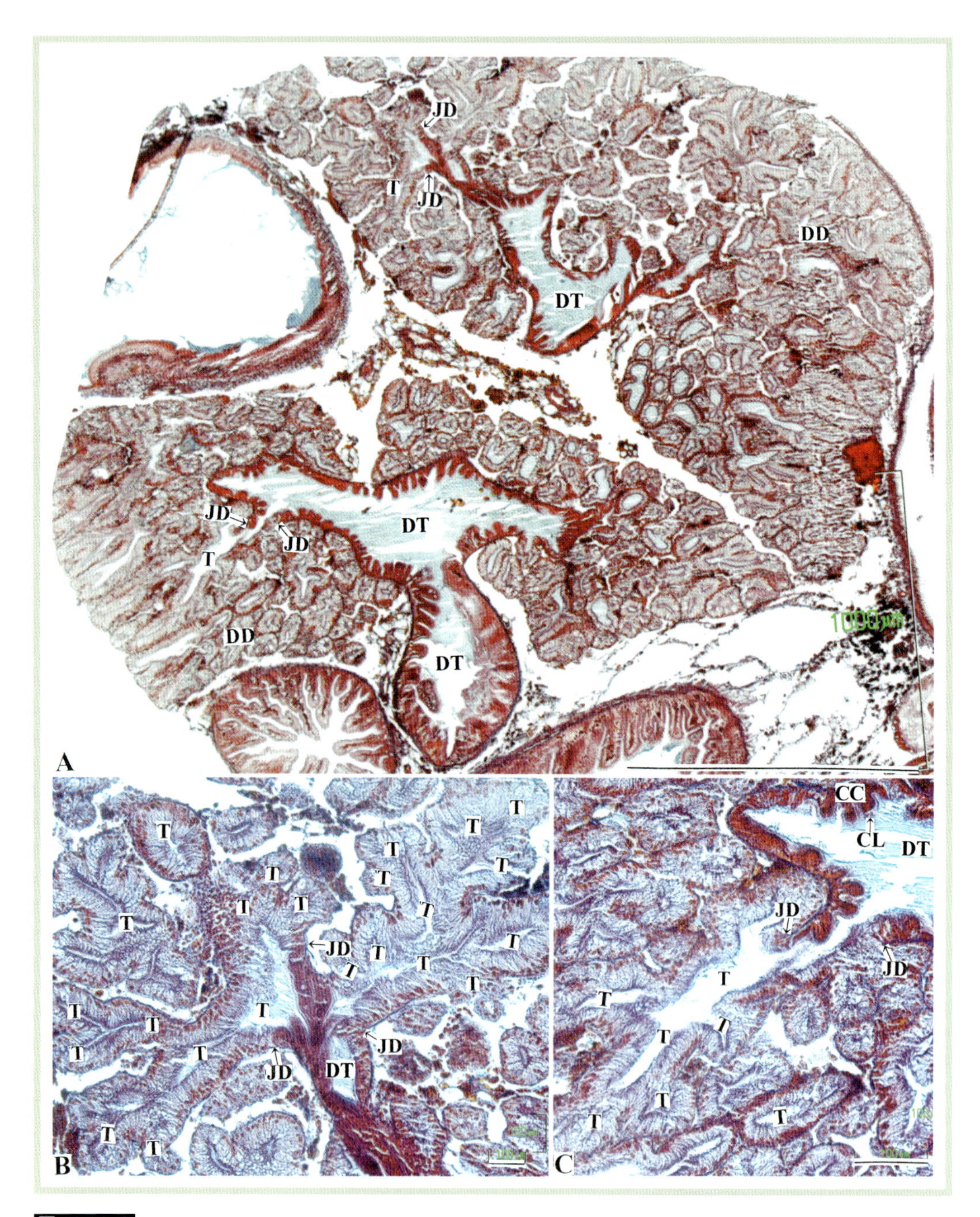

図 36-2A-C

ヒメヨウラク中腸腺の横断面図.
A は中腸腺を示す．B と C は A の中腸腺を拡大して導管と中腸腺細管の連絡と接合部を示す．図中の実線は 1mm（A）および 100 μm（B, C）を示す．アザン染色.

Figs.36-2A-C

Photomicrographs of the transverse-sectioned digestive diverticula of *Ergalatax contractus.*
Fig. A shows the digestive diverticula. Figs. B and C are magnified views of the digestive diverticula in Fig. A and show the connection between the duct and tubules. Bars denote 1 mm in Fig. A and 100µm in Figs. B, C. Azan stain.

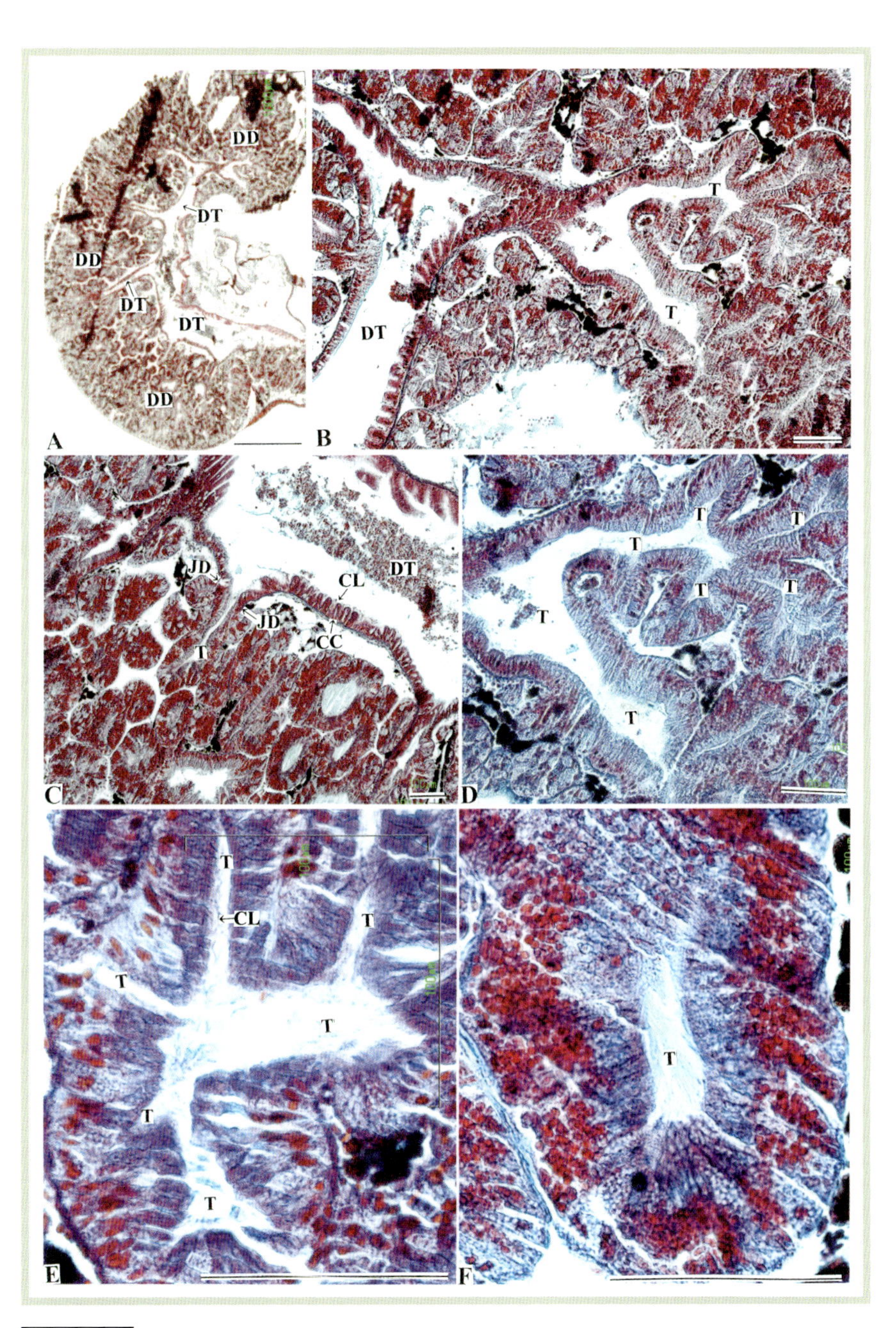

図 36-3A-F

ヒメヨウラク中腸腺の縦断面図.
B-F は A の中腸腺を拡大. C は導管と中腸腺細管の連絡を, D-F は中腸腺細管をそれぞれ示す. 図中の実線は 1mm (A) および 100μm (B- F) を示す. アザン染色.

Figs.36-3A-F

Photomicrographs of the vertical-sectioned digestive diverticula of *Ergalatax contractus.*
Fig. A shows the digestive diverticula, and magnified views are shown in Figs. B-F. Fig. C shows the connection between the duct and tubules. Figs. D-F show the tubules. Bars denote 1 mm in Fig. A and 100μm in Figs. B-F. Azan stain.

レイシガイ

Reishia bronni D

腹足綱 Class GASTROPODA
新生腹足目 Order Caenogastropoda
アッキガイ科 Family Muricidae

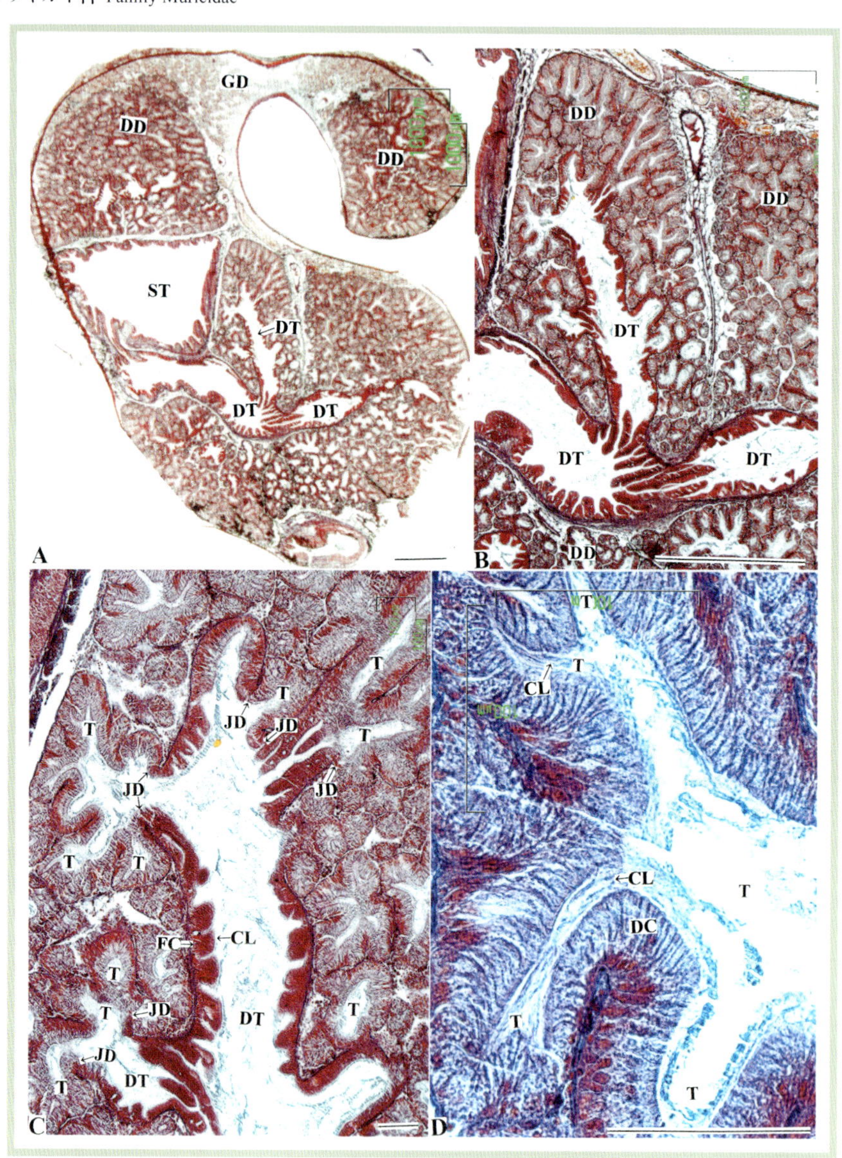

図 37-1A-D

レイシガイ *Reishia bronni* 中腸腺の縦断面図.
B-D は A の中腸腺を拡大. C は中腸腺細管と導管の接合部と繊毛のある導管を, D は繊毛のある中腸腺細管をそれぞれ示す. 叉状分枝型 (D 型). 図中の実線は 1mm (A, B) および 100μm (C, D) を示す. アザン染色.

Figs.37-1A-D

Photomicrographs of the vertical-sectioned digestive diverticula of *Reishia bronni* GASTROPODA.
Fig. A shows the digestive diverticula, and magnified views are shown in Figs. B-D. Fig. C shows the junctions of the duct with a tubule and the ciliated ducts. Fig. D shows the ciliated tubules. Dichotomous branching type (D type). Bars denote 1 mm in Figs. A, B and 100μm in Figs. C, D. Azan stain.

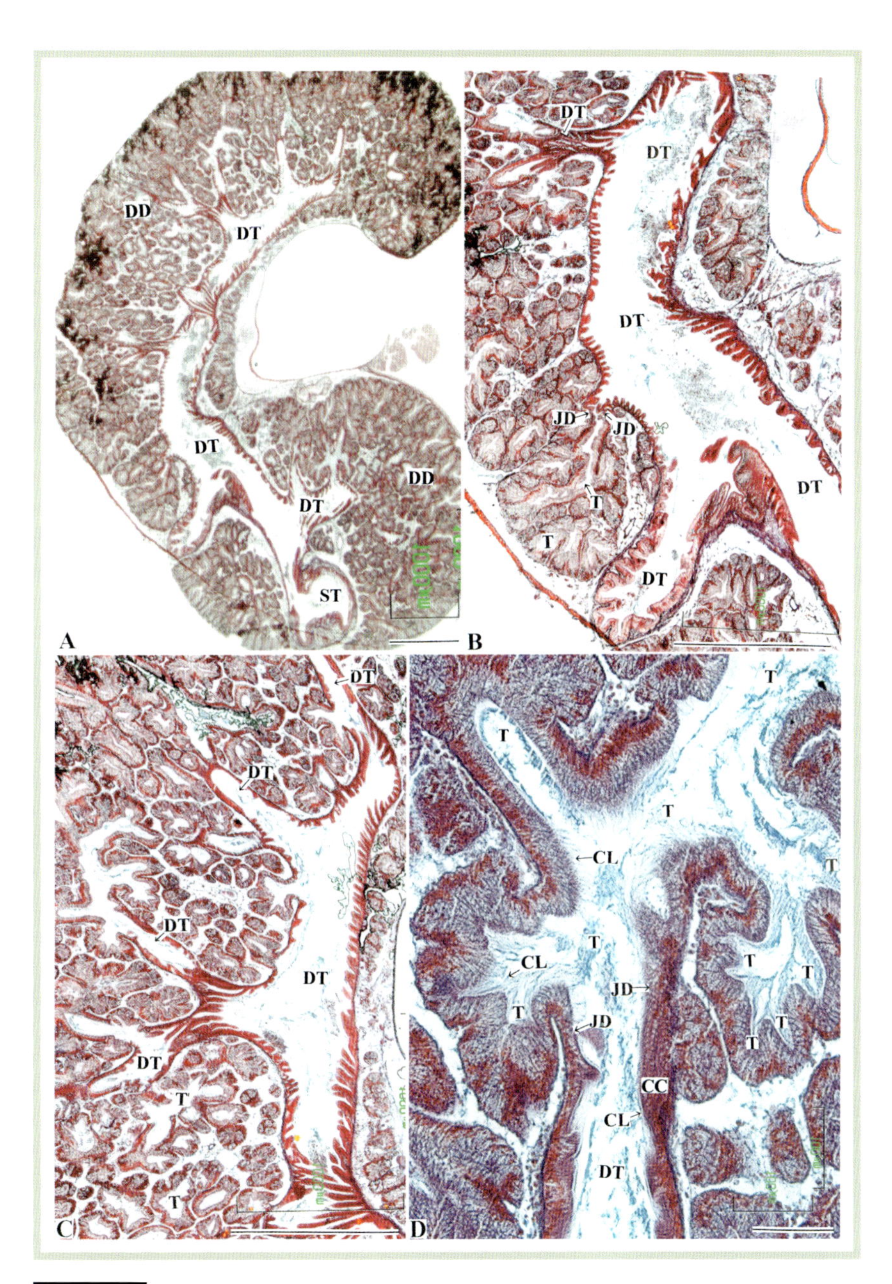

図 37-2A-D

レイシガイ中腸腺の縦断面図.
A は胃,導管,中腸腺の連絡を示す. B-D は A の中腸腺を拡大. B, C は導管と中腸腺細管の連絡を, D は繊毛のある導管と繊毛のある細管の接合部と連絡をそれぞれ示す. 図中の実線は 1mm（A, B）および 100μm（C, D）を示す. アザン染色.

Figs.37-2A-D

Photomicrographs of the vertical-sectioned digestive diverticula in *Reishia bronni.*
Fig. A shows the connection of the digestive diverticula with the stomach by way of the ducts. Figs. B-D are magnified views of the digestive diverticula in Fig. A. Figs. B and C, and D show the connection between the ducts and tubules, and indicate the junctions of the ciliated ducts and ciliated tubules, respectively. Bars denote 1 mm in Figs. A, B and 100μm in Figs. C, D. Azan stain.

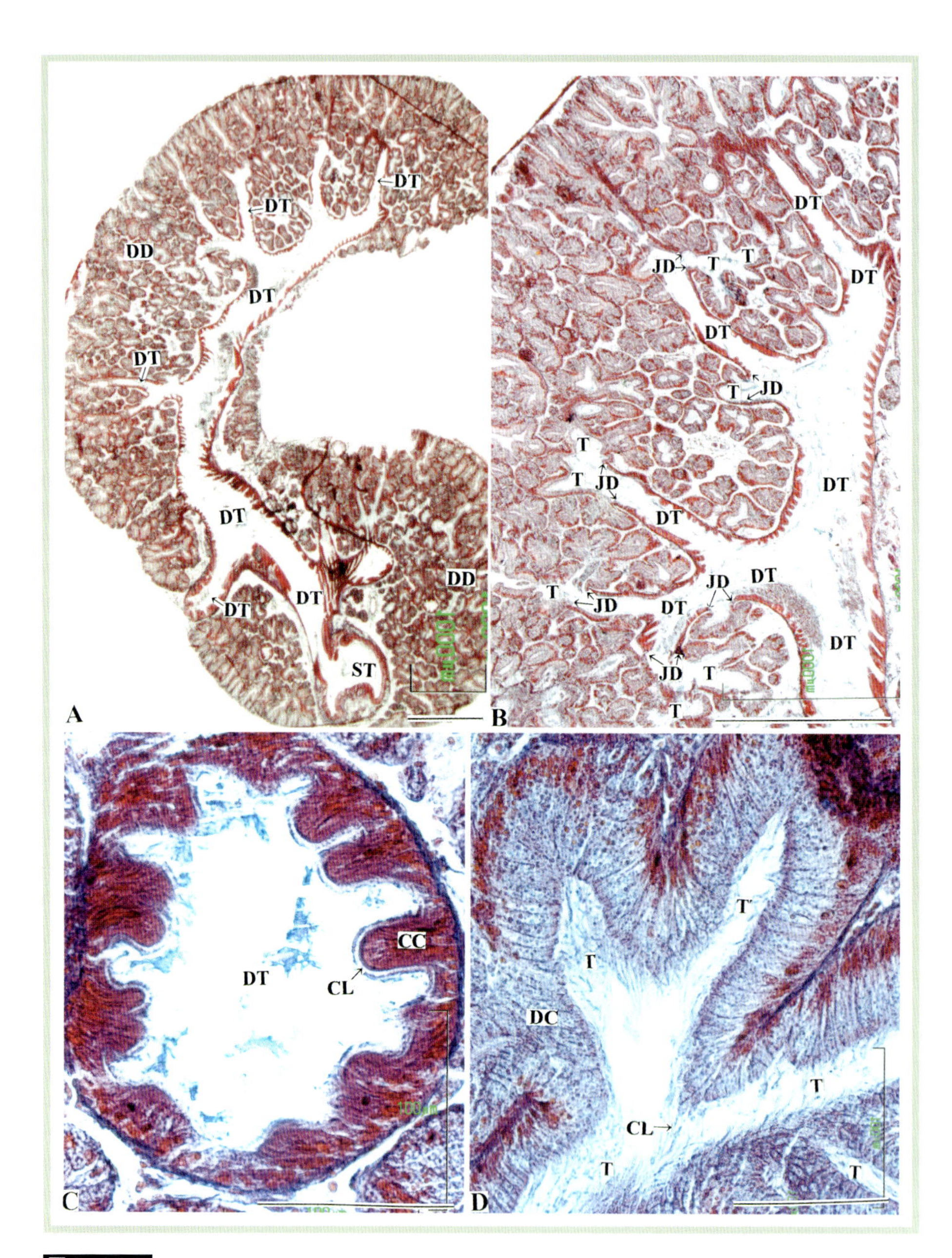

図 37-3A-D

レイシガイ中腸腺の縦断面図.

A は胃，導管，中腸腺の連絡を示す．B-D は A の中腸腺を拡大．B は導管と中腸腺細管の連絡，C は導管の横断面,D は繊毛のある中腸腺細管をそれぞれ示す．図中の実線は 1mm（A, B）および 100 μm（C, D）を示す．アザン染色.

Figs.37-3A-D

Photomicrographs of the vertical-sectioned digestive diverticula in *Reishia bronni.*

Fig. A shows the connection of the digestive diverticula with the stomach by way of the ducts. Figs. B-D are magnified views of the digestive diverticula in Fig. A. Fig. B shows the connection between the duct and tubules. Figs. C and D show the transverse-sectioned duct and ciliated tubule in detail, respectively. Bars denote 1 mm in Figs. A, B and 100μm in Figs. C, D. Azan stain.

イボニシ

Reishia clavigera D

腹足綱 Class GASTROPODA
新生腹足目 Order Caenogastropoda
アッキガイ科 Family Muricidae

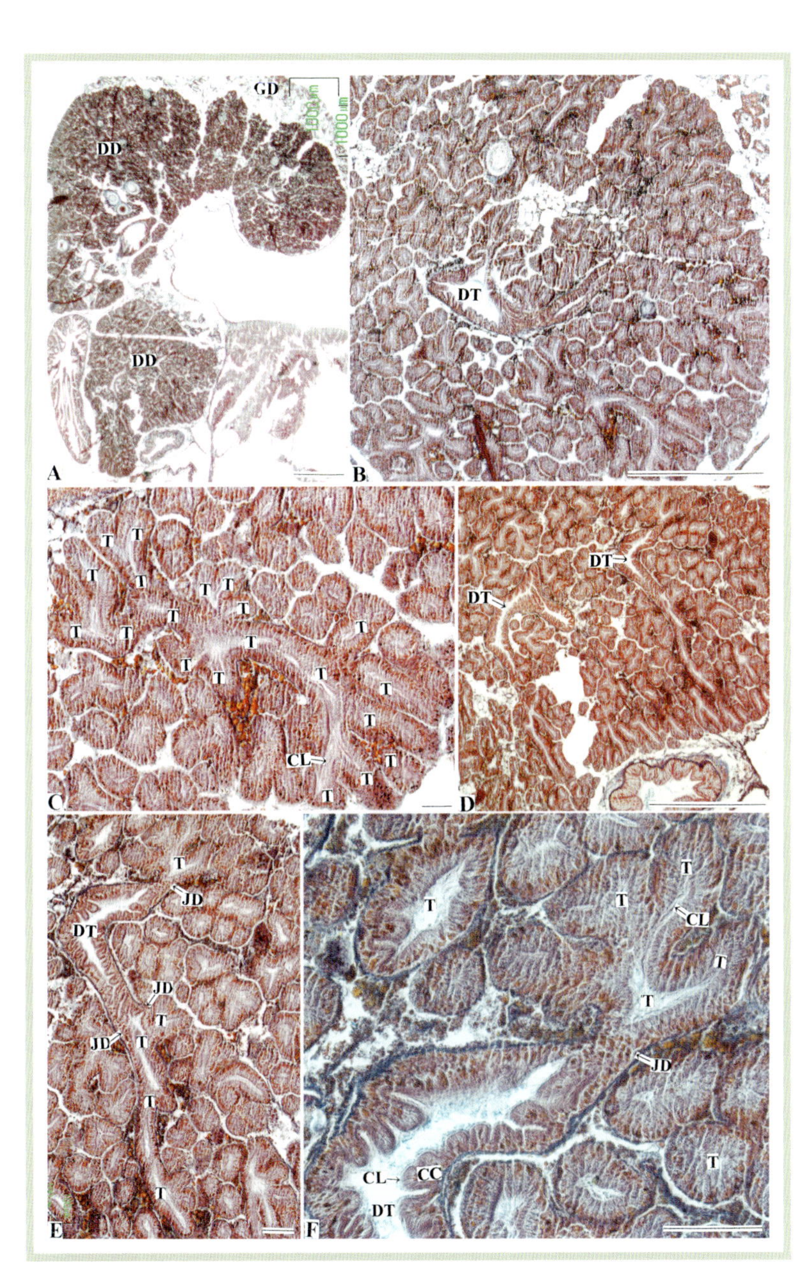

図 38-1A-F

イボニシ *Reishia clavigera* 中腸腺の縦断面図.
B, D は A を, C は B を, E は D を, F は E をそれぞれ拡大. A は中腸腺を, B, C は導管と中腸腺細管の連絡を, D-F は中腸腺細管をそれぞれ示す. 叉状分枝型（D 型）. 図中の実線は 1mm（A, B, D）および 100μm（C, E, F）を示す. アザン染色.

Figs.38-1A-F

Photomicrographs of the vertical-sectioned digestive diverticula of *Reishia clavigera* GASTROPODA. Fig. A is shown as magnified views in Figs. B and D. Figs. B, D and E are shown as magnified views in Figs. C, E and F, respectively. Fig. A shows the digestive diverticula. Figs. B and D-F show the connection between the duct and tubules. Fig. C shows the tubules. Dichotomous branching type (D type). Bars denote 1 mm in Figs. A, B, D and 100μm in Figs. C, E, F. Azan stain.

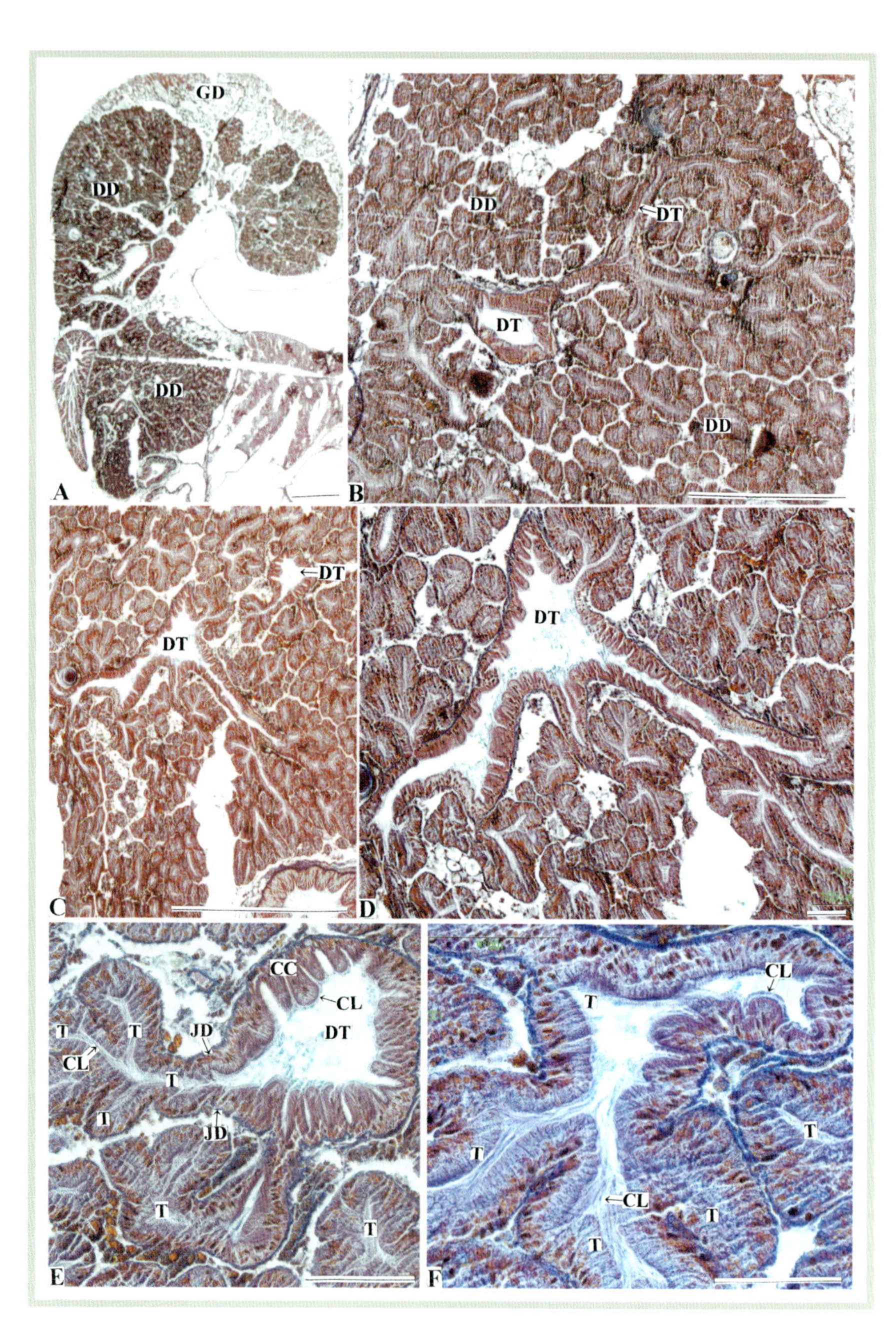

図 38-2A-F

イボニシ中腸腺の縦断面.
B-F は A の中腸腺を拡大. E は導管と中腸腺細管の連絡を, F は繊毛のある中腸腺細管をそれぞれ示す. 図中の実線は 1mm（A-C）および 100μm（D-F）を示す.

Figs.38-2A-F

Photomicrographs of the vertical-sectioned digestive diverticula of *Reishia clavigera*.
Fig. A shows the digestive diverticula, and magnified views are shown in Figs. B-F. Fig. E shows the connection between the duct and tubules. Fig. F shows the ciliated tubules. Bars denote 1 mm in Figs. A-C and 100μm in Figs. D-F. Azan stain.

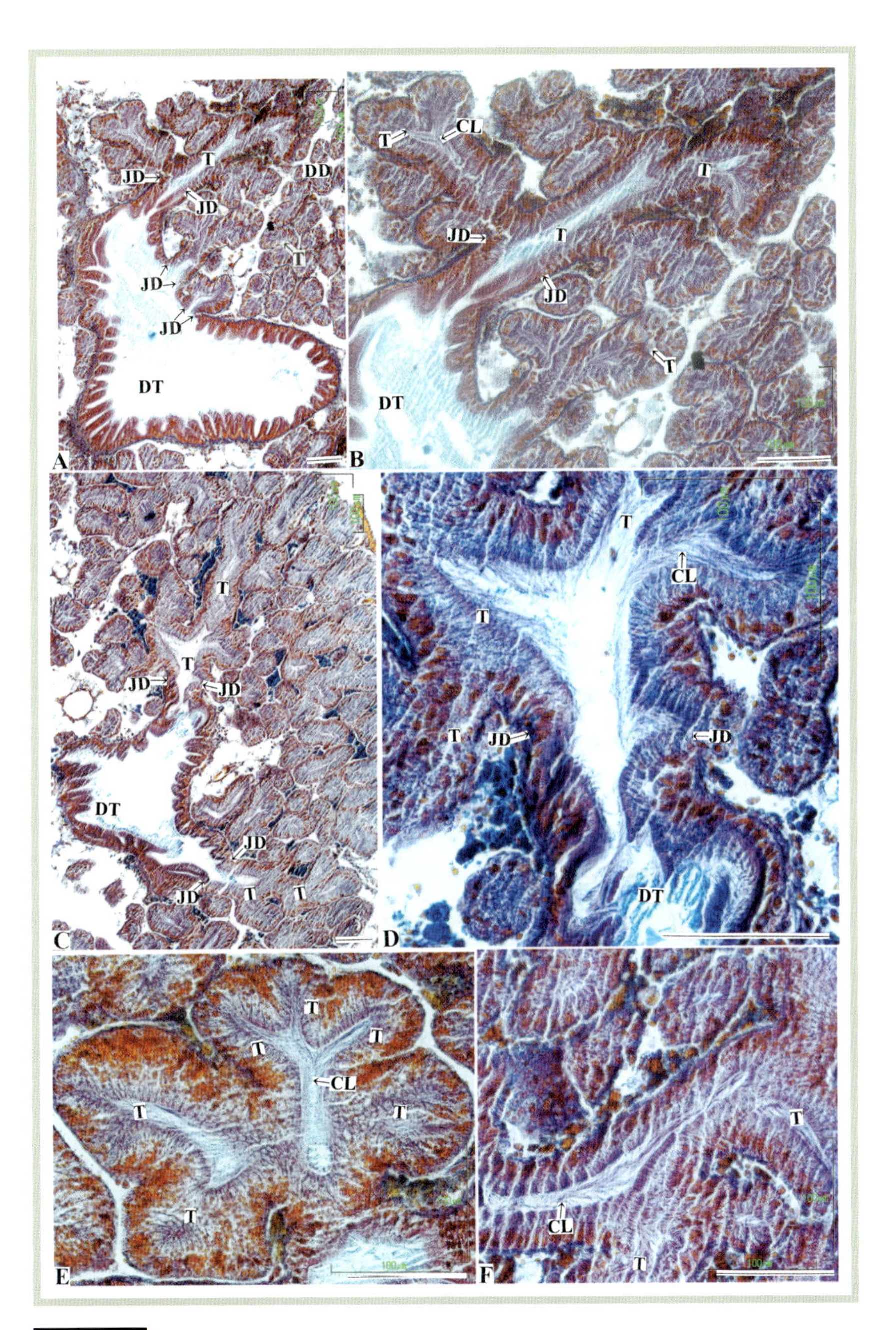

図 38-3A-F

イボニシ中腸腺の横断面.
B-F は A の中腸腺を拡大. B-D は導管と中腸腺細管の連絡を, E, F は繊毛のある中腸腺をそれぞれ示す. 図中の実線は 100 μm を示す.

Figs.38-3A-F

Photomicrographs of the transverse-sectioned digestive diverticula of *Reishia clavigera*.
Fig. A shows the digestive diverticula, and magnified views are shown in Figs. B-F. Figs. B-D show the connection between the duct and tubules. Figs. E and F show the ciliated tubules. Bars denote 100μm. Azan stain.

アカニシ

Rapana venosa D

腹足綱 Class GASTROPODA
新生腹足目 Order Caenogastropoda
アッキガイ科 Family Muricidae

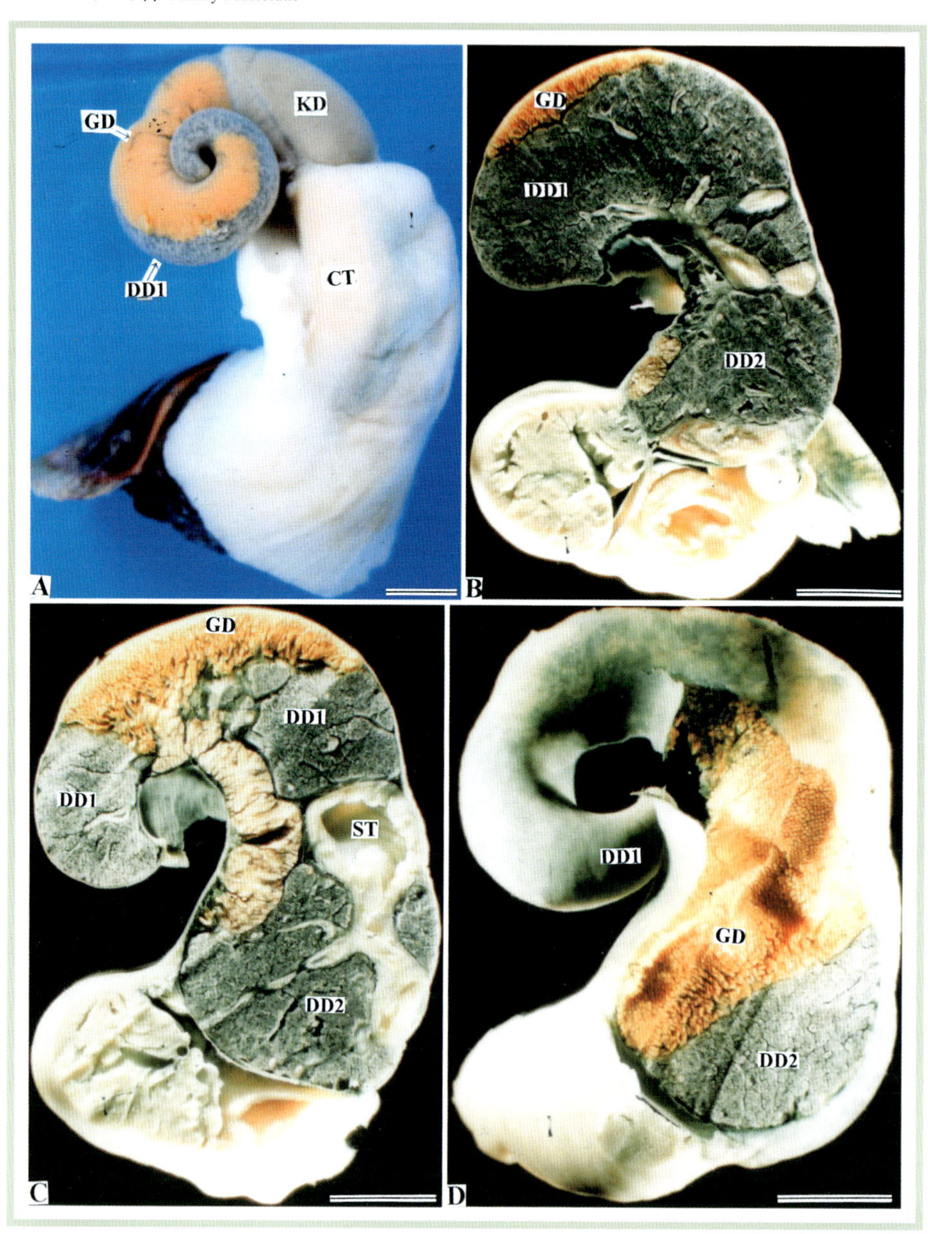

図 39-1A-D

アカニシ *Rapana venosa* 中腸腺.
A は殻を取り除いた軟体部の背面図. B-D は軟体部の縦断面図. 図中の実線は 1cm を示す.

Figs.39-1A-D

Photographs of the soft part of *Rapana venosa* GASTROPODA.
Fig. A shows a dorsal view of the soft part after removal of the shell. Figs. B-D show the vertical-sectioned soft part. Bars denote 1 cm.

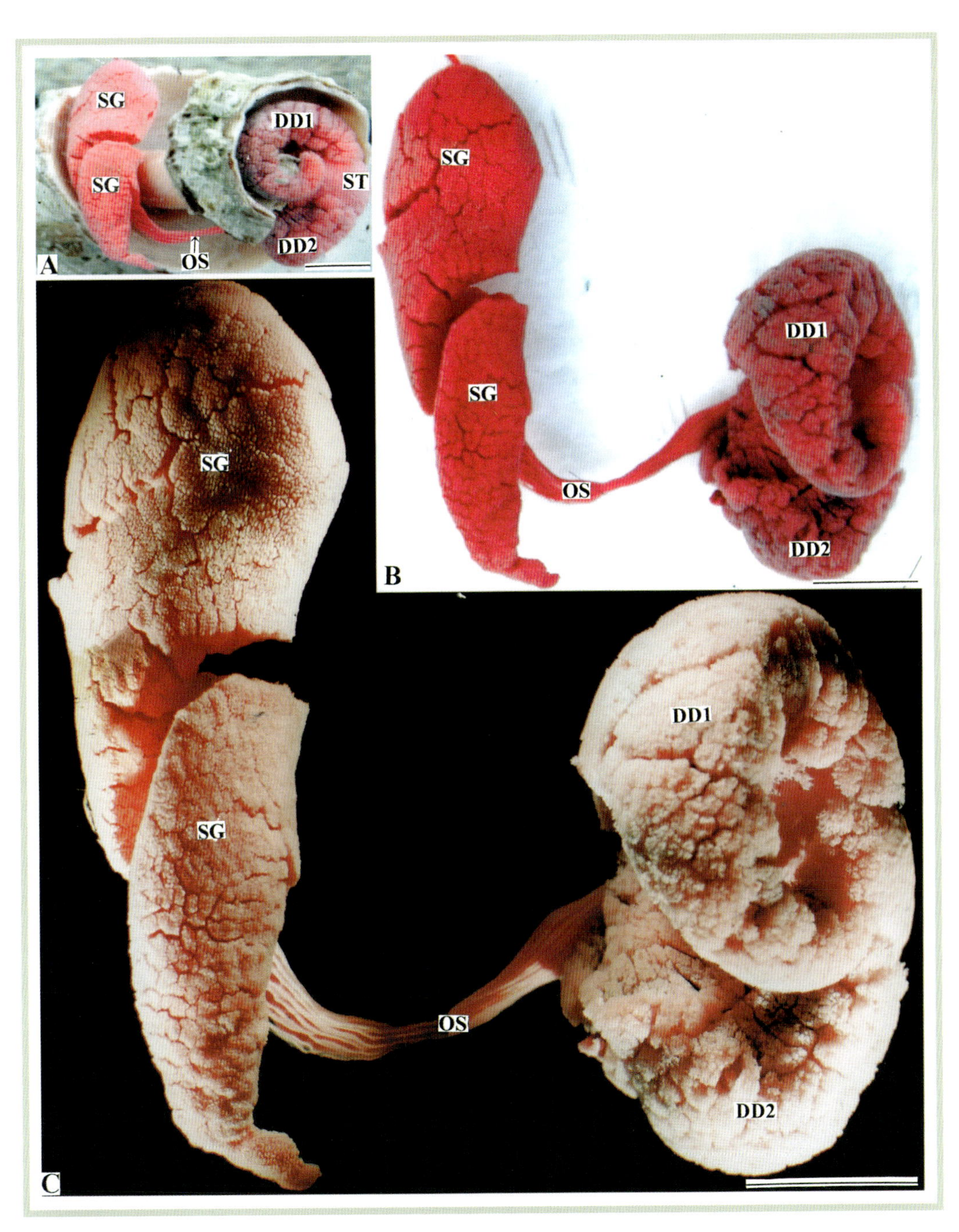

図 39-2A-C

アカニシ消化器官の鋳型.
A-C は右側面図. A は唾液腺, 食道, 胃, 中腸腺の連絡を示す. C は B の拡大. 図中の実線は 1cm を示す.

Figs.39-2A-C

Corrosion resin-cast of the digestive organs of *Rapana venosa*.
Figs. A-C show right side views. Fig. A shows the connection of the digestive diverticula with the salivary gland by way of the stomach and the oesophagus. Fig. C show a magnified view of Fig. B. Bars denote 1 cm.

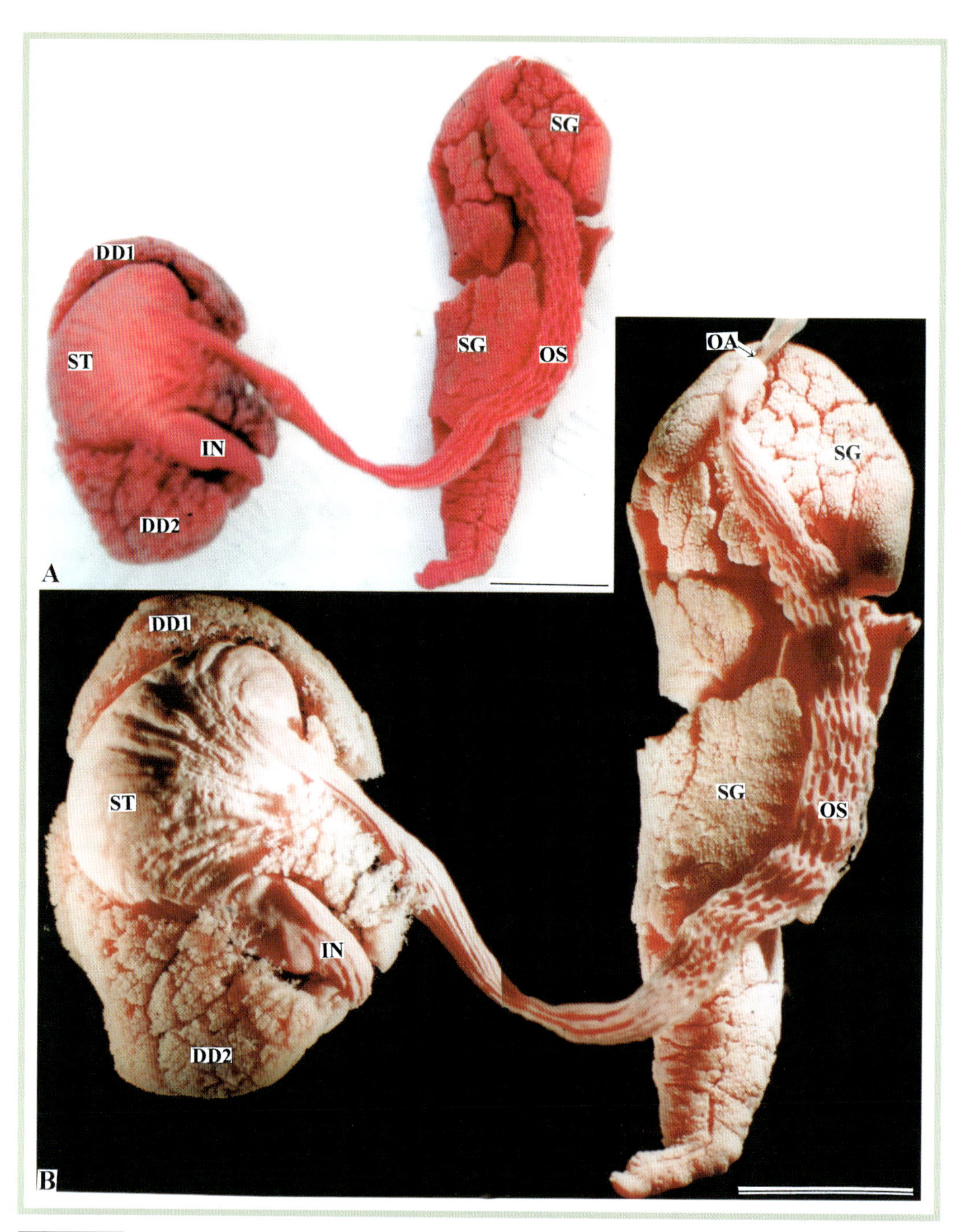

図 39-3A, B

アカニシ消化器官の鋳型.
A と B は左側面図. B は A を拡大して唾液腺, 食道, 胃, 中腸腺, 腸の連絡を示す. 図中の実線は 1cm を示す.

Figs.39-3A, B

Corrosion resin-cast of the digestive organs of *Rapana venosa*.
Figs. A and B show left side views. Fig. B show a magnified view of Fig. A and indicates the connection of the salivary gland with the intestine by way of the oesophagus, stomach and digestive diverticula. Bars denote 1 cm.

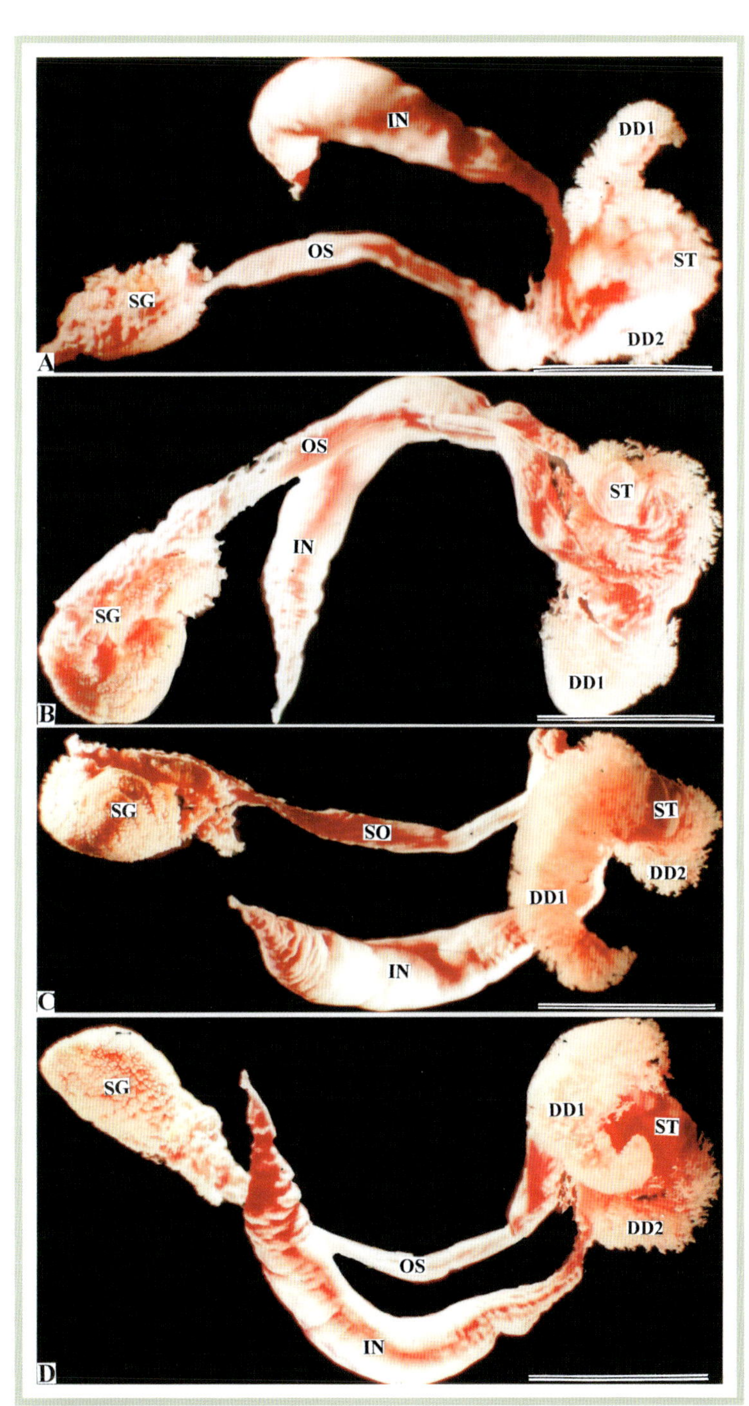

Figs.39-4A-D

Corrosion resin-cast of the digestive organs of *Rapana venosa*.
Figs. A-D show the connection of the salivary gland with the intestine by way of the oesophagus, stomach and digestive diverticula. The figures are presented as follows: Fig. A, left side view; Fig. B, dorsal view; Fig. C, right side view; Fig. D, ventral view. Bars denote 1 cm.

図 39-4A-D

アカニシ消化器官の鋳型.
A-D は唾液腺, 食道, 胃, 中腸腺, 腸の連絡を示す. A は左側面図. B は背面図. C は右側面図. D は腹面図. 図中の実線は 1cm を示す.

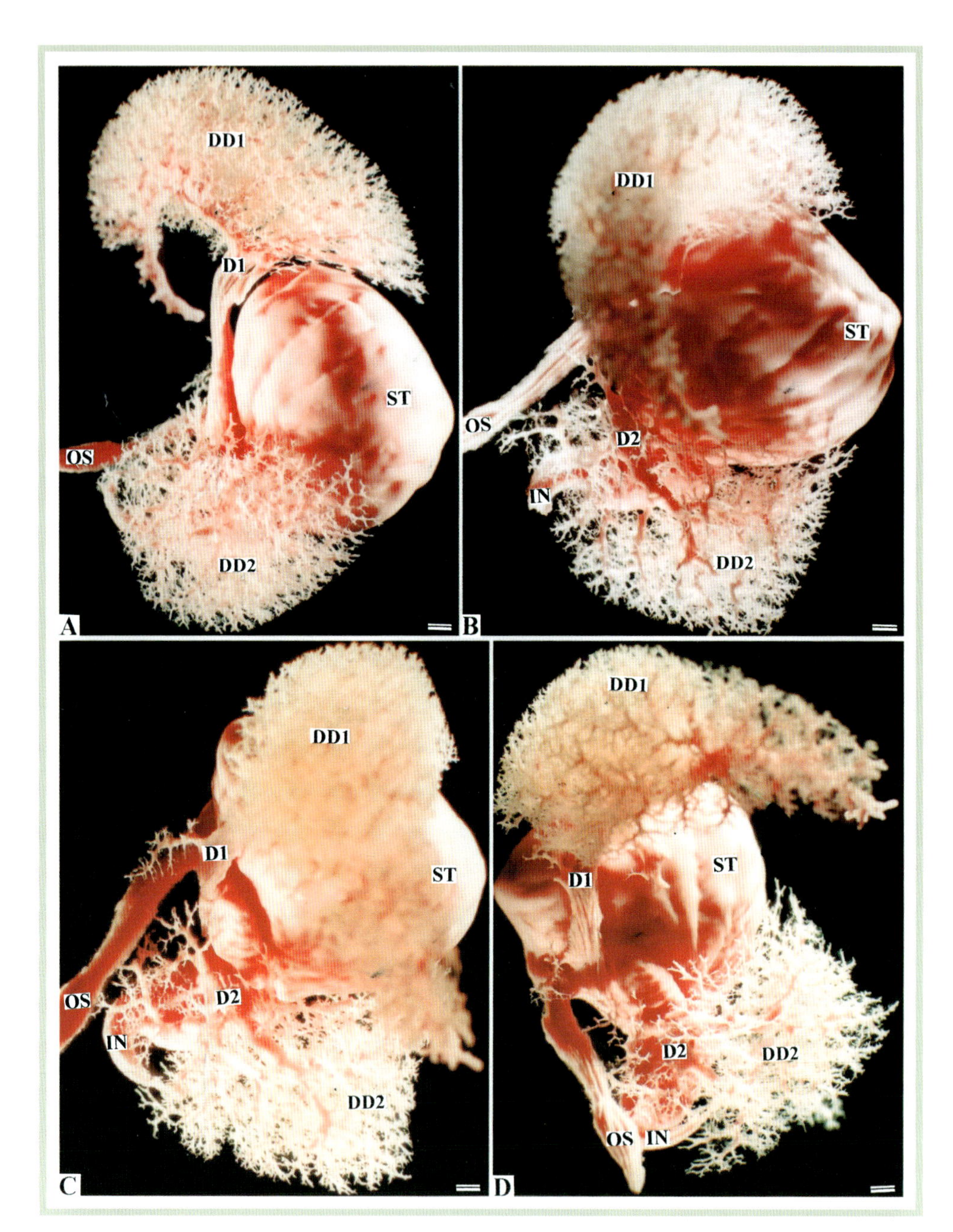

図 39-5A-D

アカニシ消化器官の鋳型.
A-D は胃に開口している導管および，それに連絡する中腸腺を示す．A は左側面図．B は背面図，C は右側面図．D は腹面図．図中の実線は 1mm を示す．

Figs.39-5A-D

Corrosion resin-cast of the digestive organs of *Rapana venosa.*
Figs. A-D show the connection between the ducts opening into the stomach and digestive diverticula. The figures are presented as follows: Fig. A, left side view; Fig. B, dorsal view; Fig. C, right side view; Fig. D, ventral view. Bars denote 1 mm.

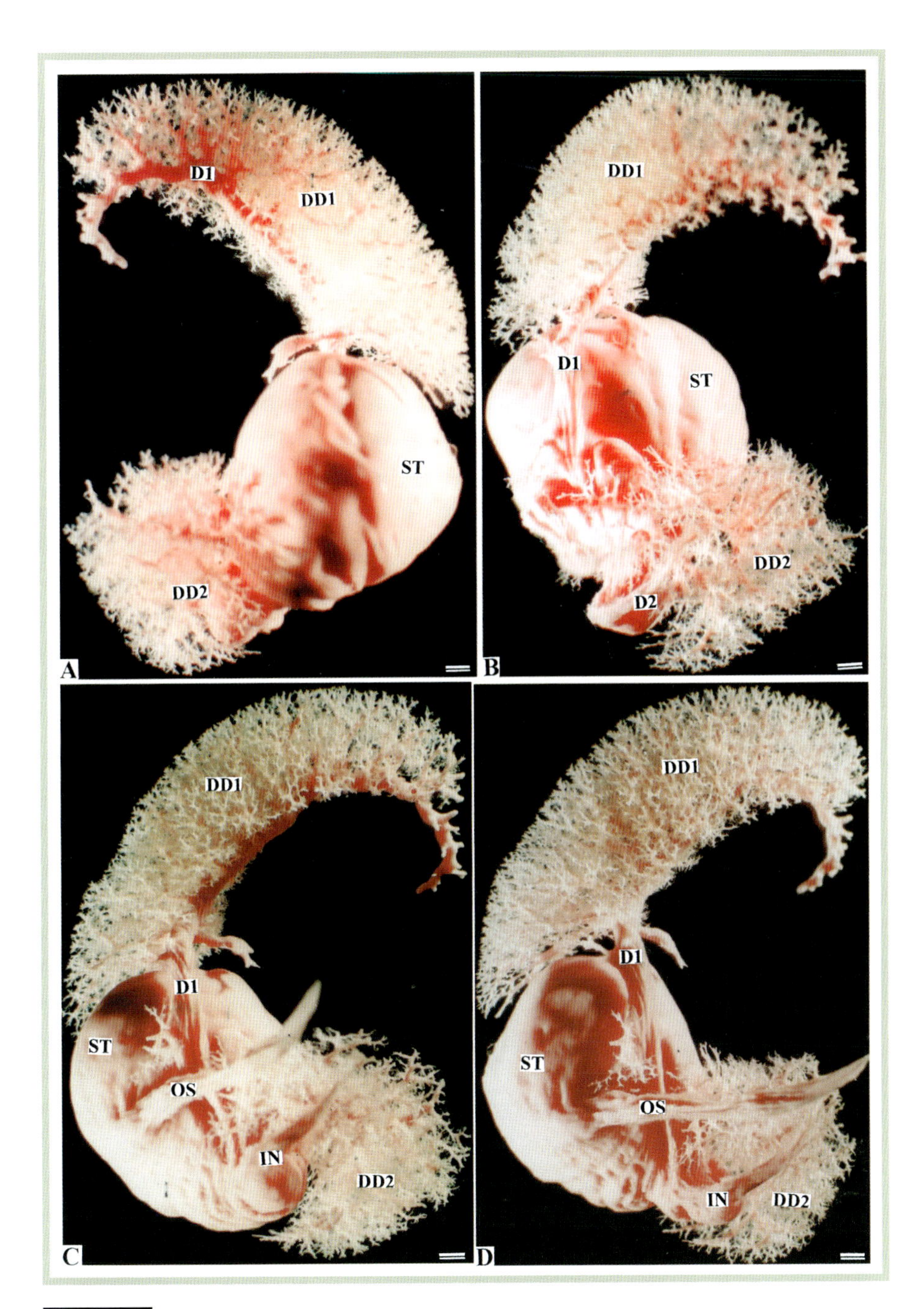

図 39-6A-D

アカニシ消化器官の鋳型.
A-D は胃に開口している導管および，それに連絡する中腸腺を示す．A は左側面図．B-D は腹面図．図中の実線は 1mm を示す．

Figs.39-6A-D

Corrosion resin-cast of the digestive organs of *Rapana venosa*.
Figs. A-D show the connection between the ducts opening into the stomach and digestive diverticula. Fig. A shows a left side view and Figs. B-D are ventral views. Bars denote 1 mm.

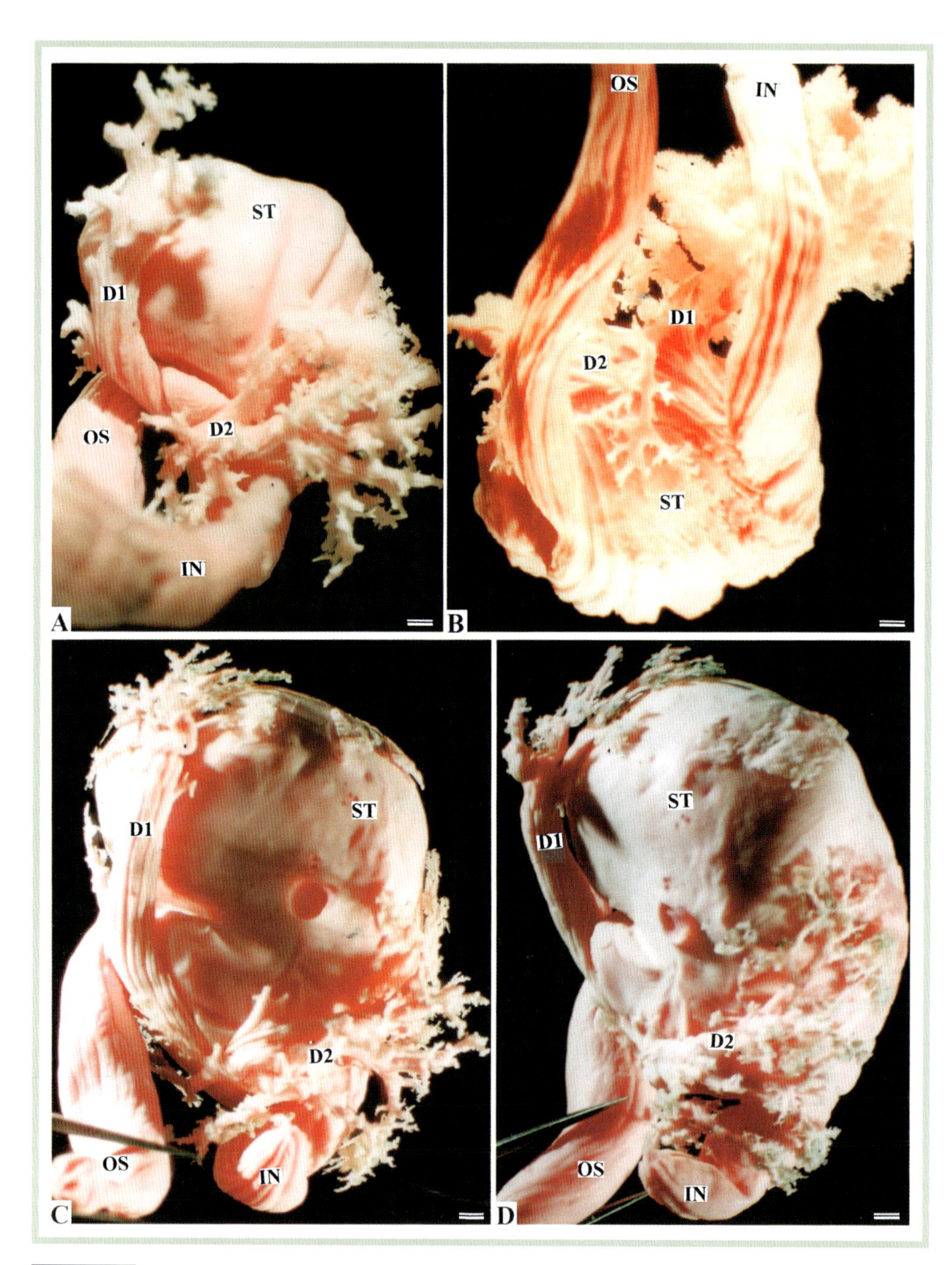

図 39-7A-D

アカニシ消化器官の鋳型.
A-D は食道, 胃, 胃に開口している導管, 腸を示す. A, C は腹面図. B は背面図. D は左側面図. 図中の実線は 1mm を示す.

Figs.39-7A-D

Corrosion resin-cast of the digestive organs of *Rapana venosa*.
Figs. A-D show the oesophagus, stomach, ducts opening into the stomach, and intestine. The figures are displayed as follows: Figs. A and C, ventral views; Fig. B, dorsal view; Fig. D, left side view. Bars denote 1 mm.

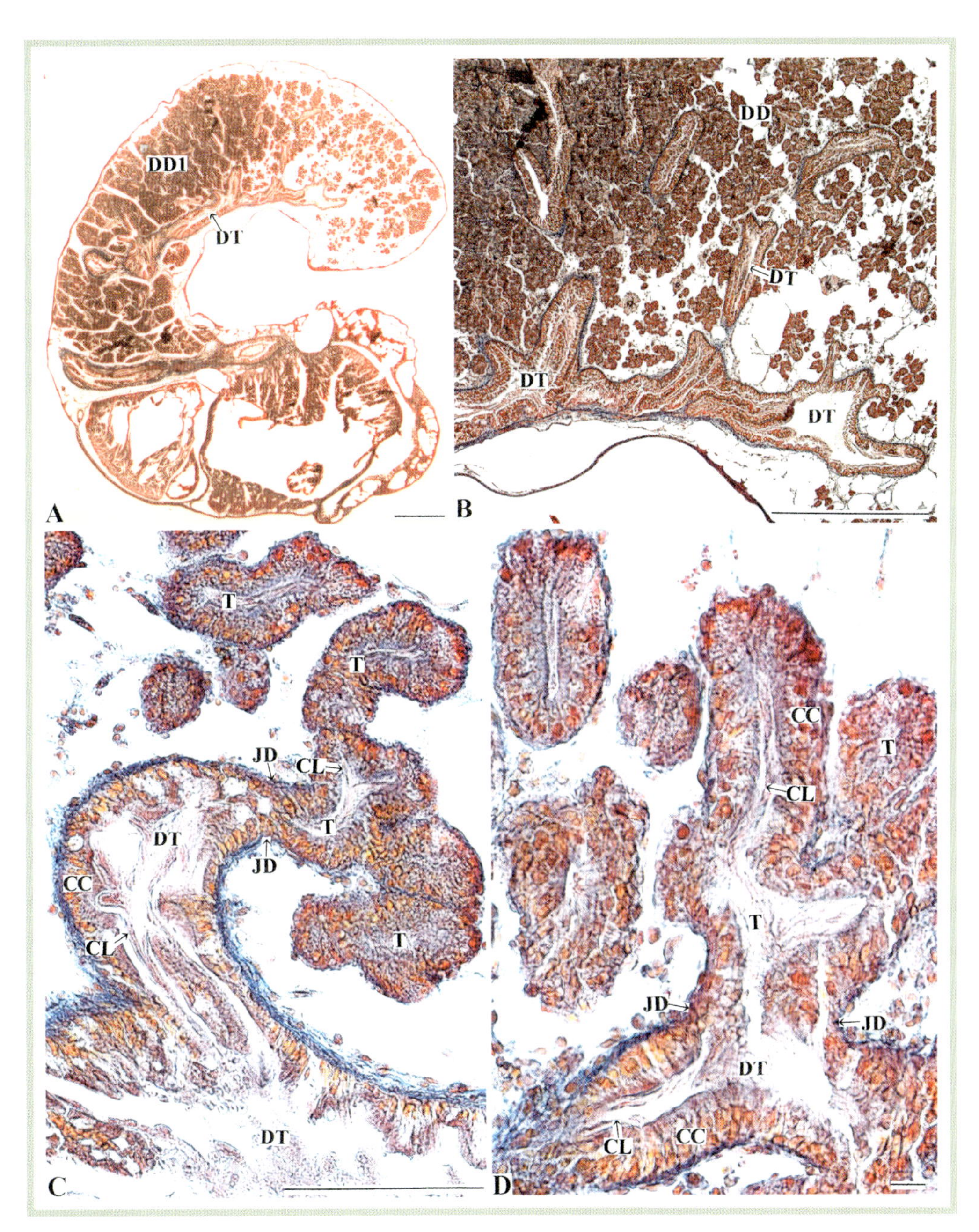

図 39-8A-D

アカニシ中腸腺の縦断面図.
A は中腸腺を，B は中腸腺内の導管を，C，D は繊毛のある導管と繊毛のある中腸腺細管の接合部をそれぞれ示す．叉状分枝型（D 型）．図中の実線は 1mm（A），100μm（B, C）および 10μm（D）を示す．アザン染色．

Figs.39-8A-D

Photomicrographs of the vertical-sectioned digestive diverticula of *Rapana venosa*.
Figs. A and B show the digestive diverticula and the ducts in the digestive diverticula, respectively. Figs. C and D show the junctions of the ciliated duct with the ciliated tubules. Dichotomous branching type (D type). Bars denote 1 mm in Fig. A, 100μm in Figs. B, C, and 10μm in Fig. D. Azan stain.

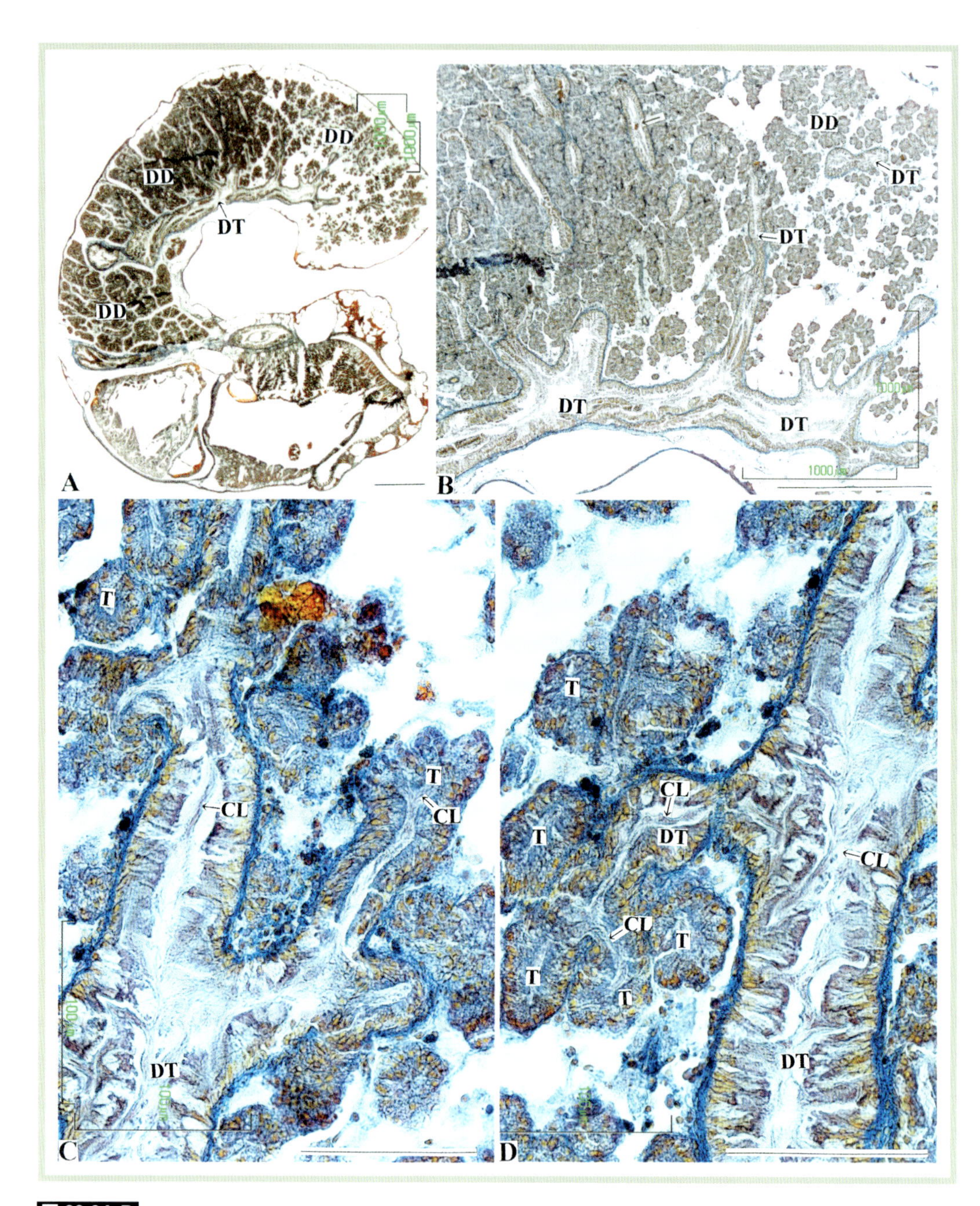

図 39-9A-D

アカニシ中腸腺の縦断面図.
A は中腸腺を, B-D は A の拡大. B は中腸腺内の導管を, C, D は繊毛のある導管と繊毛のある中腸腺細管の接合部をそれぞれ示す. 図中の実線は 1mm (A, B), 100 μm (C, D) を示す. アザン染色.

Figs.39-9A-D

Photomicrographs of the vertical-sectioned digestive diverticula of *Rapana venosa.*
Fig. A shows the digestive diverticula, and magnified views are shown in Figs. B-D. Figs. B, and C and D show the duct in the digestive diverticula, and the junctions of the ciliated ducts with the ciliated tubules, respectively. Bars denote 1 mm in Figs.A, B and 100μm in Figs. C, D. Azan stain.

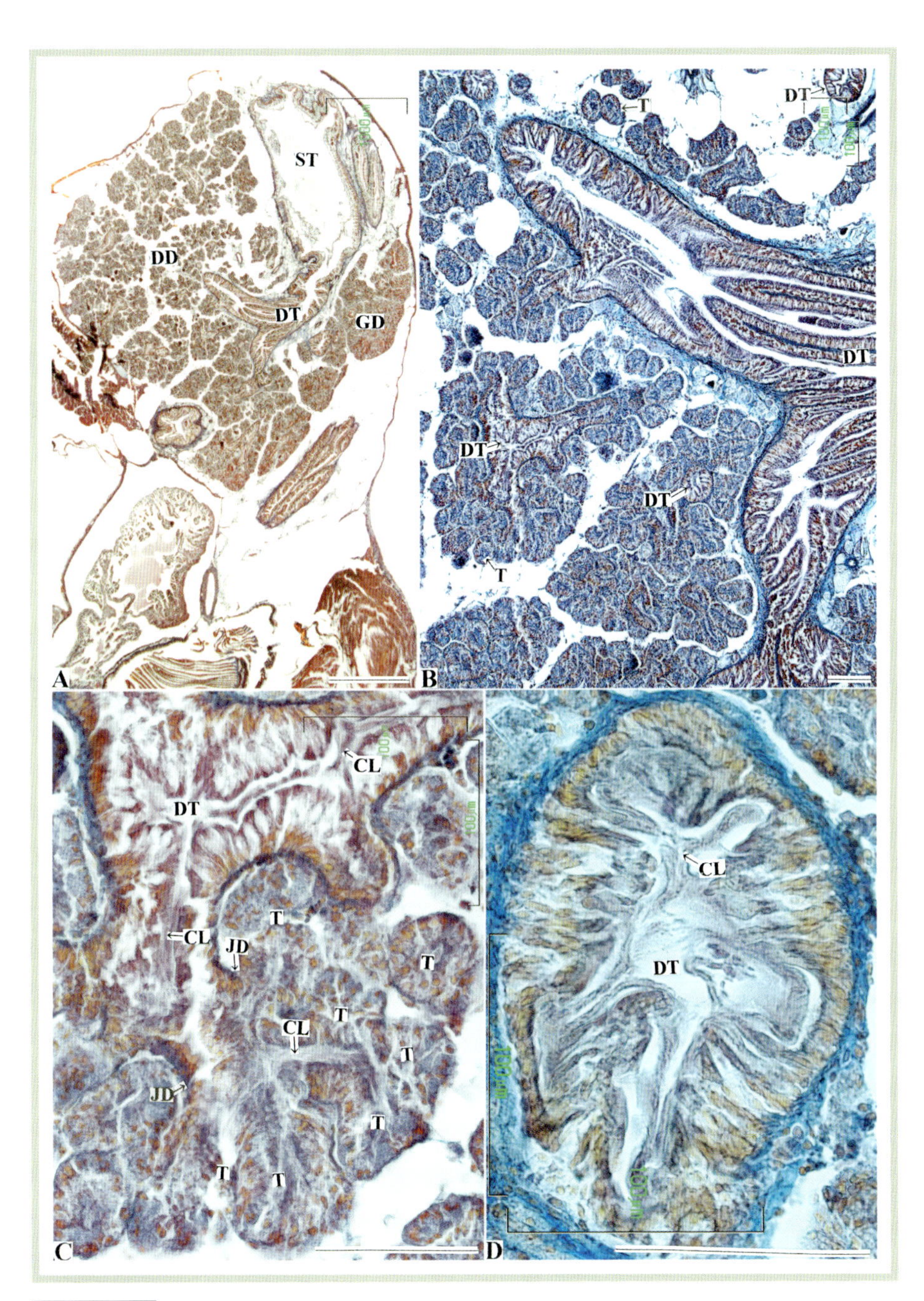

図 39-10A-D

アカニシ中腸腺の横断面図.
B-D は A の拡大. B は中腸腺の導管を, C は繊毛のある導管と繊毛のある中腸腺細管の連絡を, D は繊毛のある導管の横断面をそれぞれ示す. 図中の実線は 1mm（A）および 100μm（B-D）を示す.

Figs.39-10A-D

Photomicrographs of the transverse-sectioned digestive diverticula of *Rapana venosa.*
Fig. A shows the digestive diverticula, and magnified views are shown in Figs. B-D. Fig. B shows the ducts in the digestive diverticula. Fig. C shows the connection between the ciliated duct and ciliated tubules. Fig. D shows the transverse-sectioned ciliated duct. Bars denote 1 mm in Fig. A and 100μm in Figs. B-D. Azan stain.

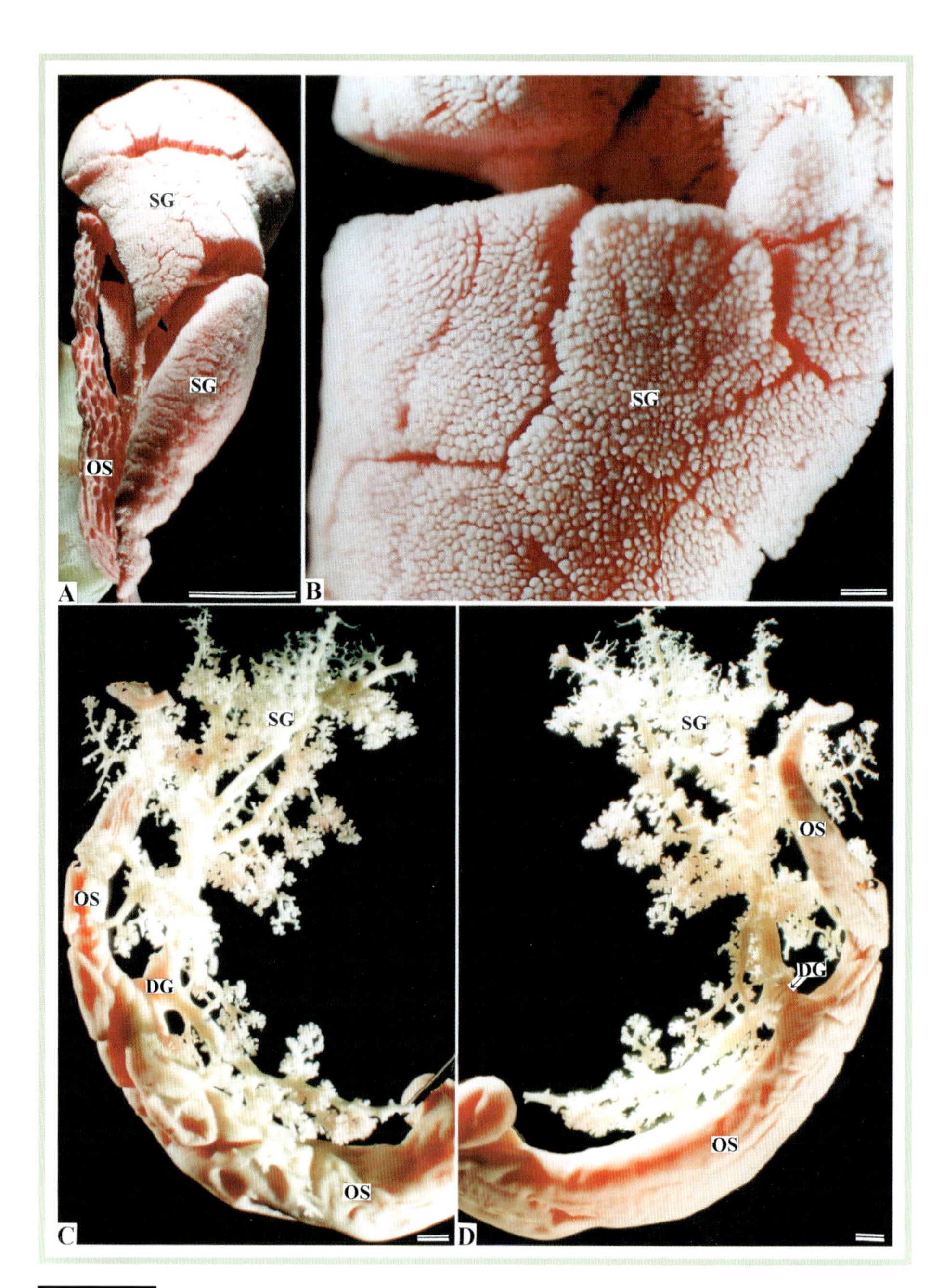

図 39-11A-D

アカニシ唾液腺の鋳型.
A, B は唾液腺の鋳型. C, D は唾液腺, 唾液腺導管, 食道の鋳型. A, B は腹面, C は右側面, D は左側面をそれぞれ示す. 図中の実線は 1cm（A）および 100μm（B-D）を示す.

Figs.39-11A-D

Corrosion resin-casts of the salivary gland of *Rapana venosa.*
Figs. A and B show resin-casts of the salivary gland. Figs. C and D show resin-casts of the salivary gland, duct of the salivary gland and oesophagus. The figures are presented as follows: Figs. A and B, ventral views; Fig. C, right side view; Fig. D, left side view. Bars denote 1 cm in Fig. A and 100μm in Figs. B-D.

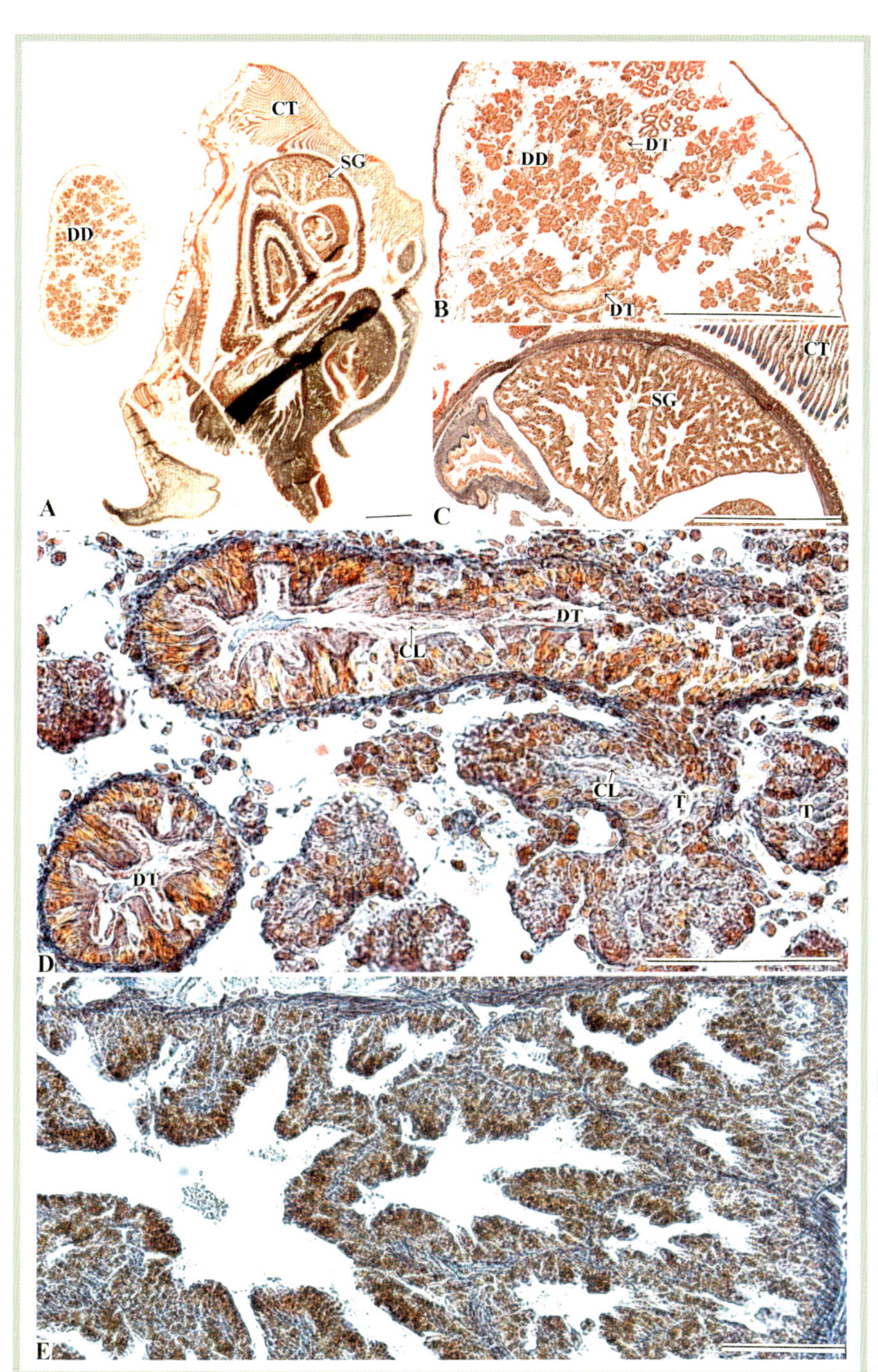

図 39-12A-E

アカニシの唾液腺と中腸腺の横断面図.
A は中腸腺と唾液腺を示す. B は中腸腺の導管を, D は繊毛のある導管と繊毛のある中腸腺細管の連絡を, C, E は唾液腺をそれぞれ示す. 図中の実線は 1mm（A-C）および 100 μm（D, E）を示す. アザン染色.

Figs. 39-12A-E

Photomicrographs of the transverse-sectioned salivary gland and digestive diverticula of *Rapana venosa.*
Fig. A shows the digestive diverticula and salivary gland. Fig. B shows the ducts in the digestive diverticula. Fig. D shows the connection between the ciliated duct and ciliated tubules. Figs. C and E show the salivary gland. Bars denote 1 mm in Figs. A-C and 100μm in Figs. D and E. Azan stain.

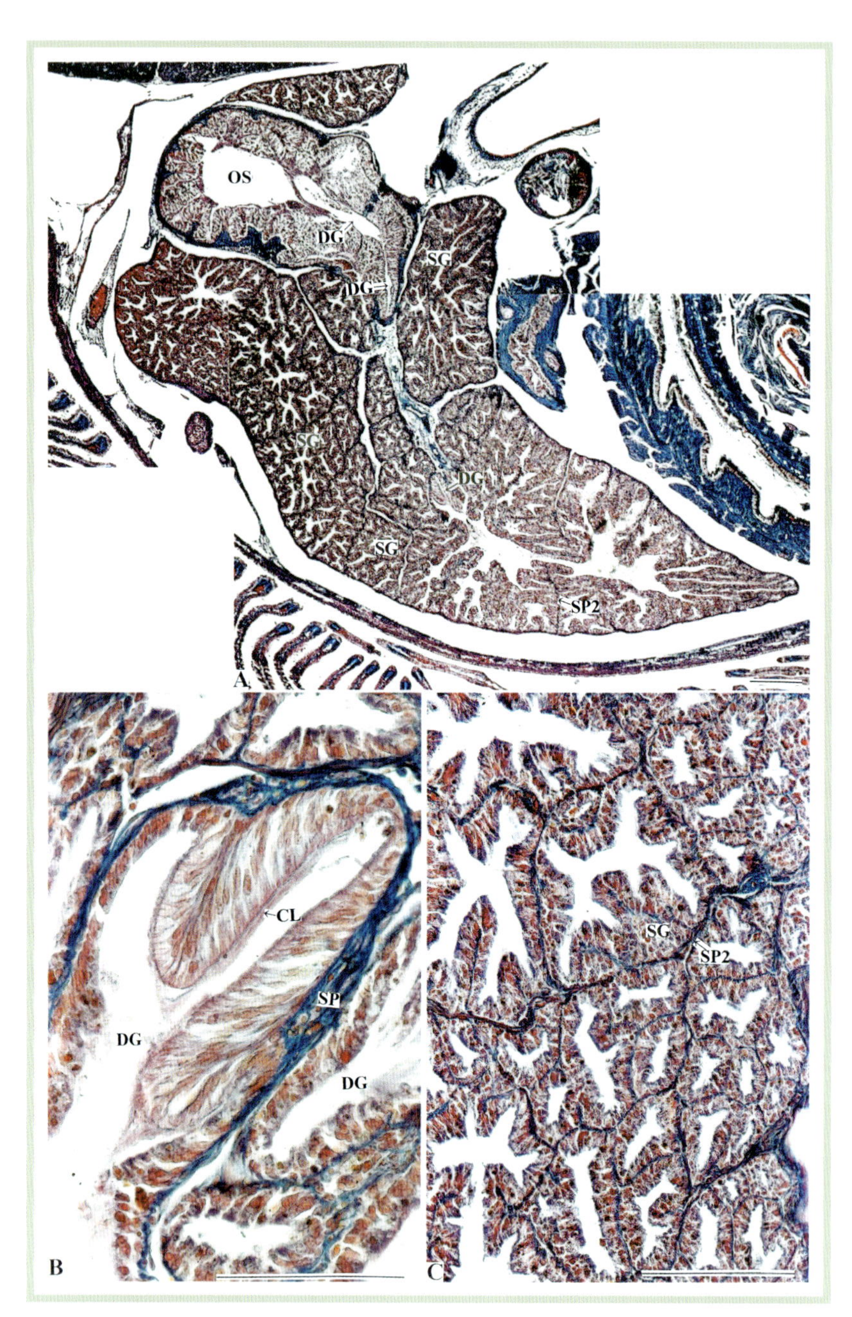

図 39-13A-C

アカニシ唾液腺の縦断面図.
A は食道，唾液腺の導管，唾液腺を示す．B は繊毛のある唾液腺の導管を，C は唾液腺と唾液腺の隔膜をそれぞれ示す．図中の実線は 100μm（A）および 10 μm（B, C）を示す．アザン染色.

Figs.39-13A-C

Photomicrographs of the vertical-sectioned salivary gland of *Rapana venosa.*
Fig. A shows the oesophagus, duct of salivary gland, and salivary gland. Fig. B shows the ciliated duct of the salivary gland. Fig. C shows the salivary gland and septa. Bars denote 100μm in Fig. A and 10μm in Figs. B and C. Azan stain

クモガタウミウシ

Platydoris speciosa MI

腹足綱 Class GASTROPODA
裸側目 Order Nudipleura
ツヅレウミウシ科 Family Discodorididae

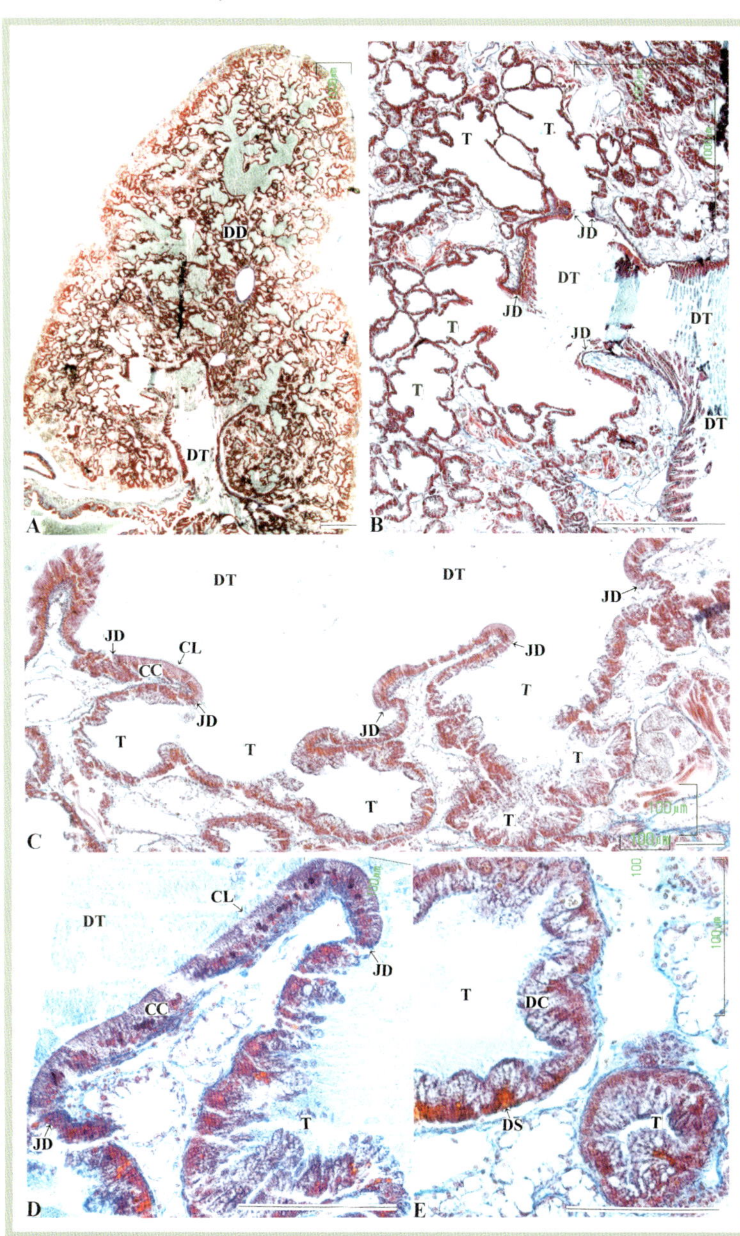

図 40A-E

クモガタウミウシ *Platydoris speciosa* 中腸腺の縦断面図.
単軸袋状分枝I型（MI型）. B-EはAの中腸腺を拡大. B-Dは導管と中腸腺細管の連絡を, Eは中腸腺細管の横断面をそれぞれ特に示す. 図中の実線は1mm（A, B）および100μm（C-E）を示す. アザン染色.

Figs.40A-E

Photomicrographs of the vertical-sectioned digestive diverticula of *Platydoris speciosa* GASTROPODA.
Fig. A shows the digestive diverticula, and magnified views are shown in Figs. B-E. In particular, these magnified figures show the connections between the duct and tubules (Figs. B-D), and the transverse-sectioned tubules (Fig. E). Monopodial saccular branching type I (MI type). Bars denote 1 mm in Figs. A, B and 100μm in Figs. C-E. Azan stain.

マダラウミウシ

Dendrodoris rubra MI

腹足綱 Class GASTROPODA
裸側目 Order Nudipleura
クロシタナシウミウシ科 Family Dendrodorididae

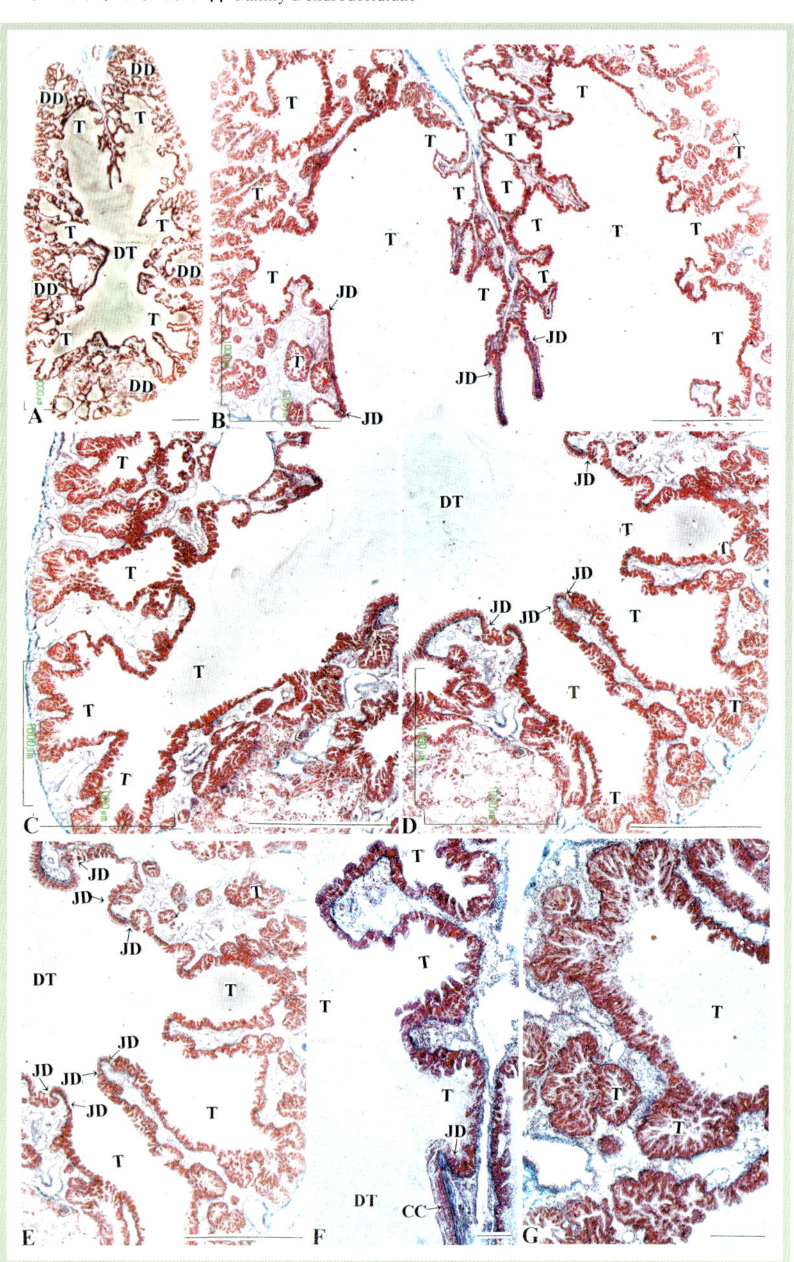

図 41-1A-G

マダラウミウシ *Dendrodoris rubra* 中腸腺の縦断面図.
B-G は A の中腸腺を拡大. B-F は導管と中腸腺細管を, G は中腸腺細管を特に示す. 単軸袋状分枝I型（MI型）. 図中の実線は 1mm（A-E）および 100 μm（F, G）を示す. アザン染色.

Figs.41-1A-G

Photomicrographs of the vertical-sectioned digestive diverticula of *Dendrodoris rubra* GASTROPODA.
Fig. A shows the digestive diverticula, and magnified views are shown in Figs. B-G. These figures particularly show the ducts and the tubules (Figs. B-F), and the tubules (Fig. G). Monopodial saccular branching type I (M I type). Bars denote 1 mm in Figs. A-E and 100μm in Figs. F, G. Azan stain.

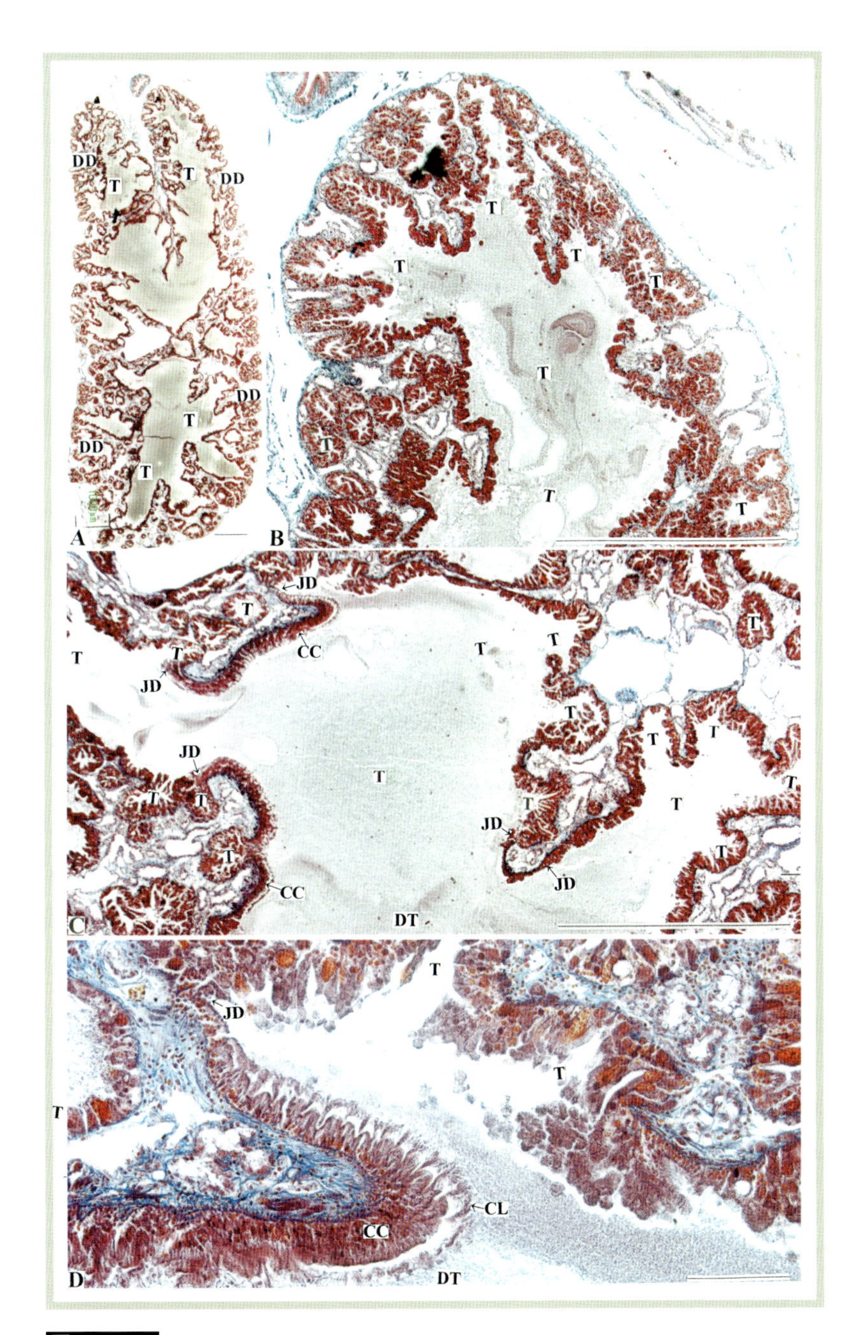

図 41-2A-D

マダラウミウシ中腸腺の縦断面図.
B-D は A の中腸腺を拡大. B-D は導管と中腸腺細管を示す. 図中の実線は 1 mm (A-C) および 100μm (D) を示す. アザン染色.

Figs.41-2A-D

Photomicrographs of the vertical-sectioned digestive diverticula of *Dendrodoris rubra.*
Fig. A shows the digestive diverticula, and magnified views are shown in Figs. B-D. These views show the duct and the tubules (Figs.B-D). Bars denote 1 mm in Figs. A-C and 100μm in Fig. D. Azan stain.

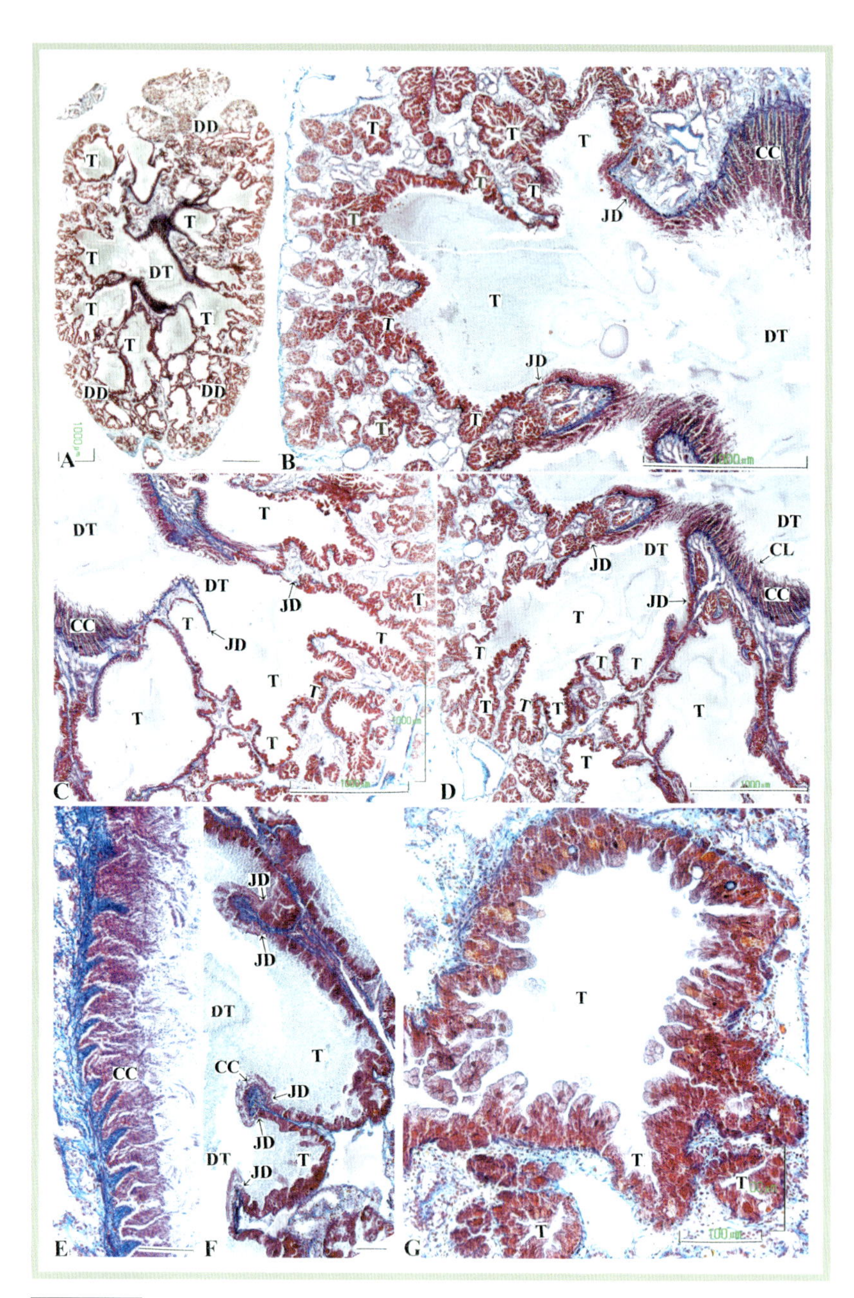

図 41-3A-G

マダラウミウシ中腸腺の縦断面図.
B-G は A の中腸腺を拡大. B-D, F は導管と中腸腺細管の接合部, E は繊毛細胞, G は中腸腺細管の横断面をそれぞれ示す. 図中の実線は 1mm (A-D) および 100 μm (E-G) を示す. アザン染色.

Figs.41-3A-G

Photomicrographs of the vertical-sectioned digestive diverticula of *Dendrodoris rubra*.
Fig. A shows the digestive diverticula, and magnified views are shown in Figs. B-G. These magnified views show the connection between the duct and tubules (Figs. B-D, F), the ciliated cells (Fig. E), and the transverse-sectioned tubule (Fig. G). Bars denote 1 mm in Figs. A-D and 100μm in Figs. E-G. Azan stain.

ブドウガイ

Haminoea japonica MI

腹足綱 Class GASTROPODA
真後鰓目 Order Euopisthobranchia
ブドウガイ科 Family Haminoeidae

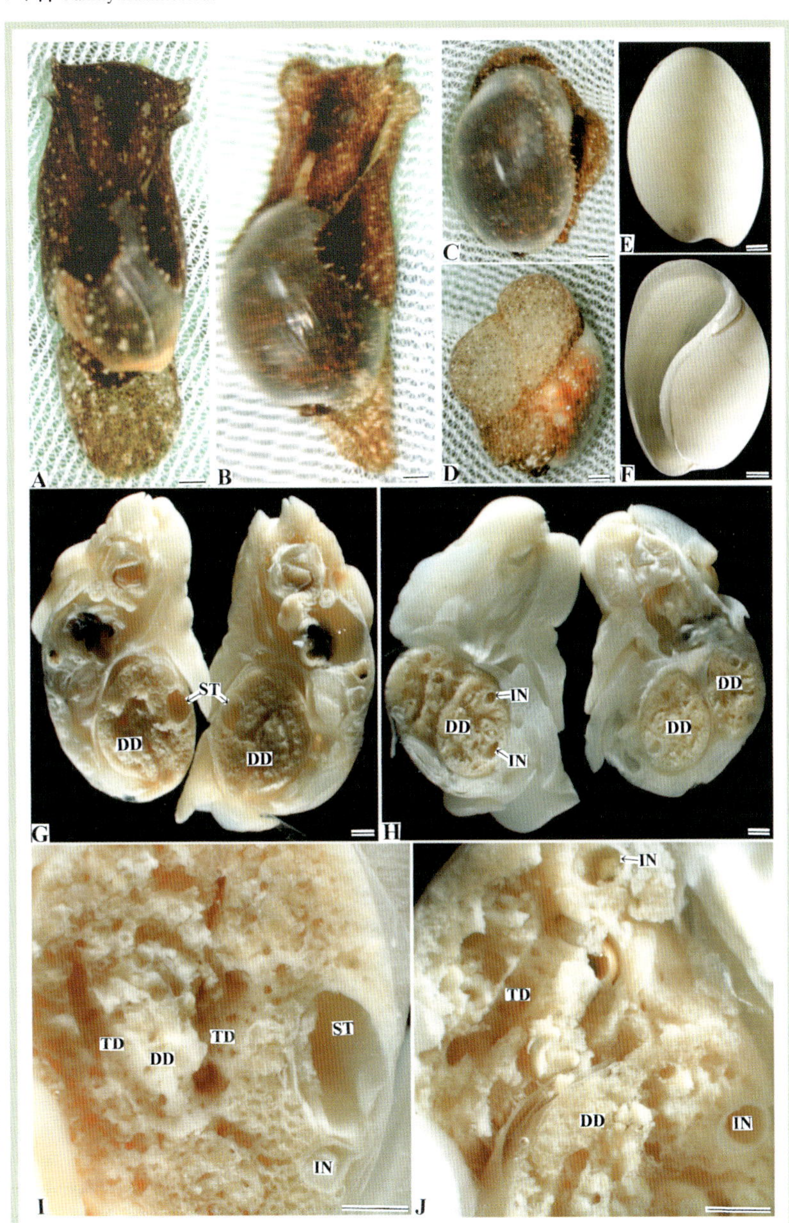

図 42-1A-J

ブドウガイ *Haminoea japonica*. A, B はブドウガイの外観（背面図）. C, E は背面図. D, F は腹面図. G-J は縦断面図. C, D は軟体部を殻中に収縮させた図. E, F は殻. G, H は軟体部を体軸にそって左右に縦断. それぞれ図中の左の像は左側面図,右の像は右側面図. I は G を拡大. J は H を拡大. 図中の実線は 1mm を示す.

Figs.42-1A-J

Photographs of the digestive diverticula and the exterior view of *Haminoea japonica* GASTROPODA. The figures are presented as follows: Figs. A and B, external form (dorsal views); Figs. C and E, dorsal views; Figs. D and F, ventral views; Figs. G-J, vertical sectioned views. Figs. C and D show the shell and soft body retracted inside the shell. Figs. E and F show the shells. Figs. G and H show the vertical-sectioned soft part. The images on the right and left side in Figs. G and H show the right and left sides, respectively. Fig. I shows a magnified view of Fig. G. Similarly, Fig. J shows a magnified view of Fig. H. Bars denote 1 mm.

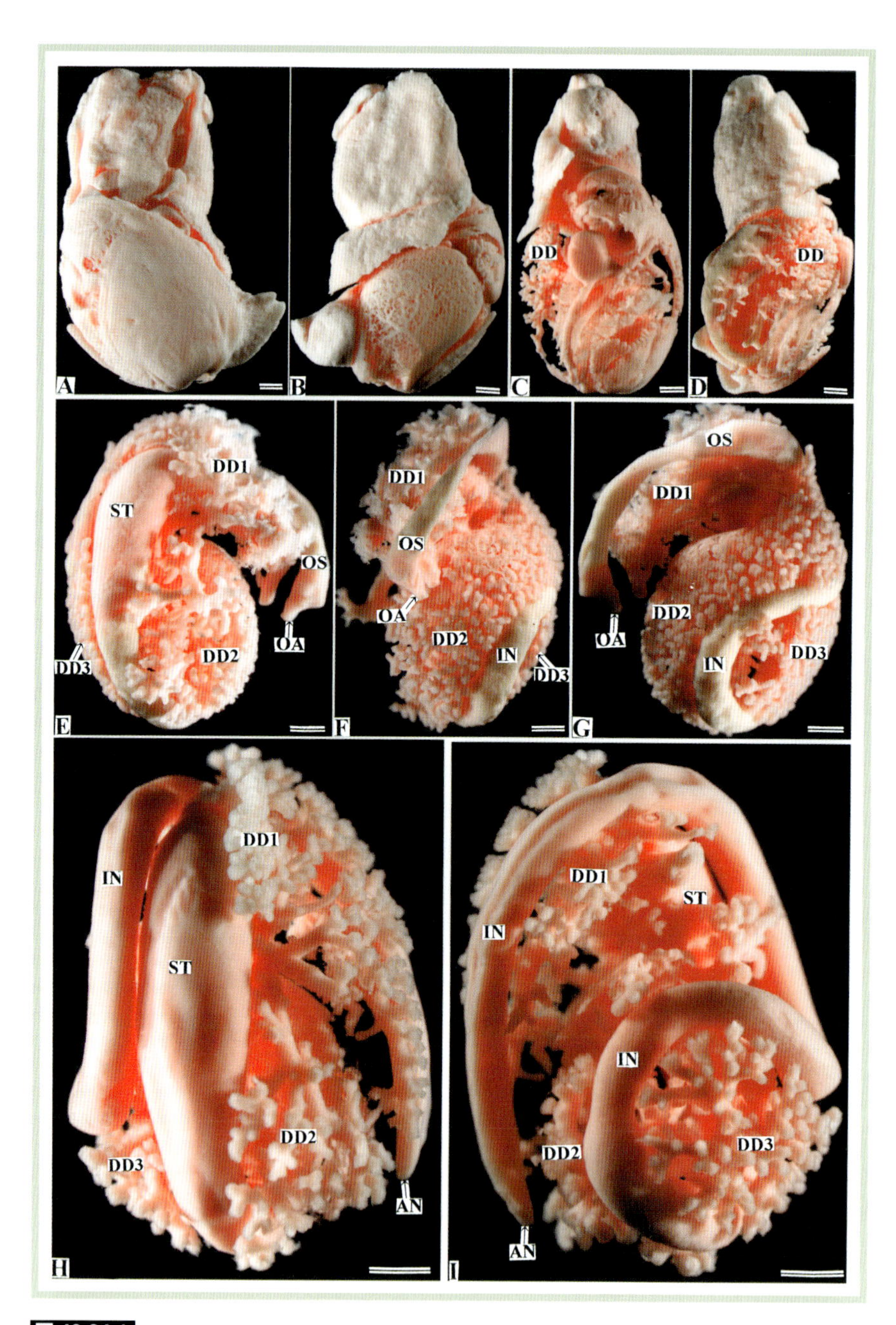

図 42-2A-I

ブドウガイ消化器官の鋳型.

A, C, E, H は背面図. B, D, G, I は腹面図. F は右側面図. E-G は口, 食道, 胃, 中腸腺を, H, I は胃, 中腸腺, 腸, 肛門をそれぞれ示す. 図中の実線は 1mm を示す.

Figs.42-2A-I

Corrosion resin-casts of the digestive organs in *Haminoea japonica*.

The figures are presented as follows: Figs. A, C, E, and H, dorsal views; Figs. B, D, G, and I, ventral views; Fig. F, right side view. Figs. E-G show the oral aperture, oesophagus, stomach, and digestive diverticula. Figs. H and I show the stomach, digestive diverticula, intestine and anus. Bars denote 1 mm.

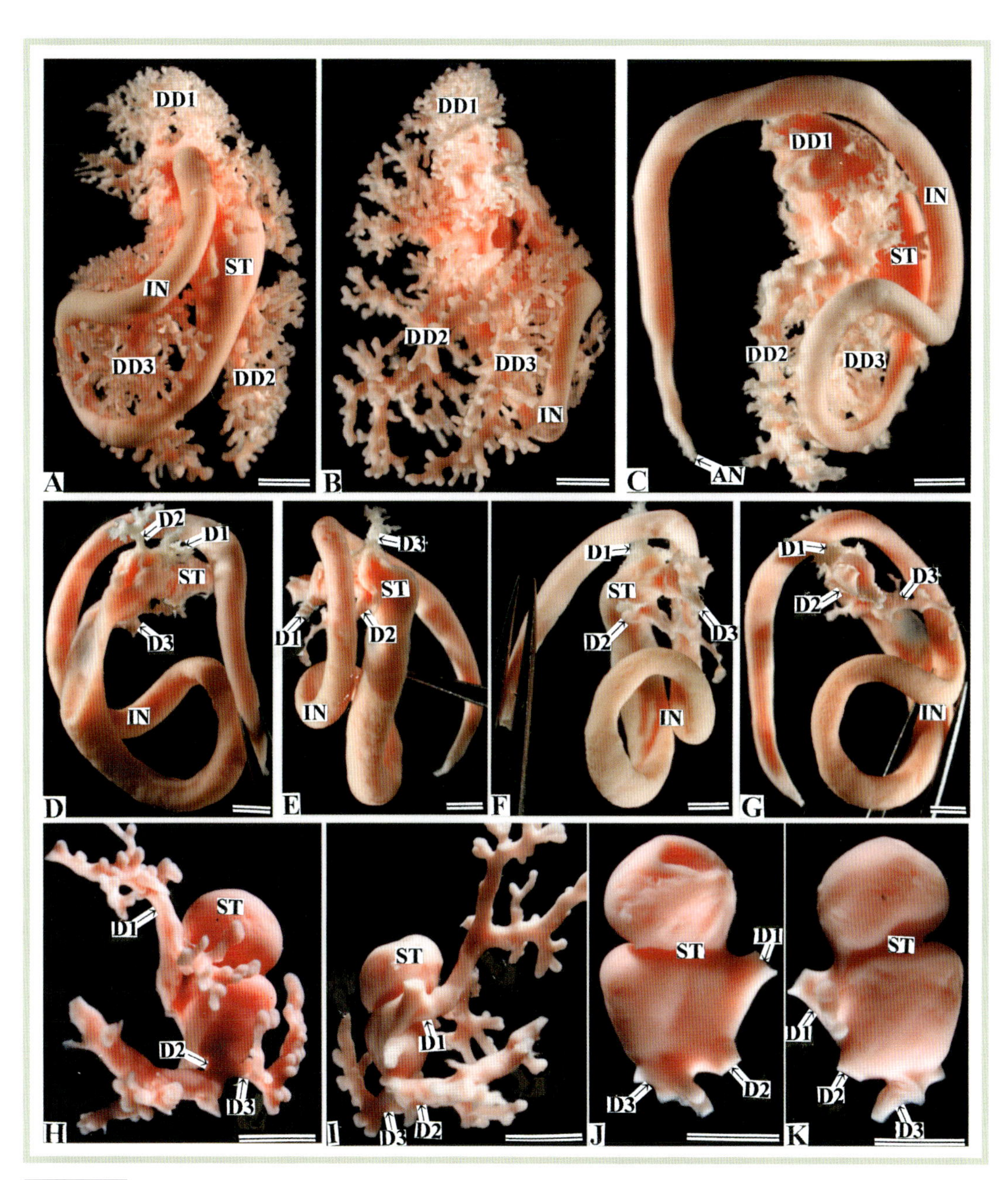

図 42-3A-K

ブドウガイ消化器官の鋳型.
A, E, I, J は背面図. B, D は左側面図. C, F, G, H, K は腹面図. A-C は一連の消化器官を, D-G は腸と導管の幹および胃を, H, I は導管の幹と胃を, J, K は導管の幹が胃に開口する位置と胃をそれぞれ示す. 図中の実線は 1mm を示す.

Figs.42-3A-K

Corrosion resin-casts of the digestive organs in *Haminoea japonica*.
The figures are presented as follows: Figs. A, E, I, and J, dorsal views; Figs. B and D, left side views; Figs. C, F, G, H, and K, ventral views. Figs. A-C show a series of views of the digestive organs. Figs. D-G show the intestine, stomach, and main ducts. Figs. H and I show the connection of the main ducts with the stomach clearly. Figs. J and K show the positions where the main ducts open into the stomach. Bars denote 1 mm.

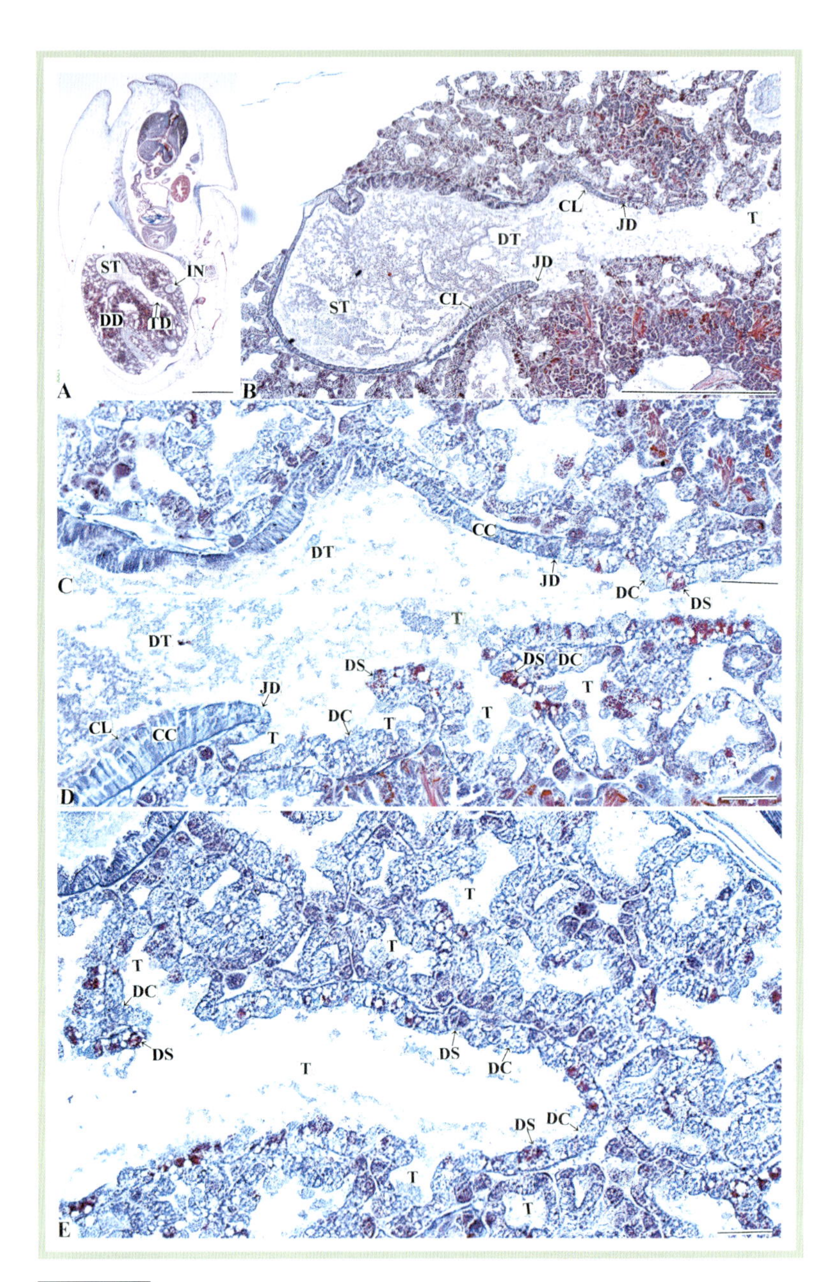

図 42-4A-E

ブドウガイ軟体部および中腸腺.
A は軟体部の縦断面図. B-E は中腸腺の縦断面図. B は胃壁, C は導管壁, D は導管と中腸腺細管の連絡, E は中腸腺細管をそれぞれ特に示す. 単軸袋状分枝I型（MI型）. 図中の実線は 1mm（A, B）および 100μm（C-E）を示す. アザン染色.

Figs.42-4A-E

Photomicrographs of the soft part and the digestive diverticula of *Haminoea japonica.*
Figs. A and B-E show vertical sections of the soft part and digestive diverticula, respectively. The figures are presented as follows: Fig. B, stomach wall; Fig. C, duct wall; Fig. D, connection between the duct and tubules; Fig. E, tubule. Monopodial saccular branching type I (MI type). Bars denote 1 mm in Figs. A, B and 100μm in Figs. C-E. Azan stain.

アメフラシ

Aplysia (*Varria*) *kurodai* MI

腹足綱 Class GASTROPODA
真後鰓目 Order Euopisthobranchia
アメフラシ科 Family Aplysiidae

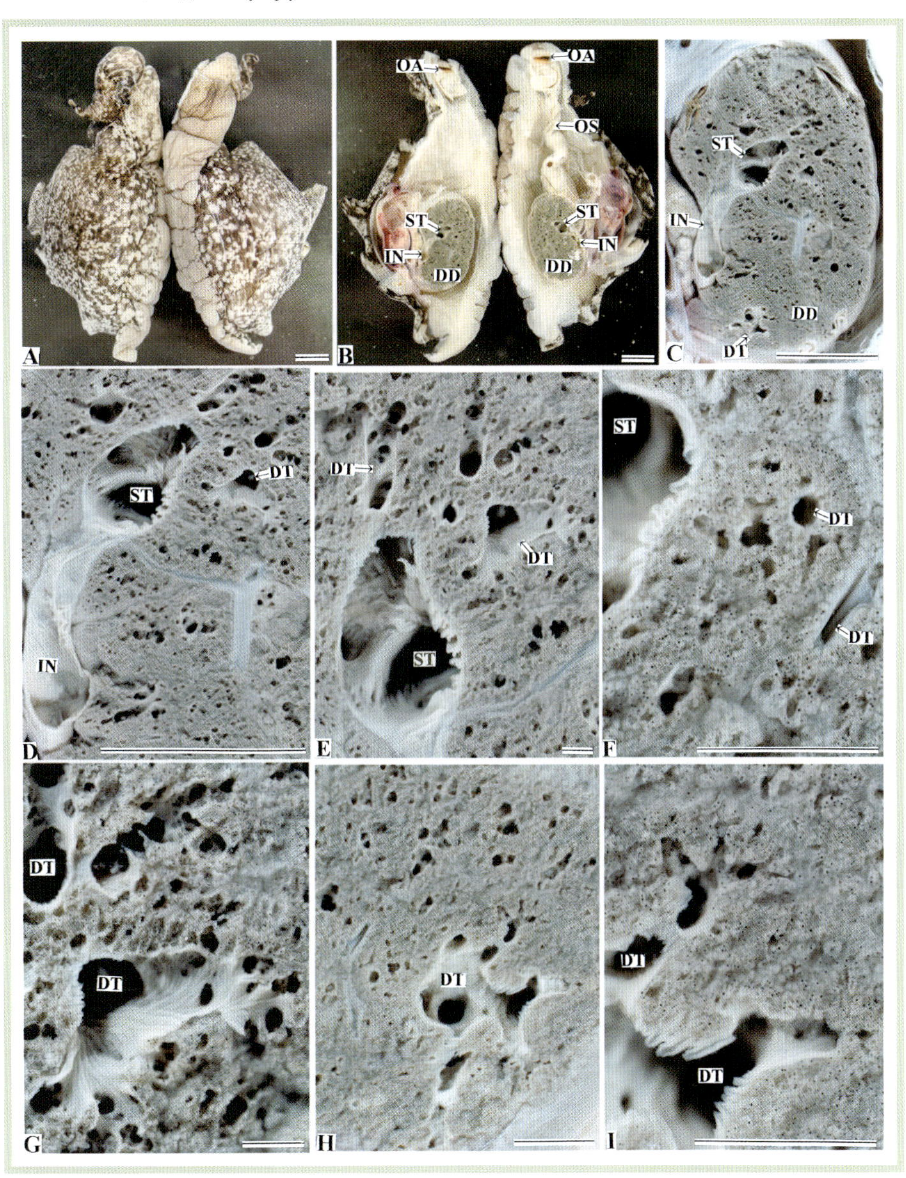

図 43-1A-I

アメフラシ *Aplysia* (*Varria*) *kurodai* 中腸腺.
A は体側面図. B は軟体部の縦断面図. C-I は中腸腺の縦断面図. C-I は B の中腸腺を拡大. 図中の実線は 1cm（A-C）および 1mm（D-I）を示す.

Figs.43-1A-I

Photographs of the digestive diverticula of *Aplysia* (*Varria*) *kurodai* GASTROPODA.
Fig. A shows a lateral side view. Fig. B shows the vertical-sectioned soft part. Figs. C-I show higher magnification views of Fig. B and show the vertical-sectioned digestive diverticula. Bars denote 1 cm in Figs. A-C and 1 mm in Figs. D-I.

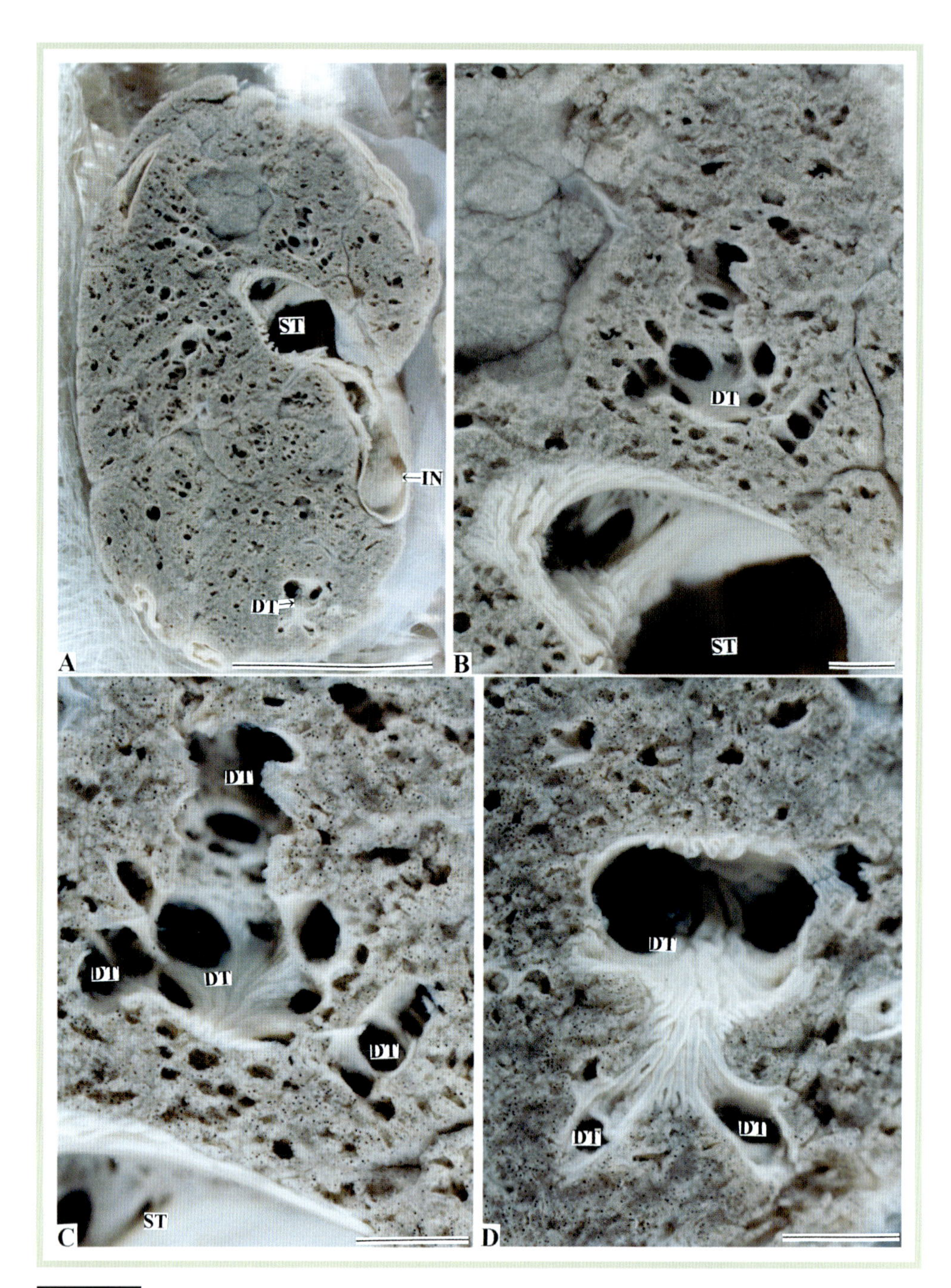

図 43-2A-D

アメフラシ中腸腺の縦断面図.
A は中腸腺の拡大を示す. B-D は A の拡大. 図中の実線は 1cm（A）および 100μm（B-D）を示す.

Figs.43-2A-D

Photographs of the vertical-sectioned digestive diverticula of *Aplysia* (*Varria*) *kurodai*.
Fig. A shows a view of the vertical-sectioned digestive diverticula. Figs. B-D show higher magnification views of the digestive diverticula in Fig. A. Bars denote 1 cm in Fig. A and 100μm in Figs. B-D.

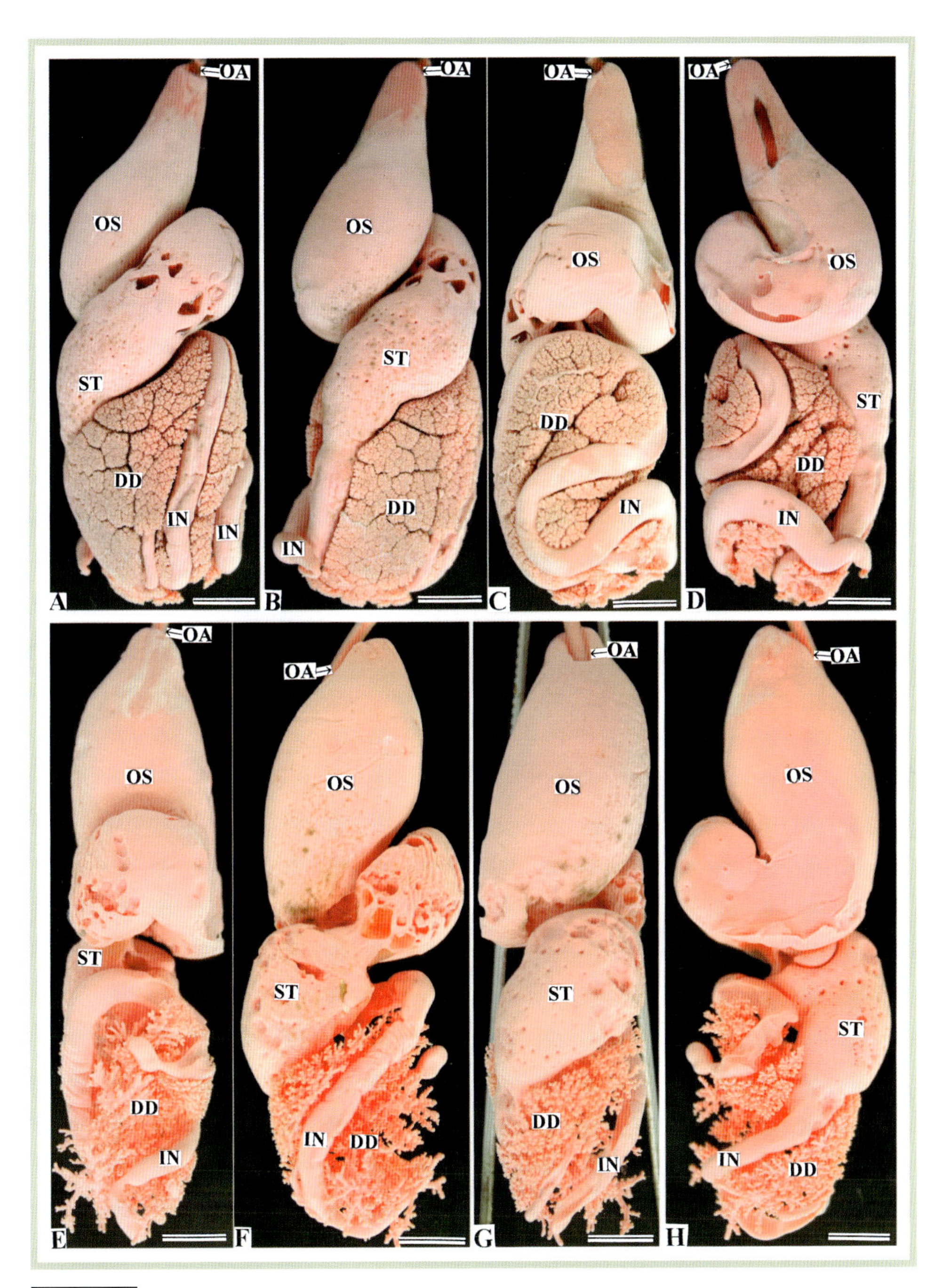

図 43-3A-H

アメフラシ消化器官の鋳型.
A, F は右側面図. B, G は背面図. C, E は腹面図. D, H は左側面図. 図中の実線は 1cm を示す.

Figs.43-3A-H

Corrosion resin-casts of the digestive organs of *Aplysia* (*Varria*) *kurodai.*
The figures are presented as follows: Figs. A and F, right side views; Figs. B and G, dorsal views; Figs. C and E, ventral views; Figs. D and H, left side views. Bars denote 1 cm.

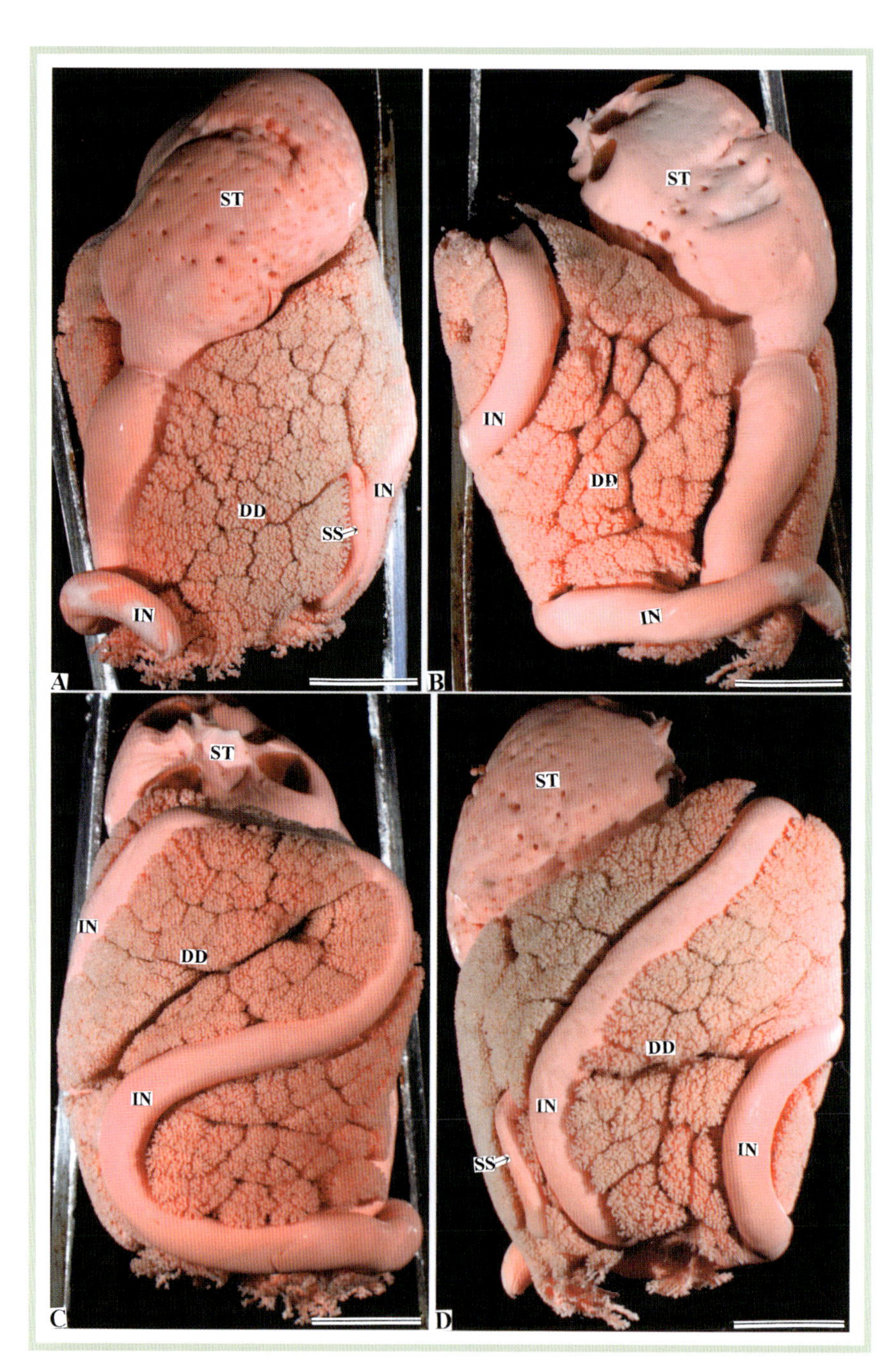

図 43-4A-D

アメフラシ消化器官の鋳型.
A は背面図. B は左側面図. C は腹面図. D は右側面図. 図中の実線は 1cm を示す.

Figs.43-4A-D

Corrosion resin-cast of the digestive organs of *Aplysia* (*Varria*) *kurodai*.
The figures are presented as follows: Fig. A, dorsal view; Fig. B, left side view; Fig. C, ventral view; Fig. D, right side view. Bars denote 1 cm.

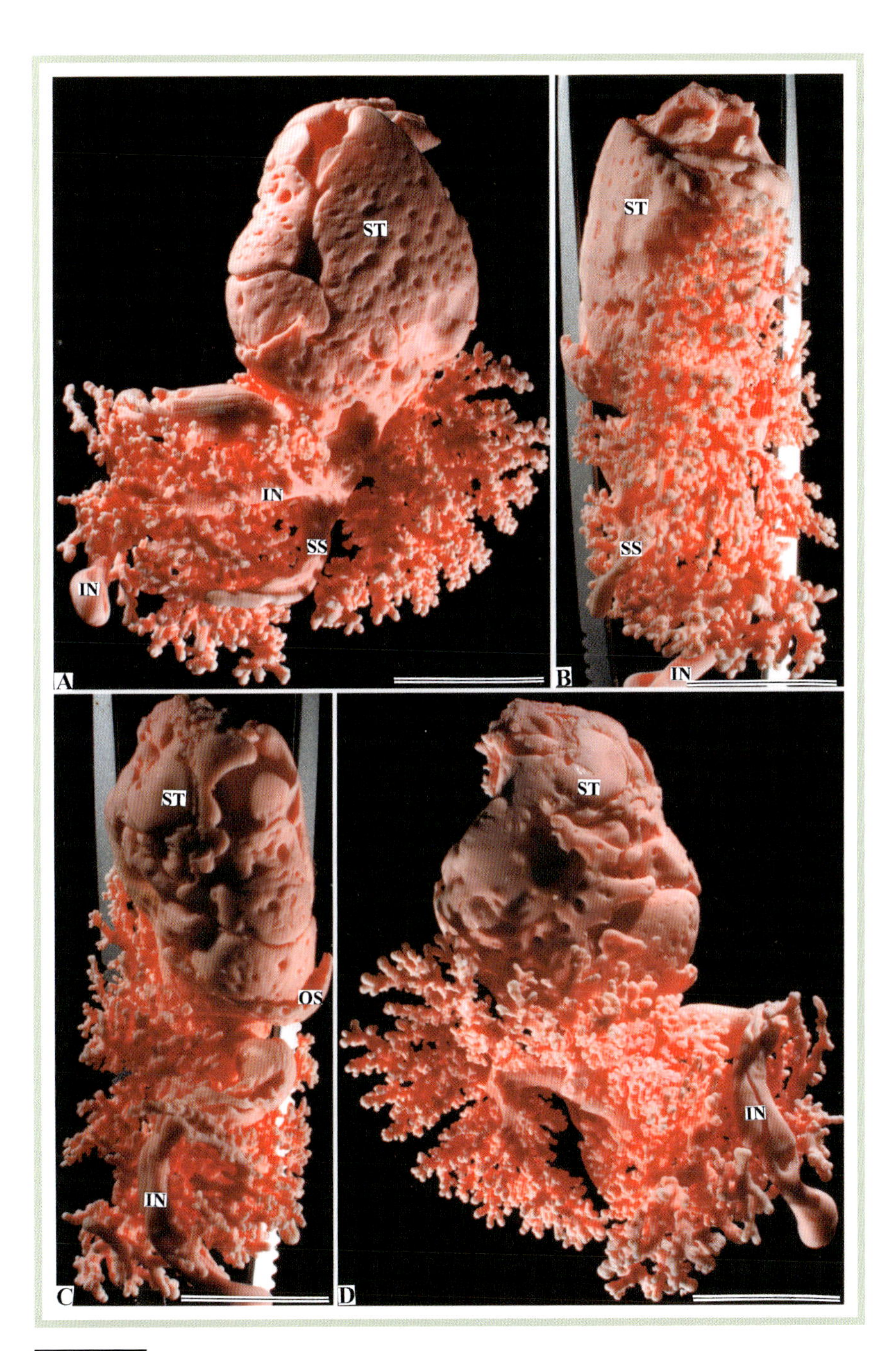

図 43-5A-D

アメフラシ消化器官の鋳型．
A は右側面図．B は腹面図．C は背面図．D は左側面図．A，B は特に晶体嚢を示す．図中の実線は 1cm を示す．

Figs.43-5A-D

Corrosion resin-cast of the digestive organs of *Aplysia* (*Varria*) *kurodai*.
The figures are presented as follows: Fig. A, right side view; Fig. B, ventral view; Fig. C, dorsal view; Fig. D, left side view. The style-sacs are particularly shown in Figs. A and B. Bars denote 1 cm.

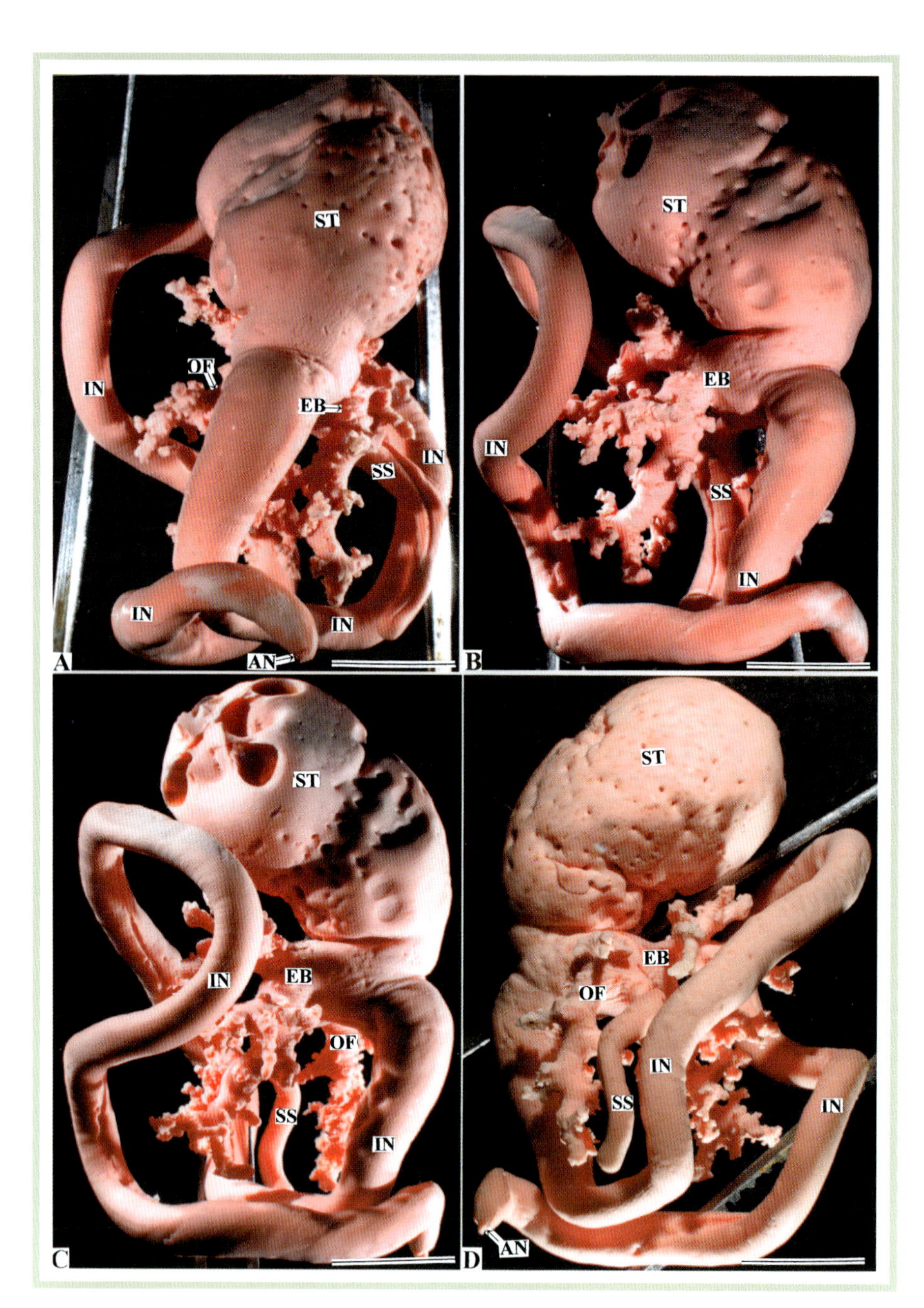

図 43-6A-D

アメフラシ消化器官の鋳型.
A は背面図. B は右側面図. C は腹面図. D は左側面図. A-D は特に晶体嚢, 腸, 胃の湾入部の位置, 導管の胃壁への開口部の位置を示す. 図中の実線は 1cm を示す.

Figs.43-6A-D

Corrosion resin-cast of the digestive organs of *Aplysia* (*Varria*) *kurodai*.
The figures are presented as follows: Fig. A, dorsal view; Fig. B, right side view; Fig. C, ventral view; Fig. D, left side view. The style-sacs, intestines, and positions of the embayment and orifice of stomach, especially, are shown. Bars denote 1 cm.

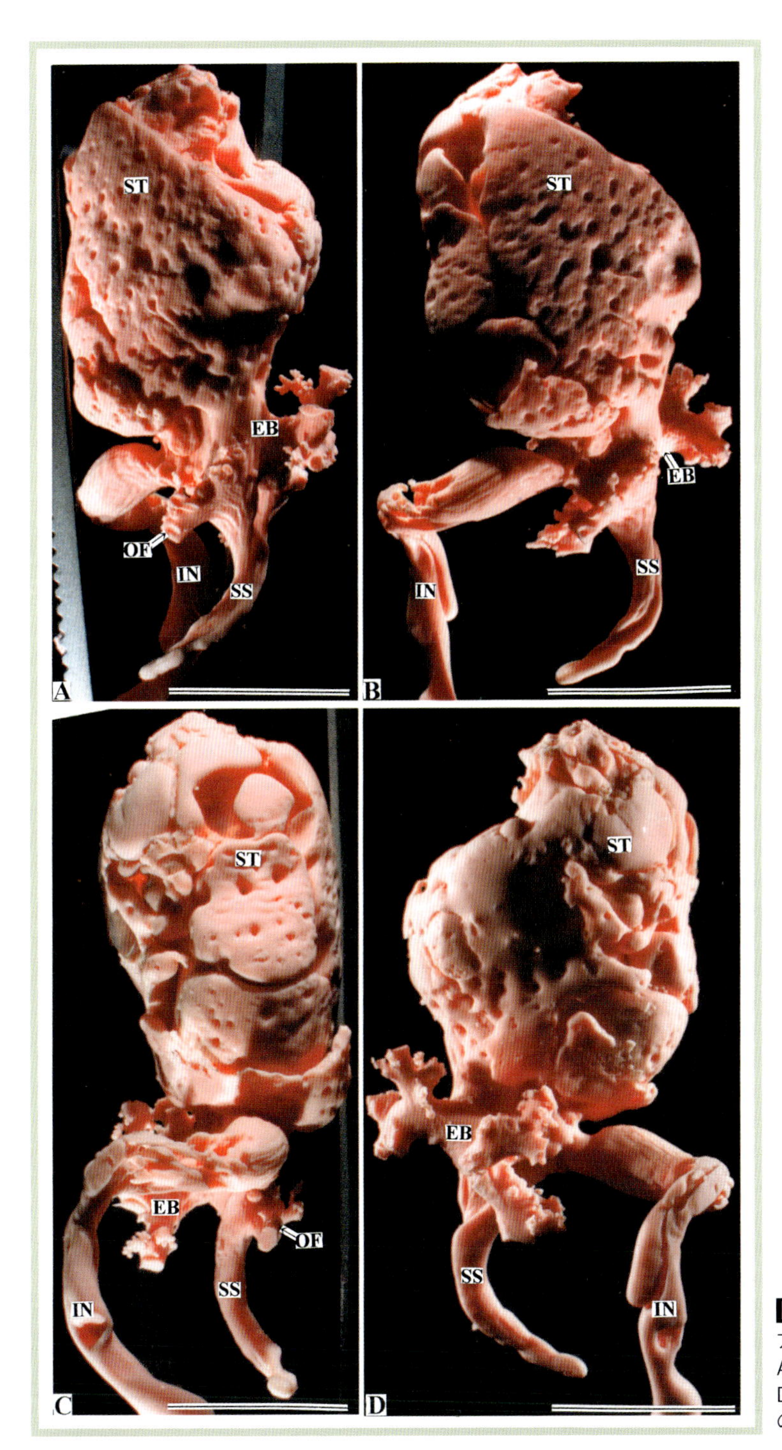

図 43-7A-D
アメフラシ消化器官の鋳型.
A は背面図. B は右側面図. C は腹面図. D は左側面図. A-D は胃と腸および晶体嚢の連絡を示す. 図中の実線は 1cm を示す.

Figs.43-7A-D
Corrosion resin-cast of the digestive organs of *Aplysia* (*Varria*) *kurodai*.
The figures are presented as follows: Fig. A, dorsal view; Fig. B, right side view; Fig. C, ventral view; Fig. D, left side view. The connections of the stomach with the intestine and the style-sac, especially, are shown. Bars denote 1 cm.

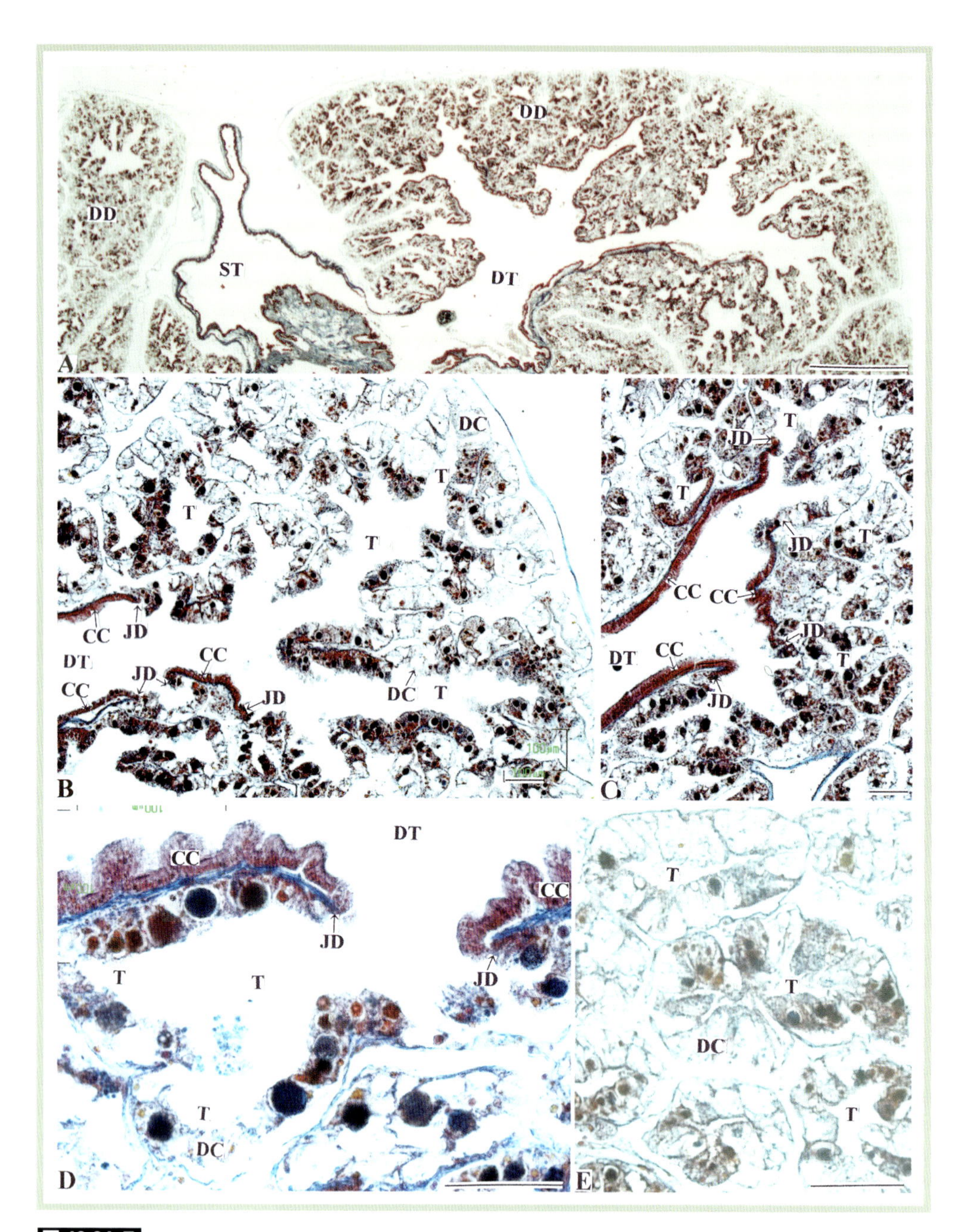

図 43-8A-E

アメフラシ中腸腺の縦断面.
B-D は A の拡大. B-D は導管と中腸腺細管を, E は中腸腺細管の横断面を示す. 単軸袋状分枝I型（M I型）. 図中の実線は 1mm（A）および 100μm（B-E）を示す. アザン染色.

Figs.43-8A-E

Photomicrographs of the vertical-sectioned digestive diverticula of *Aplysia* (*Varria*) *kurodai*.
Fig. A is shown as magnified views in Figs. B-D. Figs. B-D show the duct and the tubules. Fig. E shows the transverse-sectioned tubules. Monopodial saccular branching type I (M I type). Bars denote 1 mm in Fig. A and 100μm in Figs. B-E. Azan stain.

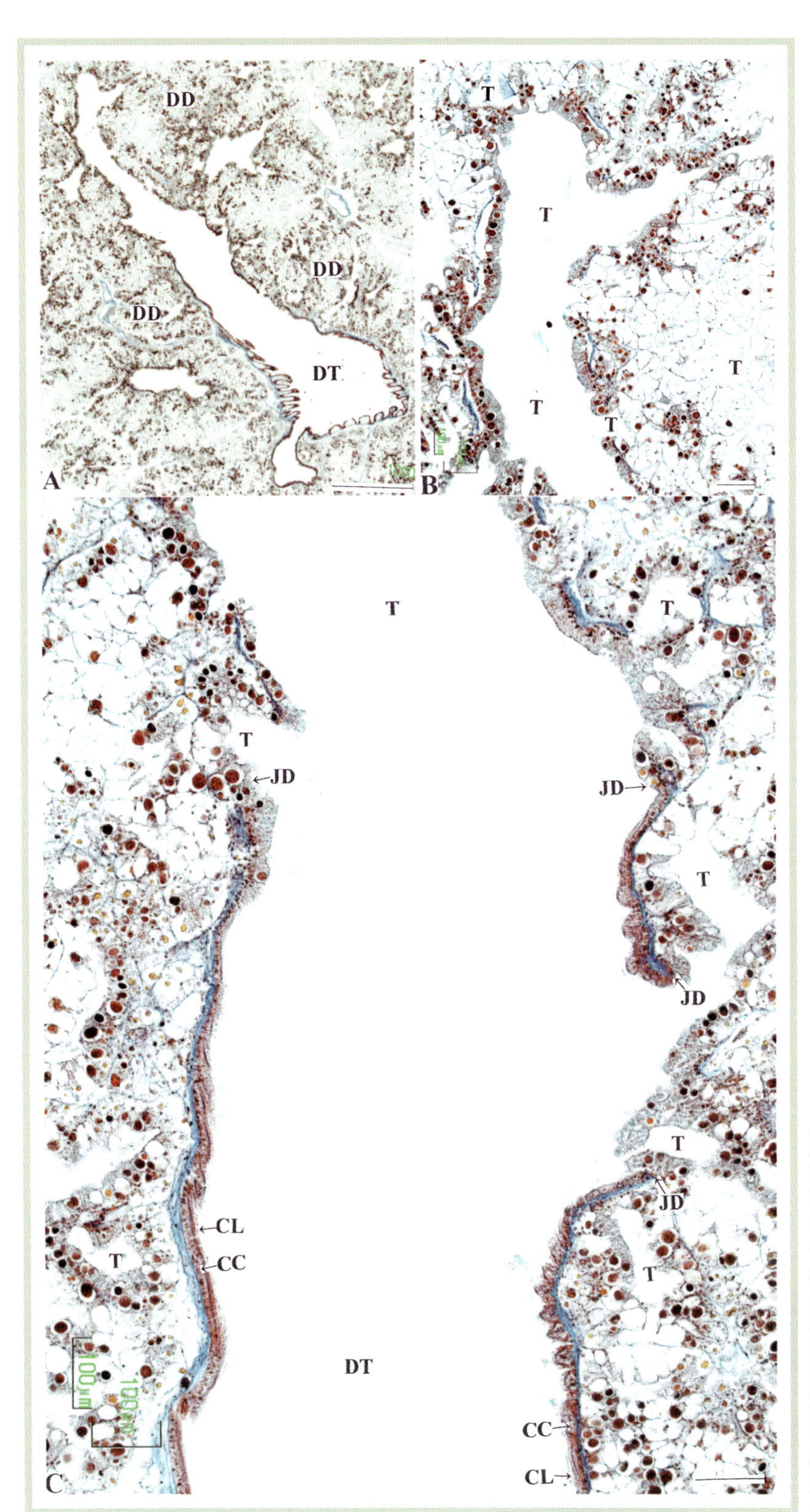

図 43-9A-C

アメフラシ中腸腺の縦断面．B, C は A の拡大．B, C は導管と中腸腺細管を示す．図中の実線は 1mm（A）および 100 μm（B, C）を示す．アザン染色．

Figs.43-9A-C

Photomicrographs of the vertical-sectioned digestive diverticula of *Aplysia (Varria) kurodai.* Fig. A is shown as magnified views in Figs. B and C. Figs. B, C show the duct and the tubules. Bars denote 1 mm in Fig. A and 100μm in Figs. B, C. Azan stain.

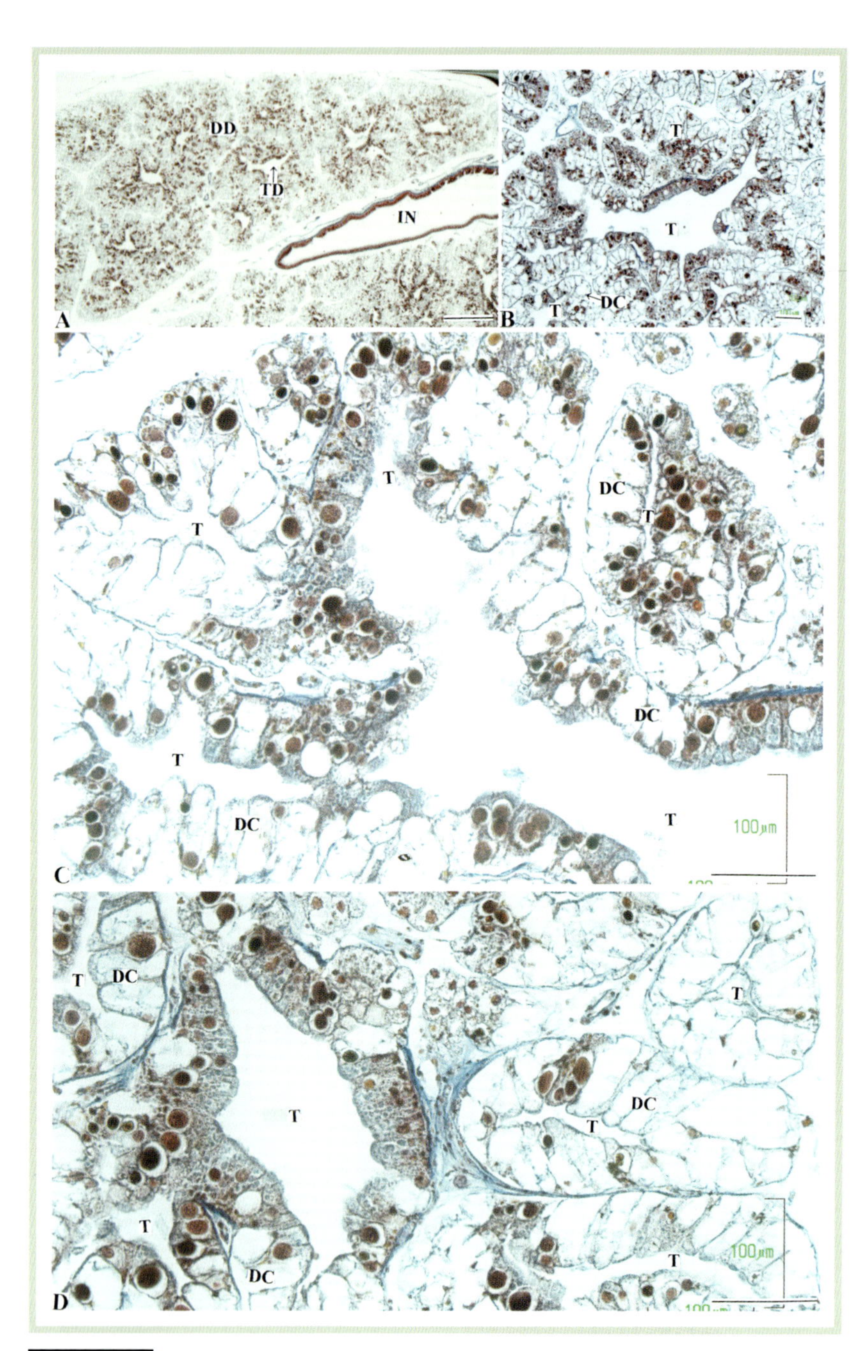

図 43-10A-D

アメフラシ中腸腺の縦断面.
B-D は A の拡大. B-D は中腸腺細管の横断面. 図中の実線は 1mm（A）および 100μm（B-D）を示す. アザン染色.

Figs.43-10A-D

Photomicrographs of the vertical-sectioned digestive diverticula in *Aplysia* (*Varria*) *kurodai.*
Fig. A is shown as a magnified view in Figs. B-D. Figs. B-D show the transverse-sectioned tubules. Bars denote 1 mm in Fig. A and 100μm in Figs. B-D. Azan stain.

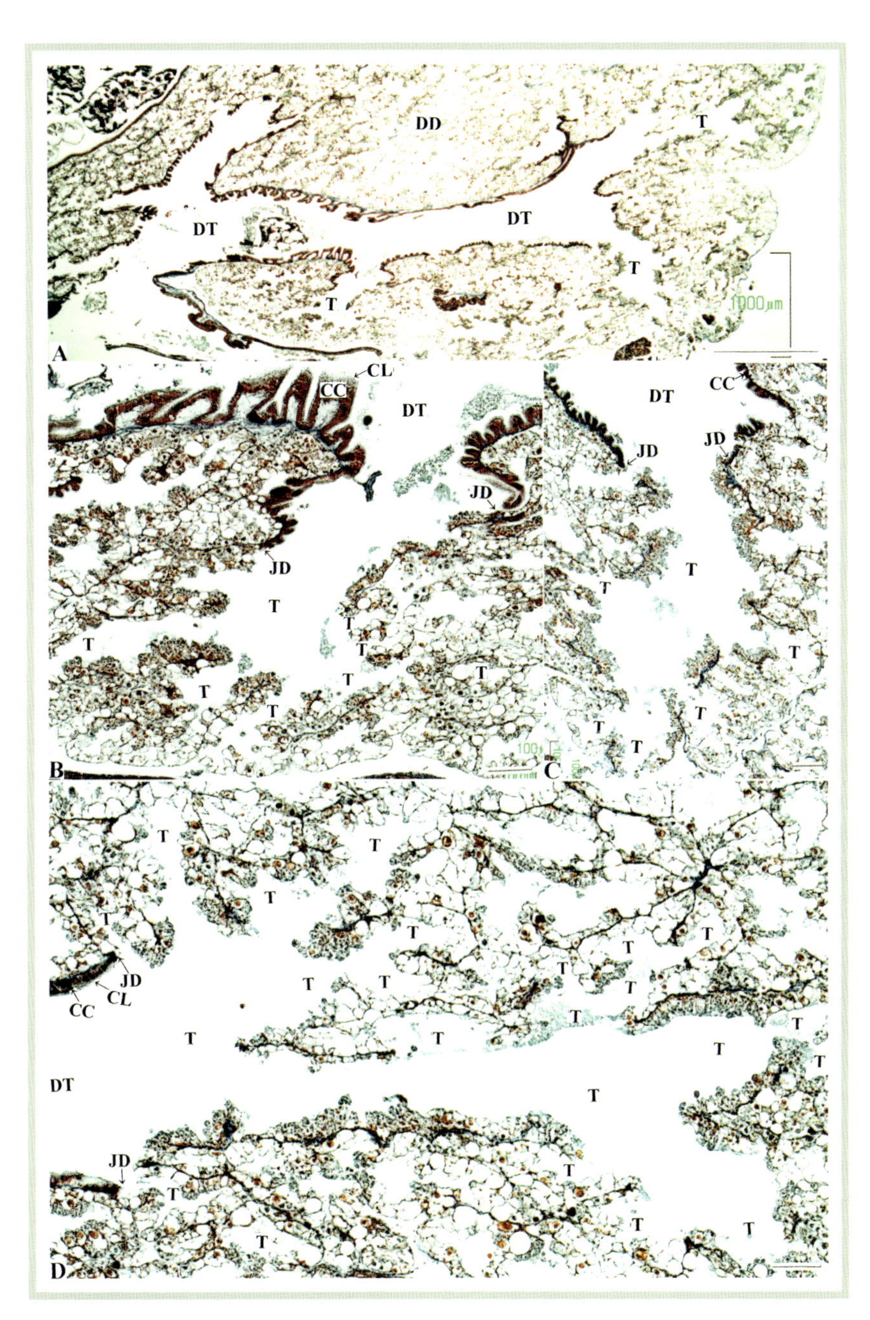

図 43-11A-D

アメフラシ中腸腺の縦断面図.
B-D は A の中腸腺を拡大. B は特に繊毛細胞, C,D は中腸腺細管をそれぞれ示す. 図中の実線は 1mm（A）および 100μm（B-D）を示す. アザン染色.

Figs.43-11A-D

Photomicrographs of the vertical-sectioned digestive diverticula of *Aplysia* (*Varria*) *kurodai*.
Fig. A shows the digestive diverticula, and magnified views are shown in Figs. B-D. These magnified view particularly show the ciliated cells (Fig. B), and the tubules (Figs. C, D). Bars denote 1 mm in Fig. A and 100μm in Figs. B-D. Azan stain.

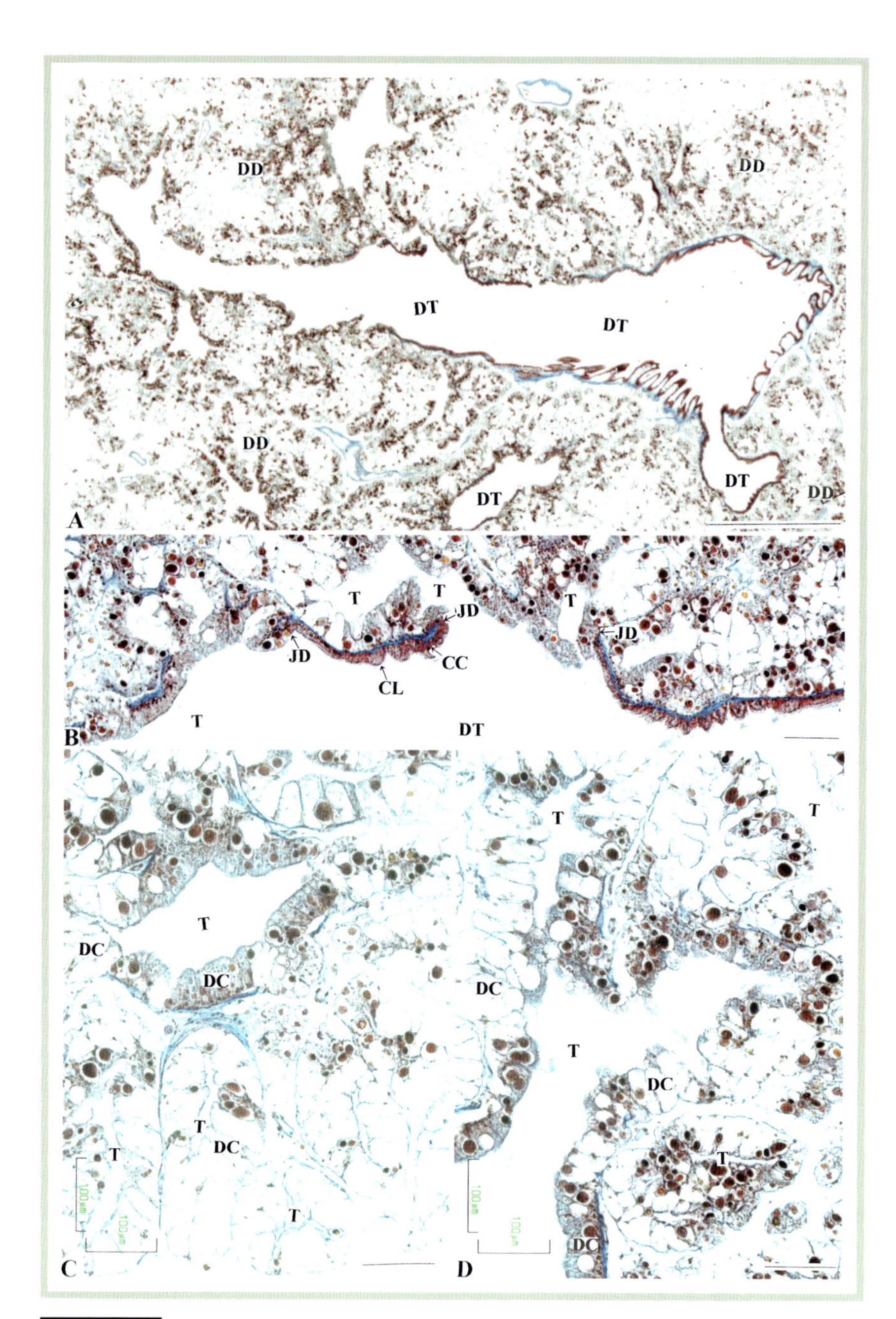

図 43-12A-D

アメフラシ中腸腺の縦断面図.
B-D は A の中腸腺を拡大. B は特に繊毛, 繊毛細胞, 導管と中腸腺細管の接合部を示す. C, D は中腸腺細管の横断面を示す. 図中の実線は 1mm (A) および 100μm (B-D) を示す. アザン染色.

Figs.43-12A-D

Photomicrographs of the vertical-sectioned digestive diverticula of *Aplysia (Varria) kurodai*.
Fig. A shows the digestive diverticula, and magnified views are shown in Figs. B-D. In particular, these figures show the cilia, ciliated cells, junctions of the duct with the tubule (Fig. B), and the transverse-sectioned tubules (Figs. C, D). Bars denote 1 mm in Fig. A and 100μm in Figs. B-D. Azan stain.

キクノハナガイ

Siphonaria (*Anthosiphonaria*) *sirius* MI

腹足綱 Class GASTROPODA
汎有肺目 Order Panpulmonata
カラマツガイ科 Family Siphonariidae

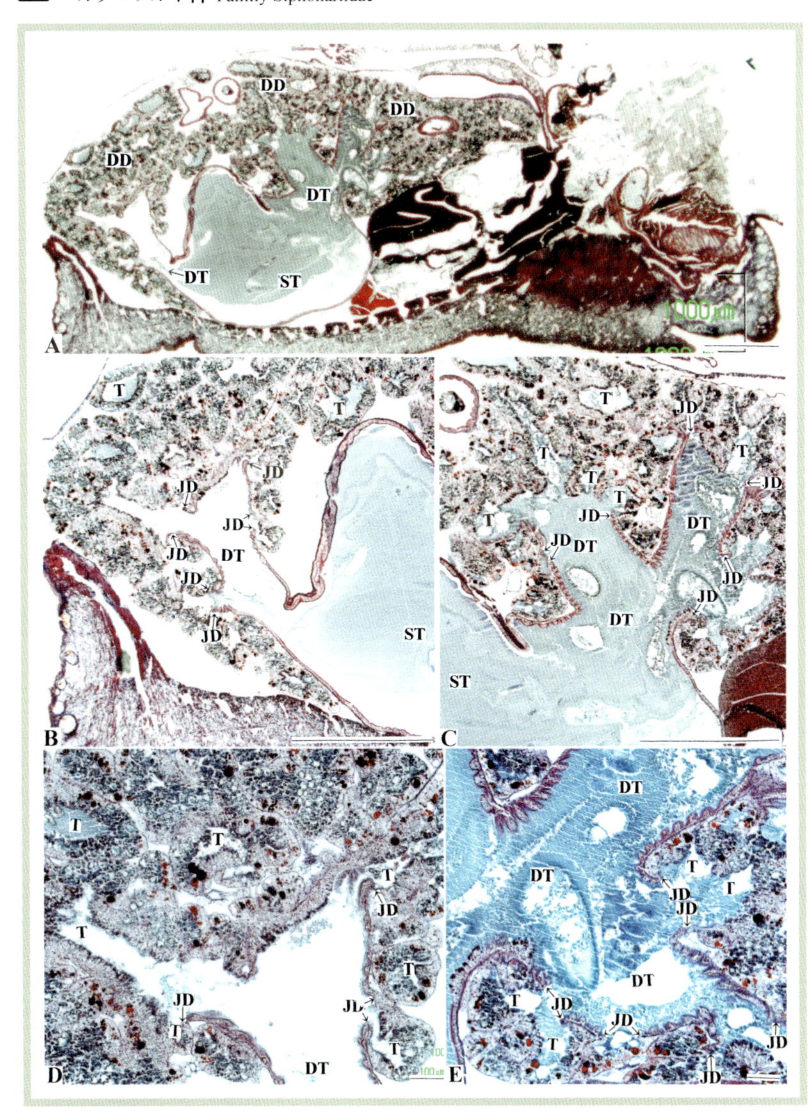

図 44-1A-E

キクノハナガイ *Siphonaria* (*Anthosiphonaria*) *sirius* 中腸腺の横断面図.
B-E は A の中腸腺を拡大. B, C は胃と導管の連絡を, D, E は導管と中腸腺細管の連絡をそれぞれ主に示す. 単軸袋状分枝I型（M I型）. 図中の実線は 1mm（A-C）および 100 μm（D, E）を示す. アザン染色.

Figs.44-1A-E

Photomicrographs of the transverse-sectioned digestive diverticula of *Siphonaria* (*Anthosiphonaria*) *sirius* GASTROPODA.
Fig. A shows the digestive diverticula, and magnified views are shown in Figs. B-E. These magnified views show mainly the connection between the stomach and duct (Figs. B, C), and the junctions of the duct with the tubules (Figs. D, E). Monopodial saccular branching type I (MI type). Bars denote 1 mm in Figs. A-C and 100μm in Figs. D, E. Azan stain.

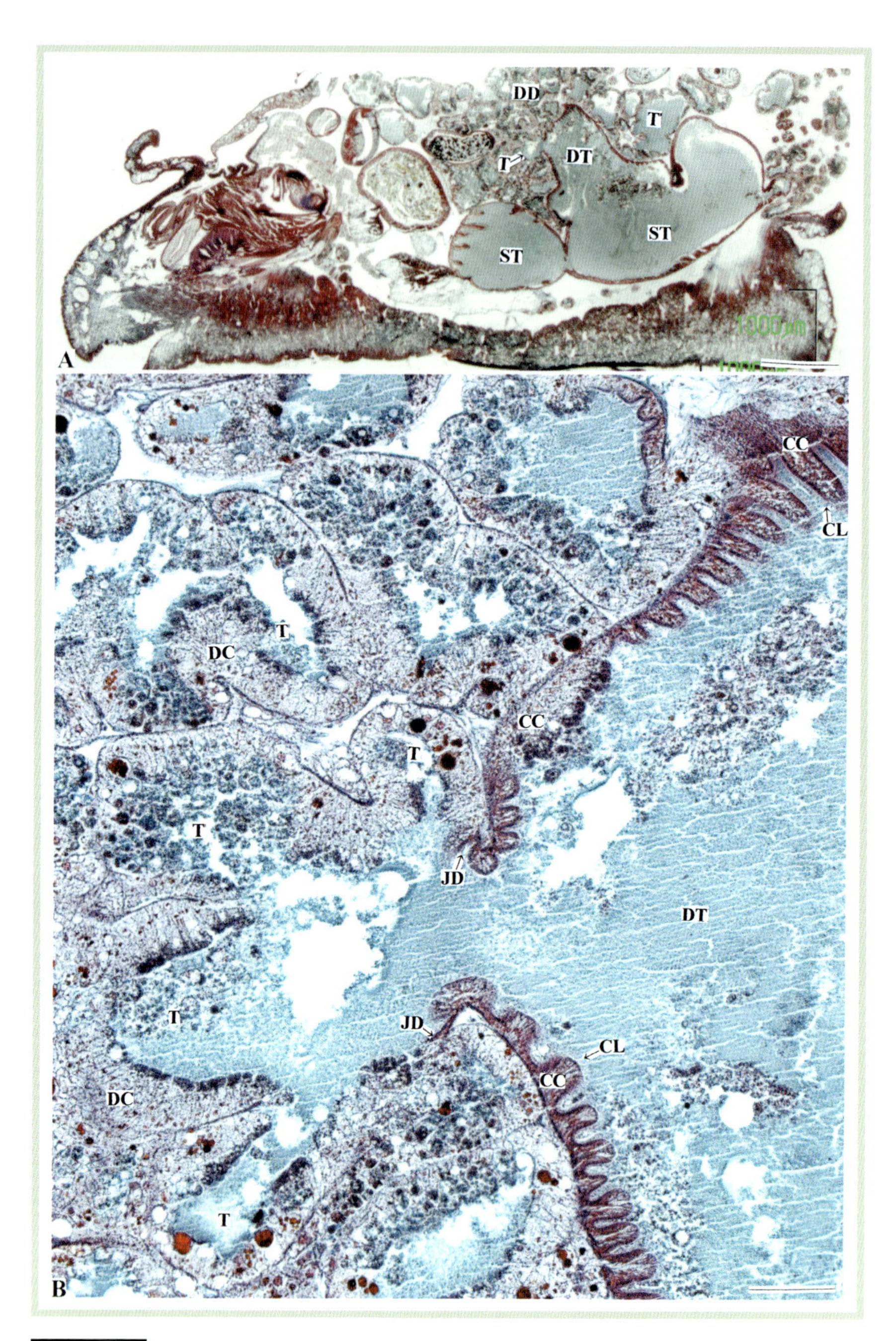

図 44-2A, B

キクノハナガイ中腸腺の横断面図.
B は A の中腸腺を拡大. B は繊毛細胞と中腸腺細管を拡大. 図中の実線は 1mm（A）および 100 μm（B）を示す. アザン染色.

Figs.44-2A, B

Photomicrographs of the transverse-sectioned digestive diverticula of *Siphonaria* (*Anthosiphonaria*) *sirius*. Fig. A shows the digestive diverticula, and a magnified view is shown in Fig. B. Fig. B shows the ciliated cells and the tubules. Bars denote 1 mm in Fig. A and 100μm in Fig. B. Azan stain.

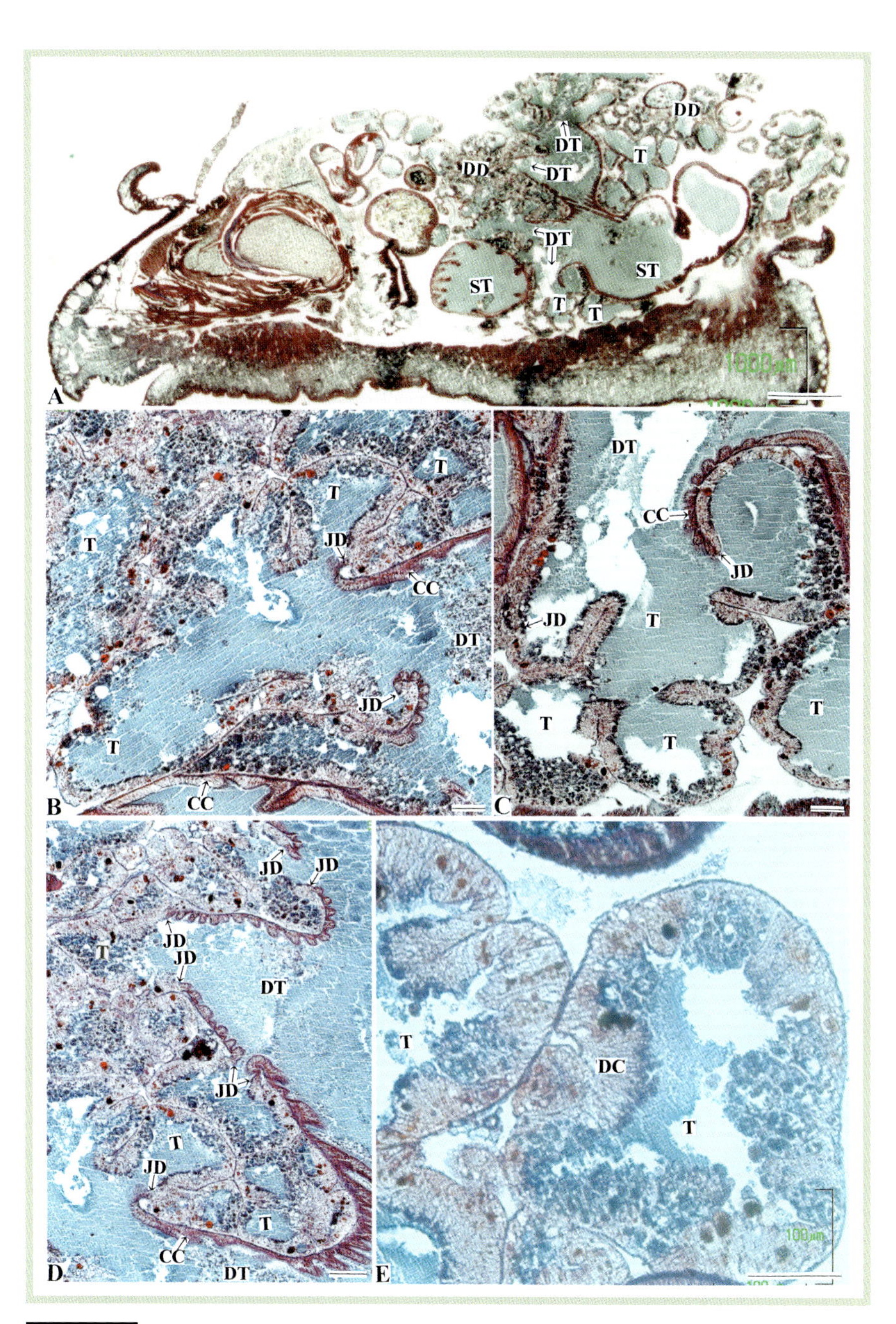

図 44-3A-E

キクノハナガイ中腸腺の横断面図.
B-E は A の中腸腺を拡大．B-D は導管と中腸腺細管の連絡を，E は中腸腺細管の横断面をそれぞれ示す．図中の実線は 1mm（A）および 100μm（B-E）を示す．アザン染色.

Figs.44-3A-E

Photomicrographs of the transverse-sectioned digestive diverticula of *Siphonaria* (*Anthosiphonaria*) *sirius*. Fig. A shows the digestive diverticula, and magnified views are shown in Figs. B-E. These magnified views show the connection between the ducts and tubules (Figs. B-D), and the transverse-sectioned tubules (Fig. E). Bars denote 1 mm in Fig. A and 100μm in Figs. B-E. Azan stain.

第Ⅱ部　図版(二枚貝綱)

2.　二枚貝綱 BIVALVIA

切断面　二枚貝綱の場合は,

縦断面：　殻高に平行な切断面（Vertical section）.

横断面：　殻高に直交する切断面（Transverse section）.

水平断面：殻長に平行な切断面（Horizontal section）.

斜断面：　殻高に斜交する切断面（Oblique section）.

カリガネエガイ

Barbatia (*Savignyarca*) *virescens* SII

二枚貝綱 Class BIVALVIA
フネガイ目 Order Arcoida
フネガイ科 Family Arcidae

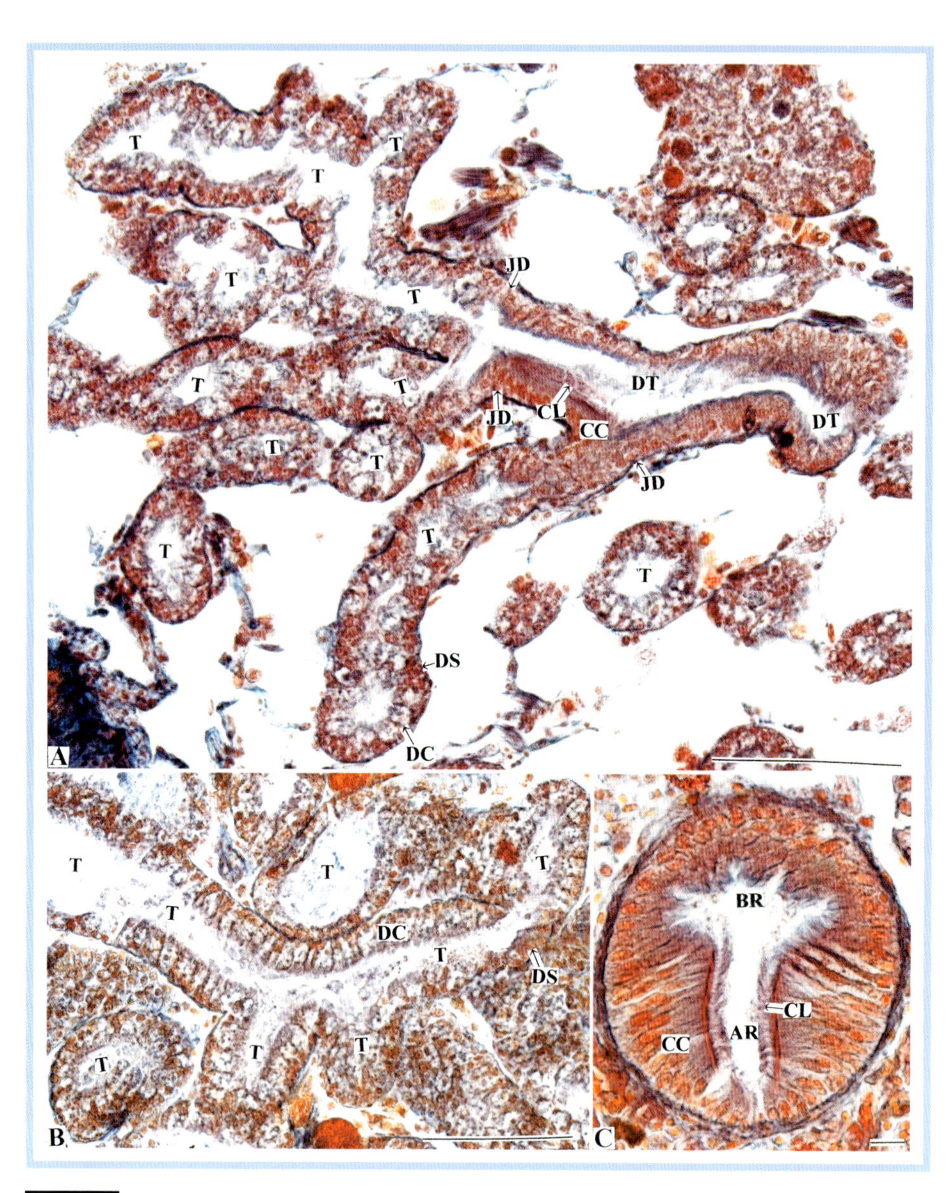

図 45A-C

カリガネエガイ *Barbatia* (*Savignyarca*) *virescens* 中腸腺.
A は導管と中腸腺細管，B は中腸腺細管，C は導管をそれぞれ示す．房状分枝Ⅱ型（SⅡ型）．図中の実線は 100μm（A, B）および 10μm（C）を示す．アザン染色.

Figs.45A-C

Photomicrographs of the digestive diverticula of *Barbatia* (*Savignyarca*) *virescens* BIVALVIA.
Figs. A, B, and C show the ducts and tubules, the tubules, and the ducts, respectively. Simple acinar branching type II (SII type). Bars denote 100μm in Figs. A, B and 10μm in Fig. C. Azan stain.

アカガイ

Scapharca broughtonii SII

二枚貝綱 Class BIVALVIA
フネガイ目 Order Arcoida
フネガイ科 Family Arcidae

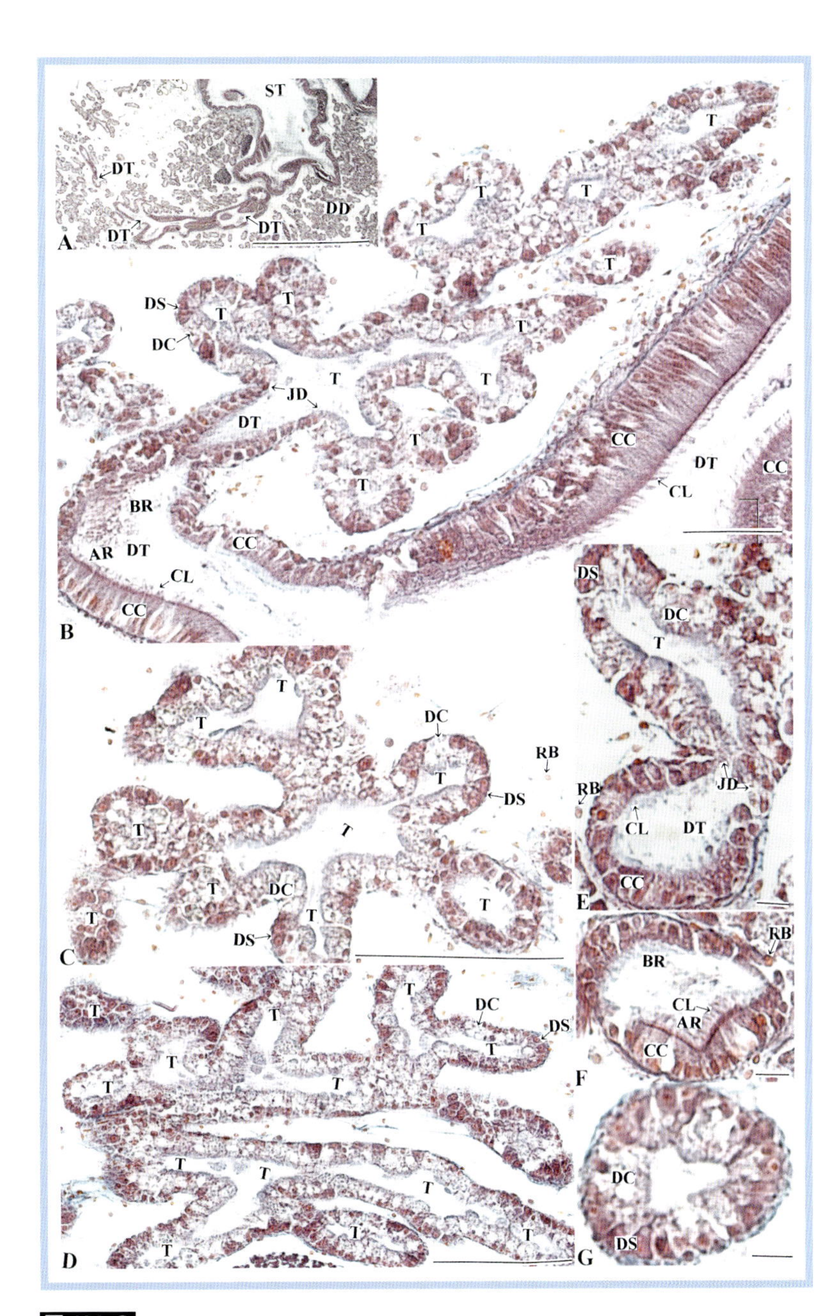

図 46A-G

アカガイ *Scapharca broughtonii* 中腸腺.
A は中腸腺，B, E は導管と中腸腺細管，C, D, G は中腸腺細管，F は導管をそれぞれ示す．房状分枝II型（SII型）．図中の実線は 1mm（A），100μm（B-D）および 10μm（E-G）を示す．アザン染色．

Figs.46A-G

Photomicrographs of the digestive diverticula of *Scapharca broughtonii* BIVALVIA.
These figures show the digestive diverticula (Fig. A), the ducts and tubules (Figs. B, E), the tubules (Figs. C, D, G) and the duct (Fig. F). Simple acinar branching type II (SII type). Bars denote 1 mm in Fig. A, 100μm in Figs. B-D and 10μm in Figs. E-G. Azan stain.

サルボウ

Scapharca kagoshimensis SII

二枚貝綱 Class BIVALVIA
フネガイ目 Order Arcoida
フネガイ科 Family Arcidae

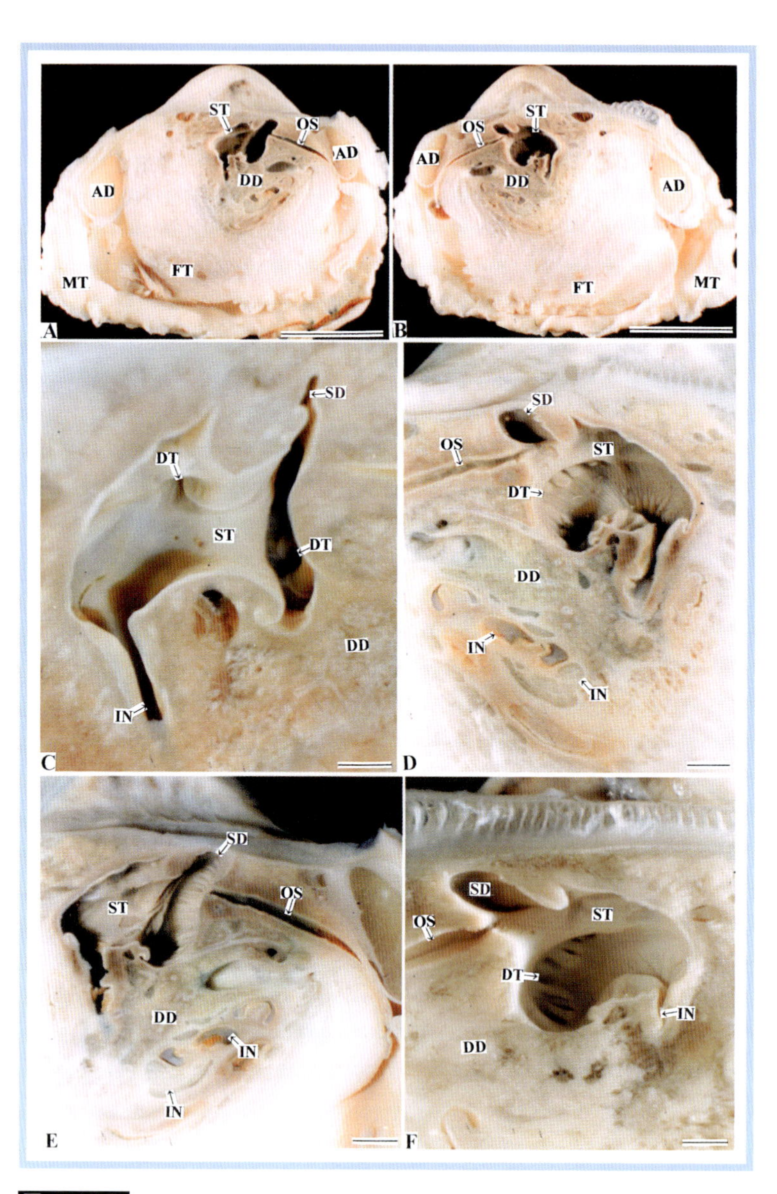

図 47-1A-F

サルボウ *Scapharca kagoshimensis* 軟体部の水平断面図.
A, C, E は左側面図. B, D, F は右側面図. 図中の実線は 1cm(A, B) および 1mm(C-F) を示す.

Figs.47-1A-F

Photographs of the horizontal-sectioned soft part of *Scapharca kagoshimensis* BIVALVIA. Figs. A, C and E show left side views, and Figs. B, D and F show right side views. Bars denote 1 cm in Figs. A, B and 1 mm in Figs. C-F.

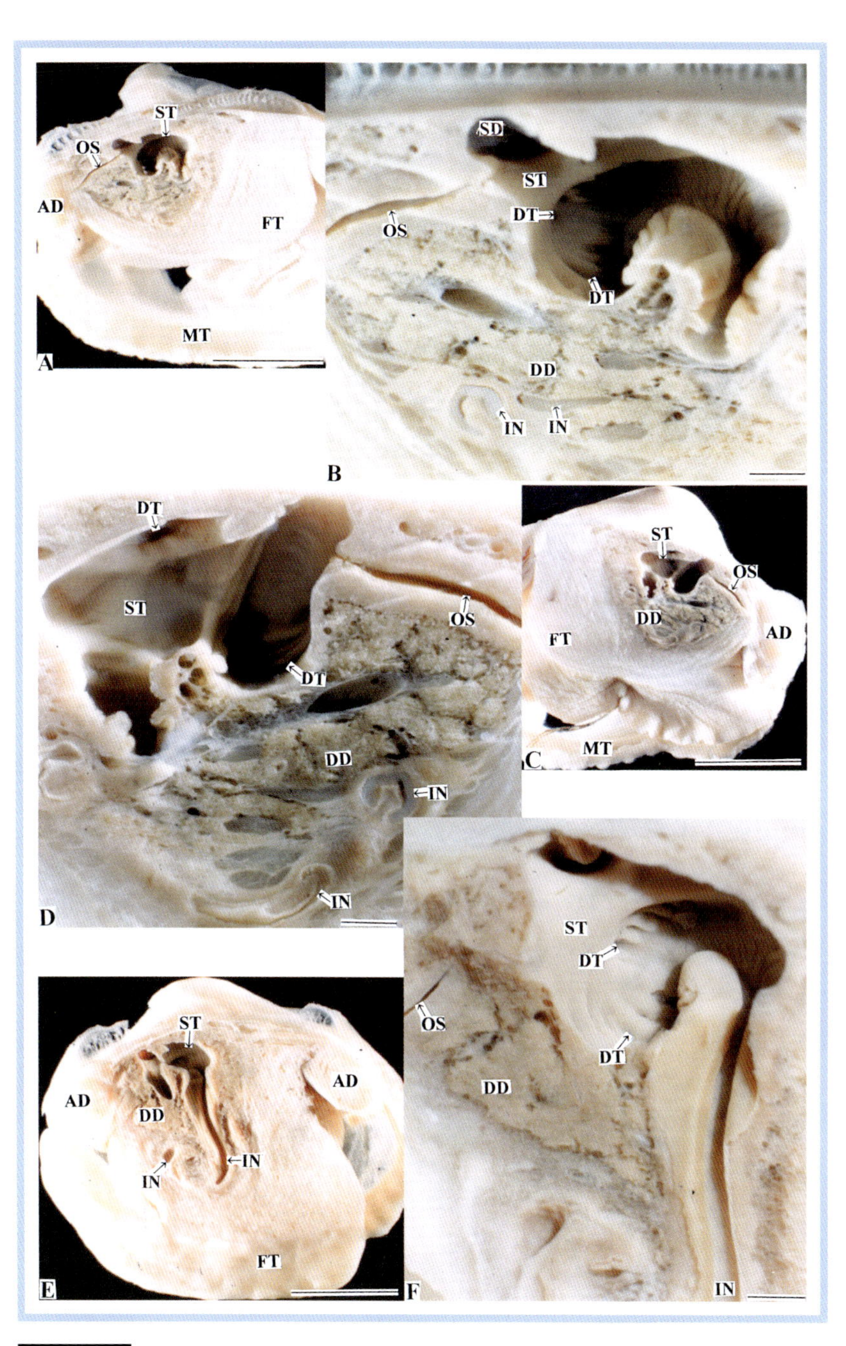

図 47-2A-F

サルボウ軟体部の水平断面図.
A, E は右側面, C は左側面をそれぞれ示す. B は A の拡大. D は C の拡大. F は E の拡大. 図中の実線 1cm（A, C, E）および 1mm（B, D, F）を示す.

Figs. 47-2A-F

Photographs of the horizontal-sectioned soft part of *Scapharca kagoshimensis.*
Figs. A and E show right side views, and Fig. C a left side view. Fig. A, C, and E are shown as magnified views in Figs. B, D, and F, respectively. Bars denote 1 cm in Figs. A, C, E and 1 mm in Figs. B, D, and F.

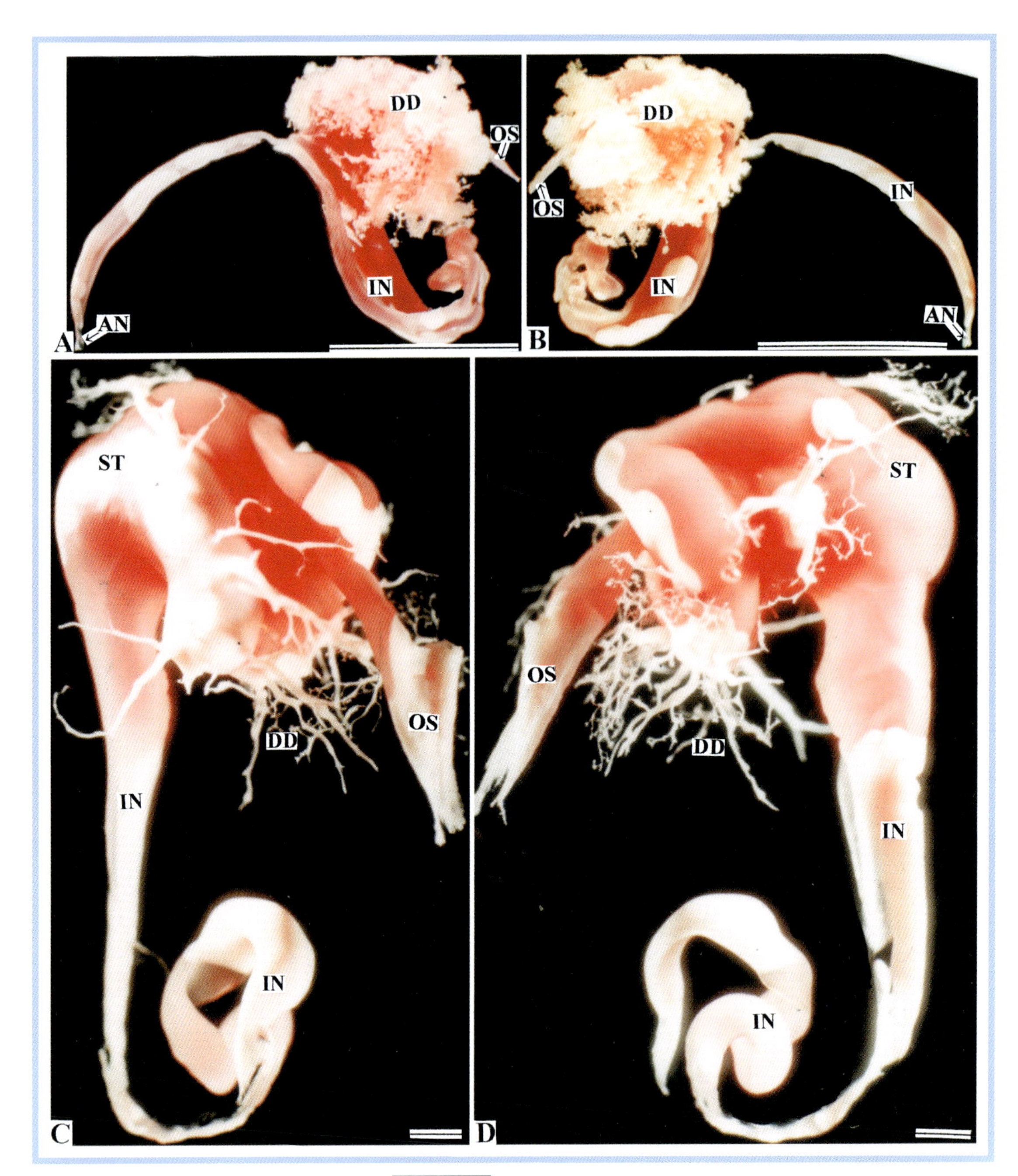

図 47-3A-D

サルボウ中腸腺の鋳型.
A, C は右側面図．B, D は左側面図．図中の実線は 1cm（A, B）および 1mm（C, D）を示す.

Figs.47-3A-D

Corrosion resin-casts of the digestive diverticula in *Scapharca kagoshimensis.*
Figs. A and C show right side views and Figs. B and D show left side views. Bars denote 1 cm in Figs. A, B and 1 mm in Figs. C, D.

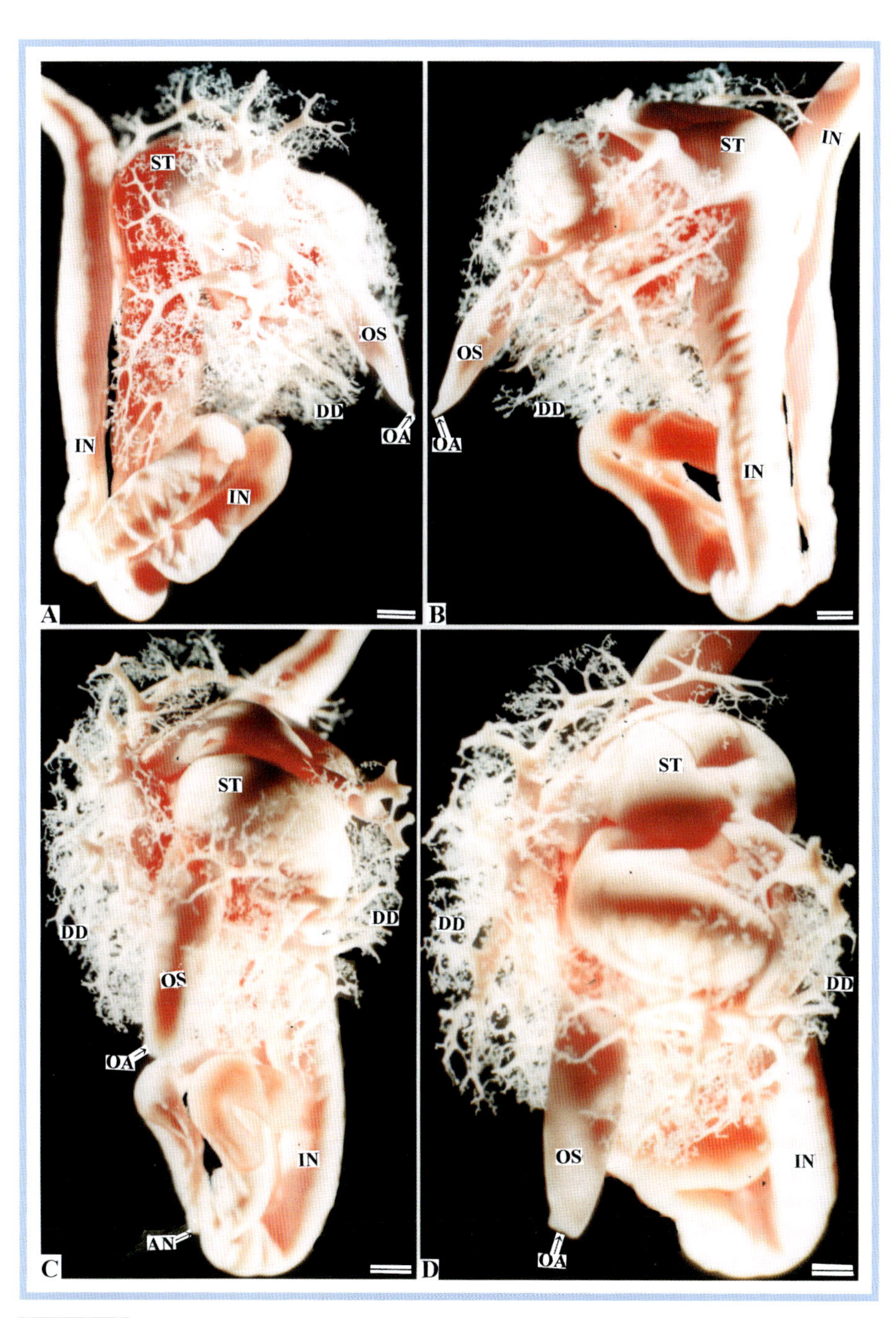

図 47-4A-D

サルボウ中腸腺の鋳型.
A は右側面図. B は左側面図. C は腹面図. D は背面図. 図中の実線は 1mm を示す.

Figs.47-4A-D

Corrosion resin-cast of the digestive diverticula of *Scapharca kagoshimensis.*
The figures are presented as follows: Fig. A, right side view; Fig. B, left side view; Fig. C, ventral view; Fig. D, dorsal view. Bars denote 1 mm.

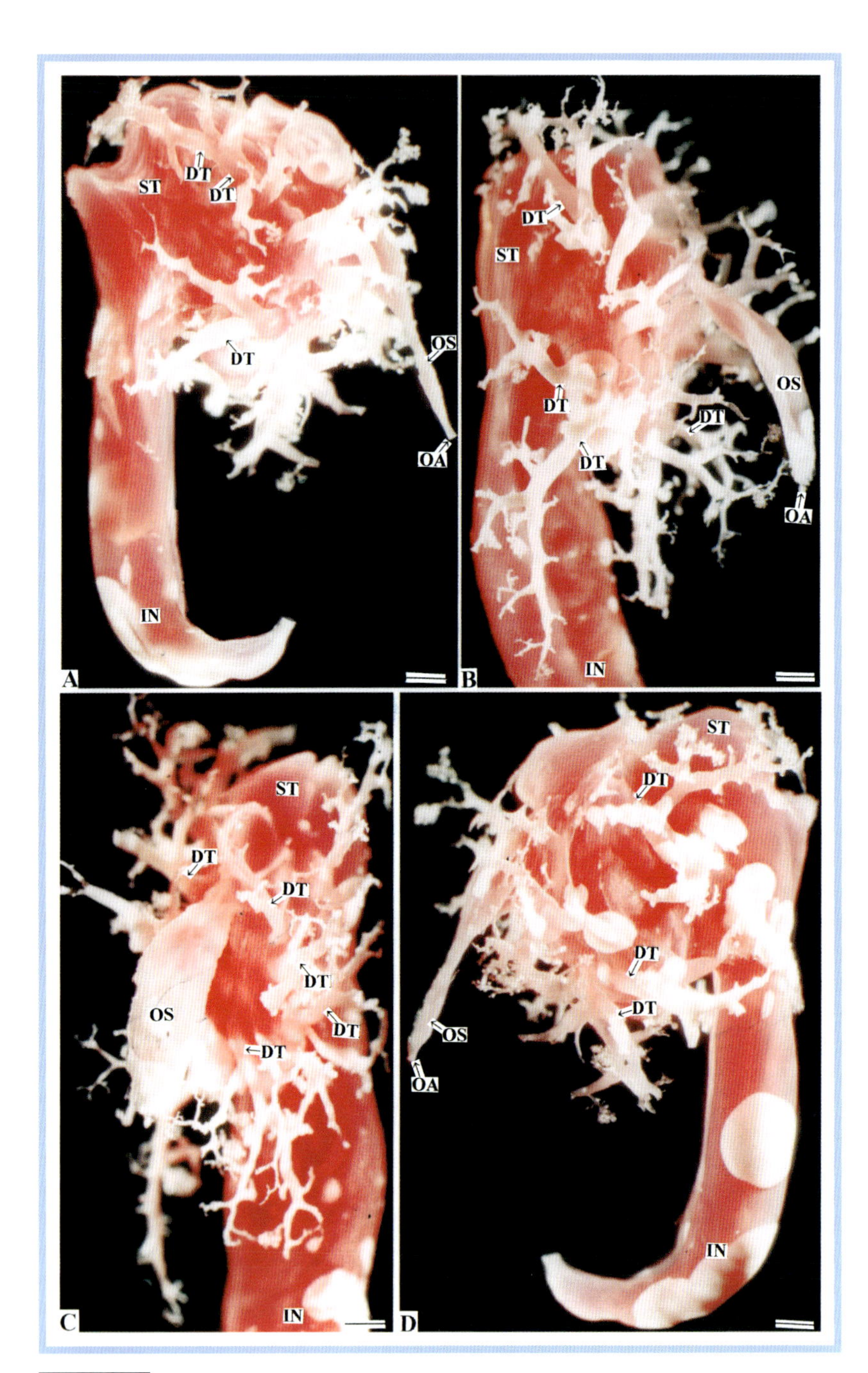

図 47-5A-D

サルボウ中腸腺の導管の鋳型.
A は右側面図. B, C は腹面図. D は左側面図. 図中の実線は 1mm を示す.

Figs.47-5A-D

Corrosion resin-cast of the ducts of the digestive diverticula in *Scapharca kagoshimensis*.
The figures are presented as follows: Fig. A, right side view; Figs. B and C, ventral views; Fig. D, left side view. Bars denote 1 mm.

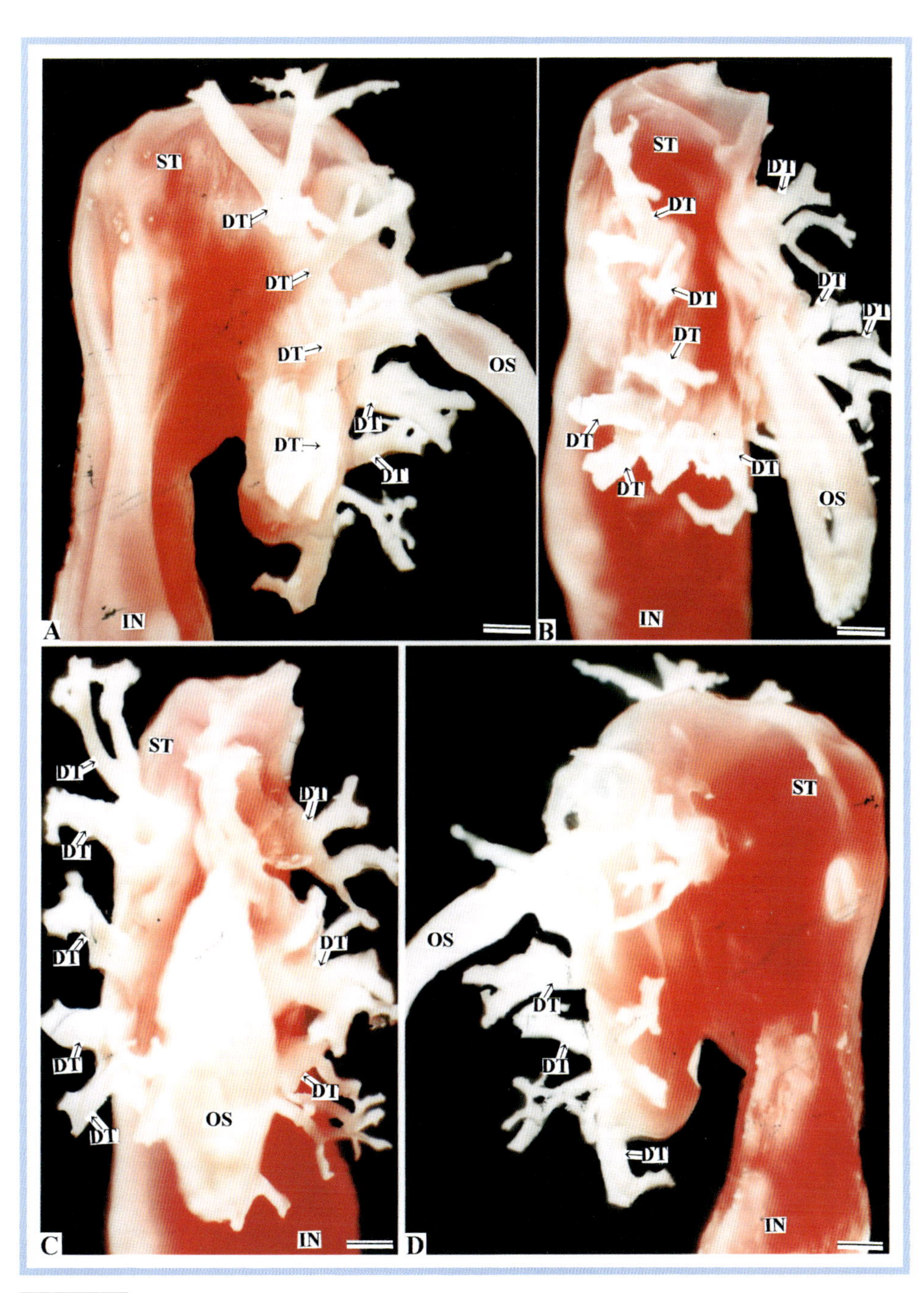

図 47-6A-D

サルボウ中腸腺の導管の鋳型.
A は右側面図. B, C は腹面図. D は左側面図. 図中の実線は 1mm を示す.

Figs. 47-6A-D

Corrosion resin-cast of the ducts of the digestive diverticula in *Scapharca kagoshimensis*.
The figures are presented as follows: Fig. A, right side view; Figs. B and C, ventral views; Fig. D, left side view.
Bars denote 1 mm.

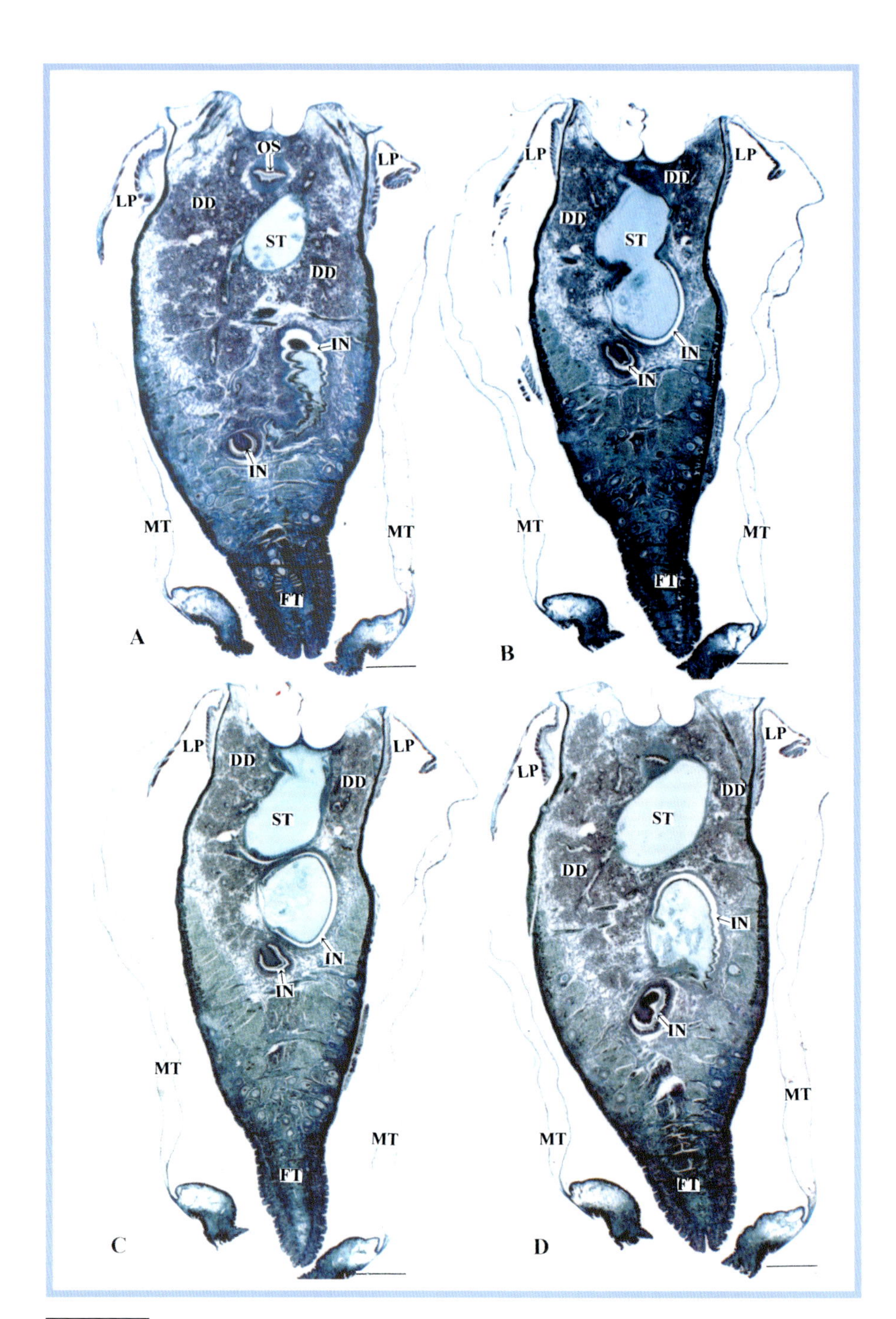

図 47-7A-D

サルボウ軟体部の縦断面.
A-D は軟体部の連続縦断面図. 図中の実線は 1mm を示す. アザン染色.

Figs.47-7A-D

Photomicrographs of the vertical-sectioned soft part of *Scapharca kagoshimensis*.
Figs. A-D show serial vertical sections of the soft part. Bars denote 1 mm. Azan stain.

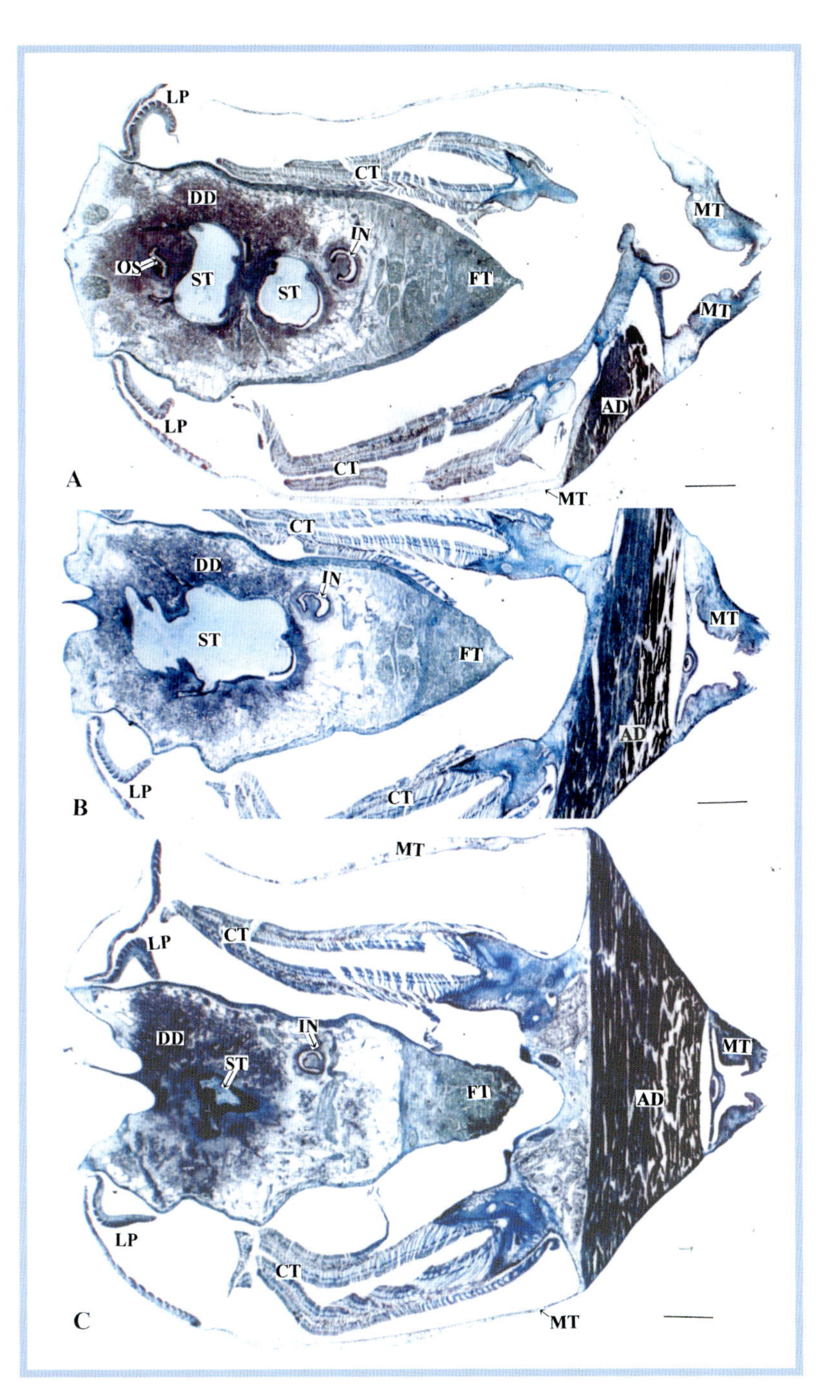

図 47-8A-C

サルボウ軟体部の横断面.
A-C は軟体部の連続横断面図. 図中の実線は 1mm を示す. アザン染色.

Figs.47-8A-C

Photomicrographs of the transverse-sectioned soft part of *Scapharca kagoshimensis*.
Figs. A-C show serial transverse sections of the soft part. Bars denote 1 mm. Azan stain.

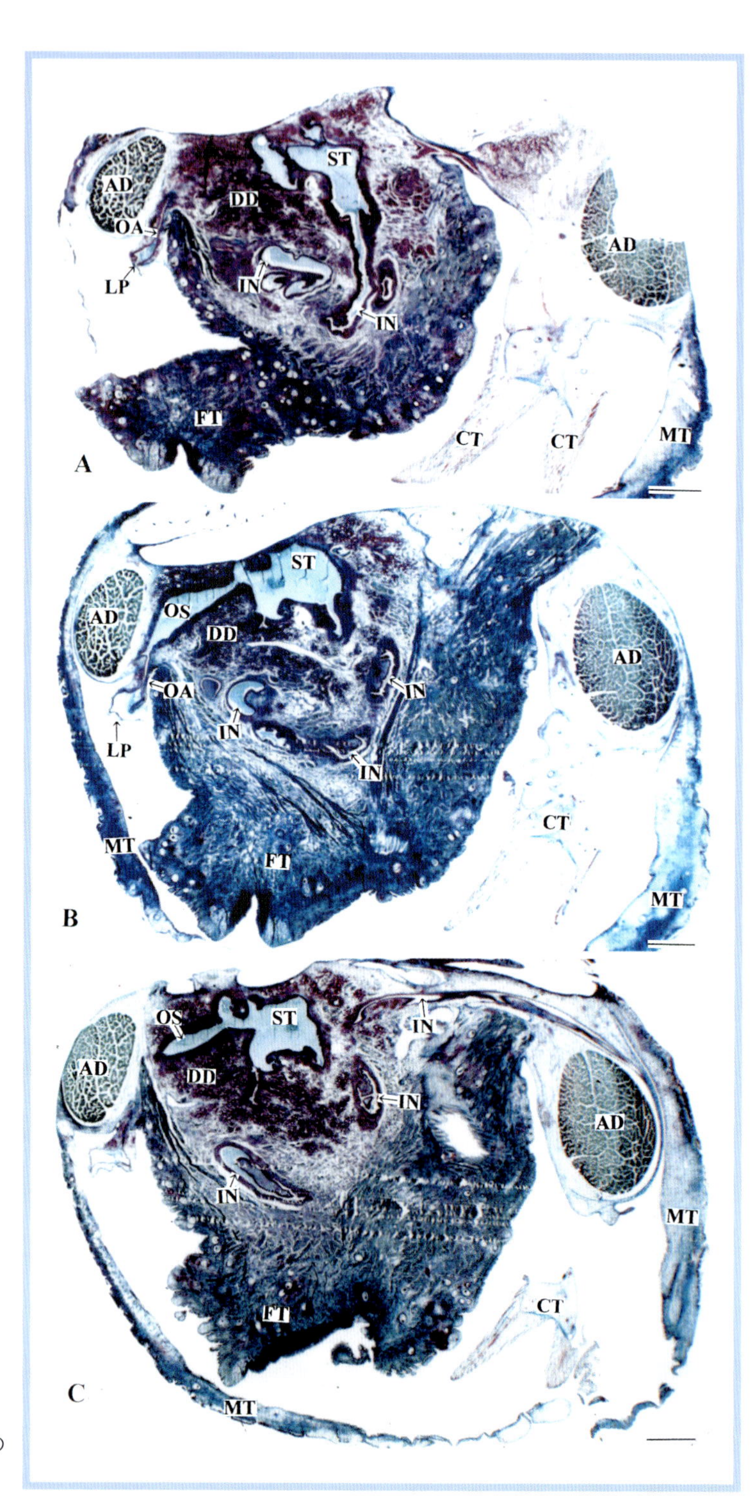

図 47-9A-C
サルボウ軟体部の水平断面.
A-C は軟体部の連続水平断面図. 図中の実線は 1mm を示す. アザン染色.

Figs.47-9A-C
Photomicrographs of the horizontal-sectioned soft part of *Scapharca kagoshimensis*. Figs. A-C show serial horizontal sections of the soft part. Bars denote 1 mm. Azan stain.

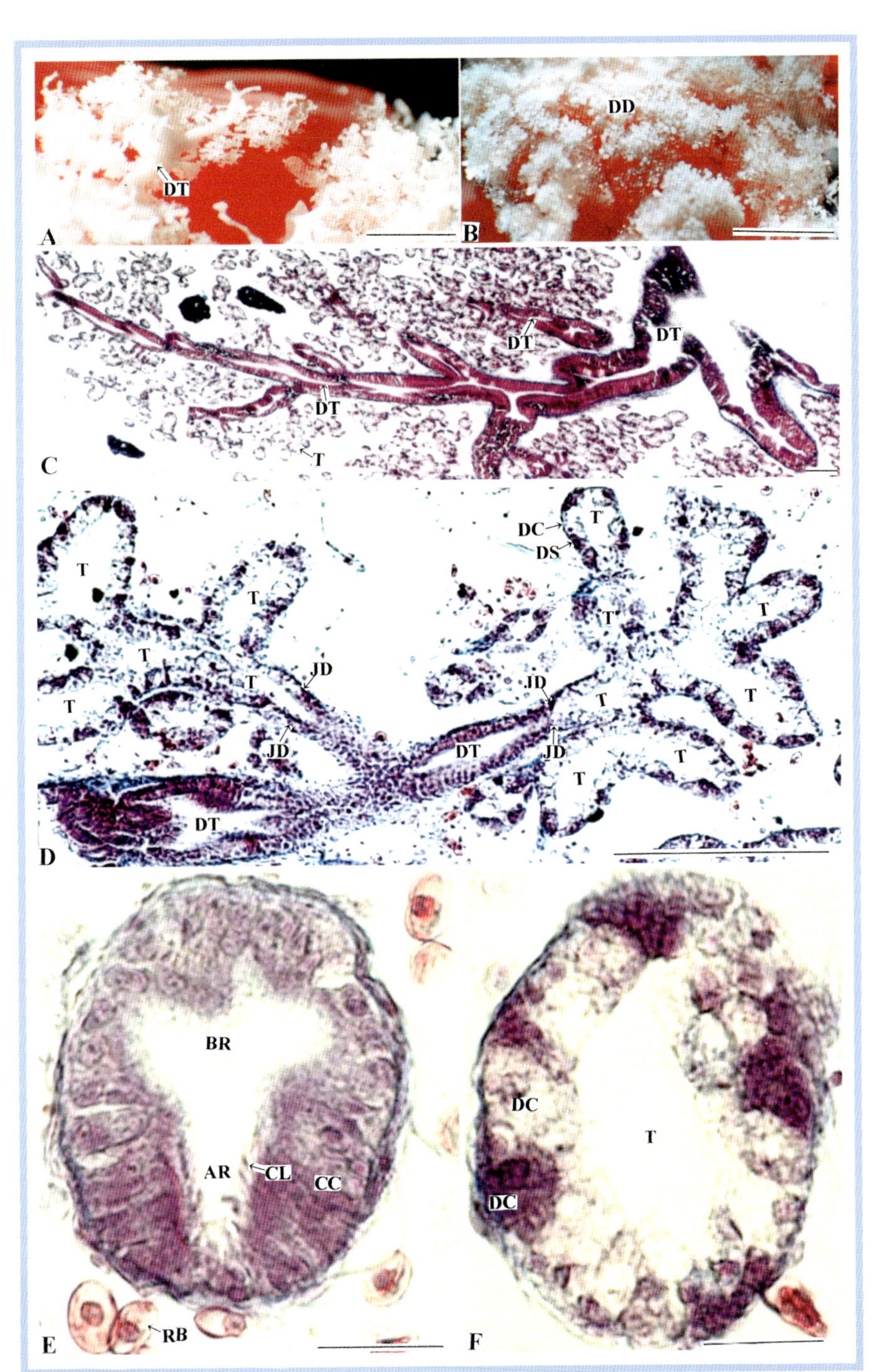

図 47-10A-F
サルボウの導管と中腸腺細管の鋳型と組織図.
A, B は導管と中腸腺細管の鋳型. C, D は導管と中腸腺細管, E は導管の横断面図, F は中腸腺細管の横断面をそれぞれ示す. 房状分枝II型（SII型）. 図中の実線は 100μm (A-C) および 10μm(D-F)を示す. アザン染色.

Figs.47-10A-F
Corrosion resin-casts and Photomicrographs of the tubules and ducts of the digestive diverticula in *Scapharca kagoshimensis.*
Figs. A and B show corrosion resin-casts of the duct and tubules, Photomicrographs show the ducts and tubules (Figs. C, D), the cross-sectioned duct (Fig. E) and the cross-sectioned tubules (Fig. F). Simple acinar branching type II (S II type). Bars denote 100μm in Figs. A-C and 10μm in Figs. D-F. Azan stain.

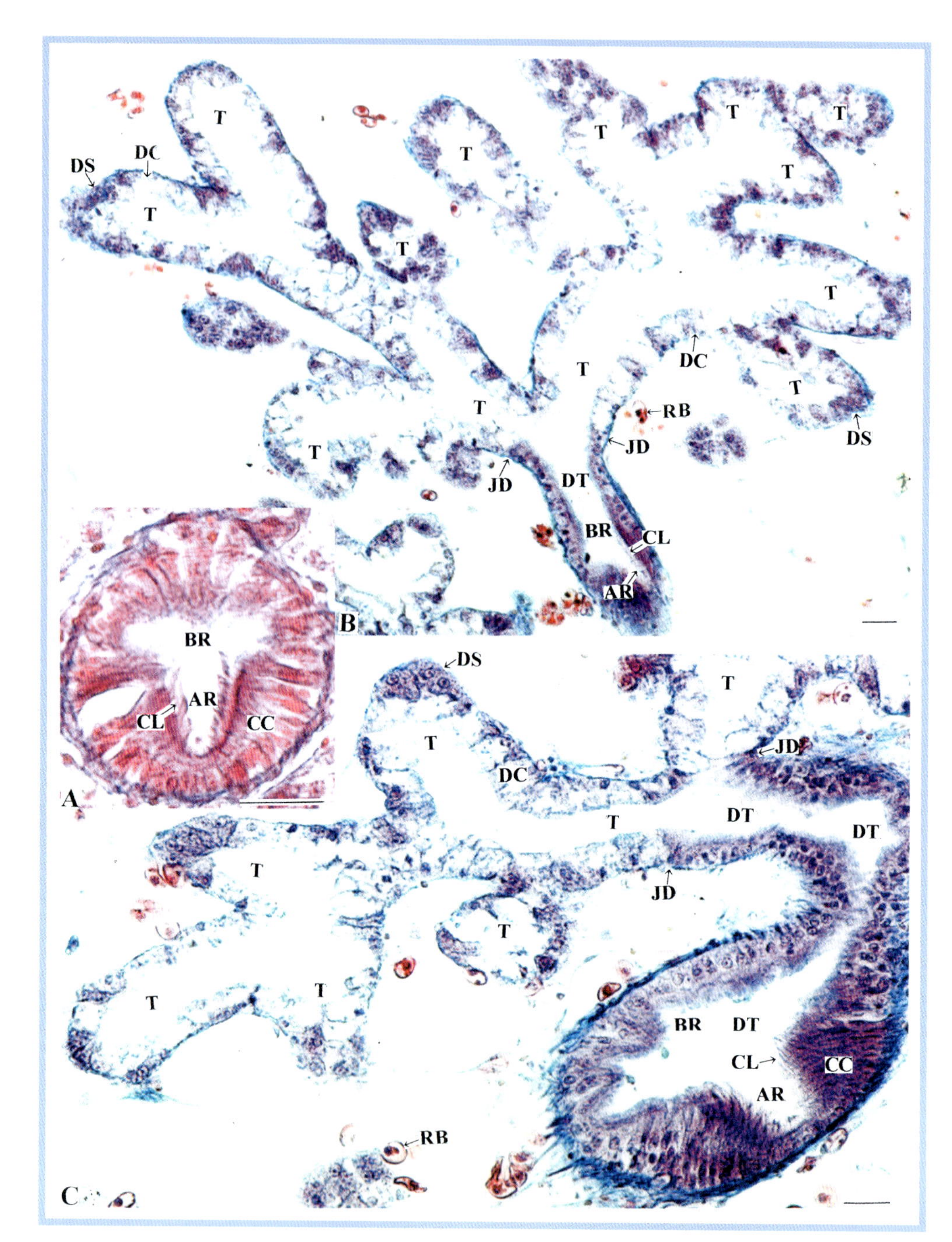

図 47-11A-C

サルボウの導管と中腸線細管.
A は導管の横断面を, B, C は導管と中腸腺細管を示す. 図中の実線は 10μm を示す. アザン染色.

Figs.47-11A-C

Photomicrographs of the duct and tubules of the digestive diverticula of *Scapharca kagoshimensis*.
Fig. A shows the cross-sectioned duct, and Figs. B and C show the tubules extending from the duct. Bars denote 10μm. Azan stain.

ハイガイ

Tegillarca granosa SⅡ

二枚貝綱 Class BIVALVIA
フネガイ目 Order Arcoida
フネガイ科 Family Arcidae

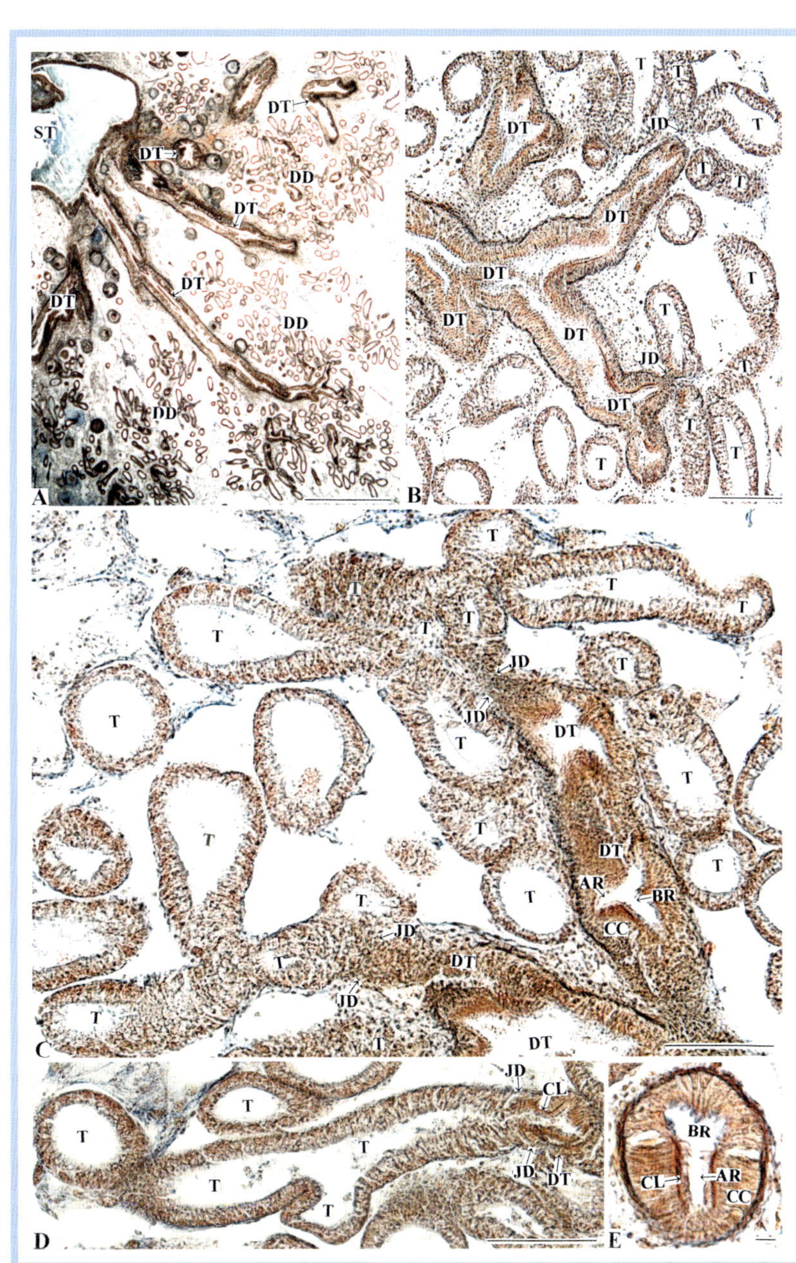

図 48A-E
ハイガイ *Tegillarca granosa* 中腸腺.
A は中腸腺，B-D は導管と中腸腺細管，E は導管の横断面図をそれぞれ示す．房状分枝Ⅱ型（SⅡ型）．図中の実線は 1mm（A），100µm（B-D），10µm（E）を示す．アザン染色．

Figs.48A-E
Photomicrographs of the digestive diverticula of *Tegillarca granosa* BIVALVIA.
Figs. A, B-D, and E show the digestive diverticula, the ducts and tubules, and the cross-sectioned duct, respectively. Simple acinar branching type II (SII type). Bars denote 1 mm in Fig. A, 100µm in Figs. B-D, and 10µm in Fig. E. Azan stain.

ムラサキイガイ

Mytilus galloprovincialis SII

二枚貝綱 Class BIVALVIA
イガイ目 Order Mytiloida
イガイ科 Family Mytilidae

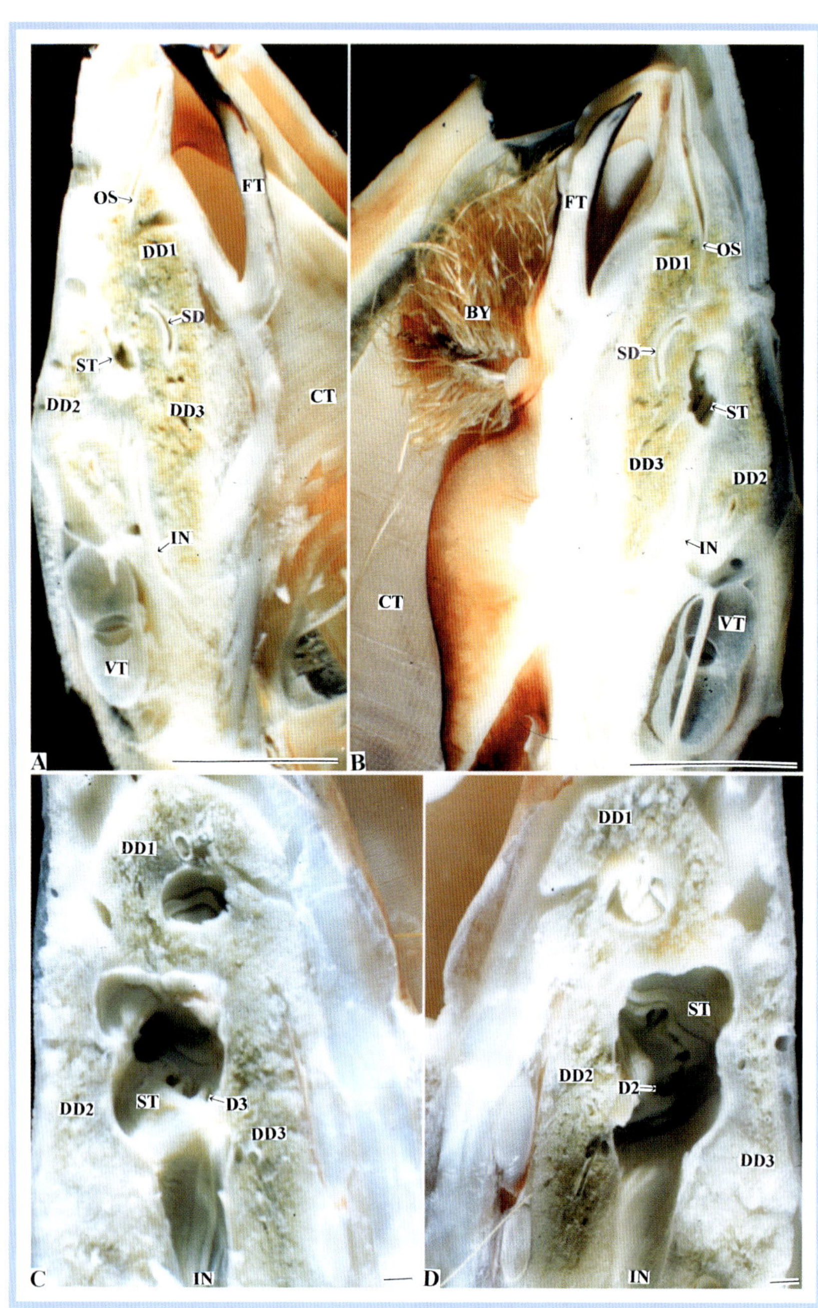

図 49-1A-D
ムラサキイガイ
Mytilus galloprovincialis 軟体部の水平断面図.
A, C は左側面を, B, D は右側面をそれぞれ示す. 図中の実線は 1cm (A, B) および 1mm (C, D) を示す.

Figs.49-1A-D
Photographs of the horizontal-sectioned soft part of *Mytilus galloprovincialis* BIVALVIA. Figs. A and C show left side views, and Figs. B and D show right side views. Bars denote 1 cm in Figs. A, B and 1 mm in Figs. C, D.

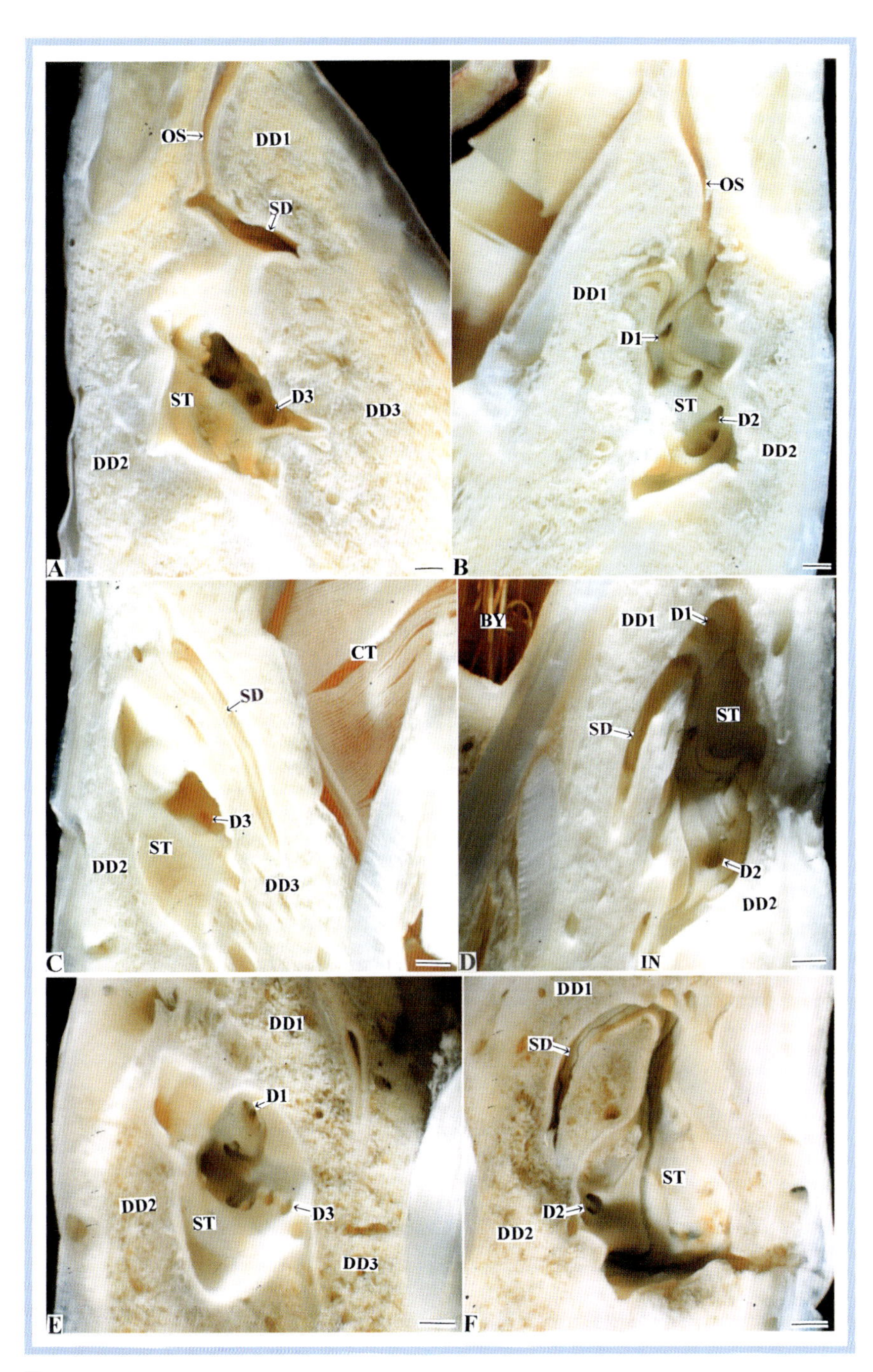

図 49-2A-F

ムラサキイガイ胃の水平断面.
A, C, E は左側面, B, D, F は右側面をそれぞれ示す. 図中の実線は 1mm を示す.

Figs.49-2A-F

Photographs of the horizontal-sectioned stomach of *Mytilus galloprovincialis*.
Figs. A, C, and E show left side views, and Figs. B, D, and F show right side views. Bars denote 1 mm.

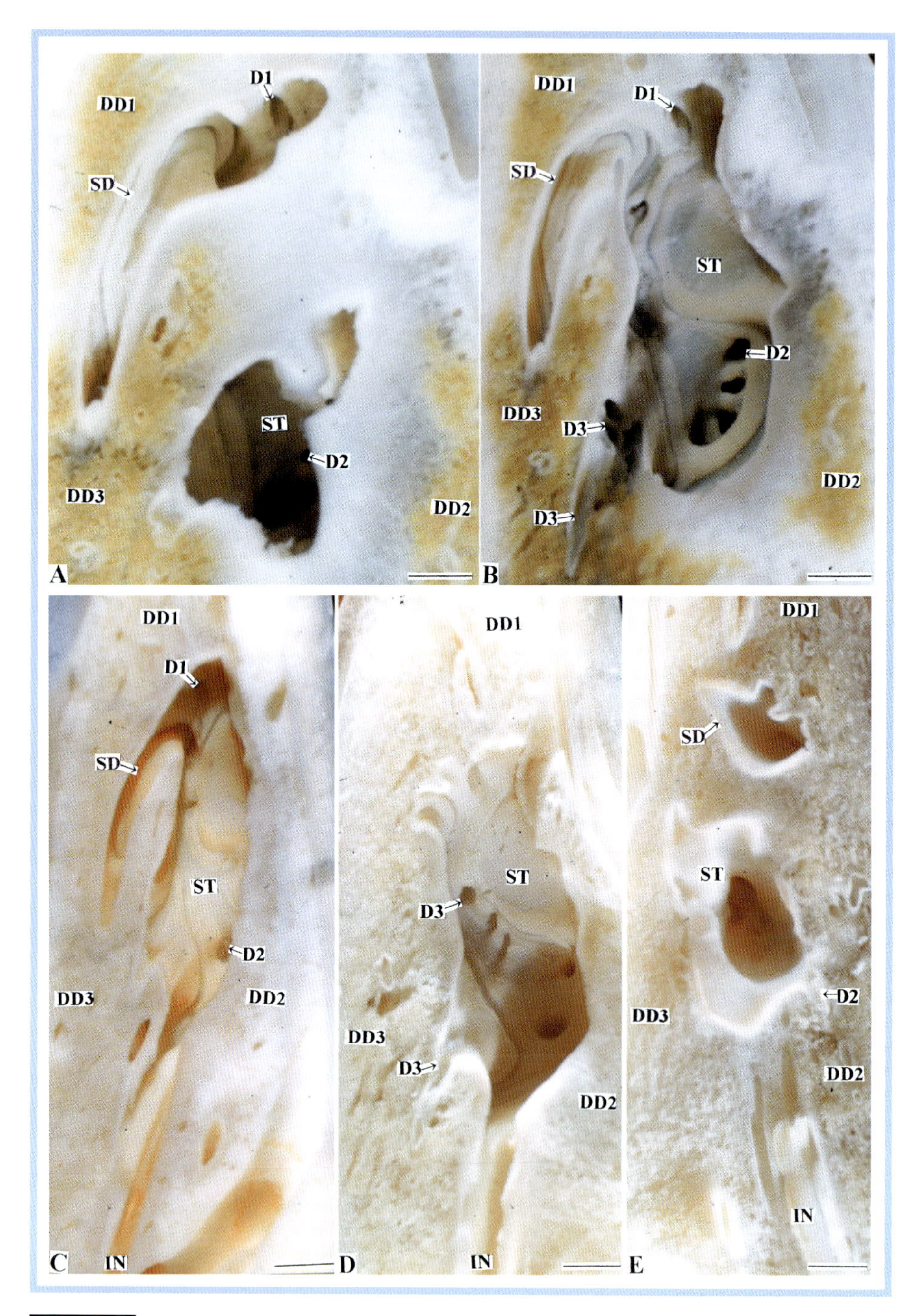

図 49-3A-E

ムラサキイガイ胃の水平断面.
A-E は右側面図. 図中の実線は 1mm を示す.

Figs.49-3A-E

Photographs of the horizontal-sectioned stomach of *Mytilus galloprovincialis*.
Figs. A-E show right side views. Bars denote 1 mm.

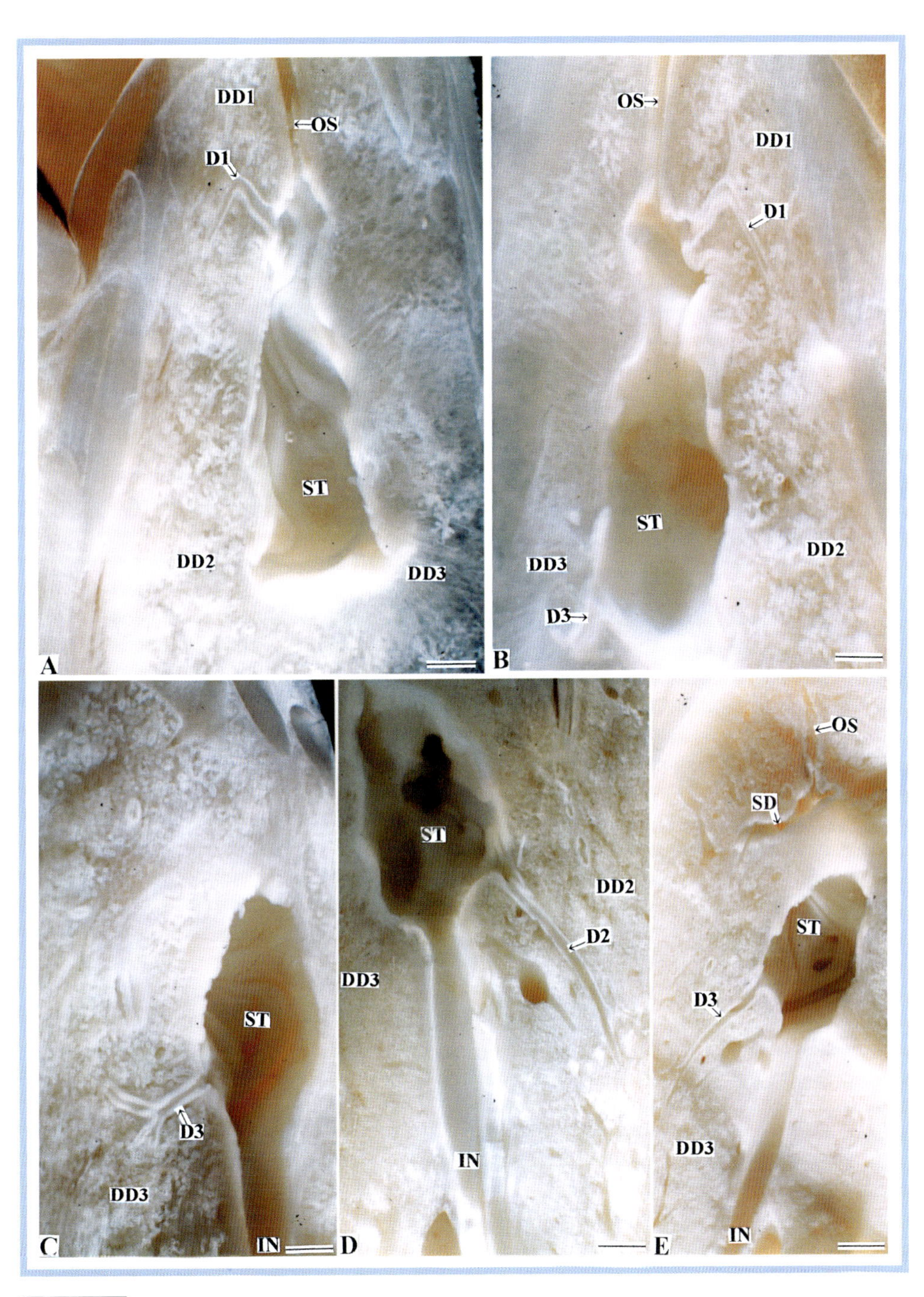

図 49-4A-E

ムラサキイガイ胃の水平断面.
A は左側面を, B-E は右側面をそれぞれ示す. 図中の実線は 1mm を示す.

Figs.49-4A-E

Photographs of the horizontal-sectioned stomach of *Mytilus galloprovincialis*.
Figs. A, and B-E show a left side view and right side views, respectively. Bars denote 1 mm.

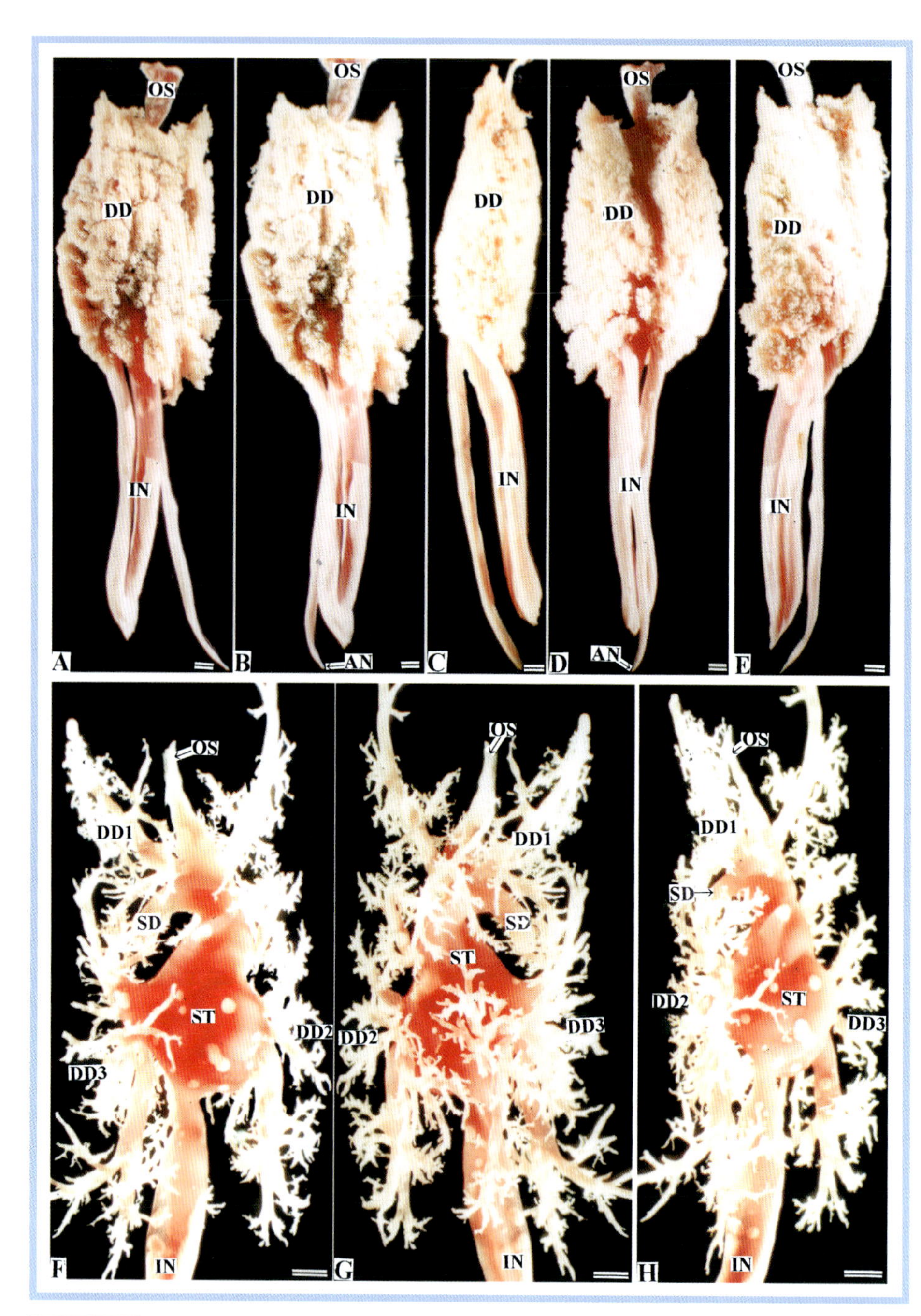

図 49-5A-H

ムラサキイガイ消化管の鋳型.
A, B, G は腹面を, C は右側面を, D, F は背面を, E, H は左側面をそれぞれ示す. 図中の実線は 1mm を示す.

Figs.49-5A-H

Corrosion resin-casts of the digestive organs of *Mytilus galloprovincialis.*
The figures are presented as follows: Figs. A, B and G, ventral views; Fig. C, right side view; Figs. D and F, dorsal views; Figs. E and H, left side views. Bars denote 1 mm.

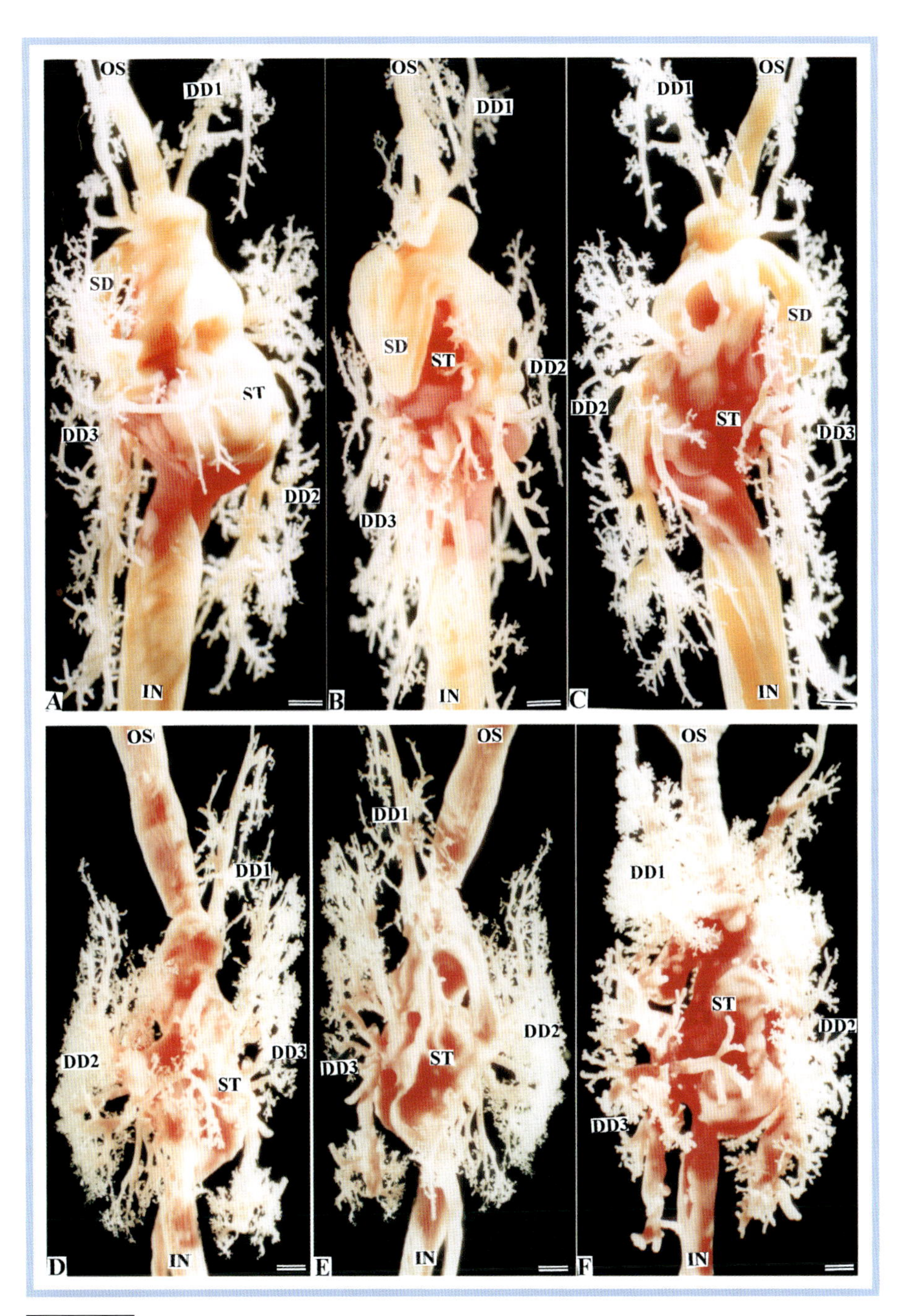

図 49-6A-F

ムラサキイガイ中腸腺の鋳型.
A, F は左側面, B は腹面, C, D は右側面, E は背面をそれぞれ示す. 図中の実線は 1mm を示す.

Figs.49-6A-F

Corrosion resin-cast of the digestive diverticula in *Mytilus galloprovincialis*.
The figures are presented as follows: Figs. A and F, left side views; Fig. B, ventral view; Figs. C and D, right side views; Fig. E, dorsal view. Bars denote 1 mm.

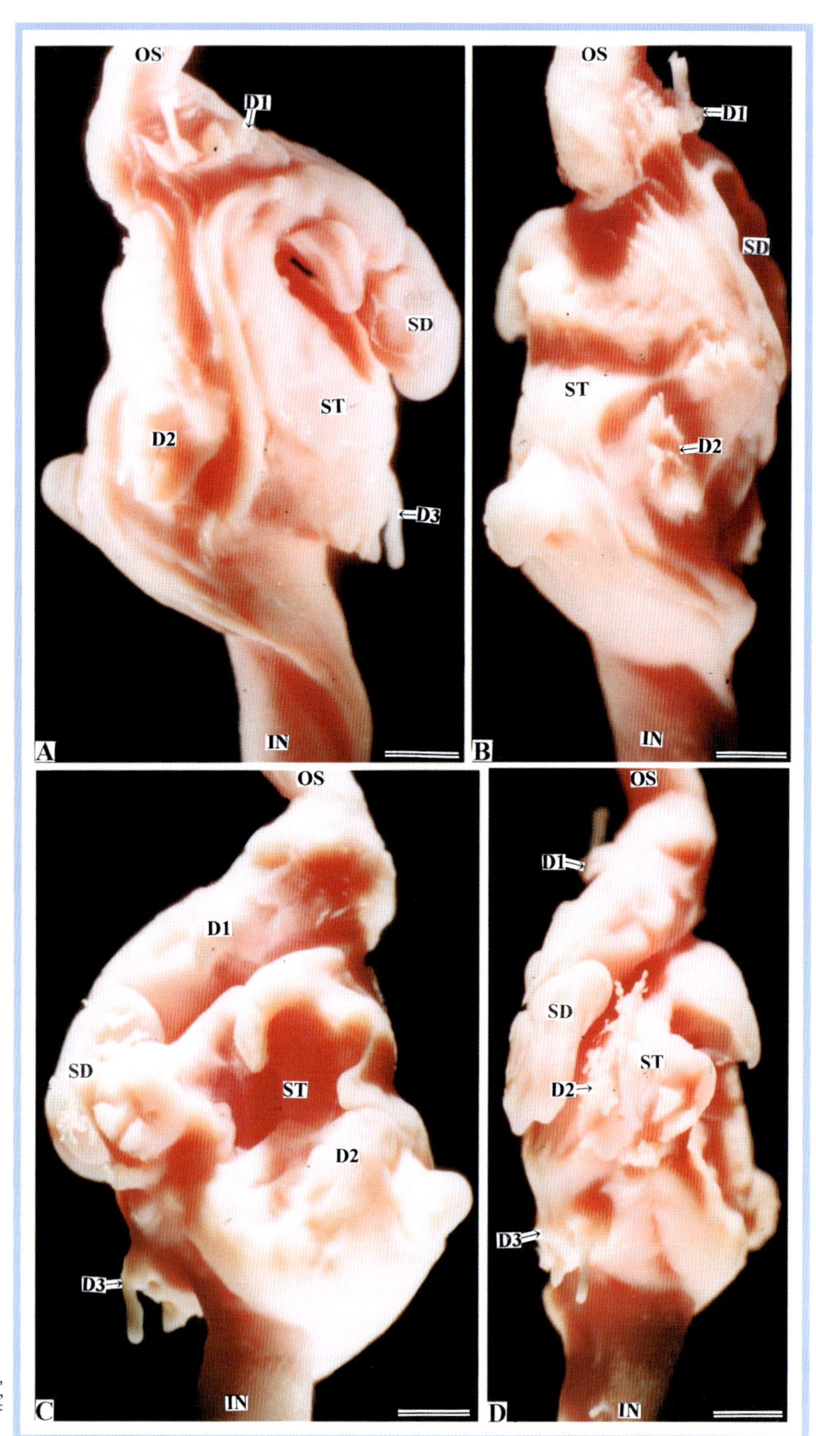

図 49-7A-D

ムラサキイガイの導管と胃の鋳型. A は右側面, B は背面, C は左側面, D は腹面をそれぞれ示す. 図中の実線は 1cm を示す.

Figs.49-7A-D

Corrosion resin-cast of the duct of the digestive diverticula and the stomach in *Mytilus galloprovincialis*. The figures are presented as follows: Fig. A, right side view; Fig. B, dorsal view; Fig. C, left side view; Fig. D, ventral view. Bars denote 1 cm.

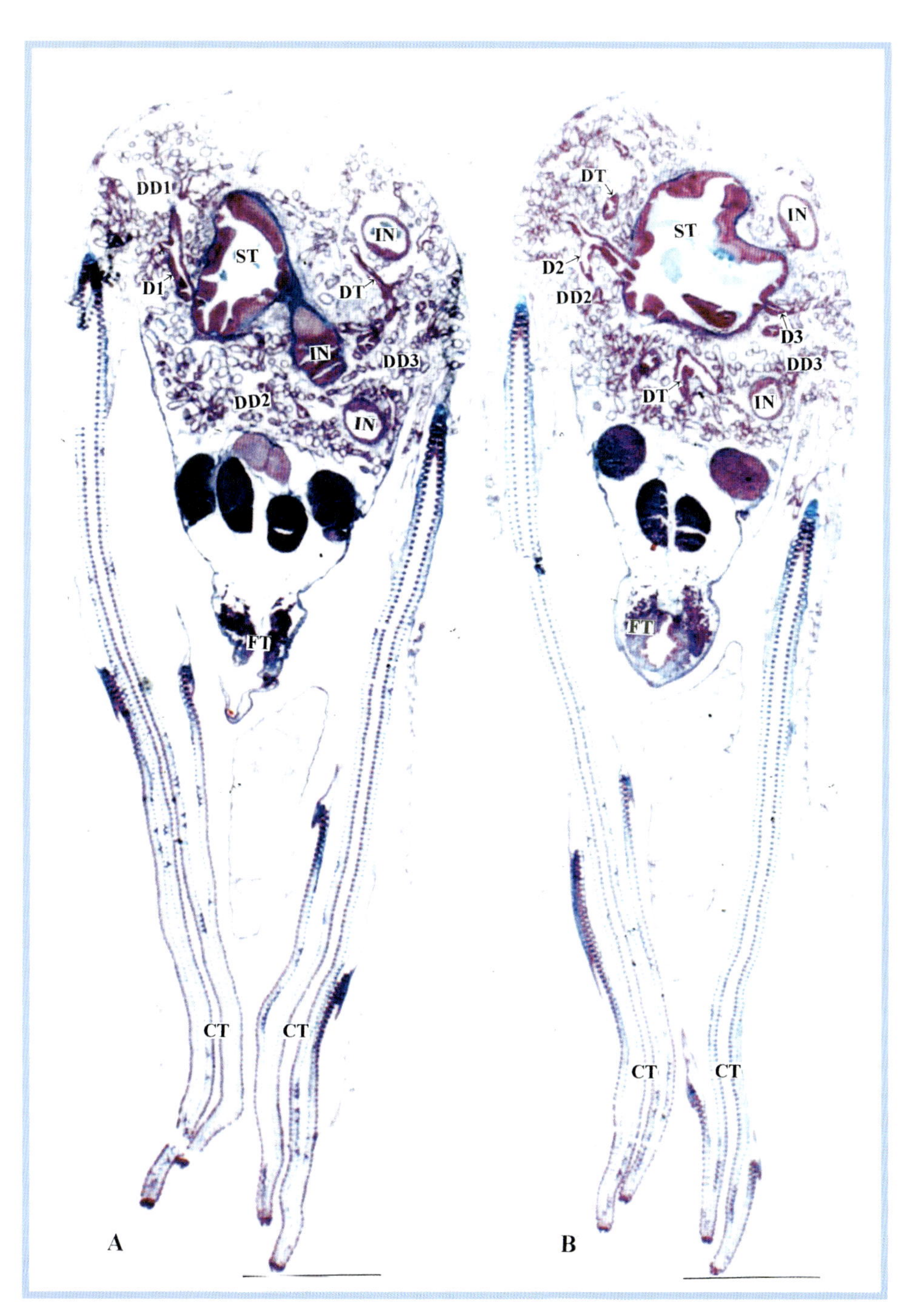

図 49-8A, B

ムラサキイガイ軟体部の斜断面図.
A, B は軟体部の斜断面を示す．図中の実線は 1cm を示す．アザン染色.

Figs.49-8A, B

Photomicrographs of the oblique-sectioned soft part of *Mytilus galloprovincialis.*
Figs. A and B show the oblique-sectioned soft part. Bars denote 1 cm. Azan stain.

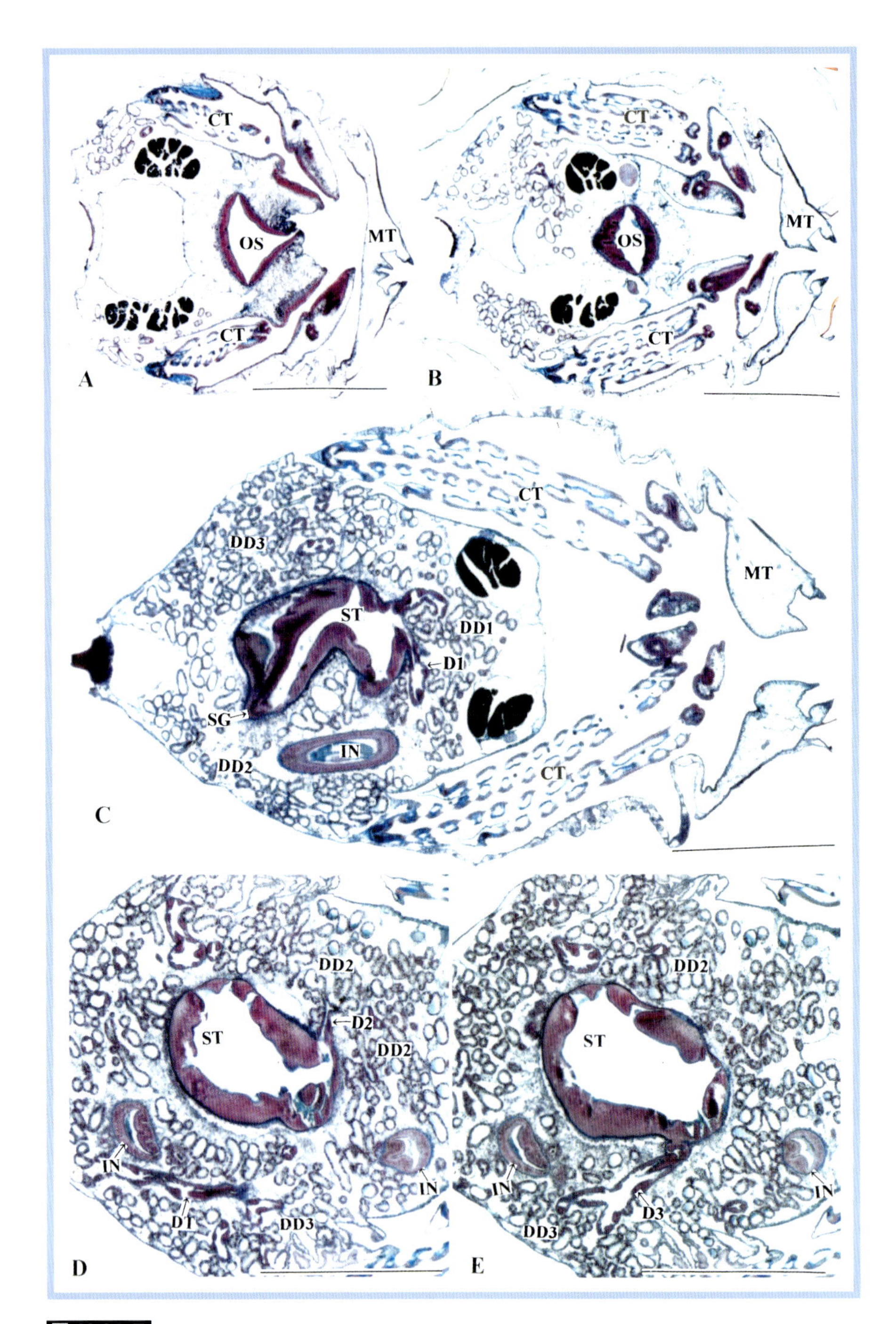

図 49-9A-E

ムラサキイガイ軟体部の横断面図.
A-E は軟体部の連続横断面を示す. 図中の実線は 1cm を示す. アザン染色.

Figs.49-9A-E

Photomicrographs of the transverse-sectioned soft part of *Mytilus galloprovincialis*.
Figs. A-E show serial transverse sections of the soft part. Bars denote 1 cm. Azan stain.

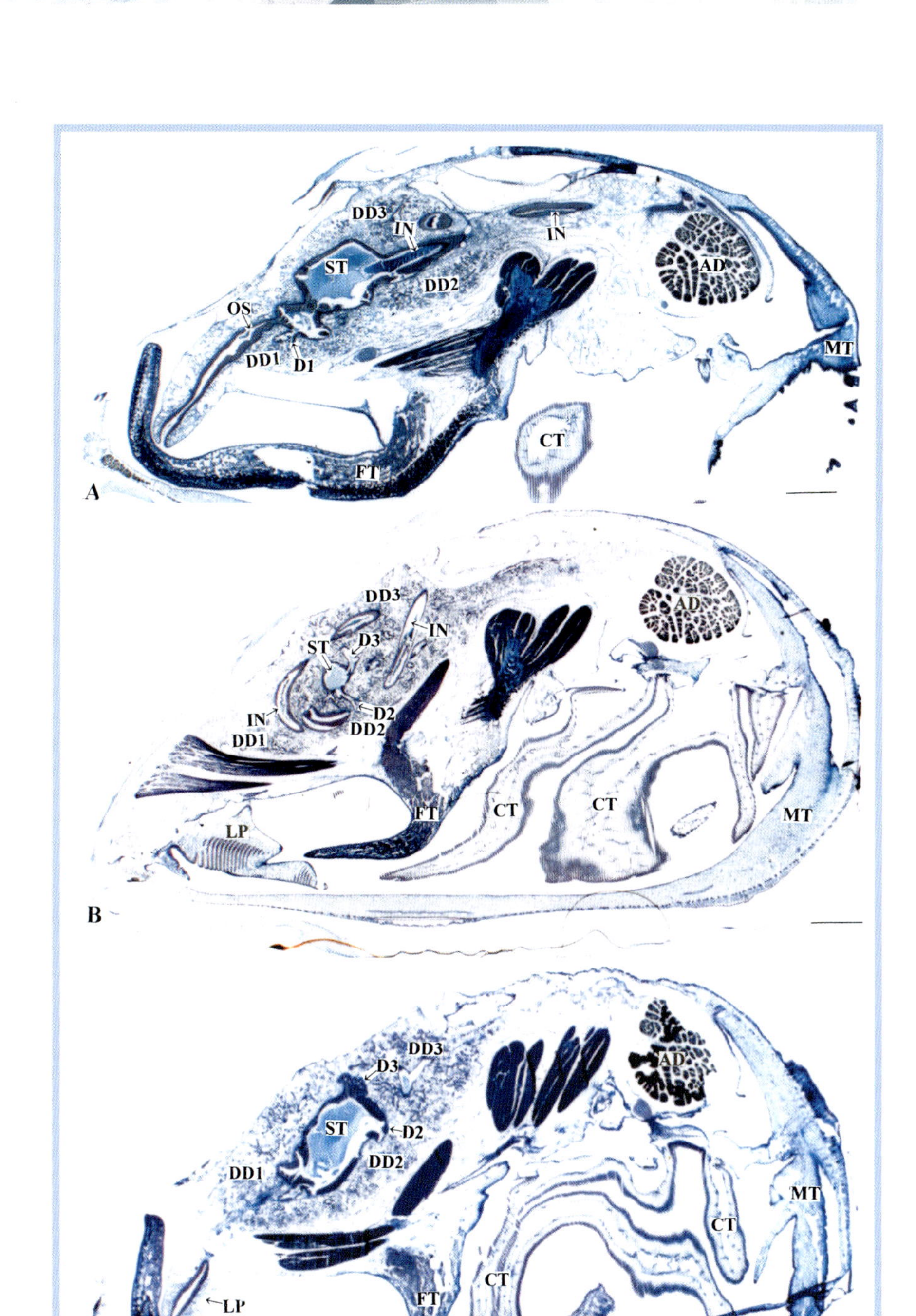

図 49-10A-C

ムラサキイガイ軟体部の水平断面図.
A-C は軟体部の連続水平断面を示す．図中の実線は 1mm を示す．アザン染色.

Figs.49-10A-C

Photomicrographs of the horizontal-sectioned soft part of *Mytilus galloprovincialis.*
Figs. A-C show serial horizontal sections of the soft part. Bars denote 1 mm. Azan stain.

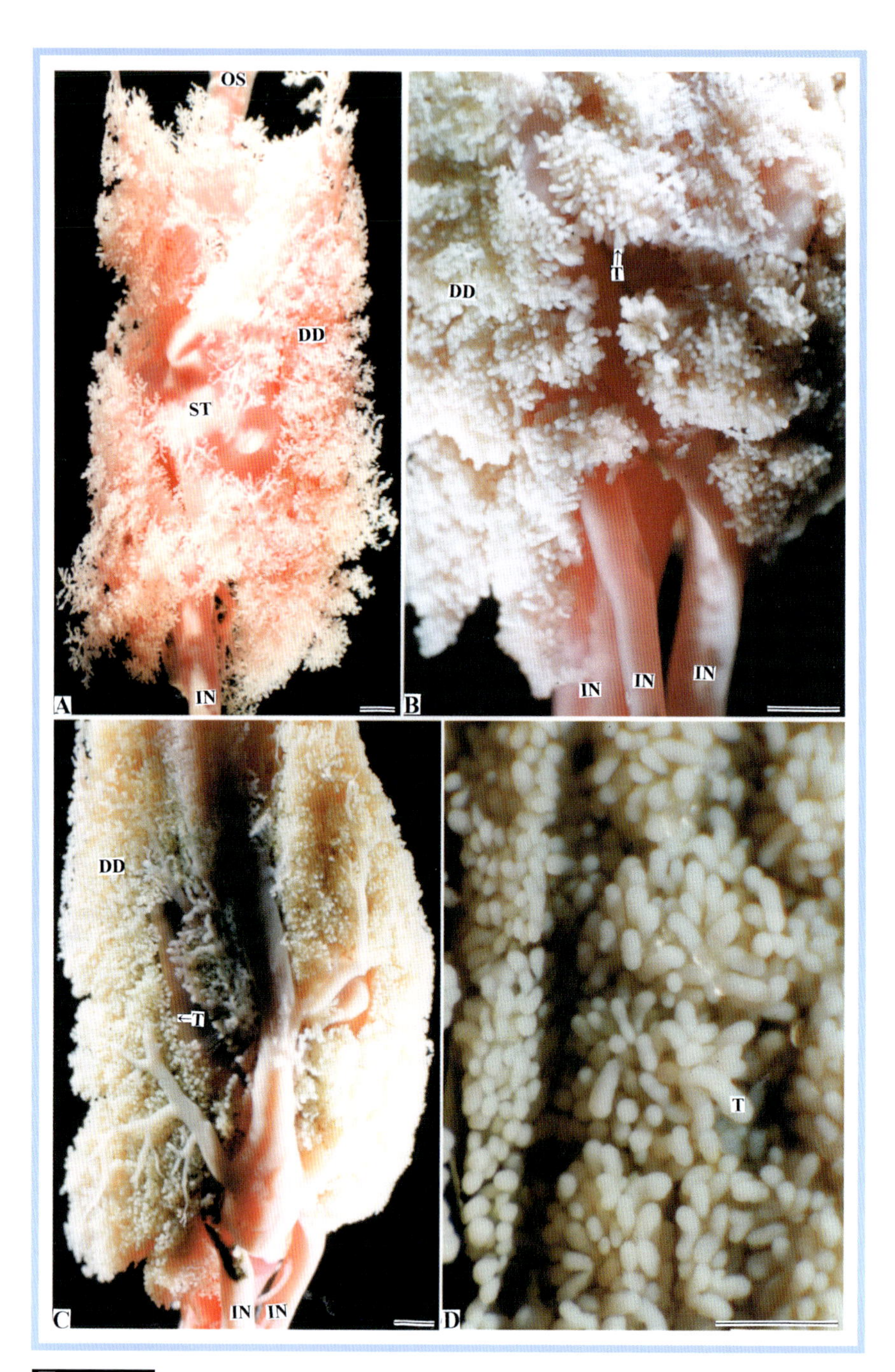

図 49-11A-D

ムラサキイガイの中腸腺と中腸腺細管.
A-C は中腸腺の鋳型. D は Davidson 液で固定した中腸腺の表面. 図中の実線は 1mm を示す.

Figs.49-11A-D

Photographs of the digestive diverticula of *Mytilus galloprovincialis.*
Figs. A-C show corrosion resin-casts of the digestive diverticula. Fig. D shows the surface of the digestive diverticula fixed with Davidson's solution. Bars denote 1 mm.

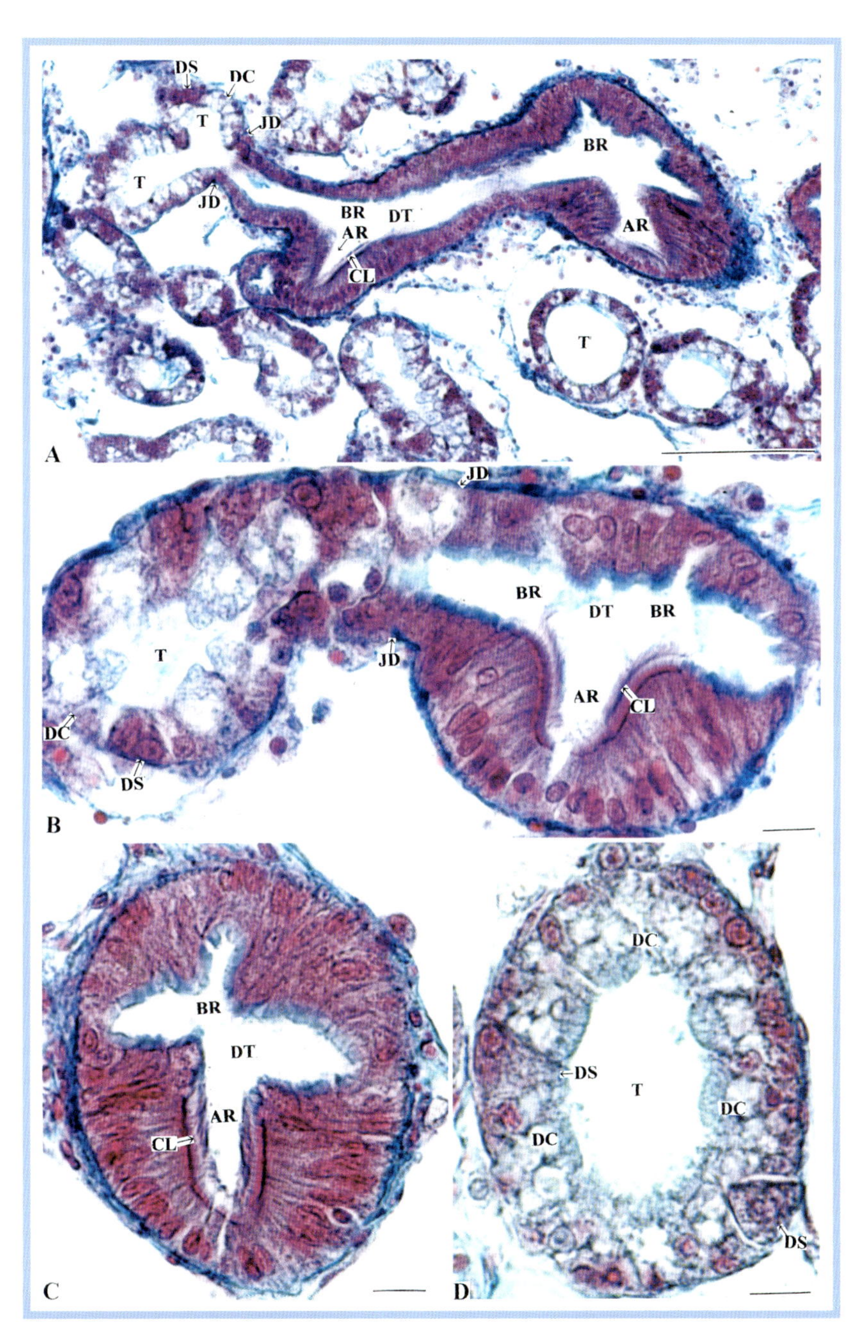

図 49-12A-D

ムラサキイガイの導管と中腸腺細管.
A, B は導管と中腸腺細管，C は導管，D は中腸腺細管の横断面をそれぞれ示す．図中の実線は 100μm（A）および 10μm（B-D）を示す．アザン染色．

Figs.49-12A-D

Photomicrographs of the duct and tubules of the digestive diverticula in *Mytilus galloprovincialis.* Figs. A and B show the duct and tubules. Fig. C and D show transverse sections of the duct and the tubule, respectively. Bars denote 100μm in Fig. A and 10μm in Figs. B-D. Azan stain.

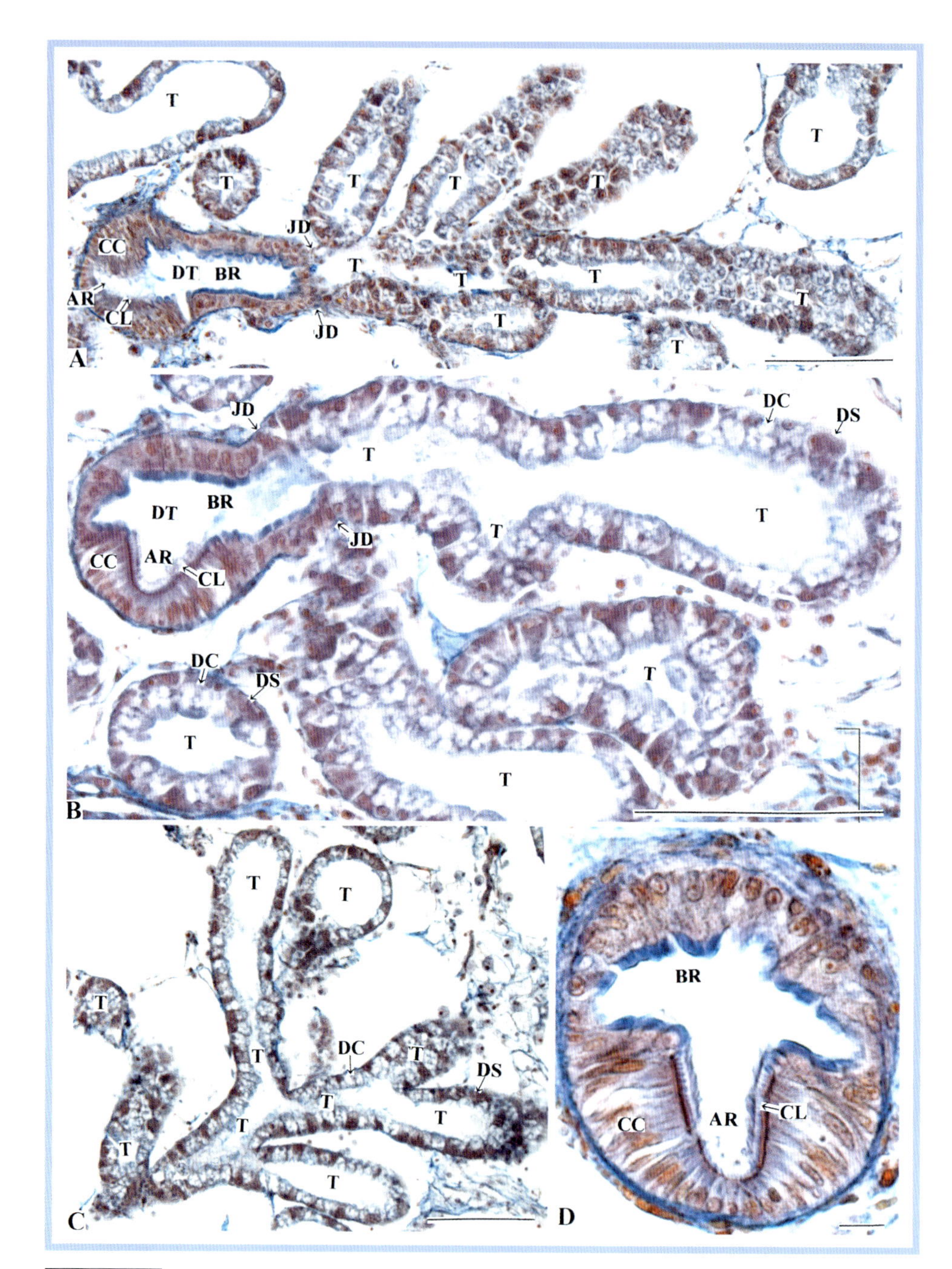

図 49-13A-D

ムラサキイガイの中腸腺.

A, B は導管と中腸腺細管を, C は中腸腺細管を, D は導管の横断面をそれぞれ示す. 房状分枝II型 (SII型). 図中の実線は 100 μm (A-C) および 10 μm (D) を示す. アザン染色.

Figs. 49-13A-D

Photomicrographs of the digestive diverticula of *Mytilus galloprovincialis*.

Figs. A and B show the duct and tubules. Figs. C and D show the tubules and the transverse-sectioned duct, respectively. Simple acinar branching type II(SII type). Bars denote 100μm in Figs. A-C and 10μm in Fig. D. Azan stain.

ムラサキインコ

Septifer virgatus SⅡ

二枚貝綱 Class BIVALVIA
イガイ目 Order Mytiloida
イガイ科 Family Mytilidae

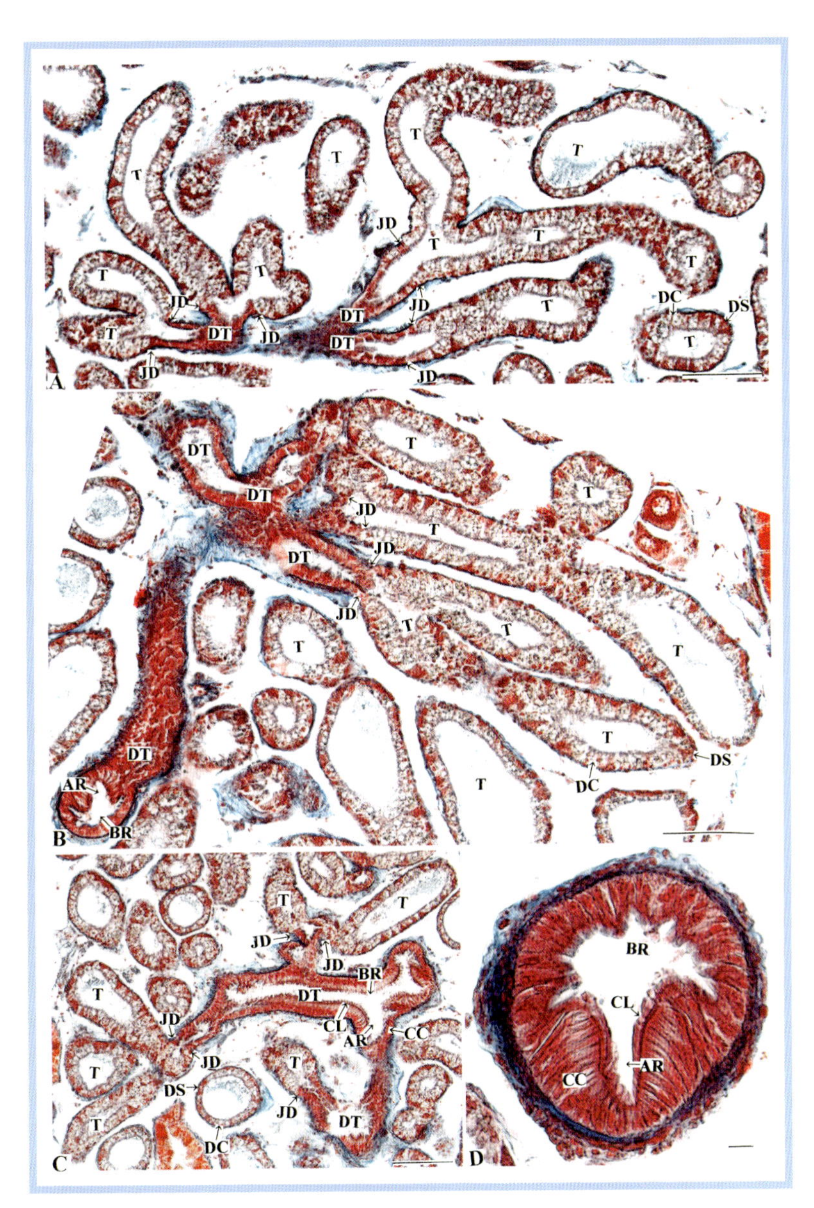

図 50A-D

ムラサキインコ *Septifer virgatus* 中腸腺.
A-C は導管と中腸腺細管を，D は導管の横断面をそれぞれ示す．房状分枝Ⅱ型（SⅡ型）．図中の実線は 100μm（A-C）および 10μm（D）を示す．アザン染色．

Figs.50A-D

Photomicrographs of the digestive diverticula of *Septifer virgatus* BIVALVIA.
Figs. A-C show the duct and tubules. Fig. D shows the transverse-sectioned duct. Simple acinar branching type II (SII type). Bars denote 100μm in Figs. A-C and 10μm in Fig. D. Azan stain.

ヒバリガイ

Modiolus nipponicus SII

二枚貝綱 Class BIVALVIA
イガイ目 Order Mytiloida
イガイ科 Family Mytilidae

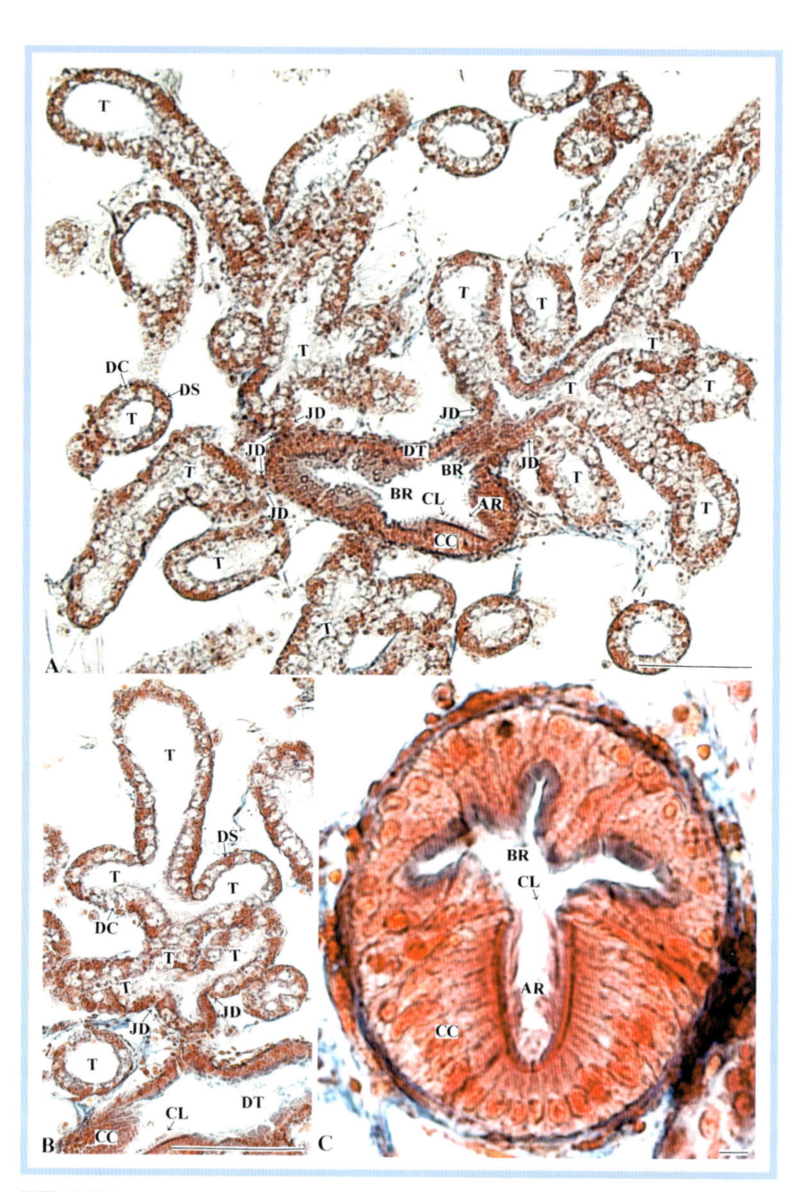

図 51A-C

ヒバリガイ *Modiolus nipponicus* 中腸腺.
A, B は導管と中腸腺細管を, C は導管の横断面図をそれぞれ示す. 房状分枝II型（SII型）.
図中の実線は 100μm（A, B）および 10μm（C）を示す. アザン染色.

Figs. 51A-C

Photomicrographs of the digestive diverticula of *Modiolus nipponicus* BIVALVIA.
Figs. A and B show the duct and tubules. Fig. C shows the transverse-sectioned duct. Simple acinar branching type II (SII type). Bars denote 100μm in Figs. A, B and 10μm in Fig. C. Azan stain.

ホトトギスガイ

Arcuatula senhousia SII

二枚貝綱 Class BIVALVIA
イガイ目 Order Mytiloida
イガイ科 Family Mytilidae

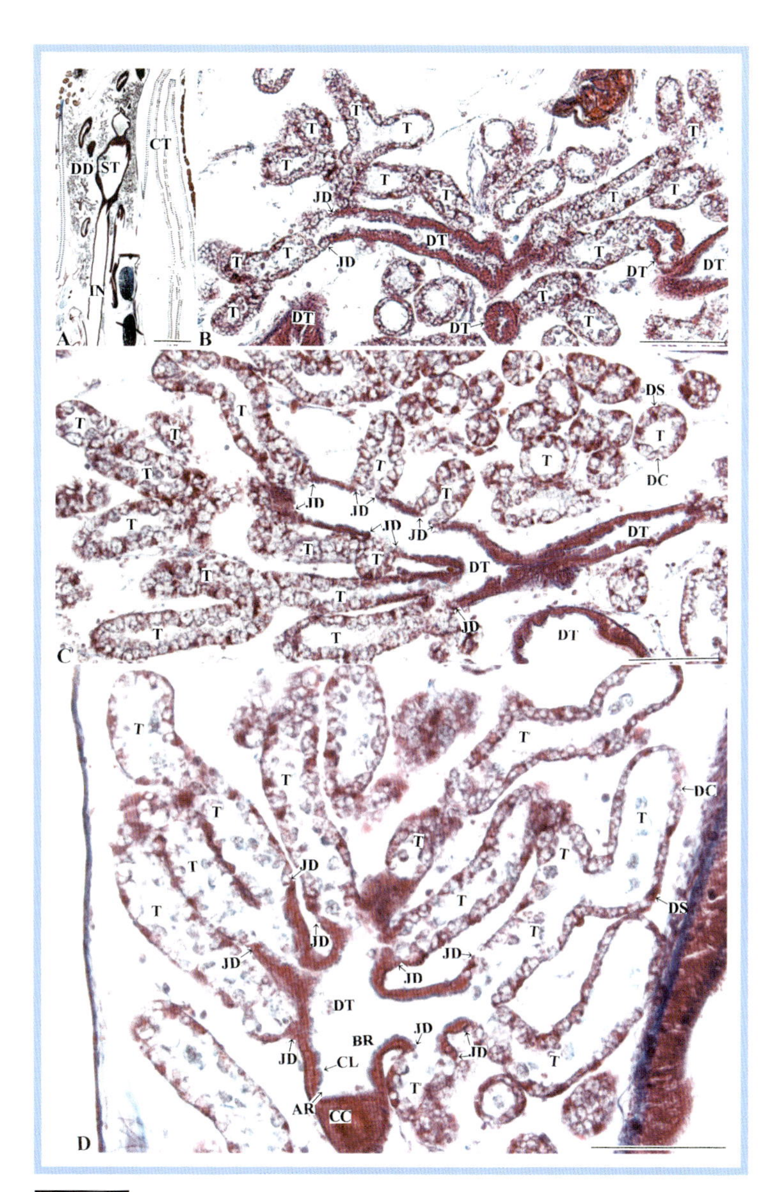

図 52A-D

ホトトギスガイ *Arcuatula senhousia* 中腸腺.
A は中腸腺を，B-D は導管と中腸腺細管をそれぞれ示す．房状分枝II型（SII型）．図中の実線は 1mm（A）および 100μm（B-D）を示す．アザン染色.

Figs. 52A-D

Photomicrographs of the digestive diverticula of *Arcuatula senhousia* BIVALVIA.
Fig. A shows the digestive diverticula. Figs. B-D show the duct and tubules. Simple acinar branching type II (S II type). Bars denote 1 mm in Fig. A and 100μm in Figs. B-D. Azan stain.

Pteria penguin **SI**

二枚貝綱 Class BIVALVIA
ウグイスガイ目 Order Pterioida
ウグイスガイ科 Family Pteriidae

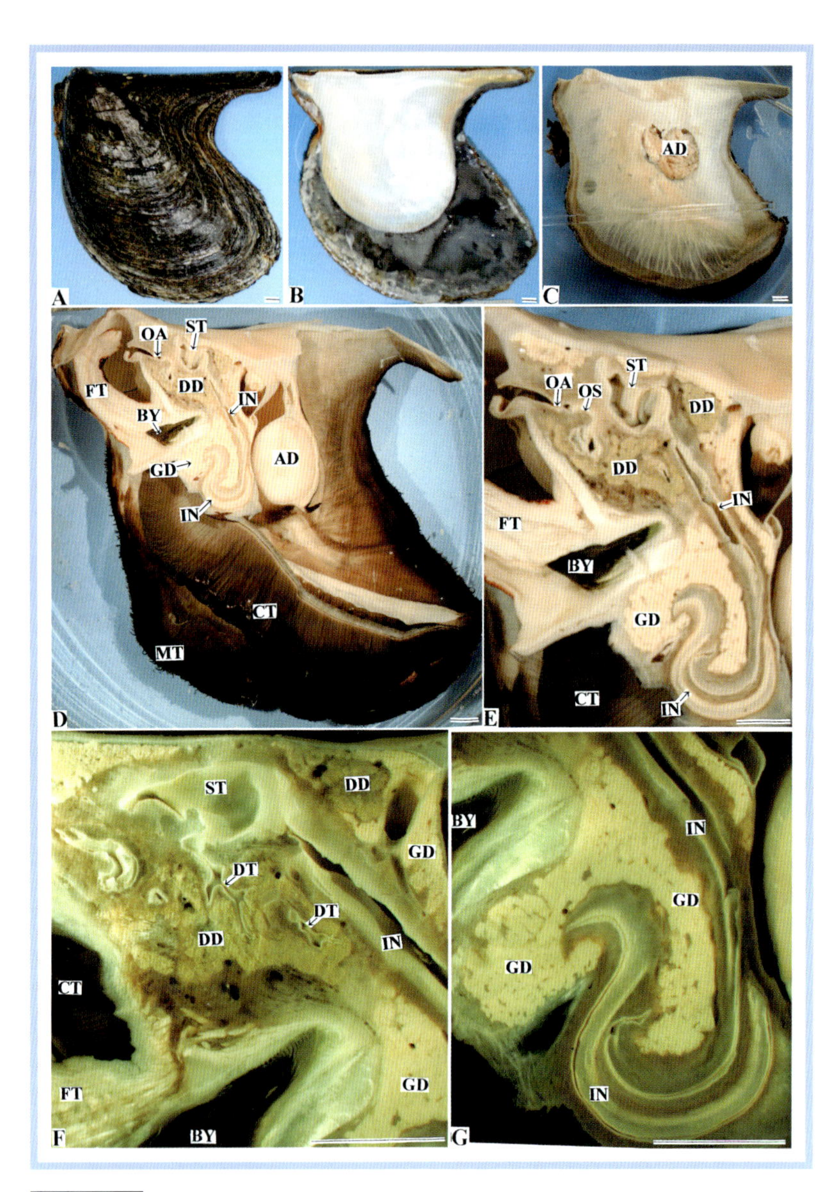

図 53-1A-G

マベ *Pteria penguin* 軟体部の水平断面図.
A, B は殻を, C は軟体部左側面を, D-G は軟体部縦断面の右側面をそれぞれ示す. 図中の実線は 1cm（A-C）および 1mm（D-G）を示す.

Figs.53-1A-G

Photographs of the horizontal-sectioned soft part of *Pteria penguin* BIVALVIA.
Figs. A and B show the valves and Fig. C show the view of the soft part after removal of the left valve. Figs. C and D-G show a left side view and right side views of the horizontal-sectioned soft part, respectively. Bars denote 1 cm in Figs. A-C and 1 mm in Figs. D-G.

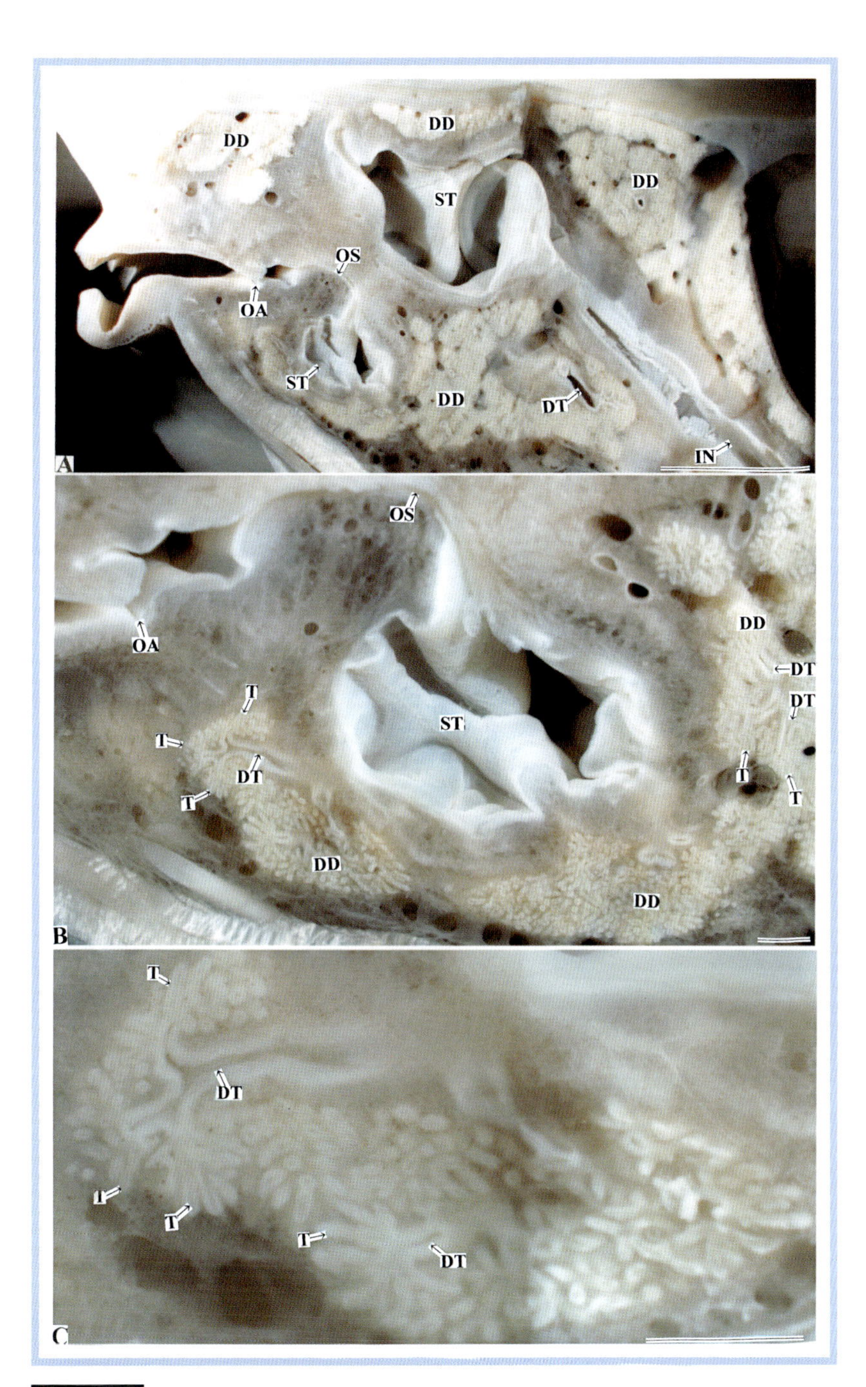

図 53-2A-C

マベ消化器官の水平断面.
A, B は消化器官を,C は中腸腺をそれぞれ示す. 図中の実線は 1cm (A) および 1mm (B, C) を示す.

Figs.53-2A-C

Photographs of the horizontal-sectioned digestive organs of *Pteria penguin.*
Figs. A and B show the digestive organs, and Fig. C shows the digestive diverticula. Bars denote 1 cm in Fig. A and 1 mm in Figs. B, C.

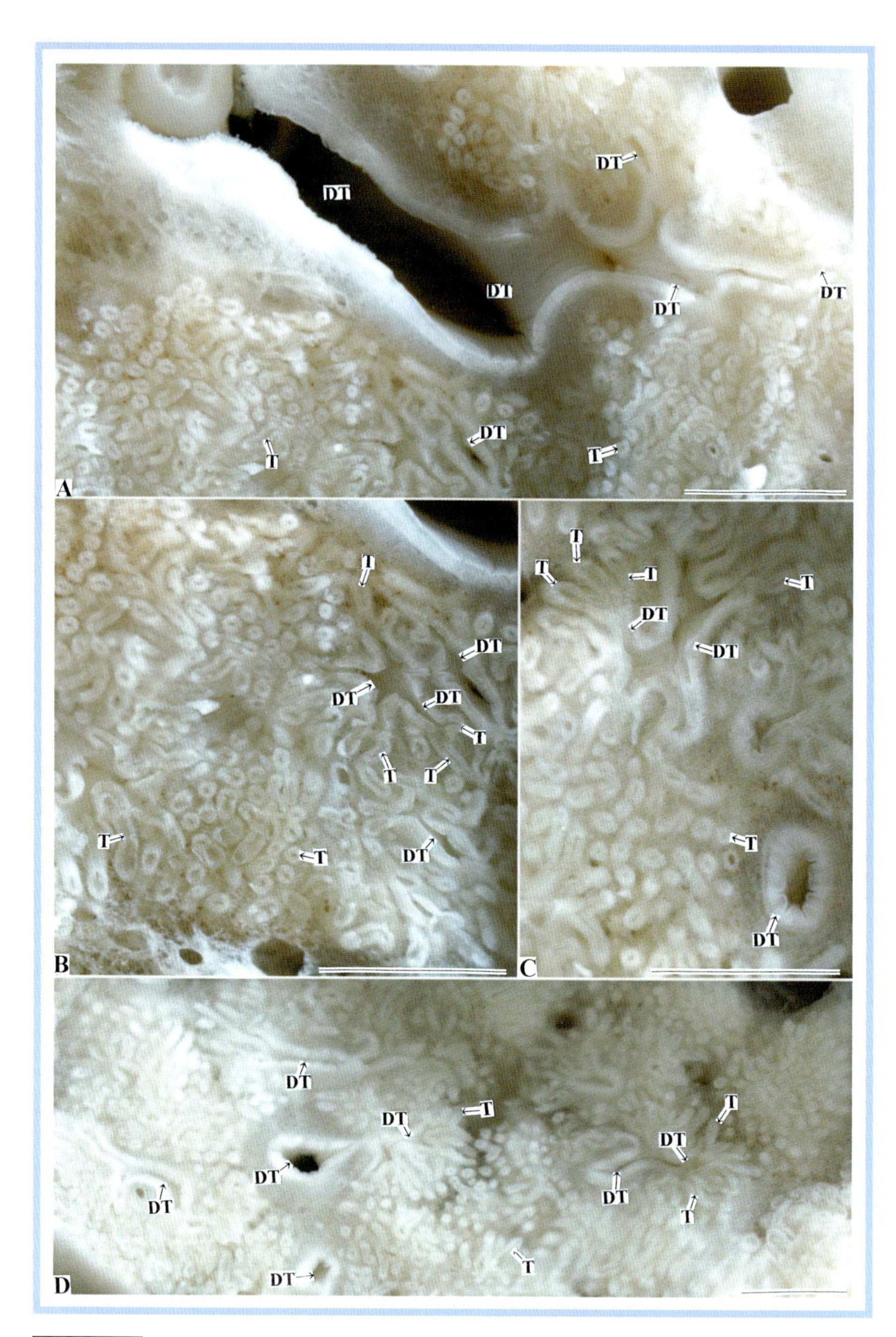

図 53-3A-D

マベの導管と中腸腺細管.
A-D は中腸腺の水平断面で導管と中腸腺細管の連絡を示す. 房状分枝I型（SI型）. 図中の実線は 100 μm を示す.

Figs.53-3A-D

Photographs of the horizontal-sectioned digestive diverticula of *Pteria penguin*.
Figs. A-D show the horizontal-sectioned digestive diverticula, and the connection between the duct and tubules. Simple acinar branching type I (SI type). Bars denote 100μm.

アコヤガイ

Pinctada fucata martensii SI

二枚貝綱 Class BIVALVIA
ウグイスガイ目 Order Pterioida
ウグイスガイ科 Family Pteriidae

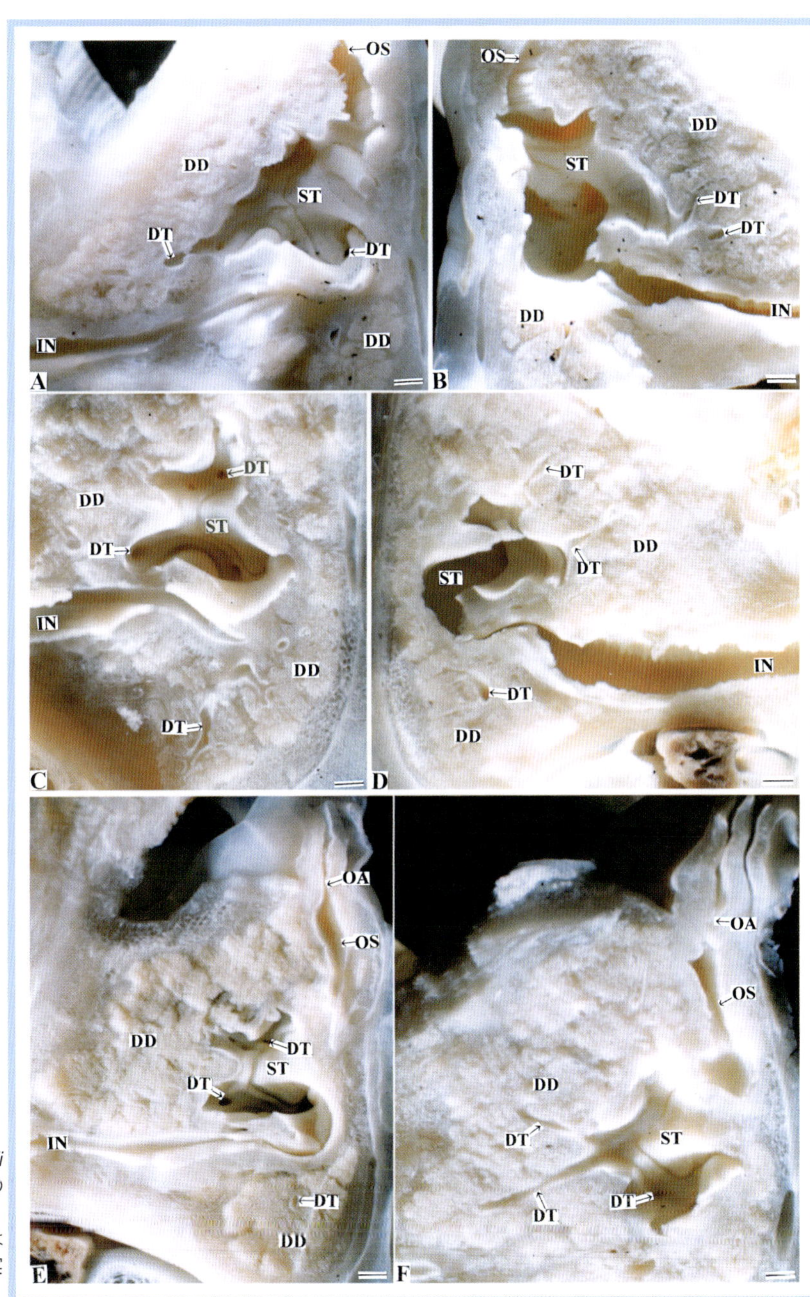

図 54-1A-F
アコヤガイ*Pinctada fucata martensii*
軟体部の水平断面で同一部位の左右側面を示す.
A, C, E は左側面を, B, D, F は右側面をそれぞれ示す. 図中の実線は 1mm を示す.

Figs.54-1A-F
Photographs of the horizontal-sectioned soft part of *Pinctada fucata martensii* BIVALVIA.
The figures show right and left side views of the same region. Figs. A, C and E show left side views, and Figs. B, D and F show right side views of the soft part. Bars denote 1 mm.

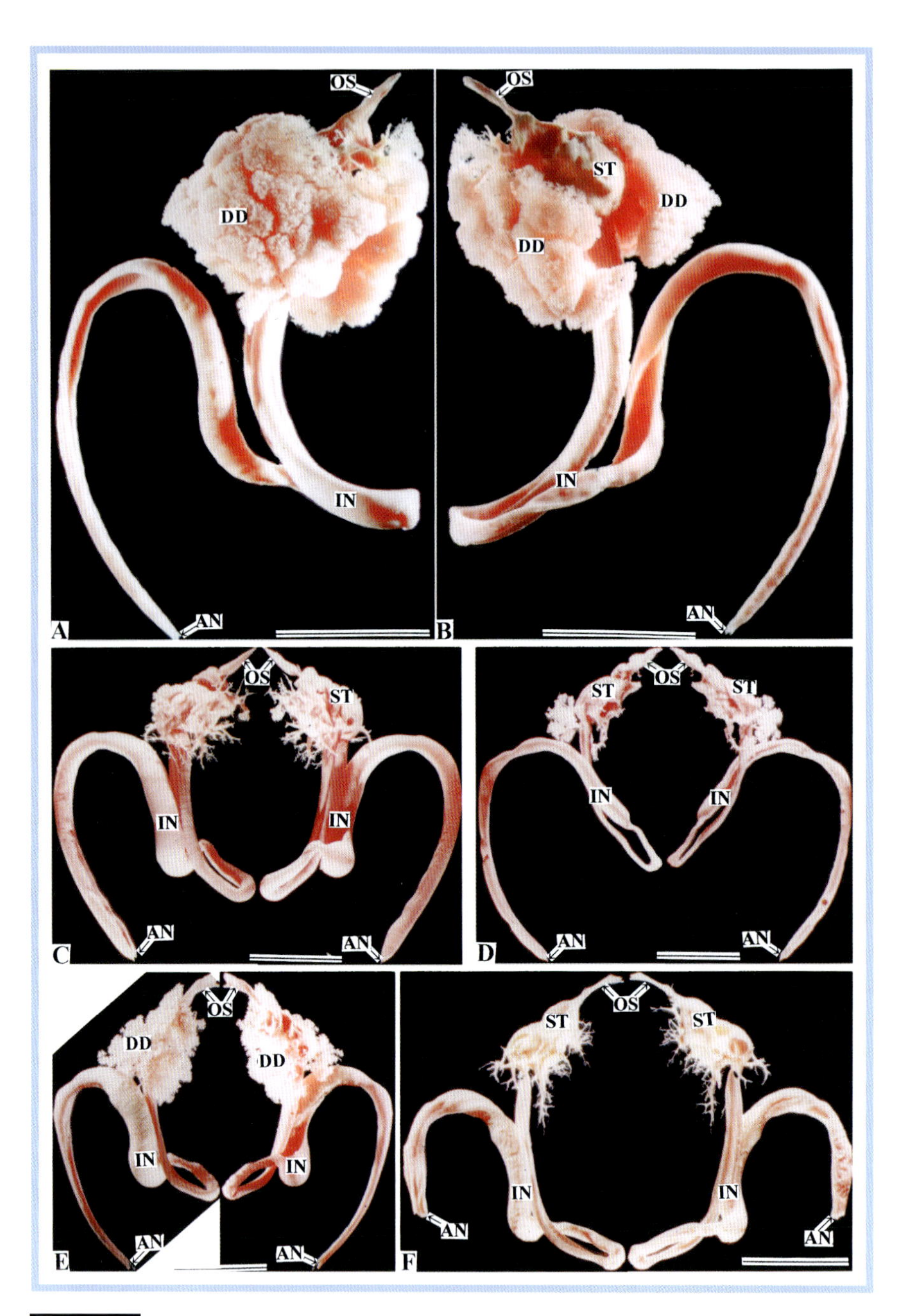

図 54-2A-F

アコヤガイ消化器官の鋳型.
A は消化器官の右側面を，B は消化器官の左側面を示す．C-F では，図中の左側の鋳型は右側面を，右側の鋳型は左側面をそれぞれ示す．図中の実線は 1cm を示す.

Figs.54-2A-F

Corrosion resin-casts of the digestive organs of *Pinctada fucata martensii.*
Fig. A shows a right side view and Fig. B a left side view of the corrosion resin-cast of the digestive organs. The left side cast and right side cast in each figure of Figs. C-F represent the right side and left side views, respectively. Bars denote 1 cm.

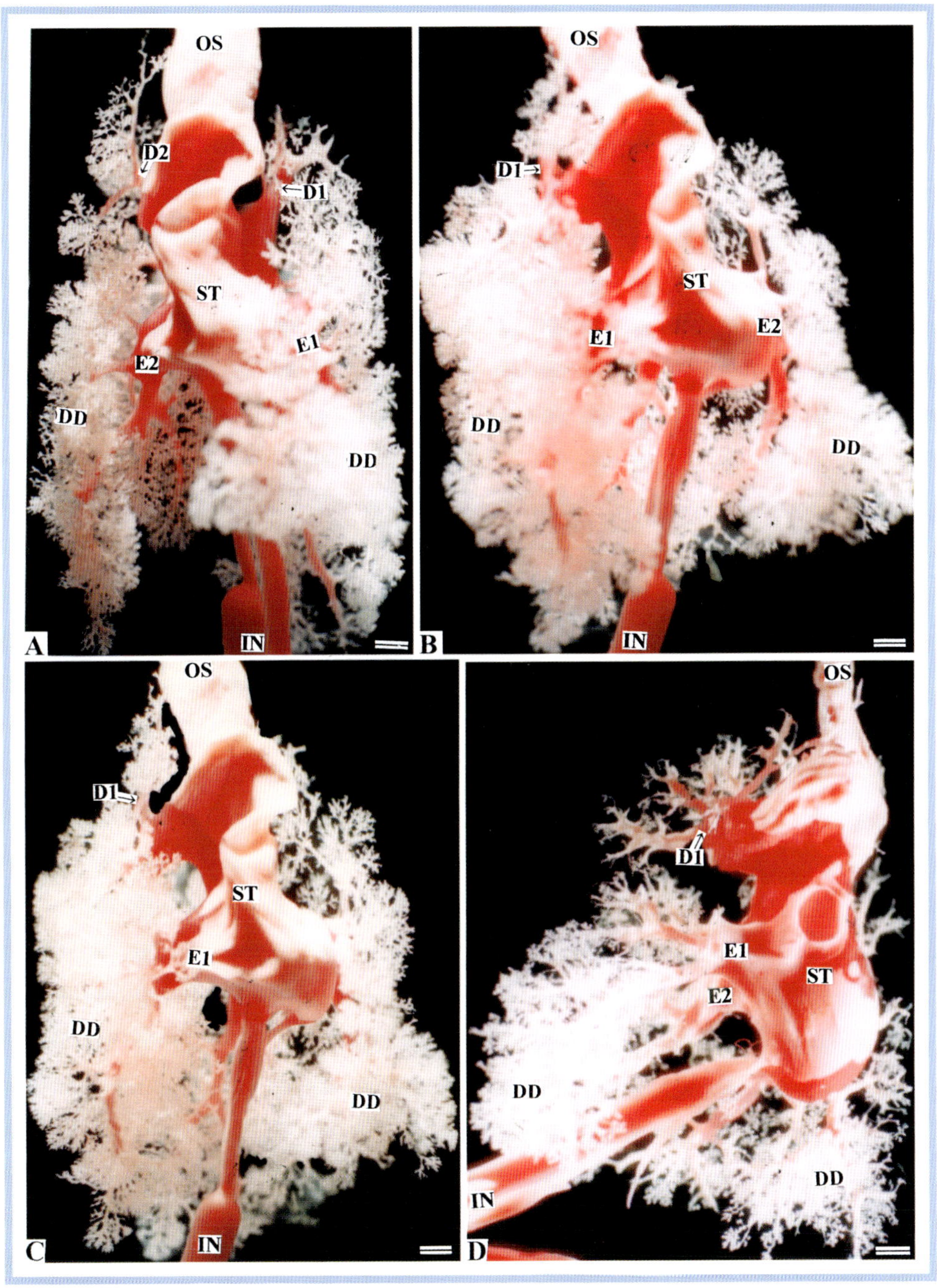

図 54-3A-D

アコヤガイ消化器官の鋳型.
A は背面，B は腹面，C は右側面，D は左側面をそれぞれ示す．図中の実線は 1mm を示す．

Figs.54-3A-D

Corrosion resin-cast of the digestive organs of *Pinctada fucata martensii.*
The figures are presented as follows: Fig. A, dorsal view; Fig. B, ventral view; Fig. C, right side view; Fig. D, left side view. Bars denote 1 mm.

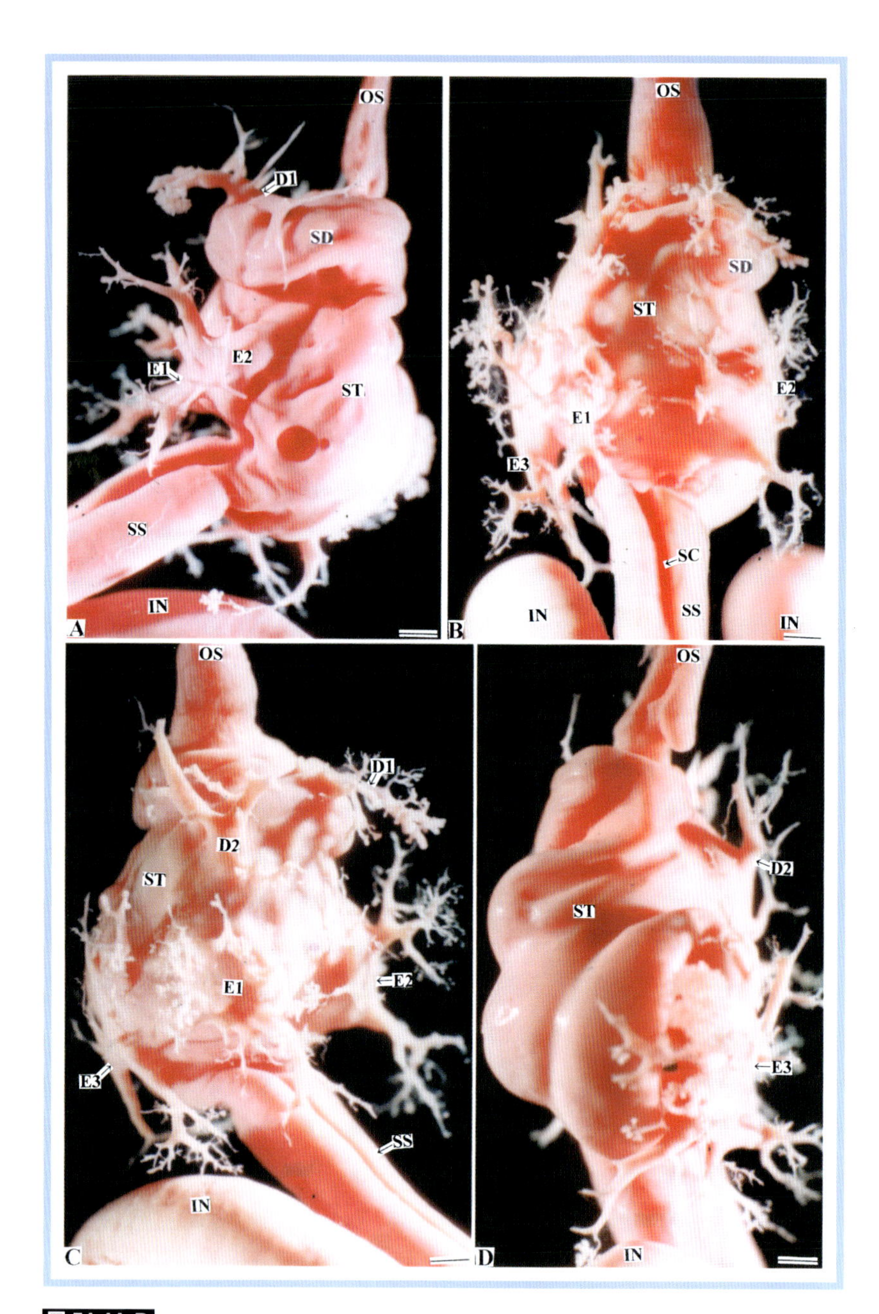

図 54-4A-D

アコヤガイ消化器官の鋳型.
A-D は特に胃壁の湾入部および導管の幹との連絡を示す. A は左側面, B は腹面, C は右側面, D は背面をそれぞれ示す. 図中の実線は 1mm を示す.

Figs.54-4A-D

Corrosion resin-cast of the stomach and the ducts of the digestive diverticula in *Pinctada fucata martensii*.
These views display the connections of the embayments with ducts opening into the stomach. The figures are presented as follows: Fig. A, left side view; Fig. B, ventral view; Fig. C, right side view; Fig. D, dorsal view. Bars denote 1 mm.

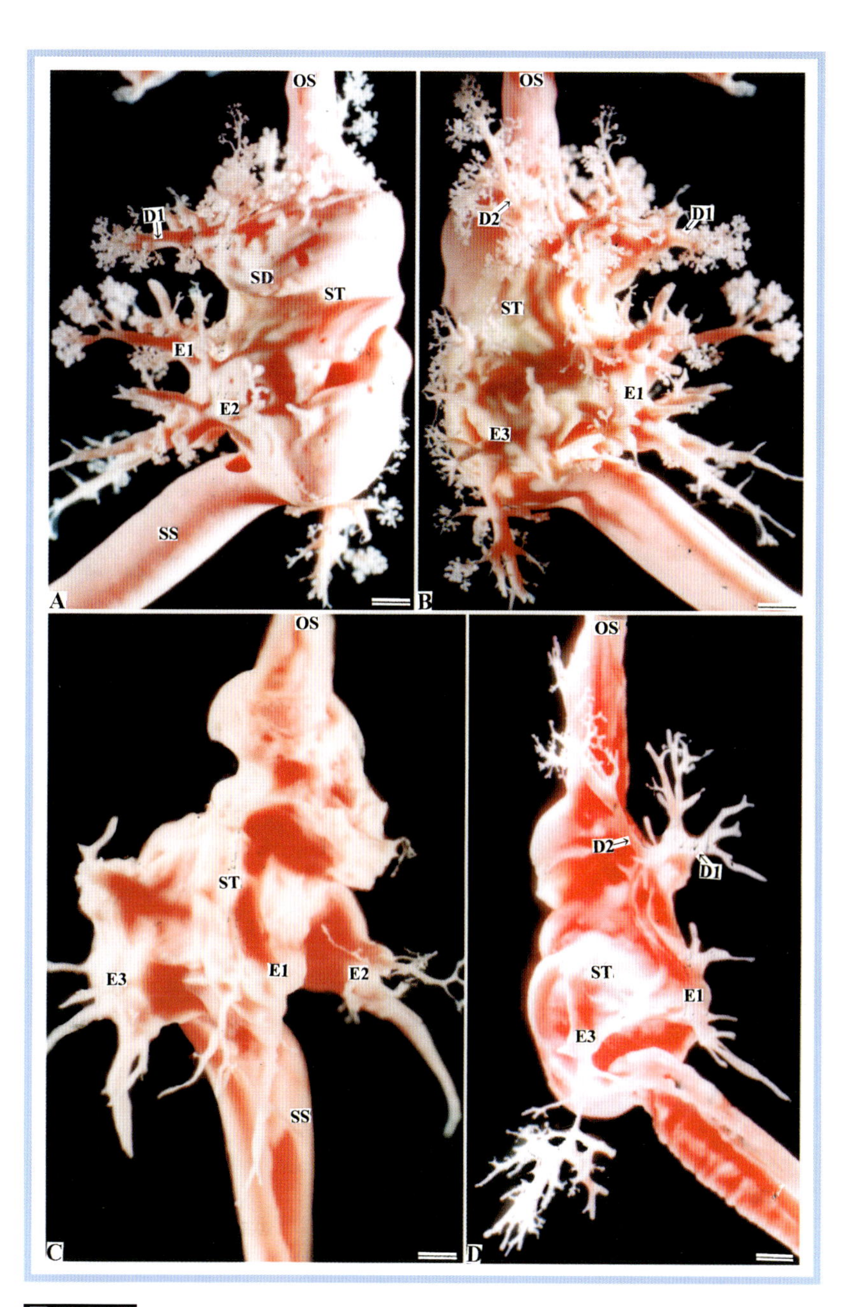

図 54-5A-D

アコヤガイ消化器官の鋳型.
A-D は特に胃と胃壁の湾入部および導管の幹との連絡を示す. A は左側面, B, D は右側面, C は腹面をそれぞれ示す. 図中の実線は 1mm を示す.

Figs.54-5A-D

Corrosion resin-cast of the stomach and the ducts of the digestive diverticula in *Pinctada fucata martensii*.
These views display the stomach and the connections of the embayments with ducts opening into the stomach. The figures are presented as follows: Fig. A, left side view; Figs. B and D, right side views; Fig. C, ventral view. Bars denote 1 mm.

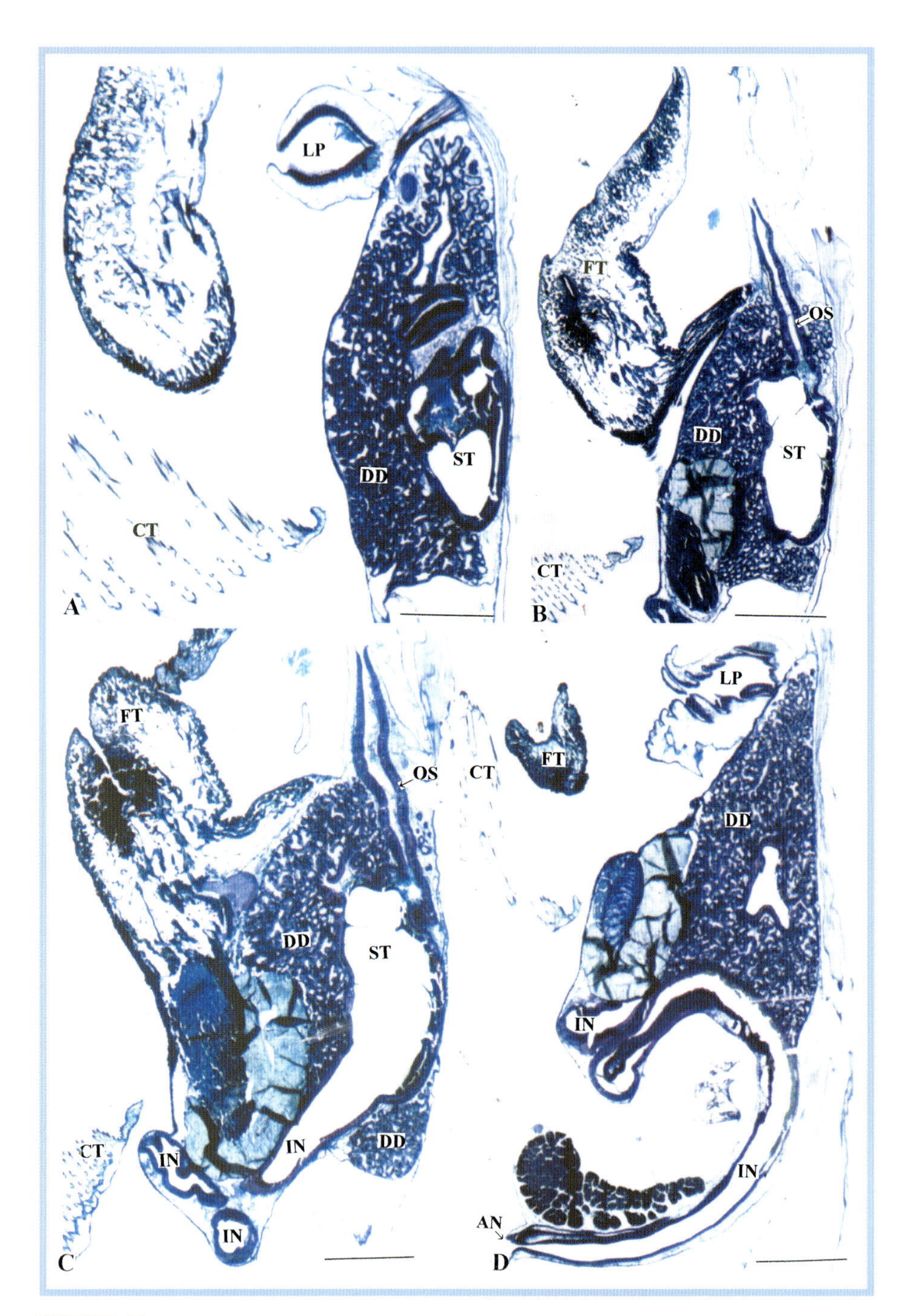

図 54-6A-D

アコヤガイ軟体部の水平断面図.
A-D は軟体部の連続水平断面を示す. 図中の実線は 1mm を示す. アザン染色.

Figs.54-6A-D

Photomicrographs of the horizontal-sectioned soft part of *Pinctada fucata martensii*.
Figs. A-D show serial horizontal sections of the soft part. Bars denote 1 mm. Azan stain.

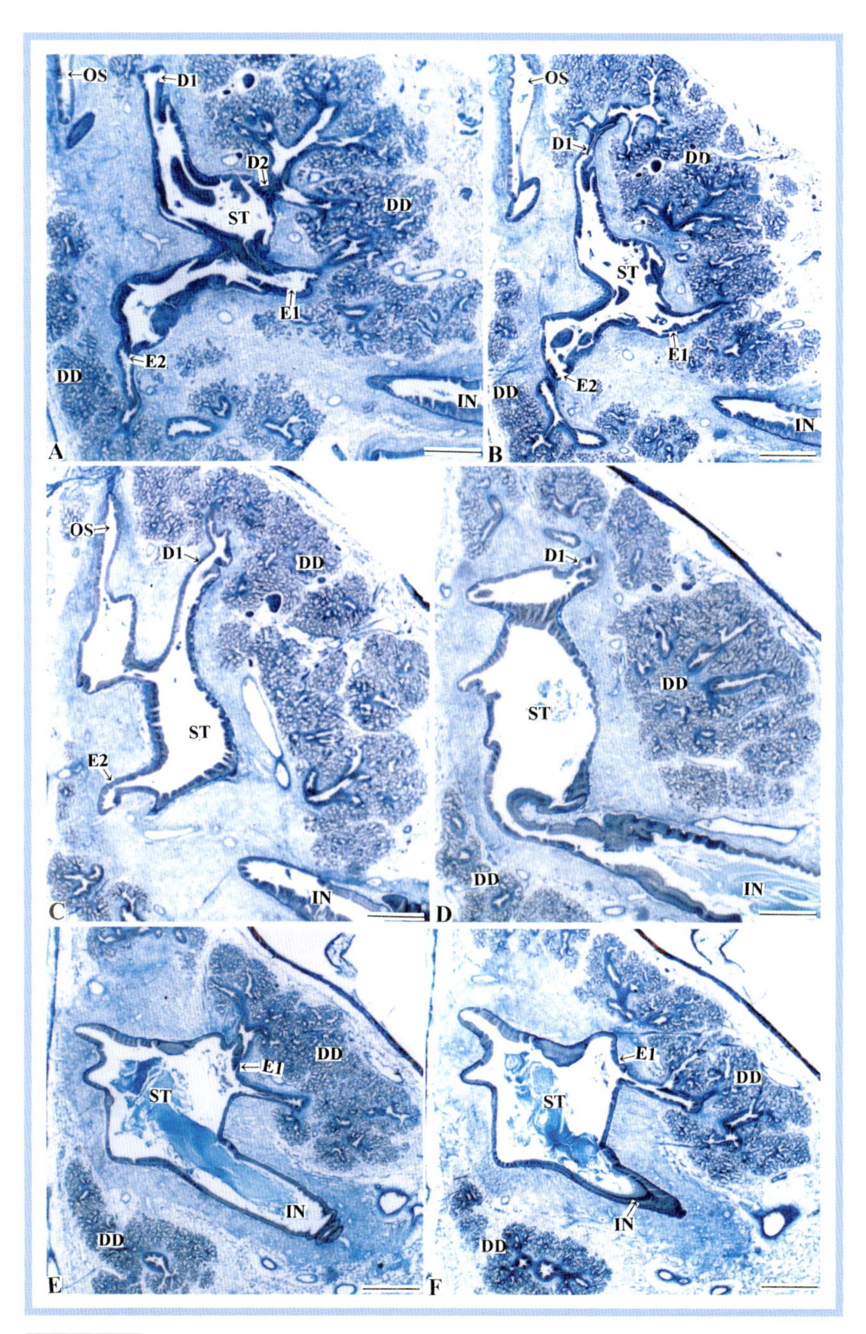

図 54-7A-F

アコヤガイ中腸腺と胃の水平断面図.
A-F は中腸腺と胃の連続水平切片を示す. 図中の実線は 1mm を示す. アザン染色.

Figs.54-7A-F

Photomicrographs of the horizontal-sectioned digestive diverticula and stomach of *Pinctada fucata martensii.*
Figs. A-F show serial horizontal sections of the digestive diverticula and stomach. Bars denote 1 mm. Azan stain.

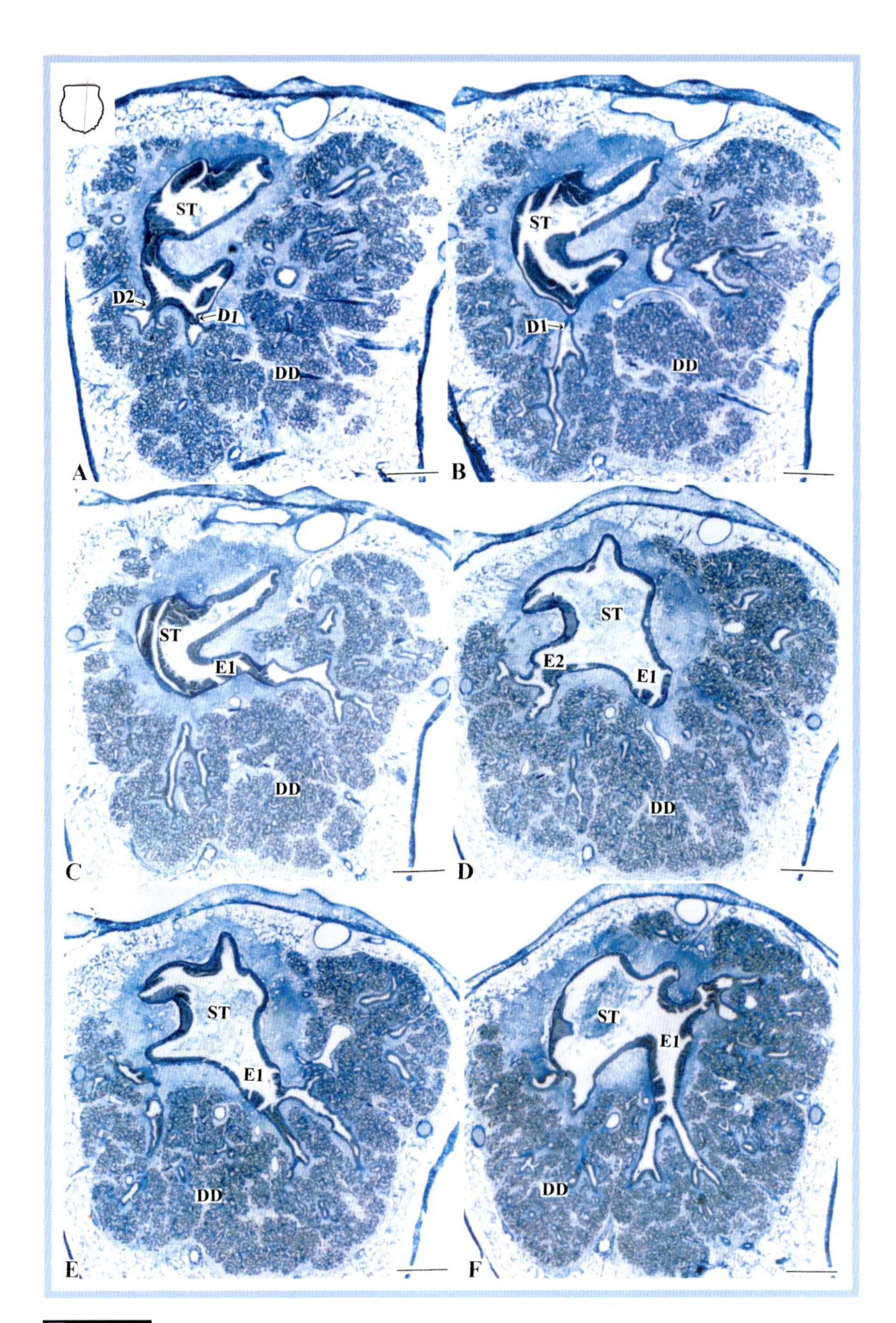

図 54-8A-F

アコヤガイ中腸腺と胃の縦断面図.
左上の小図中の赤実線は図 54-8 の切り口を示す. A-F は中腸腺と胃の連続縦断切片を示す. 図中の実線は 1mm を示す. アザン染色.

Figs.54-8A-F

Photomicrographs of the vertical-sectioned digestive diverticula and stomach of *Pinctada fucata martensii*. Solid red line in the small figure in the upper-left side represents the cut edge line of the soft part in Fig. 54-8. Figs. A-D show serial vertical sections of the digestive diverticula and stomach. Bars denote 1 mm. Azan stain.

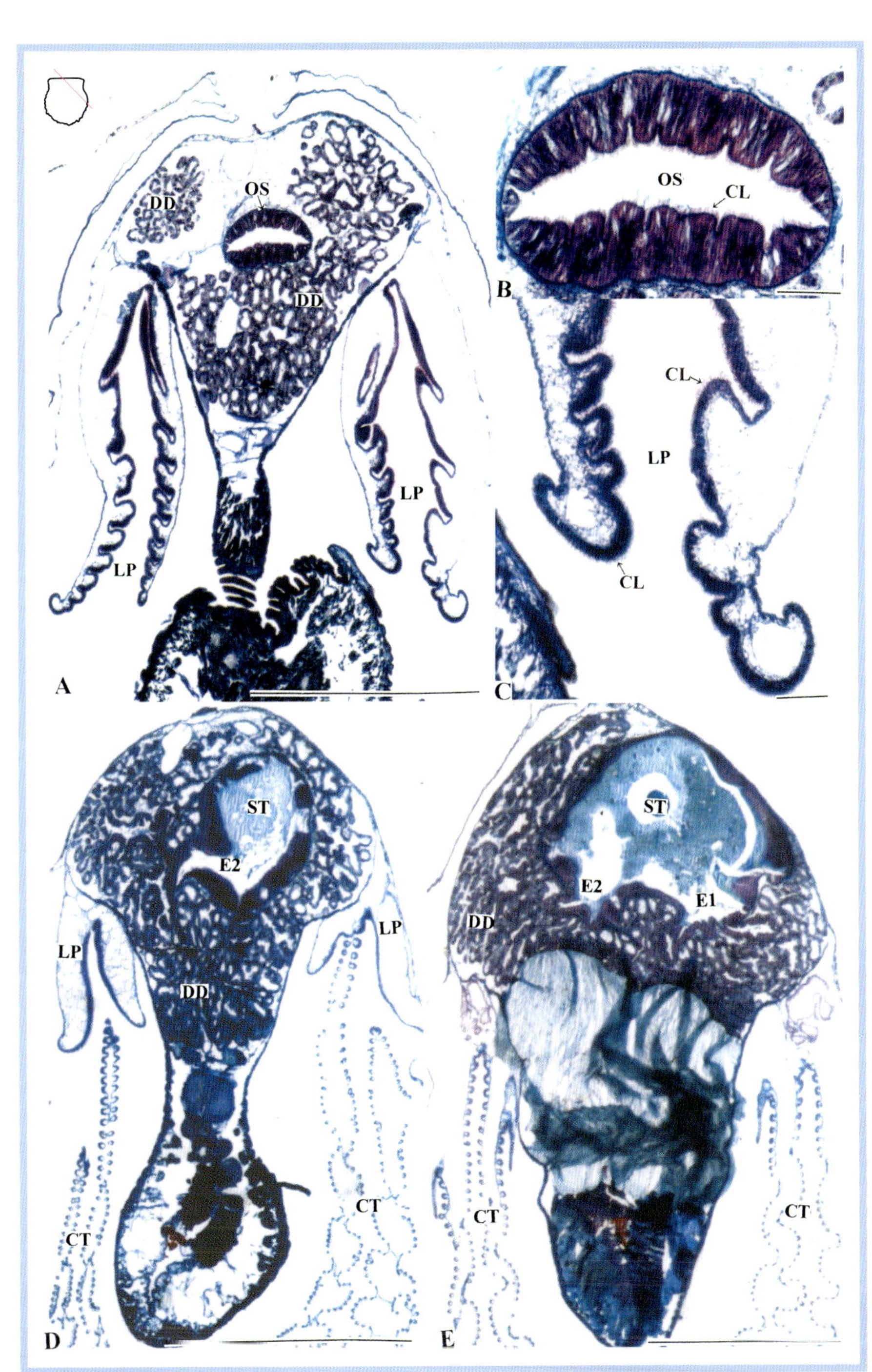

図 54-9A-E

アコヤガイ消化器官の斜断面図.
左上の小図中の赤実線は図 54-9 の切り口を示す. B は A の食道 (OS) を, C は A の唇弁(LP)の拡大. 図中の実線は 1mm(A, D, E) および 100μm (B, C) を示す. アザン染色.

Figs.54-9A-E

Photomicrographs of the oblique-sectioned digestive organ of *Pinctada fucata martensii.*
Solid red line in the small figure in the upper-left side represents the cut edge line of the soft part in Fig. 54-9. Figs. A, D and E show serial oblique-sectioned digestive diverticula. Fig. A is shown as magnified views in Figs. B and C for the oesophagus (OS) and the labial palp (LP), respectively. Bars denote 1 mm in Figs. A, D, E and 100μm in Figs. B, C. Azan stain.

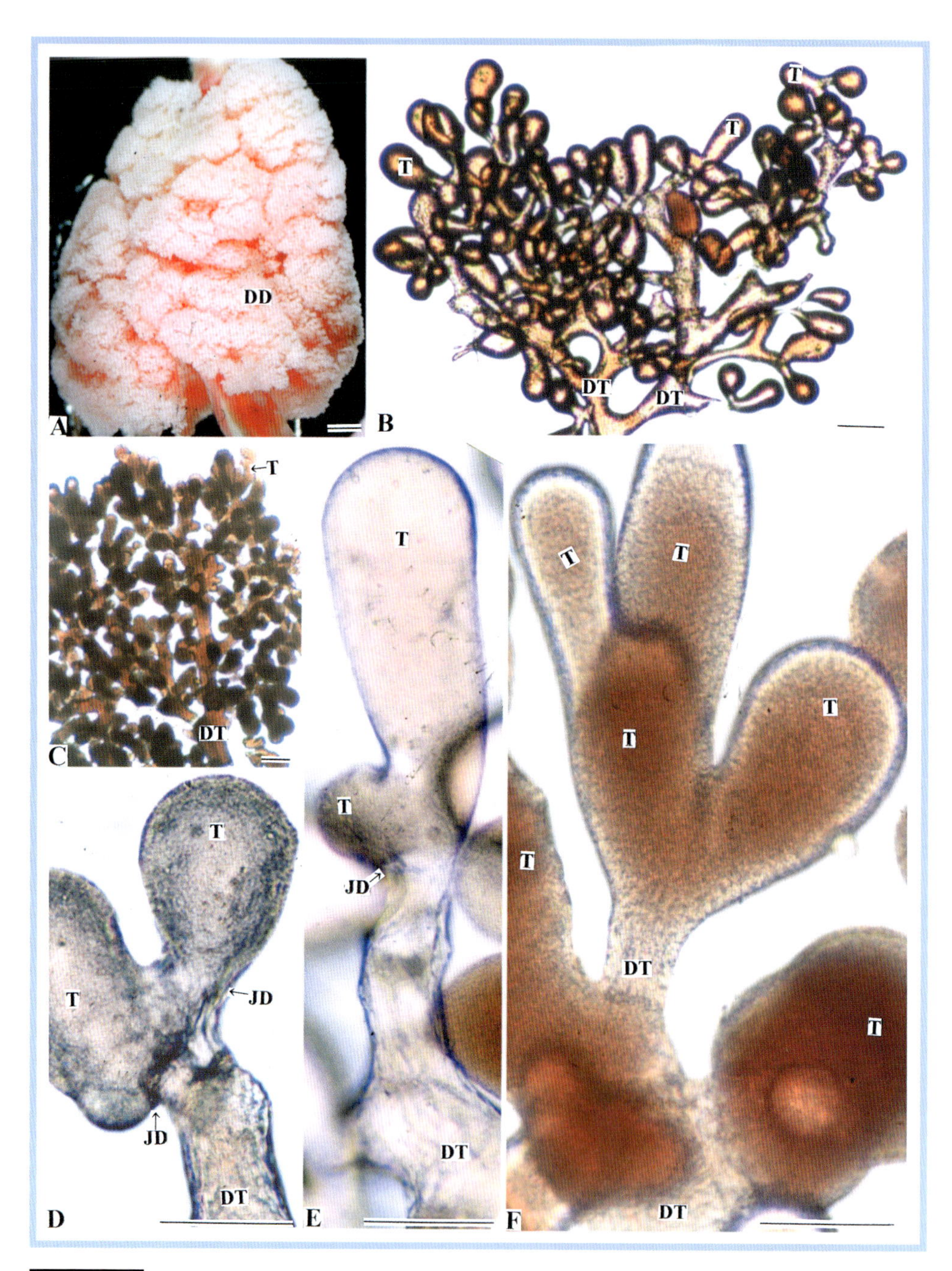

図 54-10A-F

アコヤガイの導管と中腸腺細管の鋳型.
A は中腸腺を, B-F は導管と中腸腺細管をそれぞれ示す. 房状分枝I型（SⅠ型）. 図中の実線は 1mm（A）および 100μm（B-F）を示す.

Figs.54-10A-F

Corrosion resin-casts of the duct and of tubules of the digestive diverticula in *Pinctada fucata martensii*.
Fig. A shows the digestive diverticula. Figs. B-F show the ducts and tubules. Simple acinar branching type I (SI type). Bars denote 1 mm in Fig. A and 100μm in Figs. B-F.

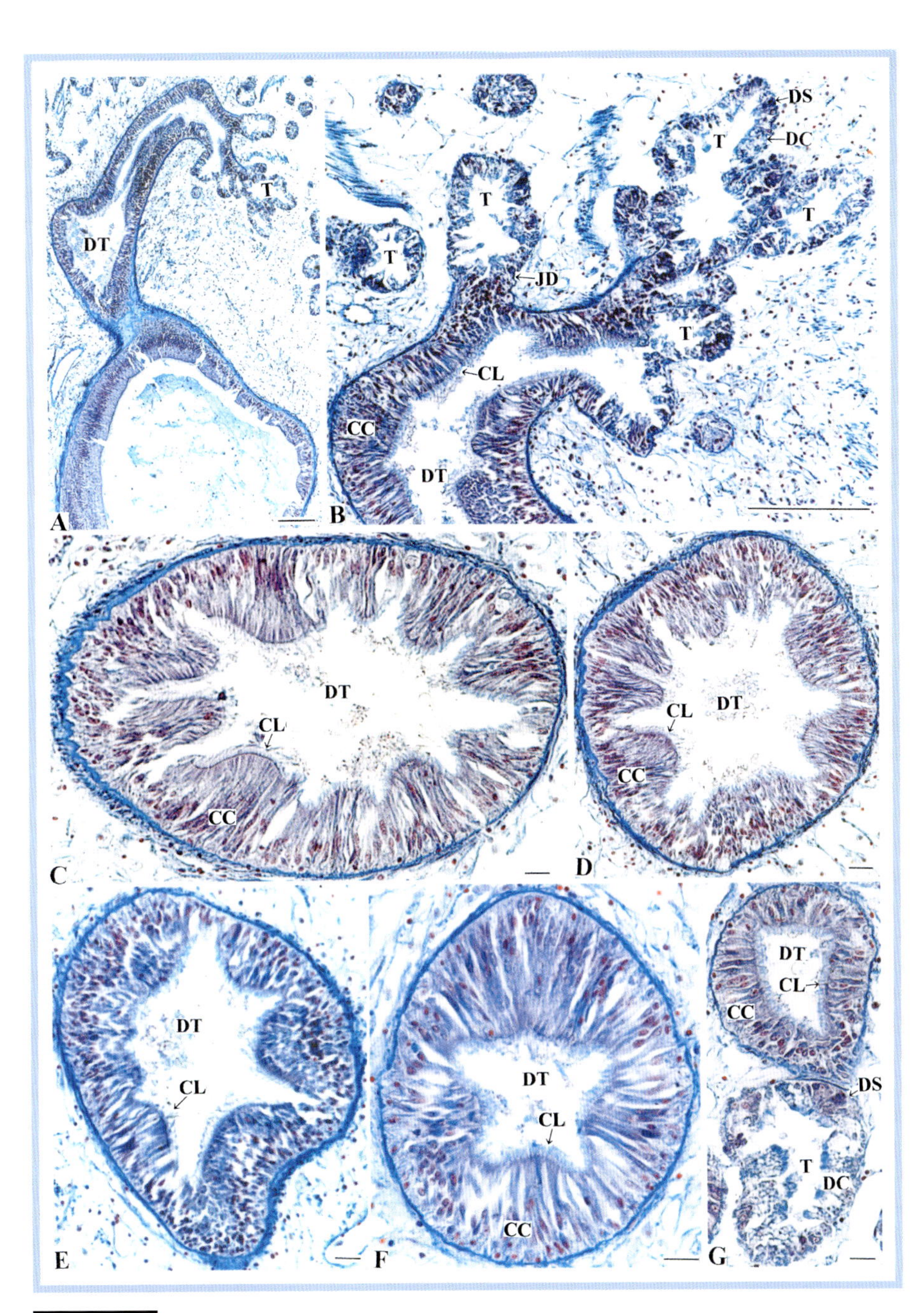

図 54-11A-G

アコヤガイの導管と中腸腺.
A, B は導管と中腸腺細管の連絡を, C-F は繊毛のある導管の横断面を, G は繊毛のある導管と中腸腺細管の横断面をそれぞれ示す. 図中の実線は 100μm (A, B) および 10μm (C-G) を示す. アザン染色.

Figs.54-11A-G

Photomicrographs of the duct and the tubules of the digestive diverticula in *Pinctada fucata martensii*. Figs. A and B show the connection between the duct and tubules. Figs. C-F show transverse views of the ciliated duct. Fig. G shows a transverse view of the ciliated duct and tubule. Bars denote 100μm in Figs. A, B and 10μm in Figs. C-G. Azan stain.

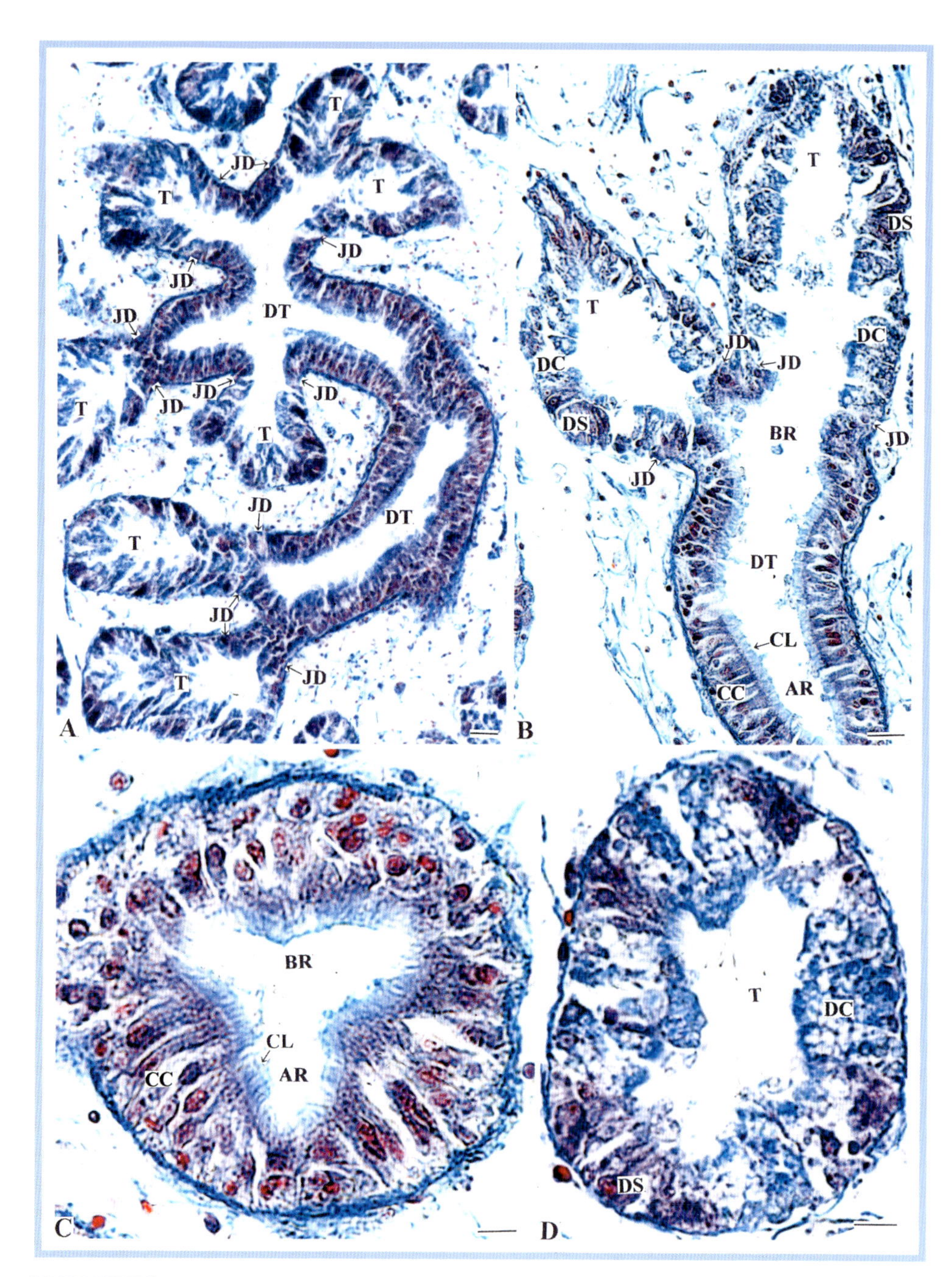

図 54-12A-D

アコヤガイの導管と中腸腺細管.

A, B は導管と中腸腺細管, C は導管の横断面を, D は中腸腺細管の横断面をそれぞれ示す. 図中の実線は 10 μm を示す. アザン染色.

Figs.54-12A-D

Photomicrographs of the duct and tubules of the digestive diverticula in *Pinctada fucata martensii.*
Figs. A and B show the duct and tubules. Figs. C and D show transverse sections of the duct and tubule, respectively. Bars denote 10μm. Azan stain.

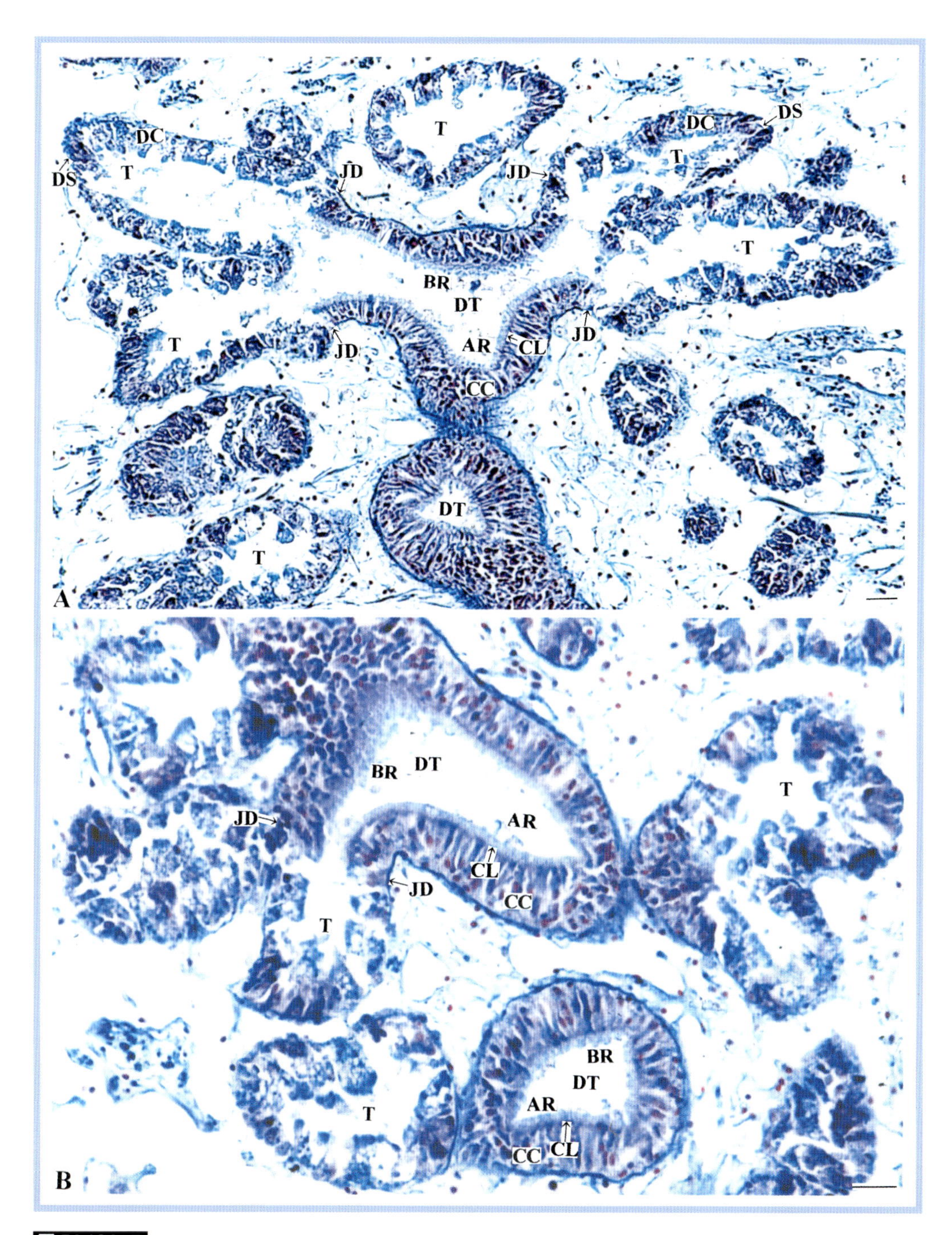

図 54-13A, B

アコヤガイの導管と中腸腺細管.
A, B は導管と中腸腺細管の連絡を示す. 図中の実線は 10μm を示す. アザン染色.

Figs.54-13A, B

Photomicrographs of the duct and tubule of the digestive diverticula in *Pinctada fucata martensii*.
Figs. A and B show the connection between the duct and tubules. Bars denote 10μm. Azan stain.

クロチョウガイ

Pinctada margaritifera SI

二枚貝綱 Class BIVALVIA
ウグイスガイ目 Order Pterioida
ウグイスガイ科 Family Pteriidae

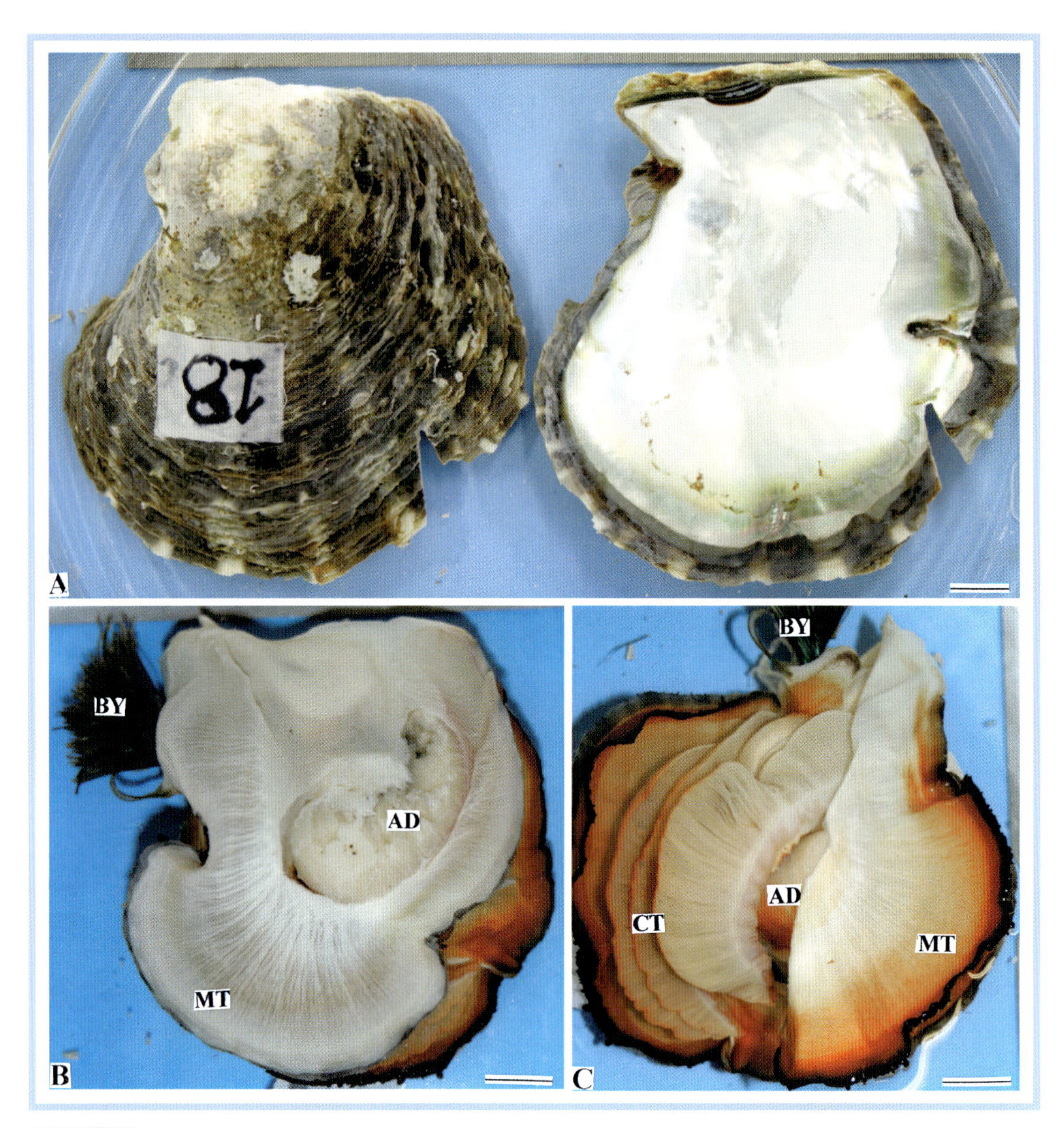

図 55-1A-C

クロチョウガイ *Pinctada margaritifera* 殻と軟体部.
A の左の殻は左殻外面，右の殻は右殻内面，B は左殻を取り除いた軟体部，C は外套膜を一部取り除いた軟体部をそれぞれ示す.
図中の実線は 1cm を示す.

Figs.55-1A-C

Overviews of the valves and the soft part of *Pinctada margaritifera* BIVALVIA.
Fig. A shows the outer surface of the left valve on the left side and the internal surface of the right valve on the left side. Figs. B and C show the soft parts after removal of the left valve and after removal of a part of the mantle, respectively. Bars denote 1 cm.

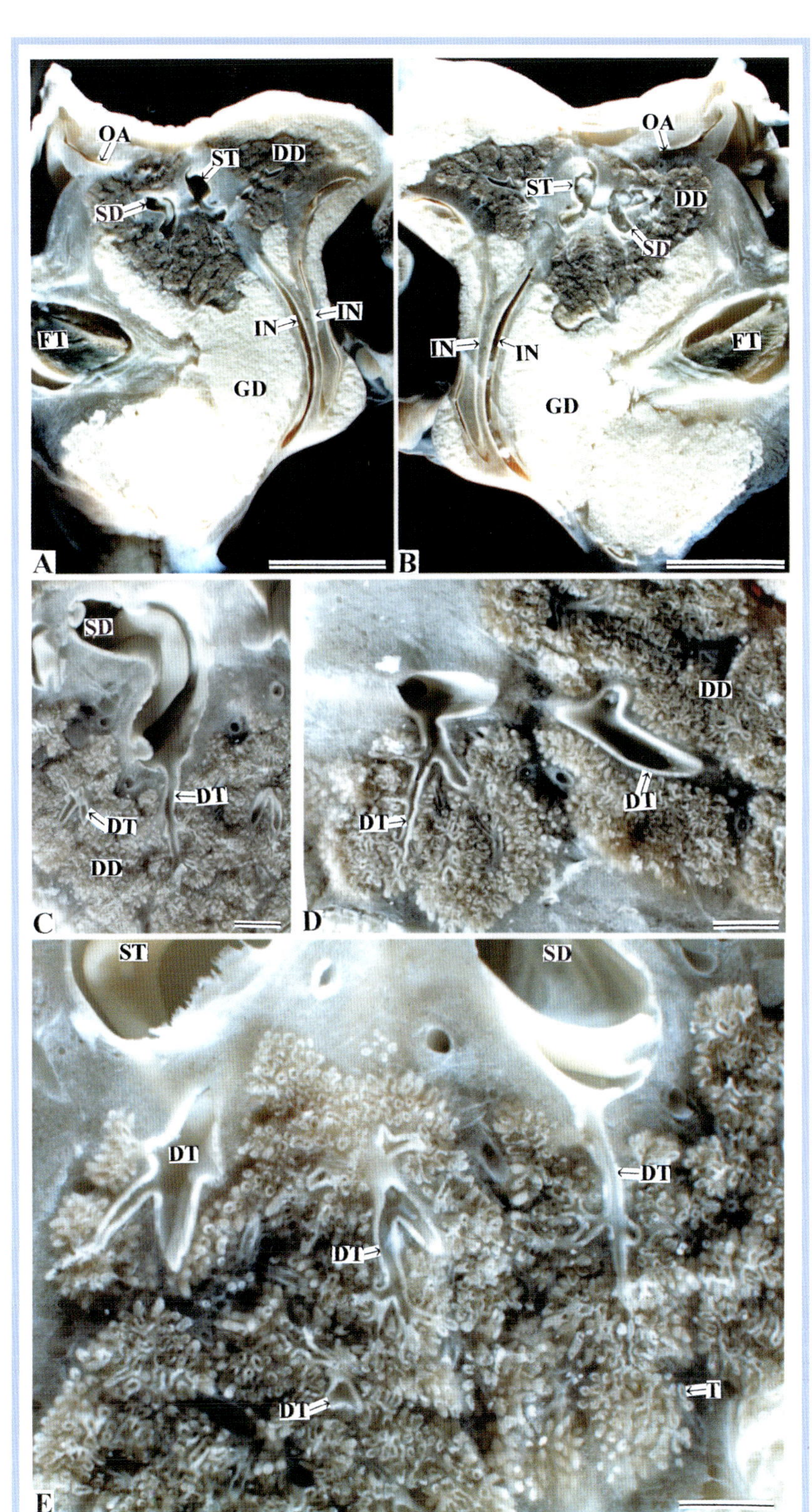

図 55-2A-E

クロチョウガイ軟体部の水平断面. A, C は左側面を, B, D, E は右側面をそれぞれ示す. C-E は特に中腸腺内の導管を示す. 図中の実線は 1cm（A, B）および 1mm（B, D, E）を示す.

Figs.55-2A-E

Photographs of the horizontal-sectioned soft part of *Pinctada margaritifera.*
Figs. A and C, and B, D and E show left side views and right side views, respectively. Figs. C-E show the ducts in the digestive diverticula. Bars denote 1 cm in Figs. A, B and 1 mm in Figs. C-E.

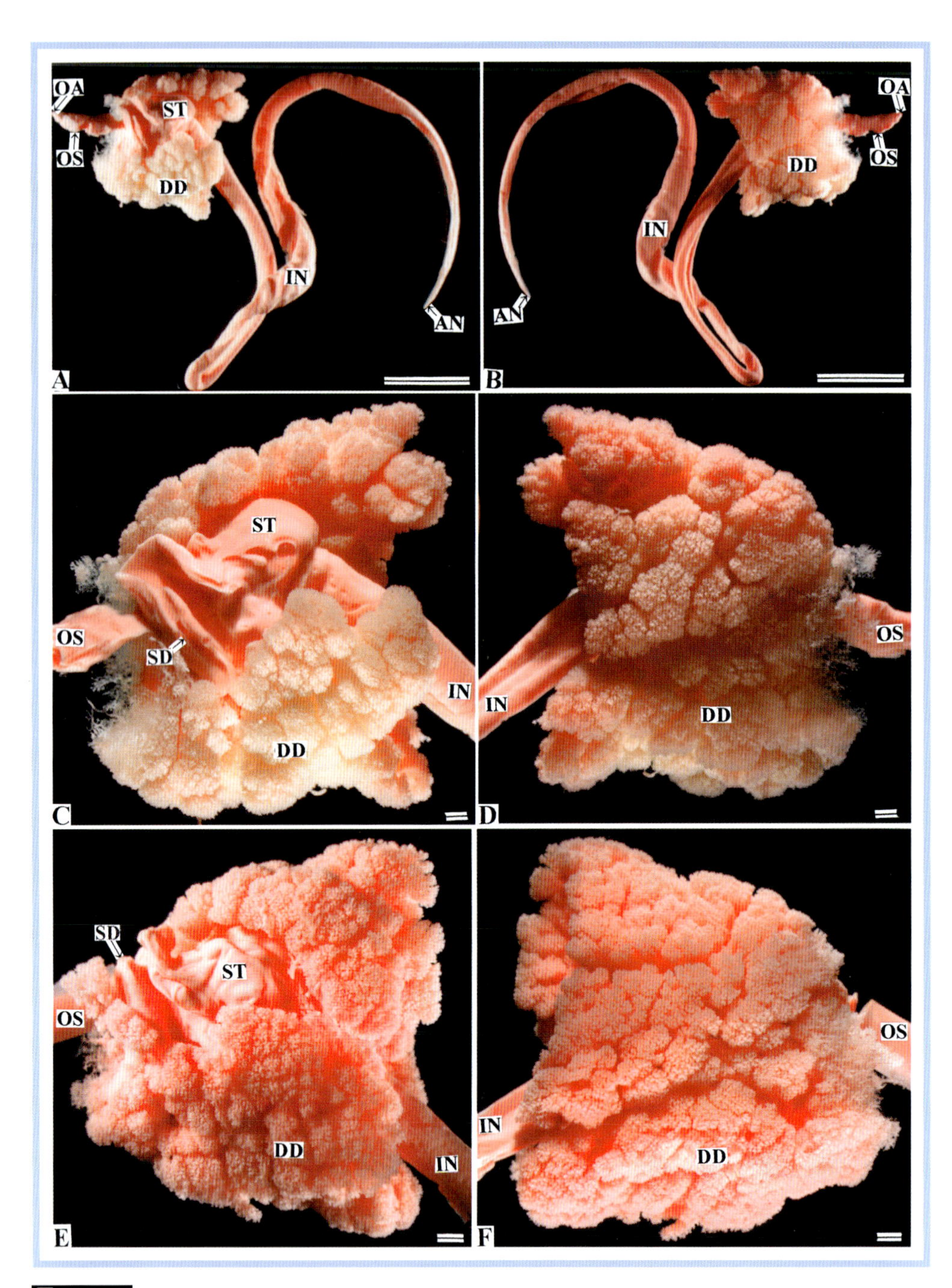

図 55-3A-F

クロチョウガイ消化器官の鋳型.
A, C, E は左側面を, B, D, F は右側面をそれぞれ示す. 図中の実線は 1cm（A, B）および 1mm（C-F）を示す.

Figs.55-3A-F

Corrosion resin-casts of the digestive organs of *Pinctada margaritifera.*
Figs. A, C and E, and B, D and F show left side and right side views, respectively. Bars denote 1 cm in Figs. A, B and 1 mm in Figs. C-F.

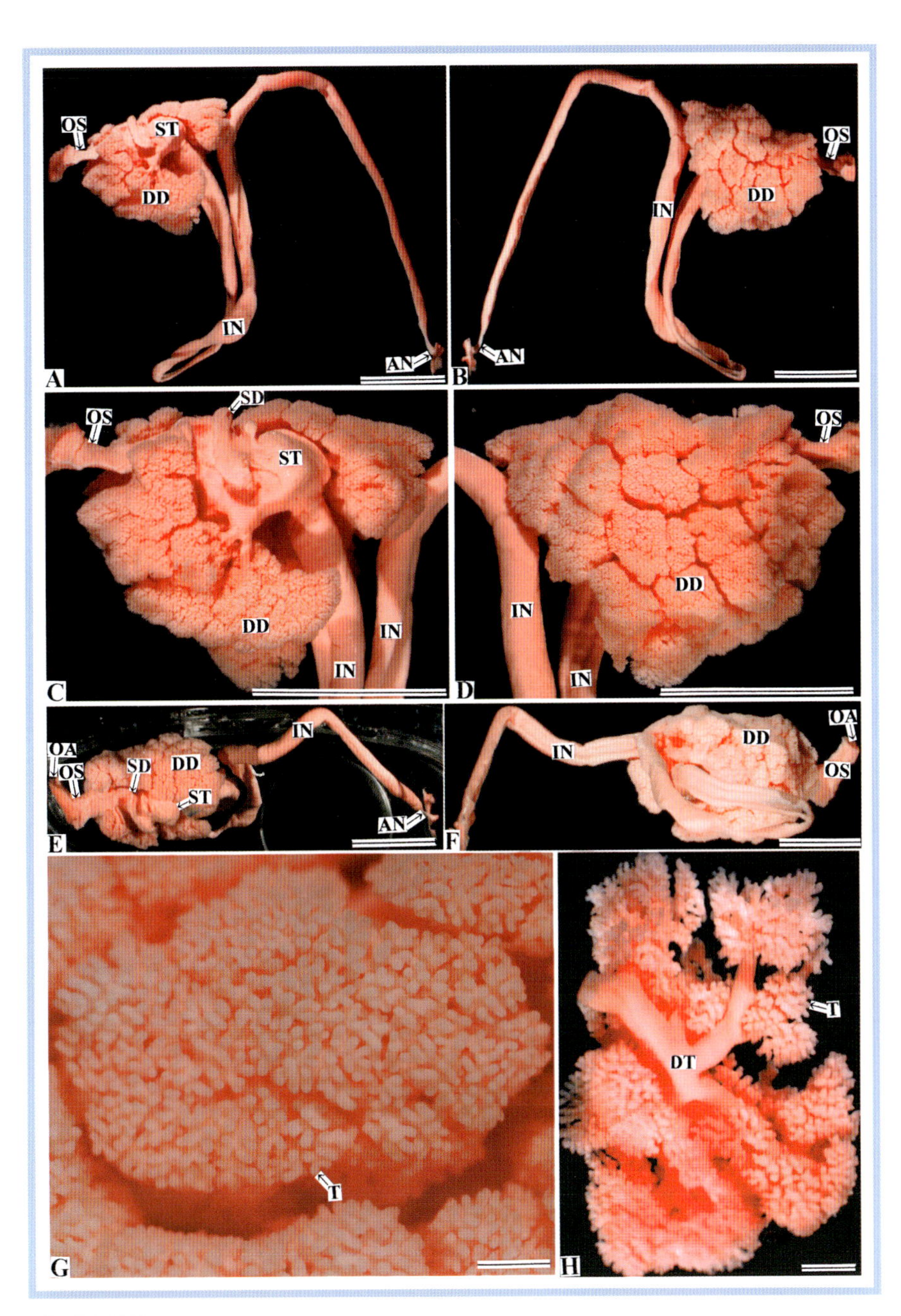

図 55-4A-H

クロチョウガイ消化器官の鋳型.
A, C は左側面, B, D は右側面, E は背面, F は腹面, G は中腸腺の表面, H は導管と中腸腺細管をそれぞれ示す. 図中の実線は 1cm（A-F）および 1mm（G, H）を示す.

Figs.55-4A-H

Corrosion resin-casts of the digestive organs of *Pinctada margaritifera*.
The figures are displayed as follows: Figs A and C, left side views; Figs. B and D, right side views; Fig. E, dorsal view; Fig. F, ventral view; Fig. G, exterior surface of the digestive diverticula; Fig. H, duct and tubules. Bars denote 1 cm in Figs. A-F and 1 mm in Figs. G, H.

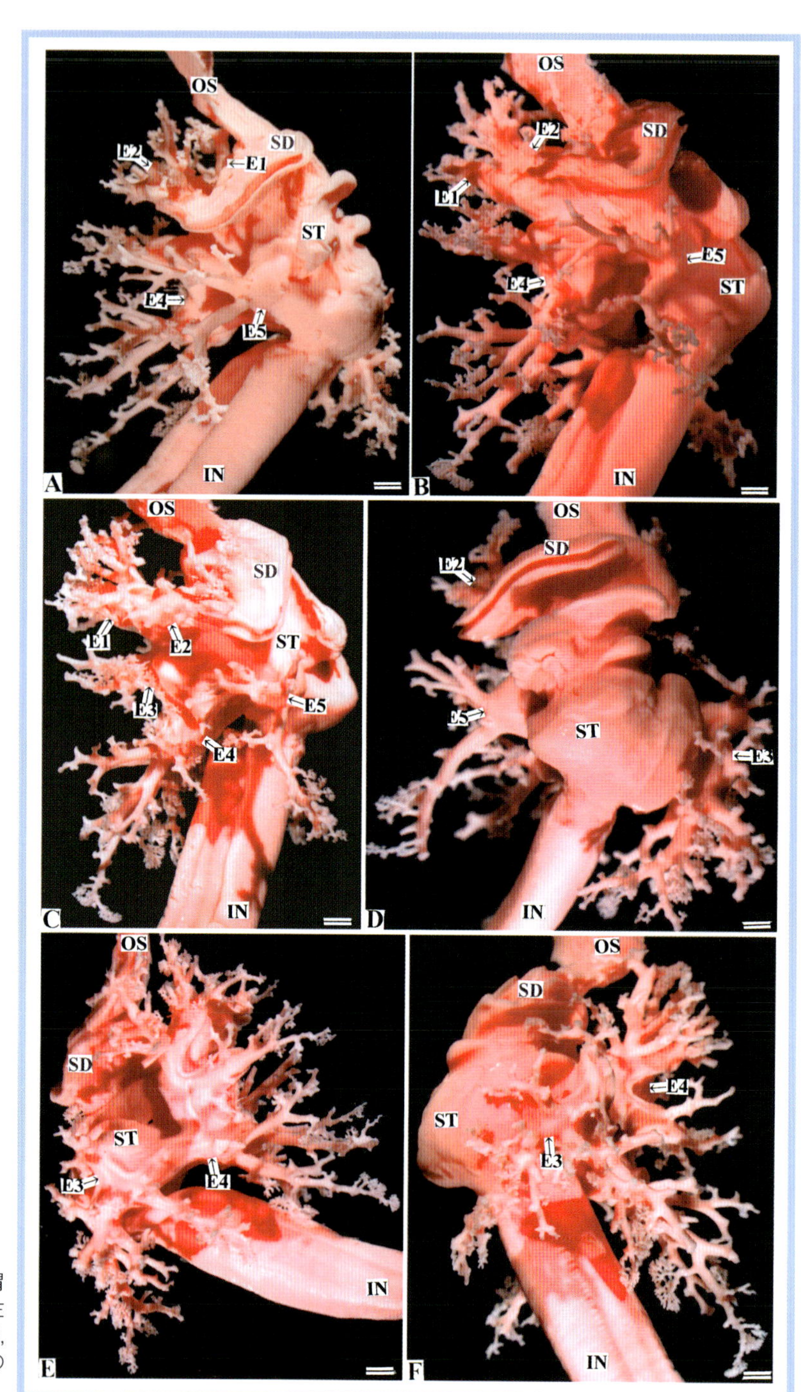

図 55-5A-F

クロチョウガイ消化器官の鋳型.
A-F は食道と背盲管のつながりと, 胃壁の湾入部の位置を示す. A, B は左側面を, C は腹面を, D は背面を, E, F は右側面をそれぞれ示す. 図中の実線は 1mm を示す

Figs.55-5A-F

Corrosion resin-cast of the digestive organs of *Pinctada margaritifera.*
Figs. A-F indicate the connection of the sorting gland with the oesophagus and the positions of the embayments on the stomach. The figures are displayed as follows: Figs. A and B, left side views; Fig. C, ventral view; Fig. D, dorsal view; Figs. E and F, right side views. Bars denote 1 mm.

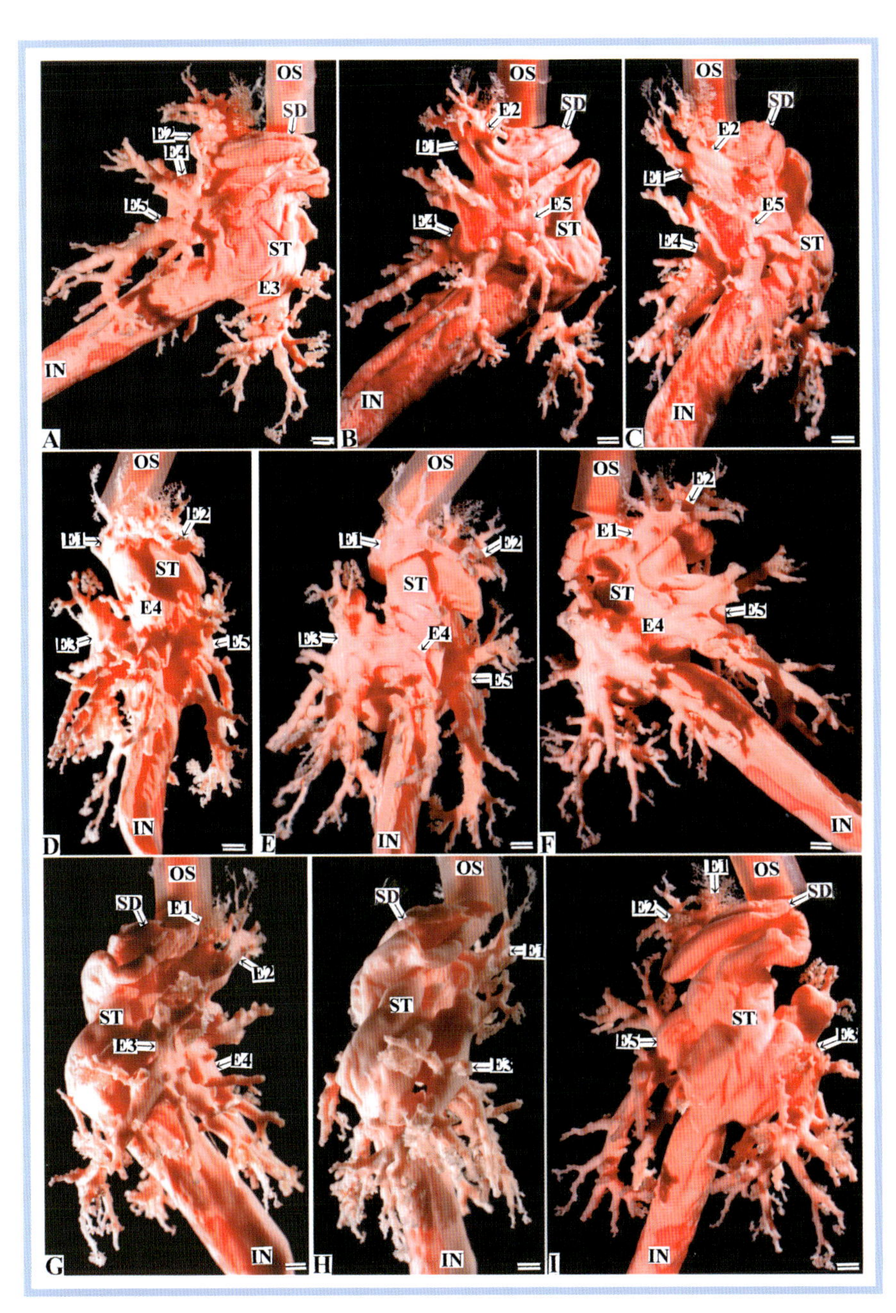

図 55-6A-I

クロチョウガイ消化器官の鋳型.
A-I は食道と背盲管のつながりと, 胃壁の湾入部の位置を示す. A-C は左側面, D, E は腹面, F-H は右側面図, I は背面をそれぞれ示す. 図中の実線は 1mm を示す.

Figs.55-6A-I

Corrosion resin-cast of the digestive organs of *Pinctada margaritifera*.
Figs. A-I indicate the connection of the sorting gland with the esophagus and the positions of the embayments on the stomach. The figures are presented as follows: Figs. A-C, left side views; Figs. D and E, ventral views; Figs. F-H, right side views; Fig. I, dorsal view. Bars denote 1 mm.

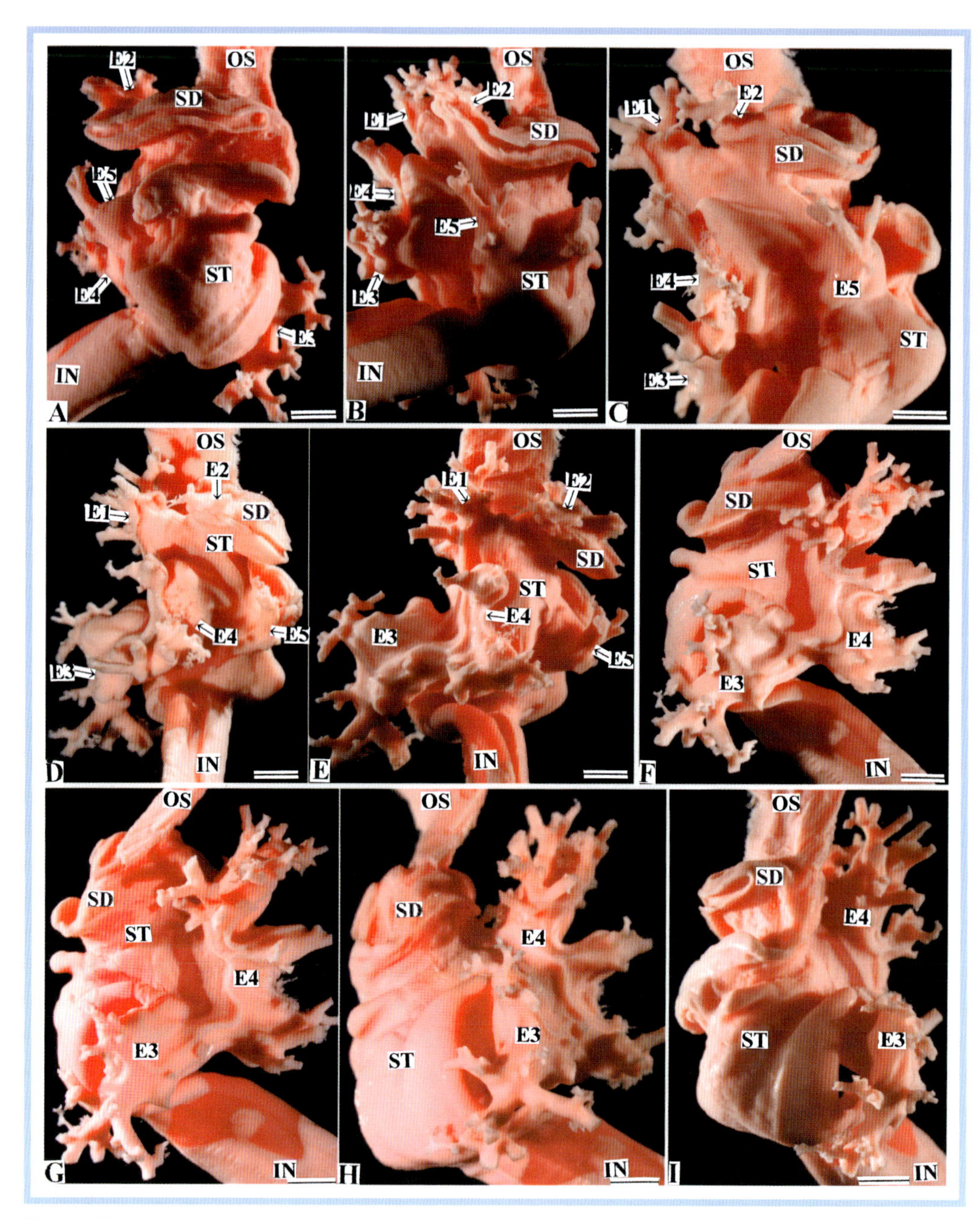

図 55-7A-I

クロチョウガイの導管と胃の鋳型.
A-I は食道と背盲管のつながりと，胃壁の湾入部の位置を示す．A-C は左側面，D, E は腹面，F-I は右側面をそれぞれ示す．図中の実線は 1mm を示す．

Figs.55-7A-I

Corrosion resin-cast of the duct and stomach in *Pinctada margaritifera.*
Figs. A-F indicate the connection of the sorting gland with the oesophagus and the positions of the embayments on the stomach. The figures are presented as follows: Figs. A-C, left side views; Figs. D and E, ventral views; Figs. F-I, right side views. Bars denote 1 mm.

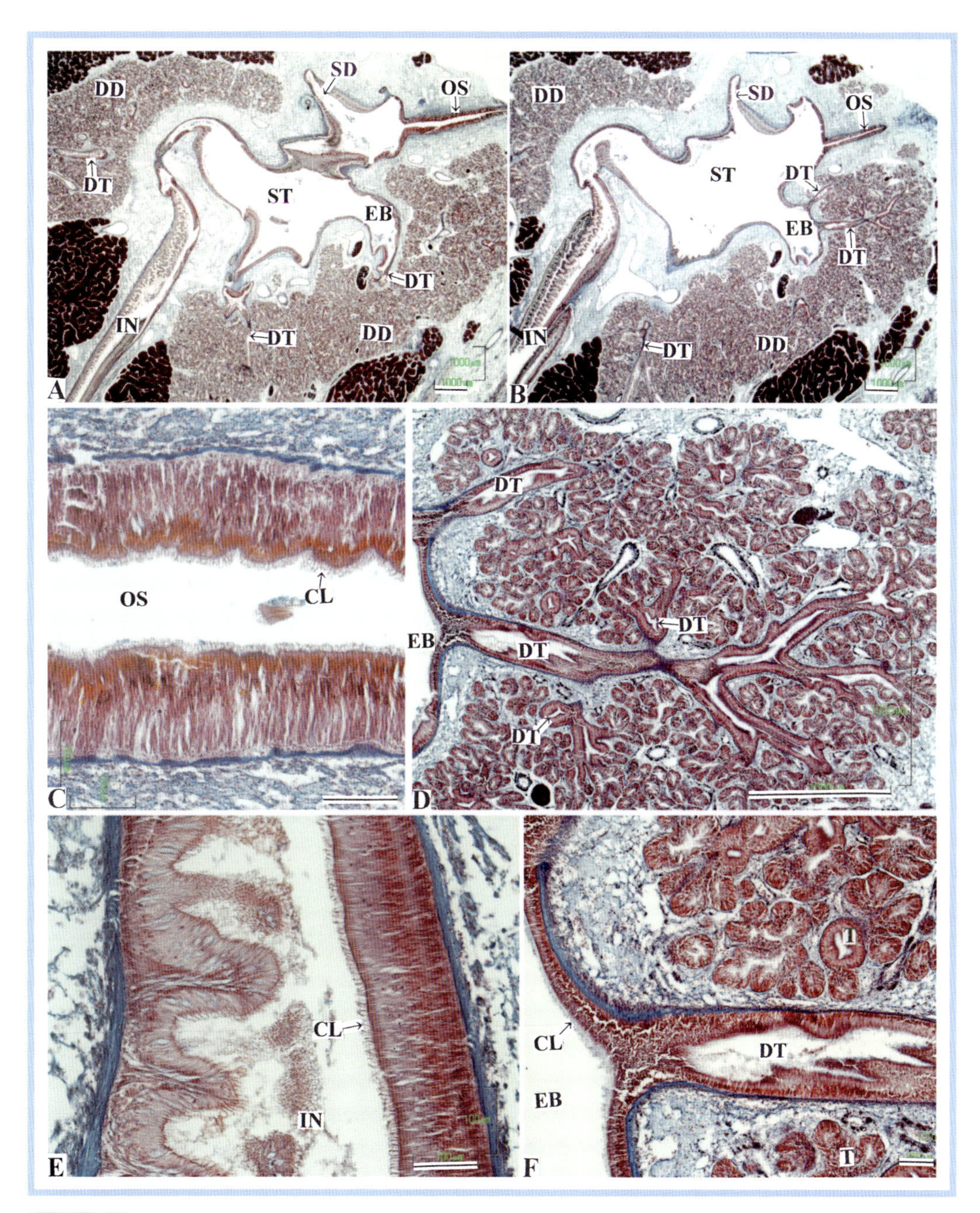

図 55-8A-F

クロチョウガイ消化管の水平断面.
A, B は消化器官の右側断面, C は食道, D, F は導管, E は腸をそれぞれ示す. 図中の実線は 1mm（A, B, D）および 100μm（C, E, F）を示す. アザン染色.

Figs.55-8A-F

Photomicrographs of the horizontal-sectioned digestive organs of *Pinctada margaritifera*.
The figures are presented as follows: Figs. A and B, right side views of the digestive organs; Fig. C, oesophagus; Figs. D and F, duct; Fig. E, intestine. Bars denote 1 mm in Figs. A, B, D and 100μm in Figs. C, E, F. Azan stain.

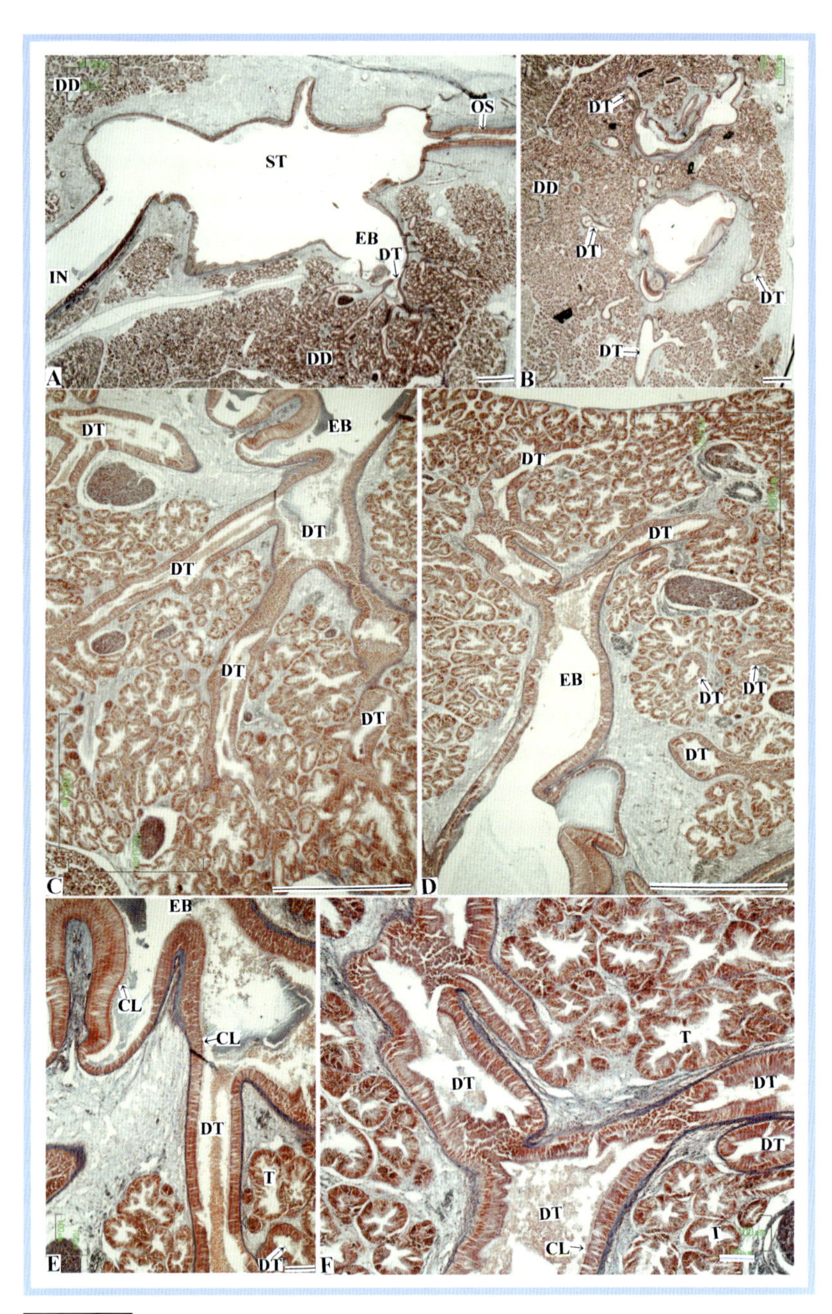

図 55-9A-F

クロチョウガイ消化器官の水平断面.
A は消化器官の右側断面, B は導管, C-E は胃壁湾入部と導管の連絡, F は導管と細管をそれぞれ示す. 図中の実線は 1mm（A-D）および 100μm（E, F）を示す. アザン染色.

Figs.55-9A-F

Photomicrographs of the horizontal-sectioned digestive organs of *Pinctada margaritifera.*
The figures are presented as follows: Fig. A, right side view of the horizontal-sectioned digestive organ; Fig. B, duct; Figs. C-E, embayments and duct; Fig. F, duct and tubules. Bars denote 1 mm in Figs. A-D and 100μm in Figs. E, F. Azan stain.

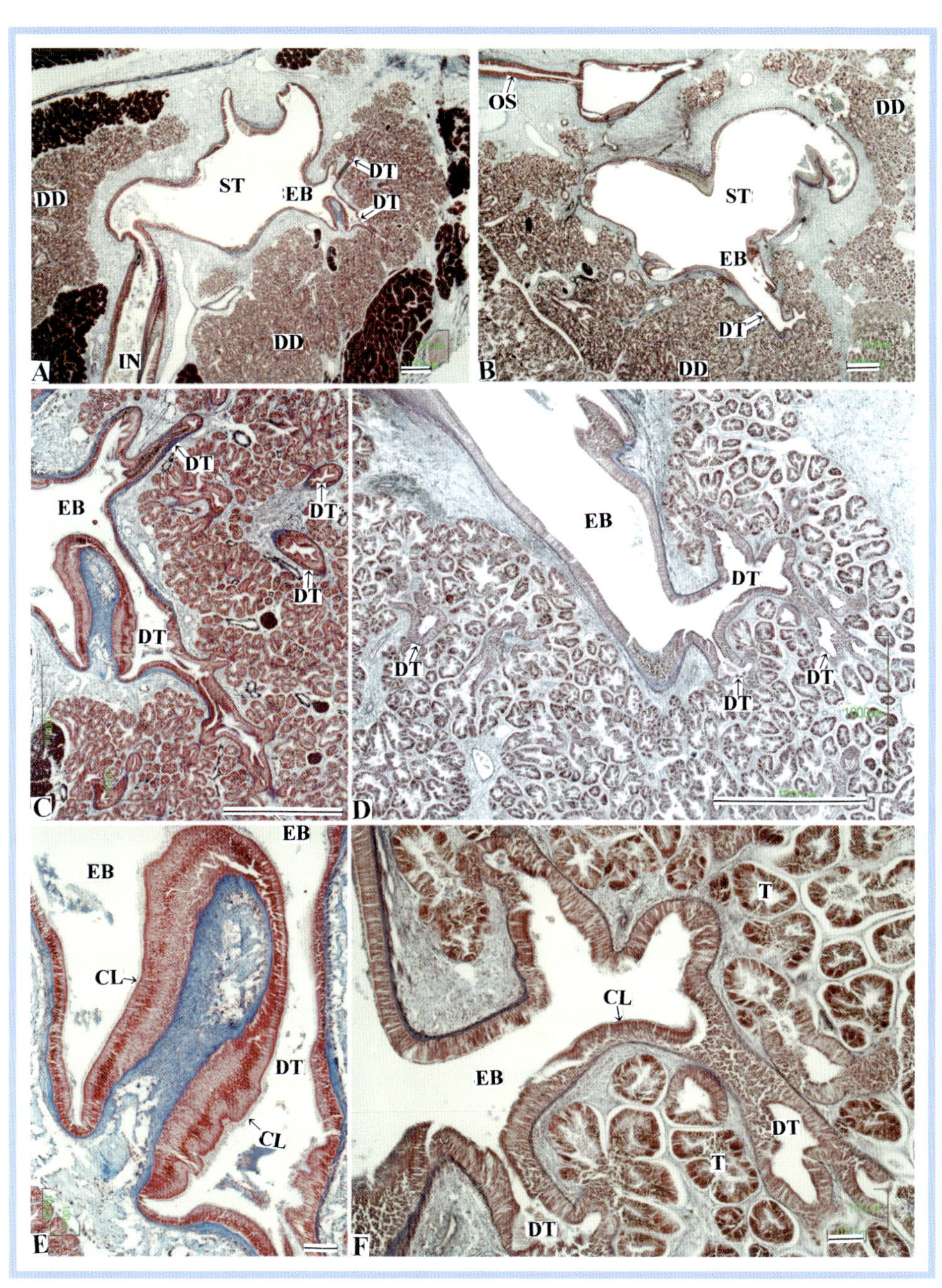

図 55-10A-F

クロチョウガイ消化器官の水平断面.
A は消化器官水平断面の右側面，B は消化器官水平断面の左側面，C，F は A の拡大，D，Γ は B の拡大をそれぞれ示す．図中の実線は図中の実線は 1mm（A-D）および 100μm（E, F）を示す．アザン染色.

Figs.55-10A-F

Photomicrographs of the horizontal-sectioned digestive organs of *Pinctada margaritifera.*
Fig. A and B show right side and left side views of the horizontal-sectioned digestive organs, respectively. Fig. A is shown as magnified views in Figs. C and F. Fig. B is shown as magnified views in Figs. D and F. Bars denote 1 mm in Figs. A-D and 100μm in Figs. E, F. Azan stain.

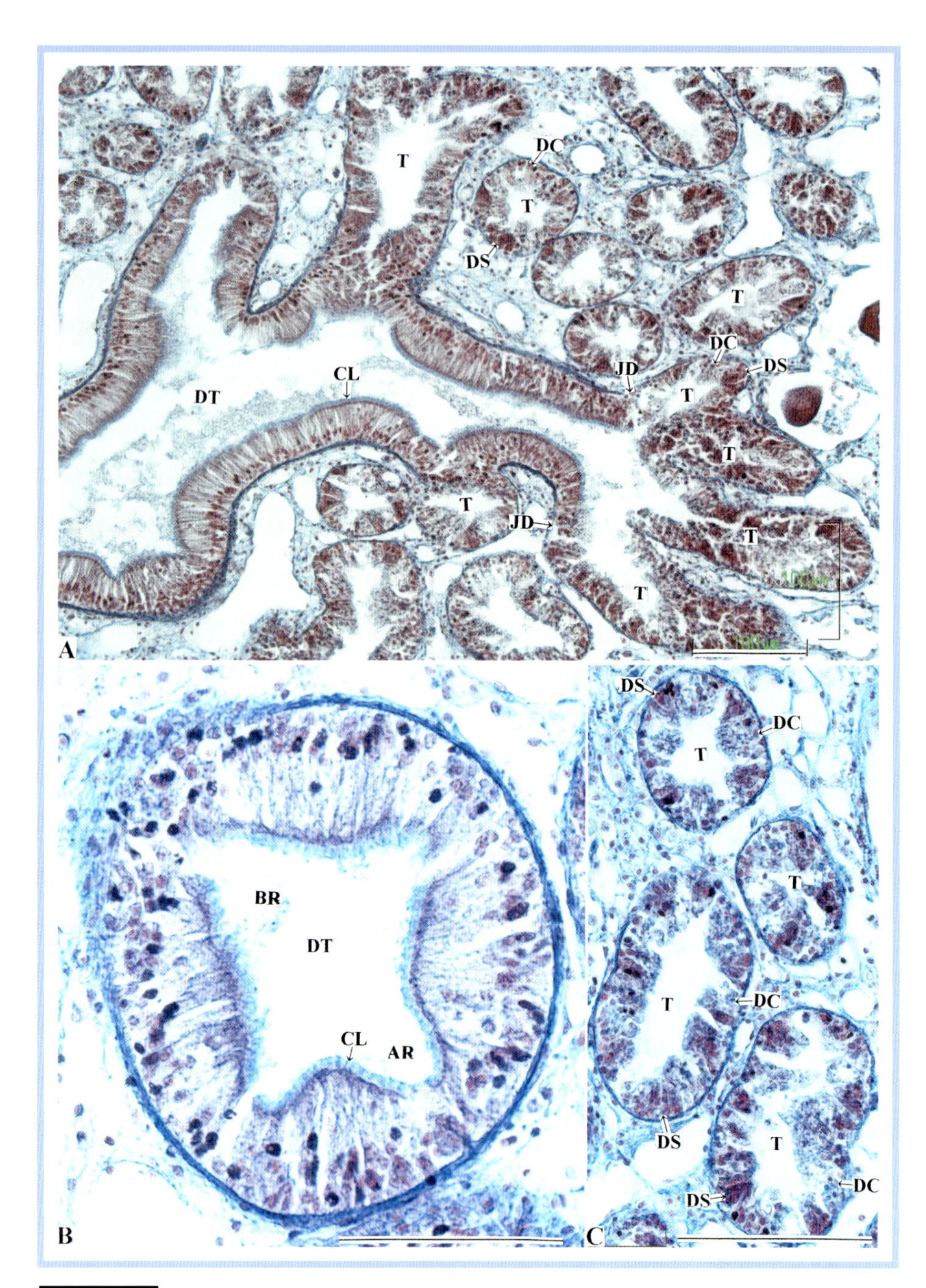

図 55-11A-C

クロチョウガイの導管と中腸腺細管.
A は導管と中腸腺細管の連絡, B は導管の横断面, C は中腸腺細管の横断面をそれぞれ示す. 房状分枝I型（SI型）. 図中の実線は図中の実線は 100 μm を示す. アザン染色.

Figs.55-11A-C

Photomicrographs of the duct and tubules of the digestive diverticula in *Pinctada margaritifera.*
Fig. A shows the connection between the duct and tubules. Figs. B and C show transverse sections of the duct and the tubules, respectively. Simple acinar branching type I (SI type). Bars denote 100μm. Azan stain.

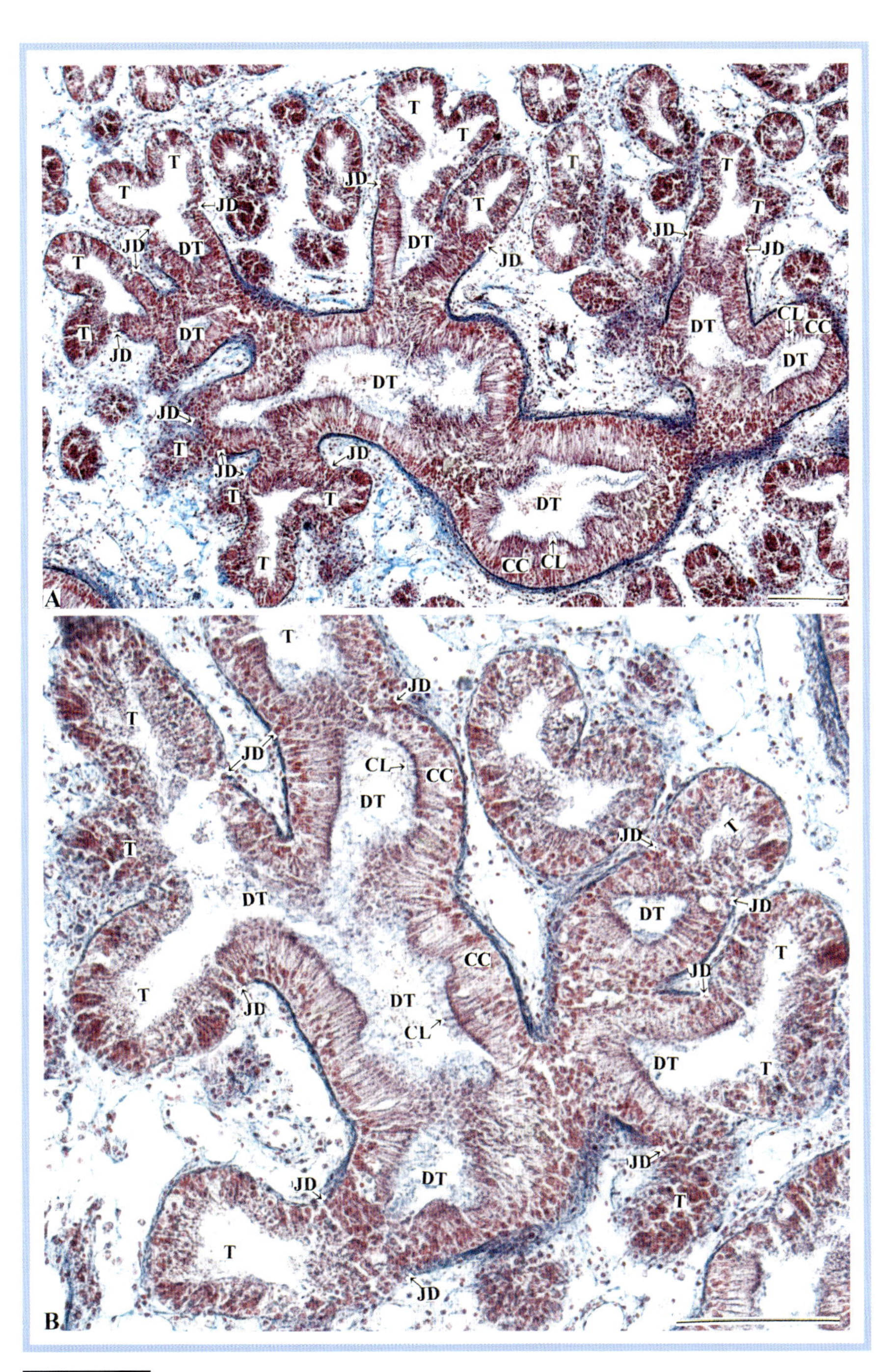

図 55-12A, B

クロチョウガイの導管と中腸腺細管.
A, B は導管と中腸腺細管の連絡を示す．図中の実線は 100 μm を示す．アザン染色.

Figs.55-12A, B

Photomicrographs of the duct and tubules of the digestive diverticula in *Pinctada margaritifera*.
Figs. A and B show the connection between the duct and tubules. Bars denote 100μm. Azan stain.

マガキ

Crassostrea gigas SI

二枚貝綱 Class BIVALVIA
ウグイスガイ目 Order Pterioida
イタボガキ科 Family Ostreidae

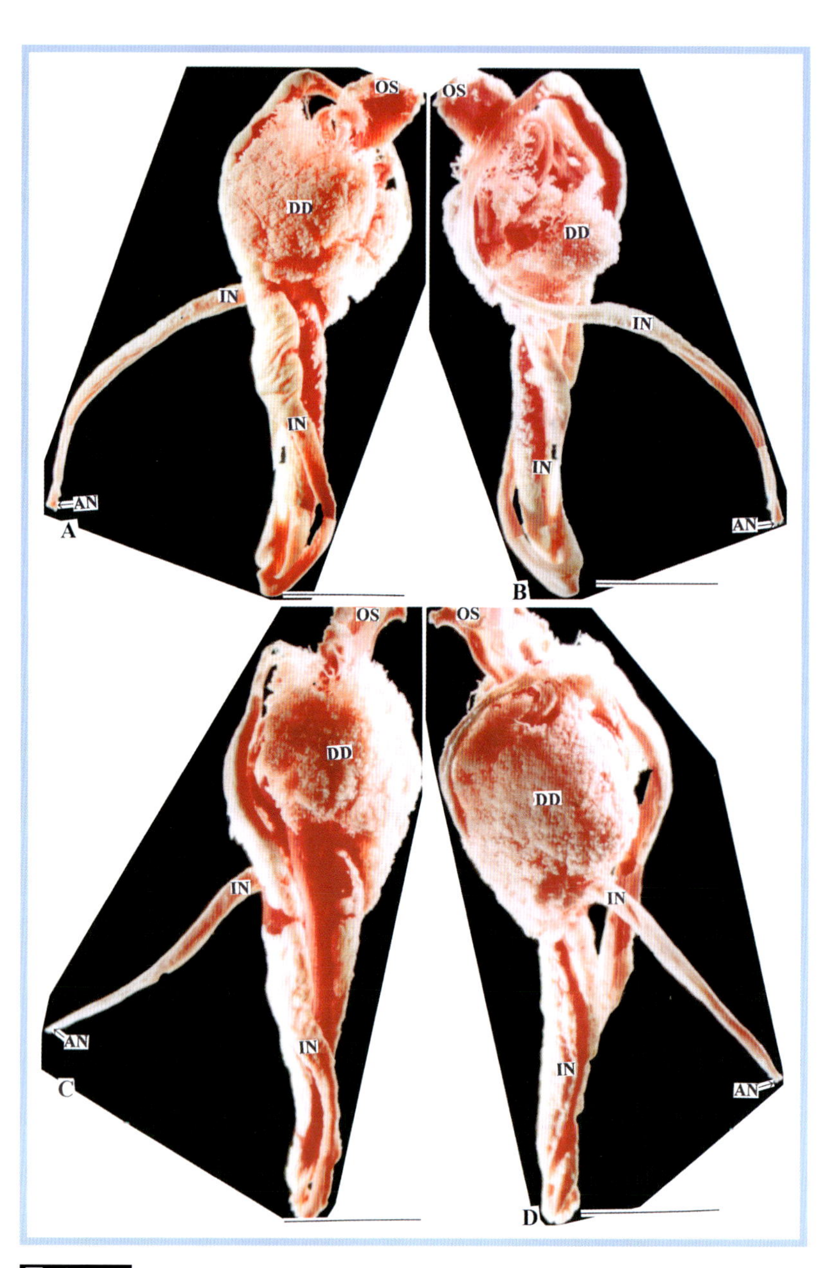

図 56-1A-D

マガキ *Crassostrea gigas* 消化器官の鋳型.
A, C は右側面を, B, D は左側面をそれぞれ示す. 図中の実線は 1cm を示す

Figs.56-1A-D

Corrosion resin-casts of the digestive organs of *Crassostrea gigas* BIVALVIA.
Figs. A and C show right side views. Figs. B and D show left side views. Bars denote 1 cm.

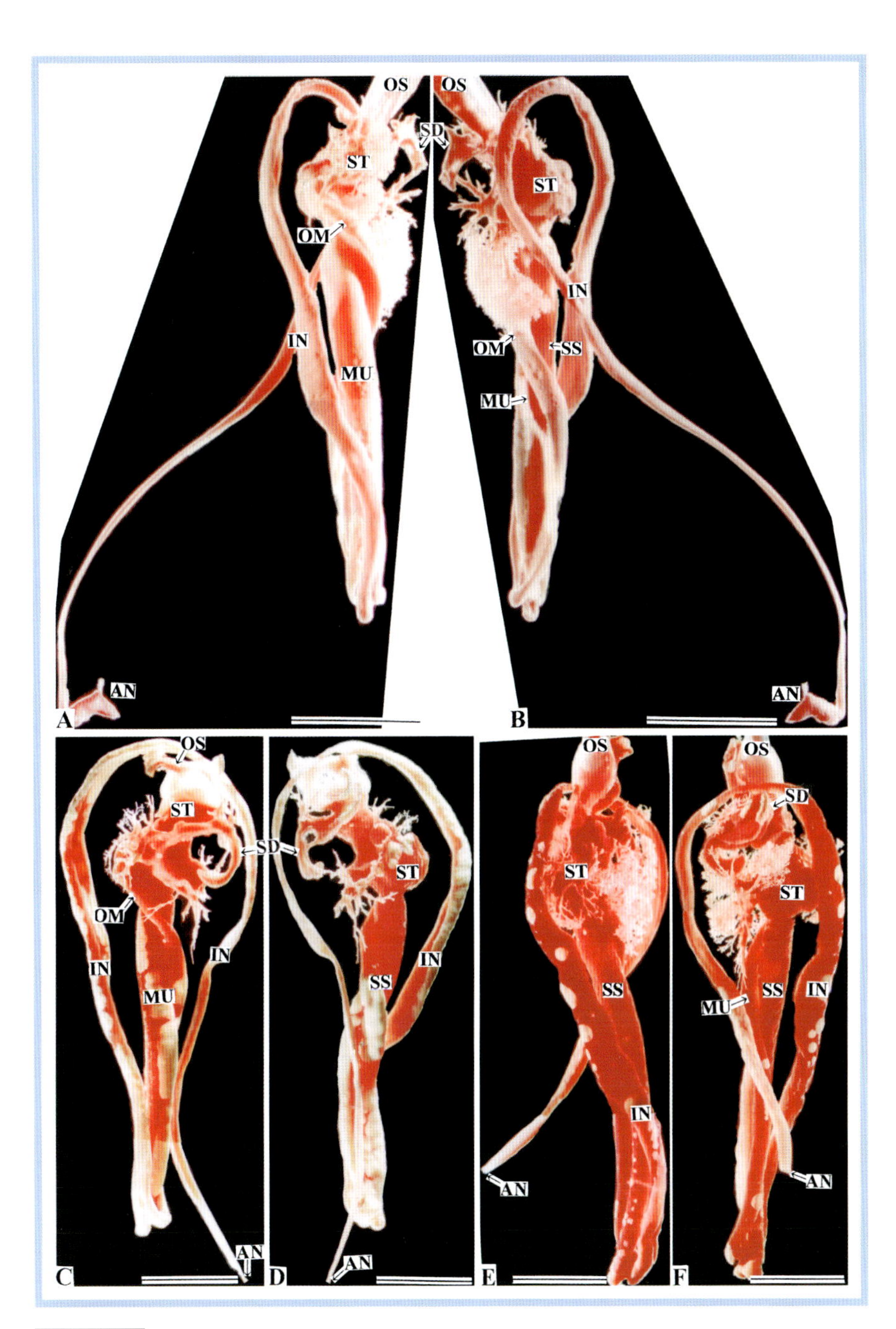

図 56-2A-F

マガキ消化器官の鋳型.
A, C, E は右側面を,B, D, F は左側面をそれぞれ示す. 背盲管,晶体嚢,中腸開口部,中腸に特に注意.
図中の実線は 1cm を示す.

Figs.56-2A-F

Corrosion resin-casts of the digestive organs of *Crassostrea gigas*.
Figs. A, C and E show the right side views. Figs. B, D, and F show left side views. Particularly note the sorting gland, style-sac, opening of midgut and midgut represented in Figs. A-F. Bars denote 1 cm.

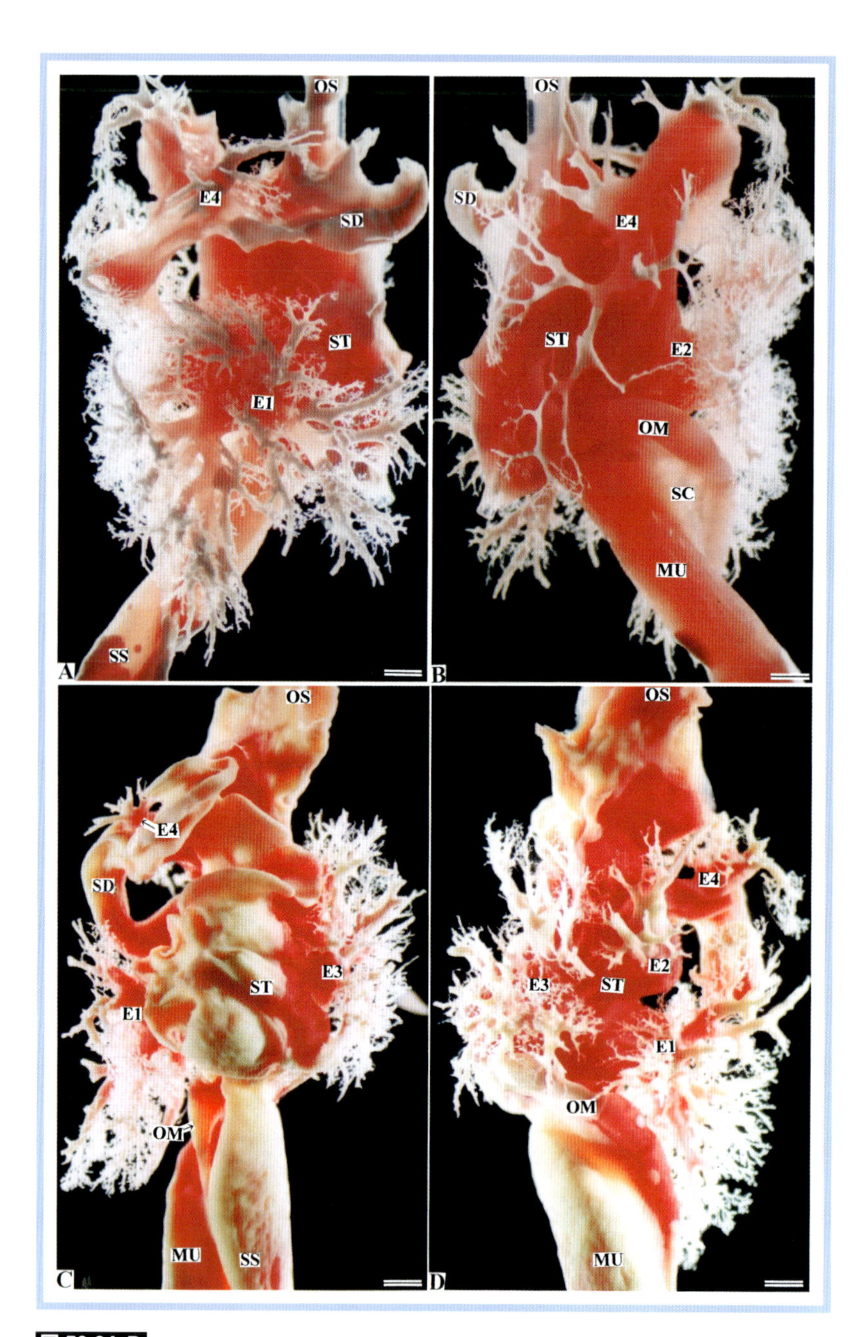

図 56-3A-D

マガキ中腸腺の導管の鋳型.
A は左側面，B は右側面，C は背面，D は腹面をそれぞれ示す．胃に接続した導管に注意．図中の実線は 1mm を示す.

Figs.56-3A-D

Corrosion resin-cast of the duct of the digestive diverticula in *Crassostrea gigas*.
The figures are presented as follows: Fig. A, left side view; Fig. B, right side view; Fig. C, dorsal view; Fig. D, ventral view. Note the duct connecting with the stomach represented on Figs. A-D. Bars denote 1 mm.

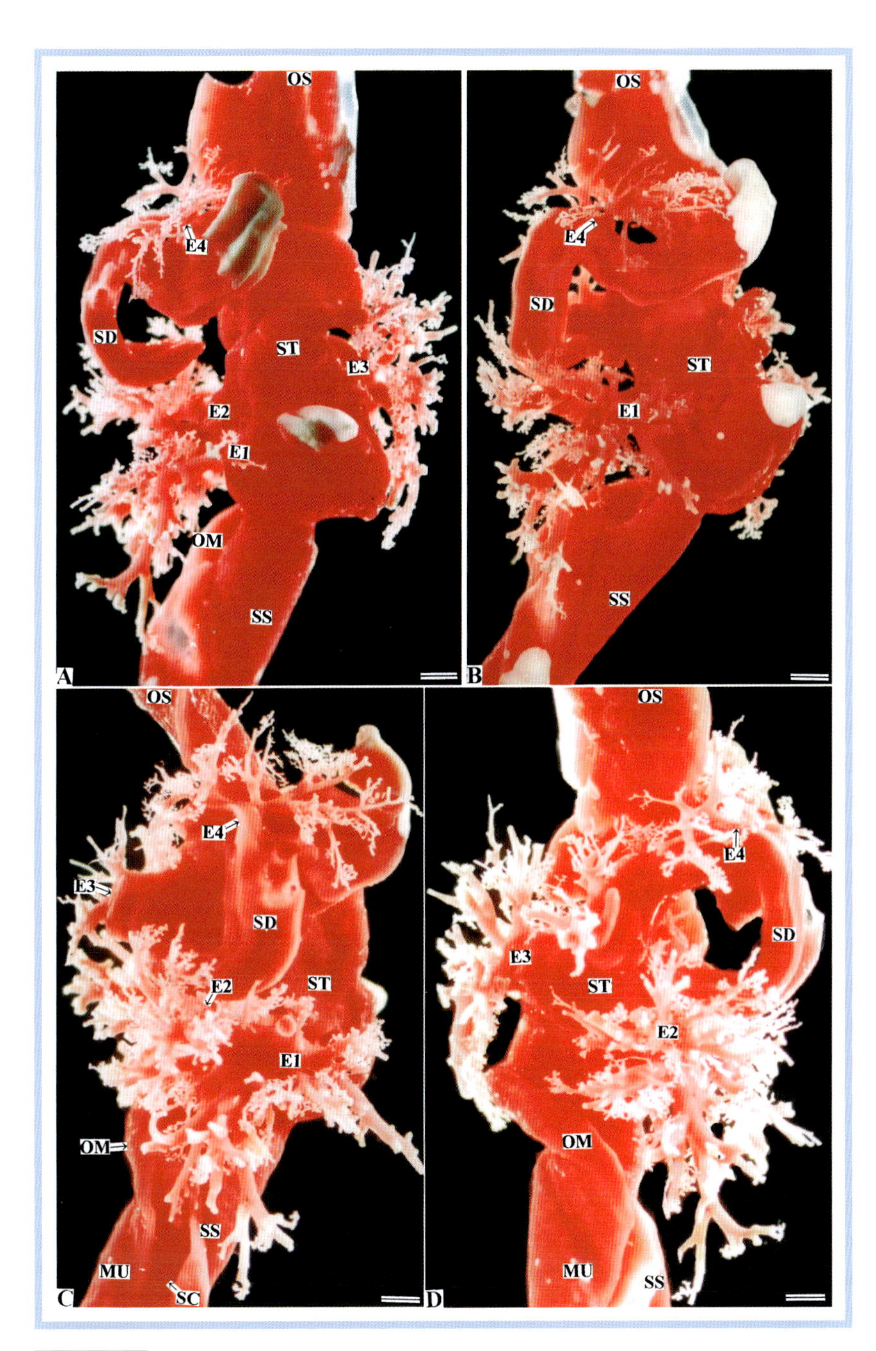

図 56-4A-D

マガキ中腸腺の導管の鋳型．
A, B は左側面を，C, D は腹面をそれぞれ示す．背盲管，晶体嚢，中腸開口部，中腸に特に注意．
図中の実線は 1mm を示す．

Figs.56-4A-D

Corrosion resin-cast of the duct of the digestive diverticula in *Crassostrea gigas*.
Figs. A and B show the left side views, and Figs. C and D show ventral views. Note the sorting gland, style-sac, opening of midgut and midgut represented in Figs. A-D. Bars denote 1 mm.

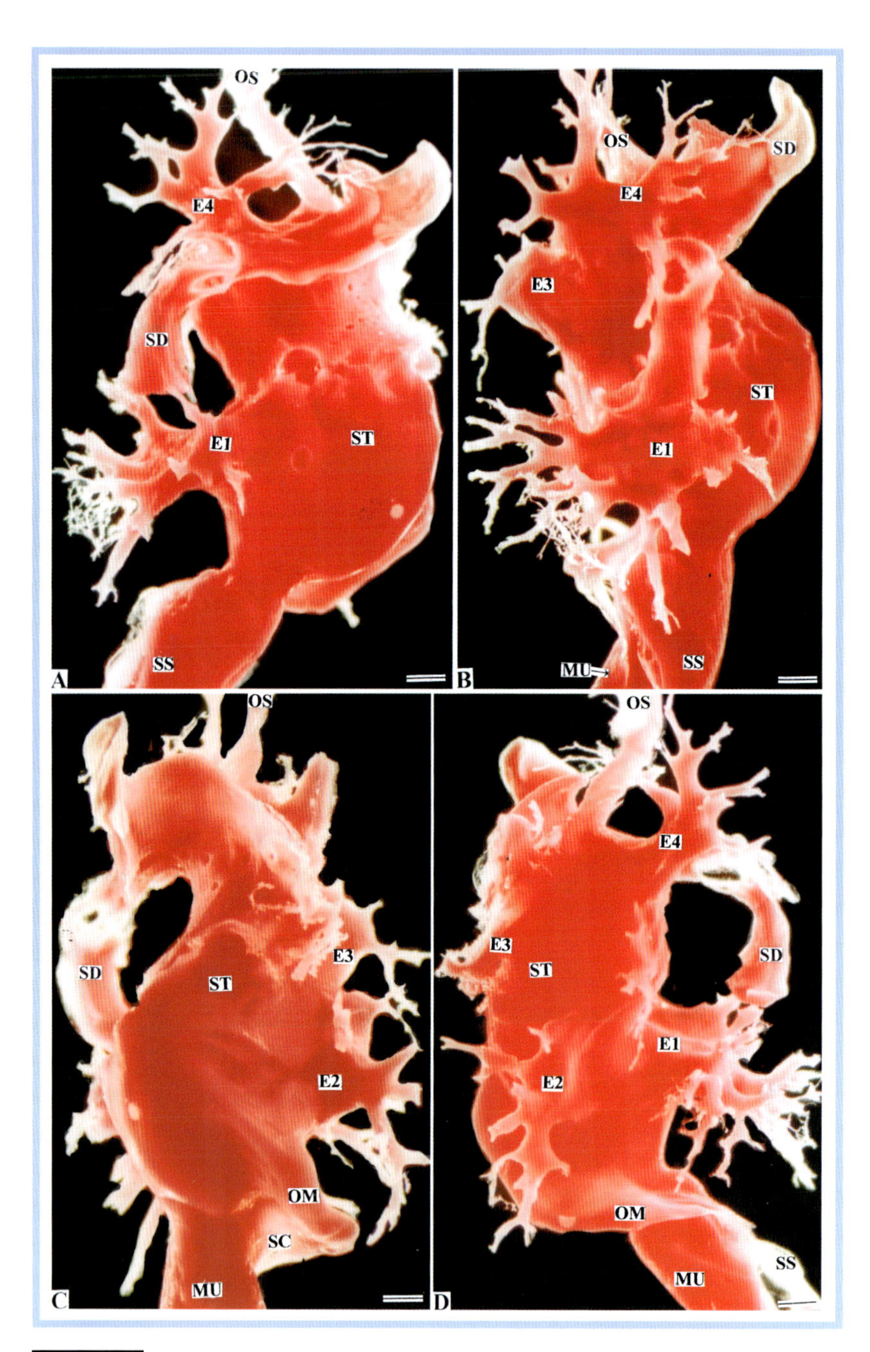

図 56-5A-D

マガキ中腸腺の導管の鋳型.
A, B は左側面, C は背面, D は右側面をそれぞれ示す. 導管と胃の連絡に特に注意. 図中の実線は 1mm を示す.

Figs.56-5A-D

Corrosion resin-cast of the duct of the digestive diverticula in *Crassostrea gigas.*
The figures are presented as follows: Figs. A and B, left side views; Fig. C, dorsal view; Fig. D, right side view. Note the connection of the ducts with the stomach. Bars denote 1 mm.

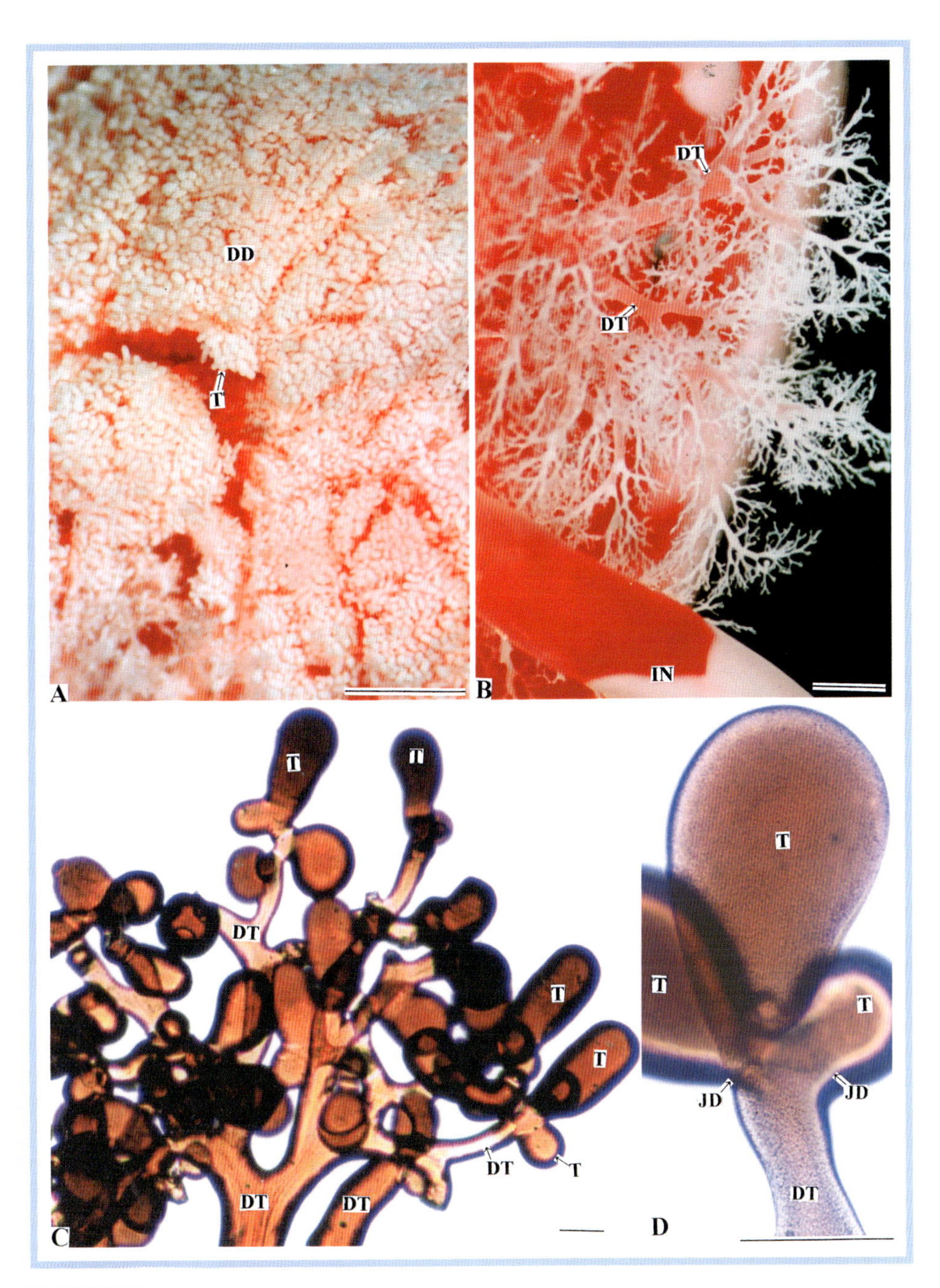

図 56-6A-D

マガキの導管と中腸腺細管の鋳型.
A は中腸腺表面の中腸腺細管, B は中腸腺の導管, C, D は導管と中腸腺細管の連絡をそれぞれ示す. 図中の実線は 1mm (A, B) および 100μm (C, D) を示す.

Figs.56-6A-D

Corrosion resin-casts of the ducts and the digestive diverticula of *Crassostrea gigas*.
These figures are presented as follows: Fig. A, the tubules on the surface of the digestive diverticula; Fig. B, the ducts; Figs. C and D, the connections of the ducts with the tubules. Bars denote 1 mm in Figs. A, B and 100μm in Figs. C, D.

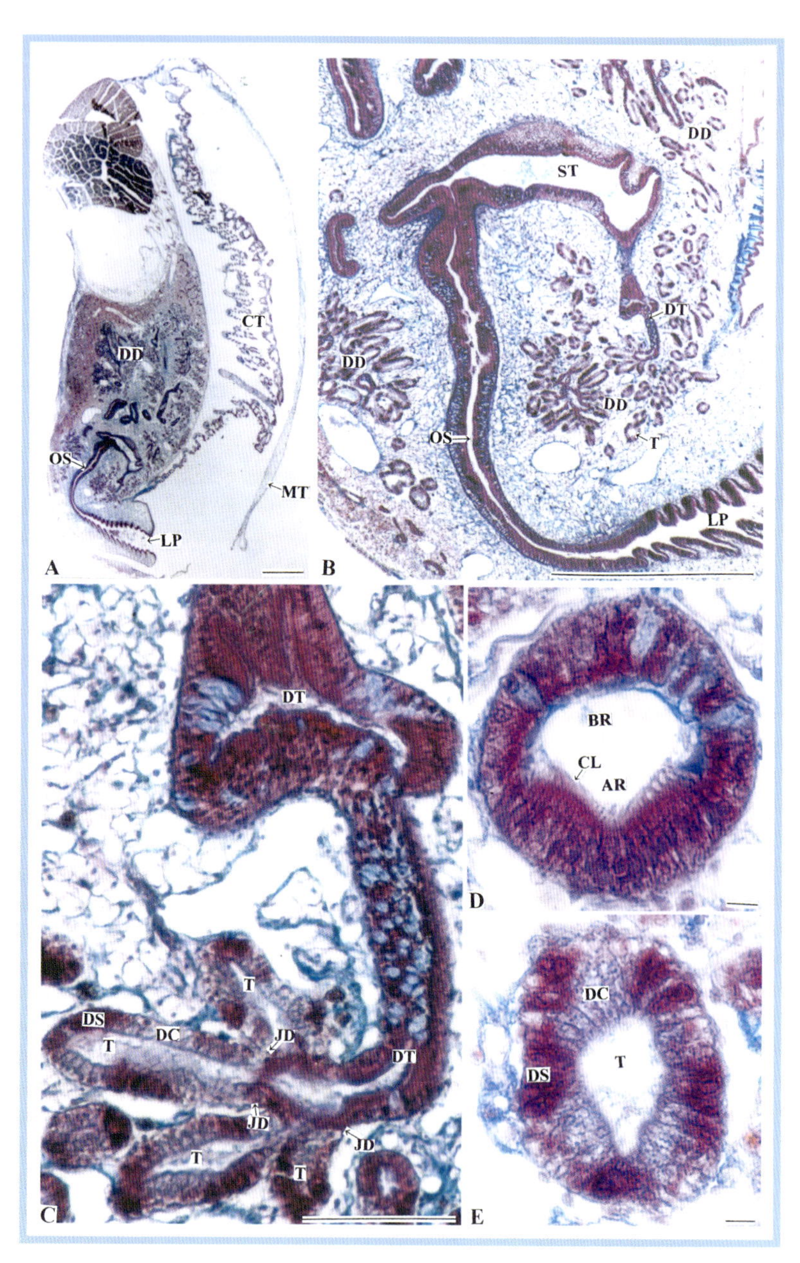

図 56-7A-E

マガキ軟体部の水平断面.
A は軟体部の全体像, B は胃と周囲の組織, C は導管と中腸腺細管の連絡, D は導管の横断面, E は中腸腺細管の横断面をそれぞれ示す. 房状分枝I型（S I型）. 図中の実線は 1mm（A, B), 100μm（C, D）および 10μm（F）を示す. アザン染色.

Figs.56-7A-E

Photomicrographs of the horizontal-sectioned soft part of *Crassostrea gigas*.
The figures are presented as follows: Fig. A, overview of the soft part; Fig. B, the stomach and tissues surrounding the stomach; Fig. C, junctions of the duct with the tubule. Figs. D and E show transverse sections of the duct and tubule, respectively. Simple acinar branching type I (SI type). Bars denote 1 mm in Figs. A, B, 100μm in Figs. C, D and 10μm in Fig. F. Azan stain.

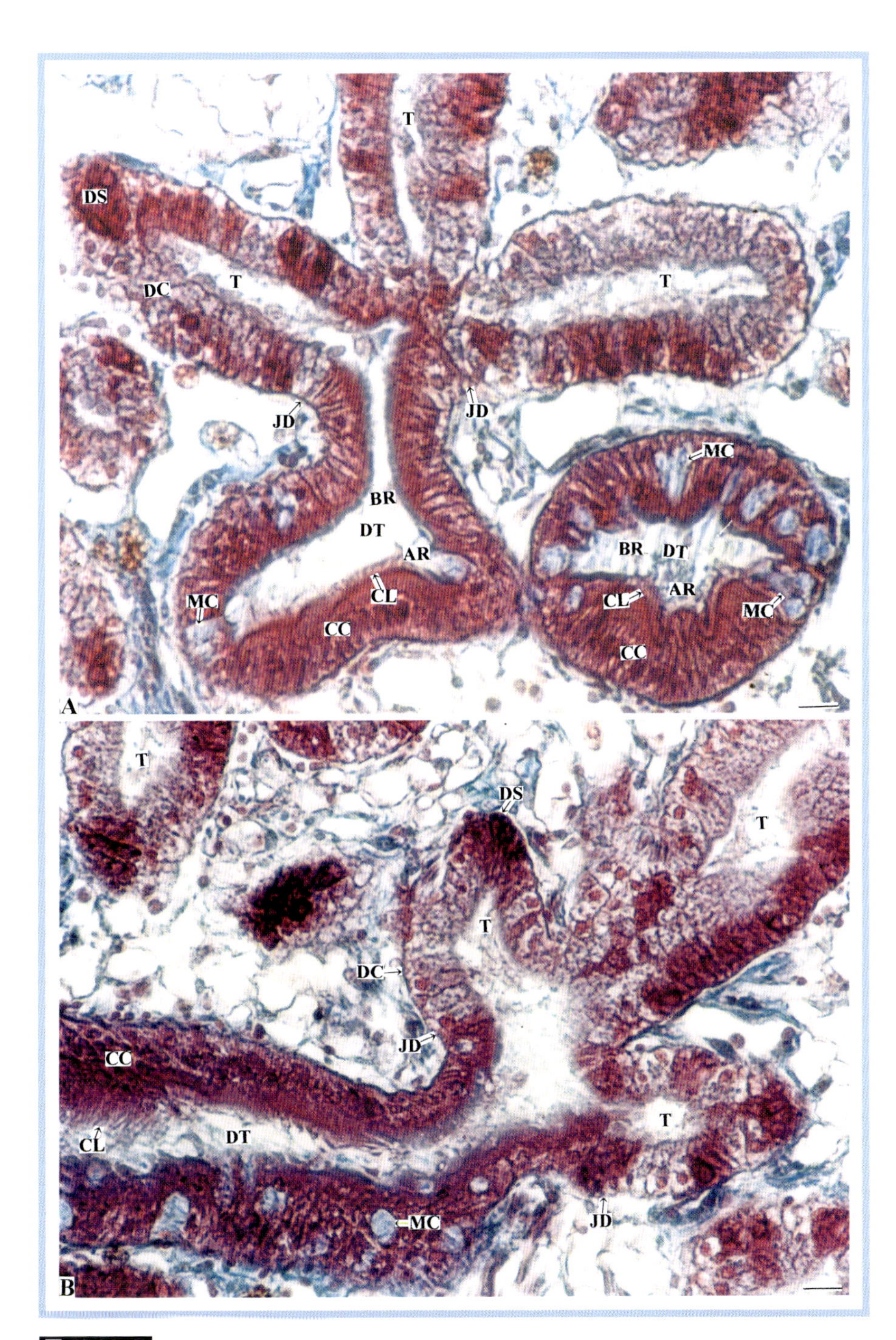

図 56-8A, B

マガキの導管と中腸腺細管.
A, B は導管と中腸腺細管の連絡を示す. 図中の実線は 10μm を示す. アザン染色.

Figs.56-8A, B

Photomicrographs of the duct and tubules of the digestive diverticula in *Crassostrea gigas.*
Figs. A and B show the junctions of the duct with the tubule. Bars denote 10μm. Azan stain.

イワガキ

Crassostrea nippona SI

二枚貝綱 Class BIVALVIA
ウグイスガイ目 Order Pterioida
イタボガキ科 Family Ostreidae

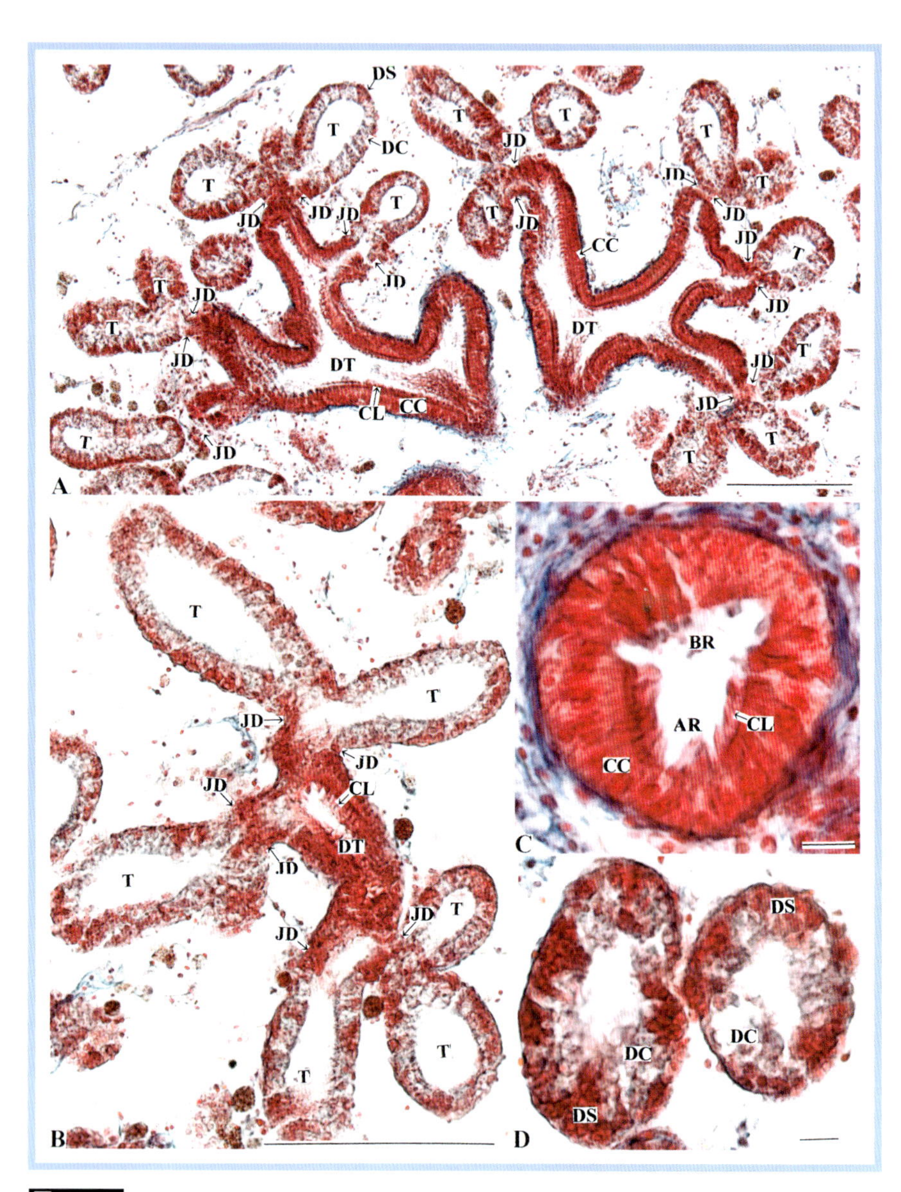

図 57A-D

イワガキ *Crassostrea nippona* 中腸腺.
A, B は導管と中腸腺細管の連絡，C は導管の横断面，D は中腸腺細管の横断面をそれぞれ示す．房状分枝I型（SI型）．図中の実線は 100μm（A, B）および 10μm（C, D）を示す．アザン染色．

Figs.57A-D

Photomicrographs of the digestive diverticula of *Crassostrea nippona* BIVALVIA.
Figs. A and B show the connection between the ducts and tubules. Figs. C and D show transverse sections of the duct and tubules, respectively. Simple acinar branching type I (SI type). Bars denote 100μm in Figs. A, B and 10μm in Figs. C, D. Azan stain.

ケガキ

Saccostrea kegaki SI

二枚貝綱 Class BIVALVIA
ウグイスガイ目 Order Pterioida
イタボガキ科 Family Ostreidae

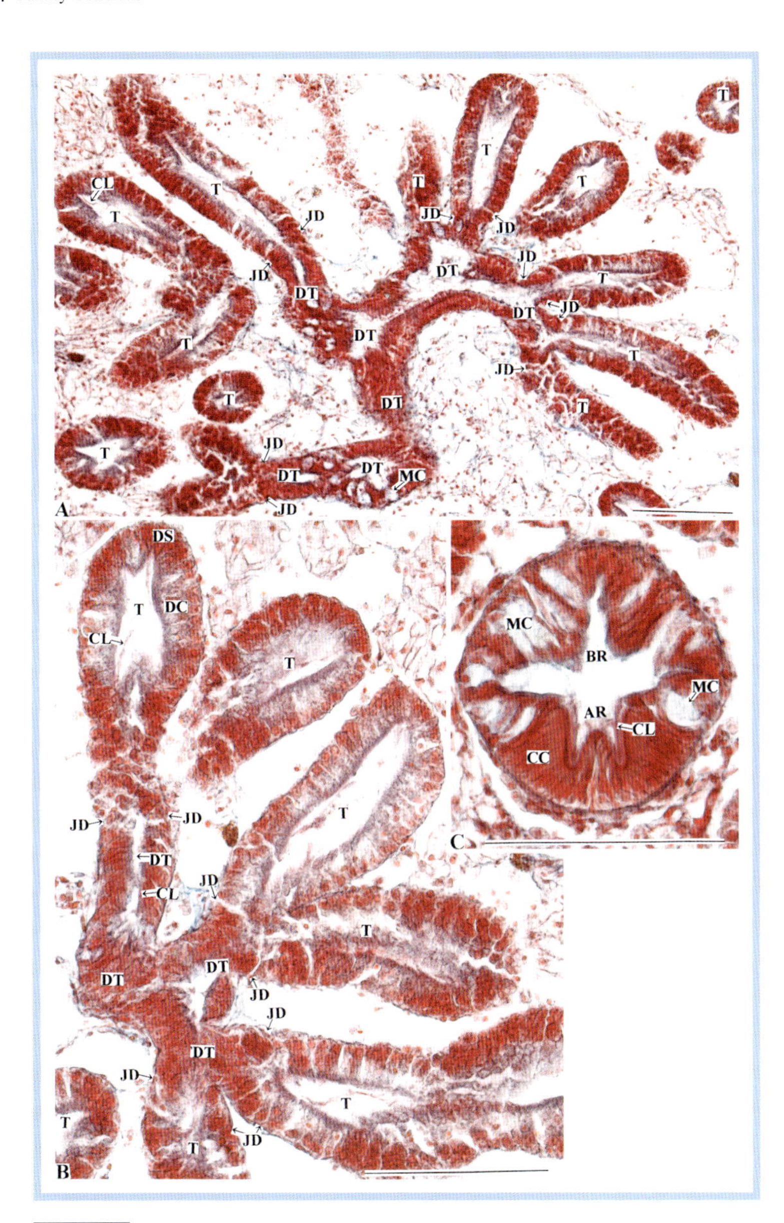

図 58A-C

ケガキ *Saccostrea kegaki* 中腸腺.
A, B は導管と中腸腺細管の連絡を, C は導管の横断面をそれぞれ示す. 房状分枝I型(SI型). 図中の実線は 100μm を示す. アザン染色.

Figs.58A-C

Photomicrographs of the digestive diverticula of *Saccostrea kegaki* BIVALVIA.
Figs. A and B show the connection between the duct and tubules. Fig. C shows the transverse section of the duct. Simple acinar branching type I (SI type). Bars denote 100μm. Azan stain.

リシケタイラギ

Atrina (*Servatrina*) *lischkeana* SI

二枚貝綱 Class BIVALVIA
ウグイスガイ目 Order Pterioida
ハボウキガイ科 Family Pinnidae

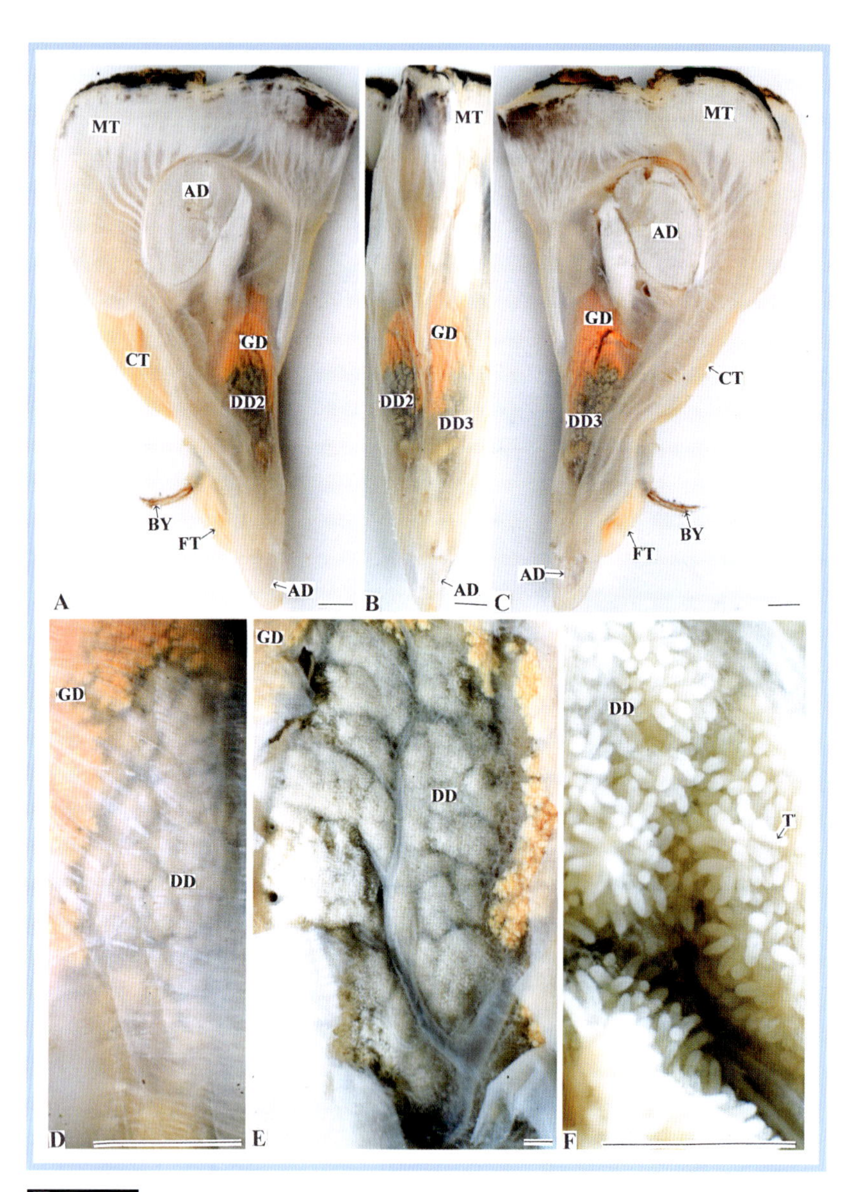

図 59-1A-F

リシケタイラギ *Atrina* (*Servatrina*) *lischkeana* 軟体部.
A は軟体部右側面，B は軟体部背面，C は軟体部左側面，D，E は生殖腺と中腸腺，F は中腸腺細管をそれぞれ示す．図中の実線は 1cm（A-D）および 1mm（E, F）を示す．

Figs.59-1A-F

Photographs of the soft part of *Atrina* (*Servatrina*) *lischkeana* BIVALVIA.
The figures are presented as follows: Fig. A, right side view of the soft part; Fig. B, dorsal view of the soft part; Fig. C, left side view of the soft part; Figs. D and E, gonad and digestive diverticula; Fig. F, tubules. Bars denote 1 cm in Figs. A-D and 1 mm in Figs. E, F.

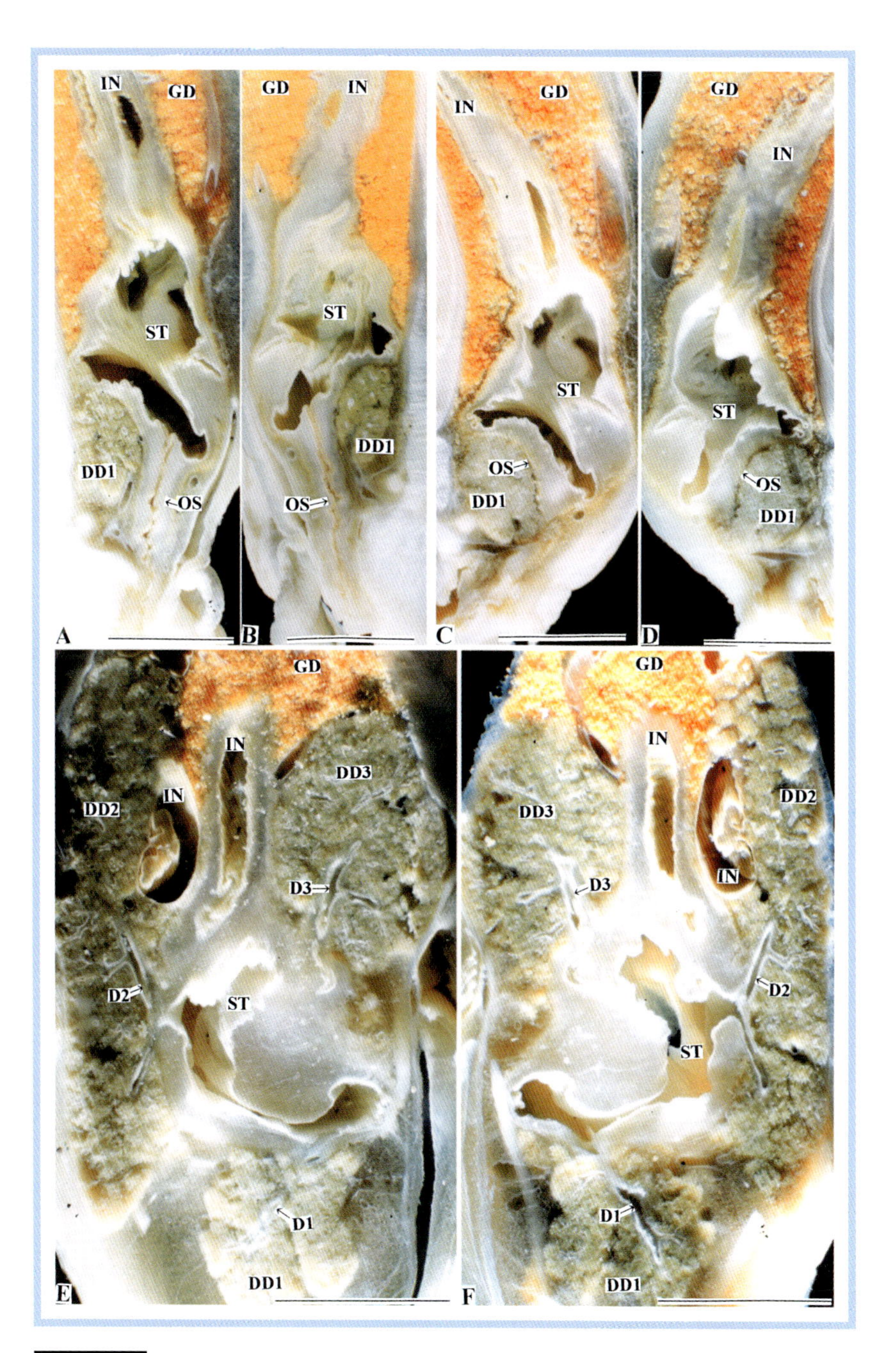

図 59-2A-F

リシケタイラギ軟体部の水平断面と縦断面．
A, C は消化器官と生殖腺の右側面，B, D は消化器官と生殖腺の組織の左側面，E は消化管と生殖腺の組織の背面，F は消化管と生殖腺の組織の腹面をそれぞれ示す．図中の実線は 1cm を示す．

Figs.59-2A-F

Photographs of the horizontal- and vertical-sectioned soft part of *Atrina* (*Servatrina*) *lischkeana*.
The figures show the digestive organs and the gonad, and are presented as follows: Figs. A and C, right side views; Figs. B and D, left side views; Fig. E, dorsal view; Fig. F, ventral view. Bars denote 1 cm.

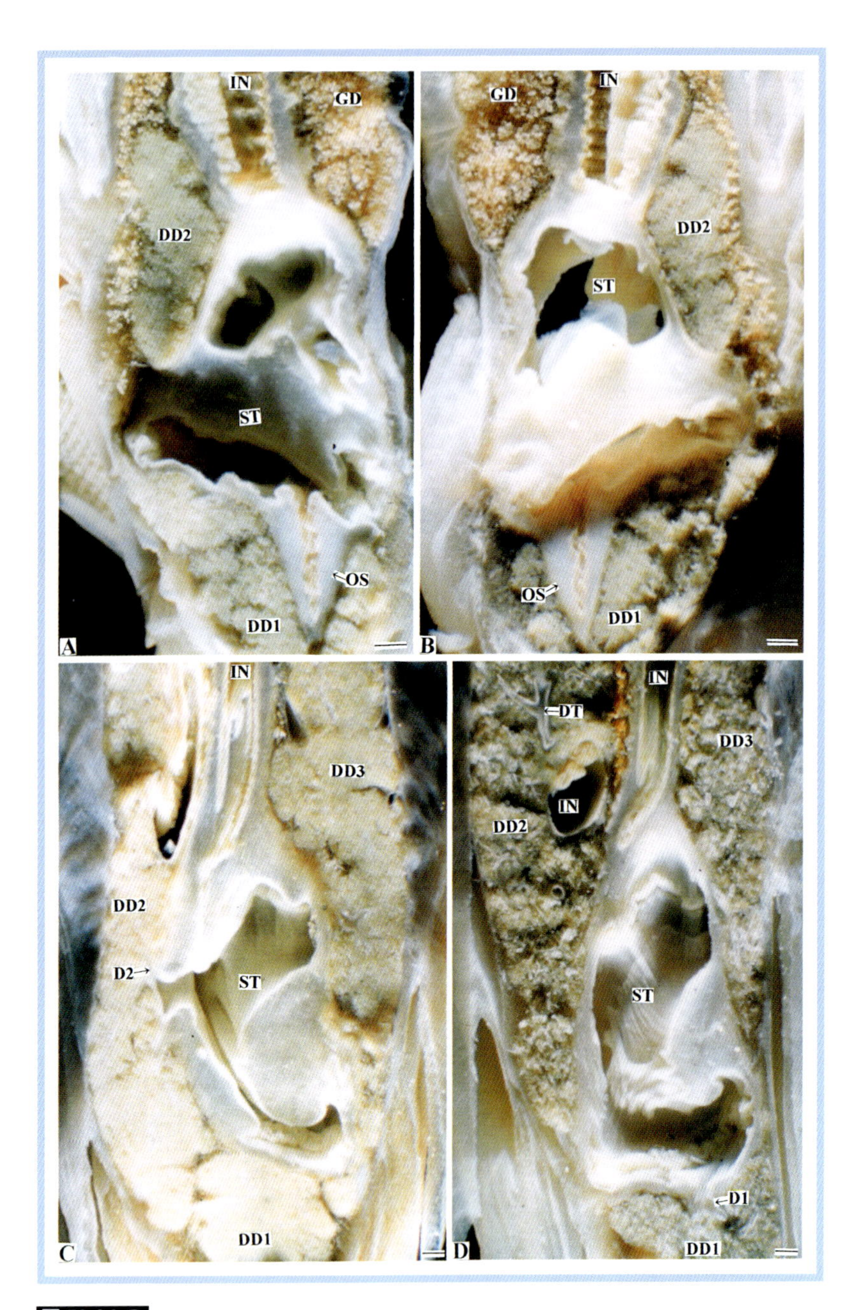

図 59-3A-D

リシケタイラギ軟体部の水平断面と縦断面.
A, B は消化器官と生殖腺を, C, D は胃と腸と中腸腺を詳しく示す. A は右側面, B は左側面, C は背面, D は腹面をそれぞれ示す. 図中の実線は 1mm を示す.

Figs.59-3A-D

Photographs of the horizontal- and vertical-sectioned soft part of *Atrina* (*Servatrina*) *lischkeana*.
Figs. A and B show the digestive organs and gonad. Figs. C and D show the stomach, intestine and digestive diverticula in detail. The figures are presented as follows: Fig. A, right side view; Fig. B, left side view; Fig. C, dorsal view; Fig. D, ventral view. Bars denote 1 mm.

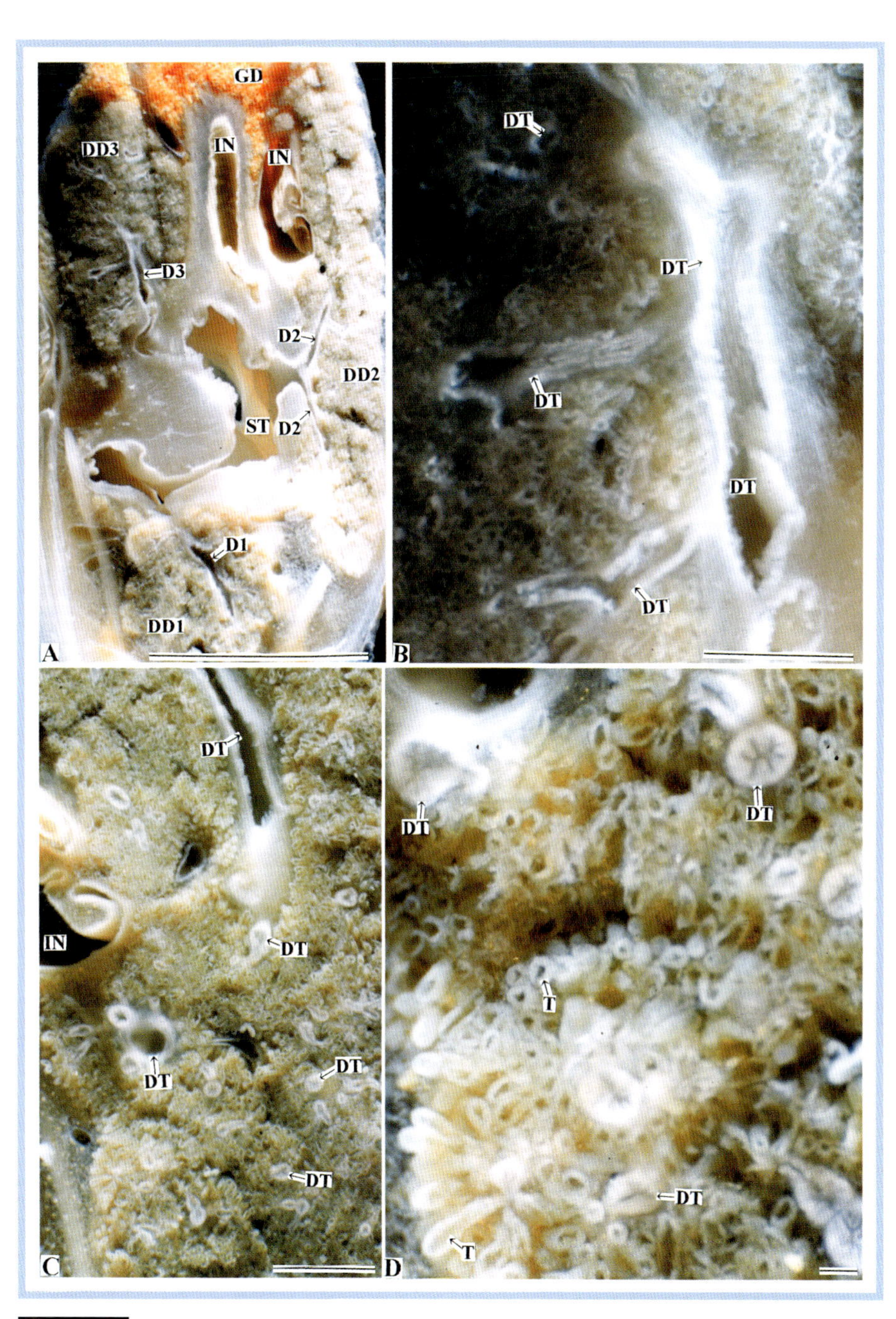

図 59-4A-D

リシケタイラギ軟体部の縦断面.
A は消化器官と生殖腺, B, C は導管, D は導管と中腸腺細管を詳細にそれぞれ示す. 図中の実線は 1cm（A）, 1mm（B, C）および 100 μm（D）を示す.

Figs.59-4A-D

Photographs of the vertical-sectioned soft part of *Atrina* (*Servatrina*) *lischkeana.*
The figures are presented as follows: Fig. A, digestive organs and gonad; Figs. B and C, duct; Fig. D, detailed appearance of the ducts and tubules. Bars denote 1 cm in Fig. A, 1 mm in Figs. B, C and 100μm in Fig. D.

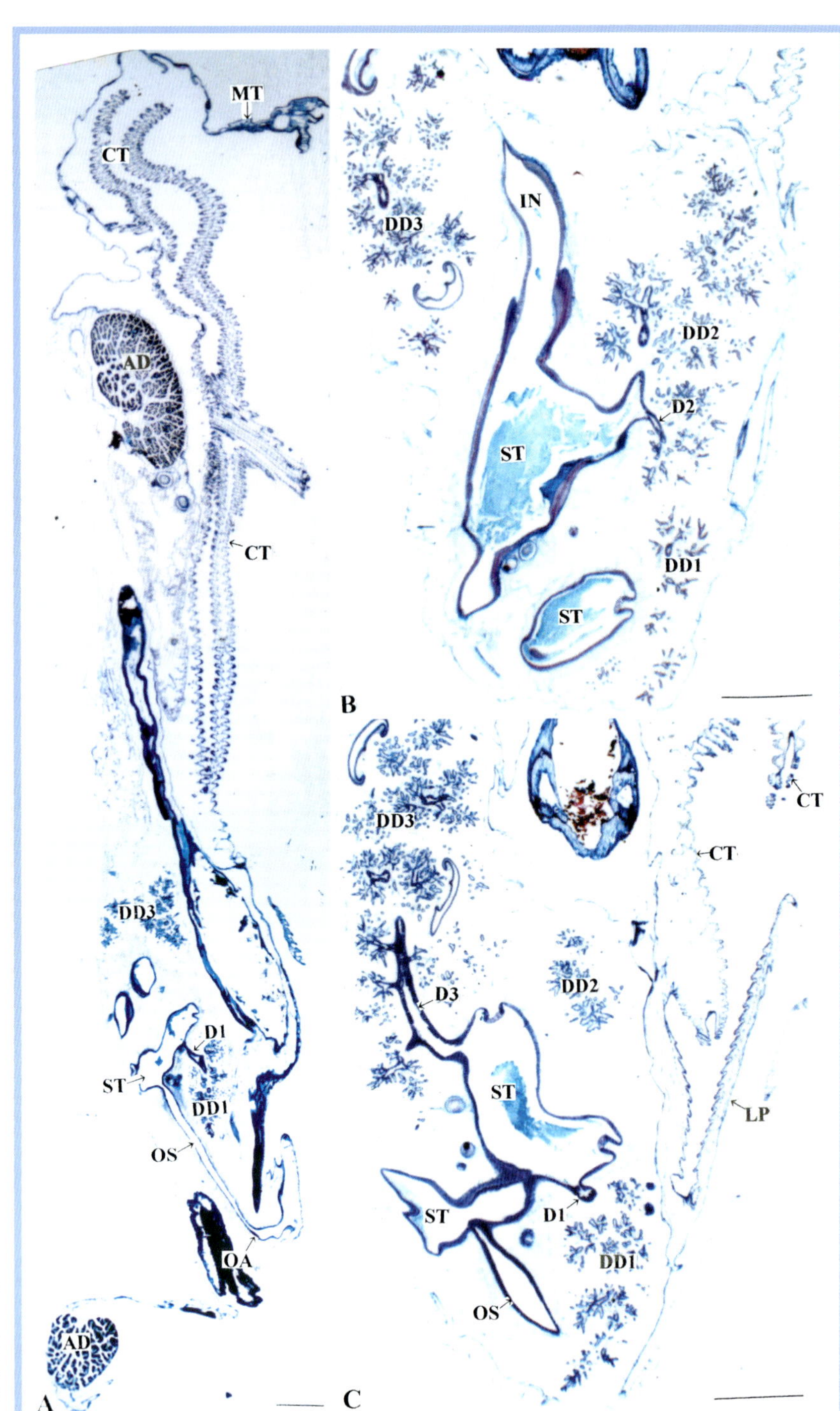

図 59-5A-C

リシケタイラギ軟体部の水平断面.
A は軟体部の全体像を, B, C は胃と周囲の組織をそれぞれ示す. 図中の実線は 1mm を示す. アザン染色.

Figs.59-5A-C

Photomicrographs of the horizontal-sectioned soft part of *Atrina* (*Servatrina*) *lischkeana*.
Fig. A shows an overview of the horizontal-sectioned soft part. Figs. B and C show the stomach and the tissues surrounding the stomach. Bars denote 1 mm. Azan stain.

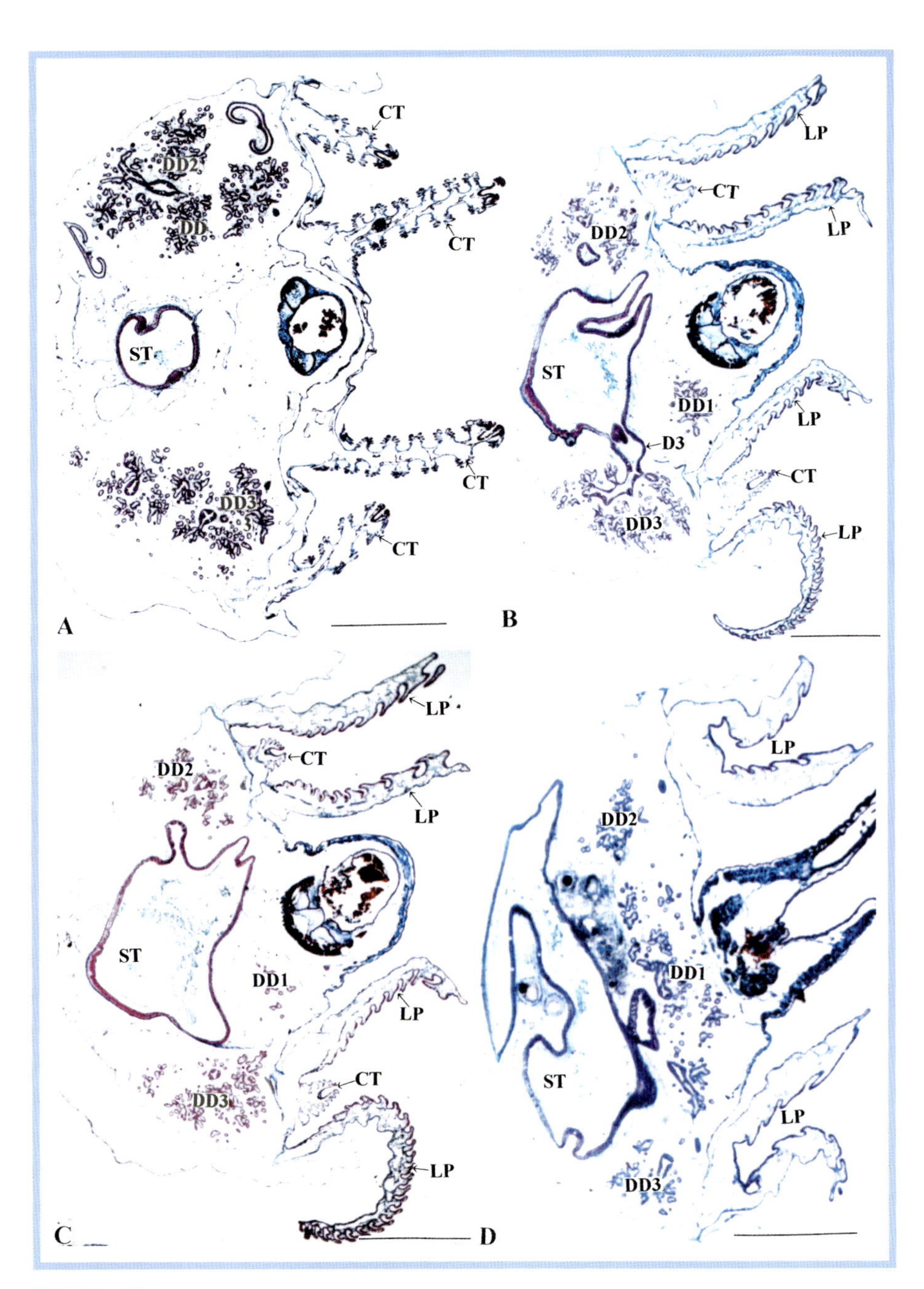

図 59-6A-D

リシケタイラギ軟体部の横断面.
A は胃と中腸腺と鰓を，B，C は胃と中腸腺と唇弁と鰓を，D は胃と中腸腺と口唇をそれぞれ示す．図中の実線は 1mm を示す．アザン染色.

Figs.59-6A-D

Photomicrographs of the transverse-sectioned soft part of *Atrina* (*Servatrina*) *lischkeana.*
Fig. A shows the stomach, digestive diverticula and ctenidium. Figs. B and C show the stomach, digestive diverticula, labial palp and ctenidium. Fig. D shows the stomach, digestive diverticula and labial palp. Bars denote 1 mm. Azan stain.

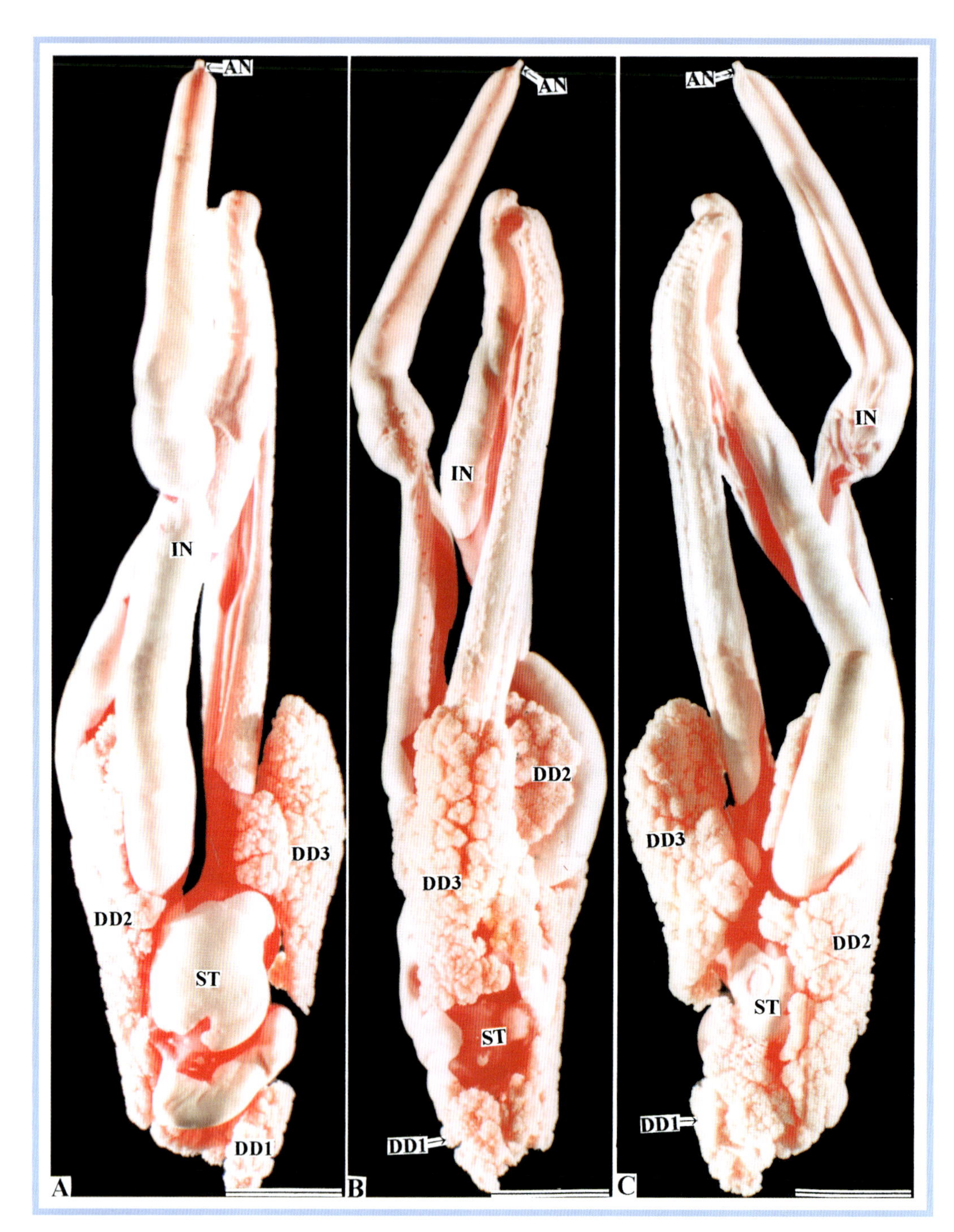

図 59-7A-C

リシケタイラギ消化器官の鋳型.
A は背面, B は右側面, C は腹面をそれぞれ示す. 図中の実線は 1cm を示す.

Figs.59-7A-C

Corrosion resin-cast of the digestive organs of *Atrina* (*Servatrina*) *lischkeana.*
Figs. A, B, and C show the dorsal view, right side view, and ventral view, respectively. Bars denote 1 cm.

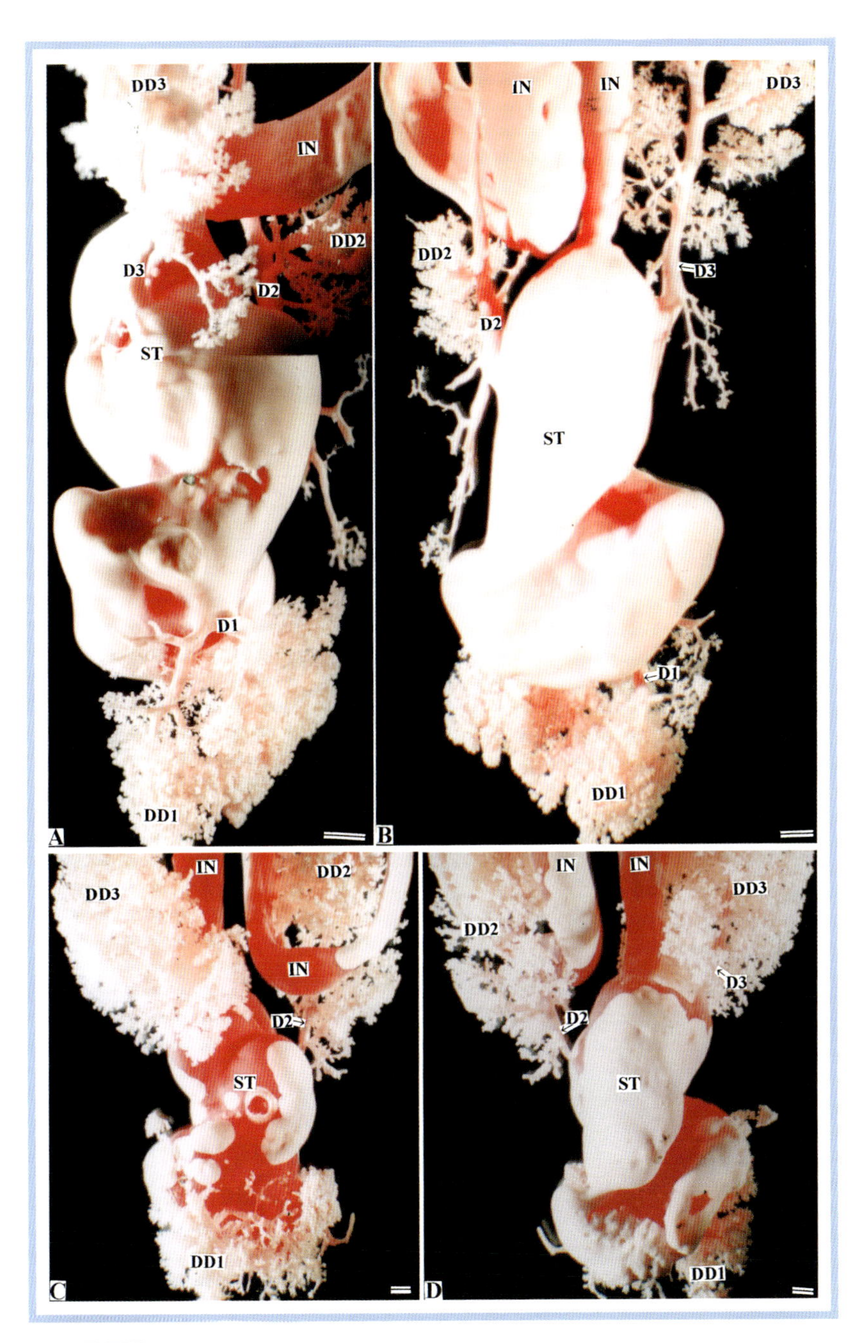

図 59-8A-D

リシケタイラギ消化器官の鋳型.
A-D は特に胃につながる導管を示す．A, C は腹面を，B, D は背面をそれぞれ示す．図中の実線は 1mm を示す．

Figs.59-8A-D

Corrosion resin-cast of the digestive organs of *Atrina* (*Servatrina*) *lischkeana.*
Figs. A-D show the ducts connected with the stomach. Figs. A and C, and B and D show ventral and dorsal views, respectively. Bars denote 1 mm.

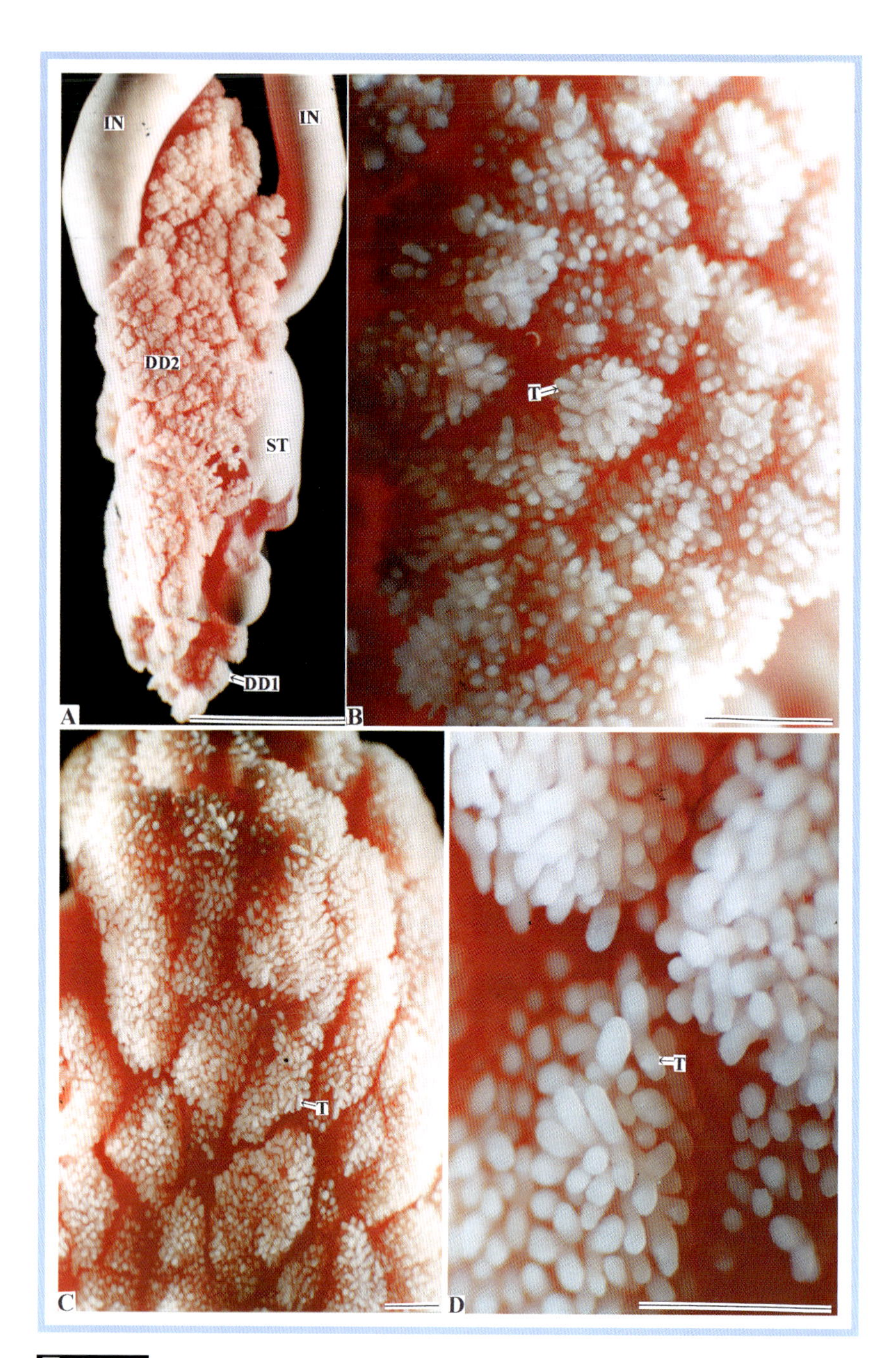

図 59-9A-D

リシケタイラギ中腸腺の鋳型.
A は消化器官の左側面を，B-D は中腸腺細管の外観をそれぞれ示す．図中の実線は 1cm（A）および 1mm（B-D）を示す．

Figs.59-9A-D

Corrosion resin-cast of the digestive diverticula of *Atrina* (*Servatrina*) *lischkeana*.
Fig. A shows a left side view of the digestive organs. Figs. B-D show the appearance of the tubules of the digestive diverticula. Bars denote 1 cm in Fig. A and 1 mm in Figs. B-D.

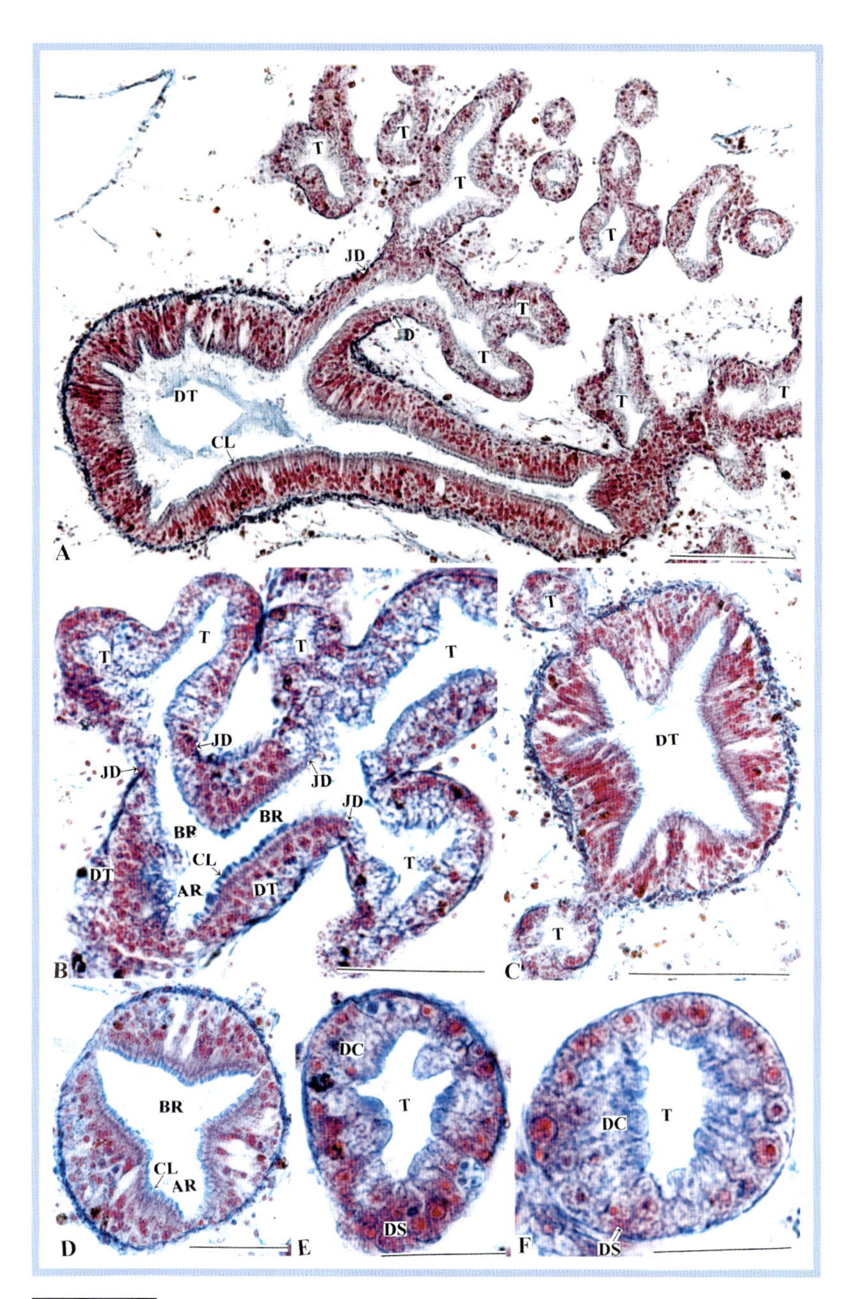

図 59-10A-F

リシケタイラギの導管と中腸腺細管．
A, B は導管と中腸腺細管の連絡，C, D は導管の横断面，E, F は中腸腺細管の横断面をそれぞれ示す．房状分枝I型（SI型）．図中の実線は 100μm（A-D）および 10μm（E, F）を示す．アザン染色．

Figs.59-10A-F

Photomicrographs of the ducts and tubules of the digestive diverticula in *Atrina (Servatrina) lischkeana.*
Figs. A and B show the junctions of the duct with the tubule. Figs. C and D, and E and F show transverse sections of the duct and the tubule, respectively. Simple acinar branching type I (S I type). Bars denote 100μm in Figs. A-D and 10μm in Figs. E, F. Azan stain.

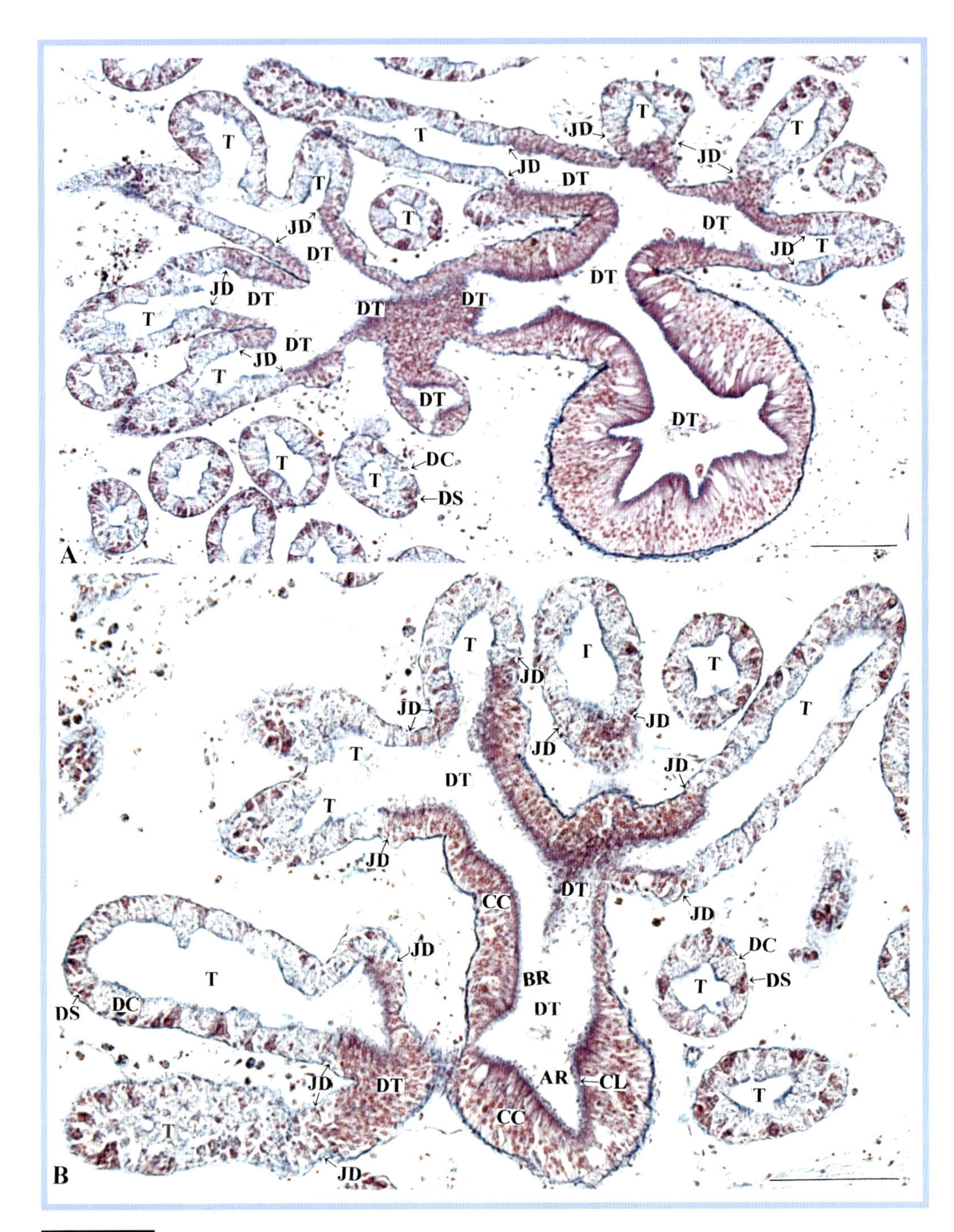

図 59-11A, B

リシケタイラギの導管と中腸腺細管.
A, B は導管と中腸腺細管の連絡を示す. 図中の実線 100μm を示す. アザン染色.

Figs.59-11A, B

Photomicrographs of the duct and tubules of the digestive diverticula in *Atrina* (*Servatrina*) *lischkeana.*
Figs. A and B show the junctions of the duct with the tubule. Bars denote 100μm. Azan stain.

アズマニシキ

Chlamys (*Azumapecten*) *farreri nipponensis* SII

二枚貝綱 Class BIVALVIA
イタヤガイ目 Order Pectinoida
イタヤガイ科 Family Pectinidae

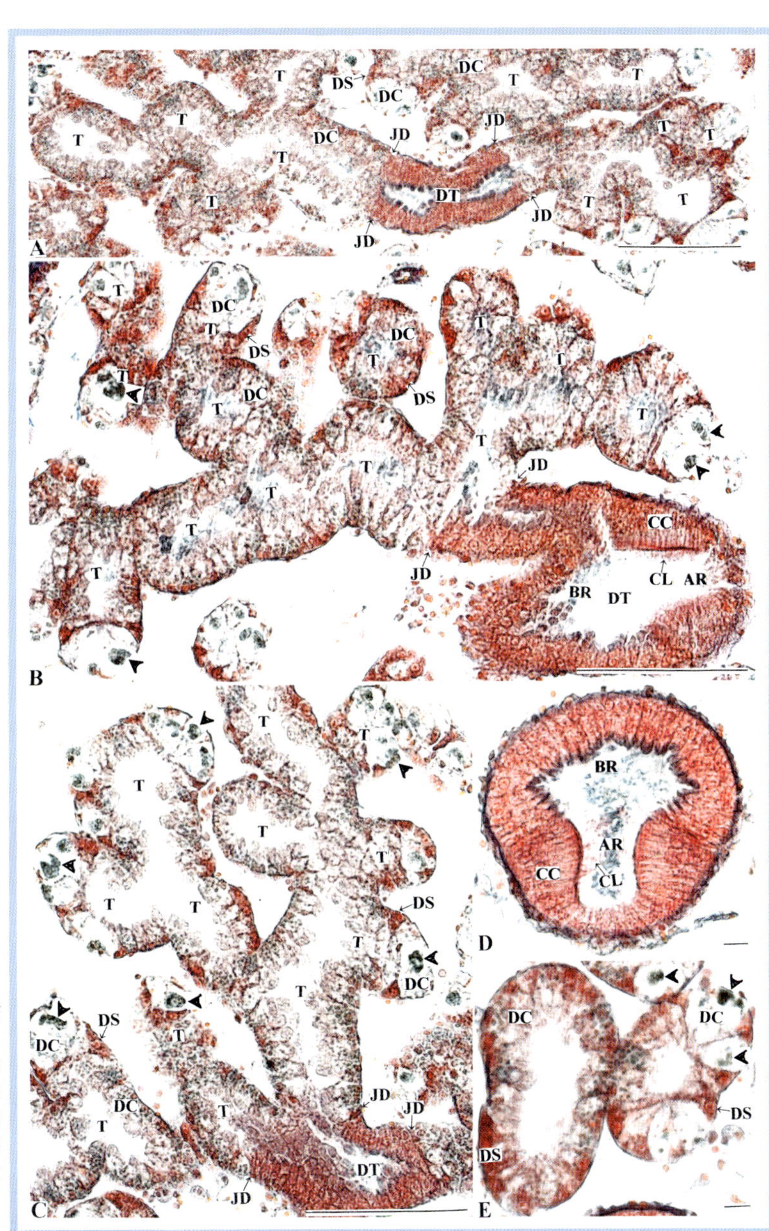

図 60A-E

アズマニシキ
Chlamys (*Azumapecten*) *farreri nipponensis* 中腸腺.
A-C は導管と中腸腺細管の連絡，D は導管の横断面，E は中腸腺細管の横断面をそれぞれ示す．矢じりは懸濁粒子を貪食した消化細胞を示す．房状分枝II型（SII型）．図中の実線は 100μm（A-C）および 10μm（D, E）を示す．

Figs.60A-E

Photomicrographs of the digestive diverticula in *Chlamys* (*Azumapecten*) *farreri nipponensis* BIVALVIA.
Figs. A-C show the connection between the duct and tubules. Arrowheads indicate digestive cells phagocytosing the particles. Figs. D and E show transverse sections of the duct and tubules, respectively. Simple acinar branching type II (S II type). Bars denote 100μm in Figs. A-C and 10μm in Figs. D, E. Azan stain

ホタテガイ

Patinopecten yessoensis SII

二枚貝綱 Class BIVALVIA
イタヤガイ目 Order Pectinoida
イタヤガイ科 Family Pectinidae

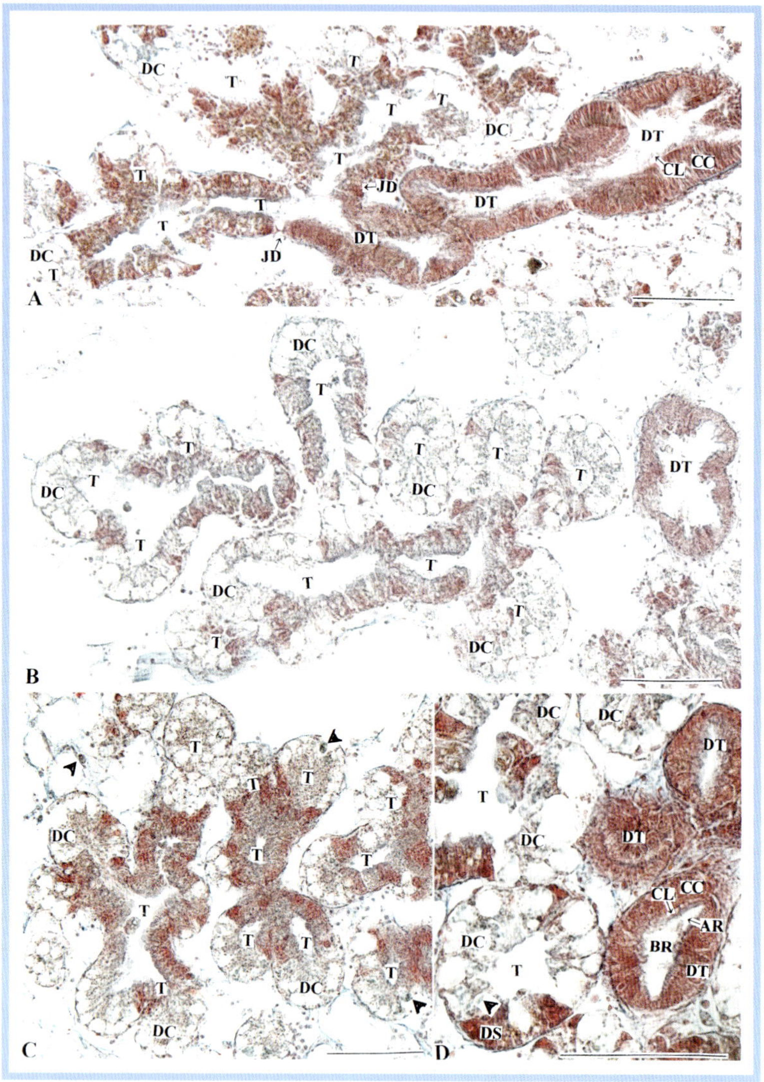

図 61A-D

ホタテガイ *Patinopecten yessoensis* 中腸腺.
A は導管と中腸腺細管の連絡，B, C は導管と中腸腺細管の縦断面，D は導管と中腸腺細管の横断面をそれぞれ示す．矢じりは懸濁粒子を貧食した消化細胞を示す．房状分枝II型（SII型）．図中の実線は 100 μm を示す．アザン染色．

Figs.61A-D

Photomicrographs of the digestive diverticula of *Patinopecten yessoensis* BIVALVIA.
Fig. A shows the connection between the duct and tubules. Figs. B and C, and D show vertical and transverse sections of the duct and tubules, respectively. Arrowheads indicate digestive cells phagocytosing the particles. Simple acinar branching type II (S II type). Bars denote 100μm. Azan stain.

ドブガイ

Anodonta (*Sinanodonta*) *woodiana* SI

二枚貝綱 Class BIVALVIA
イシガイ目 Order Unioida
イシガイ科 Family Unionidae

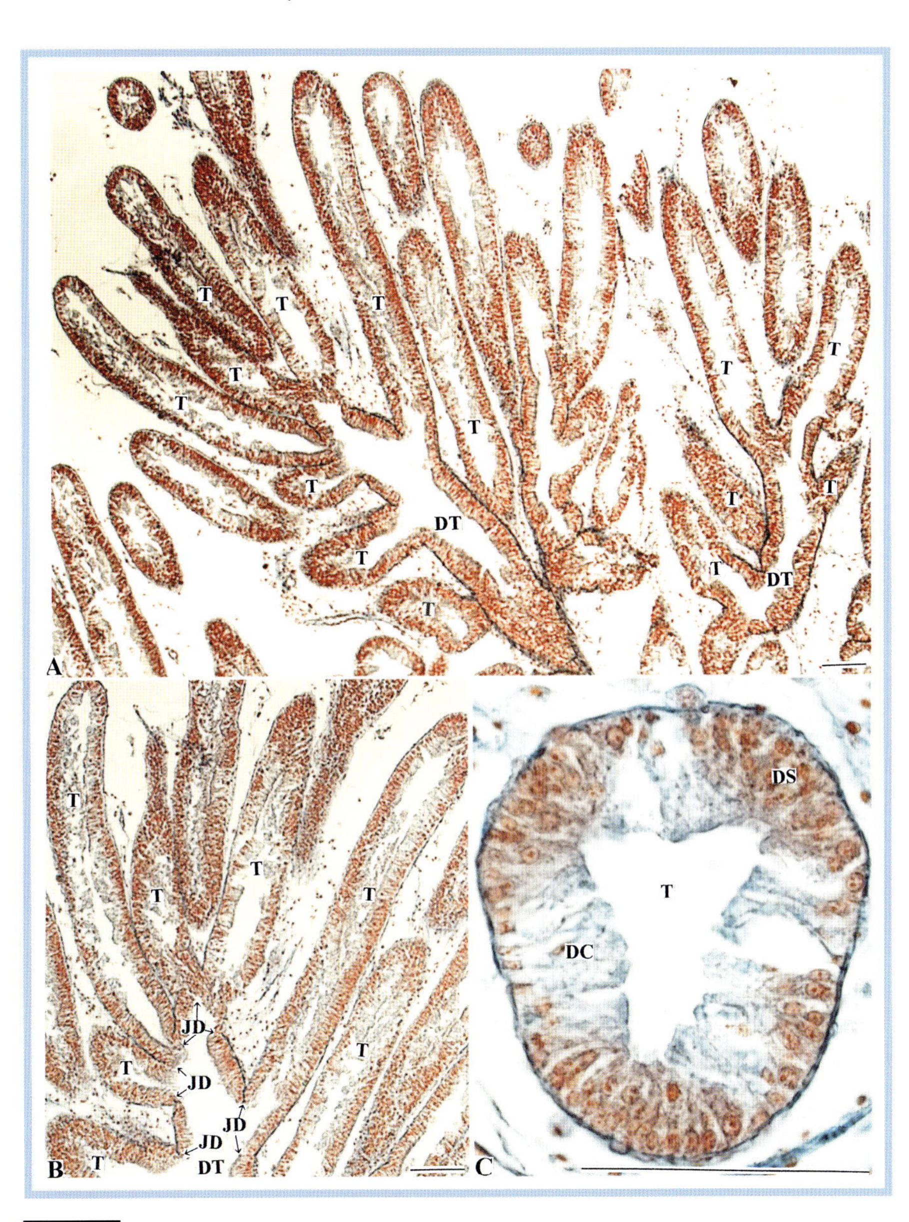

図 62A-C

ドブガイ *Anodonta (Sinanodonta) woodiana* 中腸腺.
A, B は導管と中腸腺細管の連絡を, C は中腸腺細管の横断面をそれぞれ示す. 房状分枝I型（SI型）.
図中の実線は 100 μm を示す. アザン染色.

Figs.62A-C

Photomicrographs of the digestive diverticula of *Anodonta* (*Sinanodonta*) *woodiana* BIVALVIA.
Figs. A and B show the connection between the duct and tubules. Fig. C shows a transverse section of the tubule. Simple acinar branching type I (SI type). Bars in figures denote 100μm. Azan stain.

トマヤガイ

Cardita leana SI

二枚貝綱 Class BIVALVIA
トマヤガイ目 Order Carditoida
トマヤガイ科 Family Carditidae

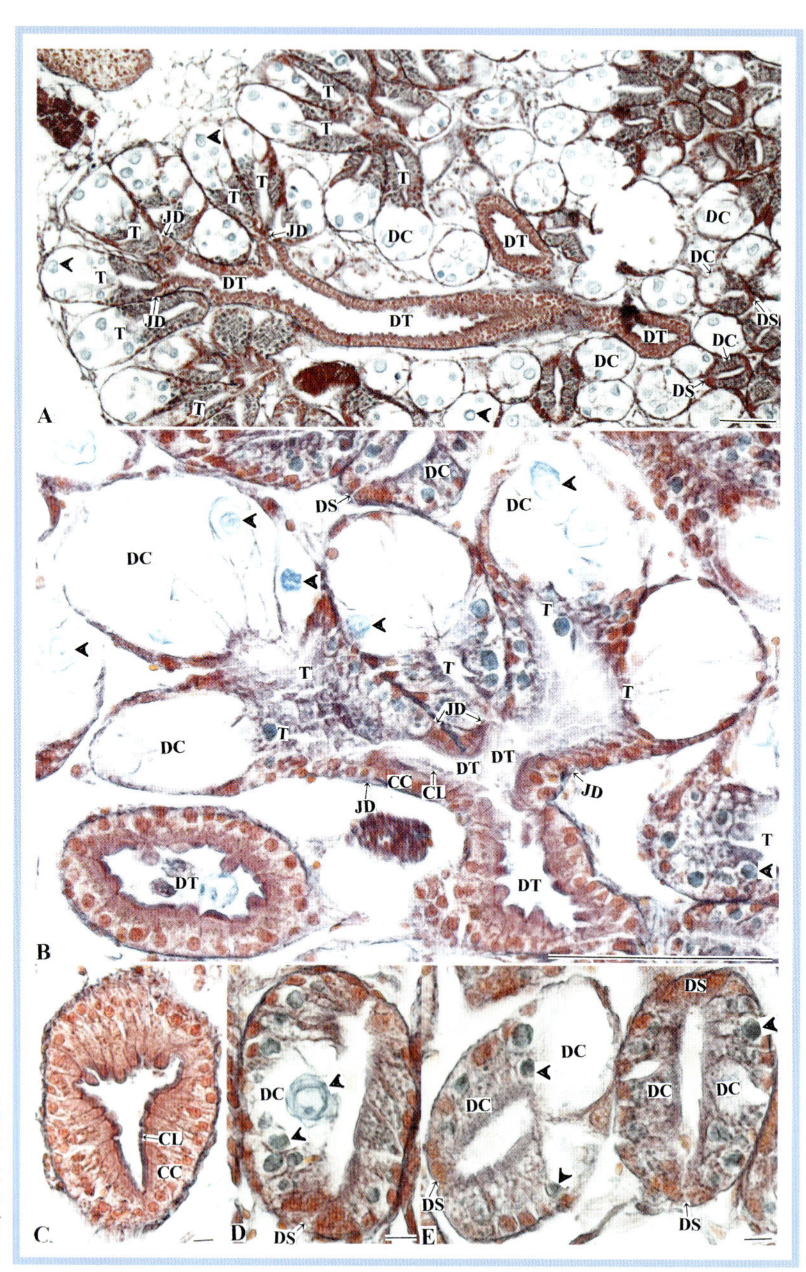

図 63A-E

トマヤガイ *Cardita leana* 中腸腺.
A, B は導管と中腸腺細管の連絡, C は導管の横断面, D, E は中腸腺細管の横断面をそれぞれ示す. 矢じりは懸濁粒子を貪食した消化細胞を示す. 房状分枝I型（SI型）. 図中の実線は100μm（A, B）および10μm（C-E）を示す. アザン染色.

Figs.63A-E

Photomicrographs of the digestive diverticula of *Cardita leana* BIVALVIA.
Figs. A and B show the connection between the duct and tubules. Figs. C, and D and E show transverse sections of the duct and tubule, respectively. Arrowheads indicate digestive cells phagocytosing the particles. Simple acinar branching type I (S I type). Bars in denote 100μm in Figs. A, B and 10μm in Figs. C-E. Azan stain.

ヒレシャコ

Tridacna squamosa SI

二枚貝綱 Class BIVALVIA
マルスダレガイ目 Order Veneroida
シャコガイ科 Family Tridacnidae

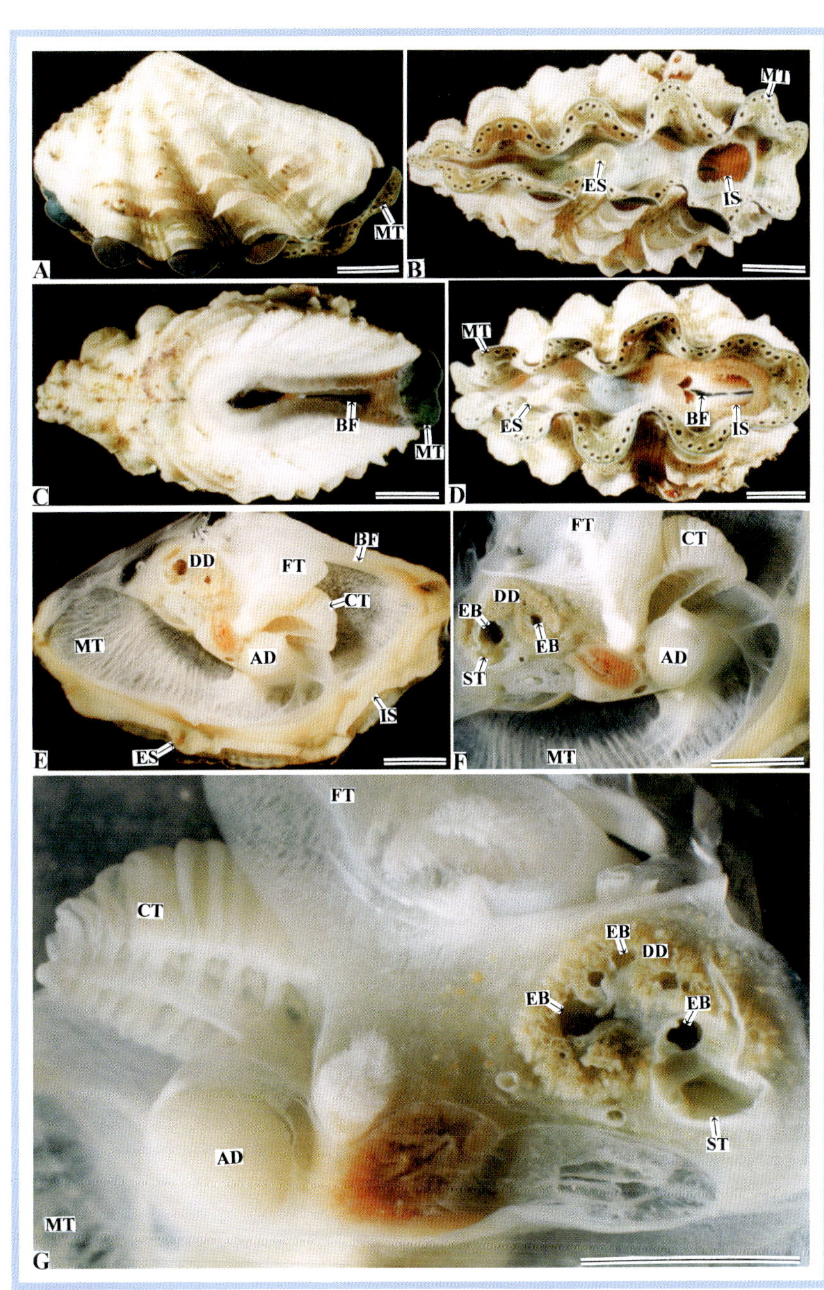

図 64-1A-G

ヒレシャコ *Tridacna squamosa* 体制.
A は殻の右側面を, B, D は殻の腹面を, C は背面を, E-G は軟体部の水平断面をそれぞれ示す. 図中の実線は 1cm を示す.

Figs.64-1A-G

External forms of the shells and internal anatomy of *Tridacna squamosa* BIVALVIA.
External forms of the shells are shown as follows: Fig. A, right side view; Figs. B and D, ventral view; Fig. C, dorsal view. Figs. E-G represent the anatomy of the horizontal section of the soft part. Bars denote 1 cm.

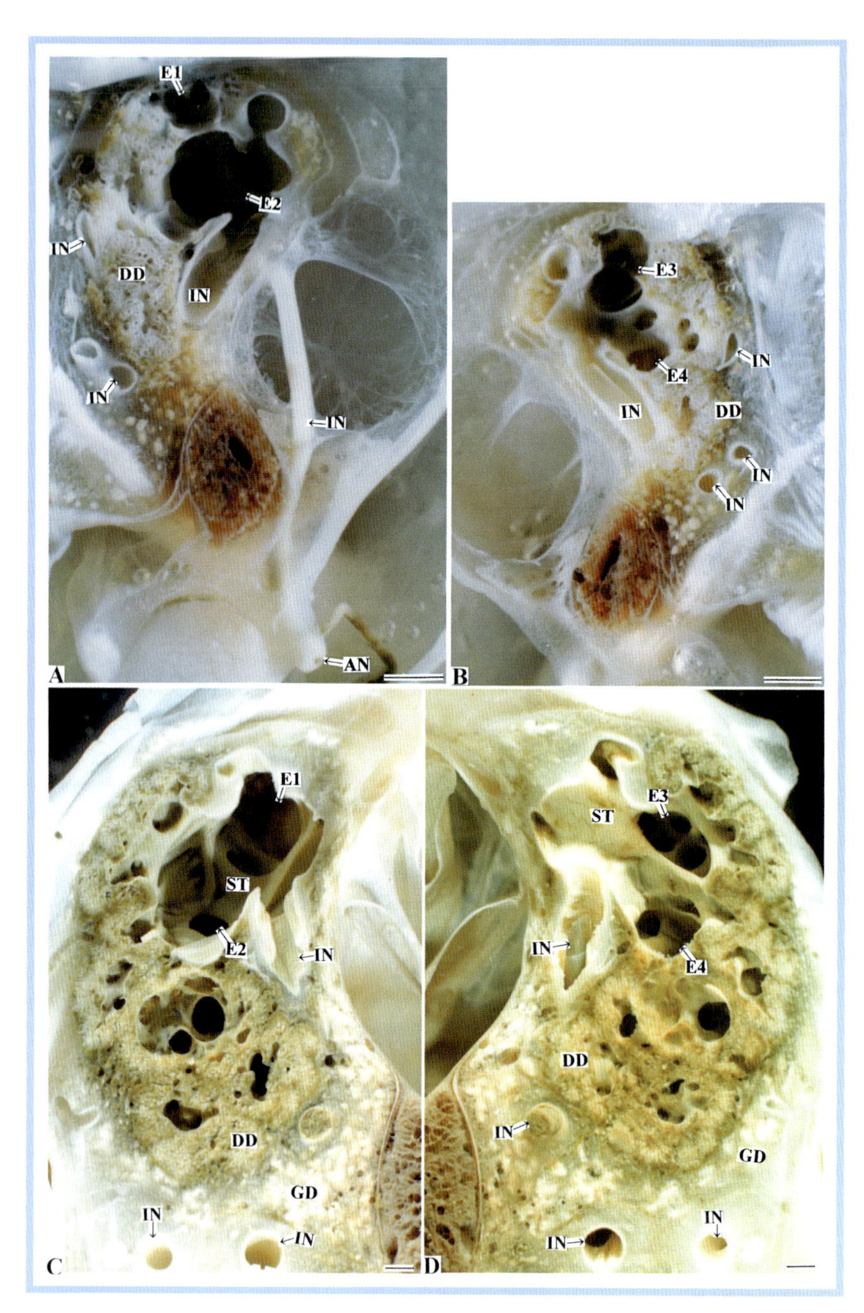

図 64-2A-D

ヒレシャコ軟体部の水平断面.
A-D は中腸腺内の導管と腸の水平断面を示す. A, C は軟体部水平断面の左側面を, B, D は軟体部右側面をそれぞれ示す. 図中の実線は 100μm を示す.

Figs.64-2A-D

Photomicrographs of the horizontal-sectioned soft part of *Tridacna squamosa*.
Figs. A-D show the horizontal-sectioned duct in the digestive diverticula and the intestine. Figs. A and C, and B and D show left side views and right side views of the horizontal-sectioned soft part, respectively. Bars denote 100μm.

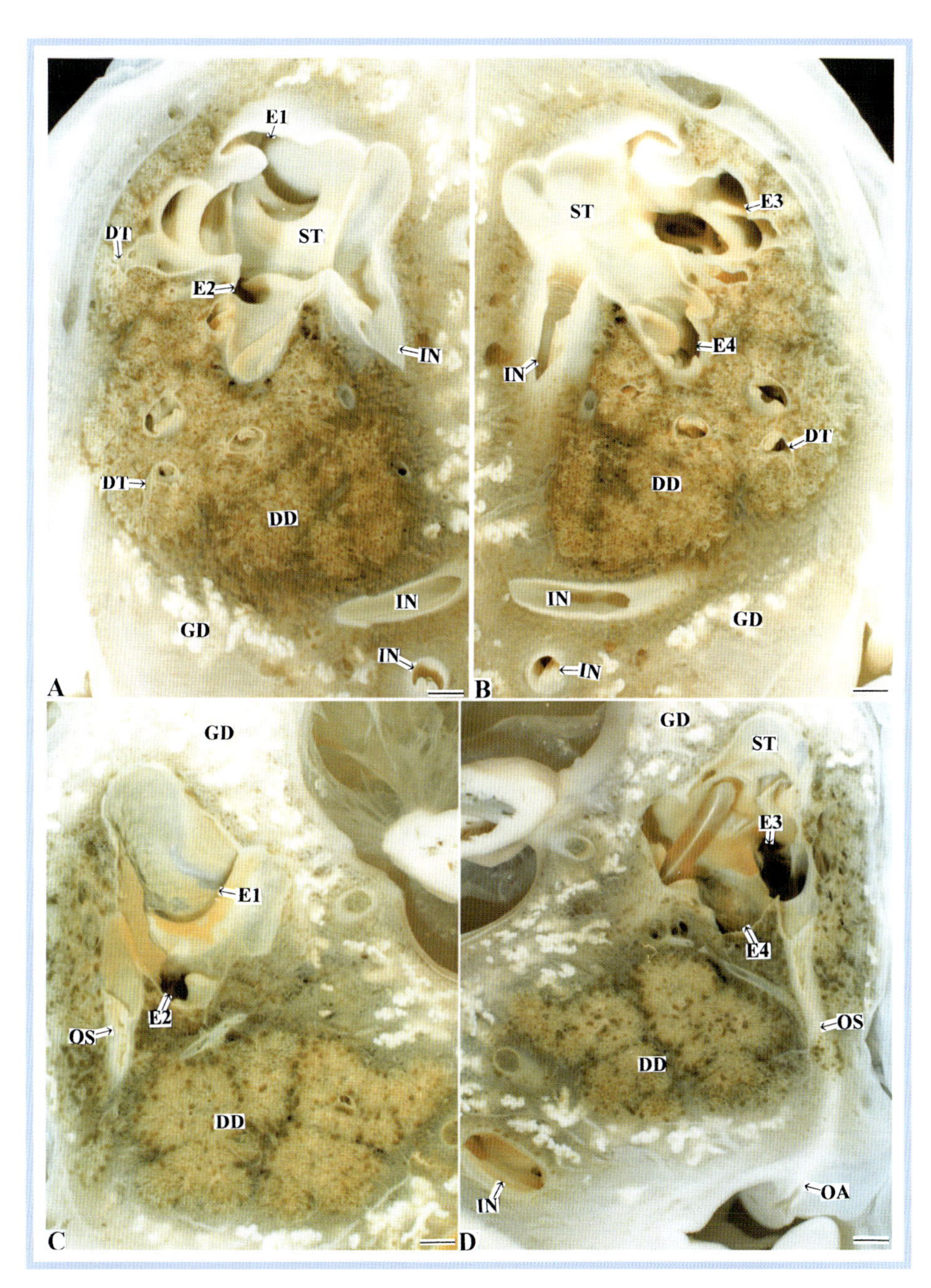

図 64-3A-D

ヒレシャコ中腸腺の水平断面.
A-D は中腸腺内の特に胃と導管の断面を示す. A, C は中腸腺縦断面の左側面を, B, D は中腸腺縦断面の右側面をそれぞれ示す. 図中の実線は 100 μm を示す.

Figs.64-3A-D

Photomicrographs of the horizontal-sectioned digestive diverticula of *Tridacna squamosa.*
Fig. A-D particularly show the surfaces of sections of the stomach and the ducts in the digestive diverticula. Figs. A and C, and B and D show left side views and right side views of the vertical-sectioned digestive diverticula, respectively. Bars denote 100μm.

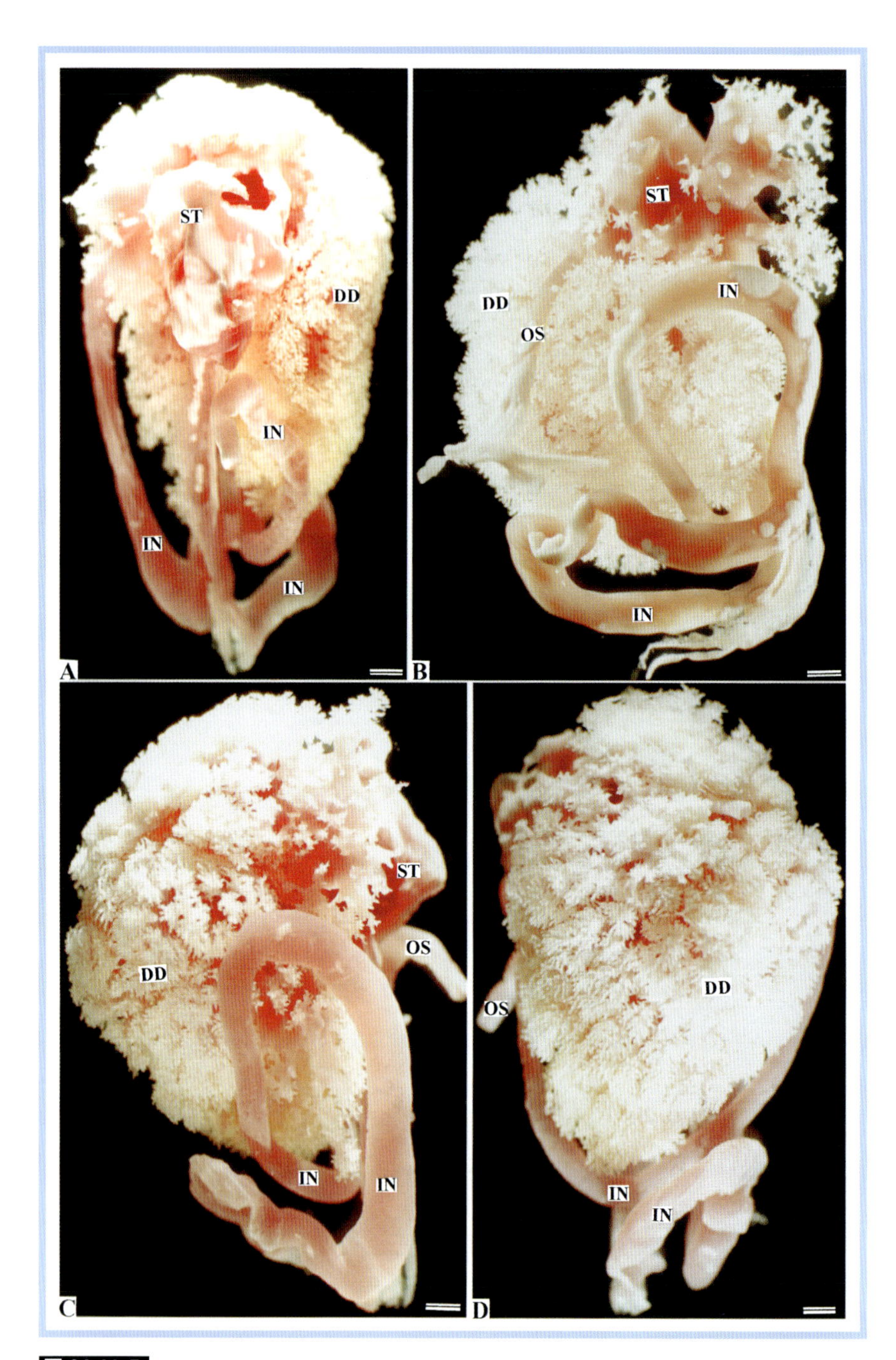

図 64-4A-D

ヒレシャコ消化器官の鋳型.
A は背面，B は左側面，C は腹面，D は右側面をそれぞれ示す．図中の実線は 100 μm を示す．

Figs.64-4A-D

Corrosion resin-cast of the digestive organs of *Tridacna squamosa*.
The figures are presented as follows: Fig. A, dorsal view; Fig. B, left side view; Fig. C, ventral view; Fig. D, right side view. Bars denote 100μm.

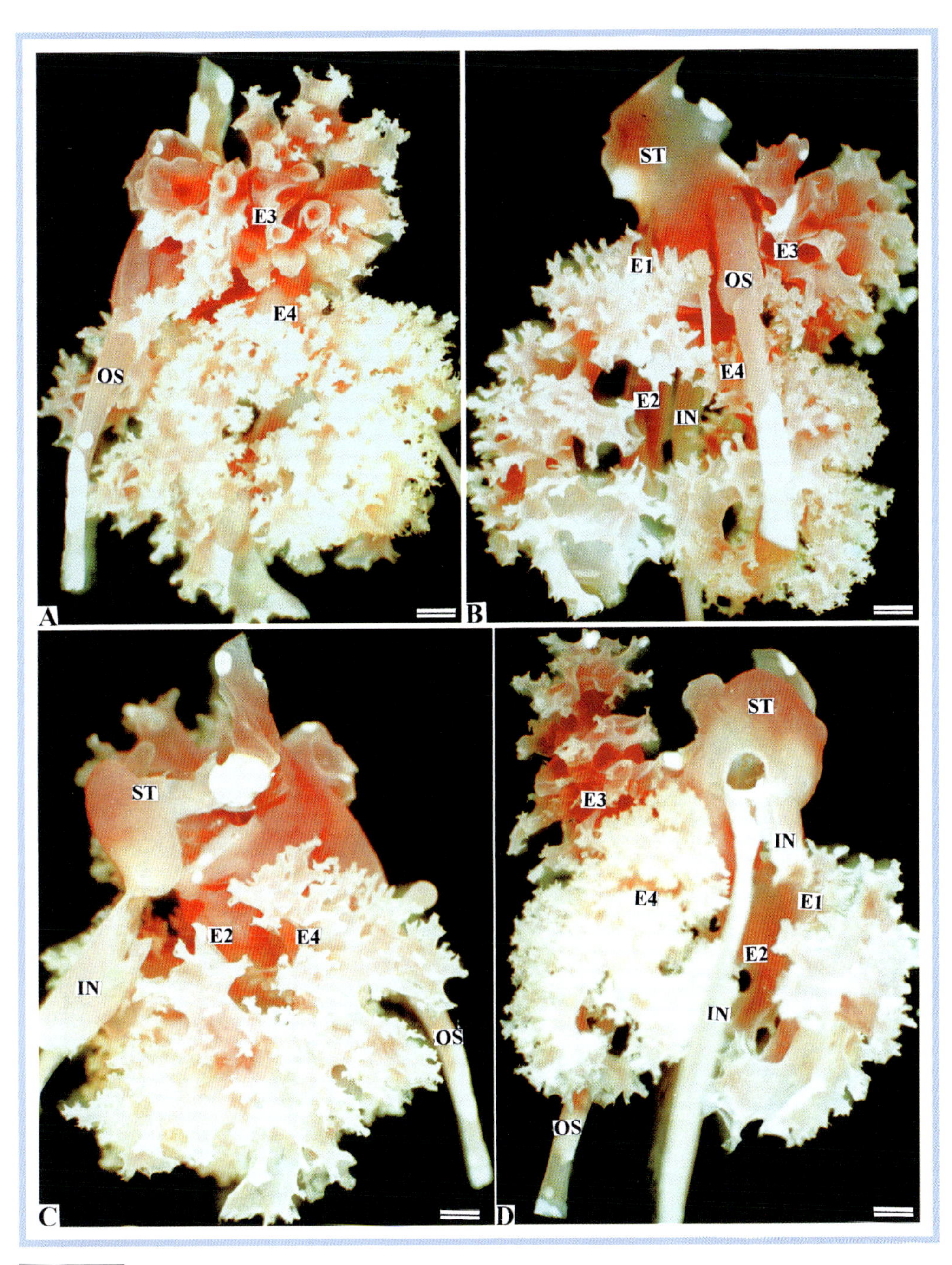

図 64-5A-D

ヒレシャコ消化器官の鋳型.
A は右側面，B は腹面，C は左側面，D は背面をそれぞれ示す．図中の実線は 100 μm を示す．

Figs.64-5A-D

Corrosion resin-cast of the digestive organs of *Tridacna squamosa*.
The figures are presented as follows: Fig. A, right side view; Fig. B, ventral view; Fig. C, left side view; Fig. D, dorsal view. Bars denote 100μm.

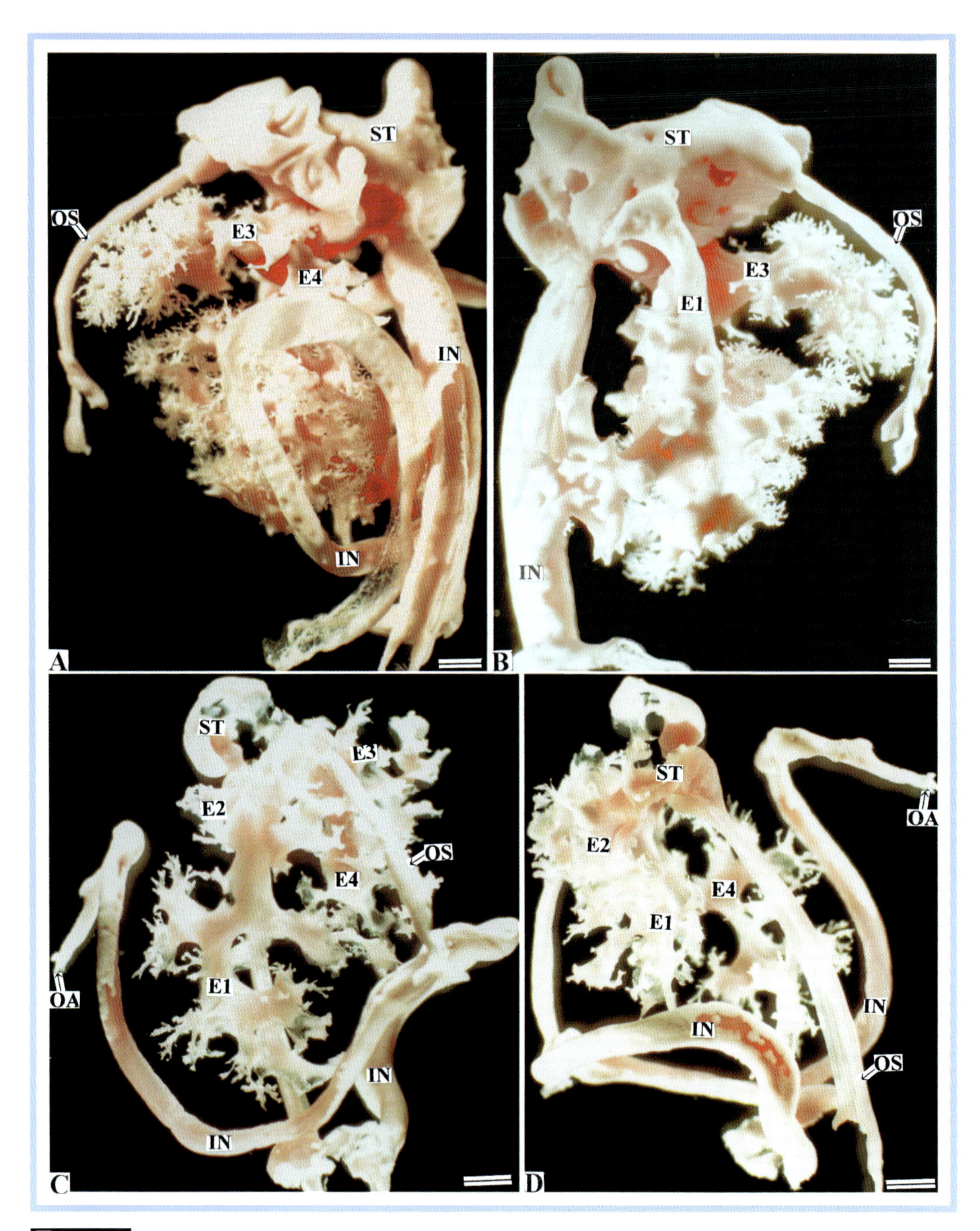

図 64-6A-D

ヒレシャコ消化器官の鋳型.
A は右側面，B は左側面，C は背面，D は腹面をそれぞれ示す．図中の実線は 100μm を示す．

Figs.64-6A-D

Corrosion resin-casts of the digestive organs of *Tridacna squamosa.*
The figures are presented as follows: Fig. A, right side view; Fig. B, left side view; Fig. C, dorsal view; Fig. D, ventral view. Bars denote 100μm.

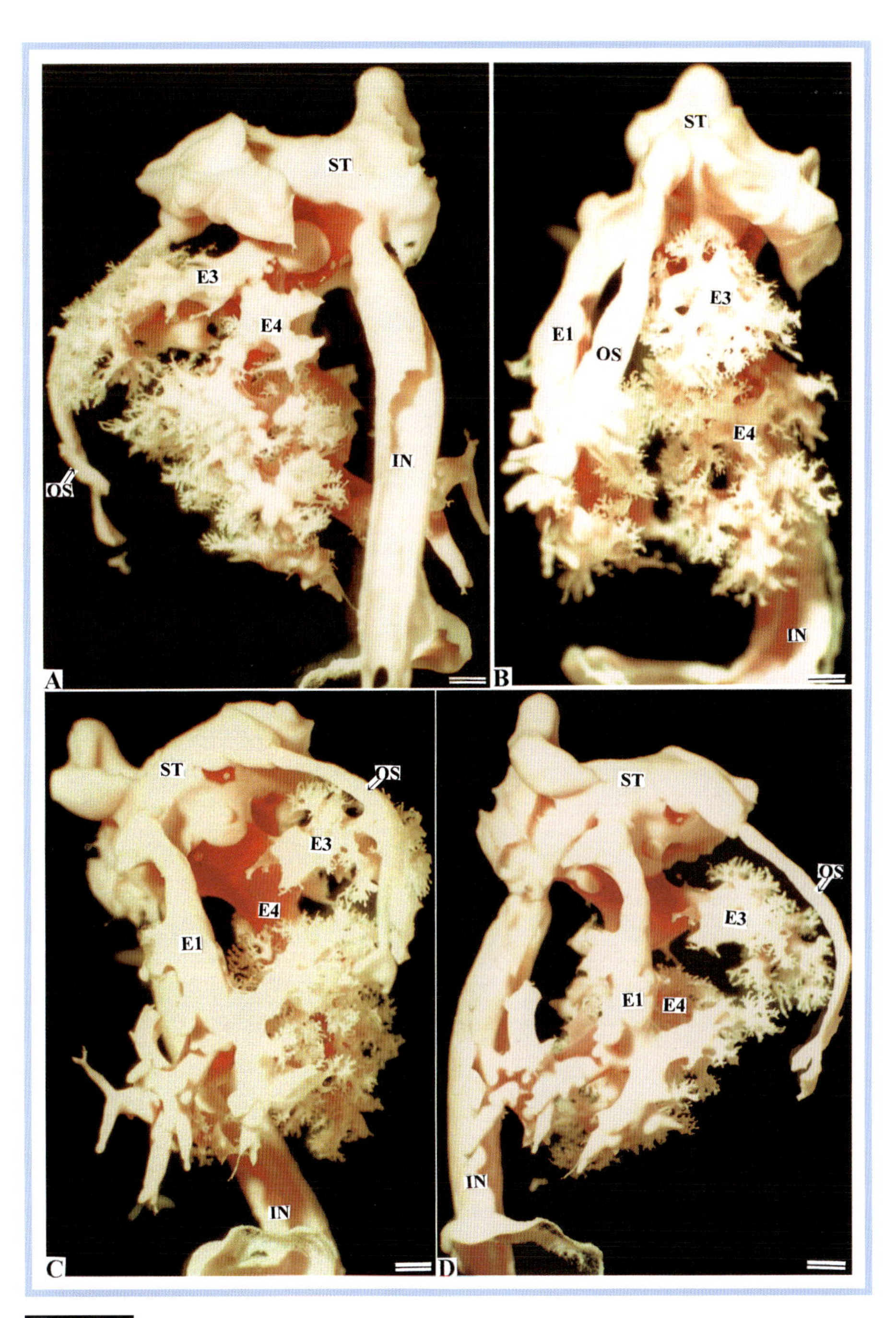

図 64-7A-D

ヒレシャコ消化器官の鋳型.
A は右側面, B は腹面, C, D は左側面をそれぞれ示す. 図中の実線は 100μm を示す.

Figs.64-7A-D

Corrosion resin-cast of the digestive organs of *Tridacna squamosa*.
The figures are presented as follows: Fig. A, right side view; Fig. B, ventral view; Figs. C and D, left side views. Bars denote 100μm.

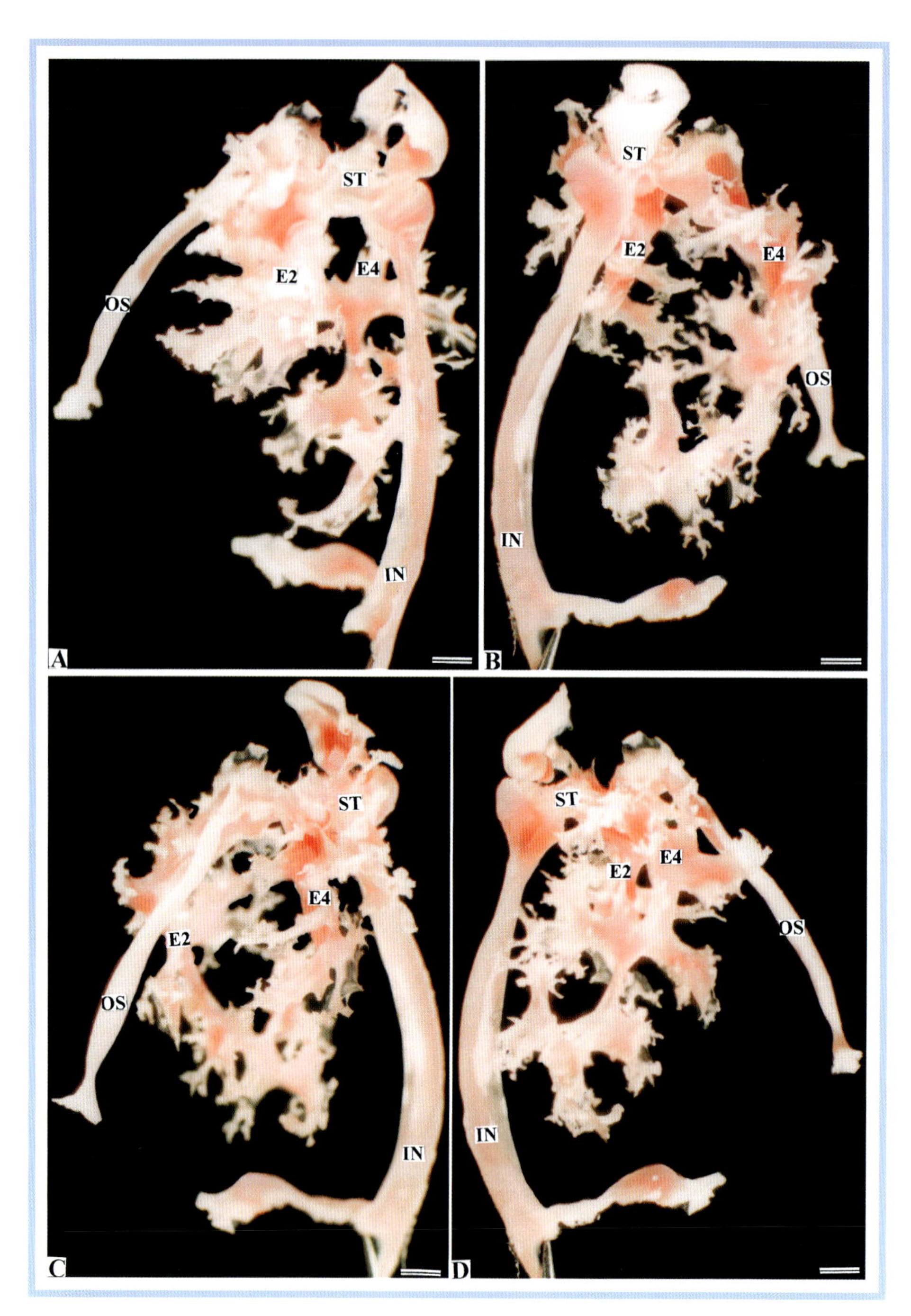

図 64-8A-D

ヒレシャコ消化器官の鋳型.
A, C は右側面を, B, D は左側面をそれぞれ示す. 図中の実線は 100μm を示す.

Figs.64-8A-D

Corrosion resin-casts of the digestive organs of *Tridacna squamosa*.
Figs. A and C, and B and D show right side views and left side views, respectively. Bars denote 100μm.

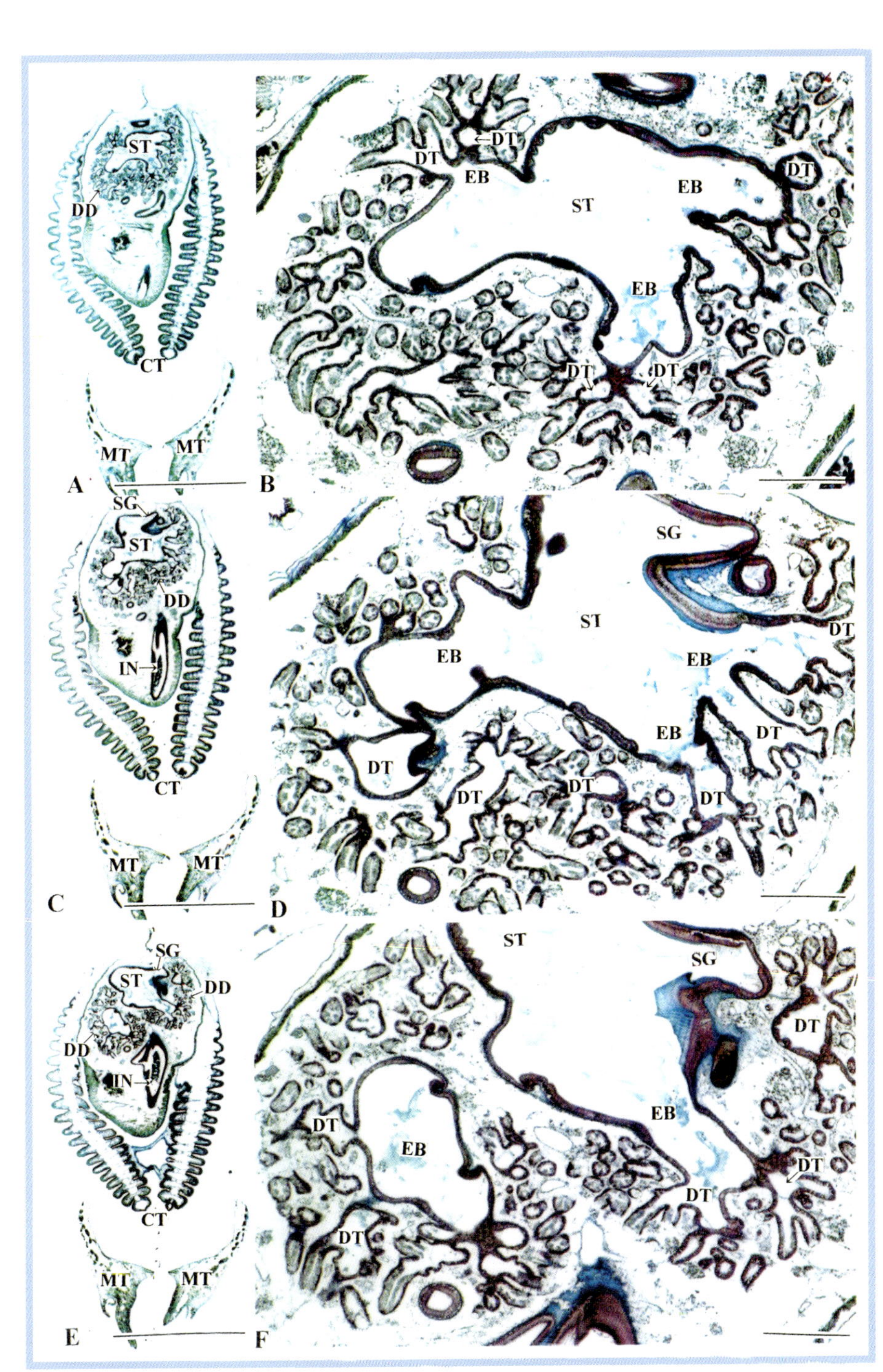

図 64-9A-F

ヒレシャコ中腸腺の縦断面図.
A, C, E は，軟体部を背側から腹側に向かって順次縦断した図. B, D, F はそれぞれ A, C, E の拡大. B, D, F では胃と導管の連結に注意. 図中の実線は 1mm（A, C, E）および 100μm（B, D, F）を示す. アザン染色.

Figs.64-9A-F

Photomicrographs of the vertical-sectioned digestive diverticula of *Tridacna squamosa*.
Figs. A, C, and E show the soft part vertically sectioned from the dorsal to ventral sides in sequence. Figs. A, C, and E are shown as magnified views in Figs. B, D, and F, respectively. Note the connection of the stomach with the ducts in Figs. B, D and F. Bars denote 1 mm in Figs. A, C, E and 100μm in Figs. B, D, F. Azan stain.

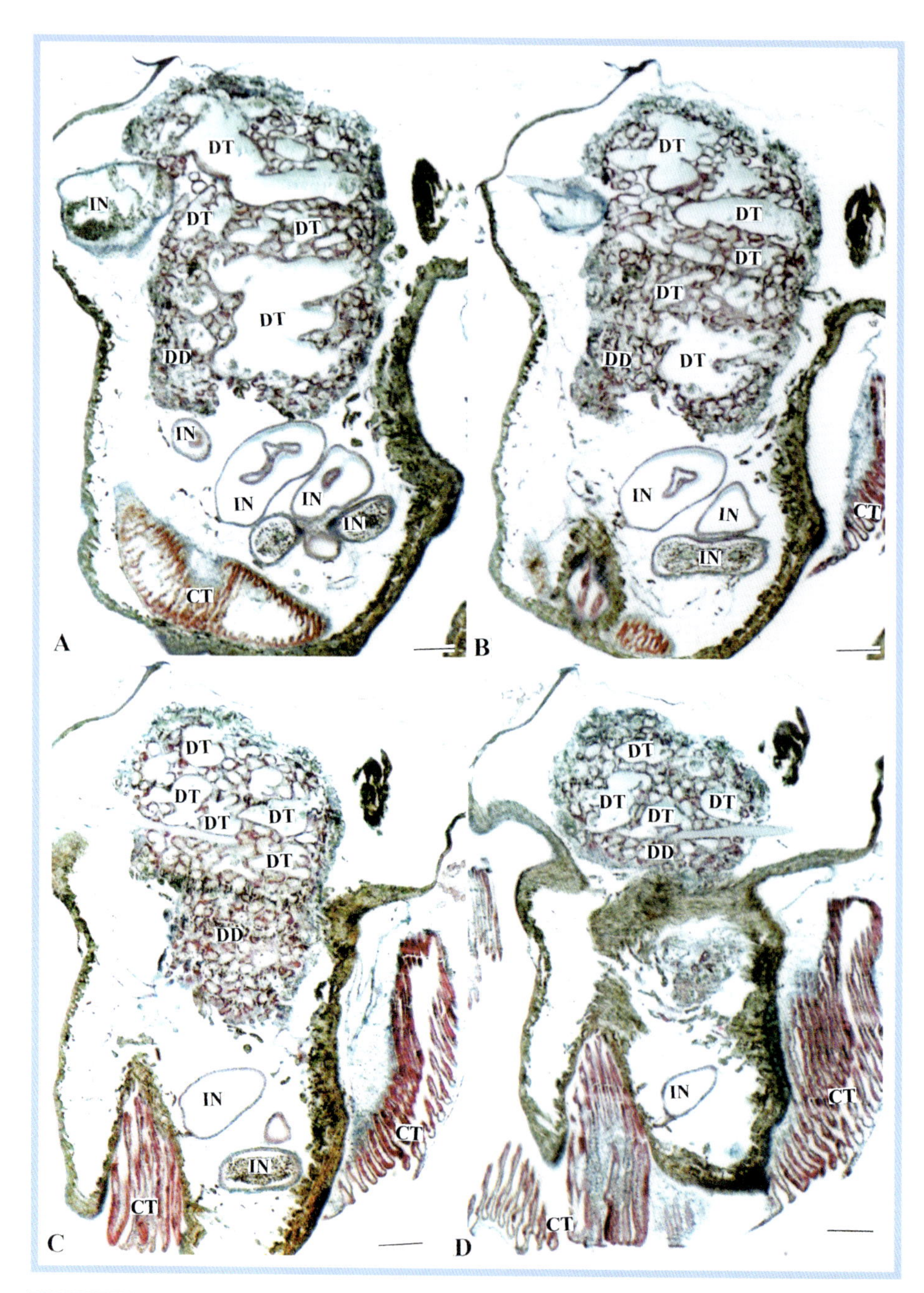

図 64-10A-D

ヒレシャコ軟体部の縦断面図.
A-D は軟体部を背側から腹側に向かって順次縦断した図. A-D は中腸腺と導管を示す. 図中の実線は 100 μm を示す. アザン染色.

Figs.64-10A-D

Photomicrographs of the vertical-sectioned soft part of *Tridacna squamosa*.
Figs. A-D show the soft part vertically sectioned from the dorsal to ventral sides in sequence. Figs. A-D show the ducts and digestive diverticula. Bars denote 100μm. Azan stain.

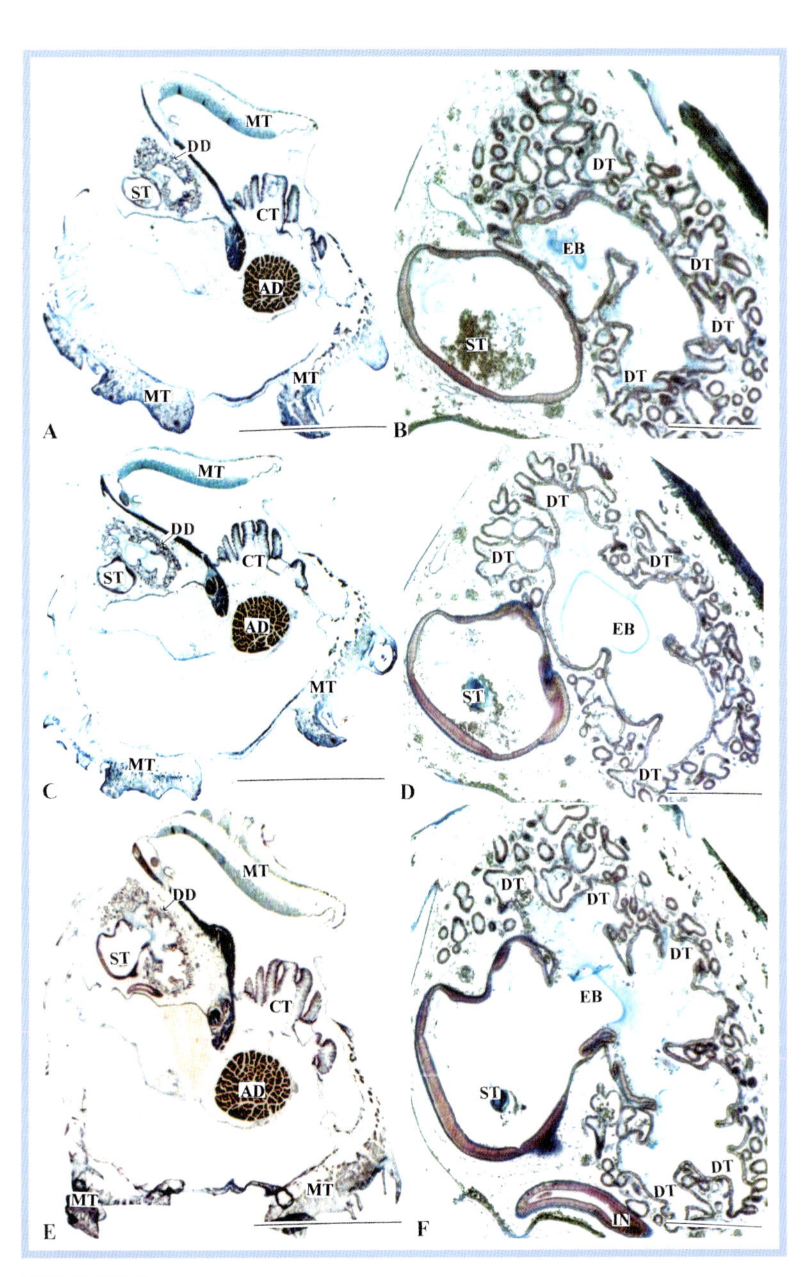

図 64-11A-F

ヒレシャコ軟体部の水平断面図.
A, C, E および図 64-12 の G, I, K は軟体部を順次水平切断した図. B, D, F はそれぞれ A, C, E の拡大. B, D, F は特に胃と導管を示す. 図中の実線は 1mm（A, C, E）および 100 μm（B, D, F）を示す. アザン染色.

Figs.64-11A-F

Photomicrographs of the horizontal-sectioned soft part of *Tridacna squamosa.*
Figs. A, C, E, and Figs. 64-12G, I, K show the soft part horizontally sectioned in sequence. Figs. A, C, and E are shown as magnified views in Figs. B, D, and F, respectively. Figs. B, D and F especially show the stomach and ducts. Bars denote 1 mm in Figs. A, C, E and 100μm in Figs. B, D, F. Azan stain.

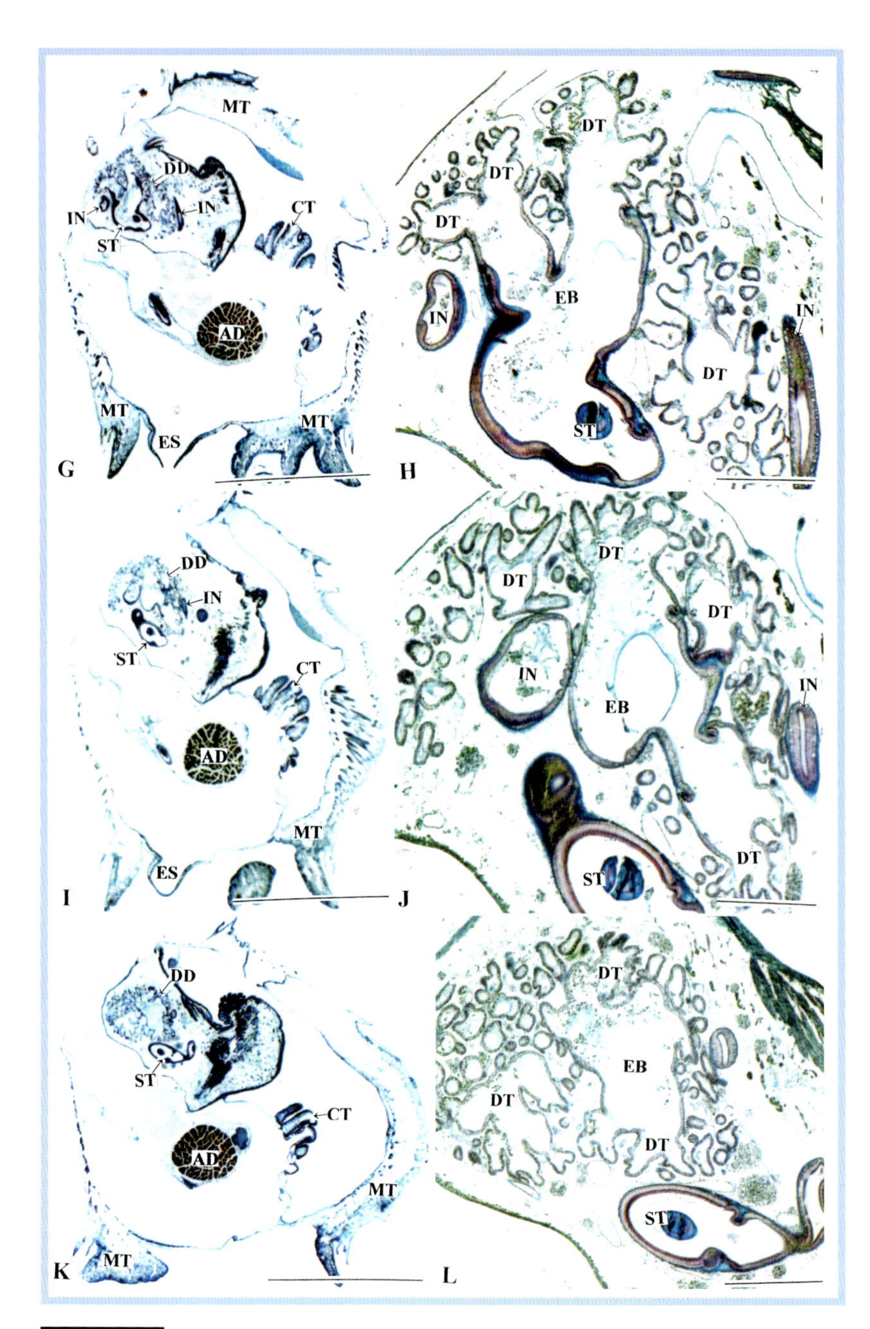

図 64-12G-L

ヒレシャコ軟体部の水平断面図.
H, J, L はそれぞれ G, I, K の拡大. H, J, L は特に胃と導管を示す. 図中の実線は 1mm(G, I, K) および 100μm (H, J, L) を示す. アザン染色.

Figs.64-12G-L

Photomicrographs of the horizontal-sectioned soft part of *Tridacna squamosa*.
Figs. G, I, and K are shown as magnified views in Figs. H, J, and L, respectively. Figs. H, J, and L especially show the stomach and duct. Bars denote 1 mm in Figs. G, I, K and 100μm in Figs. H, J, L. Azan stain. The figures are continued alphabetically from Figs. A-F.

図 64-13A-F

ヒレシャコの導管と中腸腺細管の鋳型．
A は中腸腺，B は中腸腺細管，C，D は胃に開口する導管の湾入部，E，F は導管と細管をそれぞれ示す．図中の実線は 100μm を示す．

Figs.64-13A-F

Corrosion resin-casts of the duct and tubules of the digestive diverticula in *Tridacna squamosa.*
The figures are presented as follows; Fig. A, digestive diverticula; Fig. B, the tubules of the digestive diverticula; Figs. C and D, embayments; Figs. E and F, ducts with the tubules. Bars denote 100μm.

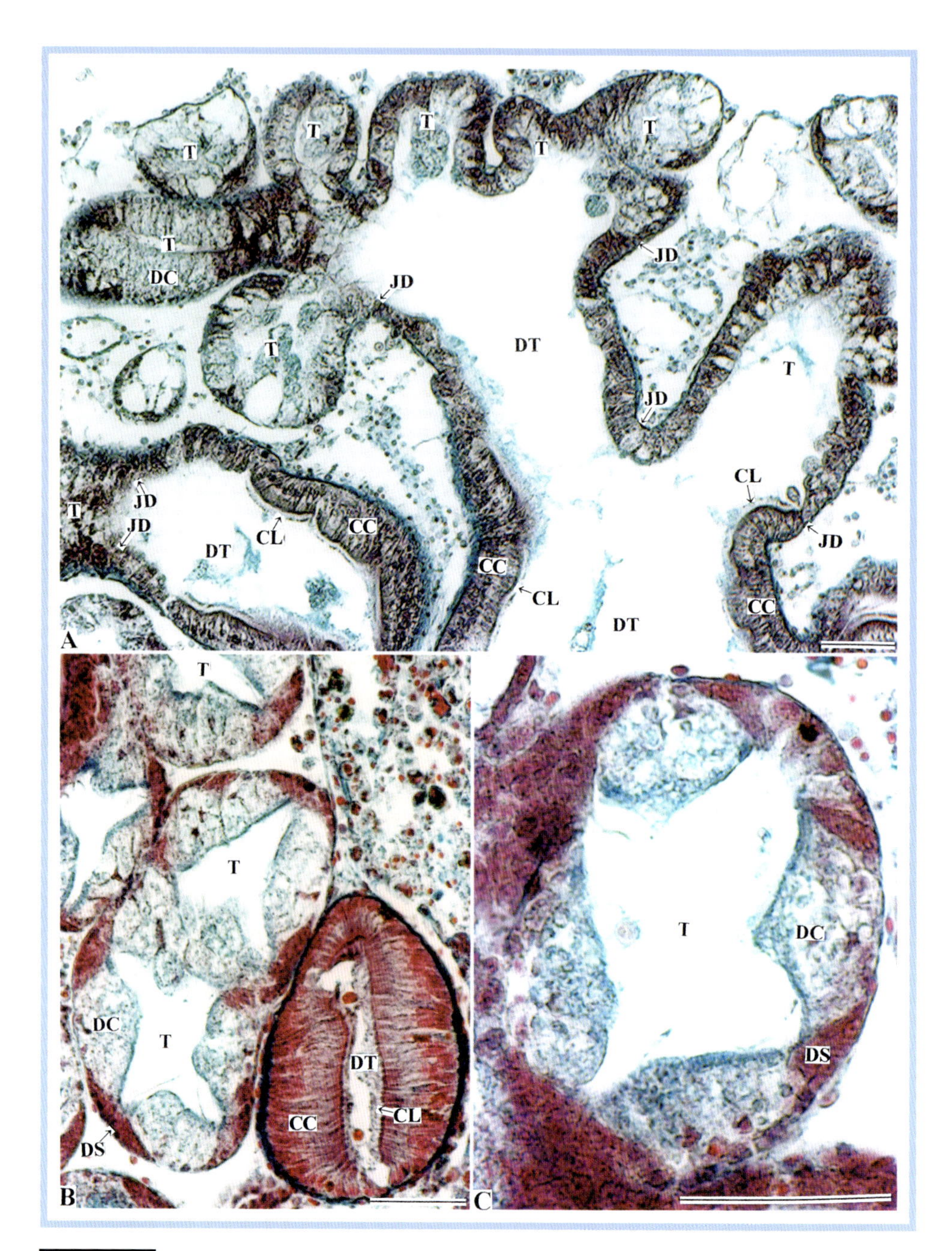

図 64-14A-C

ヒレシャコの導管と中腸腺細管.
A は導管と中腸腺細管の連絡，B は導管と中腸腺細管の横断面，C は中腸腺細管の横断面をそれぞれ示す.
房状分枝I型（SI型）. 図中の実線は 10μm を示す. アザン染色.

Figs.64-14A-C

Photomicrographs of the ducts and tubules of the digestive diverticula in *Tridacna squamosa.*
The figures are presented as follows; Fig. A, connection between the duct and tubules; Fig. B, transverse section of the duct and tubules; Fig. C, transverse section of the tubule. Simple acinar branching type I (SI type). Bars denote 10μm. Azan stain.

オニアサリ

Protothaca jedoensis SI

二枚貝綱 Class BIVALVIA
マルスダレガイ目 Order Veneroida
マルスダレガイ科 Family Veneridae

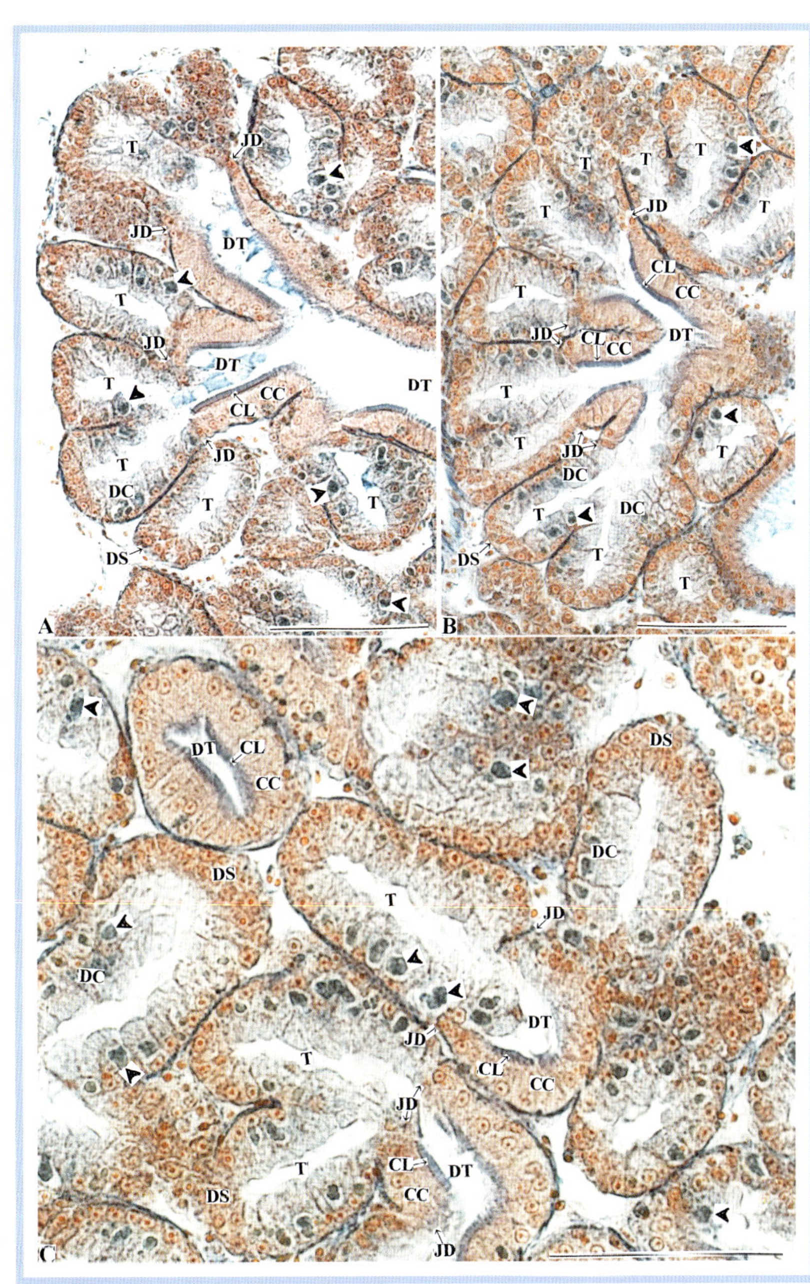

図 65A-C

オニアサリ *Protothaca jedoensis* 導管と中腸腺細管.
A-C は導管と中腸腺細管の連絡を示す. 矢じりは懸濁粒子を貪食した消化細胞を指し示す. 房状分枝I型（SI型）. 図中の実線は100μmを示す. アザン染色.

Figs.65A-C

Photomicrographs of the duct and tubules of digestive diverticula in *Protothaca jedoensis* BIVALVIA. Figs. A-C show the connection between the ducts and tubules. Arrowheads indicate digestive cells phagocytosing particles. Simple acinar branching type I (S I type). Bars denote 100μm. Azan stain.

アサリ

Ruditapes philippinarum S1

二枚貝綱 Class BIVALVIA
マルスダレガイ目 Order Veneroida
マルスダレガイ科 Family Veneridae

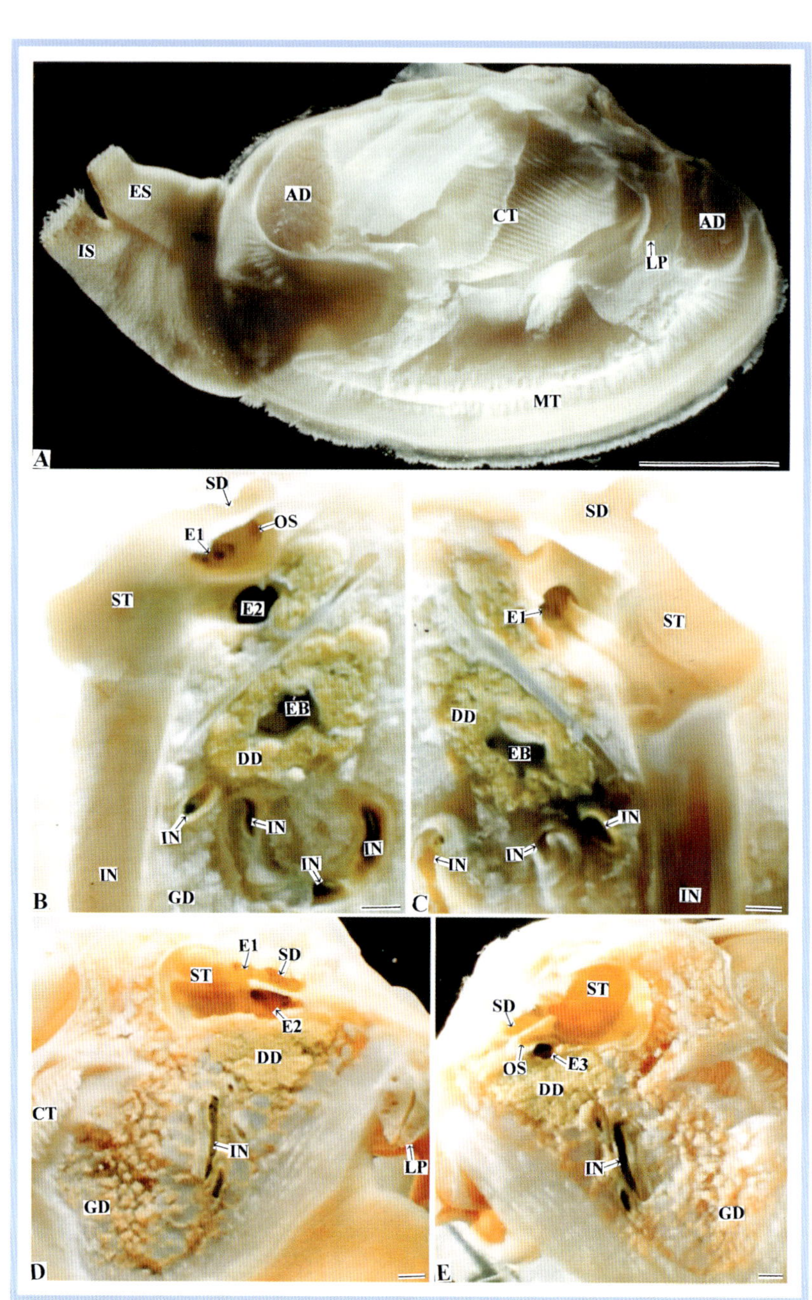

図 66-1A-E

アサリ *Ruditapes philippinarum* 軟体部の水平断面.
A は外套膜を一部取り除いた軟体部外観の右表面を，B, D は消化器官の右側断面を，C, E は消化器官の左側断面をそれぞれ示す. 図中の実線は 1cm（A）および 100μm（B-E）を示す.

Figs.66-1A-E

Photographs of the horizontal-sectioned soft part of *Ruditapes philippinarum* BIVALVIA.
Fig. A shows an overview of the right surface of the soft part after removal of part of the mantle. Figs. B and D, and C and E show right side and left side views of the digestive organs, respectively. Bars denote 1 cm in Fig. A and 100μm in Figs. B-E.

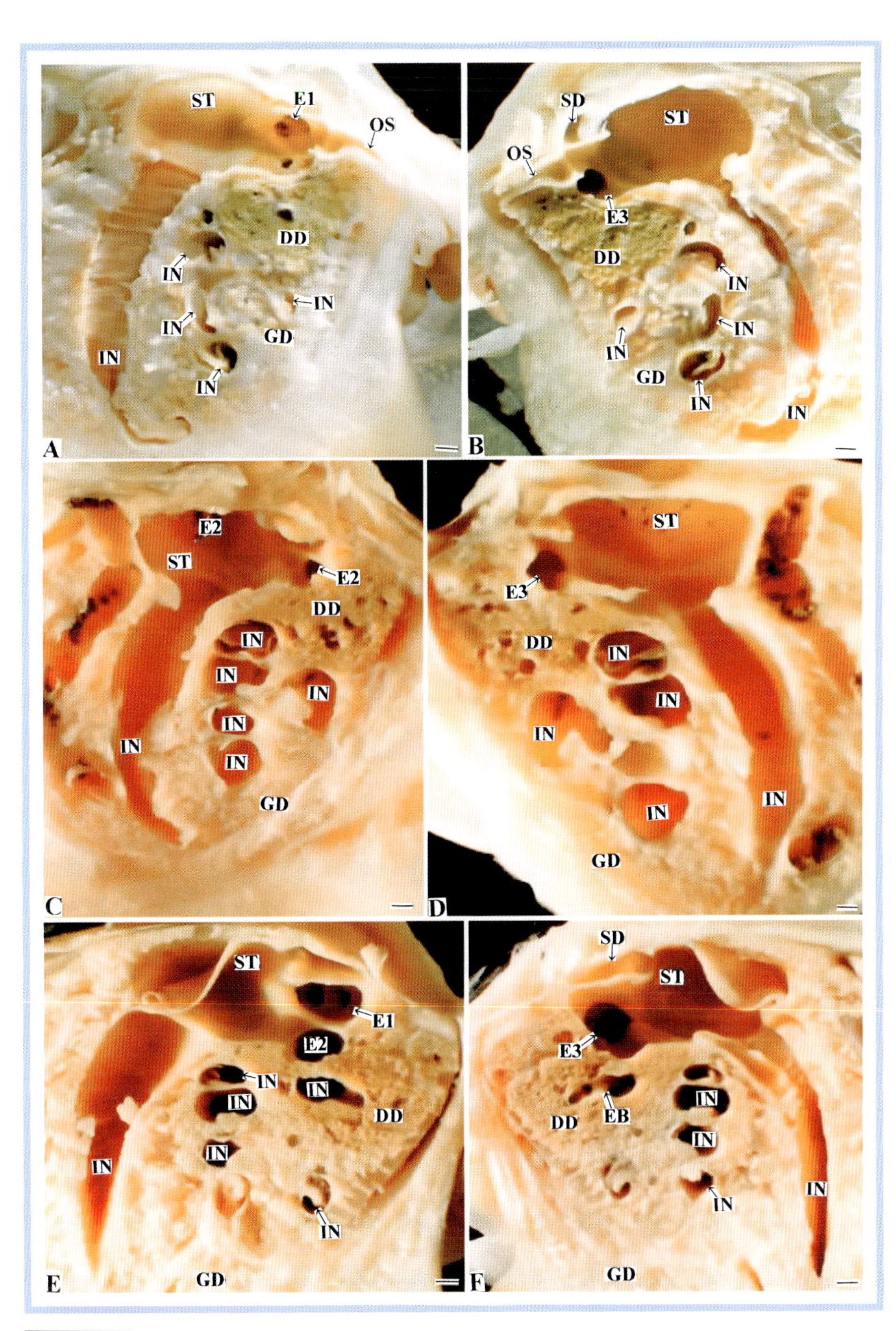

図 66-2A-F

アサリ消化器官の水平断面図.
A, C, E は右側断面を，B, D, F は左側断面をそれぞれ示す．図中の実線は 100 μm を示す．

Figs.66-2A-F

Photographs of the horizontal-sectioned digestive organs of *Ruditapes philippinarum*.
Figs. A, C and E show right side views, and Figs. B, D and F show left side views. Bars denote 100μm.

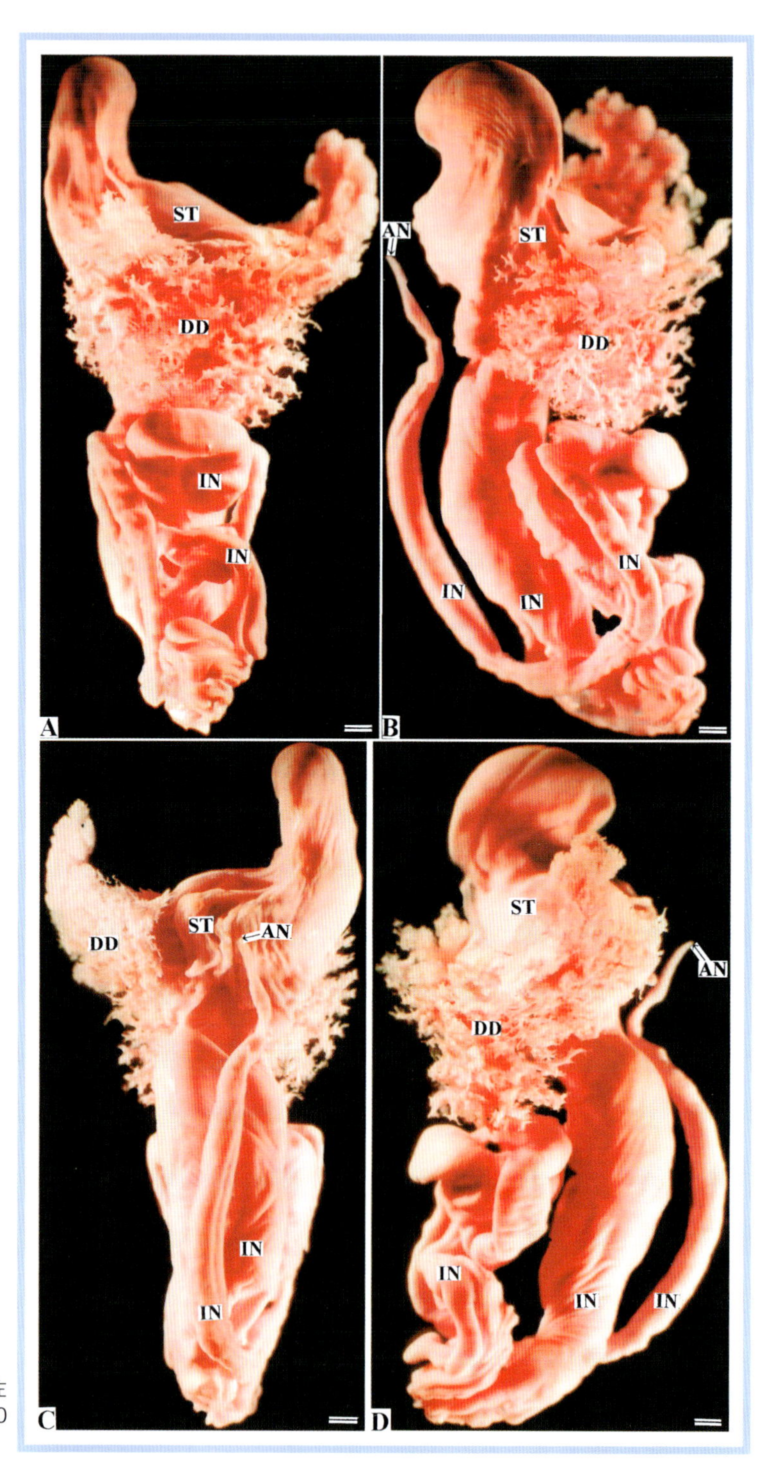

図 66-3A-D

アサリ消化器官の鋳型.
A は腹面, B は右側面, C は背面, D は左側面をそれぞれ示す. 図中の実線は 100 μm を示す.

Figs.66-3A-D

Corrosion resin-cast of the digestive organs of *Ruditapes philippinarum*.
The figures are displayed as follows: Fig. A, ventral view; Fig. B, right side view; Fig. C, dorsal view; Fig. D, left side view. Bars denote 100μm.

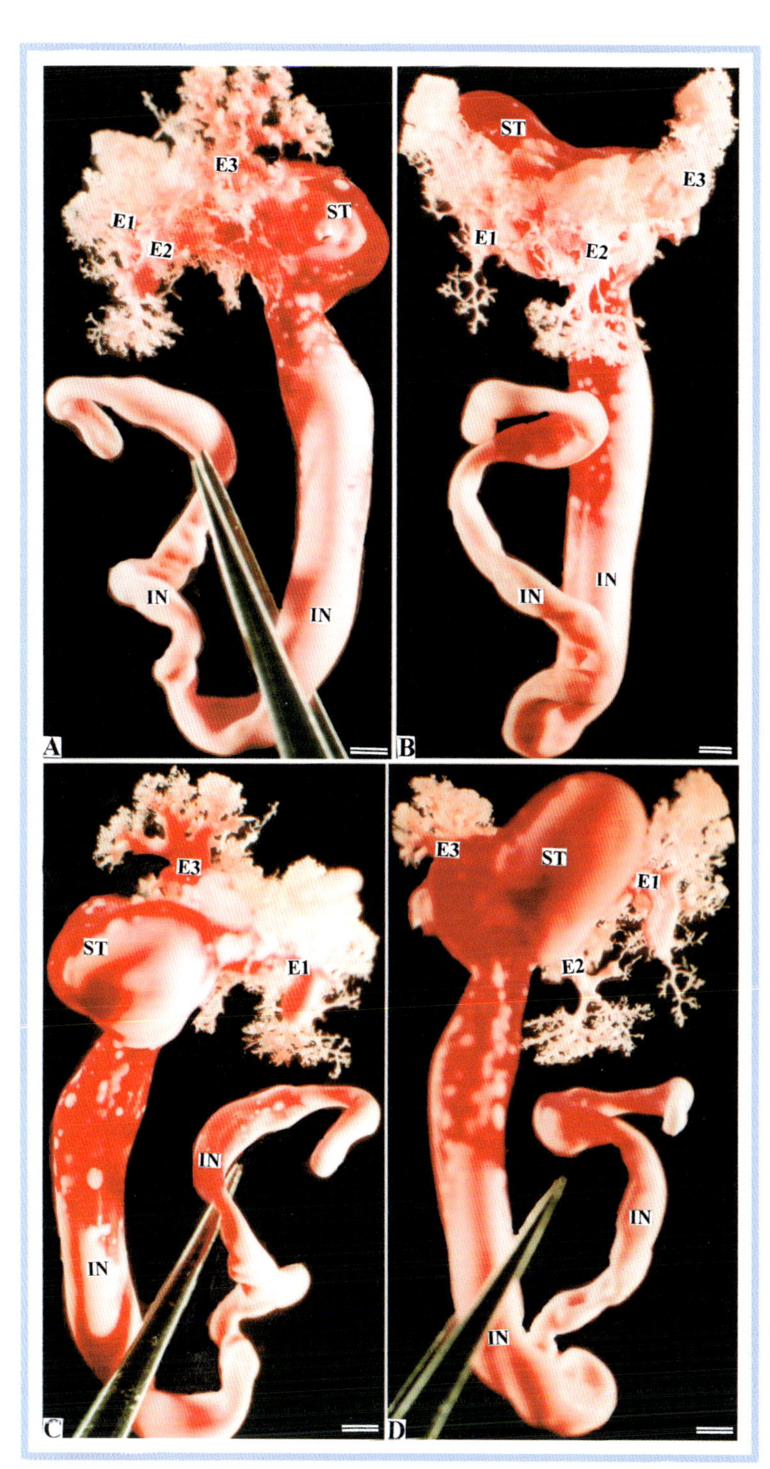

Figs.66-4A-D

Corrosion resin-cast of the digestive organs of *Ruditapes philippinarum*.
The figures are displayed as follows: Fig. A, left side view; Fig. B, ventral view; Figs. C and D, right side views. Bars denote 100μm.

図 66-4A-D

アサリ中腸腺の鋳型.
A は左側面，B は腹面，C，D は右側面をそれぞれ示す．図中の実線は 100 μm を示す．

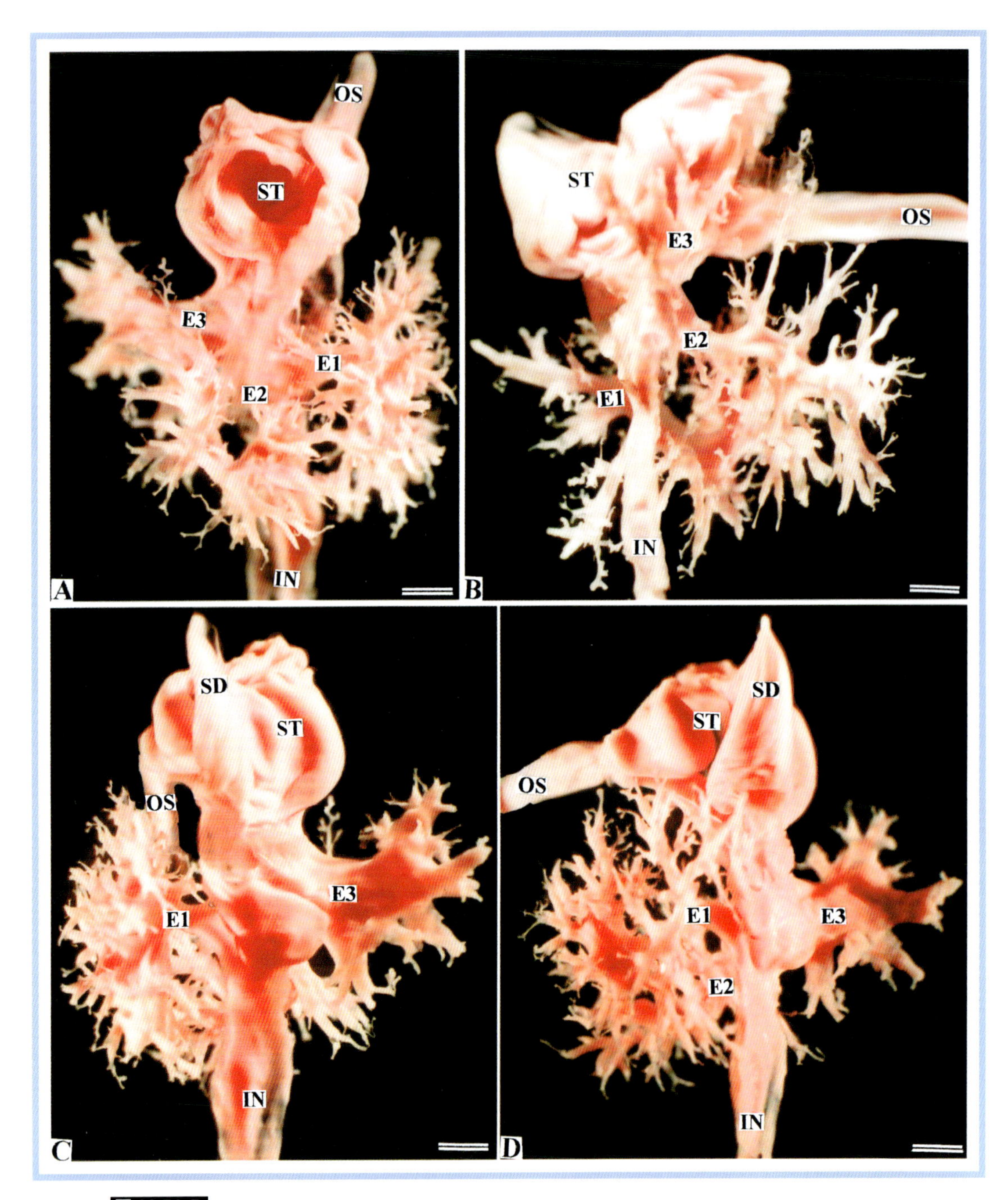

図 66-5A-D

アサリ消化器官の鋳型.

Aは腹面,Bは右側面,Cは背面,Dは左側面をそれぞれ示す.胃とEmbayment構造に注意.図中の実線は100μmを示す.

Figs.66-5A-D

Corrosion resin-cast of the digestive organs of *Ruditapes philippinarum.*

The figures are displayed as follows: Fig. A, ventral view; Fig. B, right side view; Fig. C, dorsal view; Fig. D, left side view. Note the stomach and embayments. Bars denote 100μm.

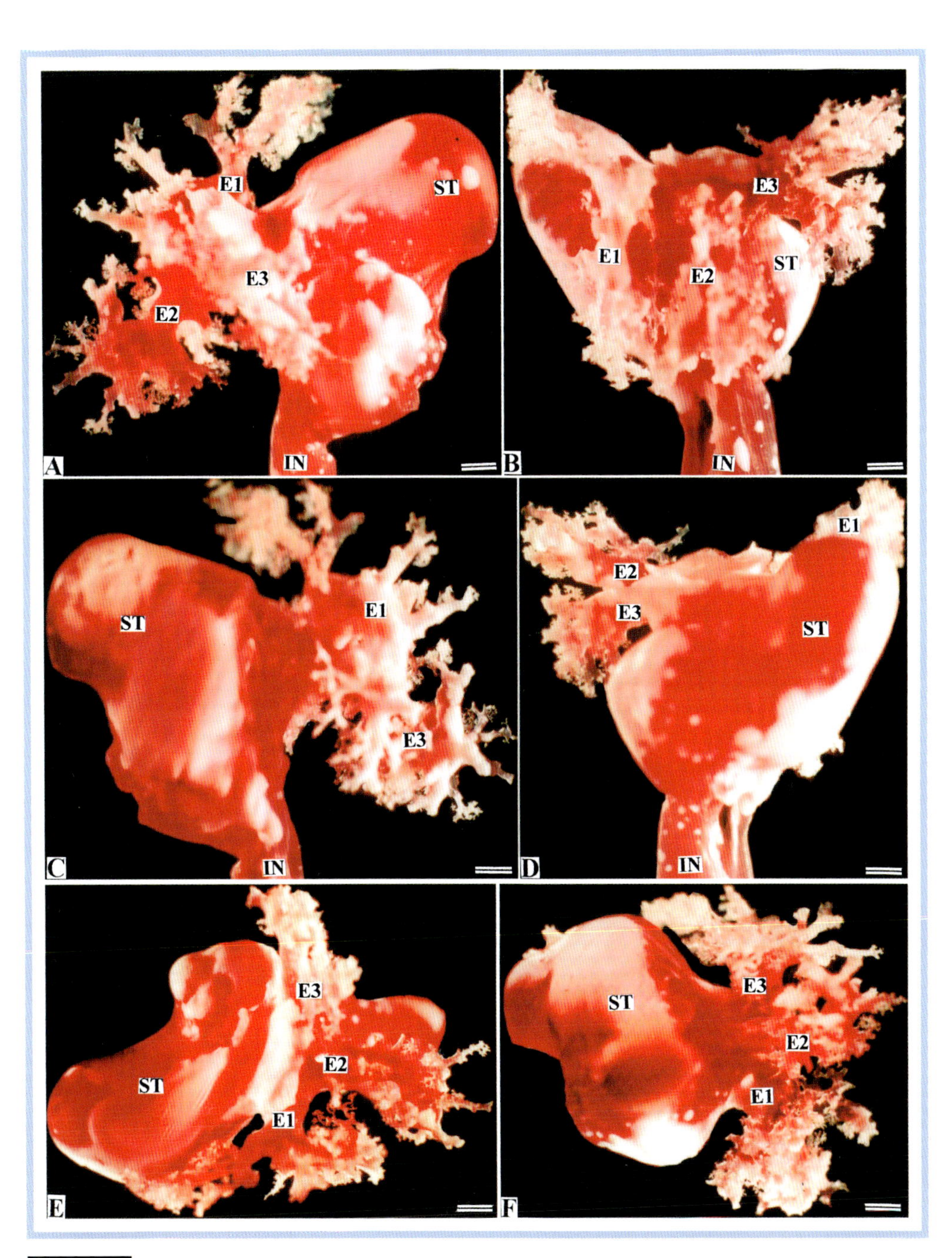

図 66-6A-F

アサリ導管と胃の鋳型.
A は左側面, B は腹面, C は右側面, D は背面, E は後面, F は前面をそれぞれ示す. 胃と Embayment 構造に注意.
図中の実線は 100 μm を示す.

Figs.66-6A-F

Corrosion resin-cast of the ducts of the digestive diverticula and the stomach in *Ruditapes philippinarum*.
The figures are displayed as follows: Fig. A, left side view; Fig. B, ventral view; Fig. C, right side view; Fig. D, dorsal view; Fig. E, posterior view; Fig. F, anterior view. Note the stomach and embayments. Bars denote 100μm.

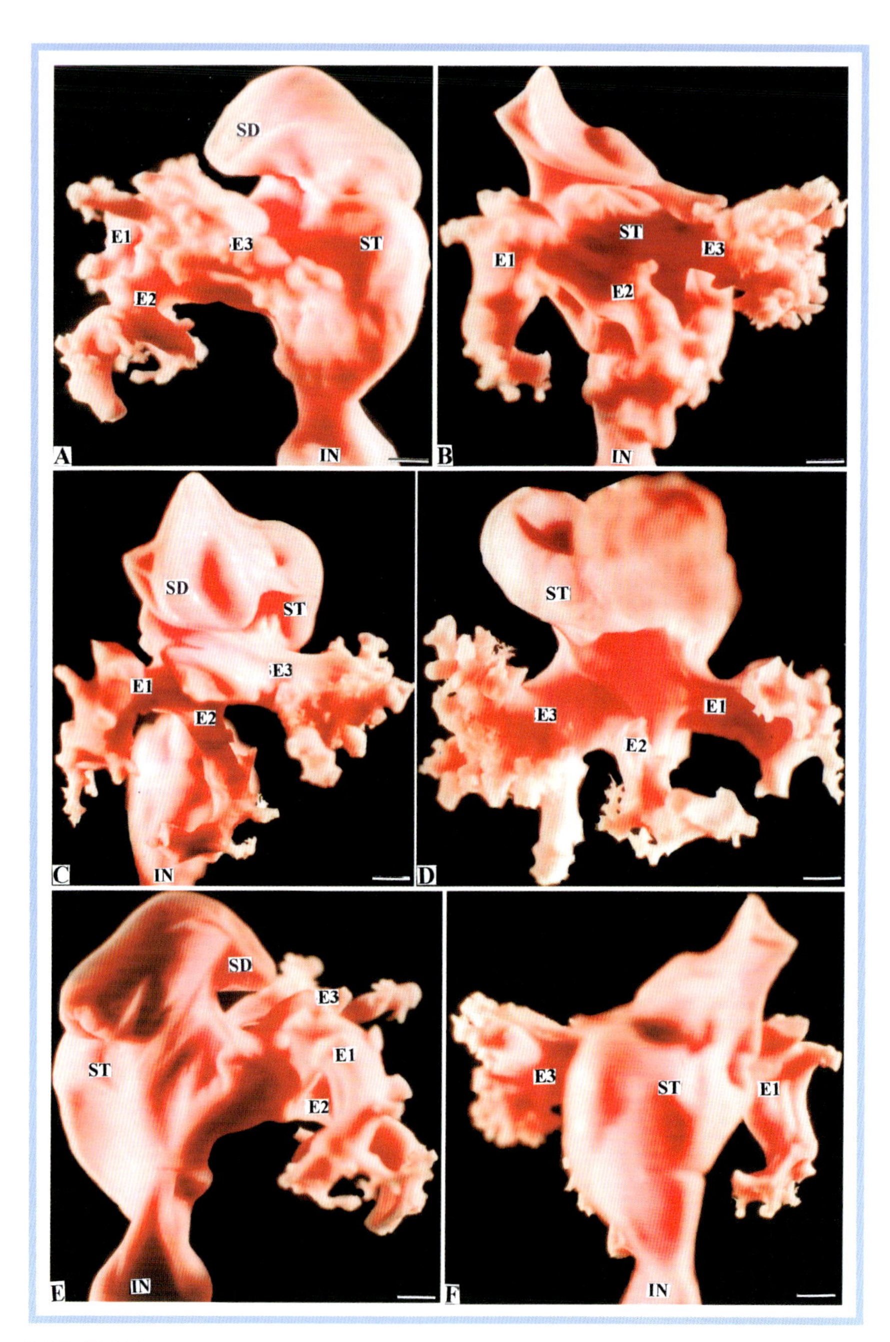

図 66-7A-F

アサリ導管と胃の鋳型.
A は左側面, B-D は腹面, E は右側面, F は背面をそれぞれ示す. 胃と Embayment 構造に注意.
図中の実線は 100 μm を示す.

Figs.66-7A-F

Corrosion resin-cast of the duct of the digestive diverticula and the stomach in *Ruditapes philippinarum*. The figures are displayed as follows: Fig. A, left side view; Figs. B-D, ventral views; Fig. E, right side view; Fig. F, dorsal view. Note the stomach and embayments. Bars denote 100μm.

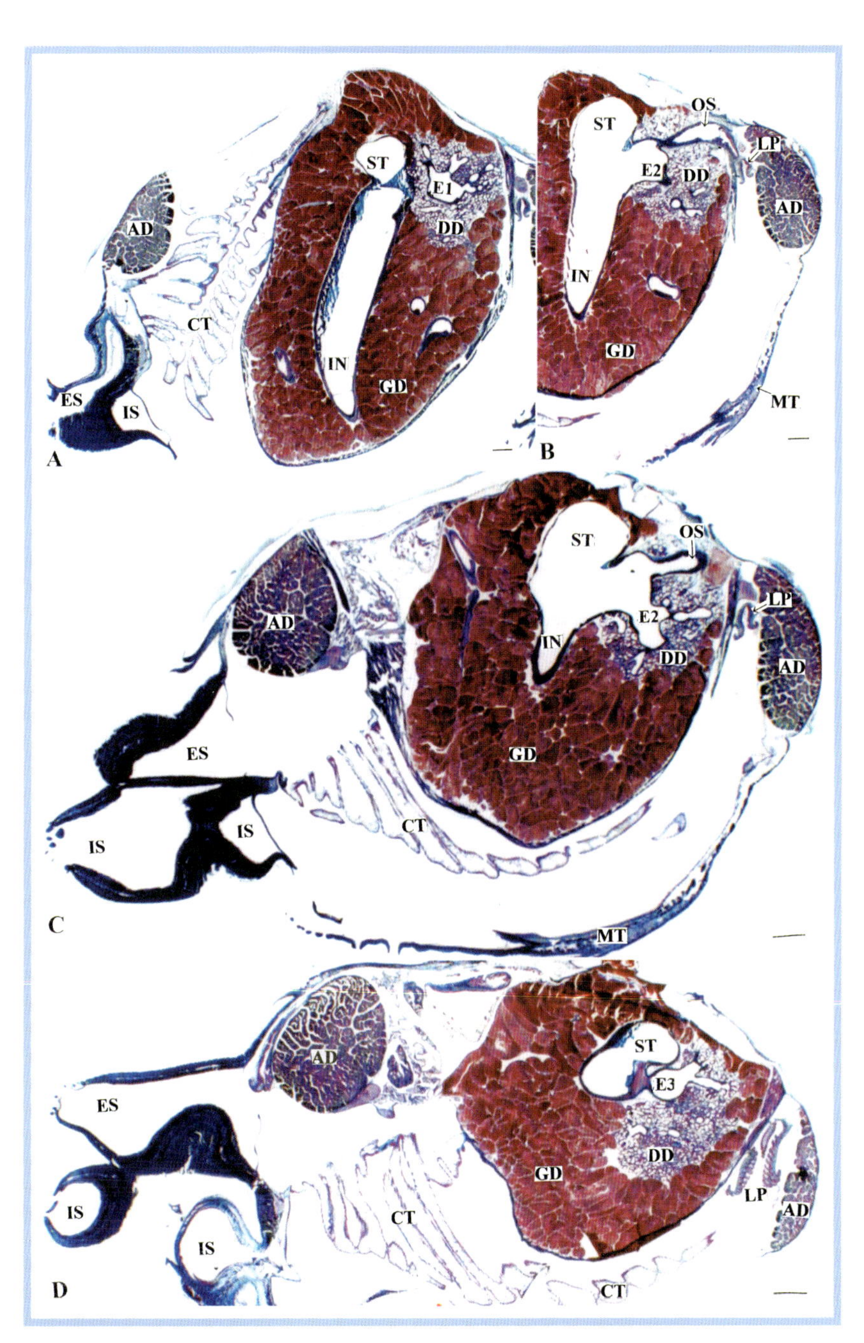

図 66-8A-D

アサリ軟体部の水平断面.
A-D は軟体部を右側から左側へ向かって順次水平切断した図. 図中の実線は 100µm を示す. 胃と中腸腺の位置に注目. アザン染色.

Figs.66-8A-D

Photomicrographs of the horizontal-sectioned soft part of *Ruditapes philippinarum.*
Figs. A-D show the soft part horizontal-sectioned from the right to left sides in sequence. Note positions of the stomach and the digestive diverticula in the soft part. Bars denote 100µm. Azan stain.

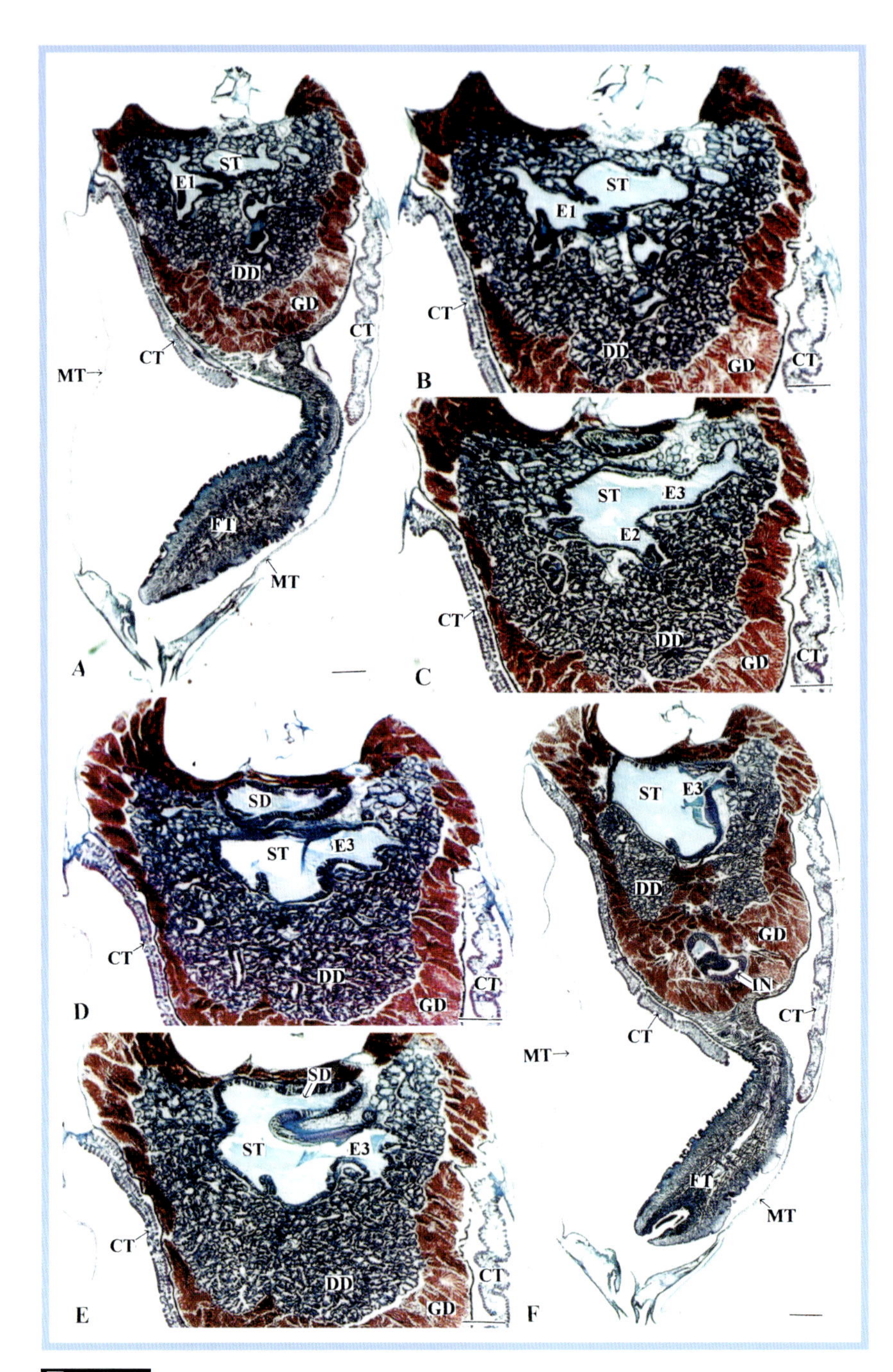

図 66-9A-F

アサリ軟体部の縦断面図.
A-F は軟体部を背側から腹側に向かって順次縦断した図. 図中の実線は 100μm を示す. アザン染色.

Figs.66-9A-F

Photomicrographs of the vertical-sectioned soft part of *Ruditapes philippinarum.*
Figs. A-F show the soft part vertically sectioned from the dorsal to ventral sides in sequence. Bars denote 100μm. Azan stain.

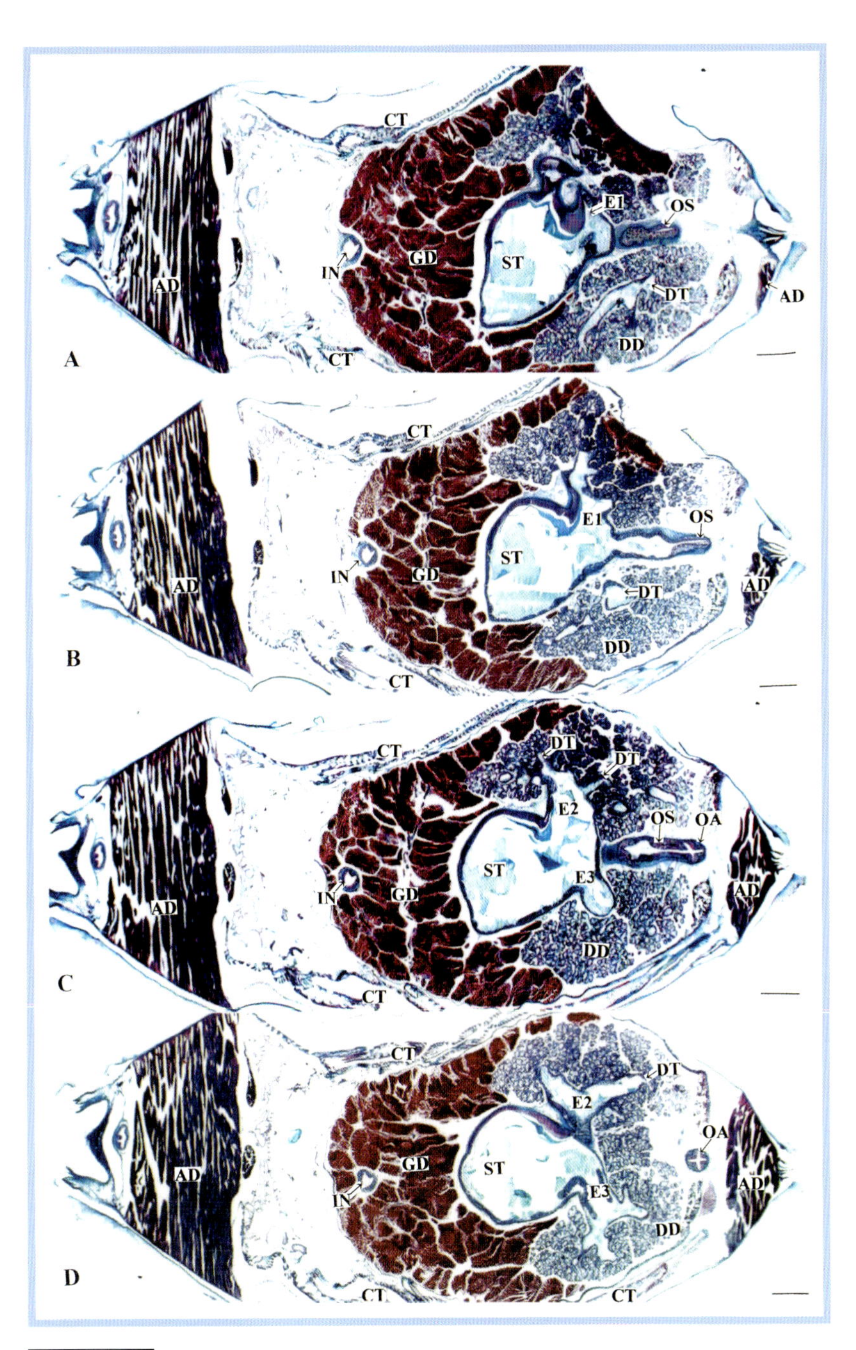

図 66-10A-D

アサリ軟体部の横断面図.
図 66-10A から図 66-11H は，軟体部を右側から左側へ向かって順次横断した図．図中の実線は 100 μm を示す．アザン染色.

Figs.66-10A-D

Photomicrographs of the transverse-sectioned soft part of *Ruditapes philippinarum*.
Fig. 66-10A to Fig. 66-11H show the soft part transversely sectioned from the right to left sides in sequence. Bars denote 100μm. Azan stain.

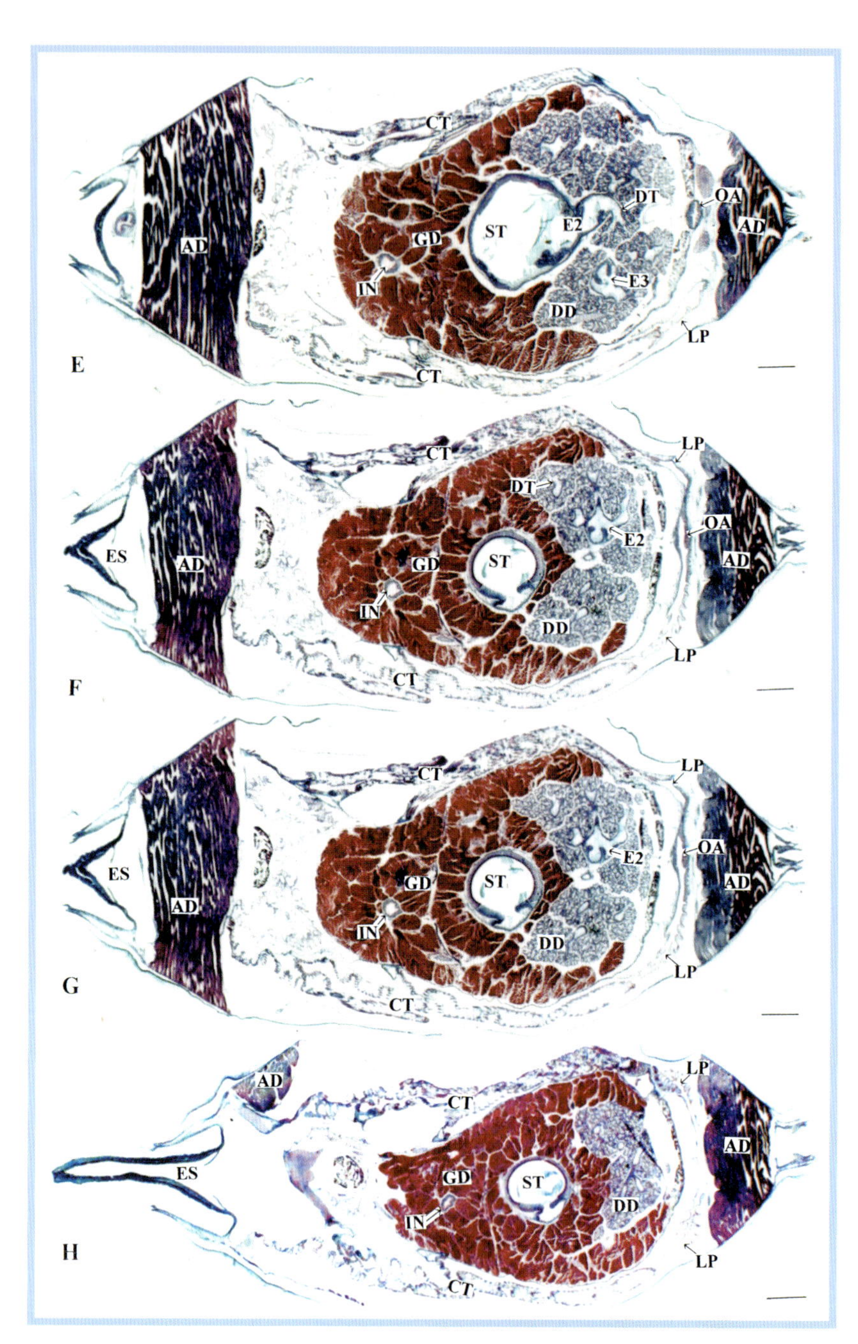

図 66-11E-H

アサリ軟体部の横断面図.
図 66-10A から図 66-11H は軟体部を右側から左側へ向かって順次横断した図. 図中の実線は 100 μm を示す. アザン染色.

Figs.66-11E-H

Photomicrographs of the transverse-sectioned soft part of *Ruditapes philippinarum*.
The soft part was sectioned transversely from the right to left sides in sequence. The figures are continuous from Fig. 66-10A to Fig. 66-11H. Bars denote 100μm. Azan stain.

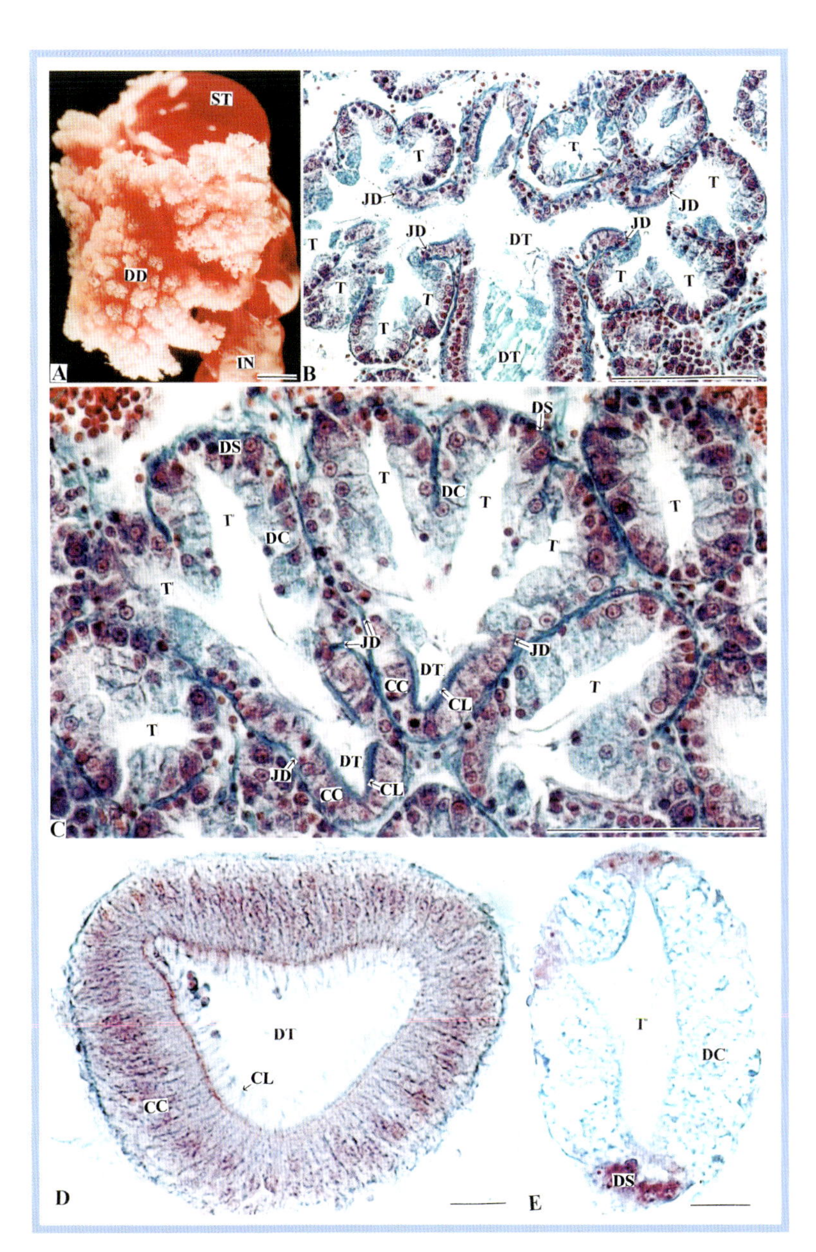

図 66-12A-E

アサリの導管と中腸腺細管.
A は中腸腺の鋳型, B, C は導管と中腸腺細管の連絡, D は導管の横断面, E は中腸腺細管の横断面をそれぞれ示す. 房状分枝I型(SI型). 図中の実線は 1mm(A), 100 μm(B, C) および 10 μm (D, E) を示す. アザン染色.

Figs.66-12A-E

Corrosion resin-cast and photomicrographs of the ducts and tubules of the digestive diverticula in *Ruditapes philippinarum.*
Fig. A shows the corrosion resin-cast of the digestive diverticula. Figs. B and C show the connection between the ducts and tubules. Fig. D shows a transverse section of the duct, and Fig. E a transverse section of the tubule. Simple acinar branching type I (SI type). Bars denote 1 mm in Fig. A, 100μm in Figs. B, C, and 10μm in Figs. D, E. Azan stain.

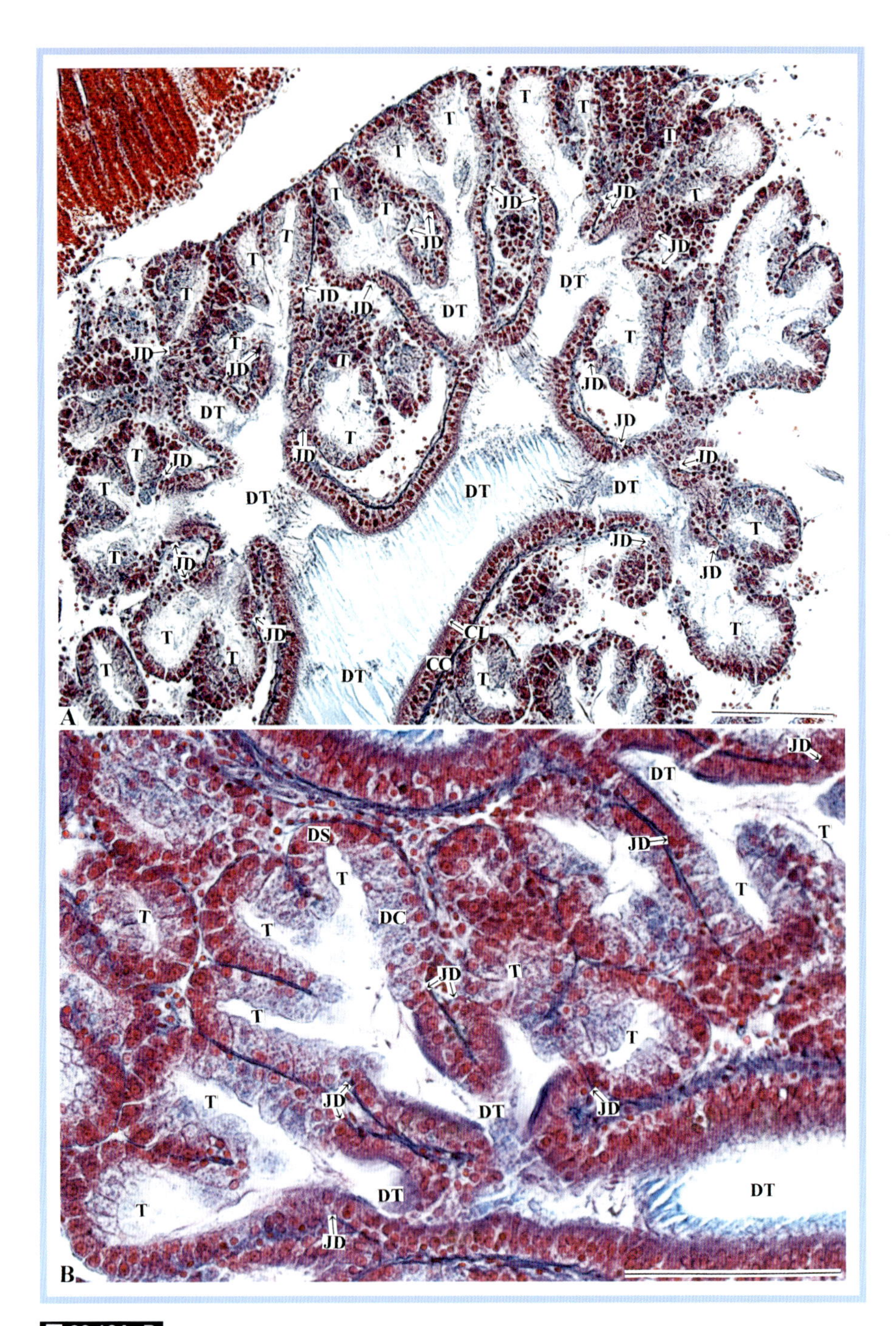

図 66-13A, B

アサリの導管と中腸腺細管.
A, B は導管と中腸腺細管の連絡を示す. 図中の実線は 100μm を示す. アザン染色.

Figs.66-13A, B

Photomicrographs of the duct and tubules of the digestive diverticula in *Ruditapes philippinarum.*
Figs. A and B show the connection between the ducts and tubules. Bars denote 100μm. Azan stain.

オキアサリ

Macridiscus multifarius SI

二枚貝綱 Class BIVALVIA
マルスダレガイ目 Order Veneroida
マルスダレガイ科 Family Veneridae

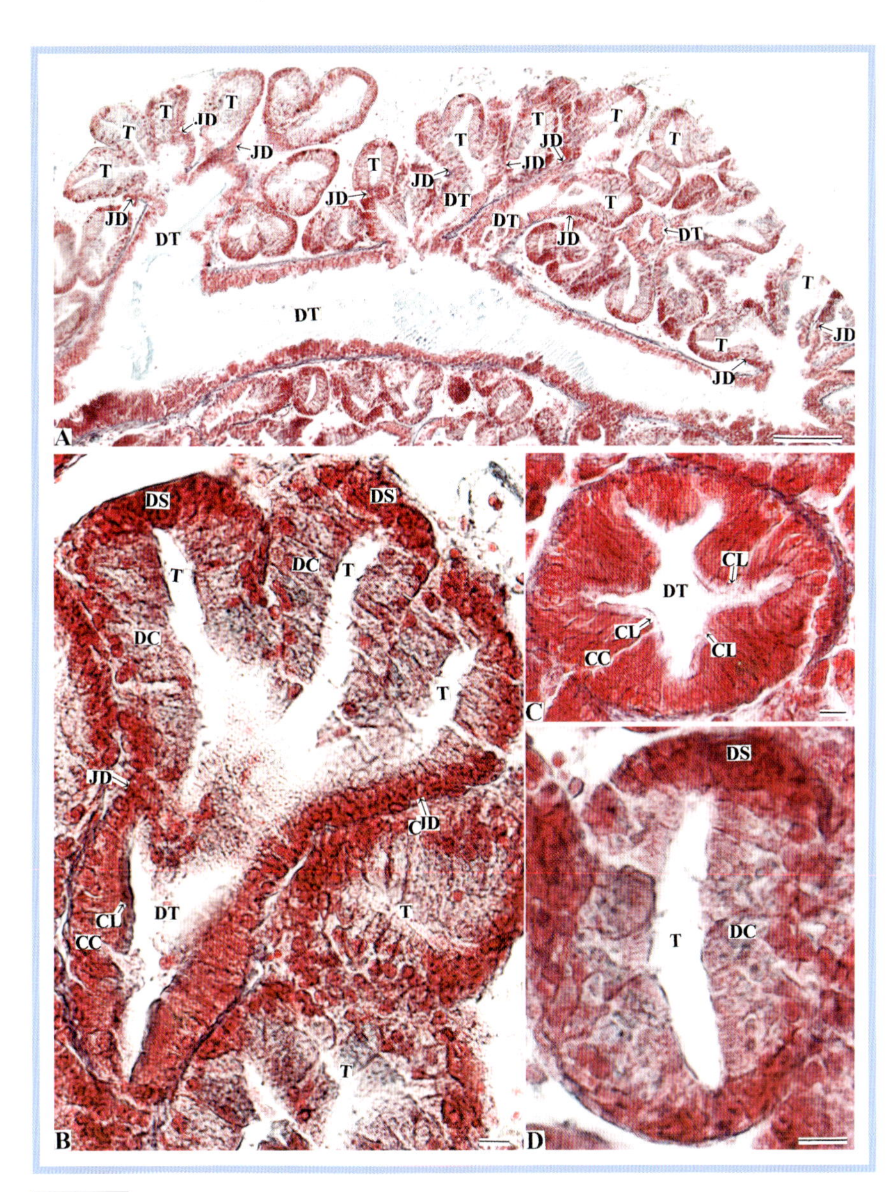

図 67A-D

オキアサリ *Macridiscus multifarius* 中腸腺.
A, B は導管と中腸腺細管の連絡, C は導管の横断面, D は中腸腺細管の横断面をそれぞれ示す. 房状分枝I型 (SI型). 図中の実線は 100μm (A) および 10μm (B-D) を示す. アザン染色.

Figs.67A-D

Photomicrographs of the digestive diverticula of *Macridiscus multifarius* BIVALVIA.
Figs. A and B show the connection between the duct and tubules. Fig. C shows a transverse-sectioned duct, and Fig. D a transverse-sectioned tubule. Simple acinar branching type I (S I type). Bars denote 100μm in Fig. A and 10μm in Figs. B-D. Azan stain.

ハマグリ

Meretrix lusoria SI

二枚貝綱 Class BIVALVIA
マルスダレガイ目 Order Veneroida
マルスダレガイ科 Family Veneridae

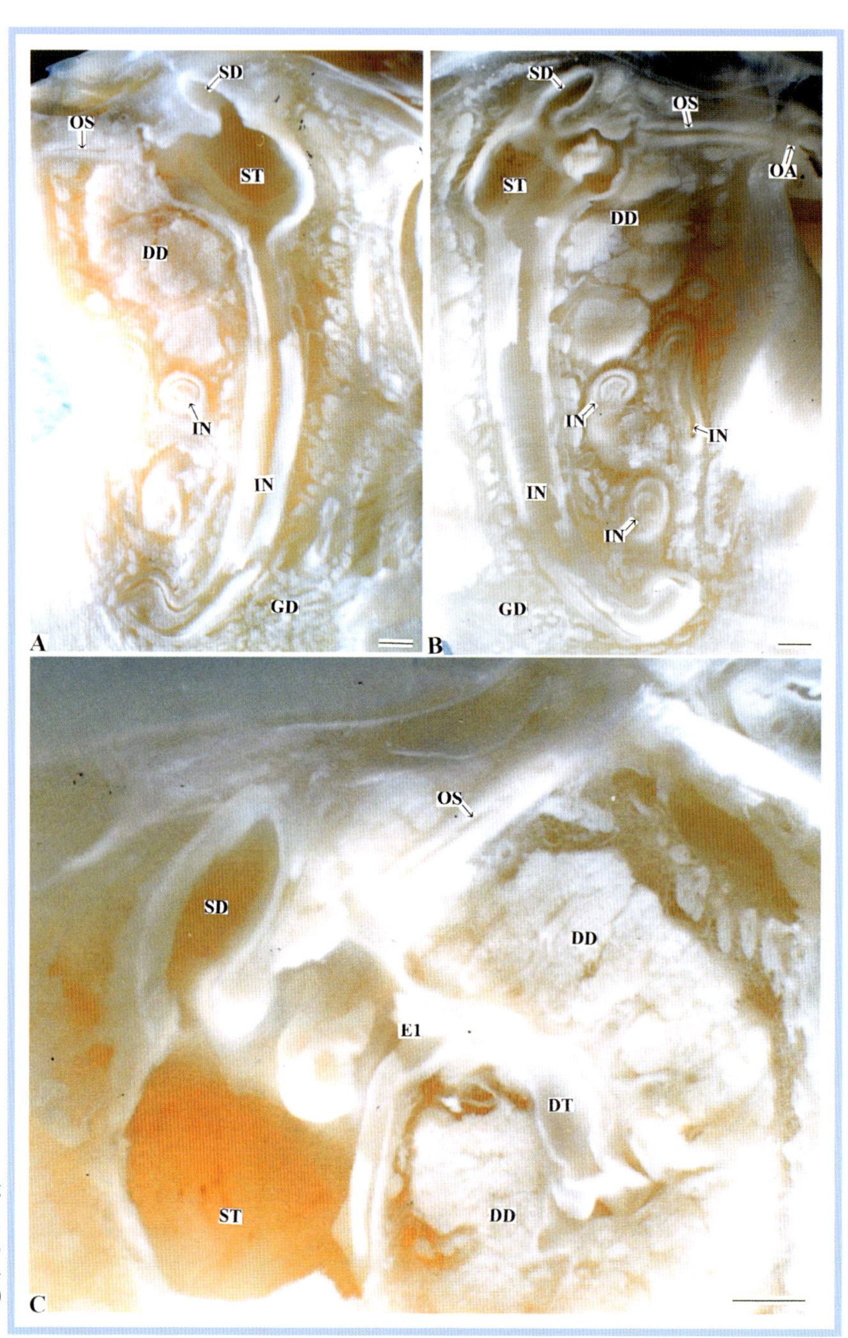

図 68-1A-C

ハマグリ *Meretrix lusoria* 消化器官の水平断面図.
A は消化器官の右側面を，B, C は消化器官の左断面をそれぞれ示す．図中の実線は 100 μm を示す．

Figs.68-1A-C

Photographs of the horizontal-sectioned digestive organs of *Meretrix lusoria* BIVALVIA.
Fig. A, and B and C show right and left sides of the digestive organs, respectively. Bars denote 100μm.

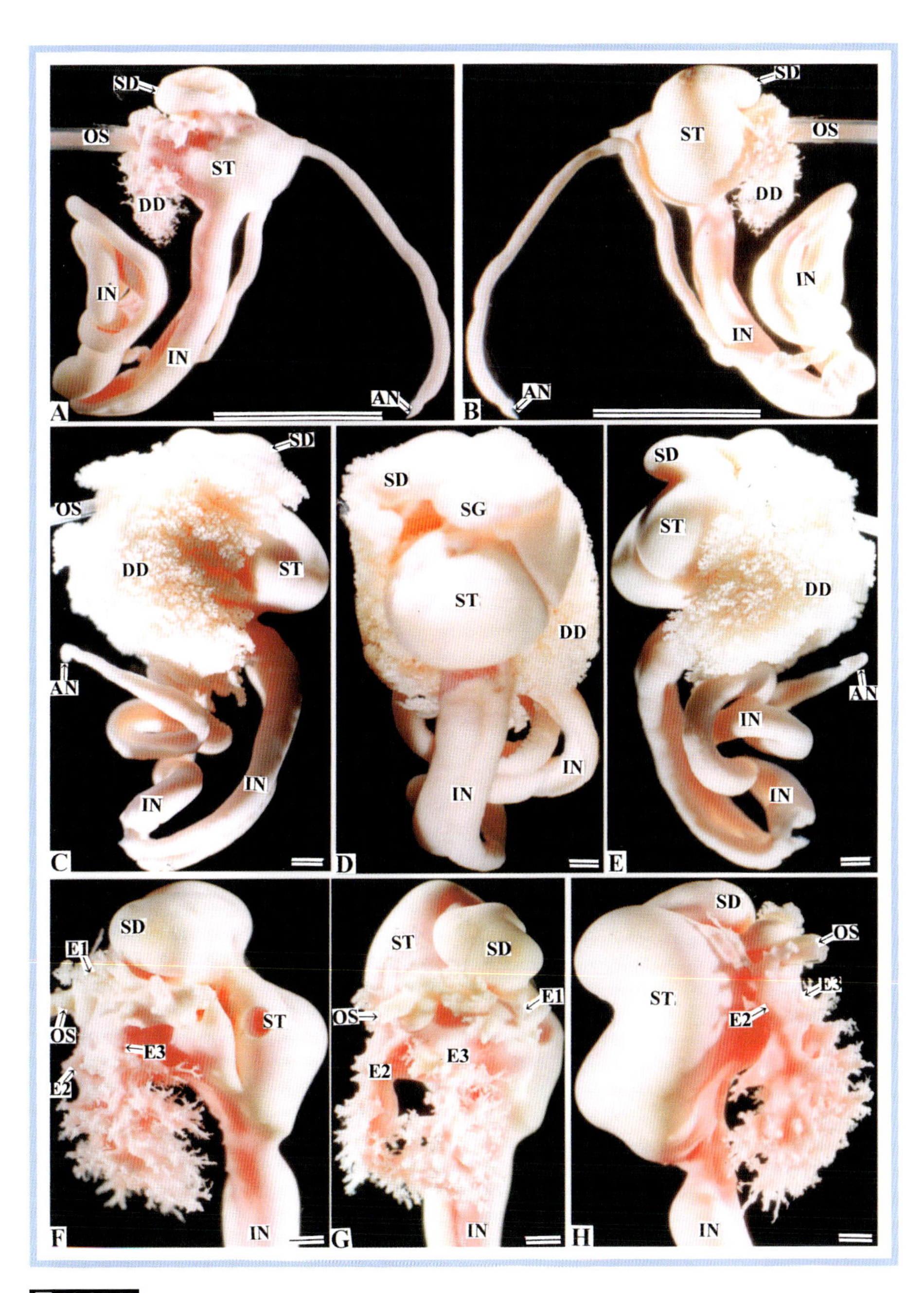

図 68-2A-H

ハマグリ消化器官の鋳型.
A, C, F は左側面, B, E, H は右側面, D は背面, G は腹面をそれぞれ示す 背盲管, 中腸腺, 導管に注意.
図中の実線は 1mm (A, B) および 100μm (C-H) を示す.

Figs.68-2A-H

Corrosion resin-casts of the digestive organs of *Meretrix lusoria*.
The figures are displayed as follows: Figs. A, C and F, left side views; Figs. B, E and H, right side views; Fig. D, dorsal view; Fig. G, ventral view. Note the sorting gland, digestive diverticula and ducts connecting with the stomach. Bars denote 1 mm in Figs. A, B and 100μm in Figs. C-H.

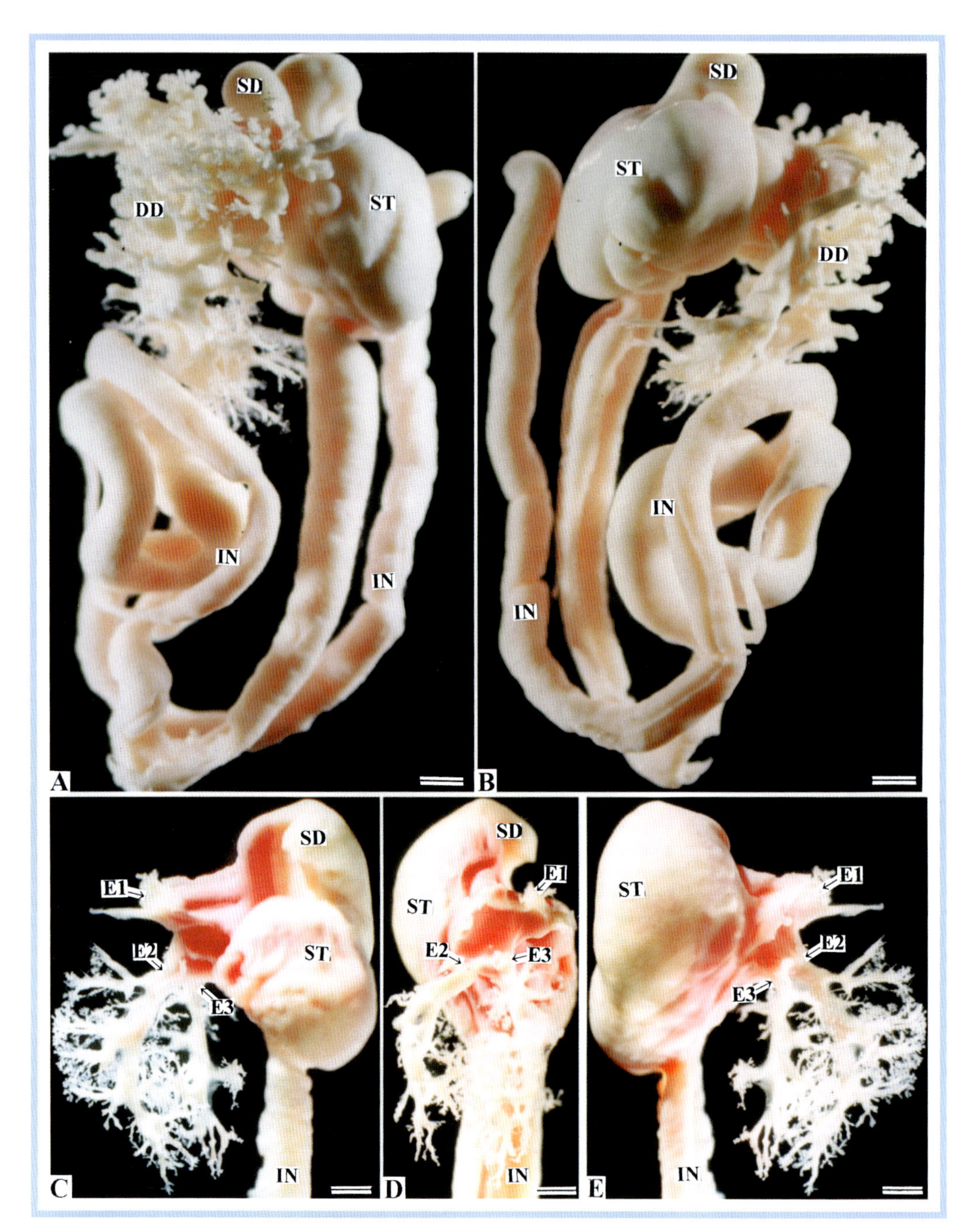

図 68-3A-E

ハマグリ消化器官の鋳型.
A, C は左側面,B, E は右側面,D は腹面をそれぞれ示す.C-E では胃と Embayment 構造に注意.図中の実線は 100μm を示す.

Figs.68-3A-E

Corrosion resin-casts of the digestive organs of *Meretrix lusoria*.
The figures are displayed as follows: Figs. A and C, left side views; Figs. B and E, right side views; Fig. D, ventral view. Note the stomach and embayments in Figs. C-E. Bars denote 100μm.

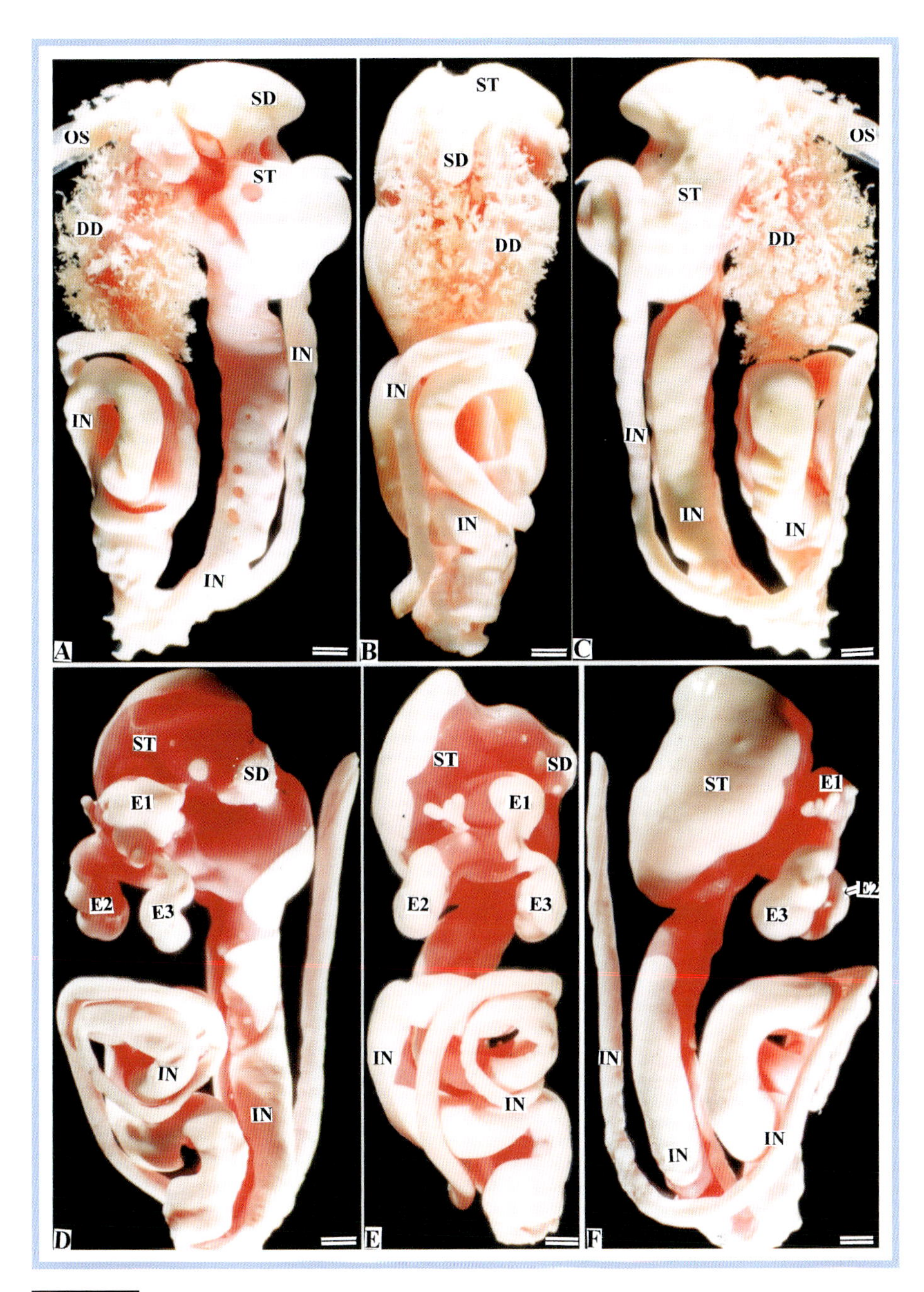

図 68-4A-F

ハマグリ消化管の鋳型.
A-C は消化管全体を，D-F は中腸腺細管を除去した消化管をそれぞれ示す．A, D は左側面，B, E は腹面，C, F は右側面を示す．D-F では胃と Embayment 構造に注意．図中の実線は 100 μm を示す．

Figs.68-4A-F

Corrosion resin-casts of the digestive organs of *Meretrix lusoria*.
Figs. A-C show overviews of the digestive organs, and Figs. D-F show views of the digestive organs after removal of the tubules. The figures are displayed as follows: Figs. A and D, left side views; Figs. B and E, ventral views; Figs. C and F, right side views. Note the stomach and embayments in Figs. D-F. Bars denote 100μm.

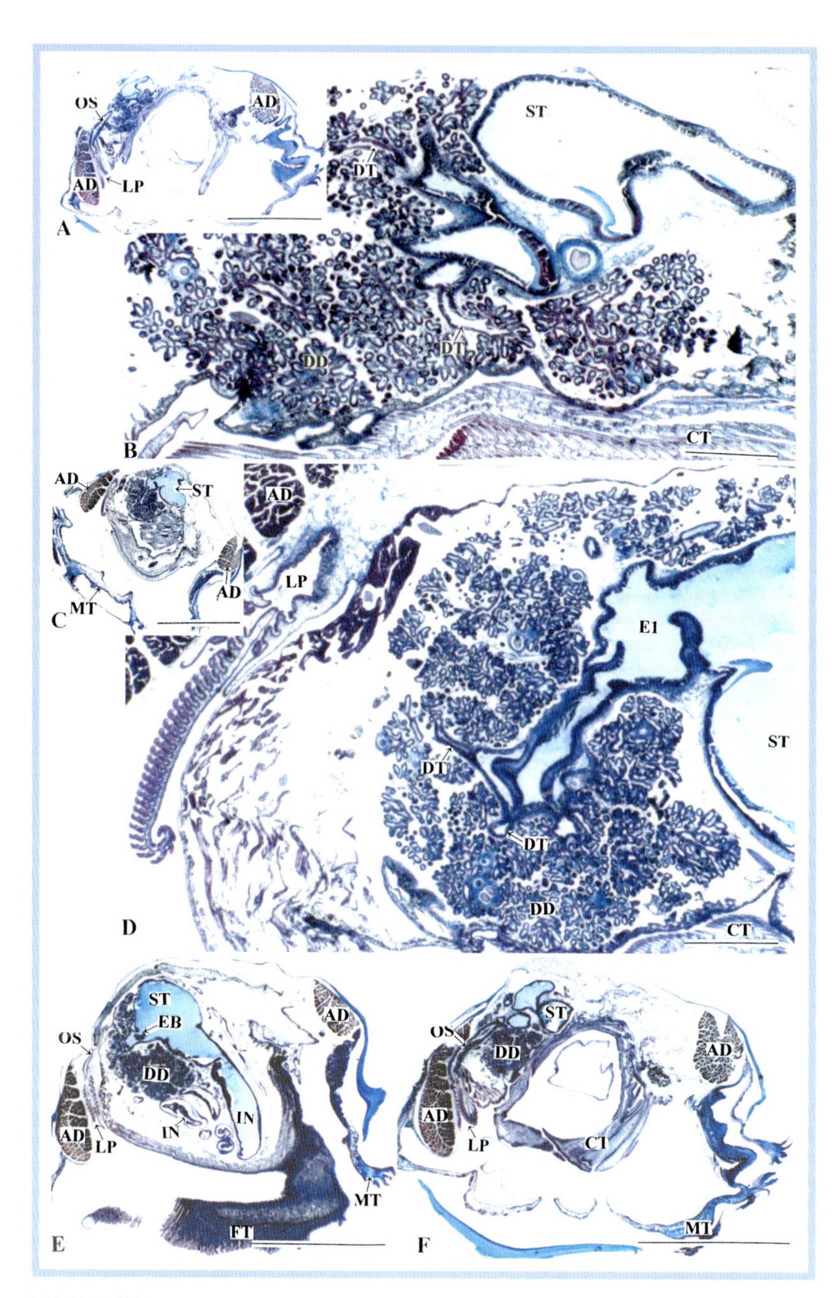

図 68-5A-F

ハマグリ軟体部の水平断面.
A, C, E, F は軟体部を右側から左側へ向かって順次水平に切断した図. B は A の消化器官の部分を拡大, D は C の消化器官の部分を拡大. 図中の実線は 1mm（A, C, E, F）および 100μm（B, D）を示す. アザン染色.

Figs.68-5A-F

Photomicrographs of the horizontal-sectioned soft part of *Meretrix lusoria*.
The soft part was sectioned horizontally from the right to left sides in sequence. Figs. A and C show the digestive organs, and magnified views are shown in Figs. B and D, respectively. Bars denote 1 mm in Figs. A, C, E, F and 100μm in Figs. B, D. Azan stain.

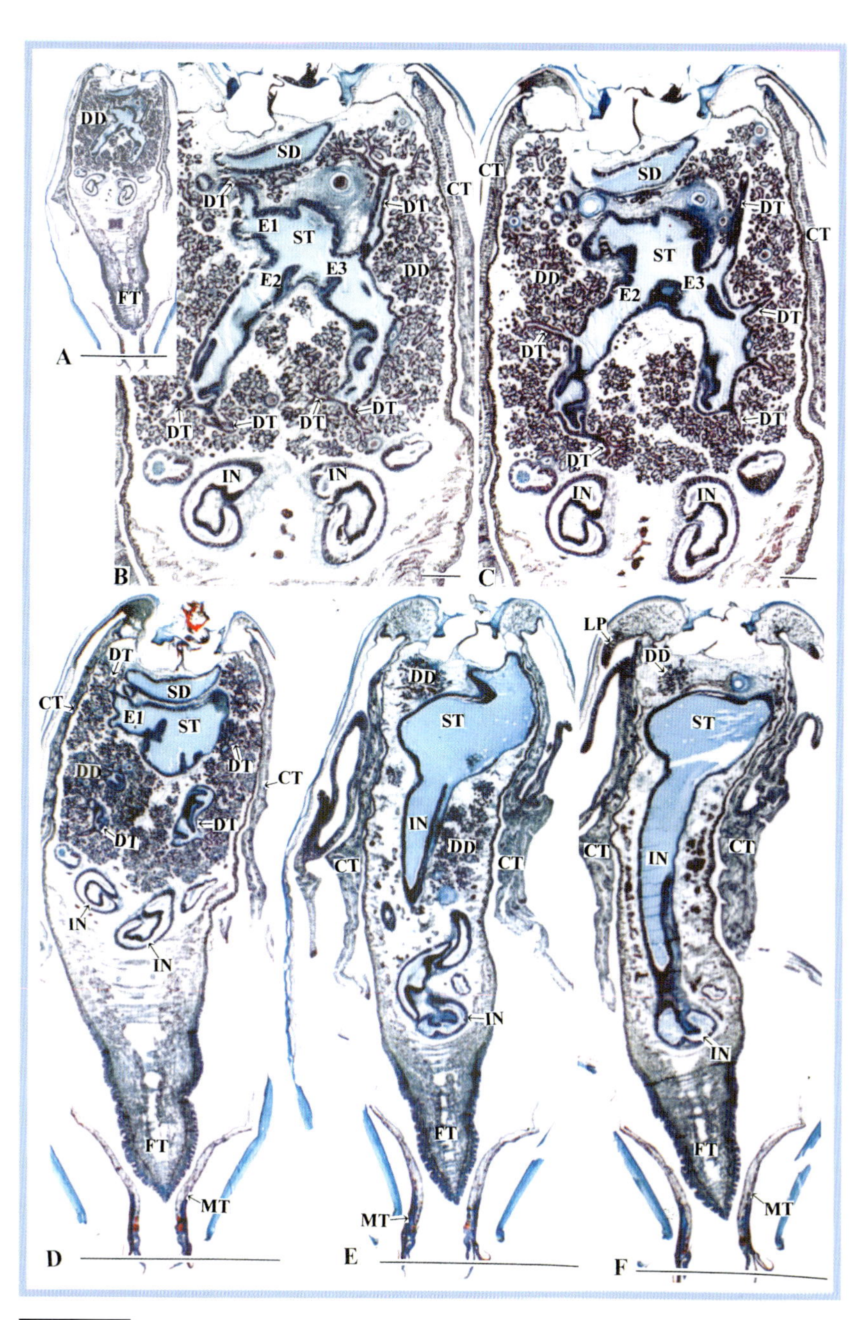

図 68-6A-F

ハマグリ軟体部の縦断面図.
A, C-F は軟体部を前部から後部に向かって順次縦断した図. B は A の消化器官の部分を拡大.
図中の実線は 1mm（A, D-F）および 100μm（B, C）を示す. アザン染色.

Figs.68-6A-F

Photomicrographs of the vertical-sectioned soft part of *Meretrix lusoria.*
Figs. A and C-F show the soft part vertically sectioned from the anterior to posterior parts in sequence. Fig. B is a magnified view of part of the digestive organ shown in Fig. A. Bars denote 1 mm in Figs. A, D-F and 100μm in Figs. B, C. Azan stain.

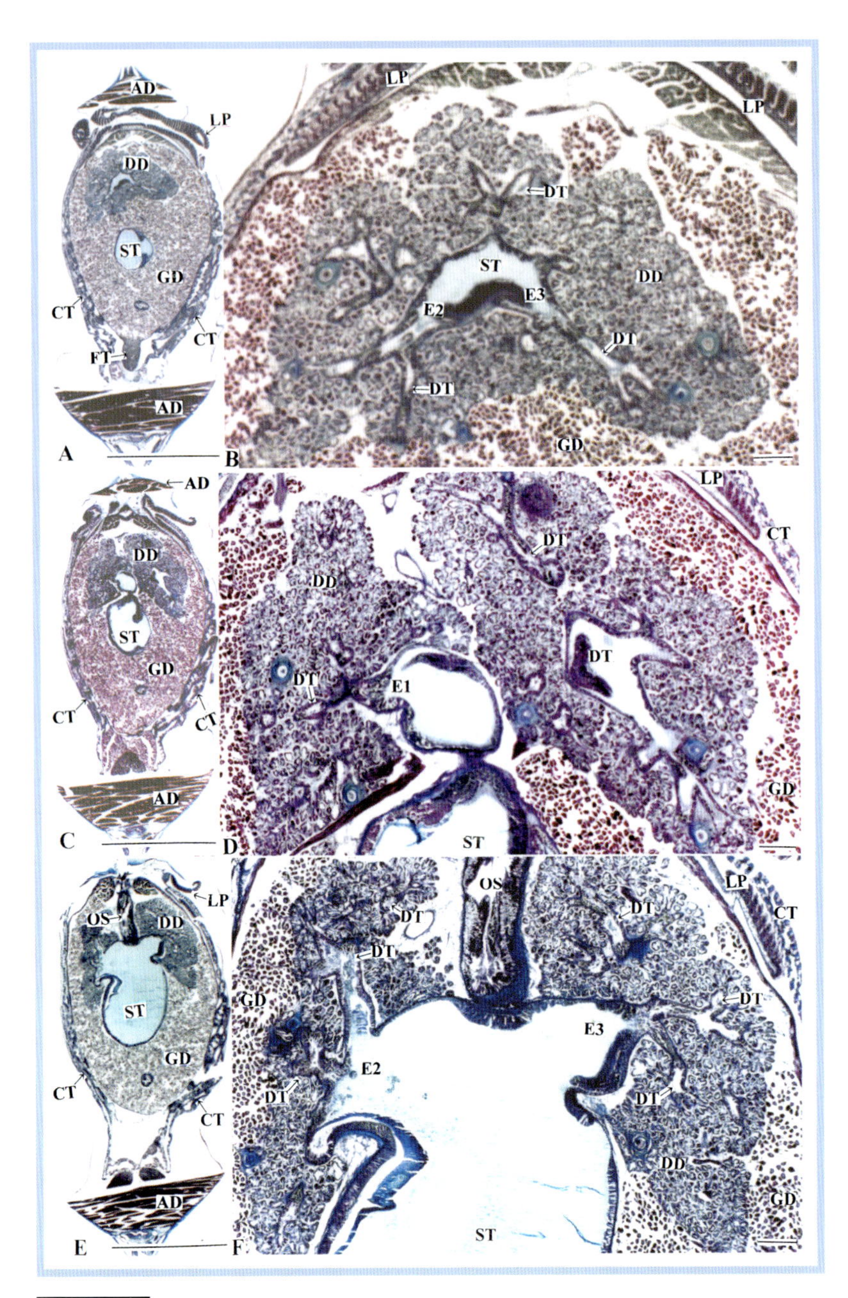

図 68-7A-F

ハマグリ軟体部の横断面図.
A, C, E は軟体部を前部から後部に向かって順次横断した図. B は A, D は C, F は E の中腸腺と胃の部分をそれぞれ拡大. 図中の実線は 1mm(A, C, E)および 100μm(B, D, F)を示す. アザン染色.

Figs.68-7A-F

Photomicrographs of the transverse-sectioned soft part of *Meretrix lusoria*.
The soft part was transversely sectioned from anterior to posterior in sequence (Figs. A, C, E). Figs. A, C and E show the digestive diverticula and the stomach. These magnified views are shown in Figs. B, D and F, respectively. Bars denote 1 mm in Figs. A, C, E and 100μm in Figs. B, D, F. Azan stain.

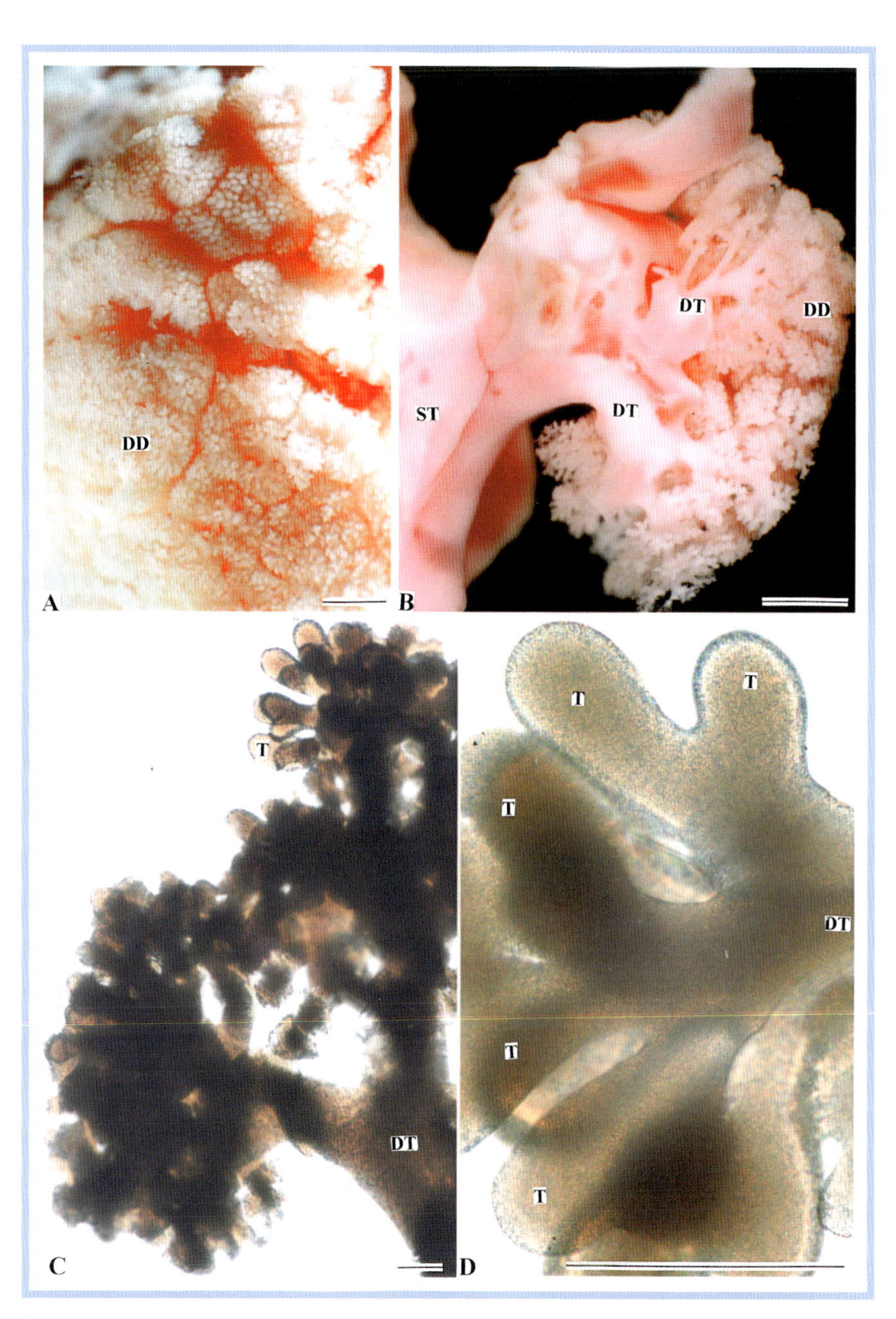

図 68-8A-D

ハマグリの導管と中腸腺細管の鋳型.
A は中腸腺，B は導管と胃の連絡，C，D は導管と中腸腺細管の連絡をそれぞれ示す．図中の実線は 1cm（A），1mm（B），100μm（C），10μm（D）を示す.

Figs.68-8A-D

Corrosion resin-casts of the ducts and tubules of the digestive diverticula in *Meretrix lusoria.*
Fig. A shows the surface of the digestive diverticula. Fig. B, and C and D show the connections between the duct and stomach, and between the duct and tubules, respectively. Bars denote 1 cm in Fig. A, 1 mm in Fig. B, 100μm in Fig. C, and 10μm in Fig. D.

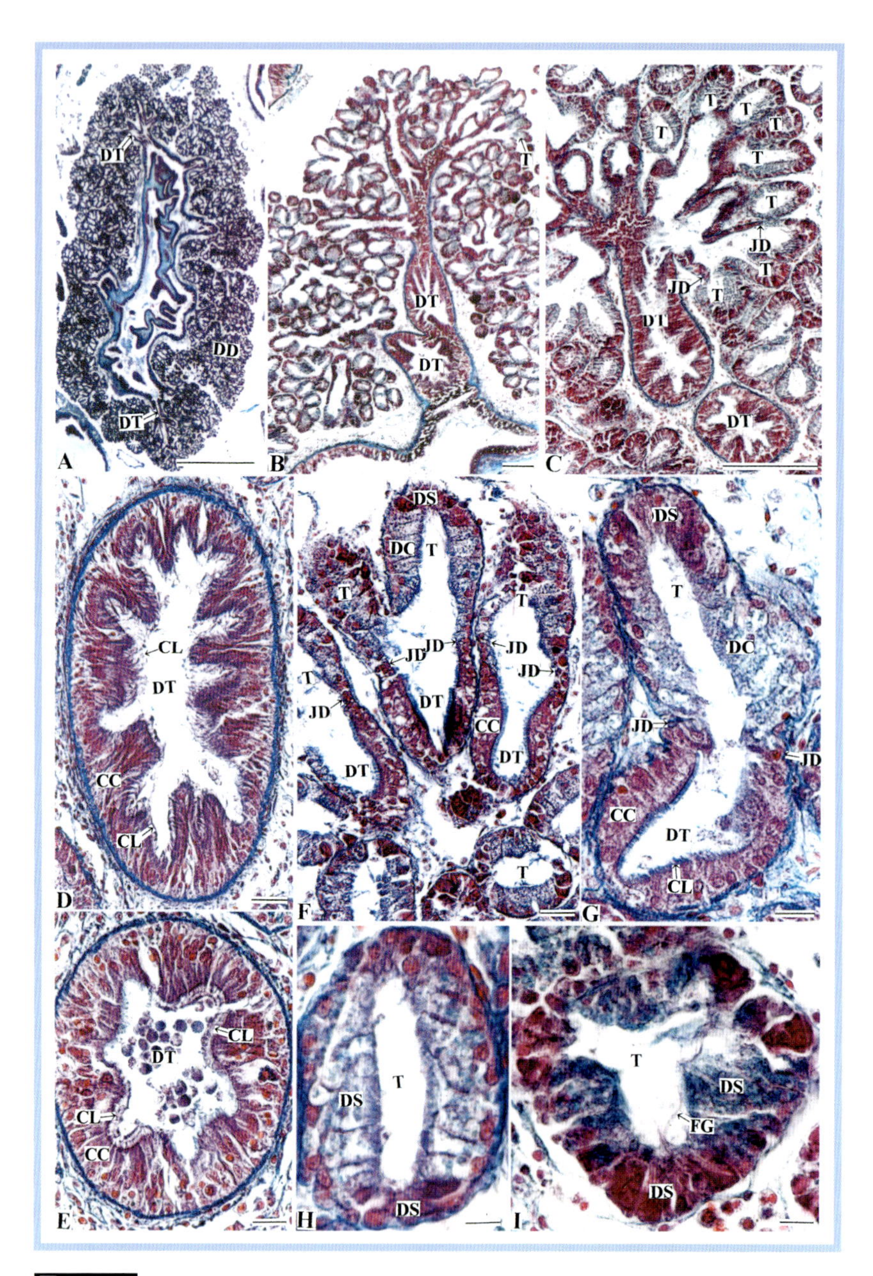

図 68-9A-I

ハマグリの導管と中腸腺細管.
A は中腸腺, B, C, F, G は導管と中腸腺細管の連絡, D, E は導管の横断面, H, I は中腸腺細管の横断面をそれぞれ示す. 房状分枝I型（SI型）. 図中の実線は 1mm（A）, 100μm（B, C）, 10μm（D-I）を示す. アザン染色.

Figs.68-9A-I

Photomicrographs of the duct and the tubules of the digestive diverticula in *Meretrix lusoria.*
Fig. A shows the digestive diverticula. Figs. B, C, F and G show the connections between the duct and tubules. Figs. D and E, and H and I show transverse sections of the duct and the tubule, respectively. Simple acinar branching type I (S I type). Bars denote 1 mm in Fig. A, 100μm in Figs. B, C, and 10μm in Figs. D-I. Azan stain.

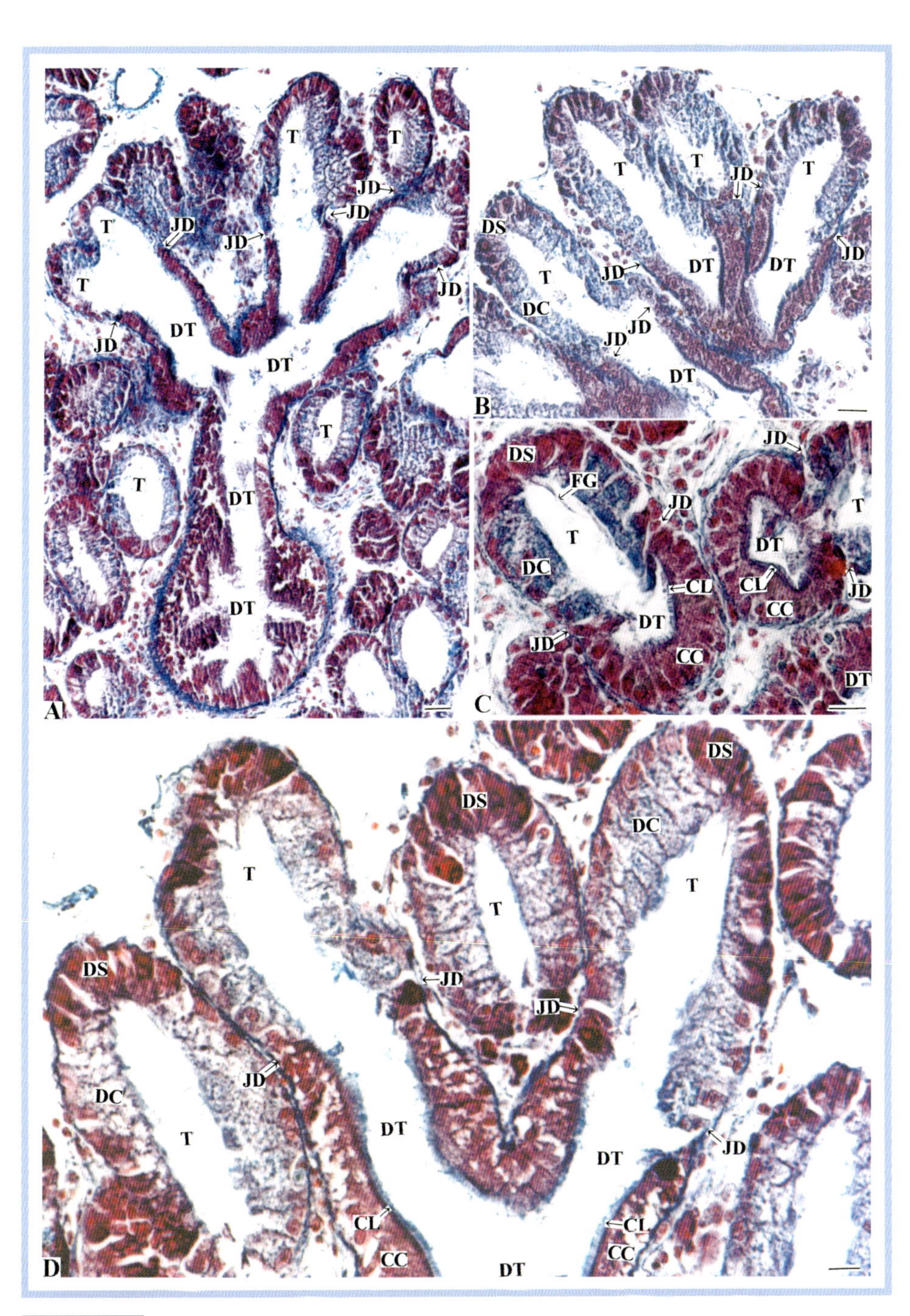

図 68-10A-D

ハマグリの導管と中腸腺細管.
A-D は導管と中腸腺細管の連絡を示す. 図中の実線 100μm (A, B) および 10μm (C, D) を示す. アザン染色.

Figs. 68-10A-D

Photomicrographs of the duct and the tubules of the digestive diverticula in *Meretrix lusoria*.
Figs. A-D show the connection between the ducts and tubules. Bars denote 100μm in Figs. A, B and 10μm in Figs. C, D. Azan stain.

オキシジミ

Cyclina sinensis SI

二枚貝綱 Class BIVALVIA
マルスダレガイ目 Order Veneroida
マルスダレガイ科 Family Veneridae

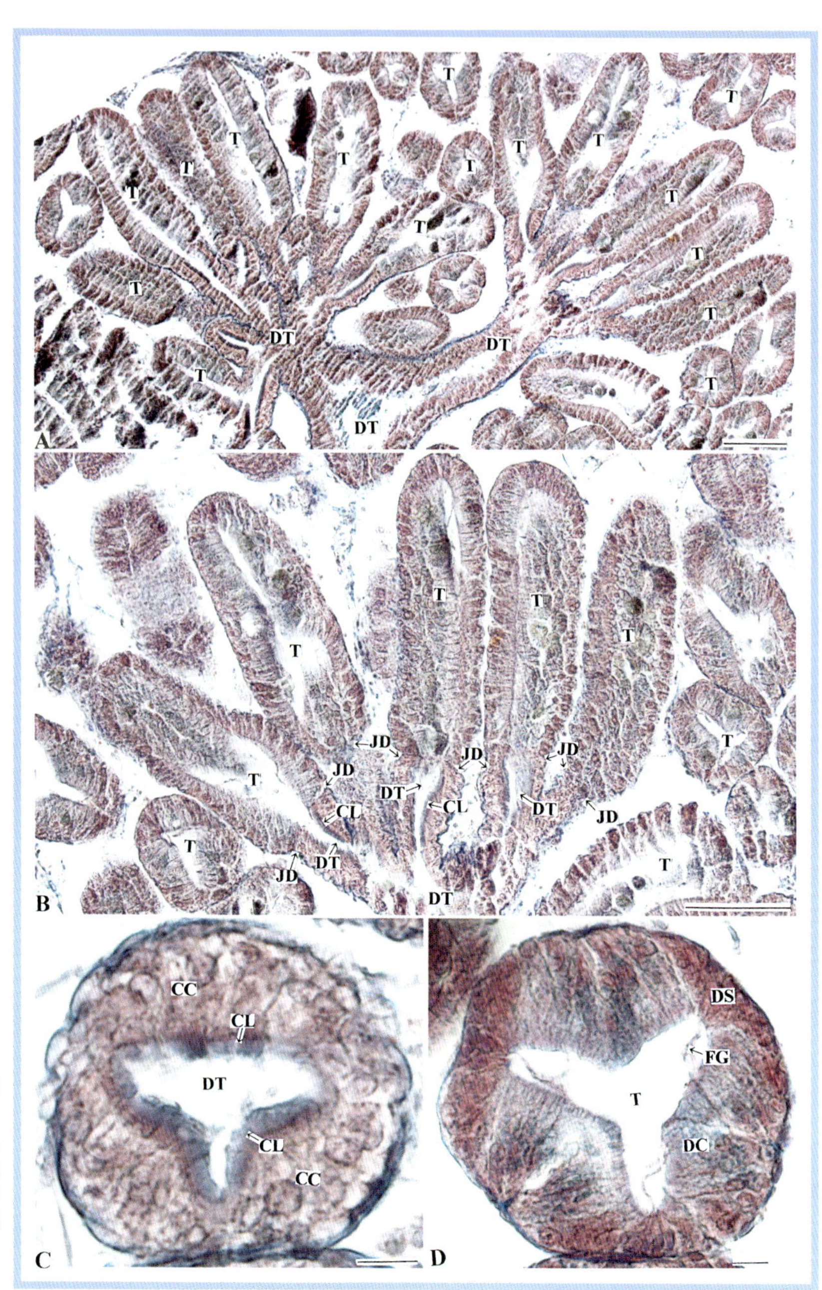

図 69A-D

オキシジミ *Cyclina sinensis* 中腸腺.
A, B は導管と中腸腺細管の連絡, C は導管の横断面, D は中腸腺細管の横断面をそれぞれ示す. 房状分枝I型（SI型）. 図中の実線は 100μm (A, B), 10μm (C, D) を示す. アザン染色.

Figs. 69A-D

Photomicrographs of the ducts and the tubules of the digestive diverticula in *Cyclina sinensis*.
Figs. A and B show the connection between the ducts and tubules. Figs. C and D show transverse sections of the duct and tubule, respectively. Simple acinar branching type I (S I type). Bars denote 100μm in Figs. A, B and 10μm in Figs. C, D. Azan stain.

ナミノコガイ

Latona cuneata SI

二枚貝綱 Class BIVALVIA
マルスダレガイ目 Order Veneroida
フジノハナガイ科 Family Donacidae

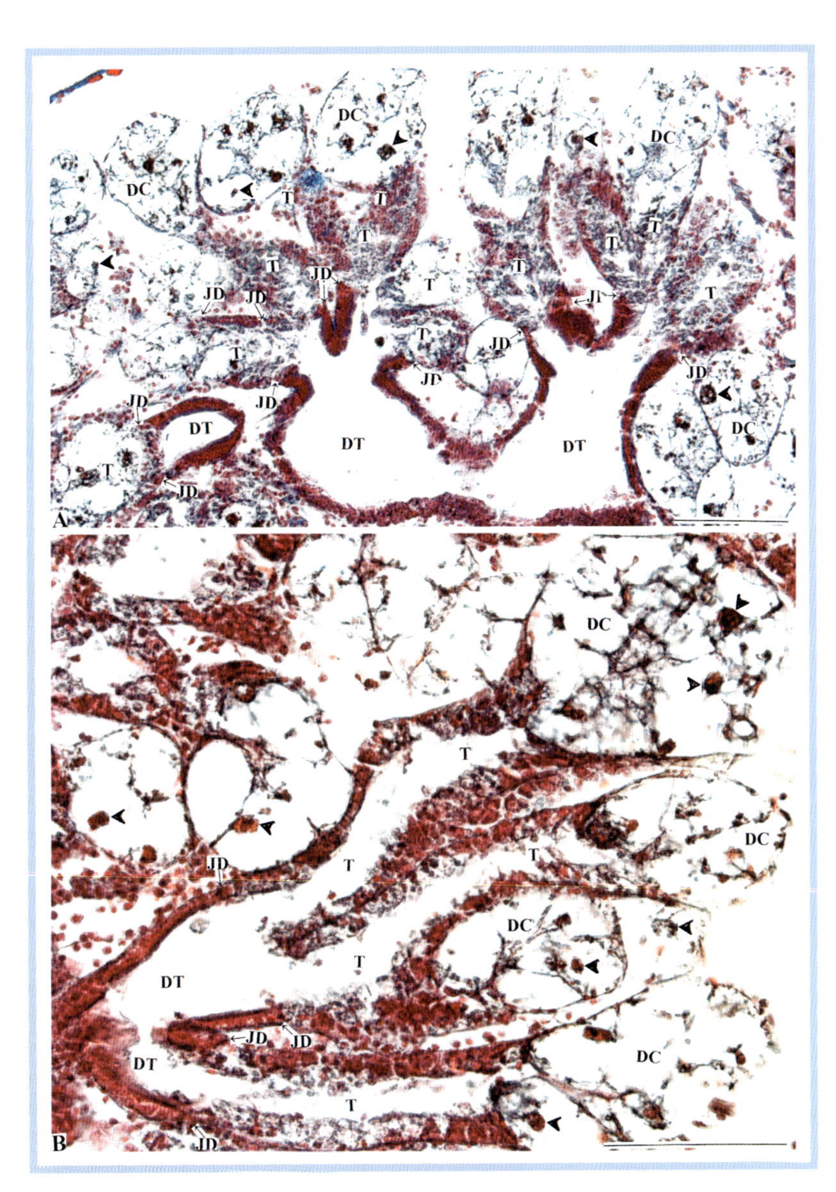

図 70A, B

ナミノコガイ *Latona cuneata* 中腸腺.
A, B は導管と中腸腺細管の連絡を示す. 矢じりは懸濁粒子を貪食した消化細胞を示す. 房状分枝I型（S I型）. 図中の実線は 100μm を示す. アザン染色.

Figs. 70A, B

Photomicrographs of the digestive diverticula of *Latona cuneata* BIVALVIA.
Figs. A and B show the connection between the ducts and tubules. Arrowheads indicate digestive cells phagocytosing particles. Simple acinar branching type I (S I type). Bars denote 100μm. Azan stain.

サラガイ

Megangulus venulosus SI

二枚貝綱 Class BIVALVIA
マルスダレガイ目 Order Veneroida
ニッコウガイ科 Family Tellinidae

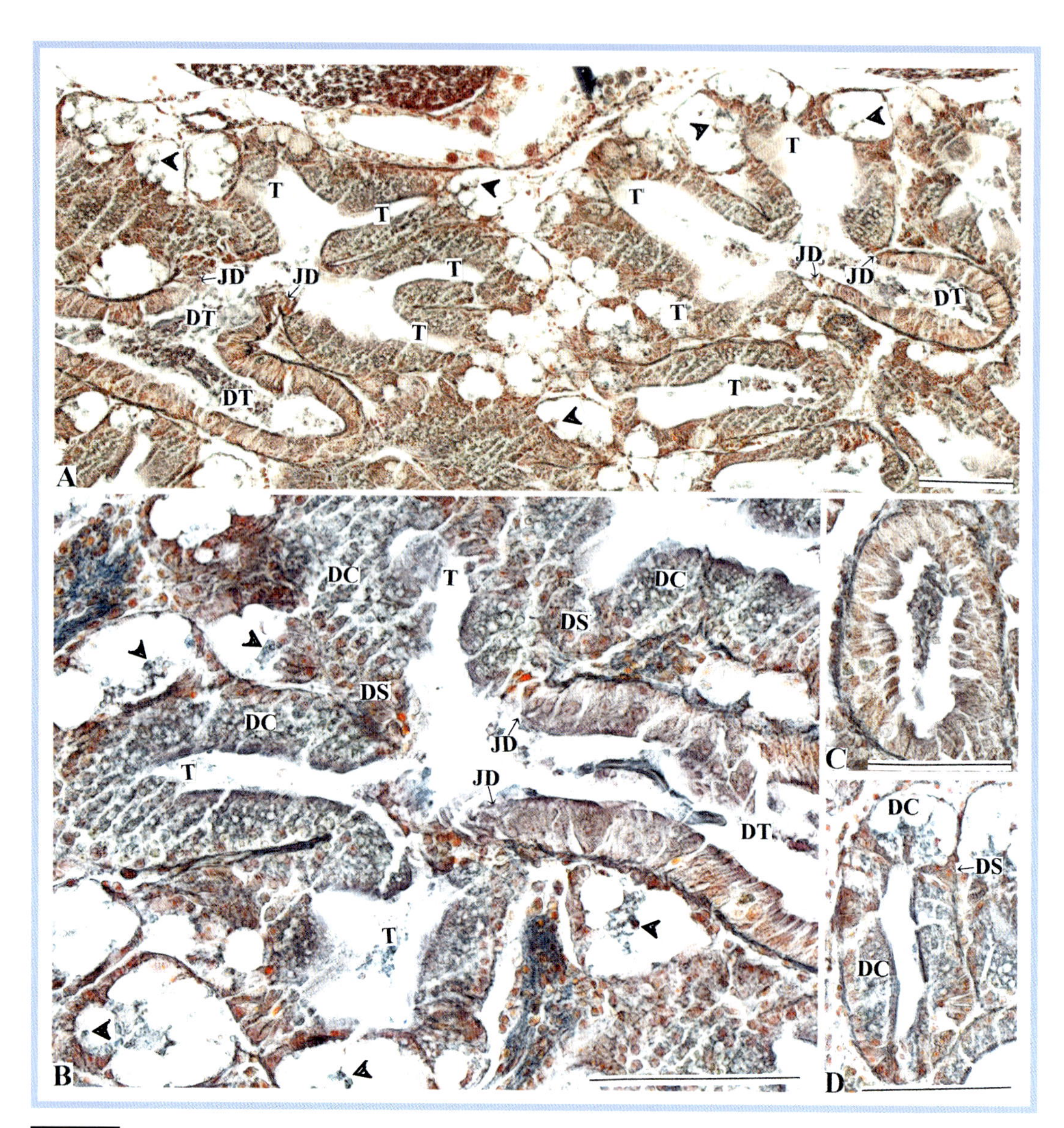

図 71A-D

サラガイ *Megangulus venulosus* 中腸腺.
A, B は導管と中腸腺細管の連絡, C は導管の横断面, D は中腸腺細管の横断面をそれぞれ示す. 矢じりは懸濁粒子を貪食した消化細胞を示す. 房状分枝I型（SI型）. 図中の実線は 100μm を示す. アザン染色.

Figs.71A-D

Photomicrographs of the digestive diverticula of *Megangulus venulosus* BIVALVIA.
Figs. A and B show the connection between the duct and tubules, Fig. C shows a transverse-sectioned duct, Fig. D shows a transverse-sectioned tubule. Arrowheads indicate digestive cells phagocytosing particles. Simple acinar branching type I (S I type). Bars denote 100μm. Azan stain.

マテガイ

Solen strictus SI

二枚貝綱 Class BIVALVIA
マルスダレガイ目 Order Veneroida
マテガイ科 Family Solenidae

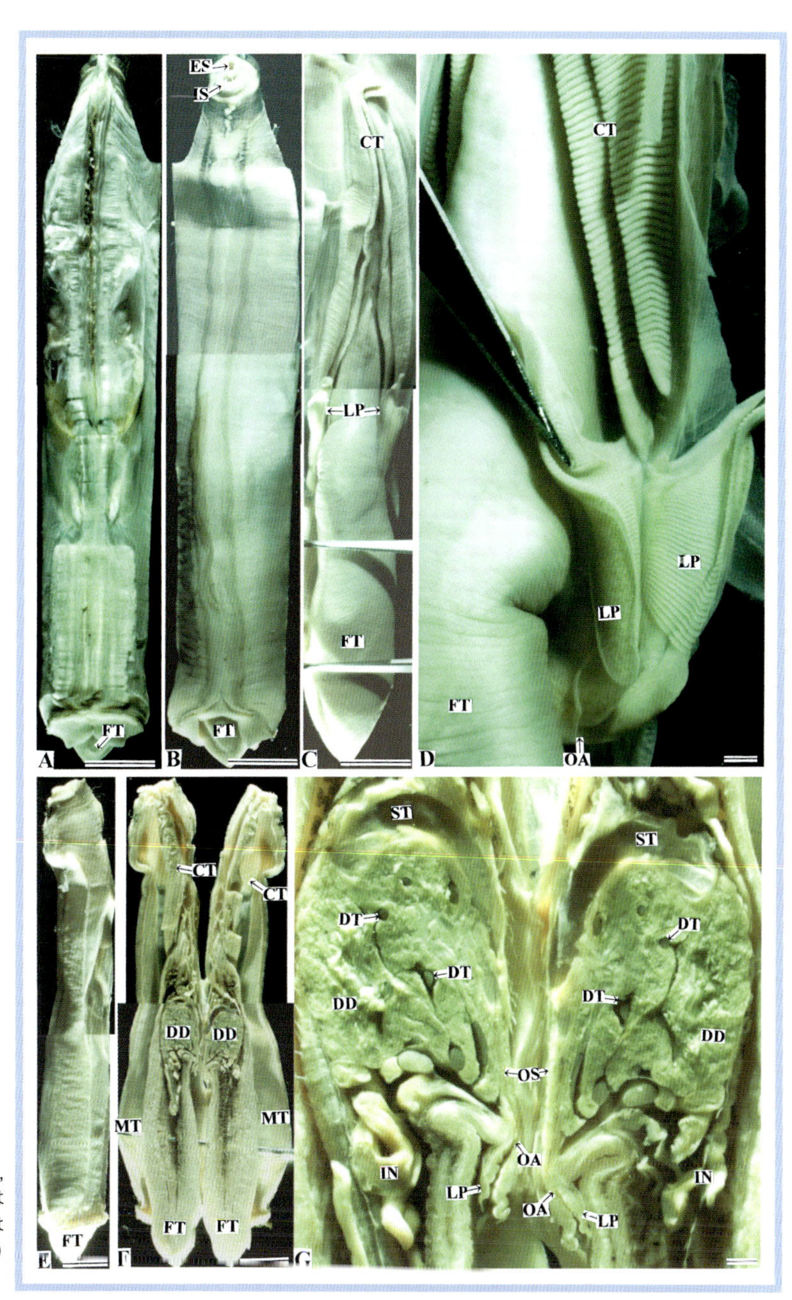

図 72-1A-G

マテガイ *Solen strictus* 軟体部.
A は背面, B-D は腹面, E は左側面, F, G は水平断面をそれぞれ示す. G は F の消化器官の拡大. 図中の実線は 1cm (A-C, E, F) および 1mm (D, G) を示す.

Figs.72-1A-G

Photographs of the soft part of *Solen strictus* BIVALVIA.
The figures are displayed as follows: Fig. A, dorsal view; Figs. B-D, ventral views; Fig. E, left side view; Fig. F, horizontal-sectioned soft part. Fig. G shows a magnified view of the digestive organ in Fig. F. Bars denote 1 cm in Figs. A-C, E, F and 1 mm in Figs. D, G.

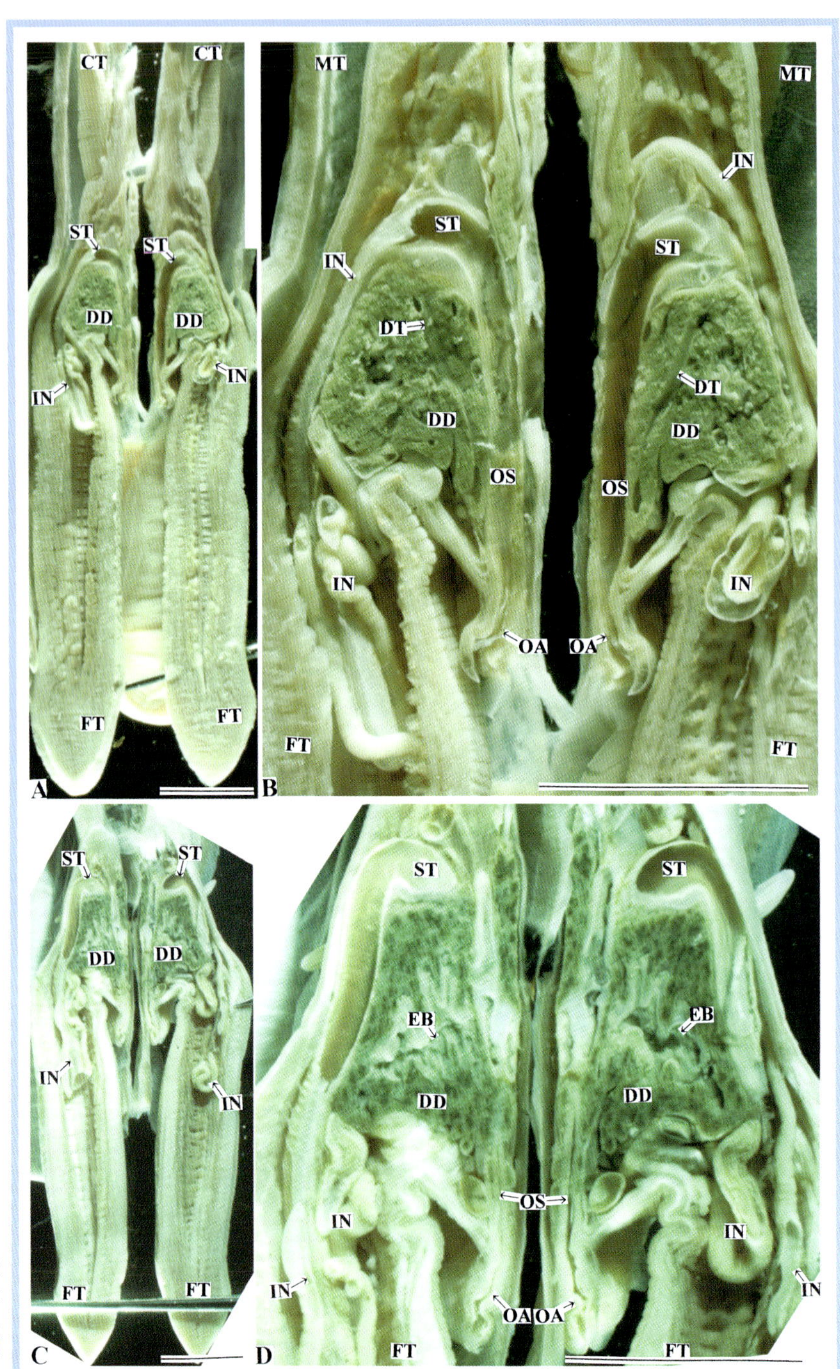

図 72-2A-D

マテガイ軟体部の水平断面図. 各図の右側の像が左側面, 左側の像が右側面をそれぞれ示す. B は A の消化器官の拡大. D は C の消化器官の拡大. 図中の実線は 1cm を示す.

Figs.72-2A-D

Photographs of the horizontal-sectioned soft part of *Solen strictus*.
Each soft part in Figs. A, C is divided into right and left sides, and right and left images show left and right sides views, respectively. Figs. A and C show the left side and right side views of the digestive organs of the horizontal-sectioned soft part. Figs. B and D are magnified views of digestive diverticula in Figs. A and C, respectively. Bars denote 1 cm.

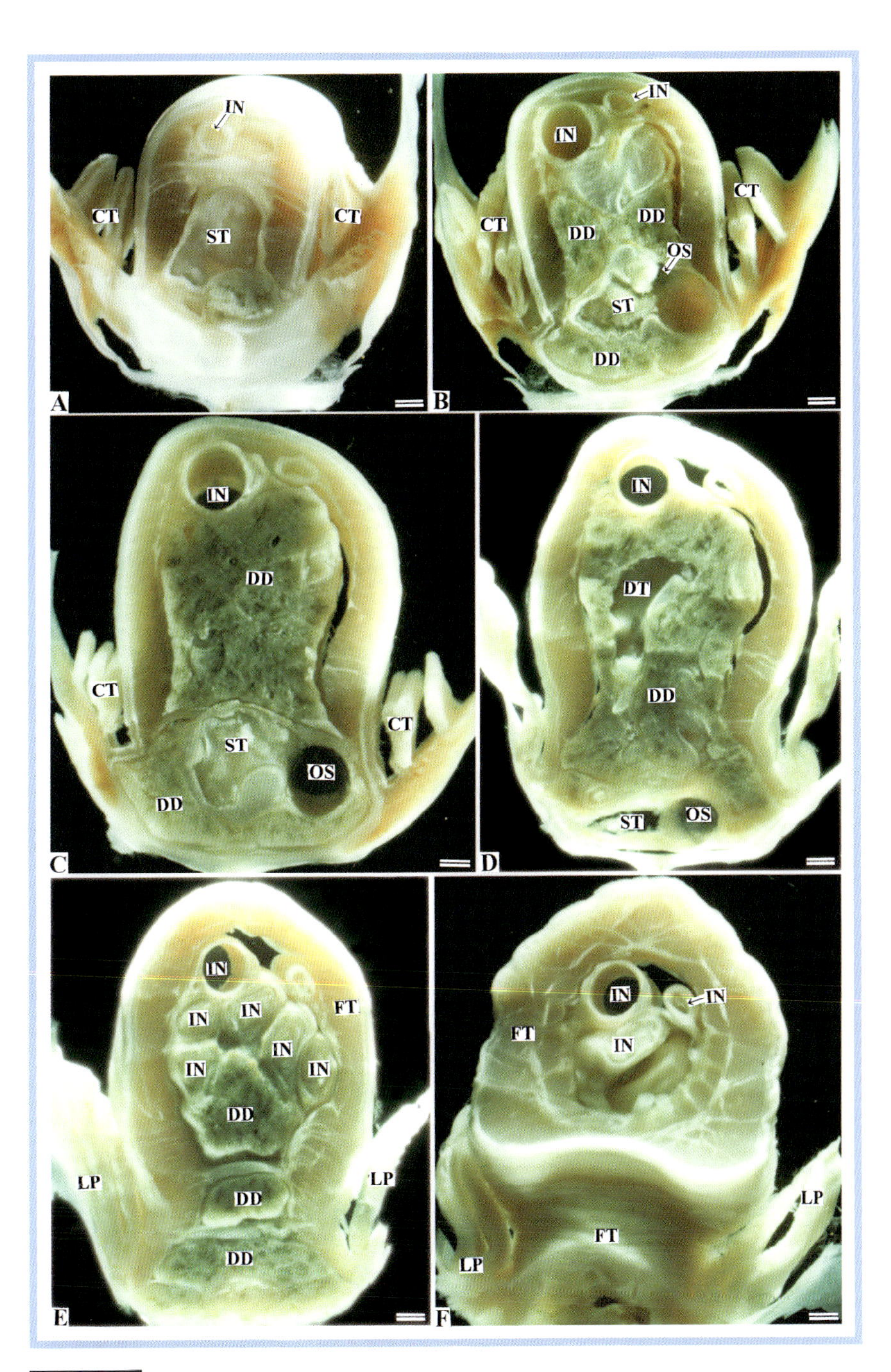

図 72-3A-F

マテガイ軟体部の横断面図.
A-F は鰓から足に向かっての順次横断切片を示す図. 図中の実線は 1mm を示す.

Figs.72-3A-F

Photographs of the transverse-sectioned soft part of *Solen strictus*.
Figs. A-F show the soft part transverse-sectioned serially from the ctenidium (Fig.A) toward the foot (Fig.F). Bars denote 1 mm.

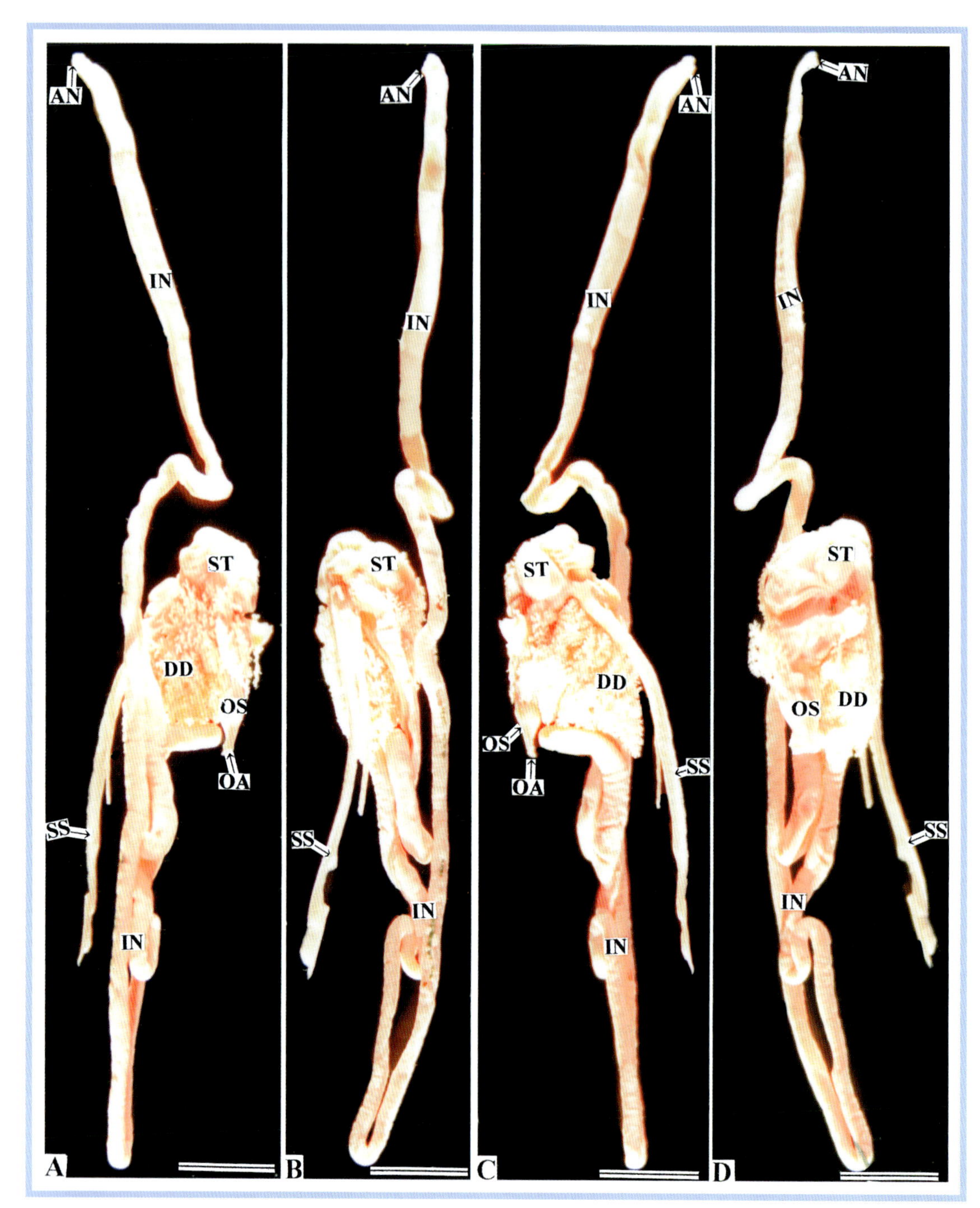

図 72-4A-D

マテガイ消化器官の鋳型.
A は右側面, B は背面, C は左側面, D は腹面をそれぞれ示す. 図中の実線は 1cm を示す.

Figs.72-4A-D

Corrosion resin-cast of the digestive organs of *Solen strictus*.
The figures are displayed as follows: Fig. A, right side view; Fig. B, dorsal view; Fig. C, left side view; Fig. D, ventral view. Bars denote 1 cm.

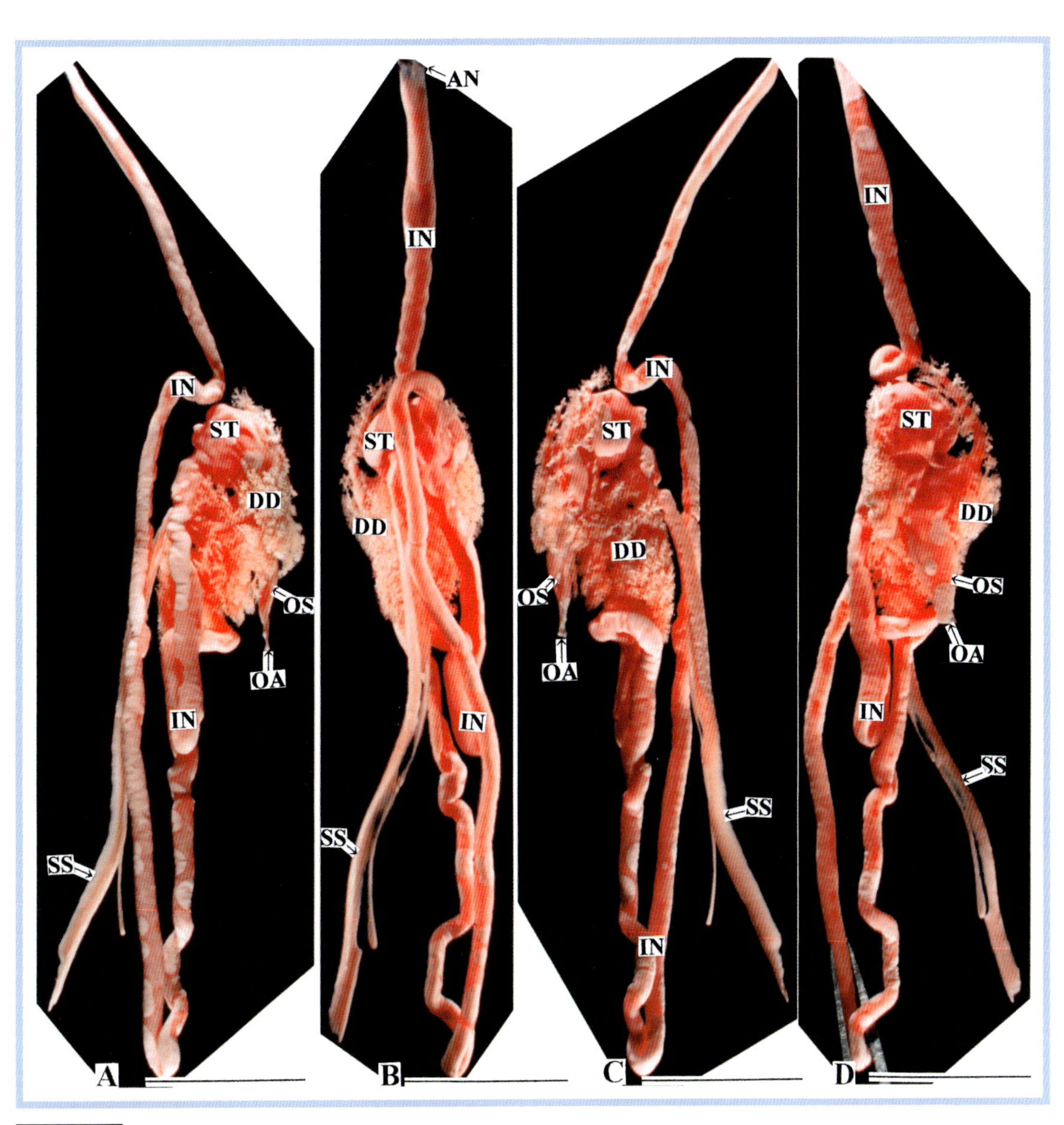

図 72-5A-D

マテガイ消化器官の鋳型.
A は右側面，B は背面，C は左側面，D は腹面をそれぞれ示す．図中の実線は 1cm を示す．

Figs.72-5A-D

Corrosion resin-cast of the digestive organs of *Solen strictus*.
The figures are displayed as follows: Fig. A, right side view; Fig. B, dorsal view; Fig. C, left side view; Fig. D, ventral view.
Bars denote 1 cm.

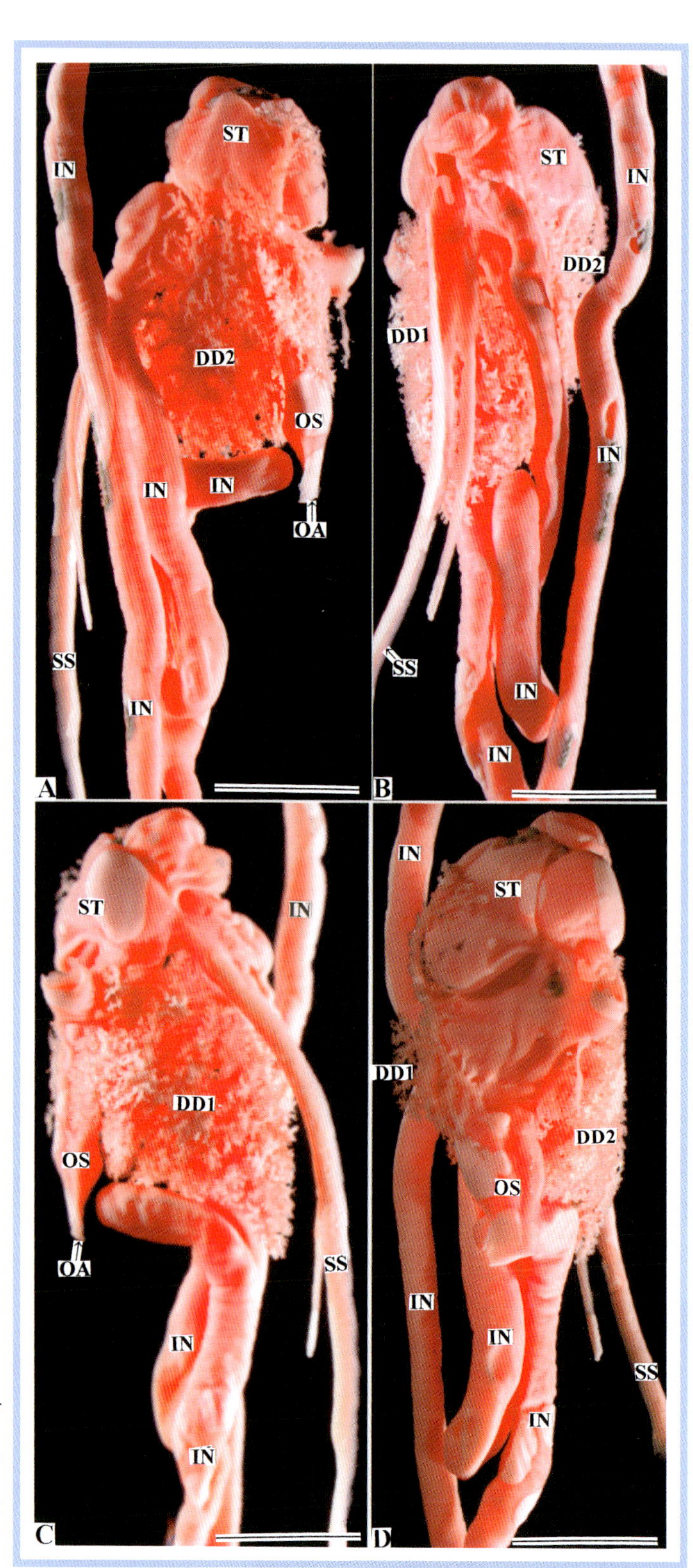

図 72-6A-D

マテガイ消化器官の鋳型.
A-D は特に胃と中腸腺を拡大. A は右側面, B は背面, C は左側面, D は腹面をそれぞれ示す. 図中の実線は 1cm を示す.

Figs.72-6A-D

Corrosion resin-cast of the digestive organs of *Solen strictus*.
The figures show the stomach and digestive diverticula, and are displayed as follows: Fig. A, right side view; Fig. B, dorsal view; Fig. C, left side view; Fig. D, ventral view. Bars denote 1 cm.

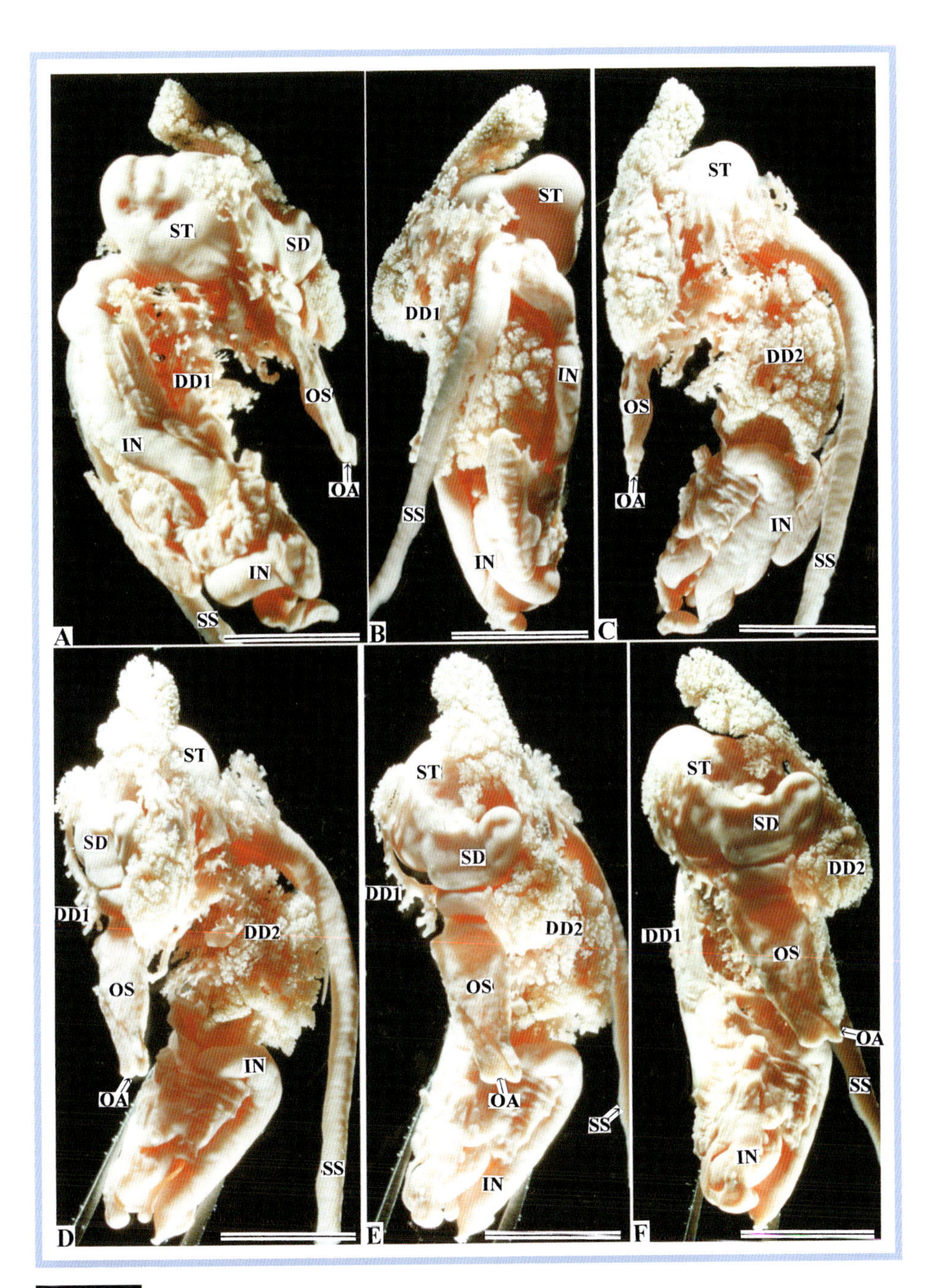

図 72-7A-F

マテガイ消化器官の鋳型．
A は右側面，B, G は背面，C, D は左側面，E, F は腹面をそれぞれ示す．胃の周囲の中腸腺に注意．図中の実線は 1cm を示す．

Figs.72-7A-F

Corrosion resin-cast of the digestive organs of *Solen strictus*.
The figures are displayed as follows: Fig. A, right side view; Figs. B and G, dorsal views; Figs. C and D, left side views; Figs. E and F, ventral views. Note the digestive diverticula surrounding the stomach. Bars denote 1 cm.

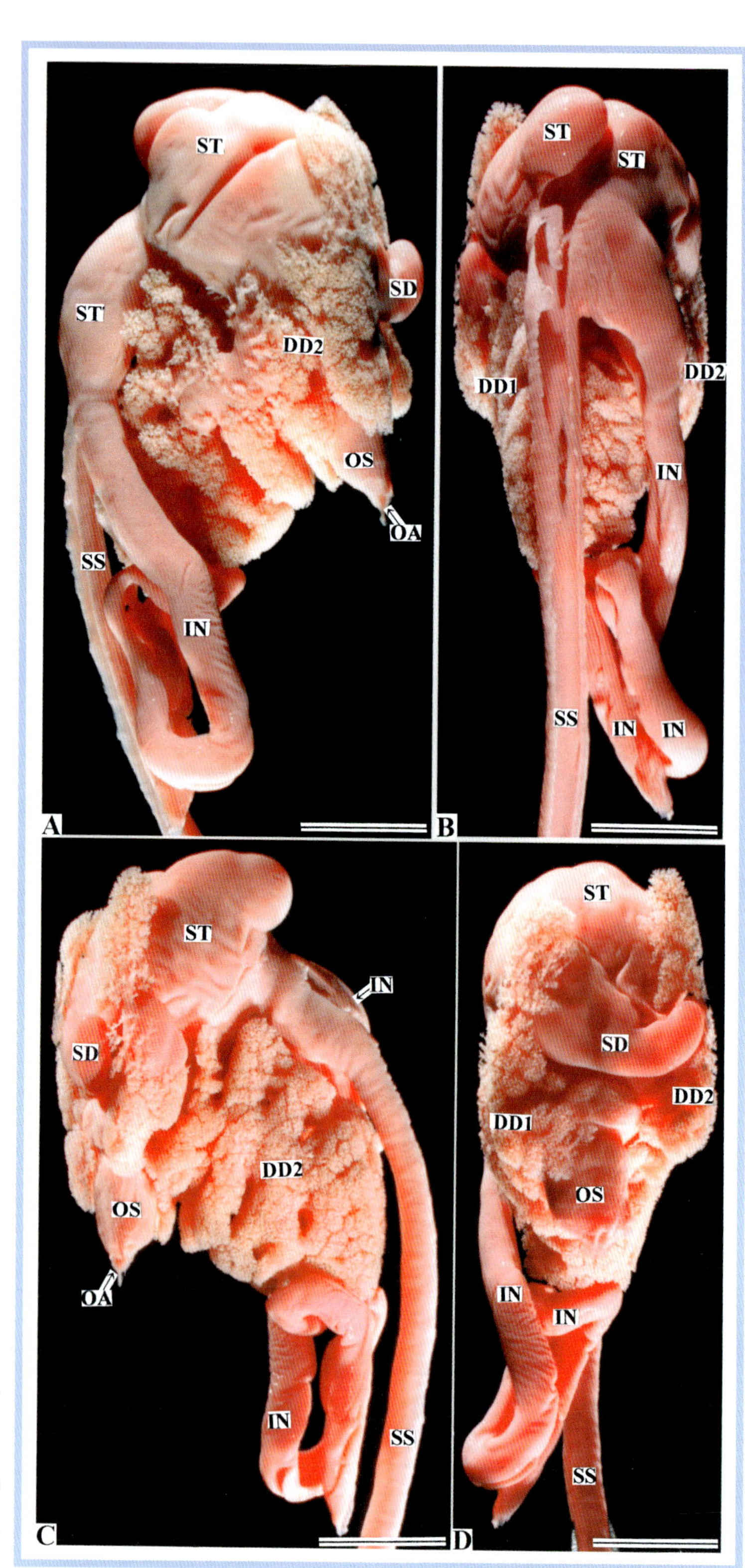

図 72-8A-D

マテガイ消化器官の鋳型.
A, B は右側面, C は左側面, D は腹面をそれぞれ示す. 胃の周囲の中腸腺と長い晶体嚢に注意. 図中の実線は 1cm を示す.

Figs.72-8A-D

Corrosion resin-cast of the digestive organs of *Solen strictus*.
The figures are displayed as follows: Figs. A and B, right side views; Fig. C, left side view; Fig. D, ventral view. Note the digestive diverticula surrounding the stomach and the long style-sac. Bars denote 1 cm.

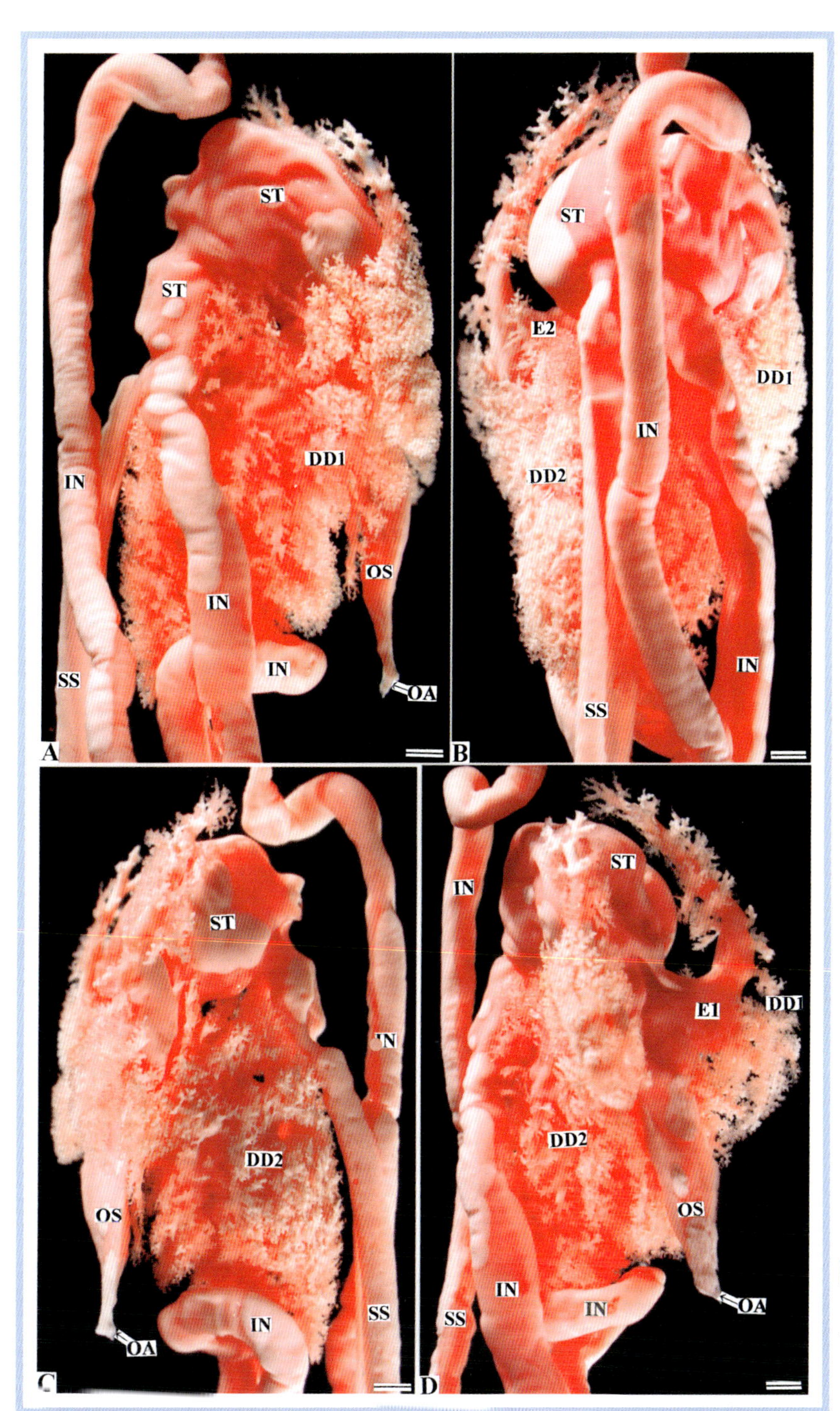

図 72-9A-D

マテガイ消化器官の鋳型.
A は右側面, B は背面, C は左側面, D は腹面をそれぞれ示す. 胃の周囲の中腸腺に注意.
図中の実線は 1mm を示す.

Figs.72-9A-D

Corrosion resin-cast of the digestive organs of *Solen strictus*.
The figures are displayed as follows: Fig. A, right side view; Fig. B, dorsal view; Fig. C, left side view; Fig. D, ventral view. Note the digestive diverticula surrounding the stomach. Bars denote 1 mm.

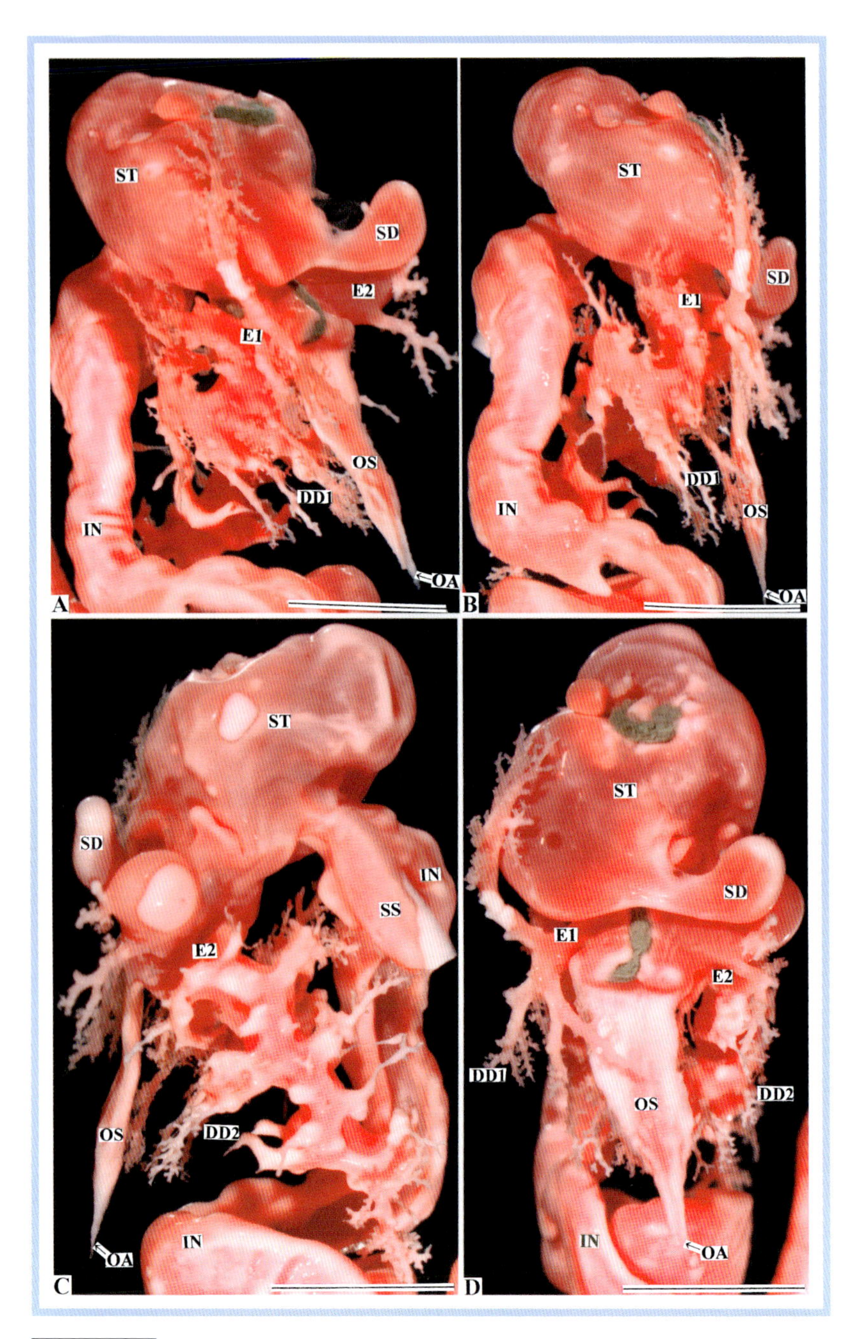

図 72-10A-D

マテガイ消化器官の鋳型.
A, B は右側面, C は左側面, D は腹面をそれぞれ示す. 食道, 導管, 背盲管, 晶体嚢に注意.
図中の実線は 1cm を示す.

Figs.72-10A-D

Corrosion resin-cast of the digestive organs of *Solen strictus*.
The figures are displayed as follows: Figs. A and B, right side views; Fig. C, left side view; Fig. D, ventral view. Note the oesophagus, duct, sorting gland, and style-sac. Bars denote 1 cm.

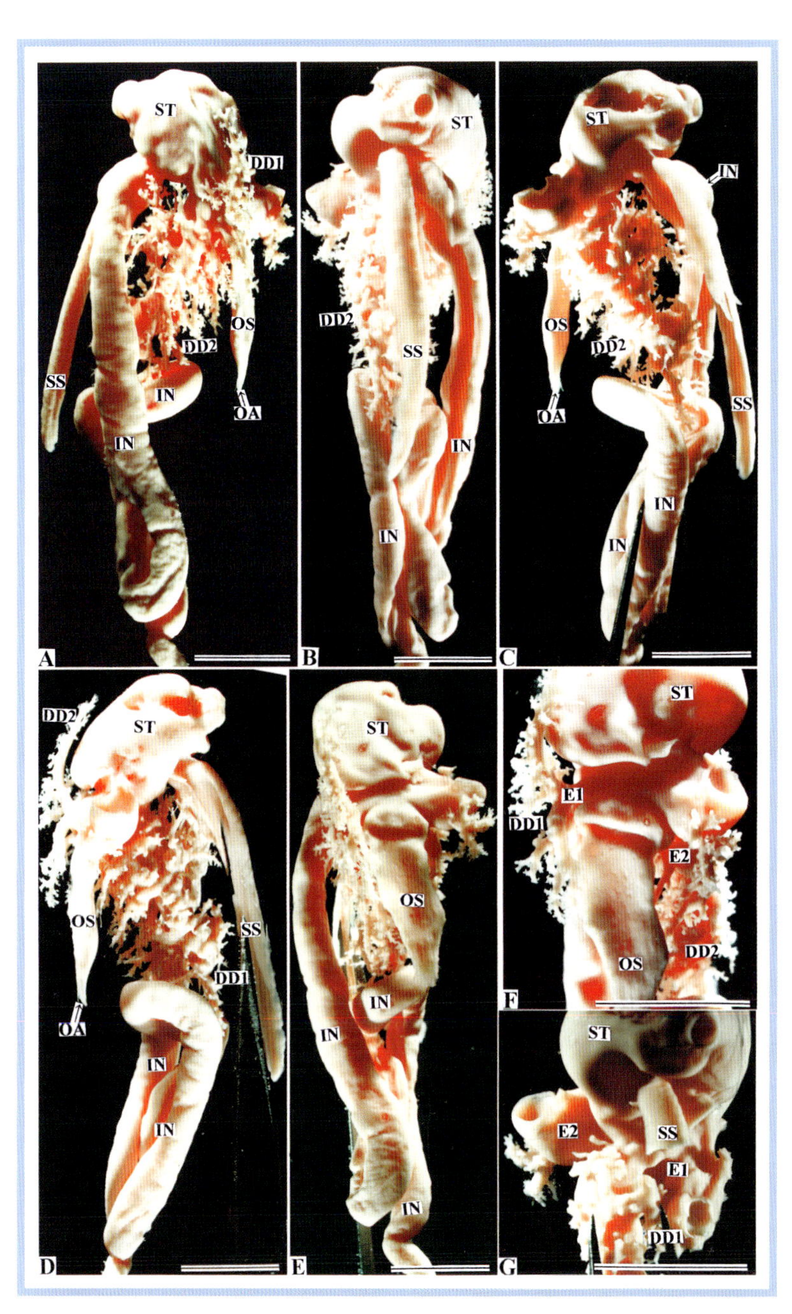

図 72-11A-G

マテガイ消化器官の鋳型.
A は右側面，B, G は背面，C, D は左側面，E, F は腹面をそれぞれ示す．胃と Embayment 構造に注意（F, G）．図中の実線は 1cm を示す．

Figs.72-11A-G

Corrosion resin-cast of the digestive organs of *Solen strictus*.
The figures are displayed as follows: Fig. A, right side view; Figs. B and G, dorsal views; Figs. C and D, left side views; Figs. E and F, ventral views. Note the stomach and embayments in Figs. F and G. Bars denote 1 cm.

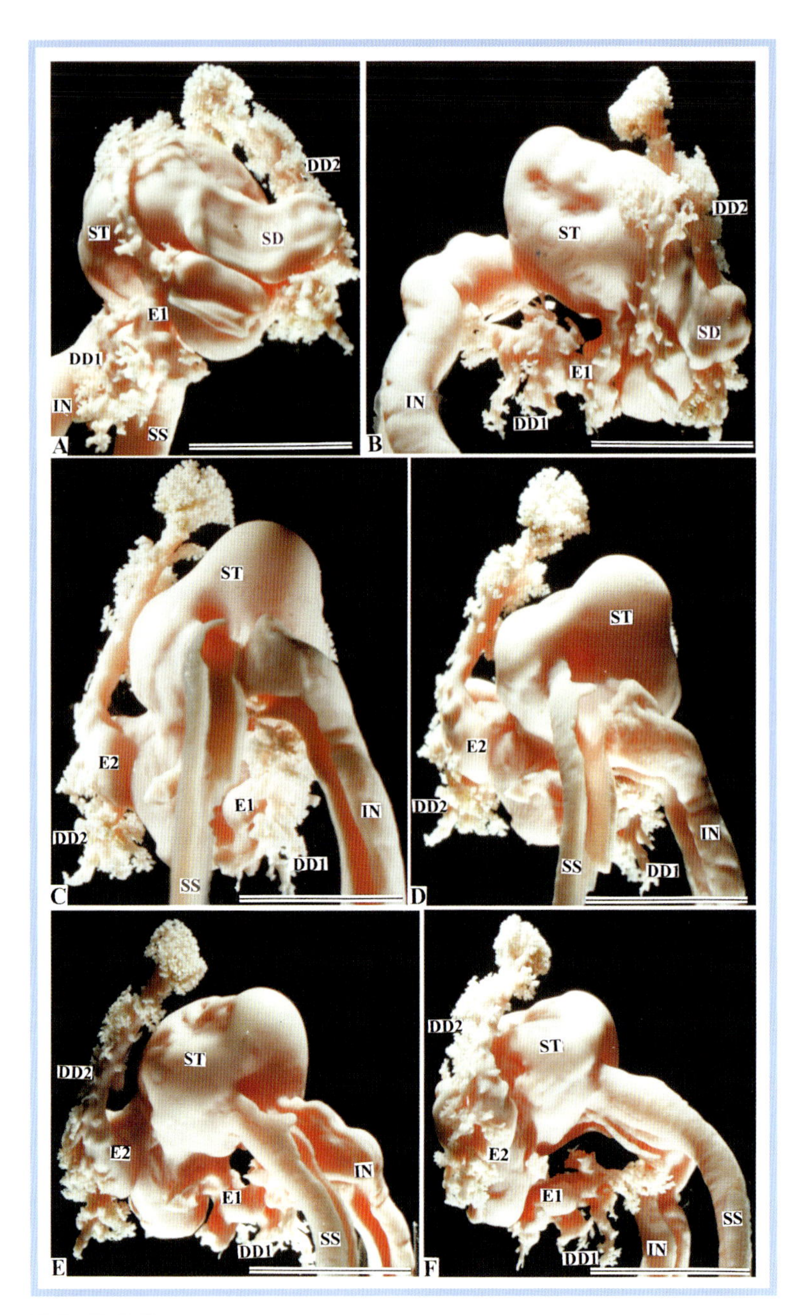

図 72-12A-F

マテガイ消化器官の鋳型.
A は腹面, B は右側面, C, D 背面, E, F は左側面をそれぞれ示す. 胃と Embayment 構造に注意. 図中の実線は 1cm を示す.

Figs.72-12A-F

Corrosion resin-cast of the digestive organs of *Solen strictus*.
The figures are displayed as follows: Fig. A, ventral view; Fig. B, right side view; Figs. C and D, dorsal views; Figs. E, F, left side views. Note the stomach and embayments. Bars denote 1 cm.

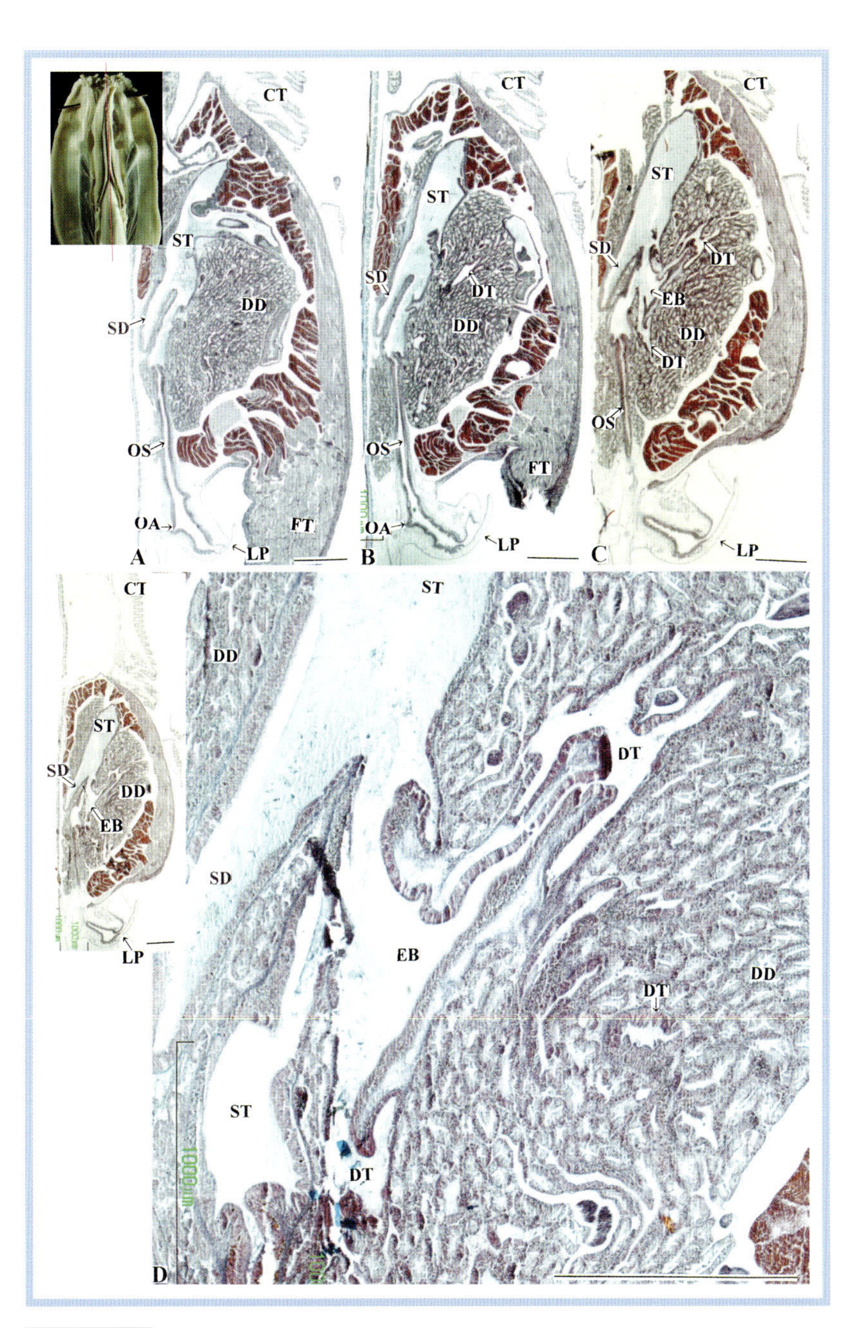

図 72-13A-D

マテガイ軟体部と中腸腺の水平断面図.
A, B, C は右側面の連続切片. 左上の小図中の赤い実線は切り口を示す. D は左下の小図の中腸腺部分を拡大. 図中の実線は 1mm を示す.

Figs.72-13A-D

Photomicrographs of the horizontal-sectioned soft part and digestive diverticula of *Solen strictus*. Figs. A, B and C are right side views of serial sections of the soft part. The solid red line in the small figure in the upper left indicates the cut edge of the soft part. Fig. D shows a magnified view of the digestive diverticula in the small figure in the upper left side. Bars denote 1 mm. Azan stain.

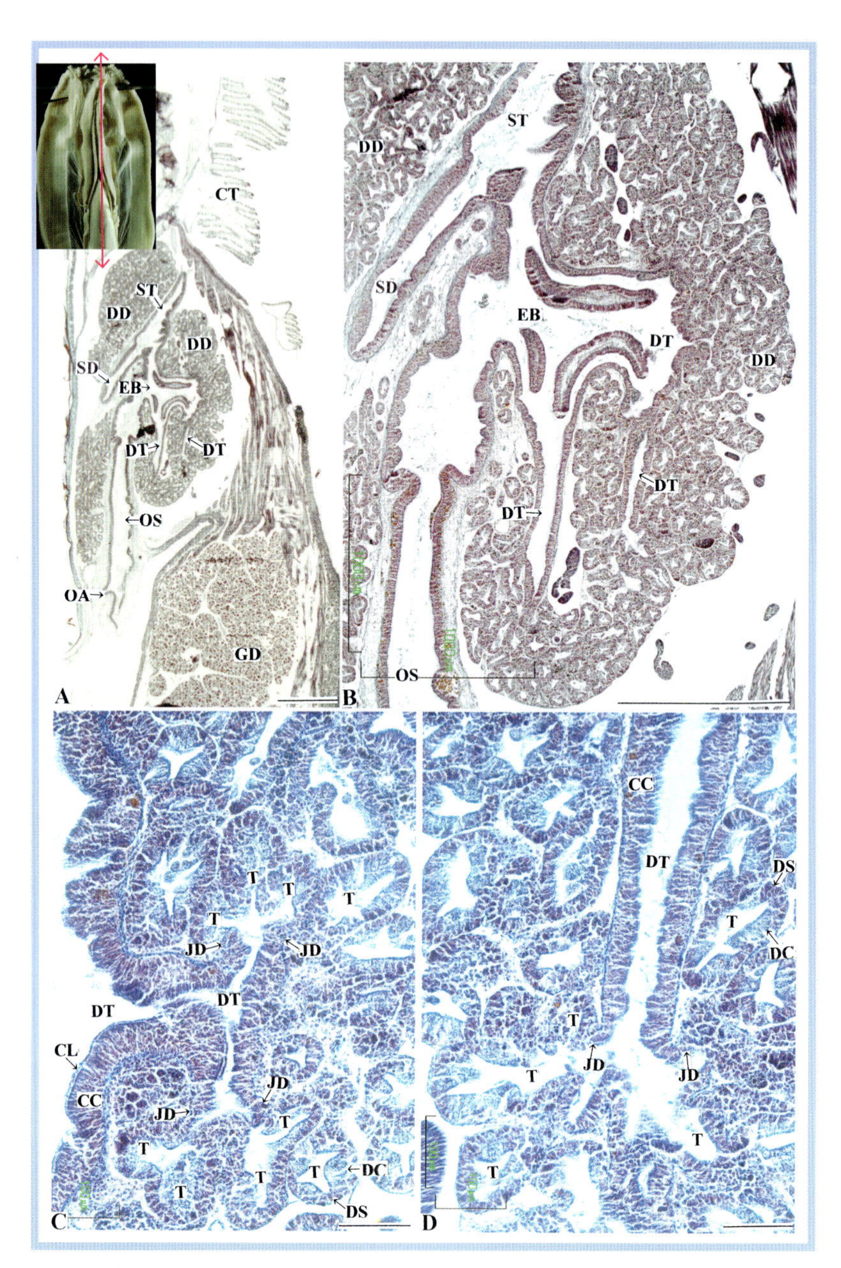

図 72-14A-D

マテガイ軟体部と中腸腺の水平断面図.
A は左側面を示す. B-D は A の拡大. A の左上の小図中の赤実線は切り口を示す. B は消化器官を, C, D は導管と中腸腺細管の連絡をそれぞれ示す. 房状分枝I型（SI型）. 図中の実線は 1mm（A, B）および 100μm（C, D）を示す.

Figs. 72-14A-D

Photomicrographs of the horizontal-sectioned soft part and digestive diverticula of *Solen strictus.* Fig. A shows a left side view. Figs. B-D show magnified views of Fig. A. The solid red line in the small figure in the upper left side of Fig. A indicates the cut edge line of the soft part. Fig. B, and C and D show the digestive organs and the tubules connecting with the duct, respectively. Simple acinar branching type I (S I type). Bars denote 1 mm in Figs. A, B and 100μm in Figs. C, D. Azan stain.

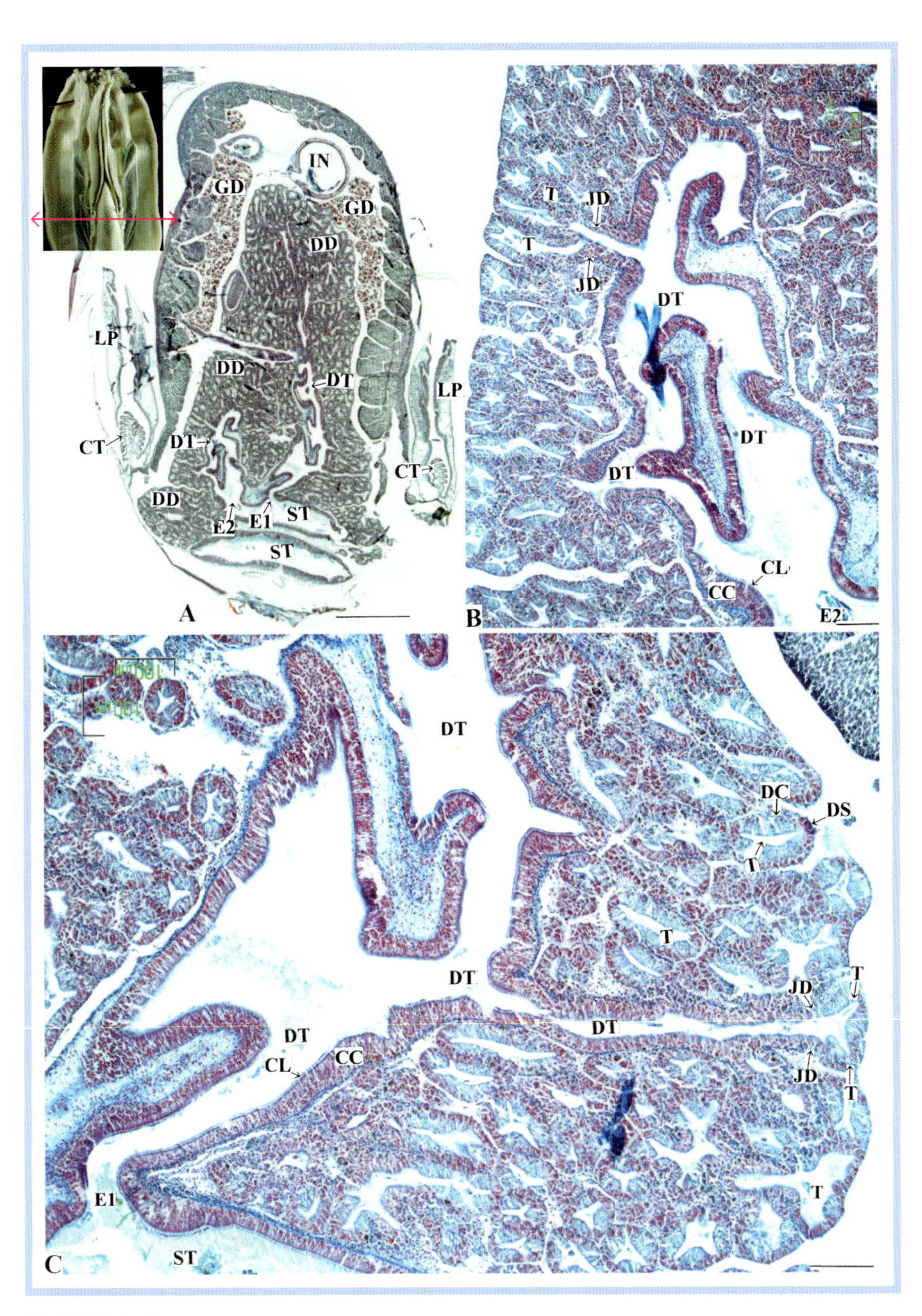

図 72-15A-C

マテガイ中腸腺の横断面図.
B, C は A の拡大. A の左上の小図中の赤実線は切り口を示す. A は消化器官を, B, C は導管と中腸腺細管の連絡をそれぞれ示す. 図中の実線は 1mm (A) および 100μm (B, C) を示す.

Figs.72-15A-C

Photomicrographs of the transverse-sectioned digestive diverticula of *Solen strictus*.
Fig. A is shown as magnified views in Figs. B and C. The solid red line in the small figure in the upper left indicates the cut edge line of the soft part. Fig. A, and B and C show the digestive organs and the duct connecting with the tubules, respectively. Bars denote 1 mm Fig. A and 100μm in Figs. B, C. Azan stain.

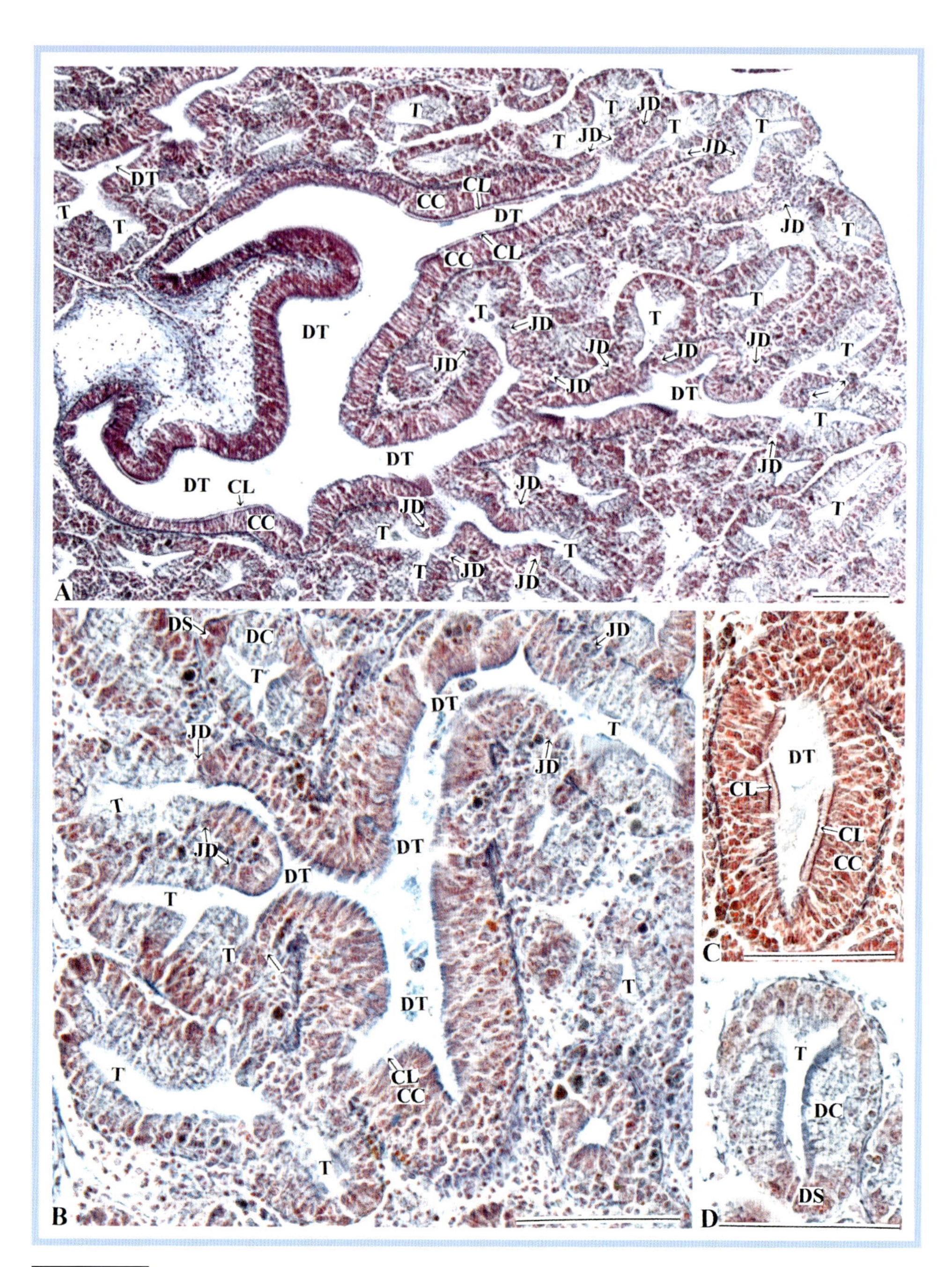

図 72-16A-D

マテガイの導管と中腸腺細管.
A, B は導管と中腸腺細管の連絡, C は導管の横断面, D は中腸腺細管の横断面をそれぞれ示す. 図中の実線は 100 μm を示す. アザン染色.

Figs.72-16A-D

Photomicrographs of the ducts and tubules of the digestive diverticula in *Solen strictus*.
Figs. A and B show the connection between the ducts and tubules. Fig. C shows a transverse section of the duct, and Fig. D shows a transverse section of the tubule. Bars denote 100μm. Azan stain.

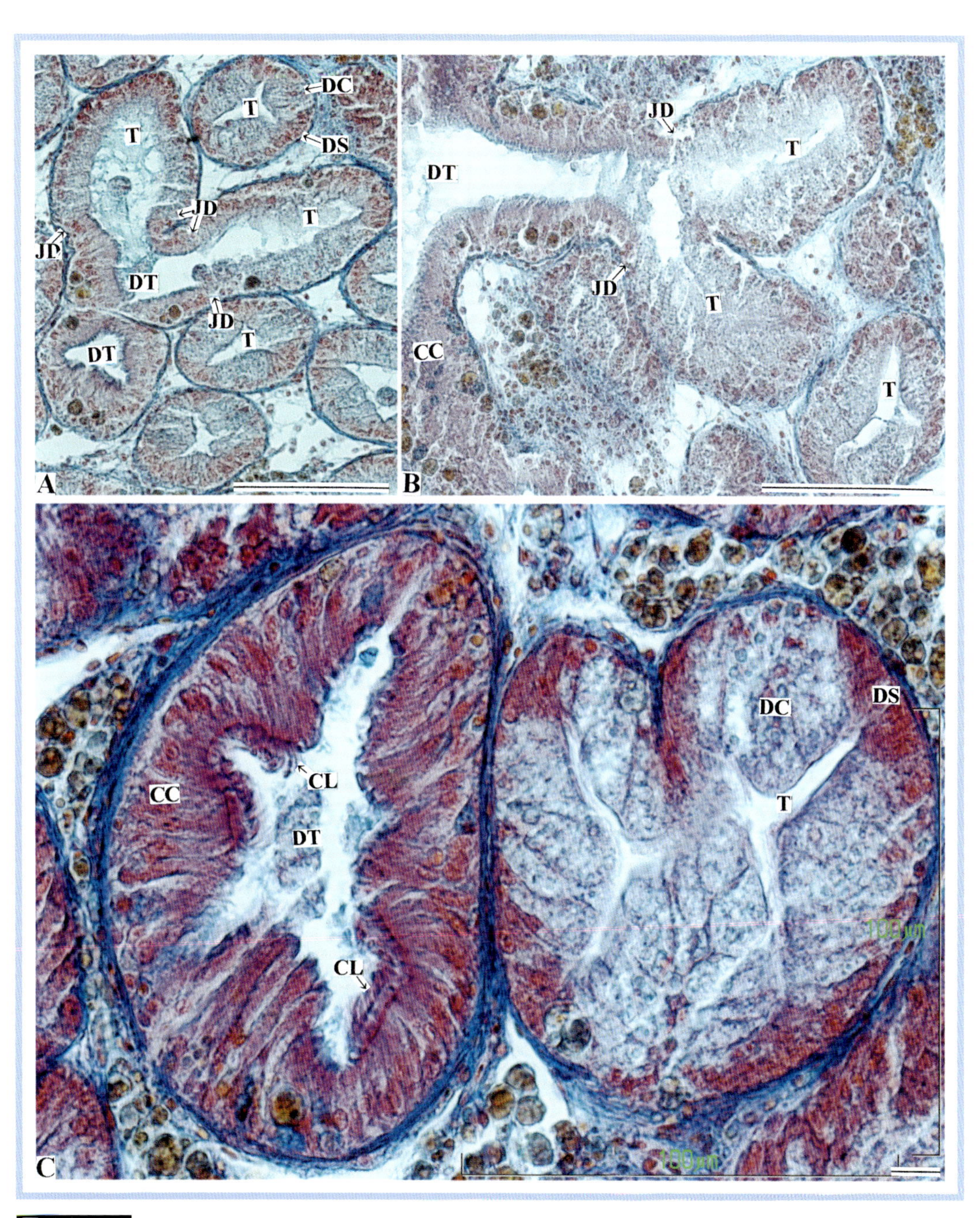

図 72-17A-C

マテガイの導管と中腸腺細管．
A, B は導管と中腸腺細管の連絡を，C は導管（左側）と中腸腺細管（右側）の横断面をそれぞれ示す．図中の実線は 100 μm（A, B）および 10μm（C）を示す．アザン染色．

Figs.72-17A-C

Photomicrographs of the ducts and tubules of the digestive diverticula in *Solen strictus.*
Figs. A and B show the connection between the duct and tubules. Fig. C shows a transverse section of the duct (left) and tubule (right). Bars denote 100μm in Figs. A, B and 10μm in Fig.C. Azan stain.

アゲマキガイ

Sinonovacula constricta SI

二枚貝綱 Class BIVALVIA
マルスダレガイ目 Order Veneroida
ナタマメガイ科 Family Pharellidae

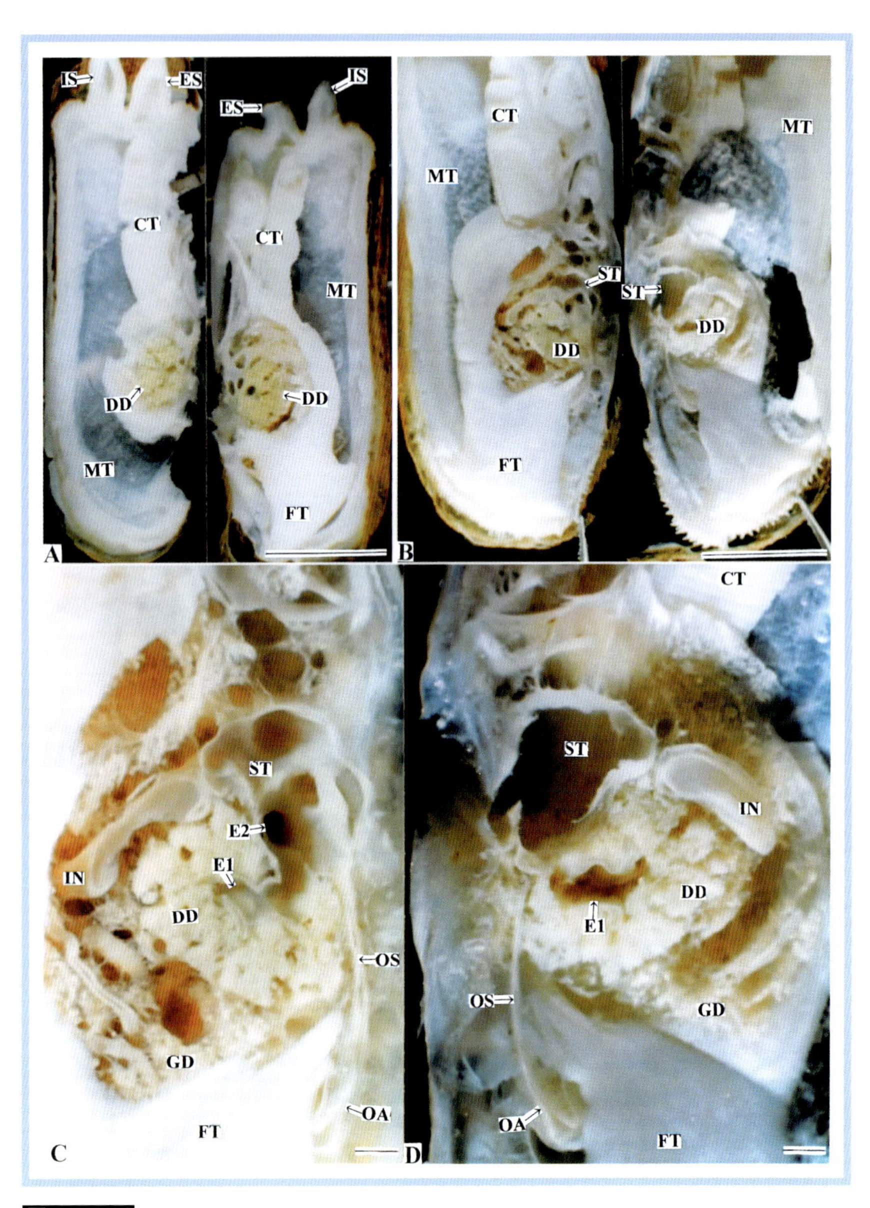

図 73-1A-D

アゲマキガイ *Sinonovacula constricta* 軟体部の水平断面図.
A, B は左側の図が右側面を, 右側の図が左側面を示す. C は右側面を, D は左側面をそれぞれ示す.
図中の実線は 1 cm（A, B）および 1 mm（C, D）を示す.

Figs.73-1A-D

Photographs of the horizontal-sectioned soft part of *Sinonovacula constricta* BIVALVIA.
Right and left images in Figs. A and B show left and right side views, respectively. Fig. C shows a right side view and Fig. D a left side view. Bars denote 1 cm in Figs. A, B and 1 mm in Figs. C, D.

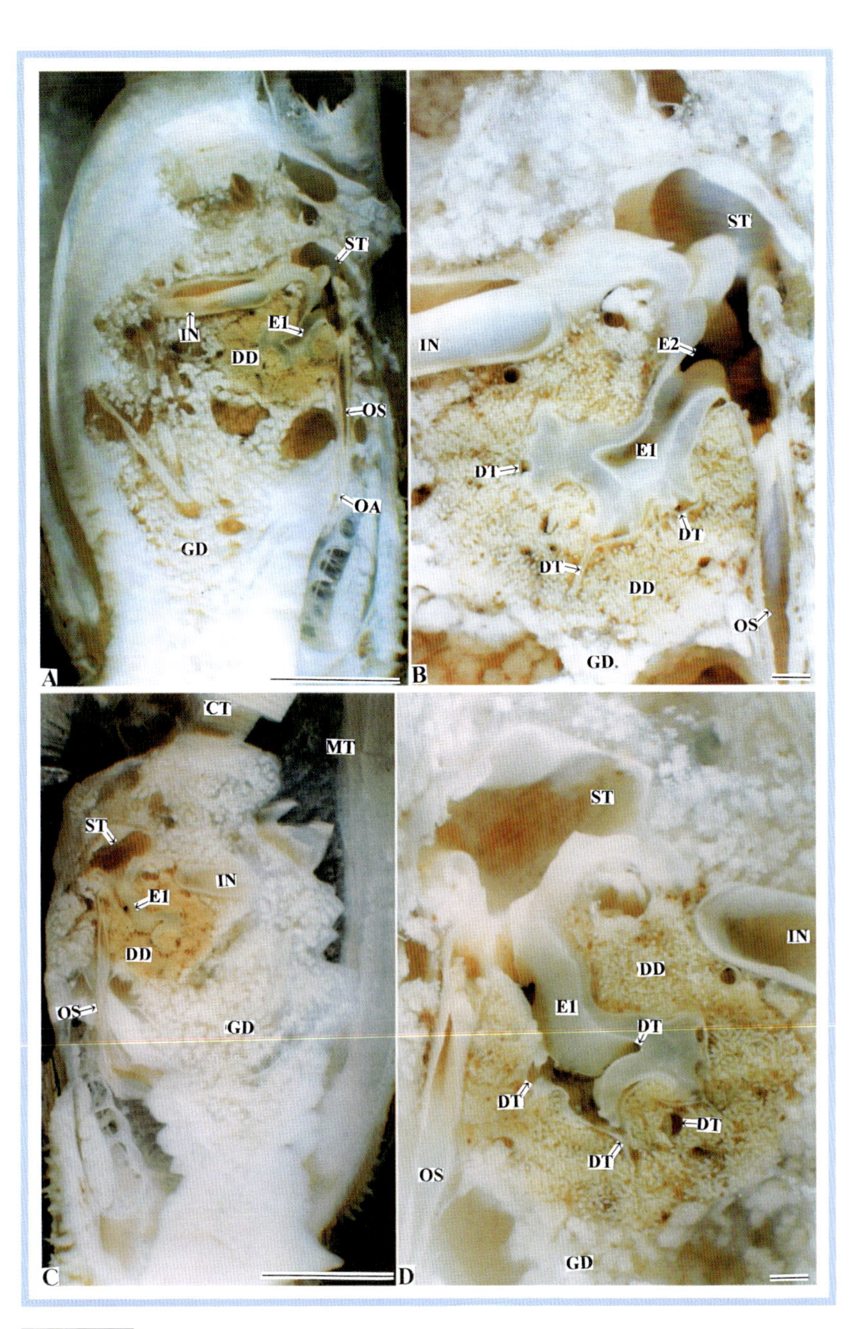

図 73-2A-D

アゲマキガイ中腸腺の水平断面図.
B は A の消化器官の拡大. D は C の消化器官の拡大. A, B は右側面を, C, D は左側面をそれぞれ示す. 図中の実線は 1cm（A, C）および 1mm（B, D）を示す.

Figs.73-2A-D

Photographs of the horizontal-sectioned digestive diverticula of *Sinonovacula constricta*.
Figs. A and C show the digestive organs, and magnified views are shown in Figs. B and D, respectively. Figs. A, B show right side views and Figs. C,D left side views. Bars denote 1 cm in Figs. A, C and 1 mm in Figs. B, D.

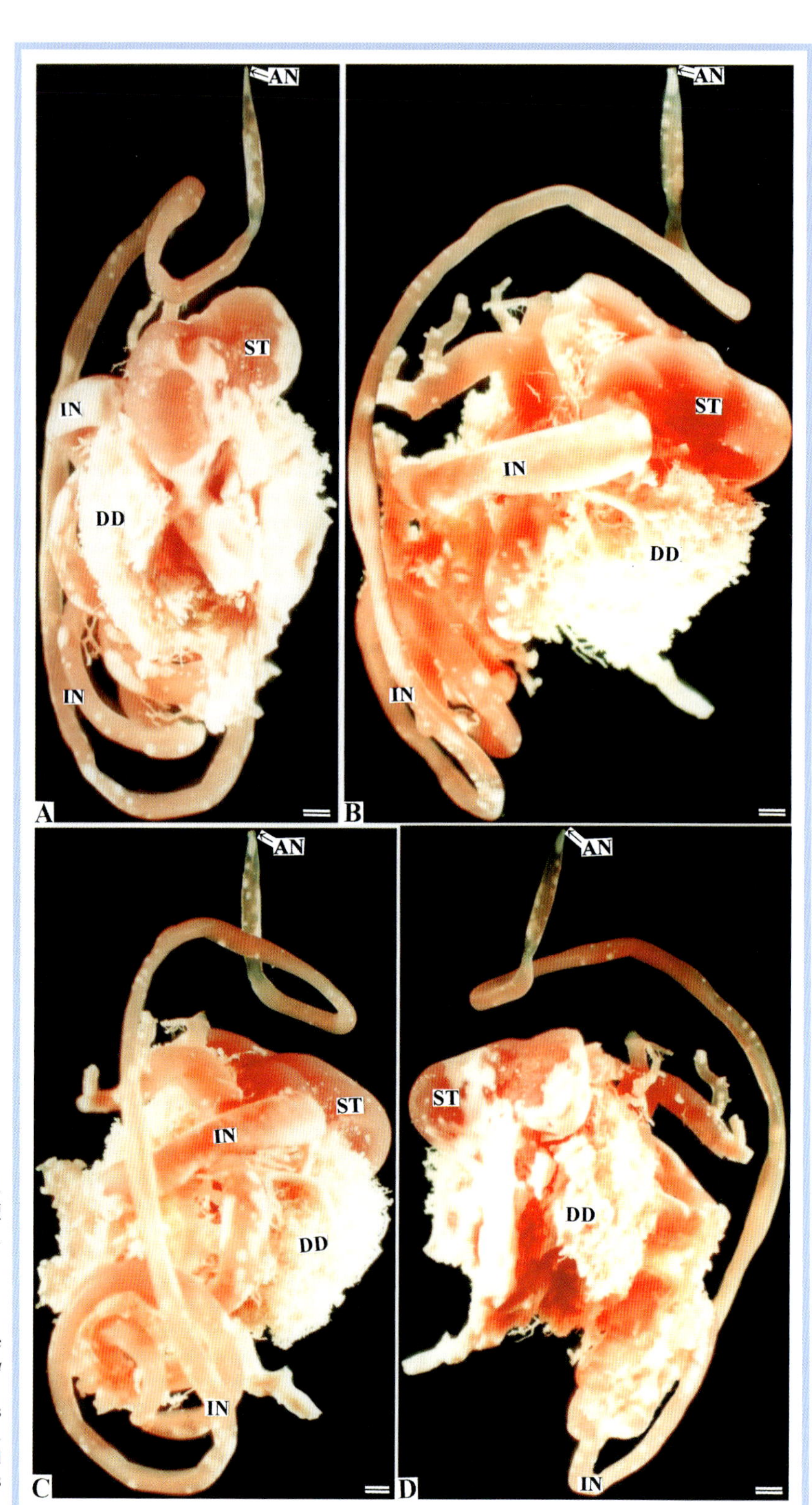

図 73-3A-D

アゲマキガイ消化器官の鋳型. A は背面, B は右側面, C は腹面, D は左側面をそれぞれ示す. 図中の実線は 1mm を示す.

Figs.73-3A-D

Corrosion resin-cast of the digestive organs of *Sinonovacula constricta.*
The figures are presented as follows: Fig. A, dorsal view; Fig. B, right side view; Fig. C, ventral view; Fig. D, left side view. Bars denote 1 mm.

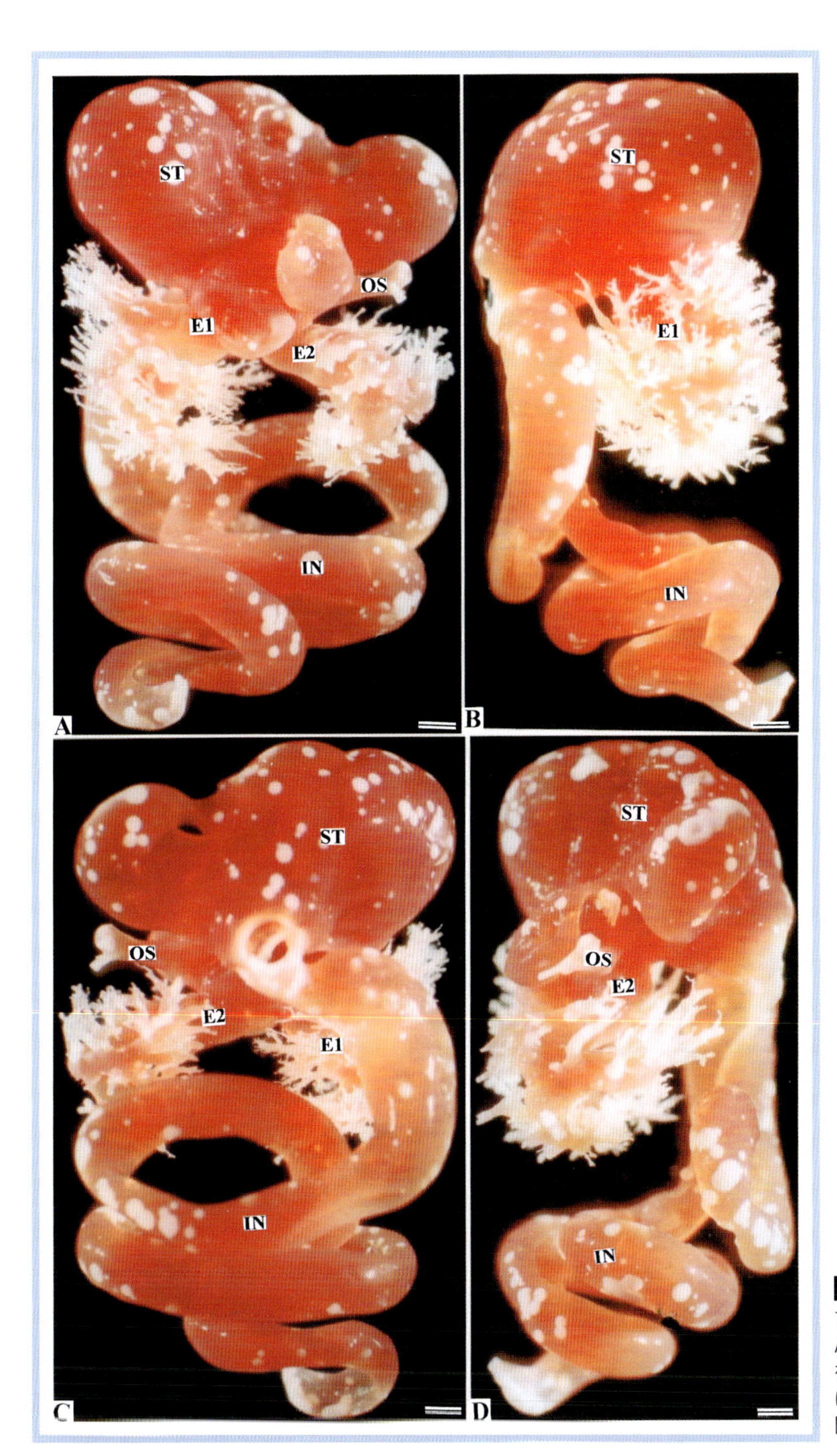

図 73-4A-D

アゲマキガイ消化器官の鋳型．
A-D は胃と腸および胃と導管の連絡を示す．A は腹面，B は右側面，C は背面，D は左側面をそれぞれ示す．図中の実線は 1mm を示す．

Figs.73-4A-D

Corrosion resin-cast of the digestive organs of *Sinonovacula constricta*.
The figures show the connections of the stomach with the intestine and embayments, and are presented as follows: Fig. A, ventral view; Fig. B, right side view; Fig. C, dorsal view; Fig. D, left side view. Bars denote 1 mm.

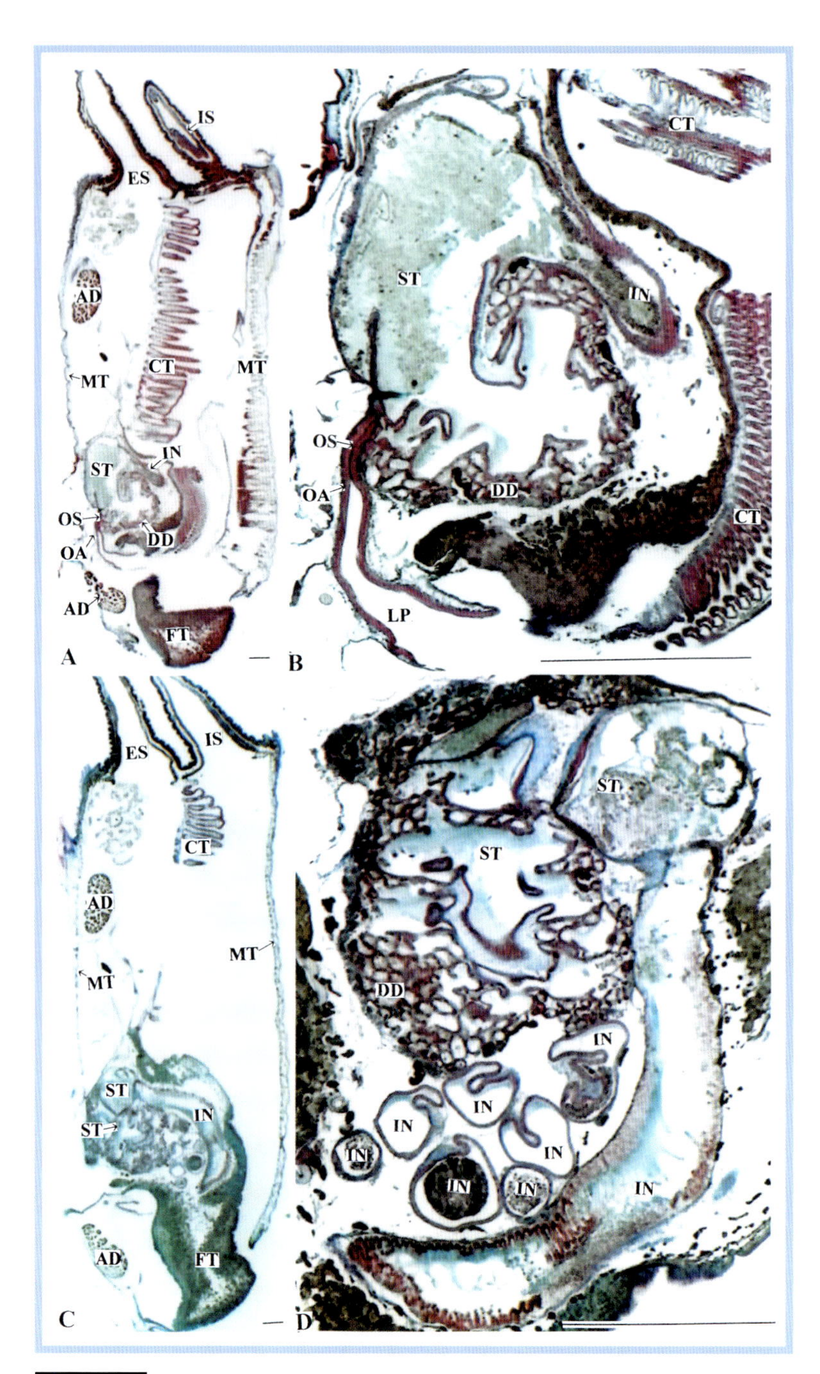

図 73-5A-D

アゲマキガイ軟体部の水平断面図.
B, D はそれぞれ A, C の消化器官を拡大. 図中の実線は 1mm を示す. アザン染色.

Figs.73-5A-D

Photomicrographs of the horizontal-sectioned soft part of *Sinonovacula constricta.*
Figs. A and C show the digestive organs, and magnified views are shown in Figs. B and D, respectively. Bars denote 1 mm. Azan stain.

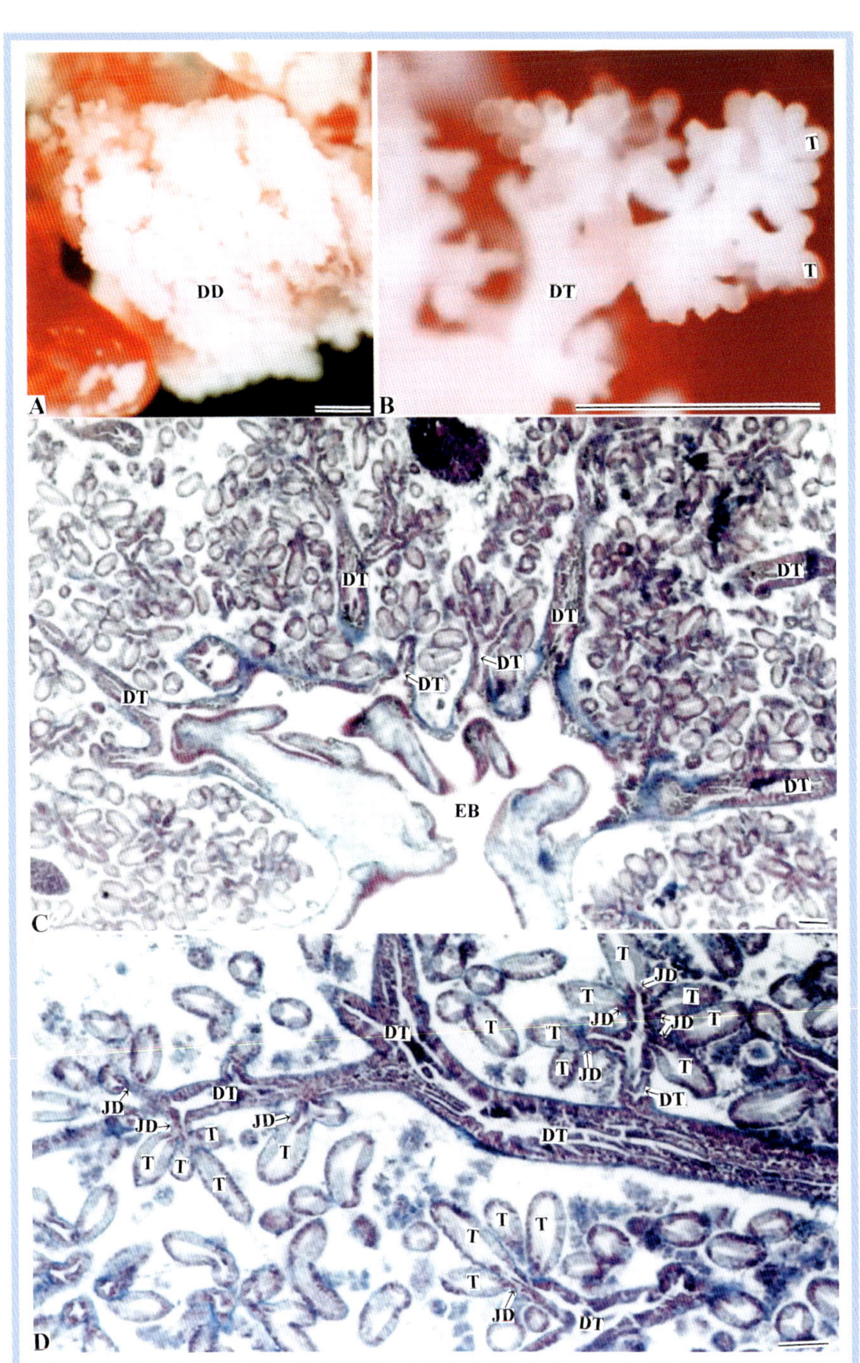

図 73-6A-D

アゲマキガイの導管と中腸腺細管.
Aは中腸腺の鋳型. Bは導管と中腸腺細管の鋳型. Cは胃の湾入部の導管を, Dは導管と中腸腺細管の連絡をそれぞれ示す. 房状分枝Ⅰ型（SⅠ型）. 図中の実線は1mm（A, B）および100μm（C, D）を示す. アザン染色.

Figs.73-6A-D

Corrosion resin-casts and photomicrographs of the duct and tubules of the digestive diverticula in *Sinonovacula constricta*.
Figs. A and B show the corrosion resin-cast of the digestive diverticula, and the duct and tubules, respectively Fig. C shows the ducts converging on the embayment on the stomach. Fig. D shows the connection between the duct and tubules. Simple acinar branching type I (S I type). Bars denote 1 mm in Figs. A, B and 100μm in Figs. C, D. Azan stain.

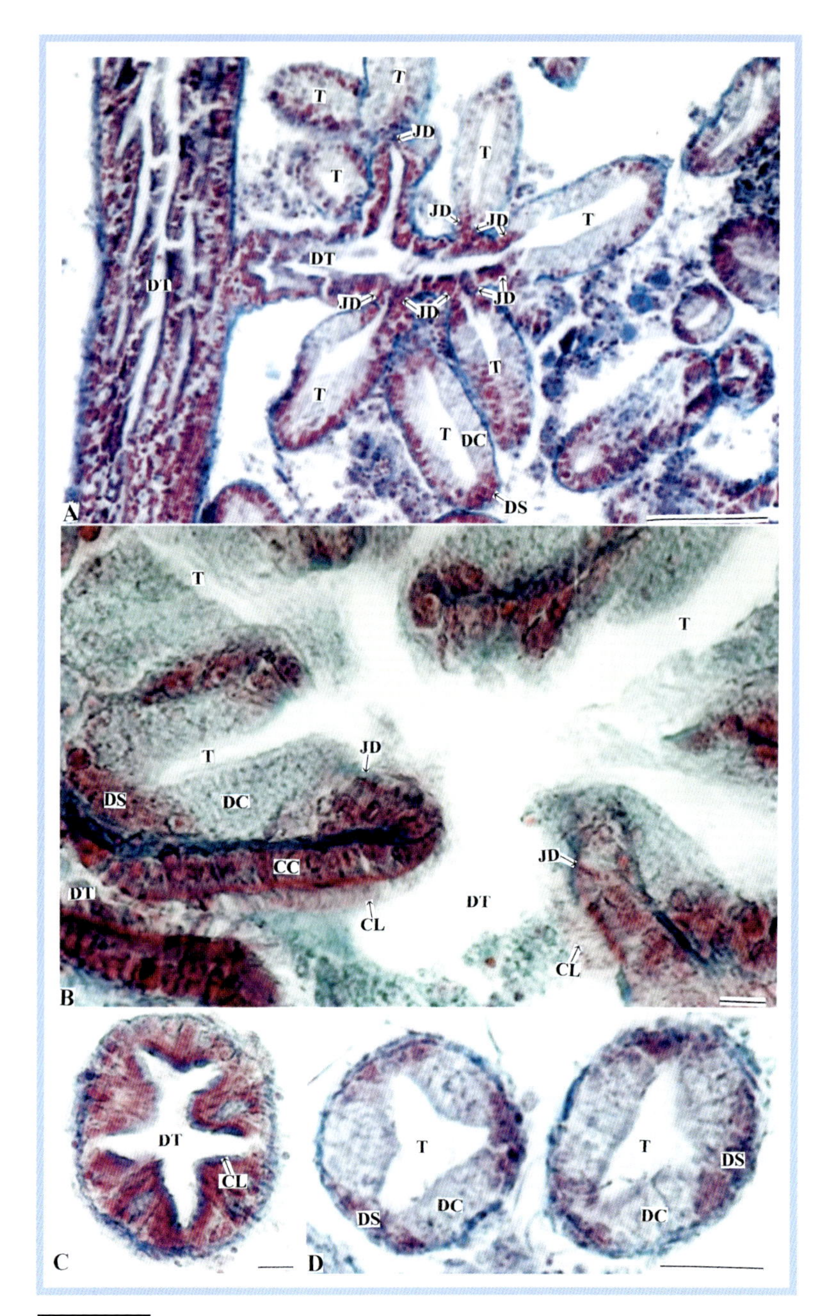

図 73-7A-D

アゲマキガイの導管と中腸腺細管.
A, B は導管と中腸腺細管の連絡, C は導管の横断面, D は中腸腺細管の横断面をそれぞれ示す. 図中の実線は 100μm（A）および 10μm（B-D）を示す. アザン染色.

Figs.73-7A-D

Photomicrographs of the duct and tubules of the digestive diverticula in *Sinonovacula constricta*. Figs. A and B show the connection between the duct and tubules, Fig. C shows the transverse-sectioned duct, and Fig. D shows the transverse-sectioned tubules. Bars denote 100μm in Fig. A and 10μm in Figs. B-D. Azan stain.

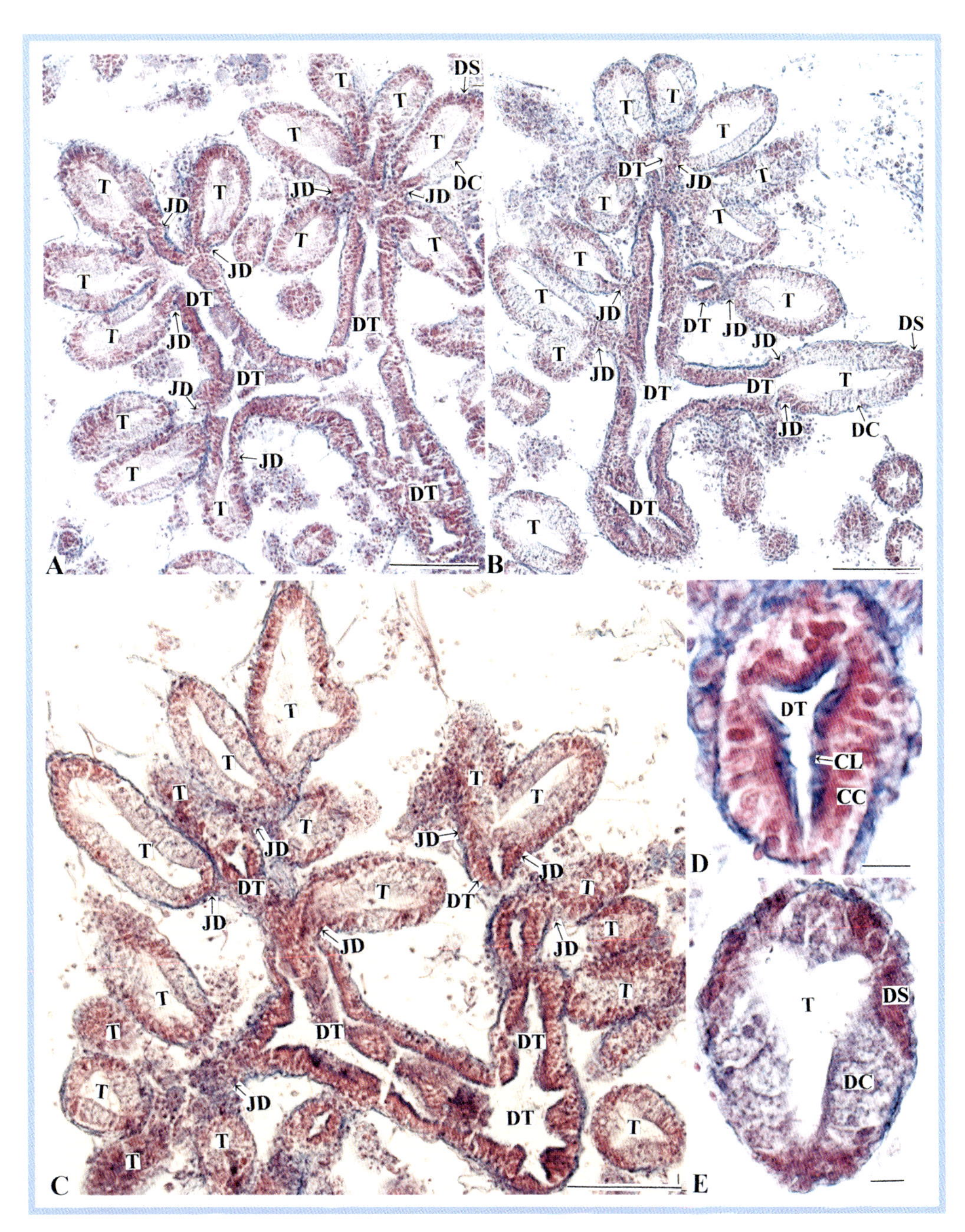

図 73-8A-E

アゲマキガイ導管と中腸腺細管．
A-C は導管と中腸腺細管の連絡，D は導管の横断面，E は中腸腺細管の横断面をそれぞれ示す．図中の実線は 100 μm（A-C）および 10μm（D, E）を示す．アザン染色．

Figs. 73-8A-E

Photomicrographs of the duct and tubules of the digestive diverticula in *Sinonovacula constricta*.
Figs. A-C show the connection between the duct and tubules, Fig. D shows the transverse-sectioned duct, and Fig. E shows the transverse-sectioned tubule. Bars denote 100μm in Figs. A-C and 10μm in Figs. D, E. Azan stain.

バカガイ

Mactra chinensis SI

二枚貝綱 Class BIVALVIA
マルスダレガイ目 Order Veneroida
バカガイ科 Family Mactridae

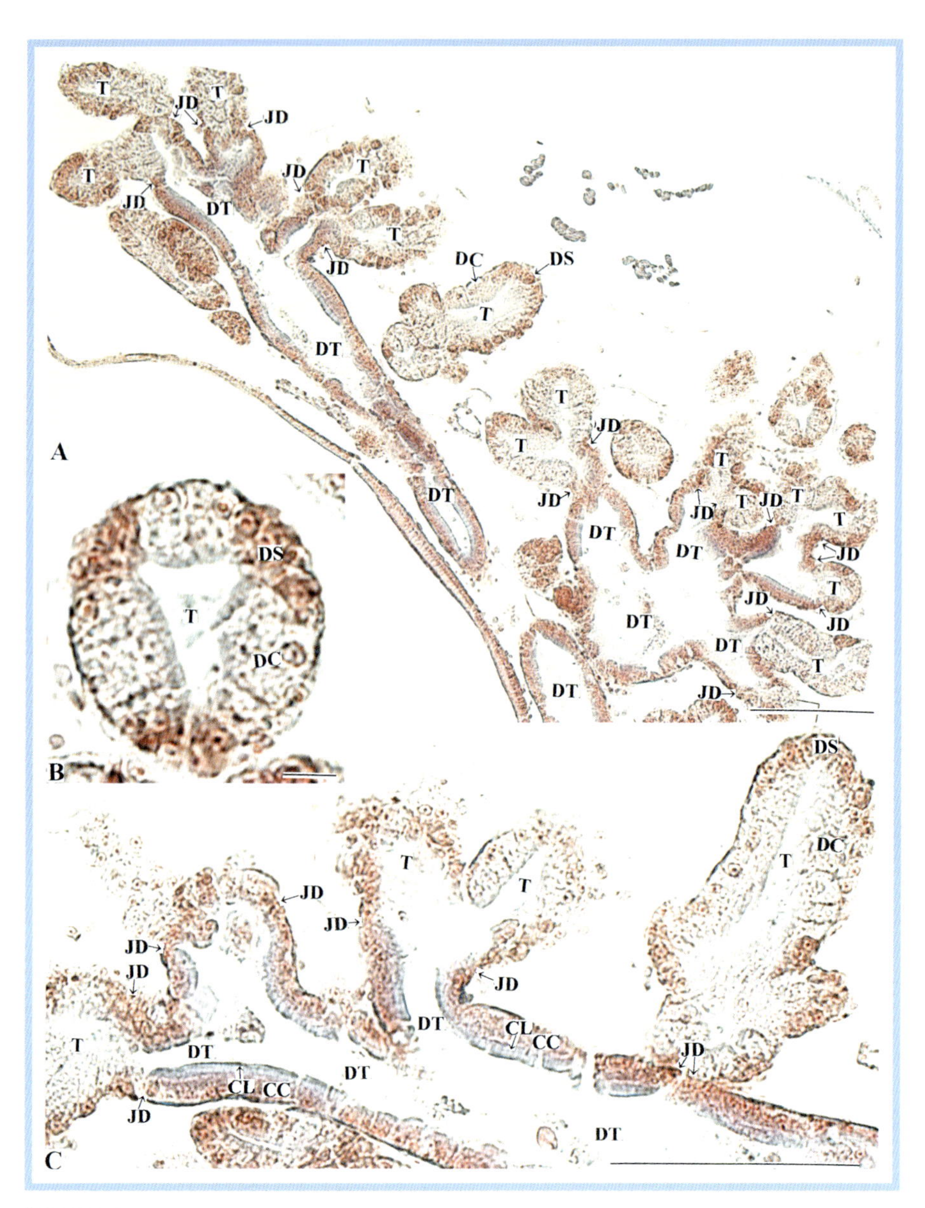

図 74A-C

バカガイ *Mactra chinensis* 中腸腺.
A, C は導管と中腸腺細管の連絡を，B は中腸腺細管の横断面をそれぞれ示す．房状分枝I型（SI型）．図中の実線は 100 μm（A, C）および 10 μm（B）を示す．アザン染色．

Figs. 74A-C

Photomicrographs of the digestive diverticula of *Mactra chinensis* BIVALVIA.
Figs. A and C show the connection between the duct and tubules. Fig. B shows a transverse-sectioned tubule. Simple acinar branching type I (S I type). Bars denote 100μm in Figs. A, C and 10μm in Fig. B. Azan stain.

ウバガイ

Pseudocardium sachalinense SI

二枚貝綱 Class BIVALVIA
マルスダレガイ目 Order Veneroida
バカガイ科 Family Mactridae

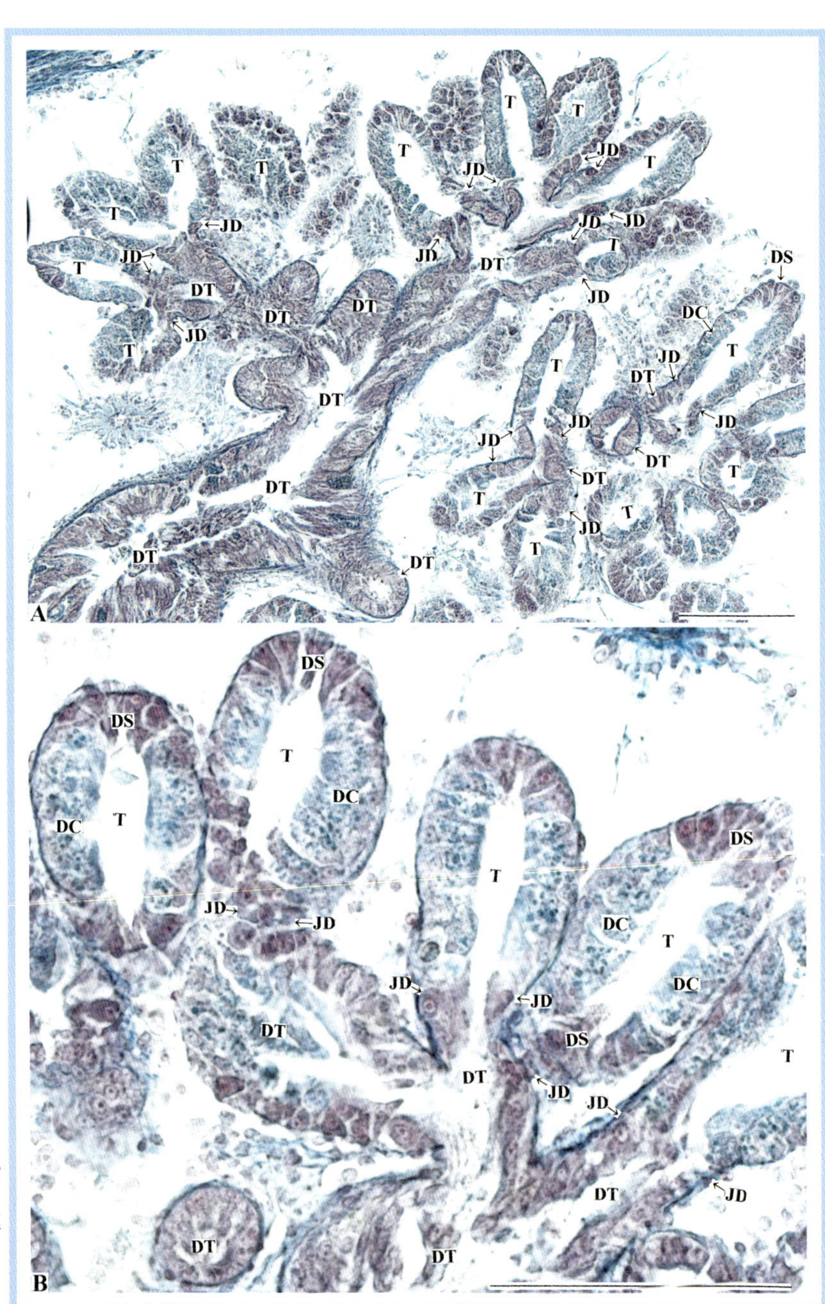

図 75A, B

ウバガイ
Pseudocardium sachalinense
中腸腺．
A, B は導管と中腸腺細管の連絡を示す．房状分枝I型（SI型）．図中の実線は 100 μm を示す．アザン染色．

Figs.75A, B

Photomicrographs of the digestive diverticula of *Pseudocardium sachalinense* BIVALVIA.
Figs. A and B show the connection between the ducts and tubules. Simple acinar branching type I (S I type). Bars denote 100μm. Azan stain.

イソハマグリ

Atactodea striata SI

二枚貝綱 Class BIVALVIA
マルスダレガイ目 Order Veneroida
チドリマスオ科 Family Mesodesmatidae

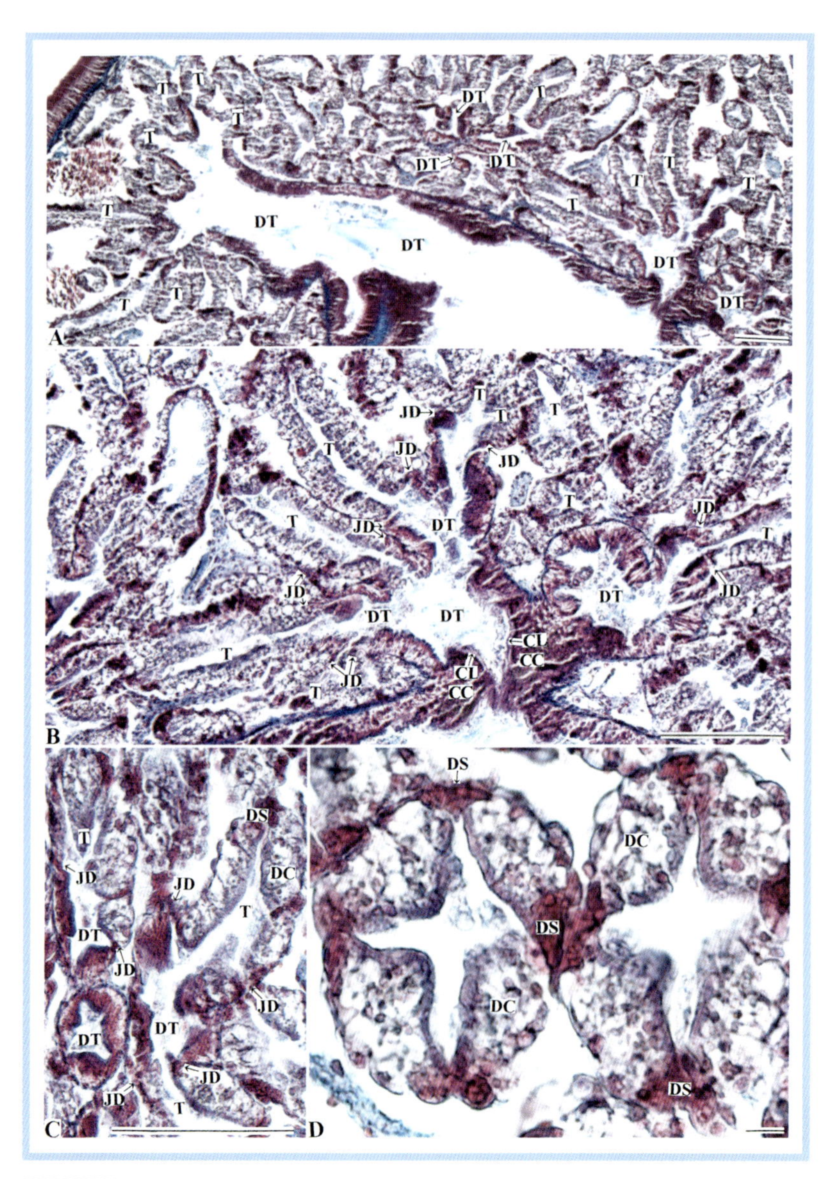

図 76A-D

イソハマグリ *Atactodea striata* 中腸腺.
A-C は導管と中腸腺細管の連絡を, D は中腸腺細管の横断面をそれぞれ示す. 房状分枝I型（SI型）. 図中の実線は 100μm（A-C）および 10μm（D）を示す. アザン染色.

Figs.76A-D

Photomicrographs of the digestive diverticula of *Atactodea striata* BIVALVIA.
Figs. A-C show the connection between the duct and tubules. Fig. D shows transverse-sectioned tubules. Simple acinar branching type I (S I type). Bars denote 100μm in Figs. A-C and 10μm in Fig. D. Azan stain.

和名索引

ア

カ

サ

タ

ナ

ハ

マ

ヤ

ラ

学名索引

事項索引

ヤ・ラ

◆著者紹介

山元憲一（やまもとけんいち）

水産大学校名誉教授．農学博士（九州大学）．1947 年福岡県に生まれる．水産大学校増殖学科卒業後，九州大学農学研究科博士課程（水産学専攻）を単位取得の上退学．1977 年水産大学校増殖学科（現生物生産学科）に勤務．2013 年同校退職.

難波憲二（なんばけんじ）

広島大学名誉教授．農学博士（東京大学）．1941 年広島県に生まれる．広島大学水畜産学部水産学科卒業後，東北大学大学院農学研究科博士課程（水産学専攻）を中途退学．1969 年広島大学水畜産学部水産学科（現生物生産学部）に勤務．2005 年同大学を退職.

半田岳志（はんだたけし）

水産大学校生物生産学科准教授．博士（学術）広島大学．1970 年兵庫県出身．水産大学校増殖学科卒業後，1997 年広島大学大学院生物圏科学研究科博士課程後期（生物生産学専攻）を修了．1998 年水産大学校生物生産学科に勤務，現在に至る.

貝類中腸腺構造図鑑 ～75種の中腸腺の構造～

Structural illustrations of the digestive diverticula of 75 shellfish species

2019 年 6 月 10 日　初版第 1 刷発行

著　者　山元憲一（やまもとけんいち）
　　　　難波憲二（なんばけんじ）
　　　　半田岳志（はんだたけし）

発行者　片岡一成

発行所　株式会社 恒星社厚生閣

〒160-0008　東京都新宿区四谷三栄町 3-14

TEL　03-3359-7371　FAX　03-3359-7375

http://www.kouseisha.com/

印刷・製本　株式会社シナノ

ISBN978-4-7699-1635-2 C3645